UTB 2975

W0193687

Eine Arbeitsgemeinschaft der Verlage

Böhlau Verlag · Köln · Weimar · Wien
Verlag Barbara Budrich · Opladen · Farmington Hills
facultas.wuv · Wien
Wilhelm Fink · München
A. Francke Verlag · Tübingen und Basel
Haupt Verlag · Bern · Stuttgart · Wien
Julius Klinkhardt Verlagsbuchhandlung · Bad Heilbrunn
Lucius & Lucius Verlagsgesellschaft · Stuttgart
Mohr Siebeck · Tübingen
Orell Füssli Verlag · Zürich
Ernst Reinhardt Verlag · München · Basel
Ferdinand Schöningh · Paderborn · München · Wien · Zürich
Eugen Ulmer Verlag · Stuttgart
UVK Verlagsgesellschaft · Konstanz
Vandenhoeck & Ruprecht · Göttingen
vdf Hochschulverlag AG an der ETH Zürich

Reinhard Fries

Nutztiere
in der Lebensmittelkette

30 Abbildungen
134 Tabellen

Verlag Eugen Ulmer Stuttgart

Universitätsprofessor Dr. med.vet. Reinhard Fries, Dipl. ECVPH, Fachtierarzt für Fleischhygiene, Fachtierarzt für Lebensmittelhygiene, geb. 12.2.1950. Studium der Veterinärmedizin an der Tierärztlichen Hochschule Hannover, Habilitation 1989 Professur für Veterinär- und Lebensmittelhygiene an der Landwirtschaftlichen Fakultät der Universität Bonn (1993–1999), seit 2000 Professur für Fleischhygiene und -technologie am Fachbereich Veterinärmedizin der Freien Universität Berlin und Leiter des gleichnamigen Institutes. Langjährige EU-Gremientätigkeit. Hauptarbeitsgebiet: Sicherungssysteme in Tierproduktion und Fleischgewinnung, der methodische Schwerpunkt liegt auf dem Gebiet der Mikrobiologie.

Bibliografische Information der Deutschen Bibliothek

Die Deutsche Nationabibliothek verzeichnet diese Publikation in der Deutschen Nationalbibliografie; detaillierte bibliografische Daten sind im Internet über http://dnb.ddb.de abrufbar.

ISBN 978-3-8252-2975-7 (UTB)
ISBN 978-3-8001-2848-8 (Ulmer)

© 2009 Eugen Ulmer KG
Wollgrasweg 41, 70599 Stuttgart (Hohenheim)
E-Mail: info@ulmer.de
Internet: www.ulmer.de
Lektorat: Gabi Franz, Alessandra Kreibaum
Herstellung: Jürgen Sprenzel
Umschlagentwurf: Atelier Reichert, Stuttgart
Layout und Satz: ES Typo-Graphic, Ellen Steglich, Stuttgart
Druck und Bindung: Friedr. Pustet, Regensburg
Printed in Germany

ISBN 978-3-8252-2975-7 (UTB-Bestellnummer)

Inhaltsverzeichnis

Vorwort

Der Weg vom Boden über die Pflanzen und die Tiere bis hin zum Menschen stellt die Nahrungskette dar, in die unsere Lebensmittel liefernden Tiere eingebunden sind. Es handelt sich um landwirtschaftliche Betriebe, Schlachtbetriebe, die weiterverarbeitende Lebensmittelindustrie inklusive der Futtermittel zu Beginn und mit der Tierkörper- und Reststoffbeseitigung am Ende der Kette. Diese vielfältigen Positionen stellen ein Geflecht aus zahlreichen Einzelkreisläufen dar, die – jeder für sich – unterschiedliche Ökosphären berühren, und im Zuge technologischer Änderungen können sich neue Transfer- und Beziehungsgefüge mit neuen Auswirkungen ergeben. Die Übertragung von belebten oder unbelebten Agentien ist somit eine nicht vermeidbare Folge derartiger Stoffkreisläufe, als Individuen sind die Nutztiere in die Produktionslinie involviert. Neben ihren vielfältigen Funktionen als Mitgeschöpf im menschlichen Umfeld können sie auch (als Carrier, als Ausscheider oder klinisch direkt erkrankt) Überträger von Zoonosen sein. Zu beachten ist weiterhin, dass das Tier im Verlaufe seines Lebens sowohl Ausgangspunkt für neue Erzeugnisketten darstellen kann (Milch, Eier, Honig) als auch nach der Schlachtung in die Fleischgewinnungslinie eingeht.

Zwischen den aktuellen Umständen in der Haltung der Nutztiere und ihrer „Leistung" (z. B. Fleisch-, Milch- oder Eierproduktion) bestehen Zusammenhänge. Es ist daher nahe liegend, Daten aus der Haltung zu sammeln und für Zwecke der Transparenz zu nutzen. Sind Herkünfte mit einem das „Norm-Maß" unterschreitenden Status identifiziert, können ggf. Maßnahmen ergriffen werden. Dies setzt sowohl die Kenntnis der lokalen Haltungsumstände als auch deren Dokumentierung voraus.

Als Konsequenz muss „Transparenz" in der Vorgeschichte des Erzeugnisses gewährleistet sein. Es bieten sich eine Fülle von Untersuchungszielen an, und es wird somit im Einzelfall von der Auswahl der eingesetzten Untersuchungsparameter und deren Interpretation ankommen, ob das gewünschte Ziel auch erreicht wird.

Bereits vor der Einführung durch die Verordnungen des EU-„Hygienepaketes" im Jahr 2004 hat die Lebensmittelkette existiert, nunmehr wird sie jedoch zur Kenntnis genommen und muss rechtlich und praktisch gelebt werden. Für jede Nutzungsgruppe sind alle Produktionsstufen gesondert zu betrachten, gegenseitige Einflüsse müssen aufgedeckt werden unter – regelmäßig neuer – Bewertung der beobachteten Umstände. Entwickelt wurde ein rechtbasiertes Konzept der flexiblen Antwort auf sich ändernde Umstände. Damit sollte auf neu auftretende Gefährdungen flexibel reagiert werden können („risk based meat inspection").

Eine solche Flexibilität ist neu, war die Überwachung doch seit ihren Anfängen im 19. Jahrhundert immer strikt festgeschrieben. Angesichts der Komplexität der Materie und sich schnell ändernder Haltungstechniken und Gefahrenszenarien erscheint in der Tat eine über Rechtsvorschriften fixierte Untersuchung ohne vorliegende inhaltliche Analyse zunehmend sinnlos.

Mit dem Instrument der EU-Verordnungen („Regulations") ist das neue Recht in allen Mitgliedstaaten der EU ohne nationale Umsetzung direkt gültig, es ist EU-weit eine klare Vereinheitlichung der Rechtslage eingetreten.

Das Konzept „from stable to table" bedarf nun der Umsetzung. Hierzu ist die Mitwirkung aller Beteiligten (Landwirte, Betreiber und Personal in den Schlachtbetrieben, Transporteure, Tierärzte, Amtliche Veterinäre) gefragt und erforderlich.

Mit seinem Gesundheits- und Hygienestatus spiegelt das Tier die unterschiedlichen „Umgebungen", in denen es sich befindet. Dieses Buch stellt daher Verknüpfungen und Zusammenhänge in der Lebensmittelkette dar. Die zeitlich aufeinander folgenden Stationen in der Haltung und Behandlung unserer Lebensmittel liefernden Tiere („Nutztiere"), die sich daran anschließenden Stationen des Transports und der Fleischgewinnung, aber auch die auf die Tiere einwirkenden Einflüsse werden so dargestellt, dass das komplexe Geschehen transparent und daraus Handlungskonsequenzen erkennbar werden.

Die speziellen Fachbücher der Veterinärmedizin können mit dieser Synopse nicht ersetzt werden, geben aber auch nicht die für das Verständnis der Lebensmittelkette geforderten Zusammenhänge preis. Dieses Buch bündelt Ansätze, die aus sehr unterschiedlichen Spezialdisziplinen stammen und die Teil des tierärztlichen Gedankengutes sind. Es sollen Elemente eines Betreuungsansatzes deutlich werden, die aus der Sicht einer präventiven Hygiene notwendig sind, um das Umfeld für ein gesundes Nutztier zu schaffen. Vielleicht kommt dies dem Begriff der „Lebensmittelkette" am ehesten nahe. Tiermedizin ist eine komplexe Materie, die Großtierpraxis mit ihrer vielgestaltigen Rücksichtnahme auf die Lebensmittelkette allemal. Zusätzlich ist die Hygiene ein böses Kind – schwer zu fassen und zu lenken. Beabsichtigt ist darzustellen, was neben den bekannten Umständen der Tierhaltung, der klinischen oder laborgestützten Diagnostik, der Therapie oder neben der Hygiene im Schlachtbetrieb vielleicht unerwähnt bleibt, was aber genau die Inhalte der „Lebensmittelkette" ausmacht und was daher notwendig zu beachten ist. Hier – „zwischen den Stühlen" – ist dieses Buch angesiedelt.

Gedacht ist dieses Buch für die Studierenden der Veterinärmedizin, Landwirtschaft, Lebensmitteltechnologie oder Ökotrophologie. Die Betreuung der Lebensmittel liefernden Tiere durch die praktizierenden Vertreter des tierärztlichen Berufsstandes ist ein Element in der Aufrechterhaltung der Sicherheit in dieser Kette. Die Unterlage richtet sich deswegen auch an die Tierärzte in der Großtierpraxis, die wissen müssen was sie tun, wenn sie sich mit Lebensmittel liefernden Tieren befassen und die ebenfalls in der Lage sein müssen, die Konsequenzen ihres Tuns abzuschätzen. Außerdem müssen Tierärzte hinsichtlich aller Aspekte der Biosecurity, des Tierschutzes oder auch der Gefährdungen durch Lebensmittel beratend Stellung nehmen können. Aber ebenso die Kollegen in der amtlichen Überwachung müssen über die Herkunft der Nutztiere informiert sein.

Berlin, im Herbst 2008   Reinhard Fries

Teil 1
Die Lebensmittelkette

Primärproduktion

1 Kreisläufe und Transferwege in der Primärproduktion

In der Gewinnung und Verarbeitung von Fleisch sind die beteiligten Stoffkreisläufe zu identifizieren, zu beschreiben und in ihrer Konsequenz zu bewerten. Jede Nutzungsgruppe birgt spezielle Gefahren und ggf. auch Risiken, die stattfindenden Stoffbewegungen reflektieren somit eine spezifische „hygienische Gesamtbilanz", die sicher oder unsicher ausfallen kann. Zu einer derartigen Analyse muss das Geflecht der Haupt- und Nebenlinien offen gelegt, beschrieben und bewertet werden:

– Welche Gefahren/Risiken sind in welcher Rangfolge gegeben?
– Welche CCP sind bekannt bzw.
– welche Präventivmaßnahmen/oder Techniken sind denkbar, um die Sicherheit der Linie zu gewährleisten

1.1 Das Ökosystem eines Betriebes

Auf einem landwirtschaftlichen Betrieb bündeln sich die für eine Tierhaltung benötigten Stoffe und Materialien, in jeder Tierhaltung fallen andererseits wieder „Nebenprodukte" an, die als Ausgangspunkte neuer Weiterverarbeitungs-, Entsorgungsschritte oder Kreisläufe anzusehen sind.

Die Tiere mit ihren Lebensäußerungen nehmen aus ihrem Umfeld unterschiedliche Agentien auf und wirken anschließend als natürliche Carrier zurück in ihre Umgebung und in die von ihnen ausgehenden technischen Linien bis in die Lebensmittelgewinnung hinein: Es handelt sich um Produkte des lebenden Tieres (Milch, Eier) und um das Tier auf dem Wege zur Schlachtung, die daraus hergestellten Lebensmittel sowie die dabei anfallenden Nebenprodukte mit den dort beginnenden neuen Produktionslinien. In einer landwirtschaftlichen Nutztierhaltung sind zu beachten:

– Zugekaufte Futtermittel
– Wasser und Abwasser
– Einstreu, tierische Exkremente
– Abluft inkl. Luftinhaltsstoffe aus den Haltungen

- Angebaute pflanzliche Erzeugnisse bzw. pflanzliche Rohstoffe zur Verfütterung
- Bewegungen des Personals
- Anfallende Tierkörper
- Erzeugnisse des lebenden Nutztieres

Alle Prozesse spielen sich auf einem bestimmten Areal ab, dessen Boden somit die Aktivitäten und Kontaminationsprozesse widerspiegelt. Zu beachten ist, dass eine Kontamination von Böden kaum rückgängig gemacht werden kann. Neben dem Abtragen kommt letztlich nur der dauerhafte Einfluss direkter Sonneneinstrahlung oder eine Nutzungsänderung etwa durch Bewuchs infrage. Das Aufbringen von desinfizierenden, selbst umweltabbaubaren Substanzen dürfte sich weitgehend von selbst verbieten.

Weitere Gelegenheiten zum Erregertransfer ergeben sich bei dem Transport von Tier und Materialien aus der Haltung heraus. Hier ist das Transportfahrzeug der Carrier, z. B. die Transporte der Tiere selber oder der Abtransport von Einstreu, Gülle oder von Endstoffen der Kompostierung (vgl. Transport).

Als Stichworte zu beachten sind somit das Gesamtgefüge (Wasser – Boden – Luft), die Tierhaltung (mit Fäkalien – Aufarbeitung – Ausbringen) und aus allem resultierend die Nahrungskette mit Boden (Pflanzen – Haustier – Mensch).

Abb. 1
Potenzieller Übertrag unerwünschter Agentien über Tiere innerhalb eines landwirtschaftlichen Betriebes und nach außen

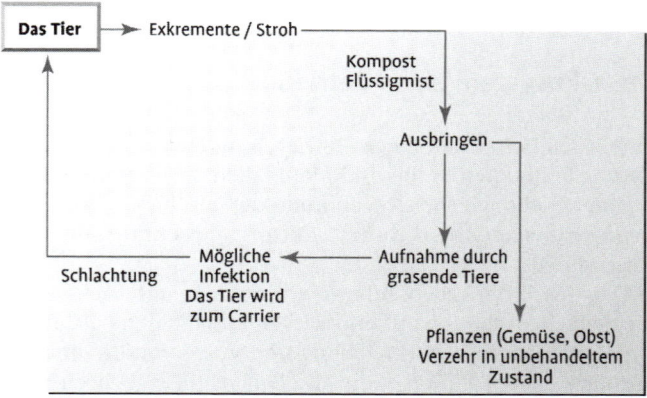

1.1.1 Von außerhalb kommende Stoffe

Futtermittel

In Deutschland handelt es sich bei einem Gesamtumfang von 154 Millionen Tonnen (Mio. t) verfütterter Futtermittel bei 126 Mio. t um wirtschaftseigenes Futter, der Rest (28 Mio. t) wird über den Markt gehandelt (Schulz et al. 2003). Welchen Umfang Fremdfuttermittel mittlerweile einnehmen, demonstrieren beispielhaft die Zahlen für Soja, siehe Kasten.

Zwischenfälle der letzten Jahre mit Umweltkontaminanten wie Dioxin oder Nitrofen, vor allem aber die BSE-Havarie haben die Aufmerksamkeit verstärkt auf die Futtermittelkette gelenkt. Die beim Tier eingesetzten Futtermittel können fremde Stoffe mit sich führen, dies

> Die durchschnittliche Produktion 2001–2003 von Soja belief sich in den Hauptproduktionsländern auf (Steinfeld et al. 2006):
>
> | | |
> |---|---|
> | USA | 73,4 Mio. t |
> | Brasilien | 43,8 Mio. t |
> | Argentinien | 30,6 Mio. t |

mit teilweise beträchtlichen Konsequenzen für das spätere Lebensmittel.

Die Herkunft der Futtermittel und die entsprechenden Stoffkreisläufe müssen daher offen und nachvollziehbar bleiben. War bereits seit langem die Beeinflussung bestimmter Fleischqualitätsparameter (Fettgewebekonsistenz bei Tieren mit einhöhligem Magen) bekannt, so steht heute eher das Risikopotenzial der Futtermittel und damit die Übertragung in die Humankette hinein im Vordergrund:

Wirtschaftsfremde Futtermittel und Übertrag von Zoonoseerregern: In einer dänischen Untersuchung wurden von 82 Serotypen, die sowohl in der tierischen Produktion als auch im Humanhabitat auftraten, 45 Serotypen auch in Futtermitteln auf Soja-Basis aufgefunden (Lo Fo Wong et al. 2006).

Wirtschaftseigenes Futter: In Silage findet sich unter Umständen L.monocytogenes (Husu 1990; Grant et al. 1995), auch Campylobacter oder enterohaemorrhagische E.coli wurden gefunden (Grant et al. 1995). Insbesondere Proben mit einem erhöhten pH oder die Flüssigkeit am Boden der Silos sind betroffen.

Auch frische Stroh- oder Holzeinstreu kann bereits mit Salmonellen kontaminiert sein (Fries et al. 2005).

Integrale Teile der neu geschaffenen Futtermittelkette sind konsequenterweise:

– Rückverfolgbarkeit von Futtermittelchargen,
– Festlegung von Lieferanten im Rahmen von Zertifizierungsprogrammen,
– Beschreibungen der Herstellungstechniken für Futtermittel inkl. der entsprechenden Analysetechniken oder auch
– Futterbevorratung in mehr als einem Silo.

Zunehmend werden pflanzliche Nahrungsmittel roh verzehrt. Diese können, neben dem Tier, ebenfalls Überträger zoonotischer Agentien sein. Bekannt geworden sind schwerwiegende Krankheitsausbrüche durch EHEC oder Salmonella nach dem Verzehr roher Säfte und Sprossen unterschiedlicher Gemüse (SCF 2002). Generell kann eine

Kreuzkontamination durch Abflüsse aus Nutztierhaltungen (Kompostabflüsse) bei Übertragungen auf Pflanzen zum Humanverzehr nicht ausgeschlossen werden (SCF 2002).

Wasser
Wasser auf landwirtschaftlichen Betrieben stammt aus Grundwasser, Oberflächenwasser oder aus öffentlichen Netzen (Trinkwasser). Die Vorhaltung unbedenklichen Wassers ist als Teil der Guten Landwirtschaftlichen Praxis anzusehen. Grundwasser oder Trinkwasser ist nicht, wie es bei Oberflächenwasser oder auch Quellwasser nicht ausgeschlossen werden kann, der Kontamination durch zoonotische Agenzien aus menschlichen oder tierischen Quellen ausgesetzt. Wasser aus Vorflutern ist dagegen nicht zwingend frei von Zoonoseerregern.

Gerade über Wasser können zahlreiche Zoonoseerreger übertragen werden: Berichtet wurde etwa über den Nachweis von Escherichia coli, Salmonella, Shigella, Vibrio, Listeria monocytogenes, Cryptsporidium, Giardia, Cyclospora, Toxoplasma oder zoonotische Viren (FDA 1998; Nguyen-the & Carlin 1994 und 2000). Nach Wang & Doyle (1998) kann E.coli vor allem in kaltem Wasser lange überleben.

Zur Bewässerung wird in manchen Ländern auch recyceltes Wasser eingesetzt (SCF 2002). Hierbei muss eine effektive Wasseraufbereitung sichergestellt sein. Unbehandelte oder nicht genügend aufbereitete Abflüsse (z. B. aus Tierhaltungen) dürfen keinesfalls auf Weiden gelangen. Zum Tränken kann nur Trink- oder Grundwasser als risikolos gelten. Beim Gebrauch von Quellwasser kann ein sicherer Sanitationsstatus dagegen nicht vorausgesetzt werden.

1.1.2 Die Tiere und ihre Lebensäußerungen

In der intensiven Tierhaltung fallen große Mengen von Abfällen an in Form von Fäkalien, Einstreu, auch von Tierkadavern. Sind die Tiere dem ausgesetzt, steigt das Infektionsrisiko an.

Dung
Dung besteht überwiegend aus tierischen Exkrementen, Einstreu und Wasser. Weiterhin können auch Sekrete aus dem Nasenraum, dem Rachen, Vaginalausfluss und Milchsekrete, Blut, Haut und Placentaanteile vorhanden sein (Pell 1997). Für Deutschland errechneten Pfirrmann und Böhm (2000) auf der Grundlage des Tierbestandes aus dem Jahre 1997 einen jährlichen Anfall tierischer Exkremente (Rinder, Schweine, Geflügel) in Größenordnungen von ca. 264 Mio. t.

Im Dung von Nutztieren können humanrelevante Agenzien auftreten: Salmonella, Brucella, Erysipelothrix, E.coli, Leptospira und andere (Jones 1980; Strauch 1991), Rinderkot kann E.coli O157:H7 beinhalten (Wang et al. 1996). In gebrauchter Geflügeleinstreu bleibt Salmonella lange vorhanden (Long et al. 1980), auch 12 Wochen nach dem Ausstallen wurden noch Salmonellen nachgewiesen (Fries u. Akcan 2008).

Gülle

Gülle ist eine Mischung aus Fäkalien, Harn und Wasser und einem geringen Anteil an Einstreu. Eine mikrobiologische Deaktivierung im Sinne einer Kompostierung findet nicht statt, da sie zu wenig kompostierbare Substanz enthält. Gülle wird in flüssiger Form ausgebracht, davor wird sie mehrere Wochen gelagert. Zu beachten sind die zulässigen Jahreszeiten der Ausbringung. Generell kann gelten, dass mit zunehmender Lagerdauer der Gehalt an infektiösen Agentien abnimmt (SCF 2002): Dies gilt auch für parasitäre Stadien. Die Datenlage insgesamt ist jedoch widersprüchlich.

Bei der Ausbringung muss der Risiko-Charakter von Gülle realisiert werden, sie kann unterschiedliche zoonotische Agentien beinhalten, es wurden unter anderem Brucellen, Mykobakterien oder Leptospiren gefunden (Strauch 1991).

1.2 Traditionell installierte Sicherungssysteme

In Europa sind seit langem bestimmte Sicherungstechniken etabliert, die kaum zur Kenntnis genommen werden, da sie als Selbstverständlichkeiten in das allgemeine Bewusstsein Einzug gefunden haben. Global ist dies jedoch durchaus nicht der Fall. Derartige Installationen stellen eine enorme wissenschaftliche und kulturelle Leistung dar, was gerade in der zusammenwachsenden Welt erneut deutlich wird und bewahrt und ausgebaut werden muss. Andererseits sind die Kreisläufe in der Primär- und der Sekundärproduktion keineswegs immer sicher und bereits geschlossen, wie die Begebenheiten um die Tierfütterung, aber auch immer wieder beobachtete Ausbrüche von Tierseuchen ausweisen.

1.2.1 Tierkörperbeseitigung

Die Verarbeitung von Tierkörpern und deren Reststoffen zu Tierkörpermehlen ist ein wichtiger Weg in der Beseitigung und im Recycling tierischen Gewebes. Die Anforderungen (133 °C, 3 bar über 20 Min.) gewährleisten auch die Inaktivierung der äußerst hitzestabilen Erreger der BSE und anderer TSEen. Die Pflicht zur Tierkörperbeseitigung liegt in Deutschland bei den Gebietskörperschaften. An dem Beispiel der BSE-Havarie lässt sich darstellen, dass nicht jedes Recycling ohne Risiko ist: Die wichtigste Konsequenz aus diesem

Falle ist, dass das Recycling von Tierkörpermehlen in die Tiernahrung und damit in die humane Nahrungskette vom Grundsatz her unterbunden worden ist. In der Folge wurde der gesamte Bereich der Tierkörperbeseitigung EU-weit neu geordnet (vgl. Kap. 10).

1.2.2 Abwasseraufbereitung

Belastungsgrad von Abwasser
Der BSB_5 (Biochemischer Sauerstoffbedarf in 5 Tagen) bezeichnet die Menge an O_2, die durch die mikrobiologischen Stoffwechselprozesse beim Abbau der Schmutzstoffe im aeroben Milieu bei 20 °C in 5 Tagen verbraucht wird. Ein hoher O_2-Verbrauch beruht auf einer größeren Menge organischen Materials im Abwasser. Die Angabe erfolgt in mg/l O_2. Voraussetzung ist eine vielgestaltige Mikroflora, auf den Eintrag von Desinfektionsmitteln sollte geachtet werden, da diese die mikrobiellen Aktivitäten stören können. Der Messwert eignet sich für leicht abbaubare Stoffe.

Der CSB (Chemischer Sauerstoffbedarf) reflektiert den Gehalt des Wassers an chemisch oxidierbaren Stoffen, gemessen in mg des verbrauchten Oxidationsmittels pro Liter Wasser. Der Oxidationsmittelverbrauch wird umgerechnet auf Sauerstoffäquivalente und ebenfalls in mg/l O_2 angegeben. Der CSB erfasst auch schwer abbaubare Natur- und Industriestoffe.

Aus dem Verhältnis von CSB/BSB_5 errechnet sich der Anteil der nicht abbaubaren, aber durch den CSB erfassbaren Schmutzstoffe, es charakterisiert die Abbaubarkeit von Stoffen im Abwasser. Ein enges Verhältnis beider Messgrößen zeigt an, dass die vorhandenen Stoffe in biologischen Kläranlagen leicht abbaubar sind. Dies ist z. B. bei Schlachtbetrieben der Fall ($<2:1$).

Klärung von Abwasser

Der Weg der Klärung von Abasser verläuft über die drei Stufen der mechanischen, biologischen und (teil-)chemischen Klärung:
1. **Stufe**: mechanische Klärung: Durch mechanische Eingriffe wie etwa Rechen werden zunächst die groben Bestandteile entfernt. Durch Herabsetzung der Fließgeschwindigkeit setzen sich am Boden der Becken Schlämme ab, die in die anaerobe Faulung gehen.
2. **Stufe**: biologische Klärung: Im Belebtschlammbecken oder auf Tropfkörpern werden die organischen Komponenten des Wassers aerob auf biologischem Wege abgebaut. Im nachfolgenden Nachklärbecken sedimentierte bakterielle Aggregationen (Belebtschlammflocken) werden ins Belebtschlammbecken zurückgeführt oder sie gehen ebenfalls in die Faulung.
3. **Stufe**: chemischen Klärung: Hier erfolgt die Entfernung der vor-

her mikrobiologisch angefallenen Mineralisierungsprodukte NH_3, Nitrat und Phosphat.

Das gereinigte Wasser gelangt über Vorfluter in den natürlichen Kreislauf zurück: Voll gereinigtes Abwasser wird direkt in ein Gewässer/Vorfluter eingeleitet (Direkteinleiter). Ungereinigte oder teilweise vorbehandelte Abwässer gehen in die öffentliche Kanalisation zur weiteren Vollreinigung des Abwassers (Indirekteinleiter).

Tab. 1: Mögliche Eintrittsstellen für unterschiedliche Kontaminanten								
	Physikalisch	Fremde	Chemisch		biologisch		
	Metalle RN	Gewebe	UMWK	AM	Viren	Parasit.	Bakt.
Urproduktion	+		+	+	(+)	+	+
Transport				+			+
Fleischgewinnung	(+)	+					+
Verarbeitg/Zerleg.	+	+					+
Vermarkt./Behandl.	+				+		+

RN: Radionuklide; UMWK: Umweltkontaminanten; AM: Arzneimittel

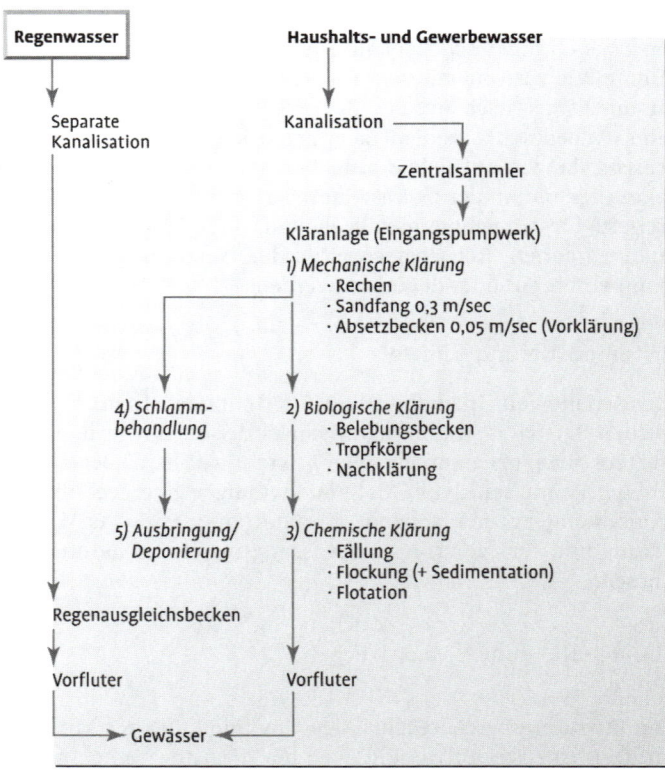

Abb 2
Die Wege des Wassers

1.2.3 Anaerobe Faulung – Biogas

Die Behandlung tötet nicht alle Keime ab, sodass auch Zoonoseerreger nicht ausgeschlossen werden können (Murray 1991). Faulanlagen werden auf kontinuierlicher Basis in Faultürmen betrieben, das Milieu ist anaerob. Die Faulung verläuft über 2–3 Monate, es sind jedoch auch technische Bedingungen möglich, die diesen Zeitraum verkürzen. Mikrobiologisch handelt es sich um methanogene Bakterien, das Milieu ist empfindlich gegenüber dem pH-Wert (notwendig ist ein Bereich zwischen 7–7,5), gegenüber Sauerstoff und gegenüber Temperaturschwankungen. Die Prozesse verlaufen mesophil.

Bei der anaeroben Phase gehen mehr als 80 % der in der organischen Substanz enthaltenen Energie in Methan über. Biogas besteht zu 60–70 % aus Methan und zu 30–40 % aus CO_2 (Fritsche 1998). Der letztliche Methangehalt hängt von der Zusammensetzung der Ausgangsstoffe ab.

Biogas:	
Methangehalt (Weiland 2004):	
Kohlenhydrate:	50 %
Fette:	68 %
Proteine:	71 %

In der Biogas-Produktion werden zunehmend auch organische Abfälle aus Landwirtschaft und Lebensmittelindustrie verwendet.

Ausgefaulter Klärschlamm ist als Dünger einsetzbar, muss jedoch mit Vorsicht betrachtet werden, da er potenziell infektiös ist. Werden die Restsubstanzen auf Felder aufgebracht, erfolgt dies unter den Auflagen der nationalen Klärschlammverordnung. Diese enthält Grenzwerte für den Schwermetallgehalt, da auch Industrieabwässer diesen Weg gehen. Bei Überschreiten der Werte muss der Klärschlamm verbrannt oder deponiert werden.

1.2.4 Kompostierung – Rotte

Die Kombination aus Hitze (bis zu 60–70 °C) und einem pH-Wert im alkalischen Bereich (7–9 und höher) gewährleisten auch bakterizide Effekte, vor allem bei gramnegativen Mikroorganismen. Der Ablauf, dessen Zeitspanne stark vom Material, der angelegten Technik und den Außentemperaturen abhängt, wird nach mechanischer Vorentwässerung und Zerkleinerung des Ausgangsmateriales unterteilt in die Phasen:

Vorrotte	ca. 2 Wochen
Hauptrotte/„Heißrotte"	ca. 3 Wochen
Nachrotte	2–3 Monate

Zur Belüftung muss eine regelmäßige Umschichtung der Miete erfolgen. Dies ist auch notwendig, weil die höchsten Temperaturen im Zentrum der Miete gefunden wurden (Shepherd et al. 2007). Notwendig ist auch der Schutz gegen Witterungseinflüsse (vor allem Regen), ansonsten kommt es zur Ausdünnung der verrottbaren Stoffe, zur Temperaturabsenkung und damit zur Störung des Gesamtprozesses. Zum Schutz vor unkontrollierten Abflüssen sollte auch eine Abdichtung der Rotte nach unten und zur Seite erfolgen. Sickerwasser muss als Risikofaktor für die Persistenz von Salmonellen angesehen werden (Knop et al. 1996). Bei Aufbringen des Komposts auf Weideflächen werden 3 Wochen als Risikozeitraum für die Beweidung angesehen.

Diskutiert wird zunehmend auch die – bereits machbare – Kompostierung von Tierkörpern nach katastrophalen Seuchenausbrüchen. Nach Schreddern können auch Hausabfälle kompostiert werden.

Die Mikrobiologie einer Kompostierung ist komplex (Fritsche 1998):

Im *mesophilen Stadium* (bis 40 °C) der Vorrotte werden leicht abbaubare Stoffe angegriffen und zu CO_2 und Wasser abgebaut bei einem absinkenden pH-Wert (nachweisbar sind Enterobacteriaceae, Bacillus, Cellulomonas, Pseudomonas).

Im *thermophilen Stadium* (40–75 °C) mit einem pH-Wert um 8–9 treten grampositive Formen wie Bacillus auf.

In der Nachrotte verlangsamen sich die Stoffwechselprozesse, die Miete kühlt sich ab und der pH-Wert sinkt auf einen neutralen Bereich ab: Auftreten von Aktinomyceten und Schimmel, Humusbildung.

Minimalbedingungen für die Reifung müssen die Faktoren Zeit (mindestens 3 Wochen), Temperatur (mindestens 55 °C) und Wassergehalt der Mischung (max. 40–60 %) berücksichtigen. Bei der Formulierung von Rechtsvorgaben finden sich häufig Kompostierungsbedingungen, die eine Zeit-Temperatur-Kombination beinhalten:

– 55 °C und höher für eine Zeit von 2 Wochen,
– 60 °C und höher für eine Frist von 2 Woche.

1.2.5 Deponierung

Auch in der Deponie laufen mikrobiologische Prozesse ab, die jedoch keine Sterilität bewirken, wie Untersuchungen an Deponien noch Jahrzehnten nach dem Anlegen belegt haben.

1.3 Literatur

Food and Drug Administration (1998): Guide to Minimize Microbial Food Safety Hazards for Fresh Fruits and Vegetables. U. S. Department of Health and Human Services, Washington DC

Fries, R., M. Akcan, N. Bandick, and A. Kobe (2005): Microflora of Two Different Types of Poultry Litter. Brit. Poult. Sci. 46, 668–672

Fries, R., und M. Akcan (2008): Mikrobiologische Belastung von Geflügelhaltungen. DGS – Deut. Geflügelwirtsch. Schweineprod. 60, 16–20

Fritsche, W. (1998): Umweltmikrobiologie, Grundlagen und Anwendung. Verlag Gustav Fischer Jena, S. 58, 61, 132, 133, 137, 148, 149, 152, 185–188, 225

Grant, M. A., C. A. Eklund, and S. C. Shields (1995): Monitoring Dairy Silage for Five Bacterial Groups with Potential for Human Pathogenesis. J. Fd. Prot. 58, 879–883

Husu, J. R. (1990): Epidemiological Studies on the Occurence of Listeria monocytogenes in the Feces of Dairy Cattle. J. Vet. Med. B 37, 276–282

Jones, P. W. (1980): Animal Health today – Problems of Large Livestock Units. Disease Hazards Associated with Slurry Disposal. Br. vet. J. 136, 529–54

Knop, M., H. Pöhle, und A. Bergmann (1996): Untersuchungen zur Hygienisierung von Bioabfall-Kompost anhand des Testkeims Salmonella enteritidis und Überlebensfähigkeirt von Salmonellen im Sickerwasser. Berl. Münch. Tierärztl. Wschr. 109, 451–456

Lo Fo Wong, D. M. A., Vieira, A. R. P., Hald, T., Wingstrand, A. (2006): Salmonella Contamination in Soy-based Animal Feed – a Food Safety Issue? Proc. 11th Int. Symp. On Vet. EPidemiol. Economics (ISVEE), Cairns, Australia. Available at www.sciquest.org.nz

Long, J. R., W. F. de Witt, and J. L. Ruett (1980): Studies on Salmonella from Floor Litter of 60 Broiler Chicken Houses in Nova Scotia. Can. Vet. J. 21, 91–94

Murray, C. J. (1991): Salmonellae in the Environment. Rev. sci. Tech. Off. int. Epiz. 10, 765–785

Nguyen-the, C. and Carlin, F. 1994. The microbiology of minimally processed fresh fruits and vegetables. Crit. Rev. Food Sci. Nutr. 34: 371–401.

Nguyen-the, C. and Carlin, F. 2000. Fresh and Processed vegetables, In: „The microbiological safety and quality of foods". B. M. Lund, T. C. Baid-Parker and G. W. Gould (Eds), Aspen Publication, Gaithersburg, pp: 620–684.

Pell, A. N. (1997): Manure and Microbes: Public and Animal Health Problem? J. Dairy Sci. 80, 2673–2681

Pfirrmann, A., und R. Böhm (2000): Bakterien und deren Stoffwechselprodukte in tierischen Fäkalien. In: DFG: Potenzielle Schadorganismen und Stoffe in Futtermitteln sowie in tierischen Fäkalien. Senatskommission zur Beurteilung von Stoffen in der Landwirtschaft, Mitt. 4, S. 104. Wiley-VCH, Weinheim

SCF (Scientific Committee on Food) (2002): Risk Profile on the Microbiological Contamination of Fruits and Vegetables Eaten Raw. Adopted on the 24th of April 2002. Brussels, EU Commisison, Rue de la Loi 200. http://europa.eu.int/comm/food/fs/sc/scf/index_en. html

Schulz. E., G. Flachowsky, und H. Böhme (2003): Die Positivliste für Futtermittelsicherheit und Lebensmittelqualität. ForschungsReport 2/2003, S. 40–42. BMVEL, Berlin.

Shepherd, M., Jr., P. Liang, X. Jiang, M. P. Doyle, and M. C. Erickson (2007): Fate of Escherichia coli O157:H7 during On-Farm Dairy Manure–Based Composting. J. Fd. Prot. 70, 2708–2716

Steinfeld, H., P. Gerber, T. Wassenaar, V. Castel, M. Rosales, and C. de Haan (2006): Livestock's Long Shadow. Environmental Issues and Options. Food and Agricultural Organization of the United Nations, Rome

Strauch, D. (1991): Survival of Pathogenic Micro-Organisms and Parasites in Excreta, Manure and Sewage Sludge. Rev. sci. Tech. Off. int. Epiz. 10, 813–846

Wang, G., T. Zhao, and M. P. Doyle (1996): Fate of Enterohemorrhagic Escherichia coli O157:H7 in Bovine Feces. Appl. Environm. Microbiol. 62, 2567–2570

Wang, G., and M. P. Doyle (1998): Survival of Enterohemorrhagic Escherichia coli O157:H7 in Water. J. Fd. Prot. 61, 662–667

Weiland, P. (2004): Biogas – eine neue Einkommensquelle für die Landwirtschaft. ForschungsReport 1/2004, S. 16–19. BMVEL, Berlin.

2 Transfer und Austausch fremder Stoffe in landwirtschaftlichen Ökosystemen

Der Stoffaustausch auf einem landwirtschaftlichen Betrieb wird auch das Tier als Carrier einbeziehen. Ein permanenter Flux von Agentien über das Tier in die Lebensmittelkette hinein ist somit in Rechnung zu stellen. Dabei übertragen die einzelnen Nutzungsgruppen mikrobiologische Agentien, die unter den vorgefundenen Umständen die besten metabolischen Voraussetzungen vorfinden.

Mit Ausnahme nicht vorhersehbar eintretender Havarien sind diese Belastungen „prozesstypisch", d. h., sie sind verbunden mit etablierten Tier- und Materialflüssen sowie mit Haltungsfragen, die daher bei der Betrachtung der Gegebenheiten nicht ausgeschlossen werden können.

Die infrage kommenden Agentien können chemischer, physikalischer und mikrobiologischer Natur sein, sie können sich bereits von Anfang an in der Linie befinden oder der Prozess ist soweit „offen", dass der Eintrag jederzeit erfolgen kann. Die Stellen, an denen sie in die Gewinnungslinie eintreten können, sind je nach Substanz unterschiedlich und sie müssen identifiziert werden.

Havarien: Durch technische Fehler oder durch menschliches Fehlverhalten kann es zum Zusammenbruch der vorgesehenen Abfolge kommen. Auch Änderungen in der Technik sind sensible Phasen: Werden dadurch Transferwege neu geschaffen oder Kreisläufe ge-

schlossen und wird dies nicht erkannt, kann es zu katastrophenarti-
gen punktuellen oder lang andauernden Auswirkungen kommen.
Beispiele sind das Aufkommen abnormer Prionenproteine bei bestimmten Wiederkäuergeweben in den 1980er und 1990er Jahren,
vor allem in Großbritannien, unterschiedliche Dioxin-Zwischenfälle
oder auch die Persistenz von DDT in der Nahrungskette.
Die Belastung von Klärschlämmen mit Schwermetallen ist ein Beispiel für die Realisierung einer Belastung und die Festlegung ad-
äquater Maßnahmen – je nach Belastung wird kompostiert oder deponiert. Dagegen kann der Umstand, dass zoonotische Agentien in
der Klärschlamm-Verordnung nicht berücksichtigt sind, den Transfer
von Zoonoseerregern in die Tierhaltung zurück fördern. Auch die
häufig lückenhafte Hygienevorsorge in weniger entwickelten Regionen der Erde ist hier aufzuführen.

In Anbetracht der zu erwartenden Klimaveränderungen wird sich
auch die Ökologie der Krankheiten ändern. Insgesamt werden sich
wohl die Erreger tropischer/subtropische Krankheiten in unseren
Breiten weiter ausbreiten können. Die zu erwartenden Auswirkungen bedürfen zukünftig intensiver Untersuchungen und
Beobachtung, um nicht neue und unerwartete Einträge zulassen zu
müssen.

2.1 Biologische Agentien

Belebte Agentien lassen sich unterteilen in Prokaryoten (Viren und
Bakterien), Eukaryoten (Pilze und Hefen), Protozoen sowie höher or-
ganisierte Lebewesen (z. B. Parasiten). Gegebenenfalls wirken sie als
Zoonose- oder als Seuchenerreger. Zoonosen sind zwischen Mensch
und Tier übertragbar, die Erreger sind beiderseits krankmachend.
Der Begriff „Seuche" bezeichnete ursprünglich eine plötzliche und
schwere Erkrankung zahlreicher Individuen in einer Population.

Die biologischen Agentien, die durch Lebensmittel tierischer Herkunft übertragen werden und die Krankheiten hervorrufen, sind
derzeit primär Salmonella, Campylobacter, Clostridium botulinum
oder Trichinella. Weiter zu nennen sind Mycotoxine, humanpathogene Varianten von E.coli, Coxiella burnetii, Erysipelothrix rhusiopathiae, Mycobacterium bovis (und avium), Listeria monocytogenes, Staphylococcus aureus, Clostridium perfringens, Bacillus cereus
oder auch Toxoplasma gondii, Cysticercus bovis und Sarcocystis suihominis. Eine derartige Liste biologischer Gefahren bedarf allerdings,
um zukünftig in Überwachungssystemen berücksichtigt zu werden,
einer wertenden Analyse über die damit verbundenen Risiken.

2.1.1 Viren

Der Umstand, dass der virale Metabolismus auf lebende Zelllinien oder lebendes Gewebe zur Vermehrung angewiesen ist, schließt die Übertragung von Viren über unterschiedliche Carrier nicht aus. Sie macht auch den „Re-Import" in Haltungen hinein über Materialien oder humane/tierische Carrier möglich und denkbar: So haben Cano et al. (2007) für bestimmte Regionen in den USA darauf hingewiesen, dass das PRRS-Virus in frischem und tiefgefrorenem Fleisch überleben kann und damit verbunden die Mahlzeitenangewohnheiten dortiger Landarbeiter die reale Möglichkeit eröffnen, dass das Virus in Schweinebestände hinein- bzw. zurückverschleppt werden kann.

Europäische Schweinepest: Auch Personen können das Virus der ESP von einem Bestand zu einem anderen übertragen, wie experimentell von Ribbens et al. (2007) dargestellt wurde. Hohe Risiken der Virusverbreitung sind verbunden mit dem Transport infizierter Tiere sowie den dementsprechenden Fahrzeugen und mit erregerhaltigen sonstigen Stoffen. Mittlere Risiken werden assoziiert mit Luftübertragung und indirekten Kontakten. Ein eher niedriges Risiko soll die Verbreitung des Virus über die Luft bei Entfernungen über 5 km beinhalten (Dekker 2001).

2.1.2 Eubakterien

Zoonotische Eubakterien stammen in den meisten Fällen aus der Primärproduktion, wobei die teilweise auch längerfristige Etablierung in den nachfolgenden Stationen belegt ist: Staphylokokken in Geflügelschlachtbetrieben, Pseudomonas im Kühlmilieu, Listerien bis weit in die Lebensmittelproduktion hinein. Diesen Formen gemeinsam ist, dass sie nicht an einen Wirt gebunden bleiben, sondern die Übertragung meist auf der Basis von Kontakt erfolgt und auch ein Metabolismus stattfinden kann. Bei Nischenkeimen wie Vertretern der Gattung Clostridium ist dagegen der Metabolismus entweder stark reduziert oder völlig unterbunden. Ein Transfer aus einer geeigneten Quelle ist jedoch auch hier denkbar.

2.1.3 Parasiten

Für Parasitosen gelten häufig strikte Wirt-Parasit-Beziehungen, was die zu berücksichtigenden Kreisläufe übersichtlicher erscheinen lässt. Die bekannten Zyklen regeln das Auftreten und legen gleichzeitig Präventionsmaßnahmen nahe.

Der Mensch kann in den Lebenszyklus einbezogen sein oder auf Grundlage der gegebenen Mensch-Tier-Beziehungen als Fehl-Wirt fungieren. So kann für Trichinella der horizontale Transfer in einer

Haltung von Tier zu Tier ausgeschlossen werden. Andere Parasiten dagegen weisen keine Zwischenwirte auf, so das weltweit auftretende tier- und humanklinisch relevante Protozoon Cryptosporidium, eine als „Emerging Disease" betrachtete weltweite Infektion. Quellen sind unter anderem landwirtschaftliche Rinder-/Kälber-Haltungen, Beachtung finden müssen Gülle und Abflüsse aus landwirtschaftlich genutztem Gelände (Mohammed et al. 2006). Vor allem die mögliche Verbreitung über das Trinkwassernetz wird als Risiko gesehen, dies gilt für enterische Viren auch (Metzler 2000).

Parasitische Dauerformen setzen sich im Allgemeinen in der ersten Stufe der Abwasserklärung (Sedimentierung) ab und gehen dann in den Klärschlamm (Eckert 1992). Turbulenzen können diesen Vorgang jedoch stören. Die Ausfaulung der Klärschlämme soll die Abtötung bewirken, allerdings wurden Zeiten zwischen 2 und 3 Monaten ermittelt, je nach Umständen. Auch eine sachgemäße Kompostierung unter Einhaltung der notwendigen Zeit-Temperatur-Kombinationen reicht zur Abtötung parasitärer Dauerformen aus (Eckert 1992). Für Gülle gelten andere Bedingungen, beispielsweise weist Taenia nach unterschiedlichen Quellen unterschiedliche Tenazität auf, die Angaben schwanken je nach Temperatur zwischen Tagen und Wochen.

2.1.4 Fehlgefaltete Prion-Proteine

Diese biotisch entstandenen, aber fehlgefalteten Proteinverbindungen stammen wohl aus definierten Quellen (industrielle Futtermittel) und wurden erstmals in der Folge technischer Umstrukturierungen in der Tierkörperbeseitigung in hoher Zahl in die tierischen Produktionslinien eingetragen. Weiterhin unklar ist, wann das die BSE auslösende Agens entstand, ob es bereits vor der zur Kenntnisnahme Fälle gab und ob diese Havarie lediglich den Transfer des Agens in die größer dimensionierte Rinderfütterung eröffnete. Der nicht auf dem Nukleinsäuremodell basierende Verbreitungs- und Vervielfältigungsmodus der Prionen verdient Erwähnung.

2.2 Physikalische Agentien

2.2.1 Emissionen und Immissionen:
Die Umwelt von Tierhaltungen

Das Bundes-Immissionsschutzgesetz dient dem Ziel, „Menschen, Tiere und Pflanzen, den Boden, das Wasser, die Atmosphäre sowie Kultur- und sonstige Sachgüter vor schädlichen Umwelteinflüssen zu schützen (…)" (§ 1).

Dabei sind Immissionen „auf Menschen, Tiere und Pflanzen, den Boden, das Wasser, die Atmosphäre sowie Kultur- und sonstige Sachgüter einwirkende Luftverunreinigungen, Geräusche, Erschütterungen, Licht, Wärme, Strahlen und ähnliche Umwelteinwirkungen" (§ 3).

Schädliche Umwelteinwirkungen (…) sind „Immissionen, die nach Art, Ausmaß oder Dauer geeignet sind, Gefahren, erhebliche Nachteile oder erhebliche Belästigungen für die Allgemeinheit oder die Nachbarschaft herbeizuführen" (§ 3).

Bildung und Übertrag von Gasen

In der Hauptsache zu nennen sind die Gase Methan (CH_4), Stickoxid (N_2O) und Ammoniak (NH_3). Alle drei Gase tragen intensiv zum Treibhauseffekt bei, der generell vorhanden ist. Die Wirkung auf den Treibhauseffekt durch diese Gase ist unterschiedlich stark: N_2O $> CH_4 > CO_2$. Stickoxid und NH_3 stammen vor allem aus der einstreugebundenen Tierhaltung (aus der Einstreu selber und aus dem Dung).

Die Angaben zur Herkunft von Methan schwanken, übereinstimmend wird jedoch als Quelle die organische Herkunft herausgestellt. Nach Fritsche (1998) stammt das frei werdende und in die Atmosphäre entweichende Methan (400×10^6 t/Jahr) zu 2/3 aus biologischen Prozessen. Die Hauptquelle stellen Wiederkäuer (90×10^6 t/Jahr) dar sowie der Reisanbau (100×10^6 t/Jahr) und natürliche Gewässer. Die Methankonzentration in der Atmosphäre ist kontinuierlich gestiegen: von 0,6 ppm in vorindustrieller Zeit auf 1,61 ppm im Jahre 1983 (Schönhausen et al. 2002) und auf Werte um 1,73 ppm in heutiger Zeit (Steinfeld et al. 2006).

Tab. 2: Globale Emissionen von Treibhausgasen durch Nutztierhaltung (Steinfeld et al. 2006)			
	Nutztiere: Anteil an der gesamten anthropogenen Emissionen	Nutztiere: Anteil an der gesamten landwirtschaftlichen Emissionen	Landwirtschaft: Anteil an der anthropogenen Emission
Methan	35–40 %	80 %	
CO_2	9 %		
N_2O	65 %	75–80 %	
NH_3	64 %	68 %	94 %[1]

(1): Bezug: gesamte landwirtschaftlich bedingte Emission

Global trägt die Tierhaltung zu 18 % der von Menschen verursachten Treibhausgas-Emissionen bei (Steinfeld et al. 2006). Es kann somit zu einem Zielkonflikt kommen zwischen Maßnahmen zur Sicherung der Welternährung und den Belangen des Klimaschutzes.

Die Emission dieser Gase ist durch die Haltungstechnik beeinflussbar. Für NH_3 werden im Geflügelbereich unterschiedliche bedingende Faktoren genannt (Fairchild 2006): Alter der Einstreu, Alter der Tiere, Art der Einstreu, Stalltemperatur, Relative Feuchte, Ven-tilation sowie Technik und Funktionszustand der Wasserversorgung.

Die Bestandsgröße, gemessen in Großvieheinheiten, sowie die Art der technischen Lösungen von Tierhaltungen bedingen den einzuhal-tenden Mindestabstand einer Stallanlage von Wohnbebauungen. Die TA Luft (2002) etwa beinhaltet Mindestabstände zur nächsten Wohnbebauung auf der Grundlage der gehaltenen Tiere, gemessen in Großvieheinheiten. Der kürzeste Abstand wird mit rund 180 m an-gegeben.

Relative NH_3-Emission in Broilerhaltungen unterschiedlicher Haltungssysteme auf der Grundlage von 5 Mastdurchgängen, traditionelles System als 100 % gesetzt (Näherungswerte) (Spel-derholt 1992)

Traditionell mit Einstreu	100 %
Trampolin-Boden (unterhalb Kotbänder, Lufttrocknung, wöchentliche Entfernung)	1 %
Zur Hälfte Einstreu, zur Hälfte Trampolin (wie Nr. 2, Entfernung je zur Hälfte)	40 %
Wie Variante 3, kein Abtransport, sondern Trocknen unter dem Boden	60 %
Verbleib der Einstreu, jedoch Durchlüftung von unterhalb	5 %

Nach der Richtlinie 96/61/EG muss für Geflügel- und Schweinehal-tungen die „Best Available Technique" verwendet werden, um die NH_3-Belastung unter Kontrolle halten zu können. Die Richtlinie gilt für Bestände ab:

– 40 000 Stück Geflügel
– 2000 Mastschweinen > 30 kg
– 750 Sauen.

Übertrag partikulärer Substanzen

Auch Übertrag von Stäuben oder von biotischen Komponenten fin-det statt. Hohe Mengen partikulärer Emissionen werden vor allem aus Geflügelhaltungen freigesetzt. Lebensfähige Zellen können In-fektionskrankheiten auslösen, auch wenn der größere Teil der Emis-sionen apathogen ist. Schimmelsporen können allergisierend wirken (Konjunktivitis, Asthma, Rhinitis), Endotoxine haben einen ent-zündungsfördernde Wirkung (Bronchitis). Der Übertrag von Anti-biotika über Stallstaub ist belegt (Hamscher 2008). Das Ausmaß der

Emissionen hängt ab von der Quellenstärke und der Wetterlage: Austauschwetterlage oder die Luft lokal nicht austauschende Inversionswetterlage.

Verschleppt werden können auch Fremdkörper, denen mit geeigneten Techniken entgegengetreten werden kann, wie etwa Metallen mittels Metallsuchgeräten. Dies wird jedoch weitestgehend erst in den verarbeitenden Phasen aktuell. Ebenfalls unter „physikalische Agentien" subsumiert werden können Beobachtungen, die einen klar ekelerregenden Faktor mit sich bringen – Stichworte wären etwa die „Maus im Brotlaib" oder die sprichwörtliche „tote Katze im Milchtank".

Ionisierende Strahlen sind in ordnungsgemäß produzierten Lebensmitteln nicht zu erwarten, sondern ggf. bei Rohstoffen, die aus Regionen stammen, die durch Radionuklide belastet sind.

2.3 Chemische Agentien

2.3.1 Fremde Stoffe

Fremde Stoffe in Lebensmitteln stammen aus dem Einsatz chemischer Stoffe in Agrikultur, der Lebensmittelbe- und verarbeitung sowie der industrialisierten Umwelt in Mitteleuropa. Sie können unterteilt werden in Agrochemikalien, Stoffe aus der Industrie, Substanzen aus der medikamentösen Anwendung bei Tieren sowie in technische Stoffe, die in der Produktion spezieller Erzeugnisse eingesetzt werden. Ihr Einsatz unterliegt rechtlichen Beschränkungen oder auch einem gänzlichen Verbot.

Sie können unter Umständen auch durch illegales Handeln eingetragen werden.

DDT als Agrochemikalie

DDT (Dichlordiphenyltrichlorethan) kann als ein klassisches Umweltproblem gelten. Die Persistenz dieses Stoffes kann insofern abgegrenzt werden von den als Havarien zu bezeichnenden punktuellen Zwischenfällen.

DDT wurde 1874 synthetisiert, die insektizide Wirkung wurde 1939 erkannt. Die sich anschließende Anwendung in der Landwirtschaft hatte eine Anreicherung in der Nahrungskette bis hin in die Muttermilch zur Folge. Seit 1972 ist die Substanz in West-Deutschland verboten, wurde jedoch in der DDR weiter eingesetzt. Der Stoff ist auch heute noch in der Umwelt vorhanden.

Ökotoxizitätsprüfungen beziehen sich auf die Bestimmung der Lipophilie, die akute Toxizität und die Toxikokinetik. Außerdem wird das Verhalten in Boden, Wasser und der Luft oder die Auswirkungen des Agens auf Wasserlebewesen geprüft.

2.3.2 Drift und Verbleib von Arzneimitteln in der Primärproduktion

Arzneimittel sind – im Gegensatz zu den Umweltkontaminanten – bewusst applizierte Substanzen in der Tierhaltung. Sie verbleiben für eine bestimmte Zeit im Körper und können so im Falle der Schlachtung des Nutztieres zum Rückstand werden.

Nach der Verabreichung eines Arzneimittels zum Zwecke eines therapeutischen Effektes kommt es zu Wirkungen im Tier (Pharmakodynamik). Gleichzeitig verstoffwechselt der Organismus die Substanz (Pharmakokinetik: Umwandlung/Abbau der Substanz) oder sie bleibt in der ursprünglichen Form erhalten. Gleichzeitig kann es zur Ausscheidung oder zur Ablagerung im Organismus kommen. So wird das – für landwirtschaftliche Nutztiere nicht mehr zugelassene – Chloramphenicol zu hohen Prozentsätzen über den Harn wieder ausgeschieden, wobei 96 % dieses ausgeschiedenen CAP als unwirksames Glucuronid vorliegen (Berger et al. 1986). In der Gülle befindliche Glucuronidasen führen zur Reaktivierung, dies je nach Belüftungsintensität innerhalb von Stunden. Dagegen werden bestimmte säurefeste und oral zu verabreichende Penicilline zu ca. 30 %, Tetracycline bis zu 80 % oder Sulfonamide (schwer resorbierbar) zu über 96 % fäkal ausgeschieden (Lutz u. Alber 2004), was zu Anfang einer entsprechenden Tierbehandlung bedeutsame Mengen antibiotischer Substanzen in den Fäces zur Folge hat.

Hohe Substanzkonzentrationen können sowohl die Kompostierung als auch den Abbau der Antibiotika selber stören (Böhm 1996; Lutz u. Alber 2004). Lutz u. Alber (2004) kalkulieren auf der Grundlage einer Literatursichtung einen Zeitrahmen von 1 Jahr für den Abbau von antibakteriellen und antiparasitischen Arzneimitteln in Festmist. Somit sollten Antiinfektiva in Milieus, in denen es zu mikrobiellen Leistungen kommen soll (z. B. Gülle, Kompost, Fermenter/Faulturm) nicht vorhanden sein.

Als Konsequenz wird auch im landwirtschaftlichen Umfeld zunehmend nach antibiotischen Stoffen gesucht: Funde aus der Gülle liegen vor, auch noch mehrere Wochen nach dem Ausbringen von Gülle auf Weiden (Berger et al. 1986). Hamscher et al. (2002) fanden Tetracyclin und Chlortetracyclin in Gülle in Mengen von 4,0 mg/kg (Tetracyclin) bzw. 0,1 mg/kg (Chlortetracyclin). Auf den entsprechenden Weiden mit regelmäßiger Gülledüngung konnten beide Stoffe bis zu einer Tiefe von 30 cm in nach unten ansteigender Konzentration wieder gefunden werden, dies in µg-Größenordnungen. Es wurde der Schluss gezogen, dass die Düngung zu einer Anreicherung im Boden führen kann, die durch die Abbauprozesse der Stoffe nicht ausgeglichen wird. Die Möglichkeit einer Umweltgefährdung durch Tetracycline wurde schon 1997 von Ungemach und Abraham in Betracht gezogen.

Die Nutzung antibiotischer Substanzen und die sich anschließende Ausbringung von Gülle können auch die Zusammensetzung der mikrobiellen Bodengemeinschaften und deren Antibiotikaresistenzmuster beeinflussen (N. N. 2007).

2.4 Literatur

2.4.1 Publikationen

Berger, K., B. Petersen, und H. Büning-Pfaue (1986): Persistenz von Gülle-Arzneistoffen in der Nahrungskette. Arch. Lebensmittelhyg. 37, 99–102

Böhm, R. (1996): Auswirkungen von Rückständen von Antiinfektive in tierischen Ausscheidungen auf die Güllebehandlung und den Boden. Dtsch. Tierärztl. Wschr. 103, 264–268

Cano, J. P., M. P: Murtaugh, and S. A. Dee (2007): Evaluation of the survival of porcine reproductive and respiratory syndrome virus in non-processed pig meat. Veterinary Record 160, 907–908

Dekker, A. (2001): Epidmiologie der Maul- und Klauenseuche. Vlees, Ausgabe 4, 27. 06. 2001. Informationsbüro der Niederländischen Fleischwirtschaft. Mühlheim/Ruhr

Eckert, J. (1992): Dauerformen von Parasiten als umwelthygienisches Problem. In: J. Eckert, E. Kutzer, M. Rommel, H.-J. Bürger, und W. Körting: Veterinärmedizinische Parasitologie. Parey, Berlin, Hamburg, S. 95–104.

Fairchild, B. (2006): Ammonia Emissions from Poultry Houses: The US View. Poult. Int. 45, 8–12

Fritsche, W. (1998): Umweltmikrobiologie. Grundlagen und Anwendung. Verlag Gustav Fischer Jena, S. 58, 92

Hamscher, G. (2008): Review: Tierarzneimittel in der Umwelt unter besonderer Berücksichtigung von Stallstäuben. J. Verb. Lebensm. 3, 165–173

Hamscher, G., S. Sczesny, H. Höper, and H. Nau (2002): Determination of Persistent Tetracycline Residues in Soil Fertilized with Liquid Manure by High-Performance Liquid Chromatography with Electrospray Ionization Tandem Mass Spectography. Anal. Chem. 74, 1509–1518

Lutz, F., J. Alber (2004): Zur Bewertung von Arzneimittelrückständen im Festmist von Veterinärkliniken. Eine Literaturauswertung. Tierärztl. Prax. 32 (G), 180–190

Metzler, A. (2000): Viren und unkonventionelle Krankheitserreger. In: DFG (Hrsg.): Potenzielle Schadorganismen und Stoffe in Futtermitteln sowie in tierischen Fäkalien. Senatskommission zur Beurteilung von Stoffen in der Landwirtschaft. Mitteilung 4, S. 5–55. Wiley-VCH

Mohammed, H. O., S. E. Wade, P. E. Ziegler, S. R. Starkey, and S. L. Schaaf (2006): Nonpoint Source Contamination – The Risk of Cryptosporidium spp. in Watersheds. Proc. 11th Int. Symposium on Veterinary Epideiology and Economics, 2006, Cairns, Autralia. Available at www.sciquest.org.nz

N. N. (2007): Gülledüngung fördert Antibiotikaresistente Bakterien im Boden. Dtsches Tierärztebl. 55, 1150–1151

Ribbens, S., J. Dewulf, F. Koenen, D. Maes, and A. de Kruif (2007): Evidence of indirect transmission of classical swine fever virus through contacts with people. Veterinary Record 160, 687–690

Schönhausen, U., D. Fiedler, u. J. Voigt (2002): Tierproduktion und anthropogener Treibhauseffekt. ForschungsREPORT 2/2002, S. 42–46. BMVEL, Berlin

Spelderholt Research Institute (1992): Manure, Environment and Ammonia. From: Annual Report, Beekbergen, the Netherlands. Poult. Int. 31, 18–19

Steinfeld, H., P. Gerber, T. Wassenaar, V. Castel, M. Rosales, and C. de Haan (2006): Livestock's Long Shadow. Environmental Issues and Options. Food and Agricultural Organization of the United Nations, Rome

Ungemach, F. R., u. G. Abraham (1997): Tierarzneimittel. In: DFG: Potenzielle Schadorganismen und Stoffe in Futtermitteln sowie in tierischen Fäkalien. Präsentation des Sachstandsberichtes, Bonn. DFG, Bonn

2.4.2 Rechtsvorschriften

Bundes-Immissionsschutzgesetz (BGBl I, 1995, S 930, N. 37)

Richtlinie 96/61/EG des Rates vom 24.9.1996 über die integrierte Vermeidung und Verminderung der Umweltverschmutzung. Amtsbl. der EU vom 10.10.1996, L257/26

TA Luft (2002): Bundesministerium für Umwelt, Naturschutz und Reaktorsicherheit (2002): Technische Anleitung zur Reinhaltung der Luft – TA Luft vom 24.7.2002. Gem. Min. Bl. vom 30.7.2002

3 Haltung Lebensmittel liefernder Tiere

3.1 Globale Betrachtung

Tiere sind historisch ein integraler Bestandteil menschlicher Kultur und menschlichen Umfeldes, gleichzeitig spiegeln sich die Kulturen in unseren Haustieren wider: Rinder, Büffel, kleine Wiederkäuer, Kamele und Dromedare, Schweine, Einhufer, Kaninchen, Meerschweinchen, unterschiedliche Geflügelarten. Während ihrer Nutzungsperiode sind sie Ausgangspunkt für separate „Lebensmittelketten" (Milch, Eier, Honig). Nach der Schlachtung stellen sie, vor allem die Fleisch liefernden Masttiere, den Ausgangspunkt für die Fleischgewinnungslinie und die entsprechenden Erzeugnisse dar. Geflügel und auch das Schaf stehen weitgehend unabhängig von Religionen und kulturellen Einschränkungen für den Humanverzehr zur Verfügung. Der FAO zufolge (Steinfeld et al. 2006) gab es global im Jahre 2002 Haustiere in unterschiedlicher Größenordnung, siehe Kasten.

Dabei war die globale Verteilung und damit die Schwerpunkte der Nutzung regional unterschiedlich (Tab. 3 für die wichtigsten Haustiere).

Auch die Techniken der Tierhaltungen können global nicht miteinander verglichen werden, sie sind an die regionalen Gesellschaftsstrukturen angepasst: In den Industriestaaten und auch regional weltweit existieren hoch verdichtete Tierhaltungen. Nach wie vor jedoch sind die Weltgegenden in der Mehrzahl, in denen eher kleinlandwirtschaftliche Strukturen vorherrschen mit einer bodennahen Tierproduktion.

Rinder und Büffel:	1,496 Mrd.
Kleine Wiederkäuer:	1,784 Mrd.
Kameliden:	19 Mio.
Pferde:	55 Mio.
Schweine:	0,933 Mrd.
Geflügel (Hühner, Enten, Gänse, Puten):	17,437 Mrd.

In den letzten Jahrzehnten haben sich in den industrialisierten Ländern und in anderen dementsprechend organisierten Haltungszentren die Leistungsanforderungen an die Tiere stark erhöht, was sich an der Milchproduktion, der Eiererzeugung oder den gesteigerten Tageszunahmen von Masttieren leicht darstellen lässt. Letzteres hat in Konsequenz das Schlachtreifealter für Mastschweine und Mastgeflügel gesenkt, wobei für Mastkälber die gegenläufige Entwicklung zu beobachten war.

Tab. 3: Zahl der Haustiere weltweit (Steinfeld et al. 2006)

Nutzungsgruppe	Gesamt	Industriestaaten	Entwickelnde/ Schwellenländer
Geflügel	15 146 608 000	4 518 867 000	10 627 741 000
Schwein	917 635 000	285 215 000	632 420 000
Rinder	1 310 611 000	326 830 000	983 781 000
Kleine Wiederkäuer	1 722 175 000	400 136 000	1 322 038 000

Von 4,1 Mrd. im Jahre 1975 ist die menschliche Bevölkerung auf dem Globus auf 6,5 Mrd. im Jahre 2005 gestiegen, dies mit einem jährlichen Anstieg von 2 % (Flock & Preisinger 2007). Auch für unterschiedliche Zweige der Erzeugung von Tieren stammender Lebensmittel kann eine Steigerung dargestellt werden, siehe Kasten.

In den industrialisierten Ländern ist ein hoher Fleischkonsum zu verzeichnen, im globalen Vergleich dagegen ist die Versorgung nicht ausgeglichen. Hier

Jährliche Steigerungsraten für den Zeitraum zwischen 1995 auf 2004 für unterschiedliche von Tieren stammende Lebensmittel (Flock & Preisinger 2007)	
Milch	+ 1,6 %
Rindfleisch	+ 1,3 %
Schweinefleisch	+ 4,9 %
Kleine Wiederkäuer	+ 3,0 %
Geflügel	+11,2 %
Eier	+ 5,6 %
Fisch	+ 3,8 %
Protein in kg pro Kopf	+ 1,0 %

kommt dem Geflügel mit einer sehr guten Futterverwertungsrate eine sicher auch geopolitisch wichtige Rolle zu. Rund 2 kg pflanzlichen Proteins produzieren ca. 1 kg tierischen Proteins. Aber auch Daten zum Geflügel zeigen deutlich, dass die Ressourcen ungleichmäßig verteilt sind.

Vor allem Hühner (Jungmasthühner, Legehennen) und Puten werden weltweit auf einem hoch verdichteten Niveau gehalten. In den Entwicklungs- und Schwellenländern kommt dem Geflügel große Bedeutung, auch epidemiologisch, zu. Hier leben die Tiere in engem Kontakt zum Menschen.

Die Bedeutung des Geflügels als weltweit akzeptiertes Lebensmittel geht auch aus den Produktions- und Verbrauchszahlen von Geflügelfleisch und Eiern hervor. Die starken Zuwächse in Asien sind unübersehbar und typisch für den lokalen Bedarf und die dortige Bedeutung des Geflügels. Im relativen Anteil der globalen Produktion von Geflügelfleisch haben von 1970 auf 2005 vor allem Asien und Südamerika in starkem Maße Anteile hinzugewonnen (v. Horne & Windhorst 2007), entsprechend verschoben haben sich auch die Anteile am globalen Handel.

Tab. 4:	Anteil der Kontinente in der globalen Geflügelfleischproduktion von 1970 auf 2005 (v. Horne & Windhorst 2007) in Prozent		
Kontinent	1970	1990	2005
Afrika	4,0	5,0	4,2
Asien	17,9	24,4	34,0
Europa	28,1	20,6	16,4
Russland (UdSSR)	7,1	8,0	—
Nord-/Zentral-Amerika	36,2	31,3	28,4
Süd-Amerika	5,8	9,5	15,7
Ozeanien	0,9	1,2	1,2

Was die weltweite Nutzung von Geflügel anbelangt, sind die Zahlen auf dem Geflügelmarkt im Vergleich zu den Haussäugetieren deutlich höher. Im Vergleich der Geflügelarten liegt das Schwergewicht bei den Jungmasthühnern (Broiler), siehe Kasten.

3.2 Lebensmittel liefernde Haustiere in der EU

Mit der Osterweiterung ist der Tierbestand in der EU stark angestiegen: In der EU wurden nunmehr 94,2 Mio. Rinder und 159 Mio. Schweine gezählt (N. N. 2003).

In der EU der 25 Mitgliedstaaten lag der Wert der Erzeugung von Tieren und tierischen Erzeugnissen im Jahre 2005 bei 123,32 Mrd. Euro. Für Deutschland belief sich dieser Wert auf 18,95 Mrd. Euro

(EUROSTAT 2007). Die EU hat einen Selbstversorgungsanteil von 96,3 % für Rindfleisch, von 107,6 % für Schweinefleisch und von 79,1 % für Schaffleisch (EU Commission 2007, Zahlen für das Jahr 2005).

Die EU der 25 produziert ca. 21 % des totalen globalen Schweinefleischaufkommens und 13,3 % des globalen Rindfleisches (Tab. 5). Für Schweinefleisch steht Deutschland in der EU (19,4 % der gesamten EU-Produktion) an der Spitze, für Rindfleisch dagegen Frankreich mit 29,7 % der gesamten EU-Produktion.

Geflügelproduktion weltweit (2003) in Mio. t (Flock & Preisinger 2007):	
Jungmasthühner:	65,00
Puten:	5,35
Enten:	3,31
Gänse:	2,13
Total:	75,80

Tab. 5: Globale Fleischproduktion in % des Aufkommens (EU-Commission 2007, Näherungswerte)

Schweinefleisch		Rindfleisch	
China	49 %	USA	19 %
EU	21 %	EU	13 %
USA	9 %	Brasilien	12 %

Die Produktion kleiner Wiederkäuer, auch der Handel innerhalb der EU stellen einen wichtigen ökonomischen Faktor dar. UK, Griechenland oder Frankreich sind wichtige Produzenten (Tab. 6), Hauptproduzenten für Schaf- und Ziegenfleisch in der EU ist Spanien mit 29,7 % der Gesamtproduktion.

Nach den MKS-Vorfällen in UK im Jahre 2001 hat sich der dortige Schafmarkt noch nicht wieder erholt, die Produktion von Schaf- und Ziegenfleisch fiel in UK von 2000 auf 2001 um 68 % (EU-Commission 2007), was beispielhaft für die Bedeutung von Tierkrankheiten stehen kann.

Tab. 6: Schlachtzahlen in der EU für Schafe und Ziegen (1999) (SCVMPH 2001)

	Lämmer	andere	Ziegen
EU	60 180 700	9 582 500	8 250 200
D	k. A.	2 187 100	17 300
Spanien	18 842 100	619 400	1 869 500
UK	16 827 800	2 288 000	5 800
Schweden	162 700	27 900	400

Kaninchen wurden um ca. 300 v. Chr. domestiziert (Bessei 2005). Weltweit wird etwa 1 Mio. t Kaninchenfleisch pro Jahr produziert (Ziegler 2001), wobei als größter Produzent Chian angegeben wird (Rodriguez-Calleja et al. 2004). Schwerpunkte in Europa sind Italien

(300 000 t), Frankreich mit 150 000 t oder Spanien mit 120 000 t (Golze u. Wehlitz 2005), auch in Portugal und Belgien findet sich Kaninchenhaltung in intensivierter Form. Verglichen mit anderen EU-Mitgliedsstaaten, existiert in Deutschland Mastkaninchenhaltung nur in kleinerem Maßstab.

3.3 Lebensmittel liefernde Haustiere in Deutschland

In Deutschland stehen steigenden Tierzahlen sinkende Tierhalterzahlen und damit eine steigende Tierzahl pro Halter gegenüber. Damit verschob und verschiebt sich die Struktur der Betriebe weiterhin zugunsten größerer Einheiten. Im Jahre 1987 standen noch 40 % aller Rinder in Betrieben von max. 49 Tieren, 1997 waren es nur noch 20 % (N. N. 1999). Auch regional sind Unterschiede feststellbar (Probst et al. 2002). So konzentrieren sich in Deutschland die Rinder auf den Nordwesten und den Süden/Südosten, in den 1990er Jahren wurde fast 1/3 des Rindfleischs aus Deutschland in Bayern produziert. Dies ist auch heute noch der Fall (Tab. 7). Die größeren Schlachtbetriebskapazitäten liegen dagegen in NRW und Niedersachsen.

Tab. 7:	Rinderbestand (ohne Kälber) in Deutschland, Mai 2006 (Stat. Bundesamt 2007)
Gesamt	12 747 900
Baden-Württemberg	1 047 500
Bayern	3 489 800 (27,4 %)
Niedersachsen	2 520 000 (19,8 %)
NRW	1 335 300
Schleswig-Holstein	1 152 800

Tab. 8:	Rind und Schwein: Entwicklung der Tierzahlen in Deutschland (Stat. Bundesamt 2007)	
	2000	2006 (Mai-Zählung)
Rinder	14,5 Mio.	12,7 Mio.
Schweine	25,6 Mio.	26,5 Mio.

Tab. 9: Tierhaltung in der BR* Deutschland bzw. in Deutschland (in Mio. nach N. N. 2002; Stat. Bundesamt 2007)				
	1950 (BR)	1975 (BR)	2001	2005
Pferde	1,6	0,3	0,8	
Rinder	11,0	14,0	15,0	13,0
Schweine	12,0	20,0	26,0	27,0

* BR: Bundesrepublik

Für Schweine lässt sich aus den vorliegenden Zahlen eine ansteigende, für Rinder eine abfallende Tendenz ablesen (Stat. Bundesamt 2007).

Equiden: Im Jahre 1970 wurde in der BR Deutschland der niedrigste Pferdebestand überhaupt verzeichnet mit insgesamt 253 000 Tieren (N. N. 1997).

3.4 Literatur

Bessei, W. (2005): Haltungssysteme für Mastkaninchen aus ethologischer Sicht. In: J. Petersen (Hrsg.): Kaninchenfleischgewinnung. Handbuch für Züchter und Mastbetriebe. Verlag Oertel + Spörer, Reutlingen, S. 38–49

EU-Commission (Directorate for Health and Consumer Protection) (2007): Study on the stunning/killing practices in slaughterhouses and their economic, social and environmental consequences. (Tender No 2004/S 243–208899). Final Report, Part I: Red Meat. European Commission DG Sanco, Brussels. Expert Team: F. Alleweldt, S. Kara, K. Schubert, R. Fries, R. Großpietsch, C. Caspari, D. Bradley, R. Gauthier, L.v. Nieuwenhuiye, A. Sofias

Flock, D.K., and R. Preisinger (2007): Specialization and Concentration as Contributing Factors to the Success of the Poultry Industry in the Global Food Market. Arch. Geflügelk. 71, 193–199

Golze, M., und R. Wehlitz (2005): Einflüsse auf die Mast- und Schlachtleistung sowie die Schlachtkörper- und Fleischqualität. In: J. Petersen (Hrsg.): Kaninchenfleischgewinnung. Handbuch für Züchter und Mastbetriebe. Verlag Oertel + Spörer, Reutlingen, S. 118–129

N.N. (1997): Zukunft der Pferdepraxis. Dtsches Tierärztebl. 45, 847

N.N. (1999): Strukturwandel in der Rinderhaltung. Tierärztliche Umschau 54, 661

N.N. (2002): Tierbestand in Deutschland 2000–2001 in Mio. Deutsches Tierärzteblatt 50, 803

N.N. (2003): Mehr Nutztiere in Europa. Deutsches Tierärzteblatt 51, 235

N.N. (2007): Agrarminister ziehen bei einem Alter von acht Monaten die Grenze zwischen Kalb- und Jungrindfleisch. Dtsches Tierärztebl. 55, 1148

Probst, F.-W., I. Uetrecht, H. Wendt, J. Efken, R. Klepper u. O. von Ledebur (2002): Das Bild der Branche – Fakten und Trends. Fleischwirtsch. 82 (7), 12–18

Rodriguez-Calleja, J.M., J.A. Santos, A. Otero, and M.-L. Garcia-Lopez (2004): Microbiological Quality of Rabbit meat. J. Food. Prot. 67, 966–971

SCMVPH (2001): Opinion of the Scientific Committee on Measuresd Relating to Veterinary Public Health on Ovine Gas De-pelting. Adopted on 14–15 February 2001. Health and Consumer Protection Directorate-General, Directorate C. Brussels, Belgium

Statistisches Bundesamt (2007): Land- und Forstwirtschaft, Fischerei: Viehbestand und tierische Erzeugung. Fachserie 3/Reihe 4. Statistisches Bundesamt, Wiesbaden

Steinfeld, H., P. Gerber, T. Wassenaar, V. Castel, M. Rosales, and C. de Haan (2006): Livestock's Long Shadow. Environmental Issues and Options. Food and Agricultural Organization of the United Nations, Rome

van Horne, P.L.M., and H.W. Windhorst (2007): Market of European poultry product in view of world trade. Proceedings, XVIII European Symposium on the Quality of Poultry Meat and XII European Symposium on the Quality of Eggs and Egg Products, Prague, September 2–5, 2007 (C1-Economy) pp. 12–14

Ziegler, R. (2001): Überwachung von Kaninchenanlagen – Erfahrungsbericht einer Amtstierärztin. Dtsch. tierärztl. Wschr. 108, 125–131

4 Lebensstationen der Nutztiere

4.1 Haltung von Rindern

Je nach Rasse und/oder Geschlecht werden Rinder vor allem für die Milch- oder Fleischgewinnung gehalten. „Zweinutzungs"-Rassen sind in beiderlei Hinsicht leistungsfähig. Zwischen der Haltung von Milchkühen und der Bereitstellung von Tieren für die Mast oder für die Remontierung besteht ein Zusammenhang: Ohne Trächtigkeit keine Laktation, was die hohe Bedeutung der Fruchtbarkeit der Milchkuhbestände herausstellt.

Abb. 3
Die Lebensstationen von Rindern

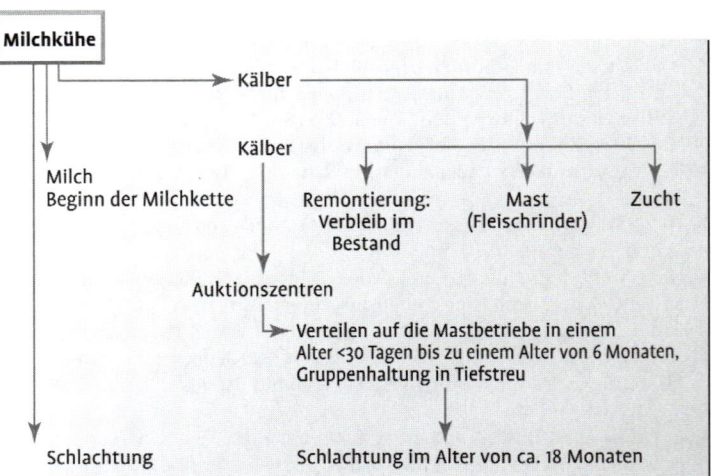

4.1.1 Alters- und Nutzungsgruppen

Kälber wurden lange, auch geografisch, unterschiedlich definiert. In Deutschland wird ein Rind als Kalb bezeichnet, wenn es sich altersmäßig vor dem Zahnwechsel befindet, dies bis zu einem Schlachtgewicht von 150 kg – bereits festgeschrieben im ehemaligen nationalen Fleischhygienerecht. Das Statistische Bundesamt (2007) definiert als Kälber Rinder bis zu einem Lebendgewicht von 220 kg, die noch keinen zweiten Incisivus gewechselt haben.

In der EU scheint sich neuerdings eine einheitliche Lesart für Kalbfleisch herauszubilden (N. N. 2007I). Danach stammt Kalbfleisch von Rindern bis zu einem maximalen Alter von 8 Monaten, Jungrindfleisch wird von 8–12 Monate alten Rindern gewonnen.

Das Rind dient als Standard für die Großvieheinheit – GVE. Es handelt sich dabei um eine rechnerische Größe, die es ermöglicht, die

Die Fleischkategorien vom Rind nach der Rindfleisch-Handelsklassenverordnung definieren sich alters- und geschlechtsabhängig ohne Gewichtsangabe:

Kalbfleisch	Fleisch mit Kalbfleischeigenschaften
Jungrindfleisch	von nicht ausgewachsenen Rindern
Jungbullenfleisch	von männlichen nicht kastrierten Tieren unter 2 Jahren
Bullenfleisch	von männlichen nicht kastrierten Tieren über 2 Jahren
Ochsenfleisch	von ausgewachsenen männlichen kastrierten Tieren
Kuhfleisch	von ausgewachsenen weiblichen Tieren, die bereits gekalbt haben
Färsenfleisch	von anderen ausgewachsenen weiblichen Tieren

Ergebnisse aus unterschiedlichen Nutzungsgruppen zusammenzufassen (Stat. Bundesamt 2007). Als Bezugseinheit mit „1" ist das 2 Jahre und ältere Rind definiert, auf das alle anderen Nutzungsgruppen entsprechend bezogen sind. Der Sinn liegt im Kapazitätsvergleich mit der Möglichkeit, Anforderungen, etwa an die Schlachtbetriebe, vereinheitlicht festlegen zu können. Eine Auswahl der Großvieheinheiten im Kasten.

	GVE
Pferde	0,90
Kälber und Jungrinder unter 1 Jahr	0,30
Rinder 2 Jahre und älter	1,00
Ferkel	0,02
Mastschweine 50 kg und mehr	0,16
Schafe unter 1 Jahr	0,05
Geflügel	0,004

4.1.2 Milchrinder

Milchrinder werden sowohl in ihrer Lebendphase zur Milch und Bestandserneuerung genutzt als auch danach zur Fleischgewinnung. Dies mag den Entschluss erleichtern, sich von den Tieren gegebenenfalls zu trennen, wobei ein bestimmtes Remontierungsmaß unvermeidbar ist, schon um die Herdenleistung aufrecht zu erhalten. Allerdings wird auch in Milchviehbeständen Mortalität beobachtet; so hat sich die Sterblichkeit in dänischen Milchrinderbeständen von 2 % im Jahr 1990 auf 4 % im Jahr 2002 erhöht (Thomsen et al. 2007).

Die intensive Nutzung der Tiere kann Störungen in der Physiologie der Tiere Vorschub leisten: Labmagenverlagerungen, Stoffwechselstörungen wie Azetonämien und Paresen (Hypocalcämie und Hypophosporämie) treten vermehrt auf. Derartige Erkrankungen werden auch in Zusammenhang gebracht mit der Milchmengenleistung oder mit einem – zu gutem – Ernährungszustand. Für Dänemark wurde eine Milchfieberquote von 3 % ermittelt (Hansen et al. 2007), wobei dies durch Anbindehaltung begünstigt wurde. Labmagenverlagerungen wurden auch mit der Konsistenz der Ration in Verbindung gebracht.

Nutzungsdauer

Seit längerem ist eine absinkende Nutzungsdauer und damit ein absinkendes Lebensalter von Milchkühen zu beobachten, vor allem wegen Sterilität und Gesundheitsstörungen der Kühe, was sich in der Zahl der Laktationsperioden niederschlägt: Lotthammer (1999) stellte am Beispiel einer Hochleistungsherde fest, dass die Zahl von Kühen mit 3 Laktationsperioden und weniger stark anstieg. Haworth et al. (2008) ziehen aus entsprechenden Beobachtungen den Schluss, dass die verringerte Fruchtbarkeitsrate die Verfügbarkeit von Färsen zur Remontierung verringert, was wiederum den Bedarf nach mehr Tieren (von außerhalb) provoziert.

Schon früh war ein Zusammenhang zwischen der Zunahme bestimmter Defekte bei Milchkühen und den Abgängen gesehen worden. Gegenüber der entsprechenden Zahl aus dem Jahre 1960 hatte sich die Zahl der Abgänge, die auf Eutererkrankungen, Klauen- und Gliedmaßenerkrankungen sowie Fruchtbarkeitsstörungen zurückzuführen waren, bis zum Berichtsjahr 1992 zum Teil drastisch erhöht (Sommer 1992). Die Milchleistung einer Milchkuh ist in den letzten

Tab. 10: Zunahme von Erkrankungen und Milchleistung bei Milchkühen (Sommer 1992)				
	1960	1970	1980	1990
Milchleistung	100 %	100 %	110 %	120 %
Fruchbarkeitsstörungen	100 %	170 %	160 %	160 %
Eutererkrankungen	100 %	220 %	380 %	590 %
Klauen-/Gliedmaßenerkr.	100 %	160 %	220 %	390 %

10 Jahren weiter angestiegen: Sie lag im Jahr 1995 bei 452 kg je Kuh und Monat, im Jahr 2006 belief sich dieser Wert auf 571 kg, dieses mit starken reginalen Unterschieden (Stat. Bundesamt 2007). Dabei sank der Gesamtrinderbestand von 14,5 Mio. im Jahr 2000 auf 12,7 Mio. im Jahr 2006.

Für die Entscheidung zur Schlachtung können Lahmheiten, Unfruchtbarkeit sowie Mastitiden bzw. herabgesetzte Milchleistung direkt maßgebend sein. Nach einer Untersuchung aus Sachsen schieden von 42 525 Erstkalbinnen bereits 11 395 Tiere während der ersten Laktation aus (N. N. 2007 II). Zwischen der Wahrscheinlichkeit einer Schlachtung und der Zahl der Episoden mit klinischer Mastitis scheint ein Zusammenhang zu bestehen (Hertl et al. 2006).

Bei den „Abgängen" – d. h., meist wohl Schlachtungen der Tiere – handelt es sich um Milchkühe, die aus unterschiedlichen Gründen dem Leistungsziel nicht – mehr – gerecht werden. Die Schlachtung ist jedoch in keinem Falle das primäre Ziel bei Milchkühen im Gegensatz zu Fleischrindern. Damit muss bei der Schlachtung von Milchkühen zunächst einmal nach der „Vorgeschichte" gefragt werden.

Zur näheren Beschreibung derartiger Tiere („Loser Cows") wurden in Dänemark als Einschätzungsgrundlage klinische Befunde und andere Beobachtungen aufgeführt (Thomsen et al. 2007), siehe Kasten.

Von 15151 dort untersuchten Kühen wiesen 3,24% „Loser-Cow"-Charakteristika auf. Innerhalb einer Herde schwankte der Anteil dieser Tiere zwischen 0 und 11,5% (Thomsen et al. 2006). Es konnten Zusammenhänge zwischen den aufgeführten klinischen Einzelbefunden und Beobachtungen aus der Haltung festgestellt werden, siehe Kasten.

Identifizierung von „Loser Cows": Klinische Befunde und andere Beobachtungen:
– Lahmheiten nach einem festgelegten Schlüssel
– Ernährungszustand nach einem „Body Condition Score" – fett bis mager, festgestellt an definierten Stellen
– Läsionen am Sprunggelenk – unterschiedliche Grade
– Hautläsionen an anderen Stellen – abgestufte Intensität
– Vaginal–Ausfluss unterschiedlichen Ausmaßes
– Fell – von glänzend bis schmutzig
– Allgemeinzustand

„Loser Cows":
Milchproduktion: geringer als bei gesunden Tieren
Abgänge (Schlachtung oder Tötung): höher als bei gesunden Tieren
Morbidität (Zahl der Fälle): verdoppelte Behandlungsquoten
Arbeitsaufwand: signifikant höher

Von 1314 Kühen, die im Beobachtungszeitraum den Bestand verließen, fanden sich spezifische Assoziationen mit „Loser"-Kühen, vgl. Tab. 11.

Tab. 11: Das zu erwartende Schicksal von „Loser Cows" (Thomsen et al. 2006)

	verendet in %	euthanasiert in %	geschlachtet in %	zur weiteren Nutzung in %
Kühe im Normalbereich	5,8	4,4	86,4	3,4
Loser Cows	15,4	13,5	69,2	1,9

Für Haltungen mit einem höheren Prozentsatz an derartigen Tieren wurden als Risikofaktoren abgeleitet: hohe Zellzahl, hohe Haltungsmortalität, viele Totgeburten, harte Euterviertel und kein Weidegang, ebenso wiesen ältere Tiere ein höheres Risiko auf, als „Loser Cow" eingeordnet zu werden.

Klauenzustand als Beispiel für eine Technopathie beim Rind
In Deutschland standen im Jahre 2003 Erkrankungen der Klauen
und Gliedmaßen als Abgangsursachen bei Kühen mit 11,3 % an drit-
ter Stelle nach Unfruchtbarkeit und Eutererkrankungen (Landmann
und Herrmann 2004). Feldmann et al. (2006) stellten bei lahm ge-
henden Tieren eine verringerte Konzeptionsrate fest. Insgesamt lagen
lahme Tiere beim Vergleich der Kosten pro Trächtigkeit über den
Kosten für nicht lahme Tiere.
Auch in den USA rangiert nach Hernandez (2006) die Lahmheit
als Gesundheitsproblem Nr. 3 unter den 9 Mio. Milchkühen. Danach führen Lahmheiten zu verzögertem Ovarialzyklus, verzögerter
Konzeption und zu verringerter Milchproduktion. Präventive Klau-
enpflege bewirkt nach allgemeiner Auffassung ein verringertes Auftreten von Lahmheiten.
Anderen Angaben zufolge spielt auch der Untergrund eine große
Rolle – Beton vs. Tiefstreu, Matten, Weichheit von Einstreu. Das
Vorhandensein einer Matte alleine scheint jedoch nicht auszurei-
chen: Ergebnisse unterschiedlicher Autoren aus Untersuchungen
mit Gummimatten (Guhl und Müller 2006; Heimberg et al. 2006) fie-
len widersprüchlich aus. Die Ausgestaltung der Liegeplätze kann zu
Decubitus an den Extremitäten führen, was bei Ausbreitungsten-
denzen Konsequenzen für die Tauglichkeit des geschlachteten Tieres
haben kann.

4.2   Haltung von Schweinen

Im Jahre 2000 gab es auf dem Schweinesektor in Deutschland
13 Zuchtverbände und 8 Zuchtunternehmen, auf der Produktions-
stufe 50 Erzeugerringe und etwa 235 anerkannte Erzeugergemein-
schaften (Kalm 2006). Geschlachtet und untersucht wurden im
selben Jahr 41,9 Mio. Schweine (Stat. Bundesamt 2003). Die Schweinehaltung ist charakterisiert durch den Umstand, dass die einzelnen
Produktionsabschnitte, die eine zeitliche Dimension darstellen, unterschiedlich ausgeprägt mit unterschiedlichen Stallbereichen oder separaten Betrieben einhergehen.
Eine für alle Haltungsformen zutreffende Beschreibung dürfte
kaum möglich sein. Die schematische Darstellung (Abb. 4) reflektiert
einen stärker durchorganisierten Typ, Varianten in jeder Weise sind
denkbar. Auch das Niveau der biologischen Leistungsdaten wird je
nach Intensität und Organisationsgrad der Haltung und auch regional variieren. In einer britischen Untersuchung (Stevens et al. 2007)
wiesen kleine Betriebe u. a. ein höheres Absetzeralter auf (4,1 Wochen) im Vergleich zu großen Betrieben (3,7 Wochen), eine geringere

tägliche Gewichtszunahme (610,9 g vs. 663,9 g) und eine geringere Nachabsetzer–Mortalität (5,2 % vs. 7,5 %). Mit steigender Größe der Betriebe sank der Finanzaufwand für tierärztliche Leistungen pro Tier.

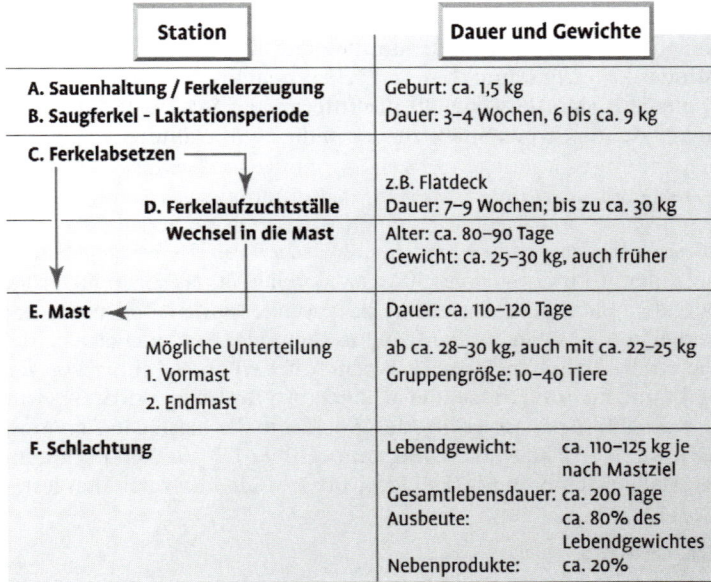

Abb. 4
Die Lebensstationen von Schweinen

Station	Dauer und Gewichte
A. Sauenhaltung / Ferkelerzeugung	Geburt: ca. 1,5 kg
B. Saugferkel - Laktationsperiode	Dauer: 3–4 Wochen, 6 bis ca. 9 kg
C. Ferkelabsetzen	
D. Ferkelaufzuchtställe	z.B. Flatdeck Dauer: 7–9 Wochen; bis zu ca. 30 kg
Wechsel in die Mast	Alter: ca. 80–90 Tage Gewicht: ca. 25–30 kg, auch früher
E. Mast	Dauer: ca. 110–120 Tage
Mögliche Unterteilung 1. Vormast 2. Endmast	ab ca. 28–30 kg, auch mit ca. 22–25 kg Gruppengröße: 10–40 Tiere
F. Schlachtung	Lebendgewicht: ca. 110–125 kg je nach Mastziel Gesamtlebensdauer: ca. 200 Tage Ausbeute: ca. 80% des Lebendgewichtes Nebenprodukte: ca. 20%

4.2.1 Ferkelerzeugerbetriebe

Sauenhaltungen sind Vermehrungsbetriebe zur Produktion von Masttieren, wichtige Leistungsparameter sind Abgangs- und Remontierungsdaten und die Zahl der Ferkelverluste. Die Remontierungsrate beschreibt einerseits die Haltungs- und Nutzungsintensität der Muttersauen, zu einem bestimmten Anteil reflektiert sie auch genetische Gegebenheiten (Kalm 2006). Für Ferkelerzeugerbetriebe wurden Remontierungsraten zwischen 35 und 50 % der Sauen angegeben (Müller 1997).

Die Zahl der Ferkel pro Wurf als Leistungsparameter ist nach Milligan et al. (2002) nicht genügend aussagekräftig, da bei Würfen mit stärker variierenden Einzelgewichten erhöhte Sterblichkeitsraten der leichteren Tiere im Saugferkelalter bestehen und weiter bleibende Gewichtsunterschieden im Absetzeralter beobachtet wurden. So werden nach Plonait (2001) etwa 15 % aller Ferkel totgeboren oder sie sterben während der ersten 3 Lebenstage. 5 Tage nach dem Abferkeln ist diese Zahl eher aussagekräftig, wie es in Dänemark üblich ist (DMA 2007).

4.2.2 Laktationsperiode

Saugferkel: Nach einer 3- bis 4-wöchigen Saugferkelphase werden die Tiere abgesetzt. Das Gewicht liegt dann zwischen 6 und 9 kg. Möglich ist auch das Frühabsetzen, meist zwischen dem 16. und 18. Tag (Morrison 1998) mit dem Ziel, eine höhere Reproduktionsrate bei den Sauen zu erzielen. Im Gegensatz hierzu gibt es auch das Prinzip, Mindestzeiten bis zum Absetzen einzuhalten – z. B. 4 Wochen in Dänemark (Mortensen 2000). In integrierten Systemen gehen die Sauen dann gegebenenfalls zurück in die Sauenhaltung.

4.2.3 Aufzuchtställe

Diese Phase beginnt in einem Alter zwischen ca. 21–35 Tagen und ist bei einem Gewicht von ca. 30 kg (v. Borell et al. 2002) und darüber beendet. Nach dem Absetzen und anschließendem Umsetzen der Ferkel in die Aufzuchtställe (Absetzferkelställe, Flatdeck) bleiben die Tiere dort zwischen 7 und 9 Wochen bei einer Zunahme von ca. 500 g und mehr (Lahrmann et al. 2003) pro Tag bis zu einem Gewicht von 25–30 kg, danach erfolgt der Wechsel in die Mast. Die Tiere sind dann ca. 70–90 Tage alt. Lahrmann et al. (2003) stellten bei einem Ausstallgewicht von > 30 kg Liegebeulen an den Extremitäten fest.

4.2.4 Mast

Die Mast bringt bei einer Tageszunahme von ca. 800 g (Beispielangabe) einen Gewichtszuwachs von ca. 90 kg in ca. 110 Tagen. Mit einem Endgewicht von 115–120 kg (Orientierungswert) gehen die Tiere dann zur Schlachtung. Innerhalb der EU gibt es hier regionale Unterschiede.

In Deutschland schwankt die Gesamtlebenszeit eines Mastschweins – je nach Intensität – zwischen 180–220 Tagen. In der intensiven Produktion werden Schweine vorwiegend einstreulos auf voll- oder teilperforierten Bodensystemen gehalten (Lahrmann et al. 2003). Allerdings wird der Stroheinstreu in mehrfacher Hinsicht positive Auswirkung zugeschrieben: Trittsicherheit, Liegekomfort, Kompensation reizarmer und restriktiver Fütterung sowie besseres Ausleben arteigenen Verhaltens (Baumgartner 2007; Ziemke 2007).

4.2.5. Mortalität und Morbidität

Sowohl die Erkrankungen als auch die Mortalitätsraten sind je nach Phase unterschiedlich. Weiterhin unterscheiden sich auch die vergleichbaren Betriebe als solche. Als Orientierungswert könnte von den in der nationalen Schweinehaltungshygiene-Verordnung angegebenen Werten ausgegangen werden: bis zu 10 % im Abferkelstadium, bis zu 3 % in der Aufzucht und in der Mast ebenfalls 3 % Mortalität. Im Vergleich dazu haben Oliveira et al. (2007) für Galizien Mortalitätsraten während der Mastperiode zwischen 0,22 und 13,13 % bei einem Median von 2,55 % beobachtet. Schoder et al. (1993) registrierten in einem Mastbetrieb – 10 485 eingestallt – einen Gesamtausfall von 600 Schweinen (5,7 %), von denen 40 % im Bestand verendeten. Es handelte sich häufig um Erkrankungen des Respirationstraktes und um Skelett- und Muskelstoffwechselschäden (vgl. Tab. 12).

Als Risikofaktoren für Todesfälle durch Atemwegserkrankungen erwiesen sich Betriebe mit hoher Tierzahl, verlängerter Aufzucht- und Mastphase, offenen Systemen mit unterschiedlichen Herkünften und einem Absetzalter unter 28 Tagen (Losinger et al. 1998). Stevens et al. (2007) assoziierten Darmerkrankungen und Durchfälle vor allem mit Saugferkeln und Absetzerferkeln, Atemwegserkrankungen mit Absetzern und Läufern und Lahmheiten vor allem bei Sauen. Für Sauen legen dänische Untersuchungen nahe, dass vor allem Technopathien wie Dekubitalverletzungen und Abszesse auftreten (Cleveland-Nielsen et al. 2004), vgl. Kasten.

4.3 Haltung von Geflügel

4.3.1 Zucht, Vermehrung und Nutzung beim Geflügel in der Intensivhaltung

In der Geflügelproduktion ist die Spezialisierung am weitesten fortgeschritten und wird am Konsequentesten eingehalten, bereits seit langem wird zwischen einzelnen Produktionsstufen unterschieden. Diese sind als Einzelbetriebe in eine Gesamtproduktionslinie integriert.

Die Linien sind je nach Nutzung auf Konsumeier oder auf die Fleischgewinnung – Schlachtung der Masttiere – ausgerichtet.

Unterschieden wird zwischen:
– Zucht (Großelterntiere)
– Vermehrungsstufe (Elterntiere) und

Tab. 12:	Abgangsursachen in einem Schweinemastbetrieb (Schoder et al. 1993; Daten für Österreich, Auswahl)	
	n	%
Respirationstrakt	194	32,3 %
Stütz- und Bewegungsapparat	186	31,0 %
Cardiovasculär	82	13,7 %
Digestionstrakt	60	10,0 %
Andere Organerkrankungen (u. a. Magenulcus, Hernie)	34	5,7 %
Kannibalismus	14	2,3 %
Urogenitaltrakt	7	1,2 %
Haut	9	1,5 %
Kümmerer	6	1,0 %

Typische post-mortem-Befunde geschlachteter Sauen
Cleveland – Nielsen et al. 2004:
– Decubitus Verletzungen
– Bisse, Prellungen
– Abszesse am Rücken
– Abszesse an Extremitäten
– Abszesse an Nacken oder Brust
– Abdominalabszesse
– Chronische Peritonitis

– Mast (Fleischlinien) bzw.
– Produktion von Konsumeiern (Legehennen).

Für die Mastgeflügelhaltung sind in der zeitlichen Abfolge zu unterscheiden die Phasen:

– Futtermittelherstellung je nach Nutzungsgruppe und -phase (Futtermittelkette)
– Großelterntierhaltung (Zuchtlinien)
– Brüterei für Elterntiere
– Elterntierhaltung
– Brüterei für Mastküken
– Masttierhaltung
– Transport
– Fleischgewinnung
– Zerlegung/ Weiterverarbeitung/
– Handel
– Endverbrauch

Die schematische Darstellung (Abb. 5) gibt die Generationenfolge und die Zahl der befruchteten Eiergenerationen wieder.

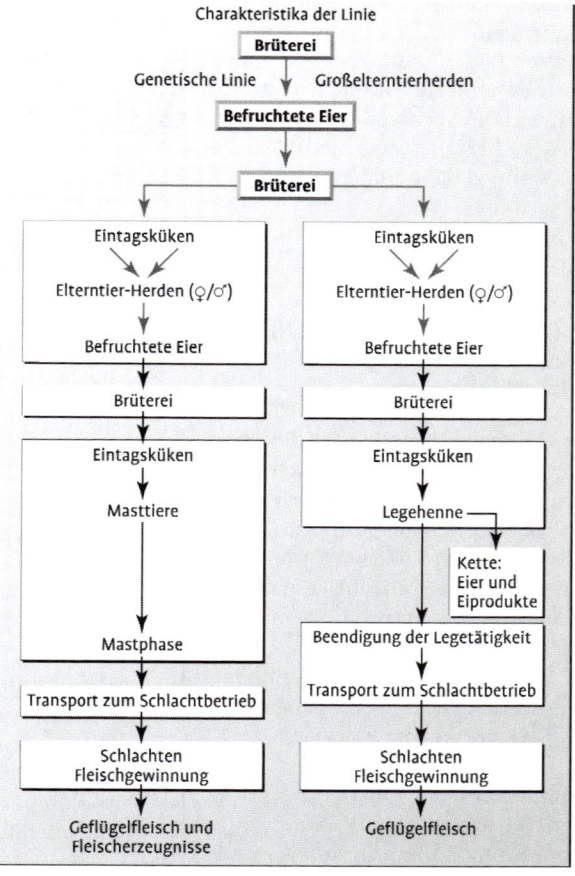

4.3.2 Haltungsformen

Mastgeflügel („Hähnchen") wird ganz überwiegend in Bodenhaltung gehalten. Es überwiegen Dunkelställe mit künstlicher Beleuchtung und Ventilation. Broilerherden in Deutschland weisen üblicherweise Tierzahlen zwischen 15 000 und 30 000 Tieren auf. Zahlreiche derartiger Herden können auf einem Gelände gehalten werden. Im Jahr können im Wechsel zwischen Belegung und Stallruhe annähernd 7 Mastdurchgänge pro Stalleinheit realisiert werden.

Neben der konventionellen Variante sind die Louisiana-Ställe zu nennen, dies vor allem bei Puten. Es handelt sich dabei um Offenställe mit natürlicher Belichtung und Belüftung über die je nach Bedarf offenen Seitenwände. Das Prinzip „Louisiana" als solches kennt keinen Wechsel der Einstreu zwischen den Mastdurchgängen, sodass mit jedem neuen Mastdurchgang lediglich neue Einstreu aufgebracht wird. Dies wird aber in Deutschland in dieser Form nicht durchgeführt. Hier besteht erhöhtes Risiko eines vertikalen Erregertransfers.

In der Haltung von Legehennen werden Käfige eingesetzt, wobei tierschützerische Einwände zuerst in der Schweiz mit einem Verbot der Käfighaltung umgesetzt wurden. Die Alternative der Volierenhaltung sollte vom Standpunkt des Tierschutzes gesehen besser sein, allerdings treten anders gelagerte Probleme auf (Erregerübertragung durch Staub/Verletzungen der Tiere). Auch können Eiern verlegt werden.

4.3.3 Veränderte Schwerpunkte

Im Lauf der Jahre schlagen sich auch veränderte gesellschaftliche Schwerpunkte in der tierischen Produktion nieder. Mit der Intensivierung der Geflügelhaltung war im Laufe der Jahrzehnte eine Auffächerung des primären Haltungszieles, Geflügel auch in größeren Herden rein technisch auf begrenztem Raum halten zu können, zu beobachten.

Der Tierschutz und das Wohlbefinden der Tiere gehören heute zu den wichtigsten anstehenden Fragen, die in der kommerziellen Geflügelhaltung und allgemein in der Tierhaltung geklärt werden müssen. Bereits das herkömmliche EWG-Vermarktungsrecht kennt als Kriterium die Haltungstechnik. Auf diesem Wege

Die Schwerpunkte im Laufe der letzten Dekaden waren:
- Unter der Bedingung großer Tierzahlen den Gesundheitsstatus der Herde zu erhalten und Leistung zu erzielen.
- Bemühungen, den notwendigen Arbeitsaufwand zu minimieren.
- Entwicklung ökologisch vertretbarer Haltungstechniken.
- Vereinbarkeit der Ziele des Tierschutzes mit der Haltungsform.

werden die Konsumenten bereits seit langem über die für das Erzeugnis maßgeblichen Haltungsformen der Tiere informiert.

Auch Verschiebungen der Tierart bringen unterschiedliche Risiken und damit geänderte Schwerpunkte der Aufmerksamkeit mit sich: So hat sich die Haltung von Puten stark ausgeweitet. Hier ist ein ausgeprägter Geschlechtsdimorphismus zu beachten, der dazu führt, dass aus betriebstechnischen Gründen die Hennen eher ausgestallt werden, um den Hähnen weitere Gewichtszunahmen bei ausreichendem Platz zu ermöglichen. Dies geht mit einem komplizierten Rhythmus in der Stallbelegung einher und kann zur Folge haben, dass auf einem Gelände unterschiedliche Altersgruppen parallel gehalten werden (vgl. Biosecurity). Eine Alternative wäre die getrennt geschlechtliche Haltung von vornherein.

4.3.4 Verluste

In einem vom Konsumenten abhängigen „Business" wird in der Zucht das „robuste Geflügel" angestrebt, dessen physiologische Kapazität in der Lage ist, die beschriebenen unterschiedlichen Schwerpunkte abzudecken. Dennoch kommen auch beim Geflügel Verluste vor. Diese lassen sich auf die einzelnen Phasen fokussieren (Tab. 13). Bei Zwischenfällen wurden stark darüber hinausgehende Werte ermittelt. Der Mortalität kommt somit Signalcharakter zu.

Tab. 13: Verluste bei Jungmasthühnern ab der Aufstallung (Daten nach Fries et al. 1988; Fries u. Kobe 1990, 1992)				
		8 Herden (1985)	8 Herden (1987)	6 (Teil-) Heden (1989)
aufgestallt	N	183 400	186 000	74 508
abgesandt	absolut	176 143	176 800	71 379
	in % von N	96	95,1	95,8
Transporttodesfälle	absolut	332	343	228 (errechnet)
untauglich	absolut	2484	2952	1188
	in % von N	1,4	1,6	1,57
tauglich	absolut	173 327	173 505	69 963
	in % von N	94,5	93,3	93,9

Neuere Daten aus Norwegen zeigen deutlich niedrigere Werte (Heier et al. 2002): Auf der Basis von 1664 Broilerherden lag die kumulative Mortalität in der ersten Woche bei 1,54 % und bei 0,48 % in den darauffolgenden Mastwochen.

In der Diskussion um die Haltung von Legehennen zeigt sich, dass die Mortalität auch abhängig ist von der Haltungstechnik: Sie liegt in Auslaufhaltungen am höchsten und kann die die Grenze von 8 % kumulativer Mortalität zum 80-Wochen-Termin überschreiten (Elson & Croxall 2006). Die Autoren betonen zugleich die Aussagekraft der Mortalität für den Tierschutz, da davon ausgegangen werden kann, dass die Tiere vor dem Tod gelitten haben müssen.

4.4 Literatur

Baumgartner, J. (2997): Tierfreundliche Schweinehaltungsverfahren unter besonderer Berücksichtigung der Bio-Schweinehaltung. RFL – Rundsch. Fleischhygiene und Lebensmittelüberwachung 59, 82–83

Cleveland-Nielsen, A., G. Christiansen, and A. K. Ersbøll (2004): Prevalences of Welfare-Related Lesions at Post-Mortem Meat Inspection in Danish Sows. Prev. Vet.med. 64, 123–131

DMA (2007): The Danish Standard. Danish Qualitätssicherungsgarantie. Danish Meat Association, Copenhagen, DK, S. 24

Elson, H. A., and R. Croxall (2006): European Study on the Comparative Welfare of Laying Hens in Cage and Non-Cage Systems. Arch. Geflügelkd. 70, 194–198

Feldmann, M., D. Wiedenhöft und M. Hoedemaker (2006): Einfluss von Lahmheiten auf die Fruchtbarkeitsleistung von Milchkühen. Proceedings, 6. Brandenburgischer Rindertag, 5.–7. Oktober 2006, Bundesinstitut für Risikobewertung, Berlin, S. 135–136

Fries, R., E. Müller-Hohe, D. Neumann-Fuhrmann, u. E. Wiedemann-König (1988): Pilotstudie Geflügelfleischhygiene – Fleischhygienischer Teil. Abschlußbericht zum Forschungsvorhaben für das Bundesministerium für Jugend, Familie, Frauen und Gesundheit, Bonn; 143 S. Anhang

Fries, R., u. A. Kobe (1990): Einfluß der Bandgeschwindigkeit in Geflügelschlachtbetrieben auf die Ausleseeffektivität der Kontrolle. Abschlußbericht zum Forschungsvorhaben für das Bundesministerium für Jugend, Familie, Frauen und Gesundheit, Bonn, das Niedersächsische Ministerium für Ernährung, Landwirtschaft und Forsten, Hannover und den Bundesverband der Geflügelschlachtereien e. V. Bonn; 100 S., Anhang

Fries, R., u. A. Kobe (1992): Herdenbezogene Befunderhebungen im Geflügelschlachtbetrieb. Dtsch. tierärztl. Wschr. 99, 500–504

Guhl, E. und K. E. Müller (2006): Auswirkungen von Laufflächenbelägen aus Gummi auf das Hornwachstum und die Klauengesundheit. Proceedings, 6. Brandenburgischer Rindertag, 5.–7. Oktober 2006, Bundesinstitut für Risikobewertung, Berlin, S. 238–241

Hansen, S. S., A. K. Ersbøll, J. Y. Blom and R. J. Jørgensen (2007): Preventive strategies and risk factors for milk fever in Danish diary herds: A questionnaire survey. Prev. Vet. Med. 80, 271–286

Haworth, G. M., W. P. Tranter, J. N. Chuck, Z. Cheng, and D. C. Wathes (2008): Relationship between age at first calving and first lactation milk yield, and lifetime productivity and longevity in dairy cows. Veterinary Record 162, 643–647

Heier, B.T., H. R. Høgåsen, and J. Jarp (2002): Factors associated with mortality in Norwegian broiler flocks. Preventive Veterinary Medicine 53, 147–158

Heimberg, M., J. Rehage und P. Heimberg (2006): Vergleich gummi-beschichteter und betonierter Laufflächen bezüglich Klauengesundheit bei Milchkühen unter besonderer Berücksichtigung der Klauenrehe. Proceedings, 6. Brandenburgischer Rindertag, 5.–7. Oktober 2006, Bundesinstitut für Risikobewertung, Berlin, S. 225–227

Hernandez, J. (2006): Efficacy ofProphylactic Claw Trimming Procedures in Holstein Cows during Mid-Lactation to Reduce Incidence of Lameness during Late-Lactation. Proceedings, p. 240

Hertl, Julia, Y. Gröhn, R. Gonzalez, Y. Schukken (2006): Cumulative Effect on Clinical Mastitis Episodes on Culling of Dairy Cows. Proceedings, p. 237

Kalm, E. (2006): Tierschutz bei der Züchtung landwirtschaftlicher Nutztiere. Workshop Heinricht-Stockmeyer-Stiftung: Grenzen der Massentierhaltung – Vogelgrippe, Schweinepest, BSE – und kein bisschen weise? Werkstattbericht 12 der Heinrich-Stockmeyer-Stiftung, S. 34–45

Lahrmann, K.-H., Christina Steinberg, Susanne Dahms und P. Heller (2003): Prävalenzen von bestandsspezifischen Faktoren und Gliedmaßenerkrankungen, und ihre Assoziationen in der intensiven Schweineproduktion. Berl. Münch. Tierärztl. Wschr. 116, 67–73

Landmann, D., und H.–J. Herrmann (2004): Klauen– und Gliedmaßenerkrankungen zurückdrängen. In: Deutsche Landwirtschafts–Gesellschaft e. V. (Hrsg.): 1. Internationaler Trendreport Klauengesundheit. DLG Verlag, Frankfurt/Main, S. 13–20

Losinger, W. C., E. J. Bush, M. A. Smith and Barbara A. Corso (1998): Mortality attributed to respiratory problems among finisher pigs in the United States. Prev. Vet. Med. 37, 21–31

Lotthammer, K.-H. (1999): Beziehungen zwischen Leistungsniveau, Gesundheit, Fruchtbarkeit und Nutzungsdauer bei Milchrindern. Untersuchungen in einer Hochleistungsherde. Tierärztl. Umschau 54, 544–553

Milligan, B. N., Catherine E. Dewey and A. F. de Grau (2002): Neonatal-piglet weight variation and its relation to pre-weaning mortality and weight gain on commercial farms. Prev. Vet. Med. 56, 119–127

Mortensen, B. (2000): Dänemark: Schlachtschweine wie gewünscht. Fleischwirtsch. 80/3, 14–16

Müller, A. (1997): Analysen der Nutzungsdauer von Sauen aus der Zucht- und Vermehrungsstufe. Zit. bei: Kalm (2006).

Morrison, R. B. (1998): Segregated Early Weaning (SEW) – Principle, Basis and Experience. In: Proc. 2nd Int. Congr. For Veterinarians and Farmers,, DLG, 10–12 November 1998, Hannover Fairground

N. N. (2007 I): Agrarminister ziehen bei einem Alter von acht Monaten die Grenze zwischen Kalb- und Jungrindfleisch. Dtsches Tierärztebl. 55, 1148

N. N. (2007 II): Zu hohe Abgangsraten bei Erstkalbinnen. VETimpulse 16, 1. Mai, Seite 7

Oliveira, J., F. J. Guitian, and E. Yus (2007): Effect of Introducing Piglets from Farrow-to-Finish Breeding Farms into all-in. all-out Fattening Batches in Spain on Productive Parameters and Economic Profit. Prev. Vet. Med. 80, 243–256

Plonait, H. (2001): Geburt, Puerperium und perinatale Verluste. In: K.-H. Waldmann und M. Wendt (Hrsg.): Lehrbuch der Schweinekrankheiten, 3. Aufl., S. 471–512. Parey, Berlin

Schoder, G., R. Maderbacher, G. Wagner und W. Baumgartner (1993): Abgangsursachen in einem Schweinemastbetrieb. Dtsch. tierärztl. Wschr. 100, 428–432

Sommer, H. (1992): Die gegenwärtigen Erzeugungsformen von Lebensmitteln tierischen Ursprungs sind problematisch, da sie vielfach weder mit dem Tierschutz, noch mit dem Verbraucherschutz, noch mit dem Umweltschutz vereinbar sind. Schriftenreihe der Akademie für Tiergesundheit, Band 3, Akzeptanz moderner Tierproduktion – Urteile und Meinungen, Seminarveranstaltung 23./24. März 1992, Akademie für Tiergesundheit e. V., Bonn, S. 230–241

Statistisches Bundesamt (2003): Land- und Fortwirtschaft, Fischerei. Fleischuntersuchung. Fachserie 3/Reihe 4. 3. Metzler-Poeschel, Stuttgart

Statistisches Bundesamt (2007): Land- und Forstwirtschaft, Fischerei. Viehbestand und tierische Erzeugung 2006. Fachserie 3/Reihe 4. Statistisches Bundesamt, Wiesbaden, 2007

Stevens, K. B., J. Gilbert, W. D. Strachan, J. Robertson, A. M. Jonston, D. U. Pfeiffer (2007): Characteristics of Commercial Pig Farms in Great Britain and their Use of Antimicrobials. Vet. Rec. 161, 45–52

Thomsen, P.T., S. Østergaard, J.T. Sørensen, H. Houe (2006): Loser Cows – a New Clinical Entidy. Proc. 11th Int. Symp. Vet. Epid. Econom. (ISVEE) 2006, Cairns, Australia, (www.sciquest.org.nz)

Thomsen, P.T., S. Østergaard, J.T. Sørensen, H. Houe (2007): Loser Cows in Danish Dairy Herds: Definition, Prevalence and Consequences. Prev. Vet. Med. 79, 116–135

v. Borell, E., G. V. Lengerken, u. A. Rudovsky (2002): Tiergerechte Haltung von Schweinen. In W. Methling, J. Unshelm (Hrsg.): Umwelt- und Tiergerechte Haltung von Nutz-, Heim- und Begleittieren. Parey Buchverlag Berlin, S. 333–368

v. Borell, E., G. V. Lengerken, u. A. Rudovsky (2002): Abferkelbuchten und Ställe. In W. Methling, J. Unshelm (Hrsg.): Umwelt- und Tiergerechte Haltung von Nutz-, Heim- und Begleittieren. Parey Buchverlag Berlin, S. 354–355

Ziemke, J. V. (2007): Verhaltensstörungen bei Mastschweinen und deren Einfluß auf Befunde in der Fleischuntersuchung. Diss. Vet. Med. FU Berlin,. J. Nr. 3068

5 Tiere als Carrier und Multiplikatoren

5.1 Humanrelevante Agentien

In großen Tierbeständen, auch in Regionen mit hoher Tierdichte, kann es zur Etablierung von Erregern kommen, deren Tenazität in der Umwelt hoch und deren metabolische Fähigkeiten vielfältig und anpassungsfähig sind. Agentien mit derartig Umwelt-angepassten Eigenschaften werden regelmäßig in die humane Ökosphäre eingetragen. Parallel dazu müssen die technologischen Strukturen (Haltung, Transport, Fleischgewinnung) so beschaffen sein, dass die Wege in der Tat offen sind.

Im Sinne des Kettengedankens muss geprüft werden, auf welchem Wege den in der Primärproduktion angesiedelten zoonotischen Agentien der Übertrag gelingt.

Für die einzelnen Nutzungsgruppen ergeben sich spezifische Belastungen, wobei die aufgestalltenTiere dann der Akkumulation Vorschub leisten. Als Beispiele können gelten:

Milchrinder	E.coli O157:H7, Salmonella, Cryptosporidium parvum, fehlgefaltete Prione, Mycobacterium bovis (tuberculosis), Cysticercus bovis
Schwein	Campylobacter, Salmonella, Toxoplasma, Trichinella (v. a. beim Wildschwein)
Schaf	Prione, Parasitosen
Geflügel	Campylobacter, Salmonella, Aviäres Influenza Virus

5.1.1 Alte, neue und wiederkommende Zoonoseerreger beim Rind

Rinderfinne *Cysticercus* bovis: Der Menschenbandwurm Taenia saginata kann als ein klassisches Beispiel für einen allgemein bekannten Parasiten gelten, Zwischenwirt ist das Rind mit der Rinderfinne *Cysticercus* bovis (Abb. 7). Seit Institutionalisierung der Fleischbeschau im Jahre 1900 wird versucht, positive Tiere mittels bestimmter „Finneschnitte" zu erfassen, um den Zyklus dann (vor allem durch eine Kältebehandlung des Fleisches) zu unterbrechen. Die Dunkelziffer in der Findungsrate ist hoch, allerdings scheint auch die Prävalenz unterschiedlich zu sein, wie geschätzte Angaben für die EU belegen (Tab. 14).

Enterohämorrhagische E.coli – EHEC: In den 1990er Jahren kam es in Deutschland zu Todesfällen mit Symptomen des Hämorrhagisch-Urämischen Syndroms. Als Verursacher wurden *Enterohämorrhagische E.coli* (EHEC) identifiziert, als deren epidemiologische Quellen v. a. Rinderbestände und kleine Wiederkäuer ausgemacht wurden. EHEC werden auch als humanpathogene VTEC (*Verotoxinogene E.coli*) bezeichnet (SCVPH 2002).

Tab. 14:	Prävalenz der Zystizerkose beim Rind in der EU, geschätzt (Kühne et al. 2007)	
Dänemark	0,1	– 0,7 %
Deutschland	0,4	– 6,8 %
Niederlande	1,8	– 2,2 %
Belgien	0,03	– 0,2
Spanien	0,007	– 0,1
Polen	0,24	
Italien	0,02	– 2,4

Seit größeren Ausbrüchen wird weltweit und gezielt auf die serologische Variante O157:H7 von E.coli untersucht, da hier humanpathogene Gensequenzen gehäuft gefunden wurden. Die ausschließlich phänotypische Variante darf jedoch nicht mit dem genotypisch kodierten Potenzial zur Shigatoxin-Bildung verwechselt werden. Auch andere Serotypen können das Toxin beherbergen (vgl. Abb. 6).

Isolate, die nicht zu human-klinischen Befunden Anlass geben, jedoch eines oder mehrere Shigatoxine bilden, fallen unter die Bezeichnung VTEC oder SLTEC (Shiga-like-toxigenic E.coli). Nach Nataro and Kaper (1998) sind Shigatoxine die wichtigsten Virulenzfaktoren, die in zwei Gruppen – stx 1 und stx 2 – unterteilt werden können. Die Bezeichnung Shiga-Toxine stammt von der Ähnlichkeit mit den Toxinen, die durch *Shigella* dysenteriae Typ 1 hervorgerufen werden (Tutenel et al., 2003).

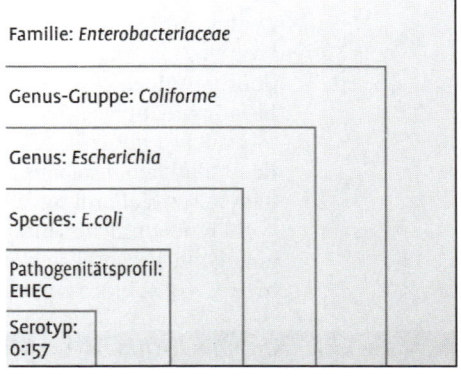

Familie: *Enterobacteriaceae*

Genus-Gruppe: *Coliforme*

Genus: *Escherichia*

Species: *E.coli*

Pathogenitätsprofil: EHEC

Serotyp: O:157

Abb. 6
Beziehung zwischen E. coli und „EHEC O:157"

Tuberkulose der Rinder: Tuberkulose gilt als „reemerging disease", im Humanbereich ist sie einer der globalen „big killers". Wanderungsbewegungen in der Bevölkerung können auch in der Tierpopulation einen Wiederanstieg begünstigen: Infektionsträger können auf eine mehr oder weniger ungeschützte Tierpopulation treffen. Die regionale Prävalenz ist unterschiedlich. In der EU werden sinkende Zahlen in Frankreich, Italien, Spanien beobachtet, die höchsten Prozentsätze positiver Herden derzeit in Nord-Irland, Irland, Spanien und UK.

Zu beachten ist, dass der Mensch sowohl gegenüber M. tuberculosis als auch gegenüber M. bovis empfänglich ist. Die Übertragbarkeit ist wechselseitig – Rind/Rind, Rind/Mensch, Mensch/Rind –, ein Reservoir kann auch das Wild darstellen, z. B. Dachse in UK, Cerviden in Canada. Bei der humanen TB wird von ca. 1–5 % durch M. bovis bedingten Fällen ausgegangen, wobei die Datenlage ungenau ist. Eine Resistenz gegen den Erreger tritt, wohl auch sozial bedingt, in der Humanbevölkerung auf.

5.1.2 Zoonotische Parasitosen beim Schwein

Das Aufkommen des Zoonoseerregers *Toxoplasma* gondii in Schweinebeständen der EU wird wohl unterschätzt. Neben einer nicht auszuschließenden Grundprävalenz existieren Hinweise auf stärkere Antikörperantwort bei Tieren aus Freilandhaltungen, in denen die Tiere im Gegensatz zu den geschlossenen Haltungsformen Kontakt zur Umwelt aufbauen (v.d. Giessen et al. 2007). 33 % der Freilandfarmen waren dort Toxoplasmose-Titer positiv im Gegensatz zu 4 % der intensiv geführten Farmen. Für den Menschen liegt die Gefahr in einer Infektion während einer Schwangerschaft, wenn es bislang noch nicht zu einer Infektion gekommen war (intrauterine Infektion).

Auch für *Trichinella* muss die Haltungsform beachtet werden. Outdoor-Haltung ist dort als Risiko anzusehen, wo die Bedingungen einer Überlappung des sylvatischen (Wild) und synanthropen (Nager) Zyklus erfüllt sind. In Mitteleuropa ist *Trichinella* vor allem im sylvatischen Zyklus endemisch (Nöckler et al. 2004): Transfers über Outdoorhaltungen für *Trichinellen* konnten für Mitteleuropa allerdings bislang nicht belegt werden.

Dabei ist die *Trichinellen*-Prävalenz speziell beim Wildschwein für den Menschen durchaus aktuell, bei entsprechender Kontrolle der erlegten Tiere allerdings auch leicht unter Kontrolle zu halten. Obwohl eine amtliche Untersuchung auf Trichinen beim Wildschwein zwingend vorgeschrieben ist, wird die Jagdstrecke offenbar nicht immer vollständig zur Untersuchung vorgestellt (Tab. 15). Dies ist

Tab. 15: Prävalenz von *Trichinella* spiralis in Wildschweinen in Deutschland (Stat. Bundesamt für das jeweilige Jahr; für die Jagdstrecke diverse Quellen)

	Untersucht	positiv	(n und in %)	Jagdjahr [*]:	Jagdstrecke einschl./excl. Fallwild	
1997	215 926	14	(0,007 %)	1997/1998	281 916	
1998	192 764	12	(0,006 %)	1998/1999	251 431	
1999	292 460	9	(0,003 %)	1999/2000	418 667	
2000	265 417	8	(0,003 %)	2000/2001	350 976	
2001	389 008	4	(0,001 %)	2001/2002	531 887	
2002	397 425	12	(0,003 %)	2002/2003	512 050	
2005	402 996	11	(0,003 %)	2005/2006	476 645	461 881
2006	272 258	8	(0,003 %)	2006/2007	287 080	275 600

[*]: jeweils 1. 4. bis 31. 3.

fahrlässig und kann schwere Konsequenzen für die betroffenen Konsumenten nach sich ziehen als auch für diejenigen, die diese Untersuchung nicht in die Wege geleitet haben. Die Untersuchungsquote scheint notorisch niedrig zu liegen. Nöckler (2005) errechnete auf der Grundlage von Daten zwischen 1991 und 2003 einen Anteil von 72 % auf Trichinen untersuchten erlegten Schwarzwildes, dieses mit einer über die Jahre steigenden Tendenz.

5.1.3 Beim Schaf auftretende Parasitosen und die Scrapie

Neben den allgemein gegenwärtigen zoonotischen Agentien finden sich beim Schaf – möglicherweise aufgrund der weniger intensiven Nutzung in Deutschland – wenige Nutzungsgruppen-typische Risikofaktoren. Mit der extensiven Haltungstechnik sind dagegen gewisse meist nicht humanrelevante Parasitosen verbunden (Tab. 16).

Der als Zoonoseerreger anzusehende *Echinococcus* granulosus (dreigliedriger Hundebandwurm) parasitiert im Darm des Hundes. Nach Aufnahme der Eier durch landwirtschaftliche Nutztiere als Zwischenwirte, auch durch den Menschen, entwickeln sich Hydatiden, bis zu 30 cm großen Zysten. Durch Knospung kommt es zu Larvenstadien, die mit Verzehr durch die Hunde wieder aufgenommen werden. (N. N. 1997).

Tab. 16: Zestodische Parasitosen beim Schaf		
Bandwurmstadium	Finne im Erfolgsorgan des Zwischenwirts	Zoonose
Hund: Taenia hydatigena	C. tenuicollis: Subserös i.d. Bauchhöhle	nein
Hund/ Fuchs: Taenia ovis	C. ovis i.d. Muskulatur	nein
Hund/ Fuchs Taenia multiceps	Coenurus cerebralis (Gehirn,Rückenmark)	nein
Hund: Echinococcus granulosus	E. hydatidosus in Lunge, Leber, Gehirn	ja

TSE: Traditionell muss auch das Schaf als Träger der TSEen gelten („Traberkrankheit" in endemischen Regionen Deutschlands, „Scrapie" in UK). Die Scrapie gilt als nicht humanrelevant. Die vorgeschriebenen aktiven Untersuchungen bei kleinen Wiederkäuern tragen dieser Möglichkeit Rechnung, sie haben jedoch vor allem einen epidemiologischen Hintergrund (Buschmann & Groschup 2005), da Scropie als „under-reported" gilt, nicht zur Kenntnis genommen. Die Übertragung des BSE-Agens auf das Schaf ist nicht auszuschließen – der Nachweis bei einer Ziege wurde geführt.

Q-Fieber: Bei beobachteten Ausbrüchen von Coxiella burnetii bedingten Erkrankungen waren häufig Schafe beteiligt (Ganter u. Runge 2008). Das Problem bei dieser selten auftretenden fiebrigen Erkrankung liegt in der Erkennung des Agens.

Abb. 7
*Parasitosen bei
Wiederkäuern:
Beispiele für ge-
schlossene Kreis-
läufe als Grundlage
für Eingreif-
szenarien*

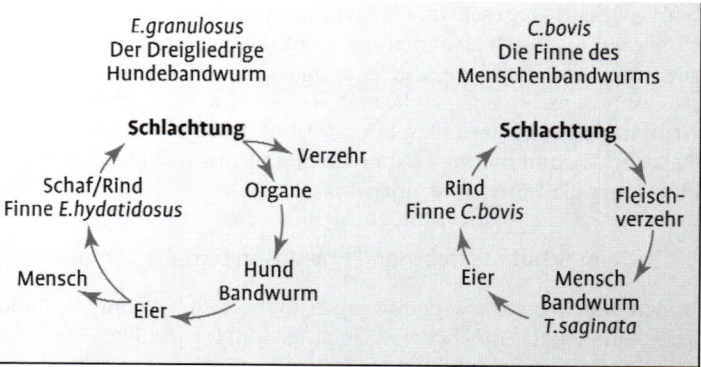

Abb. 7
*Parasitosen bei
Wiederkäuern:
Beispiele für ge-
schlossene Kreis-
läufe als Grundlage
für Eingreif-
szenarien*

5.1.4 Campylobacter beim Geflügel

Die taxonomisch ursprünglich als Vibrionen identifizierten Campy-
lobacter-Keime wurden in den 80er Jahren des letzten Jahrhunderts als Enteritis-Erreger zur Kenntnis genommen. Als wichtiges
natürliches Habitat und Reservoir für die Übertragung wird das Geflügel angesehen, die Verbreitung in der Umwelt scheint jedoch allgemein gegeben zu sein. Die Übertragsrouten müssen nicht primär
über das Lebensmittel Fleisch gehen: Kühlen und trockene Oberflächen können das Absterben des Erregers bewirken. Auch der direkte Weg über Kontakt mit den Tieren sowie über kontaminiertes
Wasser und Fäkalien ist denkbar (Vanselow et al. 2006). Die Übertragung über Stiefel oder Kleidung muss beachtet werden.

Spezifische Schwerpunkte der Nutzungsgruppen in der Besied-
lungen mit thermophilen Campylobacterarten werden beschrieben –
C.coli beim Schwein oder C.jejuni bei Geflügel. Mischinfektionen
können jedoch nicht ausgeschlossen werden (Boes et al. 2005). Während der Dioxin-Krise in Belgien wurden Geflügel und Eier aus Belgien vom Markt genommen. In der fraglichen Zeit waren die humanen Campylobacter-Fälle um 40 % niedriger als im Jahresvergleich
erwartet wurde (Vellinga & v. Loock 2002). Diese Verminderung
wurde mit der erwähnten Marktsperre in Zusammenhang gebracht
und daraus gefolgert, dass dem Geflügel in der Tat eine wichtige
Rolle zukommt, diese jedoch nicht alle Infektionen erklären kann: Es
wurde weiterhin ausländisches Geflügel angeboten. Ein nicht über
Lebensmittel laufender Transfer, scheint bei Campylobacter gegeben
zu sein.

Campylobacter muss auch mit Rinderhaltungen assoziiert werden, auch Milch kann zum Überträger werden (Vanselow et al.
2006).

5.2 Medikationen und Resistenzen

5.2.1 Antimikrobielle Substanzen in der Tierhaltung

Art des Einsatzes

Auch bei Tieren, die der Lebensmittelgewinnung dienen, ist Medikation gerechtfertigt und notwendig: Kranke oder verletzte Nutztiere dürfen nicht unbehandelt bleiben oder schlechter behandelt werden als möglich wäre. Dennoch gilt als oberstes Gebot das der Prävention.

Antibiotisch wirksame Substanzen werden zu unterschiedlichen Zwecken eingesetzt:
– Zur Behandlung eingetretener Erkrankungen
– Als mögliche Präventivmaßnahme gegen Erkrankungen in Alters- und Nutzungsgruppen, in denen die Übertragung von Krankheitserregern erwartet werden muss
– Metaphylaxe (Gruppenbehandlung kranker unter gleichzeitiger Vorbeuge durch Mitbehandlung bei gesunden Tieren)
– Einsatz antimikrobieller Futterzusatzstoffe (Leistungsförderer: In der EU schrittweise zurückgedrängt und nunmehr vollständig verboten [vgl. Kap. 5. 2. 3])

Verabreichte Mengen

Der größere Teil des Antibiotikaverbrauchs in der EU liegt auf dem humanmedizinischen Sektor. Zum mengenmäßigen Einsatz antimikrobieller Stoffe in Therapie, Prävention und Tier- und Pflanzenhaltung hat, die die Tiergesundheitsindustrie repräsentierende Fédération Européenne de la Santé Animale (FEDESA) für die Jahre 1997 und 1999 vergleichend Zahlen publiziert. Danach wurden im Jahre 1999 in der EU und der Schweiz insgesamt 13 216 Tonnen wirksamer Substanz antiomikrobieller Wirkstoffe bei Mensch und Tier eingesetzt (Tab. 17).

Tab. 17: Geschätzter Umsatz Antimikrobieller Substanzen in der EU und der Schweiz in Tonnen aktiver Substanz bei 100 % Reinheit, Human-Anwendungen und Einsatz bei Tieren, ohne Kokzidiostatika (FEDESA 2001)			
Einsatzgebiet	1997	1999	Änderung in %
Human	7659 (60 %)	8524 (65 %)	+ 11,3 %
Tiere (Therapie)	3494 (27,5 %)	3902 (29 %)	+ 11,0 %
Leistungsförderer	1599 (12,5 %)	786 (6 %)	– 50,0 %
Σ	12752	13216	+ 3,6 %

Davon waren 1997 in der Tieranwendung vor allem Tetracycline, Makrolide und Penicilline eingesetzt worden (FEDESA 1999):

– Penicillin	322
– Tetracyclin	2294
– Makrolide	424
– Aminoglycoside	154
– Fluoroquinolone	43
– Trimethoprim/SA	75
– andere Therapeutika	182
– Leistungsförderer	1599
Summe Tiere:	5093

Die Ansammlung von Resistenzgenen

Resistenz gegenüber antimikrobiellen Substanzen ist zu verstehen als Antwort von Mikroorganismen auf die Konkurrenz mit anderen Lebensformen um dieselben Nährstoffe. Sie ist ein den Mikroorganismen immanentes Phänomen und somit natürlich.

Unter antimikrobieller Resistenz wird die Fähigkeit von Mikroorganismen einer bestimmten Spezies verstanden, in Anwesenheit einer Konzentration, die üblicherweise ausreicht, um Keime derselben Spezies abzutöten oder zu unterdrücken, zu überleben und sich erkennbar zu vermehren. Sie kann genetisch verankert sein, auf Zufallsmutation der DNS beruhen oder durch die Aufnahme der entsprechenden genetischen Sequenz zustande kommen. Werden mehrere Bakterien-Spezies einem antimikrobiellen Druck ausgesetzt, wird die am wenigsten empfindliche Variante in dem betreffenden Habitat dominant werden.

Mit steigender Freisetzung antimikrobieller Substanzen muss erwartet werden, dass sich die Selektion von Resistenzgenen und der Übertrag innerhalb der Gesamtökosphäre (Mensch, Tier, Pflanze sowie die Umwelt in Form von Wasser, Boden, Luft) verstärken. Nach Mathew et al. (2007) wachsen durch den Einsatz von Antibiotika die Resistenzpools in landwirtschaftlichen Betrieben an.

Es muss von einem Pool von Resistenzgenen in bakteriellen Zellen ausgegangen werden. So wird etwa den Enterokokken zugeschrieben, transferable Resistenzgene (Transposons) zu besitzen (SSC 1999). Die Biologie der Bakterienzelle bringt es weiterhin mit sich, dass horizontal ein Transfer von Resistenzgenen zwischen Zellen der gleichen Spezies, aber auch zwischen den Zellen unterschiedlicher Spezies über unterschiedliche Mechanismen vonstatten geht (Mathew et al. 2007):

– Konjugation aus dem Transfer von Plasmiden über physischen Kontakt
– Transduktion: Übertragung über Bakteriophagen
– Transformation durch direkte Aufnahme freier DNA in das Wirtsgenom

Weiterhin ist bekannt, dass Resistenzgene gegen unterschiedliche AMS (antimicrobielle Substanzen) nahe beieinander kodiert sein können, so etwa die Resistenz gegen Erythromycin und Vancomycin (Quednau et al. 1998), was das häufig auftretende Phänomen der Mehrfachresistenzen (mit) erklären kann.

5.2.2 Antimikrobielle Futterzusatzstoffe

Der Einsatz von Leistungsförderern zum Zwecke der Produktionsoptimierung ist charakterisiert durch die Applikation an Tiergruppen über längere Zeiträume, auf oralem Wege und in unterschwelliger Dosis. Der direkte Weg in die Nahrungskette ist damit nicht auszuschließen. Darüber hinaus handelt es sich um schwer resorbierbare Stoffe, deren fäkal ausgeschiedener Anteil hoch sein dürfte, wie Angaben zur Ausscheidung anderer schwer resorbierbarer Antibiotika (Sulfonamide, Ivermectin) nahe legen (Lutz und Alber 2004).

Mechanismus und beobachtete Effekte
AFZ (antimikrobielle Futterzusatzstoffe) reduzieren den Futterverbrauch durch Reduzierung der Verluste von Nährstoffen über die Faeces und eine Verringerung des NH_3-Gehaltes im Verdauungstrakt, sie gewährleisten die tägliche Gewichtszunahme auch in Fällen aufkommender Infektionskrankheiten. Darüber hinaus wurde eine Verringerung des Anfalls von Feces und damit der zu entsorgenden Stoffe beobachtet. Berichtet wurde auch von gesteigerter Wurfrate, gesteigertem Wurfgewicht und gesteigerter Gewichtszunahme bei Ferkeln.

Effekte treten vor allem in Beständen auf, in denen sich aus unterschiedlichen Gründen eine Population von Infektionserregern aufgebaut hat (hygienische Labilität etwa durch verschmutzte Umgebung, kontaminiertes Futter und Tränkwasser oder Mängel im Management). Nach Stevens et al. (2007) setzten Landwirte, die der Auffassung waren, dass die Umgebung der Tiere verbessert werden könnte, eher Antibiotika ein als diejenigen, die mit der Umgebungshygiene zufrieden waren. Es ergab sich zudem, dass sich nur 51 % der befragten Landwirte über die möglichen Folgen für die Resistenzbildung und für die Humangesundheit im Klaren waren.

Unterschieden wird zwischen induktivem und selektiven Druck. Induktiver Druck bewirkt, dass sich Zellen mit zufällig entstehenden und Substanz-adäquaten Resistenz-Mutanten gegenüber der Konkurrenzflora behaupten können und dadurch Kolonisierungsvorteile haben. Selektiver Druck führt zur Selektion der Darmflora in Richtung auf bereits vorhandene resistente (pathogene oder apathogene) Zellen.

Im Effekt kommt es zu einer Umschichtung in der Darm-Mikroflora durch das Überwuchern empfindlicher Stämme wie der zahlreichen im Darmtrakt vorhandenen Anaerobier und zu einer quantitativen taxonomischen Verschiebung. Auch Einbrüche in die Schutzflora der Darmwand werden vermutet.

Die Folgen

Beziehungen zwischen dem Einsatz von antibiotischen Substanzen und dem Auftreten von Resistenzen sind immer wieder vermutet worden. Eine kausale Beziehung ist jedoch wegen de multifaktoriellen Gegebenheiten schwer zu beweisen.

Neben Penicillinresistenten Pneumokokken (PRP), Methicillinresistenten St. aureus (MRSA) mit einer hohen Resistenzquote v. a. in südeuropäischen Ländern und in UK oder den vielfachresistenten Tbc-Erreger haben vor allem die Vancomycinresistenten Enterokokken (VRE) für Aufsehen gesorgt, dies sowohl in der EU als auch in den USA. Das in der Humanmedizin verwendete Vancomycin ist strukturähnlich mit dem seit 1997 EU-weit verbotenen Leistungsförderer Avoparcin, beide sind Glycopeptide. In der EU wurde der (nunmehr verbotene) Einsatz als Futtermittelantibiotikum und der Weg über die Tierhaltung (mit) als Ursache angesehen. In der Tat sank in Dänemark nach dem Verbot des Avoparcins der Prozentsatz der VRE bei Broilern ab (Mathew et al. 2007). In den USA war Avoparcin nie zugelassen (Cervantes 2006), sodass in der Konsequenz weitere Übertragungswege existieren müssen.

Die Resistenzlage scheint regional unterschiedlich zu sein (Tab. 18). Bekannt ist auch, dass die Resistenzlage in Skandinavien günstig ist, die dortigen geographischen Gegebenheiten (Tierhaltungsdichte, Bevölkerung) sind jedoch nicht vergleichbar mit denen in Kontinentaleuropa.

Tab. 18: Resistenzdaten geographisch – Human – jeweils Maximalwerte (Angaben nach Beovic 2006)			
Land	PRP	MRSA	VRE
Spanien	24,8 %	24,0 %	
Griechenland		44,7 %	20,4 %
Portugal	20,0 %	45,5 %	46,6 %

Auch dänische Daten belegen die Regionalität (Hald et al. 2007): Zwar wurden die Lebensmittelbedingten Salmonellosefälle in Dänemark in der Hauptsache (65 %) auf dänische Lebensmittel zurückgeführt, jedoch stammte die Mehrheit der multiresistenten bzw. Quinolon-resistenten Salmonellen von Reise-bedingten Infektionen (27 %/ 44 %) oder von importierten Lebensmitteln (50 %/41 %).

Übertrag von Resistenzgenen zwischen verschiedenen Ökosystemen

Vor allem Beobachtungen über das Auftreten von Resistenzen auf dem humanmedizinischen Sektor haben die Frage nach Verbindungen zwischen dem Einsatz von Antibiotika in unterschiedlichen Biosphären aufgeworfen: Gerade antimikrobielle Futterzusatzstoffe stehen, auch angesichts der Applikationstechniken, unter dem Verdacht, für das Auftreten von Resistenzen in der Therapie (mit-) verantwortlich zu sein.

Beispiele für die Übertragung von Zoonoseerregern aus der Nutztierhaltung, die Resistenzgene tragen, oder der Nachweis von antimikrobiellen Stoffen in der von Nutztieren begangenen Umwelt existieren seit langem, wenn der Transferweg auch schwer aufzuklären ist.

So wurde bereits 1976 der Übertrag von Tetracyclinresistenzen aus Geflügel auf humane E.coli-Stämme dargestellt (Levy et al. 1976), beschrieben wurde auch die Übertragung von Chloramphenicol-resistenten Salmonellen aus einer Rinderherde über Hamburger in die Nahrungskette hinein (Spika 1987).

Fallbeispiel 1: Epidemiologie eines humanen Salmonellose-Ausbruchs (Holmberg et al. 1984)

Aus Hackfleisch wurden resistente Stämme von *Salmonella* Newport isoliert, die von Rindern aus einer Tetracyclin-behandelten Herde stammten und die von den behandelten Personen verzehrt worden waren. Entwickelt wurde die Annahme, dass die Tetracyclingaben bei den Rindern einen selektiven Druck auf Persistenz des Plasmids in vorhandenen Salmonellen stimulierten, die dann mit dem Fleisch weiter getragen wurden. Der Verzehr bewirkte eine subklinische Infektion und Selektierung auf resistente Plasmidträger, dies nach einer zusätzlichen Antibiotika-Einnahme durch die betroffenen Personen gegen anders gelagerte allgemeine Beschwerden. Die anschließende ungehinderte Vermehrung der Plasmidträger bewirkte dann den Ausbruch einer Salmonellose.

Fallbeispiel 2: Eine Nourseotricin-Übertragung in der ehemaligen DDR (Hummel et al. 1986)

1982 wurde Nourseotricin (ein Streptotricin) in den Gebrauch in der DDR als antimikrobieller Leistungsförderer für Schweine eingeführt, es lagen keine Kreuzresistenzen mit anderen Stoffklassen vor, Einsatz beim Menschen erfolgte nicht. Nach 1 Jahr trat häufig Nourseotricin-Resistenz in fäkalen E.coli auf, die von den entsprechenden Schweinen isoliert worden waren.

Nach 2 Jahren gelangen Funde in fäkalen Isolaten von Landwirten inkl. deren Familien, in der Stadtbevölkerung und in E.coli-Isolaten von Patienten mit Harnwegserkrankungen.

Später wurde das Phänomen auch in Pathogenen wie Salmonella und Shigella beobachtet, außerhalb der DDR wurde Nourseotricin nie gefunden.

5.2.3 Der Bann antimikrobieller Fütterungszumischungen

Die politischen Entwicklungen

Die möglichen Folgen der Applikation von AFZ in Form einer Resistenzbildung auf globalem Niveau sind mittlerweile allgemein realisiert. Dies wurde im letzten Jahrzehnt auf zahlreichen internationalen Konferenzen zum Thema deutlich.

Zur Ausbildung von Resistenzen wurde im Jahre 1999 eine umfangreiche Studie der EU (SSC 1999) vorgelegt, in der empfohlen wurde, den Einsatz in den großen Biosphären Humanbereich, Tiere, Pflanzen und Umwelt zurückzudrängen. Der Schwerpunkt sollte zukünftig eher auf die Therapie gelegt werden. Der Einsatz von antibiotischen Substanzen als AFZ wurde unter rechtlichen und auch unter ethischen Aspekten als fragwürdig angesehen.

Der Bericht des SSC kommt zu dem Schluss, dass, selbst wenn aktuelle experimentelle Nachweise nicht gelingen und sich der Sachverhalt weiterhin auf Verdachtsmomente aus Felduntersuchungen beschränken sollte, die Evidenz aus der Natur der Sache heraus zu nahe liegend sei, als dass bis zum abschließenden Nachweis abgewartet werden sollte (SSC 1999). In der Folge wurde der Einsatz dieser Stoffe nach und nach zurückgedrängt und ist seit 2006 vollständig verboten.

Schweden hatte bereits vorher den Einsatz antimikrobieller Substanzen auf die Behandlung oder die Prävention von Krankheiten beschränkt. Dieser „schwedische Bann" trat im Januar 1986 in Kraft (Ministry of Agriculture 1997). Im Jahre 1995 trat Schweden, gemeinsam mit Österreich und Finnland, der seinerzeitigen EG bei. Während der Beitrittsverhandlungen war dem Land zugesichert worden, bis zum Ende des Jahres 1998 die eigene Antibiotika-Politik beibehalten zu dürfen. Gleichzeitig waren bereits mehrere Substanzen in anderen Mitgliedstaaten gebannt worden oder unter den Verdacht der Resistenzförderung geraten. Die politische Entwicklung hat mit Sicherheit die Diskussion der Resistenzproblematik auch innerhalb der EU gefördert.

Beobachtete Folgen

Resistenzen

Mit der Zurückdrängung haben sich Verbesserungen der Situation eingestellt, wobei hier die präzise dänische Dokumentation (Heuer et al. 2006) exemplarisch wertvolle Aufschlüsse liefert: Hier verbesserte sich deutlich die Resistenzlage bei Enterococcus faecium: Für Stämme von Geflügel gegenüber Glycopeptiden und Avilamycin, für Stämme von Schweinen gegenüber Makroliden. Vergleichbar positive Resultate waren jedoch nicht durchgängig zu beobachten (Mathew et al. 2007). Allerdings scheint sich dies noch nicht immer niederzuschlagen auch in geringeren Resistenzen bei Humanpatienten (Bafundo & Cervantes 2006).

Tiergesundheit und Tierleistung

Es besteht außerdem der Eindruck, dass der Bann von antibiotischen Leistungsförderern – zumindest zwischenzeitlich – eine Erhöhung der präventiven oder therapeutischen Antibiotika mit sich gebracht hat: In der Tat hatten sich mit der Umstellung auch wirtschaftliche und tiergesundheitliche Probleme ergeben, dies vor allem in Fällen unteroptimaler Hygienestandards. Gerade auf der Grundlage von DANMAP werden zahlreiche Analysen vorgenommen, wobei die zeitliche Phase der zweiten Hälfte der 1990er Jahre, in der in Dänemark die Umstellung auf AFZ-freie Tierhaltung erfolgte, vor allem von Interesse ist.

Geflügel

In Dänemark stieg die Futterverwertungsrate bei Broilern von November 1995 auf Mai 1999 geringfügig von 1,78 auf 1,796 kg an (Dibner & Richards 2005). Nach einer Mitteilung aus dem Zentralverband der Dänischen Geflügelwirtschaft sei der Futterverbrauch um ca. 2,2 % gestiegen und das Endgewicht um ca. 1,5 % gefallen (AgE 2000).

Clostridiosen (Nekrotische Enteritis, Gangränöse Dermatitis) sind wohl nur unter verstärkten Anstrengungen auch weiterhin unter Kontrolle zu halten: Während dies bislang im Allgemeinen mittels der Kombination von (weiterhin zugelassenen) Ionophoren zur Coccidiostase und der AFZ gelang, rücken nun Managementmaßnahmen noch stärker in den Vordergrund, um das Umfeld nicht zu stark für die Vermehrung von Clostridien zu bereiten: Beachtung der Einstreumenge und -trockenheit oder die Beachtung der Aufstalldichte. Entsprechende Beobachtungen wurden auch in den USA gemacht (Shane 2004). In Dänemark stieg der Verbrauch des Anticoccidiums Salinomycin, eines Ionophors, das auch gegen Cl.perfringens wirksam ist, von 4500 kg wirksamer Substanz im Jahre 1996 auf 11 213 kg wirksamer Substanz im Jahre 2002 (DANMAP, zit. in Dibner & Richards 2005).

Schwein

Dagegen führte der Bann bei dänischen Absetzferkeln zu einem Abfall der täglichen Gewichtszunahme von 422 g im Jahre 1995 auf 415 g im Jahre 2001. Es wurde außerdem ein Anstieg in der Mortalität und der Morbidität verzeichnet, in der Hauptsache bedingt durch Darmerkrankungen (Burch 2006). Nach Callesen (2003) stieg in demselben Zeitraum die Mortalität von 2,7 auf 3,5 % an.

5.3 Havarien

Der Zwang, angesichts ansteigender Weltbevölkerung genügend Nahrung zur Verfügung zu haben, hat eine Vergrößerung der Tierbestände und eine intensivierte Vernetzung im globalen Maßstab zur Folge. Gleichzeitig steigt die Gefahr der Übertragung von Agentien, sei es infolge fehlerhafter Biosecurity-Maßnahmen oder durch Änderungen technologischer Grundbedingungen, die sich dann als nicht beherrschbar herausstellen. Auch der Übertritt von Stoffen aus der Industrie in die Nahrungskette ist zu realisieren. Die nachfolgend dargestellten Fälle geben die Problematik beispielhaft wieder.

5.3.1 Tierkrankheiten mit Seuchencharakter

Traditionsgemäß sind Tierseuchen schwere Infektionskrankheiten mit zeitlich und räumlich gehäuftem Auftreten in einer Population. Für diese Krankheiten gelten staatliche Beobachtungs- und Bekämpfungsmaßnahmen.

Das Tierseuchengesetz hat den Begriff der Seuche nie definiert, sondern hat bestimmte Tierkrankheiten als Seuchen betrachtet, die unter die staatliche Bekämpfungsmaßnahmen fallen.

Insofern musste der Unterschied zwischen Krankheit und Seuche immer als graduell angesehen werden. Mit der Novellierung des TSG im Jahre 2004 ist keine Unterscheidung mehr getroffen. Danach sind Tierseuchen Krankheiten oder Infektionen mit Krankheitserregern, die bei Tieren auftreten und auf Tiere oder Menschen (Zoonosen) übertragen werden (§ 1 TSG).

Das Maul- und Klauen-Seuche-Geschehen im Vereinigten Königreich

Im Februar 2001 wurden im Rahmen der Fleischuntersuchung in UK Verdachtsmomente auf MKS geäußert, die drei Tage später bestätigt wurden. Als Zeitpunkt der Primärinfektion wurde etwa Ende Januar gefolgert. Quelle des Ausbruchs war wohl eine Vermischung behandelter und unbehandelter Speisereste zur Verfütterung an Tiere nach Einschleppung aus Fernost. Weitere Stufen waren der Übertrag auf Schafe in der Nachbarschaft und im Anschluss eine weitere Verschleppung durch die in UK üblichen weiträumigen Schafbewegungen. Letztlich ausschlaggebend waren Marktstrukturen, schlecht ausgebildetes Farmpersonal, Tiertransporte und eine schlechte Koordination der Bekämpfung.

Ein erneuter MKS-Ausbruch im Jahre 2007 in Südengland wurden auf Biosecurity-Versagen in einem Hochsicherheitslabor in der Region zurückgeführt.

Zwar wird immer wieder auf den schnellen Infektiositätsverlust des MKS-Virus bei pH-Werten < 6 verwiesen, gleichzeitig jedoch auch auf die geringe für eine Infektion notwendige Dosis und die Aerosol-getragene Übertragungsmöglichkeit des Virus (Metzler 2000).

Die Schweinepest in Deutschland

Das Virus der Klassischen Schweinepest hat eine wechselvolle und lange Geschichte (Dobberstein 1967; Waldmann et al. 1995): 1833 erstmals in Ohio aufgetreten, wurde 1862 ein erster Ausbruch (über Zuchttiere) in UK beobachtet. Im Jahre 1883 trat es erstmals in Deutschland auf. Die Krankheit war vor dem Zweiten Weltkrieg in Deutschland weitgehend getilgt, durch die weiträumigen Bevölkerungs- (und Tier-) Vertreibungen kam es zur Wiedereinschleppung.

Nach Erhebungen des FLI (2006) sind ca. 20 % der Primärausbrüche seit 1993 auf das Verfüttern von Speiseabfällen zurückzuführen und 60 % auf Kontakte mit Wildschweinen. Auch die Wildschweinpopulation ist als Reservoir anzusehen. Wie problematisch dieser Umstand ist, zeigen Befürchtungen, dass vermehrter Abschuss die Tiere aufscheuchen und deren Mobilität erhöhen könnte.

Die Seuchenzüge der 1990er Jahre in Deutschland weisen auf Tierbewegungen als wichtigen Faktor für die Ausbreitung eines Herdes hin (Ahl 1994; Teuffert et al. 1997).

Die Schweinepest in Weser-Ems 1993/1994 lässt sich rekonstruieren (Waldmann et al. 1995): Aus Baden-Württemberg in die Region Weser-Ems verschleppt, wurde das Virus durch den nicht unterbundenen oder nicht unterbindbaren Vieh-Handel weiter ausgebreitet. Damit kam es zu einer Verschleppung nach Süden in den Raum Diepholz und zur Tötung aller dortigen Schweine im Radius von 1 km. Nach weiterer Verschleppung über Tiertransporte trat die Seuche auf in Syke, Vechta, Cloppenburg, Nienburg und Osterholz.

Die emotional/ethischen Folgen, auch die finanziellen Kraftakte im Verlaufe derartiger Seuchenzüge oder die zusätzlichen Handelsbeschränkungen lokal und überregional, die auch die gesamte EU treffen können, sind immens. Nach Truyen (2006) wurden seit 1993 im Rahmen von ESP-Tilgungsmaßnahmen 2,5 Mio. Schweine getö-

Tab. 19: Einschleppungsursachen des ESP-Virus in Primär- und Folgeausbrüchen im Zeitraum 1993–1998 in % (Schlüter u. Kramer 2001)

Primärausbrüche (n = 92)		Folgeausbrüche (n = 234)	
Schwarzwild	64,1 %	Tierverkehr	27,8 %
Speiseabfälle	22,8 %	Nachbarschaft	24,4 %
Unbekannt	13,0 %	Personenkontakt	14,5 %
Fahrzeugkontakt	9,0 %	Unbekannt	24,4 %

tet, von denen 450 000 Tiere in den direkt ESP-betroffenen Beständen standen. Im Seuchenzug des Jahres 2006 (Mai, Juni) in NRW mussten in einem betroffenen Kreis bei 188 Betriebskeulungen pro Hof 15–30 Personen aufgeboten werden (Groeneveld 2006):

THW	2–8 Personen		
Schätzer	2	Gemeindemitarbeiter	1–2
Tierärzte	3	Transportfahrer	1
Feuerwehr-Duschzelt	5	Tötekolonnen	6–8
(Mietduschcontainer	2)	Baggerfahrer	1

Nach Blaha et al. (2006) errechnen sich auf der Grundlage zahlreicher Beispiele die Kosten für einen einzelnen Ausbruch der KSP auf 500 000 bis 1 Mio. €.

„Emerging Diseases" durch unmittelbar nicht beeinflussbare Umstände

Mit dem zu erwartenden Klimawandel wird sich möglicherweise auch das ökologische Habitat für einzelne Krankheitserreger soweit verändern, dass Zwischenwirte für parasitäre Formen geographisch ebenfalls Verschiebungen (Limitierung oder Ausweitung des Habitats) erfahren können. Zu erwarten sind erhöhte oder verringerte Risiken für das Auftreten von Human- und Tierkrankheiten. In einer Voraussage für Frankreich (Dufour et al. 2006) wurden 6 Krankheiten genannt, deren Erreger vom Klimawandel profitieren könnten und mit denen verstärkt zu rechnen sei (Taxonomie Viren: Murphy et al. 1995), vgl. Kasten.

West-Nile-Fever	Viren (Genus Flavivirus, Arboviren)
Blue Tongue (Blauzungenkrankheit)	Viren (Genus Orbivirus)
Rift-Valley Fever	Viren (Genus Phlebovirus, Arboviren)
African Horse-Sickness (Afrikan. Pferdesterbe)	Viren (Genus Orbivirus)
Leishmaniose	Protozoen (Leishmania, Trypanosoma)
Leptospirose	Bakterien (Leptospira)

Mit einem Ansteigen Insekten-übertragener Krankheiten muss wohlgerechnet werden: So stellt sich das Vereinigte Königreich bereits auf das Auftreten der Afrikanischen Pferdesterbe ein, auch das West-Nile-Virus breitet sich dort aus.

Die Fälle der (durch Mücken übertragenen) Blue-Tongue in West-Europa und in Westdeutschland indizieren starke Anstiege in 2007 gegenüber dem Jahr 2006 sowie ein weiteres Vordringen nach Osten. Die im Jahre 2007 in Deutschland bestätigten 20 537 Fälle (BMELV 2008) mit einem Anstieg der Fälle zum Herbst traten in Rinder- und Schafbeständen auf.

Auch ist denkbar, dass sich Überträger, die über internationale Transportrouten verschleppt wurden und die im Zielland derzeit nicht präsent sind, sich zumindest zeitweise dort halten können. Fälle tropischer Krankheiten dürfen somit nicht mehr auszuschließen sein. So geht aus einer globalen Kartierung der Malaria hervor, dass die Malaria (P. falciparum und P. vivax) bereits nördlich des Saharagürtels nachgewiesen worden ist (map 2008).

5.3.2 Dioxine als Industriestoff in der Futtermittel- und Nahrungskette

Der Dioxinzwischenfall in der EU im Jahre 1999 kann als Beispiel für ein zeitweise ungesichertes Kreislaufsystem gelten. Nach heutiger Kenntnis muss das Geschehen einem Leck in der Futtermittelkette zugeordnet werden.

Dioxine sind Polychlorierte Dibenzo-p-Dioxine (PCDD), es existieren ca. 210 verschiedene Kongenere unterschiedlicher Toxizität. Mit den Dioxinen treten gleichzeitig die Furane (Polychlorierte Dibenzofurane – PCDF) auf. PCDD sind mikrobiell nicht abbaubar (Fritsche 1998).

Die einheitliche Nomenklatur der Toxizität
Jedes Kongener wird in Relation gesetzt zum seinerzeitigen „Severo"-Dioxin (2, 3, 7, 8 Tetrachlor-dibenzo-p-dioxin – TCDD): Hieraus wird international das Toxizitätsäquivalent (I-TEQ/g) abgeleitet. Das WHO-TEQ bezieht den Wert für PCB ein, die Mengenangabe lautet „pg/g Fett". Ein Picogramm entspricht einem Millionstel eines Millionstel Gramm.

TCDD gilt als carzinogen. Der von der WHO im Jahre 1998 festgelegte TDI (Tolerable Daily Intake) beläuft sich auf 1–4 pg TEQ/kg KG (WHO 1998).

Mit den Dioxinen werden in Verbindung gebracht Umweltresistenz und Abbaustabilität, hohe Fettlöslichkeit, Toxizität (Krebspromotoren, „Chlorakne") und somit die Fähigkeit, in der Nahrungskette zu akkumulieren.

Im Jahre 1999 erlebte Belgien einen größeren Dioxin-Zwischenfall, in dessen Abfolge Dioxin über Futtermittel in die Nahrungskette gelangte und bestimmte Lebensmittel landesweit aus dem Handel genommen wurden.

Seinerzeit waren als Notmaßnahmen „Eingriffswerte" für Dioxine/Furane festgelegt worden. Als weitere Maßnahme wurden mit der VO (EG) Nr. 466/2001 dann für bestimmte Dioxine und Furane Höchstwerte festgelegt, nicht jedoch für Polychlorierte Biphenyle. Dies ist nunmehr im Jahr 2006 nachgeholt worden (VO/EG) 199/2006), vgl. Tab. 20.

Abb. 8
Struktur von Dioxinen und Furanen

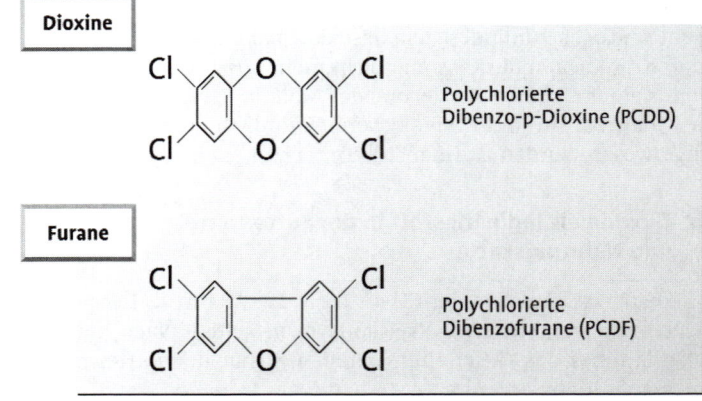

Dioxine

Polychlorierte
Dibenzo-p-Dioxine (PCDD)

Furane

Polychlorierte
Dibenzofurane (PCDF)

Fallbeispiel: Dioxine in der Futtermittel- u. Nahrungsmittel-Kette in Belgien im Jahre 1999 (SCF 1999; N.N. 1999)

Februar 1999:
Geflügelhalter in Belgien stellen bei ihren Tieren fest: neurologische Symptome, schlechte Reproduktivität, dünne Eischalen. Rückfrage bei den FM-Lieferanten erbringt hohe Werte für Dioxin und Polychlorierte Biphenyle (PCB):
Beispiel: 781 pg I-TEQ/g
            758 pg I-TEQ/g Fett

Ende April 1999:
Weitergabe dieser Daten an die Behörden in Belgien: Rückverfolgung auf eine Fettschmelze und einen Produktionstank mit einer Charge von 57 t kontaminierten Fettes, das in die Futtermittelkette gelangt ist. Der Verkauf erfolgte im Januar 1999.

Mai 1999:
Unterrichtung der Kommission durch die belgischen Behörden: Geflügel und Eier in Belgien werden wegen einer möglichen Kontamination mit Dioxin aus dem Handel genommen, Die Restriktionen wurden ausgeweitet auf andere Fleischerzeugnisse (vom Rind und vom Schwein), nachdem nicht auszuschließen war, dass entsprechendes Futter auch in Rinder- und Schweinebeständen verfüttert wurde: Sperrung der betroffenen belgischen Bestände.
Gegen die Einbeziehung von Milch/Milchprodukten legten die belgischen Behörden Einspruch ein.

Juni 1999:
Umsetzung der mittlerweile getroffenen EU-Entscheidungen in nationales deutsches Recht

	Eingriffswerte Dioxine, Furane	Grenzwerte 2006 Dioxine, Furane, PCB (Summe)
Tab. 20: Festlegung von vorläufigen (Eingriffswerte) und endgültigen Toxizitätsäquivalenten (Grenzwerte) für Dioxine, Furane und PCB in bestimmten Lebensmitteln		
Fett: Eier/Geflügel: Rindfleisch: Schweinefleisch:	3 pg/g 5 pg/g 6 pg/g Fett 2 pg/g	6,0 pg/g Fett (Butterfett) 6,0 pg/g Fett (Geflügel) 4,5 pg/g Fett 1,5 pg/g Fett

Der Vorfall kann als Beispiel dienen für die Erkennung einer Havarie, für die vorläufige Entwicklung von Eingriffswerten und die nachträgliche Entwicklung von wissenschaftlich belegbaren Grenzwerten. In der Folge gelangen weitere Dioxinfunde in natürlichen Bodenstoffen.

5.4 Bovine Spongiforme Encephalopathie – BSE – als Beispiel einer Technik-bedingten Havarie

Der Eintritt der Bovinen Spongiformen Encephalopathie in das Bewusstsein von Wissenschaft, Veterinär-Verwaltung und Öffentlichkeit war eine Art politisch-wissenschaftliches Erdbeben. Einmal mehr wurde die landwirtschaftliche Produktion als wichtige Eintrittspforte für biologische und andere Agentien in die Ernährungskette zur Kenntnis genommen, auch wenn die letztendliche Schließung des hier aufzuzeigenden Kreislaufs in der Tiermehlherstellung gelegen haben dürfte. Es handelt sich um ein Beispiel für eine Havarie, die durch Fehlentscheidungen zur technologischen Abfolge in der Tierkörperbeseitigung zustande gekommen ist.

Das Ereignis wurde letztlich Motor für neue wissenschaftliche Beschäftigung mit einem lange nicht verstandenen Phänomen bei Menschen und Tieren, das nunmehr zusammenfassend als Transmissible Spongiforme Encephalopathie (TSE) bezeichnet wird. Erst in den Jahren der BSE-Krise wurden bestimmte Krankheiten beim Menschen, die zwar unterschiedlichen Anlässe zuzuordnen sind (Übertrag des Agens oder genetisch bedingt), ätiologisch einander zugeordnet. Es handelt sich um Kuru, CJD unterschiedlicher Genese, das GSS und die Familiäre Fatale Insomnie.

Eine iatrogene Übertragung wurde beobachtet anlässlich medizinischer Eingriffe am Gehirn, bei Transplantation von Augenhornhaut und von Hirnhaut (Dura mater) sowie dem Einsatz von aus der Hypophyse Verstorbener gewonnenem Wachstumshormon bei Kindern (Stoltenburg-Didinger 2002).

5.4.1 Die politischen Folgen

Deutschland

Nach ca. 25 Jahren BSE in Europa können für Deutschland mehrere Phasen unterschieden werden:

– Beobachtung einer fernen und beunruhigenden Krankheit bei Rindern (in UK).
– Abwehr der Möglichkeit, dass sich das Agens auf den Kontinent ausbreiten könnte.
– Das Agens erreicht Deutschland mit erheblicher publizistischer Breitenwirkung (2000).
– Normalisierung (Zurkenntnisnahme einer weiteren Zoonose, die jedoch schrittweise unter Kontrolle zu kommen scheint).

Nach dem ersten BSE-Fall im November 2000 wurde im Dezember 2000 ein Rückgang der Schlachtungen um 51 % verzeichnet, im Jahr 2001 gab es im Vergleich zum Jahr 2000 einen gravierenden Rückgang in der Rindfleisch-Nachfrage:

1. Quartal: um 58 %
2. Quartal um 29 %
3. Quartal um 26 %

Dies hatte Folgen: Schlachtbetriebe stellten ihre Rinderschlachtungen teilweise ein, was Absatzprobleme für die betroffenen Landwirte zur Folge hatte, spezialisierten Betrieben wie Köpfezerlegungsbetrieben kam der Rohstoff abhanden. Ende Januar 2001 mussten 4600 Personen wegen der BSE-Krise kurzarbeiten (N.N. 2001). Nach und nach erholte sich der Markt wieder, und in den Schlachtzahlen der Jahre 1998 bis 2001 ist der BSE-Knick in dieser Form nicht zu finden (es fanden Aufkauf- und Abschlachtaktionen statt).

> Schlachtungen Rinder außer Kälber
> (Stat. Bundesamt; Stat. Landesamt BW)
> 1998: 4 139 552
> 1999: 4 101 244
> 2000: 3 864 955
> 2001: 3 875 506

Wissenschafts-politische Konsequenzen bei der EU-Kommission

Auch die EU-Administration reagierte. Es kam es in der Folge zu einschneidenden Änderungen in der Organisation der wissenschaftlichen Beratungssysteme bei der Kommission. Die etablierten wissenschaftlichen Beratungsgremien wurden umgestaltet, es wurden sachbezogen 7 wissenschaftliche Ausschüsse sowie ein (für spezielle Fälle zuständiges) Scientific Steering-Committee (SSC) eingerichtet. Im Gegensatz zu früheren Zeiten werden die Mitglieder nunmehr auch von außerhalb der EU und nach öffentlicher Ausschreibung bestellt, dies begrenzt auf die Dauer einer Mandatsperiode von drei

Jahren. Dadurch ist möglichst aktuelles Fachwissen und eine weitgehende wissenschaftliche Absicherung der zutreffenden politischen Entscheidungen gewährleistet.

Auch die Installation der EFSA dürfte bereits in diesen Jahren starke Impulse erhalten haben (vgl. Kapitel 15).

5.4.2 Die Genese der BSE

Höchstwahrscheinlich haben mehrere voneinander unabhängige Umstände den Ausbruch der Epidemie gefördert.

Im Verlauf der 1970er und 1980er Jahre wurden in England die Aufbereitungsverfahren in der Tierkörperbeseitigung geändert: Es erfolgte eine unterschiedlich weitgehende Herabsetzung der Temperaturen auf Werte bis auf 95 °C, Fortfall des Einsatzes eines Extraktionsschrittes mit organischen Lösungsmitteln und Einführung des kontinuierlichen anstatt des Chargenverfahrens (Morgan 1988; Wilesmith et al. 1991; Taylor et al. 1995).

Zusätzlich dürften auch erhöhte Zahlen in der Schafhaltung in UK seit dem Anfang der 1980er Jahre (Morgan 1988) sowie die Eiweißfütterung in Form von Kraftfuttergaben an Milchkühe eine Rolle gespielt haben.

Quelle können verendete und von Scrapie befallene Schafe gewesen sein, von denen das Agens über die Mehle auf das Rind übergegangen sind. Denkbar als Ursache ist auch die Theorie der spontan aufgetretenen PrP^{Sc} beim Rind.

In jedem Falle überstanden pathogene Prion-Proteine die Hürden in der Tierkörperbeseitigung, da der Kreislauf nur so lange technisch sicher war, wie die Druck-Hitze-Bedingungen auch das damals noch nicht erkannte pathogene Prion-Protein sicher abzutöten in der Lage waren. Das Agens übersprang dann in der Folge der technischen Änderungen die Hürde.

Die nachfolgende Auswahl von Entscheidungen des Mitgliedstaates UK und der damaligen EG erscheinen in der Rückschau nicht immer verständlich, müssen jedoch wohl auch aus der Situation heraus interpretiert werden, in der nicht immer alles so klar erscheinen mag, wie es sich in der Rückschau darstellt.

Fallbeispiel für eine technische Havarie: Vorgeschichte und Ansätze zur Bewältigung (nach unterschiedlichen Quellen)
1985 treten Symptome einer Krankheit mit zentralnervösen Symptomen auf.

1986 werden die Beobachtungen in Zusammenhang mit dem Symptomkomplex der Traberkrankheit gebracht. Die Mehrzahl der Fälle tritt bei Milchkühen auf. Eine Entschädigung erfolgt zu 50 %, potenziell infizierte Tiere werden nicht eliminiert.

Im Jahre **1988** muss in UK das Auftreten von BSE den Behörden zur Kenntnis gegeben werden (notification), im gleichen Jahre untersagt die britische Regierung die Verwendung Schaf- und Rinderhaltigen Kraftfutters zur Verfütterung an Rinder.

1989: Verbot der Verwendung von Nervengewebe und bestimmter Nebenprodukte (Specified Bovine Offals – SBO – : Gehirn, Rückenmark, Tonsillen, Thymus, Milz, Därme bei Tieren > 6 Mo) für die Verwendung als Lebensmittel durch die britische Regierung.

Gleichzeitig wird der Export von Tieren, die vor dem 28. 7. 1988 geboren waren, untersagt. In Deutschland wird das Verbringen von Tiermehlen aus UK unterbunden.

1990: Voller Finanzausgleich bei Auftreten von BSE in UK.

EWG: grundsätzliches Verbot der Einfuhr von Rindern aus UK. Kälber < 6 Mo sind ausgenommen, sie müssen vor Vollendung des 6. Lebensmonats geschlachtet sein.

Kein Versand von bestimmten Geweben und Organen (SBO) aus UK in Mitgliedstaaten für Human- und Tierernährung und für pharmakologische Zwecke.

Einführung der EU-weiten Informationspflicht (compulsory notification) für BSE.

Die Ausfuhr von Rindfleisch (entbeint) aus UK ist nur möglich, wenn es von sichtbarem Nerven-und Lymphgeweben befreit ist. Nicht entbeintes Rindfleisch (TK-Hälften) muss aus Beständen stammen, die 2 Jahre lang BSE-frei waren.

Bei den ersten Hauskatzen wird die Diagnose TSE gestellt: Bis 1995 wurden insgesamt 65 Fälle bekannt. Mit der Richtlinie 90/667/EWG werden Normen für eine einheitliche Tierkörperbeseitigung (133 °C bei 3 bar über 20 Min. und bei einer Partikelgröße von 55 mm) festgelegt. Die Umsetzung in nationales Recht muss bis zum 31. 12. 1991 erfolgt sein.

1991: Im Londoner Zoo stirbt ein Kudukalb an BSE, die Frage der vertikalen Übertragung kommt auf.

In Deutschland wird die Anzeigepflicht für BSE und die Traberkrankheit eingeführt

1992: Der innergemeinschaftliche Handel mit Rinderembryonen wird eingeschränkt.

1994: EU: Verbot der Verfütterung von Mehlen von Säugergewebe an Wiederkäuer.

1994 und 1995 lösen sich in Deutschland mehrere Dringlichkeitsverordnungen zur Umsetzung von EU-Vorgaben ab:

1994: Fleisch mit Knochen (d. h. Tierkörperhälften) aus UK darf nur ausgeführt werden, wenn es von Tieren aus mind. 6 Jahre BSE-freien Herden stammt. Sofern die Anforderung nicht erfüllt werden kann, ist nur entbeintes Fleisch und nur in Form schierer Muskeln, von dem alles möglicherweise belastete Gewebe entfernt wurde, zugelassen.

1995: Für die Reglementierung von Rindfleisch aus UK wird das Geburtsdatum der Tiere maßgebend, nach dem 1.1.1992 seien nunmehr keine Neuinfektionen über Futtermittel mehr zu erwarten. 1995 erkrankt jedoch, entgegen der Annahme in UK ein nach 1.1.1992 geborenes Rind an BSE.

1995: Ausnahmen vom Handelsverbot mit Rindfleisch aus UK werden auf Tiere mit einem Schlachtalter von unter 30 Monaten beschränkt. Der Weg für UK-Ware über Umwegeinfuhren wird erschwert.

1996: In mehreren Bundesländern werden Einfuhrverbote für britisches Rindfleisch verhängt. Die EU-Kommission mahnt die deutsche Regierung unter Klageandrohung, den ungehinderten Handel mit Rindfleisch zu gewährleisten.

20.3.1996: In einer Erklärung des britischen Gesundheitsministers vor dem Unterhaus wird die Möglichkeit einer Übertragung auf den Menschen nicht mehr ausgeschlossen.

Der Bann: Rindfleisch und Rindfleisch-Erzeugnisse dürfen aus UK nicht in die EU und nicht in Drittländer verbracht werden.

In den Niederlanden werden ca. 64 000 Kälber aus UK getötet.

Es gelingt, Schafe durch Verfütterung BSE-haltigen Gewebes zu infizieren.

Die EU-Kommission propagiert das Konzept der Risikomaterialien (u. a. für Gehirn, Augen, Wirbelsäule und Rückenmark bei Rd/Schf/Zge > 12 Monate und bei verendeten Tieren jeden Alters). Der Ständige Veterinär-Ausschuss (bestehend aus Vertretern der Mitgliedstaaten-Regierungen) lehnt, unter deutscher Mitwirkung, ab. Das Konzept tritt letztlich erst am 1.1.2000 in Kraft.

1998: Portugal wird in das Embargo für Rinder und Rindfleischerzeugnisse einbezogen.

Datum-gestützte Ausfuhrregelung: Für Fleisch von Tieren, die nach dem Stichtag 1. Juli 1996 geboren wurden, ist der Handel (ab dem 1.8.1999) aus UK wieder erlaubt.

2000: Opinion des SSC über das geographische BSE-Risiko: Geographical Risk of BSE (GBR): Kategorien I bis IV. Deutschland wird in die Kategorie III eingestuft, was dort heftige Proteste auslöst.

Einführung der Schlachttierkörper-Schnelltests ab dem 1.1.2000: Gleichzeitig werden ältere Regelungen von 1998 abgelöst.

Inkrafttreten der Risikomaterialien-Regelung: ab dem 1.1.2000 werden bestimmte Stoffe aus der Nahrungskette (inkl. Futtermittelkette) ferngehalten. Der Gebrauch des nach der Betäubung von Rindern üblichen Rückenmarkzerstörers wird verboten. Es erfolgen schrittweise Ausweitung bzw. Änderungen der Bestimmungen bis zur heutigen Regelung nach der grundlegenden TSE-Verordnung (EG) 999/2001. Damit fallen alleine in Deutschland 75 000 t Risikomaterialien an.

In Deutschland werden (unter dem Eindruck des ersten nicht importierten deutschen BSE-Falles vom 26.11.2000) proteinhaltige Erzeugnisse und Fette aus Gewebe warmblütiger Landtiere für die Verfütterung an Lebensmittel liefernde Nutztiere verboten (1.12.2000). Die EU geht gleichermaßen vor.

2001: Die Inhalte der bisherigen verstreut vorliegenden Entscheidungen des Rates bzw. der Kommission fließen in eine erste der direkt geltenden Verordnungen (Verordnung (EG) 999/2001) ein. Damit ist die teilweise unübersichtliche Rechtsregelung auf Ebene der EU und der Mitgliedstaaten vereinheitlicht.

Das Phänomen in Zahlen: Gemeldete BSE-Fälle in Mitgliedstaaten der EU

Die Datei zeigt das nochmalige Auftreten in vorher „unbelasteten" Regionen wie Frankreich. Der jeweils aktuelle Stand der gemeldeten Fälle finden sich bei der Webside der OIE in Paris, vgl. Tab 21.

Tab. 21: BSE-Fälle in den Mitgliedsstaaten der EU (OIE 2008))						
	Frankreich	Belgien	UK	IRE	CH	D
1991	5	—	25 359	17	8	—
1992	0	—	37 280	18	15	(1)
1993	1	—	35 090	16	29	—
1994	4	—	24 438	19	64	(3)
1995	3	—	14 562	16	68	—
1996	12	—	8149	73	45	0
1997	6	1	4393	80	38	(2)
1998	18	6	3235	83	14	—
1999	30 +1	3	2301	91	50	—
2000	161	9	1443	149	33	7
2001	274	46	1202	246	42	125
2002	239	38	1144	333	24	106
2003	137	15	611	183	21	54
2004	54	11	343	126	3	65
2005	31	2	225	69	3	32
2006	8	2	114	41	5	16
2007	k. A.	k. A.	67	25	—	4

Bewertung

Technische Änderungen in den TBA hatten zur Folge, dass das bis dato eher unbeachtete und bei Schafen endemische PrP^{Sc}-Agens die Aufbereitung überstand und dadurch aus einem engeren Biotop auszubrechen imstande war. Das Beispiel zeigt, dass Änderungen technischer Umstände und Regeln im Prinzip nicht voraussagbar sind und unbekannte Risiken mit sich bringen können.

Ob das Agens bei Schafen nun endemisch war und durch Passagen seinen Charakter änderte oder ob die Ausbildung des PrP^{Sc} spontan zustande kam, letzten Endes kam es zum selben Effekt: Es erfolgte eine Übertragung des Agens auf Milchkühe über (u. a.) Knochen-Fleisch-Mehle als Vektor.

Nach einer Mitteilung von Conraths (2001) hat es in UK seit 1977 ca. 500 000 infizierte Tiere und über 180 000 registrierte Erkrankungen gegeben. Angesichts derartiger Zahlen dürfte es letztlich unklar bleiben, wie lange das Agens bereits in der Rinderpopulation vorhanden war und wie lange es „Anlauf" nehmen konnte, bis die fehlgefalteten Prione in einer genügend großen Tierzahl klinisch so weit manifest wurden, um zur Kenntnis genommen zu werden. Unklar ist somit, seit wann und wie weit das Agens bereits Eingang in den Humanbereich gefunden hat.

5.4.3 Ätiologie

Diskutiert wurden unterschiedliche Ätiologien und fördernde Randbedingungen, wissenschaftlich durchgesetzt haben dürfte sich die Prionen-Theorie (Proteinaceous Infectious Particles, wobei Sc für Scrapie steht), für die dem Amerikaner Stanley B. Prusiner im Jahre 1997 der Nobelpreis verliehen wurde. Die Prionen-Theorie kann wichtige Beobachtungen und Gegebenheiten des Geschehens erklären, während andere Erklärungen derzeit nicht beweisbar sind.

So haben sich die Virus-Theorie (Slow Viruses), derzufolge Virus-Nukleinsäure vorhanden sein müsste sowie die Virino-Theorie, in der Körpereigenes Eiweiß die fremde Nukleinsäure verdeckt, bislang nicht verifizieren lassen.

Nach der Prionen-Theorie liegen Prion-Proteine mit einer überwiegend α-Helix Struktur (PrP^c) physiologisch auf den Oberflächen von Säugerzellen vor.

Das PrP^c ist an den Synapsen in der neuromuskulären Endplatte (synaptische Endigungen) angereichert. Ergebnisse an PrP-knock-out-Mäusen zeigen Zusammenhänge mit der Kinetik der Wiederherstellung des Ruhemembranpotenzials an den Synapsen und mit einer Änderung der Kupferverteilung an den Synapsen nach einem erfolgten Impuls (Herms u. Kretzschmar 2001).

Das Modell postuliert, dass diese Proteine bei Kontakt mit PrP^{Sc} in die Isoform (ß-Faltblatt-Struktur) umschlagen. Diese Form ist extrem inert, was zu einer deutlich verlangsamten Abbaubarkeit dieser Prion-Proteine führt: So können Proteasen die physiologische Form abbauen, die unphysiologische dagegen nicht. Die Theorie unterstellt eine Ausbreitung nach dem Domino-Prinzip, die Akkumulation der unphysiologischen Form führt zu Plaques im Gehirn, zum Zelltod und in der Folge zu neurologischen Abnormalitäten.

Die Koch-Henle'schen Postulate gelten als klassische Belege für eine postulierte Ätiologie. Unter Einsatz dieser Postulate ergeben sich keine Widersprüche, legt man die PrP^{Sc} als kausales Agens zugrunde.

Bedingungen, unter denen Agentien als für ein Krankheitsgeschehen ursächlich zu betrachten sind:

Nachweisbarkeit: Das Agens ist regelmäßig in den betreffenden Regionen nachweisbar: Gegeben, SAF (Scrapie assoziierte Fibrillen) sind darstellbar.

Identifizierung/Definierung: Agentien können in Reinkultur isoliert werden: Gegeben (unterschiedliche Stämme der PrP^{Sc} sind identifiziert).

Reproduzierbarkeit: Die klinischen und pathologisch-anatomischen Beobachtungen sind reproduzierbar: Gegeben: Infektionsversuche führen regelmäßig zum gesuchten klinischen und histopathologischen Bild.

Reduktion des BSE-Agens um logarithmische Stufen	
1 M NaOH	> 6–7
0,5 % Na-Hypochlorid	4
3,7 % Formaldehyd	2
Autoklavieren 121 °C/1 h	> 6–7
Autoklavieren 100 °C/1 h	3–4
UV:	hohe Resistenz
Enzymatische Behandlung (z. B. Proteinase K)	< 2

Darüber hinaus bilden Knock-out-Mäuse, denen ein funktionales PrP-Gen (und damit das PrP) fehlt, bei Infektion mit PrP^{Sc} keine Symptome aus.

Der Einfluss chemischer und physikalischer Behandlungsschritte auf die Infektiosität der neuen Isoformen der physiologischen Prion Proteine ist denkbar gering, wie die Auswahl (Groschup u. HAAS 1994) im Kasten zeigt.

5.4.4 Epidemiologie

Scrapie bei Schaf und Ziege ist weltweit mit der Ausnahme von Australien verbreitet und seit ca. 250 Jahren bekannt. In UK ist etwa 1/3 des Bestandes infiziert, die Übertragung erfolgt u. a. auch perinatal.

In den USA ist die Transmissible Mink Encephalopathy bei Nerzen bekannt. Ursache ist wohl die Verfütterung von Wiederkäuer-Nebenprodukten. Ebenfalls in den USA und Canada tritt bei Hirschartigen in Gehegen und außerhalb die Chronic Wasting Disease auf.

Im Verlaufe der Epidemie in UK haben auch mehrere Feliden- und Wiederkäuer-Arten die typischen Symptome entwickelt.

Transfer-Routen innerhalb des Wirtes

Invasionsstellen für das Agens scheinen vor allem der Darmtrakt zu sein, im Fokus der Aufmerksamkeit steht das Ileum. Experimentelle und Felduntersuchungen haben als Transferroute beim Rind das Autonome Nervensystem (bestehend aus dem sympathischen, parasympathischen und intramuralen System) identifiziert: Das Agens dringt über das intramurale Nervensystem (Auerbach- und Meissner-Plexus) weiter vor. Angesichts der nervalen Strukturen kann der weitere axonale Transport über unterschiedliche Wege erfolgen: über den N.vagus unter Umgehung des Rückenmarks in die Obex-Region oder über Prävertebral-Ganglien zu den Paravertebral-Ganglien des sympathischen Grenzstranges, von dort über den Truncus vagosympathicus zum Kopf oder nach kaudal (Fries et al. 2003). Basierend auf dieser Vorstellung, ist der Nachweis aus der Obexregion (vgl. Kapitel 38) mit einer diagnostischen Lücke behaftet: Solange das Agens dort noch nicht angekommen ist, ist der Nachweis nicht möglich (Reckzeh et al. 2007).

Der Ausbruch aus dem Habitat

Als Vektoren für die Ausbreitung des Agens in UK wurde schnell der orale Weg und speziell Tiermehle („Meat and Bone Meals") identifiziert. Der Weg des Agens über das Futter als Haupteintrittspforte dürfte als gesichert gelten. Ernsthafte Einwände werden nicht mehr geltend gemacht, zumal durch die Schließung der genannten Quellen die Fälle in UK drastisch zurückgegangen sind.

Die Überwindung der Speciesbarriere: Bekannt geworden sind Übertragungen bei Nerzen, Wiederkäuern (Wild, v. a. Antilopen, auch Mufflon, auch Hauswiederkäuer) sowie bei Feliden (auch Großkatzen, Puma, Gepard, Ozelot). Der Erreger ist experimentell auf unterschiedliche Tierarten (auch Schwein) übertragen worden. Als nicht gefährdet gilt Geflügel; Berichte über Strauße (ÖKO-TEST 2001) haben sich nicht bestätigt.

Der Verdacht, das BSE-Agens könnte sich auf das Schaf (zurück-)verlagert haben, besteht seit längerem (SVC 1997) und kann nach wie vor nicht ausgeschlossen werden (vgl. Kapitel 38). Die Symptome sind nicht unterscheidbar (Buschmann & Groschup 2005), die Verteilung der Prione im Körper ist jedoch anders als beim Rind (Groschup u. Kramer 2001).

Sollten sich Verdachtsmomente einer Rückübertragung bestätigen, müsste dies als schwerwiegend betrachtet werden. Das Agens wäre beim Schaf auch in lymphatischem Gewebe vorhanden, was in der Infektiosität derjenigen des ZNS gleichzusetzen wäre (Buschmann & Groschup 2005).

Fleischgewinnung

So lange Tests ante mortem nicht zur Verfügung stehen, muss nach den derzeitigen (erfolgreichen) Präventivmaßnahmen jegliches Risikomaterial so weit wie möglich aus der Nahrungskette herausgehalten werden. Dies ist erfolgt, indem prinzipiell bestimmte Materialien (Spezifizierte Risikomaterialien) aus dem Humanwarenkorb herausgehalten werden, durch Änderungen der Fleischgewinnungstechnologie, wo es möglich war und durch das Prinzip der Chargenschlachtung (vgl. Kapitel 12.1). Für Änderungen der Technologie gibt es allerdings Grenzen, und die prinzipielle Durchgängigkeit der Fleischgewinnungsprozesse für alle belebten Agentien, somit auch für die Verschleppung von Prion-Proteinen ist ein Faktum. Die Schwäche der Fleischgewinnung bei Rindern liegen vor allem in der Technik der Betäubung und der Hälftung der Schlachttierkörper.

Mit der penetrierenden Bolzenschussbetäubung muss prinzipiell eine Übertragung von Gehirnmaterial in den Körper als möglich unterstellt werden, damit besteht zumindest potenziell das Risiko, dass risikobehaftete Partikel aus dem Gehirn weiter getragen werden. Das Übertragungsrisiko sinkt in Abhängigkeit von der Betäubungstechnik: Pneumatische Luftinjektion über nicht penetrierende Betäubung bis hin zur Elektrobetäubung (SSC 2002).

Ebenfalls nicht gelöst ist die Entfernung von Rückenmarksubstanz: Ansätze eines risikolosen Umganges mit der Wirbelsäule liegen in Techniken, das Rückenmark im Ausschlachtgang zu umschneiden bzw. das Rückenmark vor der Spaltung der Wirbelsäule aus dem Wirbelkanal durch Absauge zu entfernen. Die Probleme mit der Zweiteilung der Tierkörper sind ganz offenkundig: die Kontamination der Schnittflächen mit Rückenmarksubstanz ist derzeit unvermeidbar.

Lebensmitteltechnologie

In der Lebensmitteltechnologie werden Säuerung, Trocknen, Salzen, Zuckern, Konservieren durch Hitze, chemische Agentien wie Nitrat/Nitrit in der Pökelung, Konservierungsstoffe, Rauch im Räucherungsprozess eingesetzt. Die Techniken haben auf das Agens keinen

Konservierungstechnologien in der Lebensmitteltechnik

Agens/ Umstand	Technologie
pH	Säuerung/Lactobacillus, organ. Säuren
E_h	Folienverpackung
a_W	Trocknen, Salzen, Zuckern
Kälte	Verlangsamung der Generationszeit/Stop der Stoffwechselleistungen
Strukturzerstörungen durch	Konserven Hitze ionisierende Strahlen Druck
Kombinationen	SSP (Shelf-Stable-Pronaducts) Rohwurst (Nitrit, Senkung des pH, $a_{W)}$
Mikrobiologische Assoziat.	Starterkulturen
Chemische Agentien	Nitrit/Nitrat, Konservierungsstoffe, Rauch

Einfluss, somit weist die Lebensmitteltechnologie keine Schranke gegen die Übertragung stabiler Prione auf. Auch die im Sinne konventioneller Erreger als sicher einzustufende Konserventechnologie gewährleistet angesichts der Tenazität der Prione keinerlei Sicherheit.

5.4.5 Fazit

Die zögerliche Umsetzung von Maßnahmen in UK in Verbindung mit der zweifellos schwierigen Kontrollierbarkeit der Stoffkreisläufe hat die Ausbreitung des Agens nicht unterbinden können. An konkreten Stellen unterliefen Fehler, es muss jedoch offen bleiben, wie weit im direkten Geschehen die Übersicht immer gewahrt werden konnte, zumal es sich um eine neue Form der Übertragung handelte, deren Zoonosencharakter nicht von vornherein realisiert wurde. Zu nennen ist:

– Potenziell infizierte Tiere wurden nicht eliminiert, sodass die Vernichtung kranker Rinder in den technologisch nicht sicheren TBA den infektiösen Zyklus angeheizt hat.
– Die nur teilweise Entschädigung bei Auftreten der BSE hat dazu beigetragen, dass die Aufmerksamkeit wohl nicht allzu stark war. Ähnliche Beobachtungen waren bereits bei Auftreten von Scrapie gemacht worden (Morgan 1988).
– Zu zögerliche Einschränkungen des Handels mit allen betroffenen Erzeugnissen: In den Jahren 1985–1989 gingen noch 55 467 Rinder von UK in andere Mitgliedstaaten, vor allem nach Irland, Portugal und Deutschland (Schreuder et al. 1997).
– Nicht immer konsequente Befolgung des Verfütterungsverbotes, obwohl die zentrale Rolle des Futters früh erkannt worden war.

Aus den regelmäßigen Besuchen durch Vertreter der Kommission in den Mitgliedstaaten lassen sich Defizite in der praktischen Umsetzung benennen:

– Verfütterungsfehler
– Fehler in der Beprobung der entsprechenden Risikogruppen
– Mängel in der Identifizierung
– Verwendung unterschiedlicher Laborprotokolle, späte Weitergabe von Laborbefunden
– mangelhafte Schulung, Informationslücken bei den aktuell involvierten Personen

Im Falle der BSE ist es im Laufe der Jahre unter Einsatz großer Geldsummen und unter intensivem Einsatz von Forschungskapazität zu einschneidenden Maßnahmen auch auf dem Rechtsbereich gekommen, von denen bereits heute abzusehen ist, dass sie ihr Ziel der Eindämmung erreichen werden.

5.5   Literatur

5.5.1   Publikationen

AgE (2000): Gute Erfahrungen mit Antibiotika-Verzicht in Dänemark. Deutsch. Tierärztebl. 48, 156

Ahl, A. (1994): Zur Schweinepestsituation in Deutschland in den Jahren 1992 bis 1993. Dtsches Tierärztebl. 42, 314–316

Bafundo, K.W., and H. Cervantes (2006): An Update on Antibiotic Use in Animals and Apparent Risks to Man: Lessons from the EU Experience. Feedinfo Niews Service – 06/06/2006

Beovic, B. (2006): The Issue of Antimicrobial Resistance in Human medicine. Int. J. Food Microbiol. 112, 280–287

Blaha, T., I. Anczikowski, und F. Jaeger (2006): Klassische Schweinepest in Nordrhein-Westfalen. Konsequenzen des letzten Seuchenzuges und Möglichkeiten der Optimierung von Prophylaxe und Bekämpfung. Dtsches Tierärztebl. 54, 1324–1330

Boes, J., L. Nersting, E.M. Nielsen, S. Kranker, C. Enøe, H.C. Wachmann, and D.L. Baggesen (2005): Prevalence) and Diversity of Campylobacter jejuni in Pig Herds on Farms with and without Cattle or Joultry. J. Fd. Prot. 68, 722–727

Bundesministerium für Ernährung, Landwirtschaft und Forsten (2008): Tierschutz und Tiergesundheit. www.bmelv.de

Burch, D.G.S. (2006): Antibiotic Growth Promoters, Will they Be Missed in 2006? http://www.octagon-services.co.uk/articles/GP2006.htm

Buschmann, A. u. H. Groschup (2005): TSE eradication in small ruminants – quo vadis? Berl. Münch. Tierärztl. Wochenschr. 118, 365–371

Callesen, J. (2003): Effects of Ternmination of AGP Use on Pig Welfare and Productivity. Document WHO/CDS/CPE/ZFK/20031a, WHO Geneva, Switzerland. Zit in Dibner & Richards 2005.

Cervantes, H. (2006): Banning Antibiotic Growth Promoters: Learning form the European Experience. Poult. Int. 45, 10–14

Conraths, F.-J. (2001): Epidemiologische Fragen zu BSE. In: BSE-Konferenz der Bundestierärztekammer: Sachsrand und Überlegungen zu Diagnostik, Epidemiologie und Lebensmittelhygiene. Dtsch. Tierärztebl. 49, 246–252, 257

Dibner, J.J., and J.D. Richards (2005): Antibiotic Growth Promoters in Agriculture: History and Mode of Action. Poult. Sci. 84, 634–643

Dobberstein, J. (1967): Die Seuchenzüge einst und jetzt. In: H. Hediger (Hrsg.): Die Straßen der Tiere. Friedr. Viehweg & Sohn, Braunschweig, S. 307–313

Dufour, B., F. Moutou, A.-M. Hattenberger, F. Rodhain (2006): A Method to Rank the Risks of Infectious Diseases Development Linked to Global Warming. Proc. 11th Int. Symp. Vet. Epid. Economi. Cairns, Australia. Available at www.sciquest.org.nz

Fédération Européenne de la Santé Animale (FEDESA) (1999): Animal Health Dossier 15. FEDESA, Brussels, Belgium

Fédération Européenne de la Santé Animale (FEDESA) (2001): News Release: People Use Two-thirds of Antibiotics Administered in the EU, New Study Finds. Press Release. FEDESA, Brussels, Belgium

FLI (Friedrich-Löffler-Institut) (2006): Ursachen der Primär- und Sekundärausbrücke der Klassischen Schweinepest in Deutschland. Datenzusammenstellung nach Teuffert, J., M. Kramer, C. Staubach, F. Unger, FLI, Standort Wusterhausen, zit. bei Truyn, U. (2006):Erfolgreiche Tierseuchenbekämpfung und kleinbäuerliche Strukturen. Ein Widerspruch in sich? Workshop Grenzen der Massentierhaltung – Vogelgrippe, Schweinepest, BSE – und kein bisschen weise? Werkstattbericht der Stockmeyer-Stiftung am 26.10. 2006, Osnabrück, S. 25–33. Heinrich-Stockmeyer-Stiftung, Bad Rothenfelde.

Fries, R., T. Eggers, G. Hildebrandt, K. Rauscher, S. Buda, and K.-D. Budras (2003): Autonomous Nervous System with Respect to Dressing of Cattle Carcasses and its Probabale Role in Transfer of PrPres-Molecules. J. Food Prot. 66, 890–895

Fritsche, W. (1998): Umweltmikrobiologie – Grundlagen und Anwendung. Gustav Fischer Verlag, Stuttgart, S. 92

Ganter M., und M. Runge (2007): Q Fieber. Forschung im Rahmen der Zoonose-Initiative der Bundesregierung. In: Stiftung Tierärztliche Hochschule Hannover. Zoonosen. S. 42–45

v. d. Giessen, J., M. Fonville, M. Bruwkneqt, M. Langelaar, A. Vollema (2007): Seroprevalence of Trichinella spiralis and Toxoplasma gondii in Pigs from Different Housing Systeips in The Netherlands. Vet. Parasit. 148, 371–374

Groeneveld, A. (2006): Stößt die Schweinepestbekämpfung ohne Impfung an die Grenzen des Machbaren? RFL Rundsch Fleischhyg. Lebensmittelüberw. 48, 230–234

Groschup, M.H., und B. Haas (1995): BSE – eine Gesundheitsgefährdung für den Menschen? Fleischwirtsch. 75, 1087–1091

Groschup , M., und Kramer (2001): Epidemiologie und Diagnostik der BSE in Deutschland. Deutsches Tierärzteblatt 49, 510–517

Hald, T., D.M.A. Lo Fo Wong, and F.M. Aarestrup (2007): The Attribution of Human Infections with Antimicrobial Resistant Salmonella Bacteria in Denmark to Sources of Animal Origin. Foodb. Path. Dis. 4, 313–326

Herms, J.W., u. H. Kretzschmar (2001): Die Funktion des zellulären Prion-Proteins PrPc als kupferbindendes Protein an der Synapse. In: Hörnlimann 2001, S. 74–79.

Heuer, O.E., Y. Agersø, H.-D. Emborg, A.M. Seyfarth, U.S. Jensen, A.M. Hammerum, A. Müller, R.L. Skov, and D.L. Monnet (2006): DANMAP 2006. Use of antimicrobial agents and occurrence of antimicrobial resistance in bacteria from food animals, foods and humans in Denmark. (eds: H.D. Emborg, and A.M. Hammerum), 17 S. http://www.food.dtu.dk; http://wwwdanmap.org

Holmberg, S.D., M.T. Osterholm, K.A. Senger, and M.L. Cohen (1984): Drug-Resistant Salmonella from Animals Fed Antimicrobials. The New England Journal of Medicine 3ll, 617–622,

Hummel, R., H. Tschäpe, and W. Witte (1986): Spread of Plasmid-mediated Nourseothricin Resistance Due to Antibiotic Use in Animal Husbandry. J. Basic Microbiol. 8, 461–466

Kühne. M., C. Epe und T. Schnieder (2007): Parasiten im Fleisch: Mit neuen Waffen gegen altbekannte Plagen. In: Stiftung Tierärztliche Hochschule Hannover (Hrsg.): Forschung fürs Leben: Zoonosen. S. 3, 41

Levy, S.B., G.B. Fitzferald, A.B. Macone (1976): Spread of Antibiotic Resistance Plasmids from Chicken to Chicken to Man. Nature 260, 40–42

Lutz, F., J. Alber (2004): Zur Bewertung von Arzneimittelrückständen im Festmist von Veterinärkliniken. Eine Literaturauswertung. Tierärztl. Prax. 32 (G), 180–190

Malaria atlas project (2998): http://www.map.ox.ac.uk/MAP_data.html

Mathew, A. G., R. Cissell, and S. Liamthong (2007): Antibiotic Resistance in Bacteria Associated with Food Animals: A United States Perspective of Livestock Production. Foodborne Path. Dis. 4, 115–133

Metzler, A. (2000): Viren und unkonventionelle Krankheitserreger. In: DFG (Hrsg.): Potenzielle Schadorganismen und Stoffe in Futtermitteln sowie in tierischen Fäkalien. Senatskommission zur Beurteilung von Stoffen in der Landwirtschaft. Mitteilung 4, S. 5–55. Wiley-VCH

Ministry of Agriculture (1997): Antimicrobial Feed Additives (1997:132). Government Official Reports, Stockholm, Sweden

Morgan, K. L. (1988): Bovine Spongiforme Encephalopathy: Time to Take Scrapie Seriously. Vet. Rec. 122, 445–446

Murphy, F. A., C. M. Fauquet, D. H. L. Bishop, S. A. Ghabrial, A. W. Jarvis, G. P. Martelli, M. A. Mayo, M. D. Summers (eds.) (1995): Virus Taxonomy. Classification and Nomenclature of Viruses. Springer, Wien, New York, pp. 214–222, 311–313, 416–424. Arch. Virol., Suppl. 10

Nataro, J. P., and J. B. Kaper (1998): Diarrheagenic Escherichia coti Clin«Mirobiol. Rev. 11, 142–201

N. N. (1997): Echinokokkose – Erkennung, Verhütung und Bekämpfung. Merkblatt für Ärzte. Bundesgesundheitsbl. 40, 104–106

N. N. (1999): Der Dioxinskandal. Dtsches Tierärztebl. 47, 798–799

N. N. (2001): 4600 müssen wegen BSE kurzarbeiten. Fleischwirtsch. 3/81, 7

Nöckler, K. (2005): Vorkommen und Bedeutung von Trichinella spp. in Deutschland. Wien. Tierärztl. Mschr. 92, 301–307

Nöckler, K., A. Hamidi, R. Fries, J. Heidrich, R. Bick and A. Marinculic (2004): influence of methods for Trichinella Detection in Pigs from Endemic and Non Endemic Europeai Regions. J. Vet. Med. B 51, 297–301

Office International des Epizooties (2002): http://www.oie.int/eng/info/en_esbru.htm, letzter Zugang 27. 3. 2008

ÖKO-TEST (2001): BSE bei Straußen? Ökotest Online Meldungen (1. 6. 2001).

Quednau, M., S. Ahrné, A. C. Petersson and G. Molin (1998): Antibiotic-resistant strains of Enterococcus isolated from Swedish and Danish retailed chicken and pork. Journal of Applied Microbiology 84, 1163–1170

Reckzeh, Cl., Chr. Hoffmann, A. Buschmann, S. Buda, K.-D. Budras, K.-F. Reckling, S. Bellmann, H. Knobloch, G. Erhardt, R. Fries, M. H. Groschup (2007): Rapid Testing Leads to the Underestimation of the Scrapie Prevalence in an Affected Sheep and Goat Flock. Veterinary Microbiology 123, 320–327

Schlüter, H., und M. Kramer (2001): Epidemiologische Beispiele zur Seuchenausbreitung. Dtsch. tierärztl. Wschr. 108, 338–343

Schreuder, B. E. C., J. WE. Wilesmith, J. B. M. Ryan, snd O. C. Straub (1997): Risk of BSE from the Import of Cattle from the United Kingdom into Countries of the European Union. Vet. Rec. 141, 187/190

Scientific Steering Committee (1999): Opinion of the Scientific Steering Committee on Antimicrobial Resistance. European Commission, Unit B3 – Management of Scientific Committees II. Brussels, adopted 24–25 June 1999

Scientific Steering Committee (SSC) (2000): Final Opinion of the SSC on the Geographic Risk of Bovine Spongiforme Encephalopathy Adopted on 6 July 2000. Brussels. Health & Consumer Protection Directorate-General

Scientific Steering Committee (SSC) (2002): Scientific Opinion on Stunning Methods and BSE Risks. Adopted by the SCF at its Meeting of 10–11 January 2002. European Commission, Health & Consumer Protection Directorate-General, Brussels, Belgium

Scientific Committee on Food (1999): Opinion on Dioxins in Milk Derived from Cattle Fed on Contaminated Feed in Belgium. Expressed on 16 June 1999. European Commission, Directorate General XXIV, Consumer Policy and Consumer Health Protection, Directorate B, Brussels, Belgium

Scientific Veterinary Committee (SVC) (1997):The Surveillance of Transmissible Spongiform Encephalopathies (TSE). In: European Commission (Ed. 2001): Scientific Veterinary Committee (Animal Health and Animal Welfare Sections), Reports Adopted 1997, pp. 41–55. Directorate-General XXIV, Consumer Policy and Consumer Health Protection, Brussels, Belgium

SCMVPH (Scientific Committee in Veterinary Measures relating to Public Health) (2002): Opinion on Verotoxigenic E.coli (VTEC) in Foodstuffs. European Commission, Health and Consumer Protection Directorate-General, Directorate C, Scieic Opinions. Brussels

Shane, S. (2004): Clostridial Diseases Limit Preoduction Efficiency in Antibiotic-free Broiler Flocks. Poult. Int. 43, 12–13

Spika, J.S., S.H. Waterman, G.W. Soo Hoo, M.E. St. Louis, R.E. Pacer, S.M. James, M.L. Bissett, L.W. Mayer, J.Y. Chiu, B. Hall, K. Greene, M.E. Potter, M.L. Cohen and P.A. Blake (1987): Chloramphenicol-Resistant Salmonella Newport Traced through Hamburger to Diary Farms. A Major Persisting Source of Human Salmonellosis in California. The New England Journal of Medicine 316, 566–569

Stat. Bundesamt des jeweiligen Jahres: Land- und Forstwirtschaft, Fischerei: Fleischuntersuchung. Fachserie 3/Reihe 4.3. Verlag Metzler-Poeschel, Stuttgart

Stat. Landesamt Baden-WürttembergW. BML, Ref. 226. Landesstelle für Landwirtschaftliche Marktkunde Schwäbisch Gmünd

Stevens, K.B., J. Gilbert, W.D. Strachan, J. Robertson, A.M. Jonston, D.U. Pfeiffer (2007): Characteristics of Commercial Pig Farms in Great Britain and their Use of Antimicrobials. Vet. Rec. 161, 45–52

Stoltenburg-Didinger, G. (2002): Durch Prione verursachte Krankheiten. Fleischwirtsch. 82, 107–110

Taylor, D.M., S.L. Woodgate, and M.J. Atkinson (1995): Inactivation of the Bovine Spongiforme Encephalopathy Agent by Rendering Procedures. Vet. Rec. 139, 605–610

Teuffert, J., H. Schlüter, und M. Kramer (1997): Europäische Schweinepest. Dtsches Tierärztebl. 45, 1078–1080

Truyen, U. (2006): Erfolgreiche Tierseuchenbekämpfung und kleinbäuerliche Strukturen. Ein Widerspruch in sich? Werkstattbericht 12 der Heinrich-Stockmeyer-Stiftung (Grenzen der Massentierhaltung: Vogelgrippe, Schweinepest, BSE – und kein bisschen weise? Osnabrück 26.10.2006, S. 25–30

Tutenel, A.V., D. Pierard, J.van Hoof, M. Cornelis, and L. de Zutter (2003): Isolation and Molecular Characterisation of Escherichia coli O157 Isolated from Cattle, Pigs and Chickens at Slaughter. Int. J. Fd. Microbiol. 84, 63–69

Vanselow, B.A., M.A. Hornitzky, and G.D. Bailey (2006): Intensificatidn of Cattle production Increases the Risk of Zoonotic Campylobacteriosis. Proc. 11th Int. Symp. On vet. Epidemiol. And Economics, Cairns, Australie. Available at www.sciquest.org.nz

Vellinga, A., and F.v.Loock (2002): The Dioxin Crisis as Experiment to Determine Poultry Related Campylobacter Enteritis. Em Inf.Dis. 8, 19–22

Waldmann, K.H., M. Wendt, K. Geiser und W. Bollwahn (1995): Schweinepestbekämpfung in Niedersachsen – Ergebnisse einer Klausurtagung. Deutsches Tierärzteblatt. 43, 9–10

WHO (1998): WHO Experts Re-evaluate health Risks from Dioxins. 1998 Press Release WHO/45 (3 June 1998)

Wilesmith, J.W., J.B.M. Ryan, and M.J. Atkinson (1991): Bovine Spongiform Encephalopathy: Epidemiological Studies on the Origin. Vet. Rec. 128, 199–203

5.5.2 Rechtsvorschriften

Verordnung (EG) Nr. 199/2006 der Kommission vom 3.2.2006 zur Änderung der VO (EG) Nr. 466/2001 zur Festsetzung der Höchstgehalte für bestimmte Kontaminanten in Lebensmitteln hinsichtlich Dioxinen und dioxinähnlichen PCB. Amtsbl. der EU L32/34 vom 4.2.2006

6 Tierschutz in der Primärproduktion

6.1 Bioethik

Zwischen Tier und Mensch bestehen zahlreiche Interaktionen. Wie wir diese gestalten, liegt im weiten Ermessen des Menschen. Hieraus leitet sich die Bioethik ab, die unsere (menschliche) moralische Beziehung zu den Tieren und zur Umwelt definiert (Reynnells 2004). Ethik befasst sich mit Werten, die menschliches Handeln in richtig oder falsch einordnen, die helfen können, Motive als gut oder schlecht einzuschätzen und als vereinbar mit den moralischen Prinzipien eines Individuums (Reynnells 2004).

6.1.1 Das Tier

Das Haustier kann als Kontraktpartner des Menschen angesehen werden (Luy et al. 2000), wobei die Beiträge der Tiere in der Historie sehr unterschiedlich gewesen sind:
– Arbeitsleistung (Transport, Fortbewegung, Kraftentfaltung, historisch auch als Element im Krieg)
– Produktion nutzbarer Materie (Erzeugnisse aus der Fleischgewinnung zur menschlichen Ernährung, Erzeugnisse aus der Lebendnutzungsphase)

Im Verlaufe des gesamten Zeitraumes seit der Domestikation von Tieren war es nicht im Interesse des Menschen, den Tieren Schmerz zuzufügen, da die damit verbundenen Nachteile auf die Besitzer zurückfielen (Cherney 2004). Auch heute sind Tiere – gerade in armen Weltregionen – Nahrungsmittelgarant und Stütze der Menschen (Steinfeld et al. 2006).

In dem eher überschaubaren geschichtlichen Zeitrahmen nach dem Zweiten Weltkrieg können die sich im Laufe der Jahrzehnte wandelnden Ansprüche an die Tiere am Beispiel der intensiven Geflügelhaltung beschrieben werden (Petersen 1997, mod.):
– Deckung des Bedarf nach tierischem Protein zum Zwecke der Ernährung.
– Entwicklung der technischen Fähigkeit, große Geflügelstückzahlen klimaunabhängig und gesund halten zu können.
– Formulierung von Bedingungen an die Ausgestaltung des Arbeitsplatzes im Bestand.
– Entwicklung von Grundanforderungen an Gesundheit und Bekömmlichkeit des gewonnenen Fleisches.
– Beachtung der Einflüsse aus der Haltung auf die unmittelbare Umwelt.

– Gewährleistung von Grundbedingungen für den Tierschutz in der Haltung.
– Bewusstsein auch um das Wohlbefinden der Tiere und konsequent folgend die Diskussion um die Rechte, die für ein Tier eingefordert werden können.

Die menschliche Kulturgeschichte generell ist ohne Haustiere nicht vollständig beschrieben, und auch unsere heutige Gesellschaft profitiert von der Industrialisierung der Landwirtschaft, in der die Tiere einen wichtigen Teil ausmachen. Ohne moderne Haltungstechniken und auch ohne die Medikationen, die derzeit wieder zurückgedrängt werden, wäre die heutige landwirtschaftliche Produktivität nicht möglich. Die Industrialisierung der Landwirtschaft in den zurückliegenden Jahrzehnten hat die Produktivität deutlich gesteigert (Tab. 22). Der zu treibende finanzielle Aufwand für Lebensmittel in den industrialisierten Staaten ist gesunken, was sich im Einsatz des Einkommens für Lebensmittel niederschlägt: 1950 waren dies 30 %, im Jahre 1990 nur noch 11,8 % (Taylor & Field 1998).

Tab. 22: Entwicklung in der Effizienz der Lebensmittelproduktion in den USA: Primärproduktion (Taylor & Field 1998)		
	für	gleichzeitig in der Landwirtschaft tätig in % der Bevölkerung:
1940:	11 Menschen	24 %
1990:	80 Menschen	2 %

Aus der Widmung der Nutztiere zur Fleischgewinnung resultiert die Notwendigkeit der Schlachtung, es folgt das rational ableitbare vorzeitige Ende vor dem biologischen Ablauf der Lebenszeit. Dies wird im allgemeinen Verständnis – bis auf religiöse und weltanschauliche Ausnahmen – als vernünftiger Grund angesehen, ein Tier zu töten, in diesem Falle zu schlachten.

Hierbei kommt es zu auch schweren Turbulenzen mit der Folge von Furcht und auch Schmerzen, es ergeben sich zahlreiche Notwendigkeiten, die Tiere vor Schäden unterschiedlicher Ausprägung zu bewahren,

Wie weit Säugetiere eine Biografie haben (Möbius 1994), wird eher von dem Umständen der „Sozialisation" des Tieres abhängen. Zumindest können Säugetiere Erinnerungen, Zuordnungen, Emotionen wiedergeben und somit auch besitzen. In diesem Sinne fokussiert der Begriff des „ethischen Tierschutzes" auf das Tier und nicht auf die Bewusstseinslage des Menschen. Wie weit dem Tier ein Bewusstsein um das Faktum des Todes als Ende der Existenz zu eigen ist, dürfte dagegen fraglich sein, die „Todesangst" dürfte eher aus dem Humanbereich entlehnt sein.

6.1.2 Der Mensch

Zwischen Mensch und Tier existieren Gefühlsbindungen. Gärtner et al. (1983) unterscheiden zwischen individueller Sozialbeziehung und der kollektiven Sozialbeziehung. In industrialisierten und verstädterten Gesellschaften wie der (west-) europäischen finden wir nur noch in geringerem Maße die „Geschäftsbeziehung" zwischen Mensch und Tier. Die eher anonyme, kollektive Sozialbeziehung meidet nach Gärtner et al. (1983) die Gefühlsbindung, was die „Ungerührtheit" der in der Schlachtung beteiligten Personen erklären könnte.

Die Verstädterung der Bevölkerung findet ihren Ausdruck auch in der Beziehung zu Nutztieren (Fries et al. 2004):
– Wenige oder keine Kenntnis über landwirtschaftliche Nutztiere.
– Wenige oder keine Kenntnis über Geburt, Leben und zum Faktum, dass (Nutz-) Tiere auch getötet werden.
– Kontakte nur indirekt über Medien.

Dagegen ist intensiver Kontakt zum eigenen Begleittier häufig vorhanden und prägt somit die Grundauffassung der Bevölkerung zum Tier in erster Linie.

Nach Cherney (2004) findet hinsichtlich der Übertragung moralischer Kategorien auf dass Tiere ein Wechsel in der Gesellschaft statt, was sich auch in Initiativen zum Tierwohlbefinden niederschlägt, die, zumindest in den USA, durch Fast-Food-Ketten (mit ?) initiiert worden sind (Davis & Croney 2004). Dort wurde auch durchaus zur Kenntnis genommen, dass in Europa die Ansprüche des Tieres erstmals in Deutschland verfassungsmäßig festgelegt worden sind.

Für den handelnden Menschen ergibt sich zwangsläufig das Problem, wie Wohlbefinden oder das Gegenteil bei einem Tier definiert und dann auch als gegeben bewiesen werden können. Es ist darüber hinaus festzulegen, was als unvermeidbar i. S. des Tierschutzgesetzes anzusehen ist (sind wirtschaftliche Ansprüche unvermeidbar mit Leiden der Tiere verbunden?). Zum anderen stellt sich die Frage, ob es „optimale" Bestandsgrößen und Integrationsniveaus in der Tierhaltung gibt, in denen sich die finanziellen Erträge mit den ggf. entstehenden zusätzlichen Risiken wie „emerging diseases" oder anderen Umständen die Waage halten (Nunn & Black 2006).

6.2 Schutz des Tieres im Recht

Die vielfältigen Aspekte des Umgangs mit dem lebenden Tier und des Tötens von Tieren bilden den Aufgabenteil des VPH, der als Umsetzung des Tierschutzgesetzes verstanden werden muss. So sind etwa die Interpretation dort aufgeführter Termini wie Leiden, artgerechte

Bewegung oder des Begriffs Angemessenheit eine wichtige und praxisrelevante Aufgabe.

Weltweit gibt es allerdings auch regionale Unterschiede im Umgang mit Tieren, was zukünftig auch ethisch begründete Diskussion im globalen Handel mit tierischen Erzeugnissen hervorrufen könnte.

Der „vernünftige" Grund im Tierschutzgesetz bedarf als sog. „Unbestimmter Rechtsbegriff" der Güterabwägung von Fall zu Fall (Möbius 1994). Nach dem deutschen Gesetz zur Regelung des Tieres im bürgerlichen Recht ist das Tier keine Sache. Dennoch bietet noch am ehesten das Tierschutzgesetz Schutz gegen Willkür.

Der aktuelle und konkrete Umstand (§ 1 TierSchG)

Niemand darf einem Tier ohne vernünftigen Grund Schmerzen, Leiden oder Schäden zufügen. In diesem Falle handelt es sich um akuten Schmerz, akute Furcht oder andere akute Einflüsse, die auf das Tier einwirken.

Kontinuierliche Einflüsse (§ 2 TierSchG)

Wer ein Tier hält, betreut oder zu betreuen hat, muss das Tier seiner Art und seinen Bedürfnissen entsprechend angemessen ernähren, pflegen und verhaltensgerecht unterbringen und darf die Möglichkeiten des Tieres zu artgemäßer Bewegung nicht so einschränken, dass ihm Schmerzen oder vermeidbare Leiden oder Schäden zugefügt werden.

Im Gegensatz zum aktuellen Anlass des § 1 wird mit dem § 2 das andauernde, „subtile" Leiden oder entsprechend der chronische Schmerz, auch die Langeweile oder der (Dauer-) Stress thematisiert. Bekannt geworden sind die sog. „5 Freiheiten" in UK (FAWC 1992):

- Freiheit von Hunger und Durst bei Zugang zu frischem Wasser und zu einer Diät, die volle Gesundheit und Kraft gewährleistet
- Freiheit von Unwohlsein (discomfort) in einer dementsprechenden Umgebung mit Schutz und ansprechenden Ruhezonen
- Freiheit von Schmerzen, Verletzungen, Krankheiten durch Prävention oder durch schnelle Diagnostik und Behandlung
- Freiheit zum Ausleben normalen Verhaltens durch genügend Raum, entsprechende Einrichtung und zusammen mit Artgenossen
- Freiheit von Angst und Stress ohne psychischen Druck

Faktoren der Zucht (§ 11b (2) TierSchG)

Es ist verboten, Wirbeltiere zu züchten (…), wenn damit gerechnet werden muss, dass bei den Nachkommen deren Haltung nur unter Bedingungen möglich ist, die bei ihnen zu Schäden oder vermeidbaren Leiden oder Schäden führen. Mit dieser Bestimmung wird das Gebot der lebenslangen tiergerechten Haltung ausgedehnt auf das Gebot, dem Tier auch von seinem genetischen Anlagen her ein artgerechtes Leben zu ermöglichen.

6.3 Objektivierung von Leiden

Getrennt werden muss zwischen den Begriffen Schmerz und Angst. Beide müssen den Tieren als mögliche Emotionen zugeordnet werden. Es sollte nicht übersehen werden, dass neben punktueller Angst oder punktuellem Schmerz das permanente Leiden eine Rolle spielen können, was auf die Bedingungen der Haltung von Tieren, aber auch auf die Zuchtauslese angewendet werden kann. Die Frage nach Bewertungskriterien zwingt sich auf.

6.3.1 Indikatoren

Es gibt keine klare Inhaltsbeschreibung für das Wohlgefühl von Tieren, auch derartige Beschreibungen können einseitig ausgelegt werden. Die häufig angeführten Argumente von Leben und Abwesenheit von Krankheiten greifen zu kurz. Unter Berücksichtigung einer Zusammenstellung von Brade (2000) lassen sich mehrere Hauptkategorien ausmachen:

Ethologische Indikatoren:	– Abweichungen im artgemäßen Verhalten
	– Ausfall spezifischer Verhaltensweisen
	– Verhaltensstörungen
Pathologische Indikatoren:	– Technopathien
	– Verletzungen
	– Morbidität (Erkrankungen)
	– Mortalität (Todesfälle)
Physiologische Indikatoren:	– Biochemisch-physikalische Messwerte
	– Endokrinologische Messwerte
	– Immunologische Messwerte
	– Fortpflanzungsfähigkeit
Nutzleistungsbezogene Indikatoren, z. B.:	– Produktivität und Anteil vermarktungsfähiger Eier
	– Nutzungsdauer/Lebensleistung
	– Leistungshöhe/Leistungseinbrüche/Leistungskonstanz

Technopathien
Bestimmte Beobachtungen am lebenden oder geschlachteten Tier sind der Umgebung und nicht einer Krankheit geschuldet. Sie sind somit durch Änderungen in der Pflege oder der Haltungstechniken vermeidbar. Technopathien treten – je nach Schweregrad des Ein-

flusses –, bei vielen Tieren einer Gruppe auf. Sie sind sowohl tierschutzrelevant, da vermeidbar und da Leiden verursachend als auch
von wirtschaftlichem Interesse.

Technopathien sind Erkrankungen oder Körperschäden, die direkt
oder unmittelbar durch Störungen, Mängel oder unzweckmäßige
Beschaffenheit der technischen Einrichtungen zur Unterbringung
und zur Ver- und Entsorgung der Tiere entstanden sind (Löliger
1992), vgl. Tab. 23.

Tab. 23: Technopathien in der Haltung von Nutztieren		
Schwein	Decubitus/Nekrosen	Spaltenböden, Bodenrauhigkeiten, verfügbarer Platz
	Schleimbeutelbildungen	Einstreulose Haltung
	(Rückenmarks-) Abszesse	Schwanzbeißereien
	Ersatzhandlungen	mangelhafte oder keine Gelegenheit zum Ausleben der Verhaltensweise
Geflügel	Sohlenballennekrosen	feuchte Einstreu (NH_3)
	Bursitis sternalis	feuchte Einstreu (NH_3)
	Federpicken	Besatzdichte
Rind	Klauenschäden	Mängel am Boden
	Mastitiden	Melktechnik, Haltung, allg. Hygiene
	Festliegen/Abmagerungen	Hochleistungsdruck, Gestaltung der Tierstände

Erkrankungen

Allerdings dürfen auch Erkrankungen oder subklinische Infektionen nicht als unabänderlich angesehen werden: Sind die Haltungsumstände so beschaffen, dass es fast zwangsläufig zu Infektionen
und in der Folge zu pathologischen Befunden oder Erkrankungen
kommen muss, wären auch derartige Umstände vermeidbar und
damit wegen der damit verbundenen Leiden der Tiere tierschutzrelevant (Faktoren-Krankheiten).

6.3.2 Bewertung von Befunden und Maßnahmen

Offen bleiben die Bewertung eines der oben genannten Indikatoren und die daraus zu ziehenden Konsequenzen. In der landwirtschaftlichen Nutztierhaltung bestehen Zielkonflikte zwischen der
notwendigen Berücksichtigung der Wirtschaftlichkeit auf der einen
und auf der anderen Seite den Haltungsbedingungen, die dem Wohlbefinden des Tieres möglicherweise eher entgegenkommen. Durch
haltungstechnische Fehler verursachte Technopathien beeinträchtigen nicht nur das Wohlbefinden, sondern auch die Leistungsfähigkeit
der Tiere. Es fragt sich, wer mit Autorität über die gefundenen Parameter gewichten darf. Kann eine Bewertung der Frage, ob Staubba-
den wichtiger ist als die Abwesenheit von Kannibalismus oder Tod,

überhaupt vorgenommen werden? Wie weit ist eine solche Erörterung bereits anthropozentrisch?

Auch ist zu klären, wie weit Maßnahmen zum Schutz des Menschen vor Zoonoseerregern gehen dürfen: Gibt es berechtigte Ansprüche an eine artgemäße Tierhaltung, die zugunsten einer Lebensmittelerzeugung, die das Primat vollständig auf die Sicherheit der gehaltenen Tiere legt, keinesfalls aufgegeben werden dürfen? Auch hier ist die Balance auszuloten zwischen den Ansprüchen des Tieres und denjenigen der Konsumenten.

6.4 Das konkrete Beispiel

6.4.1 Das Schwanzbeißerphänomen bei Schweinen

Verhaltensprobleme bei konventionell gehaltenen Mastschweinen sind bekannt. Schwanzbeißen und Ohrenbeißen werden häufig unter dem Begriff „Kannibalismus" zusammengefasst. Vereinzelt tritt auch die sogenannte Analmassage in Erscheinung. Sowohl unter tierschützerischen als auch unter ökonomischen Belangen muss dem Auftreten dieser Verhaltensabweichungen Aufmerksamkeit entgegengebracht werden.

Als Hauptursache werden genannt die Aufstallungsformen in der intensiven Mast: Spaltenböden ohne Einstreu, rohfaserarme, konzentrierte Futtermischungen sowie unzureichende klimatische Bedingungen (Ziemke 2006). Diese Faktoren führen wohl zu einer erhöhten Nervosität, die an einer starken Unruhe erkennbar ist, die das Phänomen auslösen kann. In einer Fragebogenaktion unter Landwirten in UK schälten sich Managementfaktoren als Ursachen heraus (Paul et al. 2007):
– Mangel an Raufutter und Stroh, wobei die damit verbundene Arbeitserschwernis und der Finanzaufwand ebenfalls erwähnt wurden
– hohe Belegdichte
– auch eher multifaktorielles Geschehen

Tierwohlbefinden
Der akute Schmerz, auch die permanente Verfolgung sind für die betroffenen Tiere Wohlbefindens-relevant. Ob das – nicht immer wirksame – Schwanzkupieren den Tieren hilft, muss mit Vorsicht gesehen werden. So wurden mittels histologischer Untersuchungen nach dem Schwanzkupieren (Treuhardt 2001) Neurome, vermehrte Bildung von Neurofibrillen, vermehrt Schwann'sche Zellen und Granulationsgewebe festgestellt (Treuhardt 2001). Neurome werden mit Hyperästhesie und Hyperalgie in Verbindung gebracht.

Potenzieller Eintritt von Infektionserregern

Infolge der Verletzungen können sich Folgeschäden im gesamten Körper ergeben: Nicht nur an der Eintrittsstelle der Erreger, sondern auch in weiter entfernten Bereiches des Körpers (v. a. entlang der Wirbelsäule) kommt es bei Schwanzbeißen zu Infektionen und zur Bildung von Abszessen oder eitrigen Gewebeeinschmelzungen. Die verbissenen Körperteile zeigen häufig nekrotische und gangränöse Veränderungen. In Folge kann es zu Lahmheiten kommen oder zum Festliegen durch Abszesse, die auf das Rückenmark drücken.

Wirtschaftliche Folgen

Bei Tieren mit Schwanzbeißen ergeben sich wirtschaftliche Einbußen durch erhöhtes Aufkommen von Teil- oder Ganzuntauglichkeiten infolge verminderter Tageszunahme (Kümmerertiere) oder wegen des Auftretens von Abszessen. In einer Untersuchung von KRITAS u. Morrison (2007) gingen mit Schwanzbeißertieren in erhöhtem Maße auch Lungenabszesse und Pleuritiden einher.

Abhilfe

Bisher konnte keine wirkliche Abhilfe geschaffen werden. Das Phänomen tritt in konventionellen als auch in alternativen Haltungen auf (Schneider u. Fries 2007). Sind die Akteure identifiziert, können diese aus der Gruppe entfernt werden.

Als wichtiges Präventivinstrument gegen das Schwanzbeißen beim Schwein gilt das Schwanzkupieren, das jedoch die zugrunde liegenden Ursachen nicht beseitigt. Darüber hinaus handelt es sich um einen Eingriff, der zwar rechtlich zulässig ist, aber wie jede Amputation einer Rechtfertigung bedarf. Unter Landwirten im Vereinigten Königreich gilt der Eingriff in der Tat als ethisch gerechtfertigt (Paul et al. 2007).

Ähnliche Erwägungen können für die Kastration in der Schweinemast gelten oder für das Schnabelkürzen bei Puten oder Enten.

6.4.2 Die Bursitis sternalis beim Geflügel

Diese Technopathie speist sich aus mehreren unterschiedlichen Umständen. Initial ist eine zu feuchte Einstreu, die aus atmosphärischen Gründen nicht abtrocknen kann und mit der die schwerer werdenden Tiere bei ggf. verlängerter Dunkelphase durch Hocken zu lange in Kontakt bleiben. Die mikrobiologischen Prozesse in der Einstreu bewirken einen Anstieg des Ammoniak mit den bekannten Auswirkungen auf die Haut und die darunter liegenden Gewebe. Auch eine enteritische Herde kann den Kreislauf in Gang setzen durch erhöhte Ausscheidung von Flüssigkeit. Das Phänomen ist allgemein verbreitet.

Vergleichbare Prozesse treten bei der Pododermatitis auf, die in Deutschland v. a. durch Untersuchungen in Niedersachsen (Petermann u. Roming 1994) bekannt geworden ist. Es handelt sich um unterschiedlich tief gehende Läsionen der Hornhaut der Füße und an den Fersenhöckern (hock burns), dies im direkter Reaktion auf die Feuchte der Einstreu, vgl. Tab. 24. In einer schwedischen Untersuchung leistete eine (zu) tiefe Einstreu der Pododermatitis Vorschub, ebenso die Ausstattung der Ställe mit Bechertränken im Gegensatz zu Nippeltränken (Ekstrand et al. 1997). In einer französischen Untersuchung (Martrenchar et al. 20002) waren vor allem Puten betroffen. Bei Puten kann auch eine Biotin-Unterversorgung als Ursache infrage kommen (Mayne 2005).

Tab. 24: Makroskopische Einteilung von Sohlenballen an Jungmasthühnern in Nds (Petermann und Roming 1994): Untersuchte Tiere: N = 1699	
Ohne Befunde	49 %
geringgradige Läsionen	23 %
mittelgradige Läsionen	16 %
hochgradige Läsionen	11 %

Mittels Kategorisierung der Läsionen ist eine Kontrolle post mortem möglich und praktikabel. So wurde an den Geflügelschlachtbetrieben in Schweden eine Kontrolle der Füßegesundheit etabliert (Ekstrand et al. 1997).

Technopathien am Beispiel der Bursitis sternalis: Ursachen nach unterschiedlichen Quellen

Tränksystem:	Bodenfeuchte durch fehlerhaftes Tränksystem
Gewichte:	häufiger zu beobachten bei schweren Tieren
Einstreu:	feuchte Einstreu
	geringeres Auftreten bei Hobelspänen
	hoher NH_3-Gehalt bei hoher mikrobieller Aktivität
Ventilation:	feuchte Einstreu, resultierender hoher NH_3-Gehalt infolge Unterbelüftung und mikrobieller metabolischer Aktivität
Temperatur:	verlangsamte Befiederung durch zu hohe Temperaturen
Lichtregime:	Hocken auf dem Boden durch lange Dunkelphasen
Personal:	Die persönlichen Fähigkeiten der Betreuer
Fütterung:	Biotinunterversorgung

6.4.3 Der erbgebundene Defekt der Belastungsmyopathie

Auch züchterische Entwicklungen können Auswirkungen auf das Wohlbefinden der Tiere nehmen. Es ist seit langem bekannt, dass die Fleischfülle beim Schwein erbgebunden gekoppelt ist mit Mängeln in der Fleischbeschaffenheit. In der Folge kommt es zu klinischen und pathomorphologischen Ausprägungen in Form der akuten Rückenmuskelnekrose, des cardiogenen Schock durch Laktazidose unter Belastungssituationen (z. B. Transporttod der Schweine), auch zur latenten PSE-Fleischigkeit (pale, soft, exudative) oder zum Malignen Hyperthermie-Syndrom (MHS).

Prädisponierende Faktoren sind eine Mutation am Gens für den Ryanodin-Rezeptor, der an der Freisetzung und dem Wiedereinfangen des Ca^{++} in der Muskelzelle beteiligt ist, eine Zunahme der Muskelzellendurchmesser und ein biochemischer ATP-Syntheseweg mit Laktat als Endprodukt in der weißen Muskulatur der Tiere (Wendt et al. 2000). Zusätzlich spielt der Fasertyp eine Rolle (IIb-Fasern).

Auslösen und Beendigung einer Muskelkontraktion: In einem erschlafften Muskel liegt der Ca^{++}-Gehalt bei $< 10^{-7}$ M, die Anlagerungsstellen des Myosinkopfes am Aktin sind blockiert, vgl. Abb. 9.

Bei Aktivierung des Muskels wird durch Depolarisation (Neurotransmitter) Ca^{++} frei:
– es werden Anstiege von Ca^{++} bis auf 10^{-5} M beobachtet mit der Folge von
– Konformationsänderungen des Troponin-Tropomyosin-Komplexes
– Bindungsstellen für Myosin am Aktin werden frei
– Es kommt zur Querbrückenbildung und damit zur Muskelkontraktion.

Abb. 9
Die Kaskade einer Muskelkontraktion

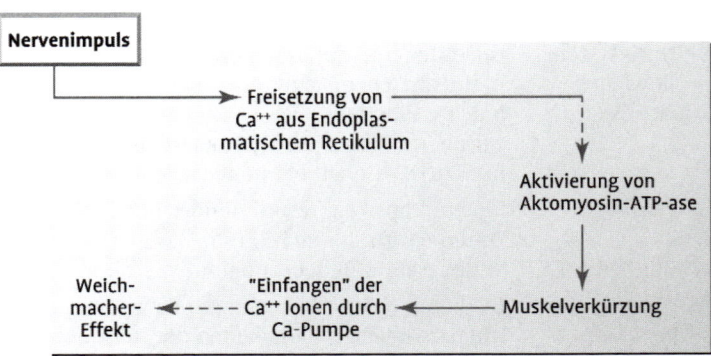

Die Beendigung einer Muskelkontraktion erfolgt durch Wiedereinfangen der freigesetzten Ca^{++}-Ionen unter Energieverbrauch: Bei einem sinkenden Ca^{++}-Gehalt blockiert Tropomyosin erneut, die Aktin-Myosin-Wechselwirkung ist beendet: Der Muskel erschlafft, Ca^{++} wird unter Energieverbrauch wieder ins SR zurückgepumpt.

Bei Vorliegen der Mutation führt die Auslösung einer Muskelkontraktion in Belastungssituationen zu einer überschießenden Reaktion:

- Die Kontraktion kann nicht beendet werden
- Das Wiedereinfangen der Ca^{++}-Ionen gelingt nicht
- In der Folge tritt O$_2$-Unterversorgung, ein Energiedefizit und Laktatanhäufung mit nachfolgender metabolischer Azidose auf, dies mit möglichen lokalen Folgen (Nekrosen) oder Azidose, Hyperthermie, ggf. Tod durch kardiogenen Schock (Wendt et al. 2000).

6.5 Töten von Tieren

Das tägliche Töten von Tieren ist ein Faktum. Generell muss jedem gesunden Organismus die Fähigkeit und der Wille zugeordnet werden, zu leben und zu überleben, der Akt des Tötens eines Individuums muss somit als Abweichung angesehen werden. Aus der Natur der Sache heraus müssen beide Parteien (tötender Mensch und zu tötendes Tier) erörtert werden.

6.5.1 Das Faktum des Tötens

Die Zahl von Tieren, die jährlich in Deutschland geschlachtet, erlegt werden oder auch verenden, kann nur z. T. präzise reproduziert werden.

Schlachtungen (2002)	494,6	Mio.	(N. N. 2006)
Wild (2003/2004)	4,9	Mio.	(N. N. 2006)
Versuchstiere (2004)	2,27	Mio.	(N. N. 2005)

Die Zahl der verendeten Tiere in landwirtschaftlichen Haltungen dürfte schwer zu ermitteln sein. Fikuart (2002) gibt für einen limitierten geographischen Bereich (6 Kreise/Kreisfreie Städte) Zahlen wieder. Danach verendeten und wurden beseitigt insgesamt 783 254 Ferkel bei 253 783 gehaltenen Sauen.

Es stellt sich die Frage nach der Berechtigung von Tötungen, d. h, unter welchen Bedingungen ein Tier getötet werden darf (Möbius 1994). Es wurden unterschiedliche Gründe angegeben (Fikuart 2002):

- wirtschaftliche Erwägungen
- im Interesse des Tieres: Tierschutz (Verhaltensgründe, Krankheitsgründe)
- Nahrungsbeschaffung
- Wissenschaft
- Hobby
- Tierseuchenbekämpfung
- Marktregulierung

- Haltungsfehler/Vernachlässigung/egoistische Motive
- Schädlingsbekämpfung/Bestandsregulierung

Das Tierschutzgesetz nimmt Bezug auf den „vernünftigen" Grund, wobei die Zuordnung offen bleibt. „Vernunft" wird auch für die wirtschaftlichen Gründe reklamiert, auch kann die Gewährleistung des Wohlbefindens bei einem leidenden Tier höher einzuschätzen sein als der Schutz des Lebens (Möbius 1994), wobei die Frage offen bleibt, ab wann ein Tier so stark leidet, dass es getötet werden muss. Auch hier entscheidet letztlich der Mensch. Bemüht werden unterschiedliche Ansätze:

- Aus der Leidensverkürzung heraus, zur Vermeidung von *erheblichen* Schmerzen oder zur Beendigung eines Lebens am Ende der natürlichen Lebenserwartung eines Tieres („Gnadenakt").
- Im „Interesse" des Menschen (Möbius 1994), wobei offen ist, welches Interesse angesprochen und legitim ist, z. B. in Fällen der Gefahrenabwehr.

In der Praxis stellt sich eher die Frage nach dem „wie" des Tötens, das vertretbar geregelt sein muss. In der Tat legt auch die Tierschutzgesetzgebung lediglich Mindeststandards für die Betäubung fest, ob dies geschehen darf, bleibt weitestgehend offen. Beim Begleittier ist es sowohl tierärztliche Aufgabe, das „ob" zu regeln als auch das Töten für das Tier (und auch für den Menschen) vertretbar und erträglich zu gestalten. Bei Schlachttieren ist dies in dieser Form nicht der Fall, die Begründbarkeit ist im gesellschaftlichen Konsens gegeben.

6.5.2 Sonderfall psychosoziale Belastung bei Massentötungen von Nutztieren

Einen Sonderfall stellen Tötungen von Nutztieren in katastrophalen Seuchenfällen dar. Hier erfolgen auf Anordnung Tötungen (meist) aller Tiere eines Bestandes, worauf Haltungen nicht eingerichtet sein dürften, was aber in der intensiven Tierhaltung mit großen Tieransammlungen zu antizipieren ist, Fälle der ESP, der BSE oder der Avian Influenza sind in frischer Erinnerung. Die diesbezügliche Diskussion muss notwendigerweise geführt werden (BMELF 2007).

Bei Rind und Schwein erfolgt die Tötung ohne Blutentzug mittels elektrischen Stroms, bei Trächtigkeiten sind zusätzlich plazentagängige Betäubungsmittel notwendig. Für Geflügel bietet sich das Kohlenmonoxid oder Kohlendioxid an, auch unter Flutung des gesamten Stalles (BMELF 2007).

Eine Tötung (Einzeltier oder Bestand) ist ein emotional belastendes Geschehen, für die ausführenden als auch für anderweitig involvierte Personen: Der Mensch bei Tötungsaktionen ist involviert und leidet mit.

Fallbeispiel: Mensch und Tier als beteiligte Individuen (Wichert von Holten 2003)

Die bäuerlichen Familien: Die intensive Verquickung mit den Belangen der Tiere bewirkt, dass sich auch die bäuerlichen Familien leicht in eine Reihe mit den Tieren stellen, die der Willkür des öffentlichen Willens (…) sinnlos ausgeliefert sind.

Die Tierärzte zwischen allen Stühlen: Tierärzte sehen sich einem Vertrauensverlust bei ihrer jeweiligen Klientel ausgeliefert. Sie haben den Auftrag zur Durchsetzung der Tötungen. Nicht nur diese Extremsituation zeigt, dass Tierärzte in einem Spannungsfeld von ökonomischen, rechtlichen, allgemein moralischen und spezifisch gesellschaftlichen Anforderungen agieren (Busch 2007).

Die Keulungsteams: Für viele spielt eine wichtige Rolle, dass sie hoffen, in ihrer Professionalität das Leiden der Tiere auf das Nötigste zu beschränken.

Die Tiere: Keulungsteams sprechen zuweilen davon, dass das Tierverhalten ihnen nicht nur die technische Arbeit erleichtert, sondern ihnen auch geholfen hat, die psychische Belastung leichter zu ertragen.

Was folgt? Dass Menschen unter Massentötungen von Tieren leiden, sensibilisiert dahingehend, dass auch die Nutztierhaltung ohne eine reflektierte Haltung zum Tier nicht auskommen wird.

Die präventive Tötung von Tieren, dies z.T. in Größenordnungen von Millionen, wird zur Bekämpfung wirtschaftlich oder gesundheitlich wichtiger Seuchen gesellschaftlich auf Dauer kaum mehr vermittelbar sein, zumal den strikten Impfverboten bei manchen Seuchen (wie z. B. der Schweinepest) Alternativen gegenüberstehen: Der Einsatz von markierten Impfstoffen in Verbindung mit präziseren und direkten Diagnostikmethoden ermöglicht die Feststellung der Seuchenfreiheit oder den Befall eines Gehöftes mit dem Erreger (Beer et al. 2007). Damit gerät die Rechtfertigung für präventiven Tötungen ins Wanken.

Derartige Aktionen werden mittlerweile als unangemessene Materialisierung der Tiere empfunden (Luy 2006), sie mögen auch die Diskussion um die zu setzenden Prioritäten intensivieren. Inwieweit hier (Mit-) Ursachen für einen Generalverdacht gegenüber konventionellen Haltungen und eine Hinwendung zu „Alternativen", vielleicht auch für die Hinwendung zahlreicher Tierärzte in die Begleittiermedizin liegen, dürfte Spekulation bleiben.

Es wird auf die Frage hinauslaufen, wo die ethisch und produktionstechnisch vertretbaren Grenzen im Umgang mit Nutztieren zur Gewinnung von Lebensmitteln liegen. Die Transparenz, die durch die

Einführung der Lebensmittelkette geschaffen wird, könnte unterschiedliche Ansprüche hinsichtlich Ökonomie, Umweltschutz und Tierschutz sowie die Erwartungen/Vorstellungen der Verbraucher deutlich machen. Dies muss wohl ausgelotet werden.

6.6 Literatur

Beer, M., B. Hoffmann, und K. R. Depner (2007): Ermöglichen neue diagnostische Verfahren eine Wende in der Bekämpfung von Tierseuchen, zum Beispiel der klassischen Schweinepest? In: Proc. DVG, 27. Kongress in Berlin, 12. 4.–14. 4. 2007, Tierseuchenbekämpfung im Spannungsfeld zwischen Wissenschaft und öffentlichem Interesse. Enke Stuttgart, S. 44–45

Brade, W. (2000): Neue Haltungssysteme für Legehennen. Tierärztl. Umschau 55, 185–189

Bundesministerium für Ernährung, Landwirtschaft und Forsten (Hrsg.): (2007): Tierschutzbericht der Bundesregierung 2007. Stand April 2007. Deutscher Bundestag, Drucksache 16/5044.

Busch, R. J. (2007): Tierseuchenbekämpfung – nicht alles, was machbar ist, wird auch akzeptiert: Zur Kommunikation mit der Öffentlichkeit. In: Proc. DVG, 27. Kongress in Berlin, 12. 4.–14. 4. 2007, Tierseuchenbekämpfung im Spannungsfeld zwischen Wissenschaft und öffentlichem Interesse. Enke Stuttgart, S. 46–47

Cherney, D. J. R. (2004): Western Coordinating Committee–204 Goals and why they are Important to the Future of Animal Production Systems. Poult. Sci. 83, 307–309

Davis, S. L., and C. C. Croney (2004): Defining a Middle Ground for Philosphers and Production: Bioethics. Poult. Sci. 83, 310–313

Ekstrand, C., B. Algers, and J. Svedberg (1997): Rearing Conditions and Footpad Dermatitis in Swedish Broiler Chickens. Prev. Vet. Med. 31, 167–174

Farm Animal Welfare Council (1992): FAWC Updates the Five Freedoms. Vet. Rec. 131, 357

Fikuart. K. (2002): Die gesellschaftliche Realität der Tötung von Tieren. Deutsch. Tierärztebl. 50, 492–495

Fries, R., J. Luy, und K.-H. Zessin (2004): From stable to table – Das Öffentliche Veterinärwesen und die Veterinärmedizin. Deutsch. Tierärztebl. 52, 1252–1258

Gärtner, K., W. Gehrke, P. Malzahn, J. J. Rohde, R. Wiezorrek (1983): Zum subjektiven Empfinden des Menschen gegenüber Tieren – eine orientierende sozialempirische Befragung von Personen in der Versuchstierforschung. Deutsch. Tierärztebl. 41, 608–615

Kritas, S. K., R. B. Morrison (2007): Relationship between Tail Biting in Pigs and Disease Lesions and Condemnations at Slaughter. Vet. Rec. 160, 149–152

Löliger. H.-Chr. (1992): Technopathien beim Geflügel. In: G. Heider, G. Monreal (Hrsg.): Krankheiten des Wirtschaftsgeflügels, Bd. I, S. 291. Gustav Fischer Verlag, Jena

Luy, J. (2006): Tierseuchenbekämpfung – ethische Aspekte. RFL – Rundsch. Fleischhyg. Lebensmittelüberwach. 48, 298–300

Luy, J., G. Hildebrandt, G. v. Mickwitz (2000): Töten von Tieren – moralisch gerechtfertigt? Deutsch. Tierärztebl. 48, 374–380

Martrenchar, A., E. Boilletot, D. Huonnic, and F. Pol (2002): Risk Factors for Foot-Pad Dermatitis in Chicken and Turkey Broilers in France. Prev. Vet. Med. 52, 213–226

Mayne, R. K. (2005): A Review of the Aetiology and Possible Causative Factors of Foot Pad Dermatitis in Growing Turkeys and Broilers. World's Poult. Sci. J. 61, 256–267

Möbius, G. (1994): Ethische und rechtliche Fragemn bei der Tötung von Tieren zur Vermeidung erheblicher Schmerzen und leiden. Dtsch. tierärztl. Wschr. 101, 372–376

N. N. (2005): Tierversuchszahlen 2004. Dtsches Tierärztebl., 53, 1349

N. N. (2006): Rechtliche Bewertung der Tiertötungen. RFL Rundsch. Fleischhyg. Lbensmittelüberw. 48, 139

Nunn, M. and P. Black (2006): Intensive animal production systems – how intensive is intensive enough? Proceedings, 11th International Symposium of the International Society for Veterinary Epidemiology and Economics,Cairns, Australia: ISVEE 11, 260, 2006. www.sciquest. org.nz

Paul, E. S., C. Moinard, L. E. Green, and M. Mendel (2007): Farmer's Attitude to Methods for Controlling Tail Bitung in Pigs. Vet. Rec. 160, 803–805

Petermann, S. und L. Roming (1994): Tierschutzaspekte in der Broilerhaltung – Untersuchungen zur Masthähnchenhaltung im Regierungsbezirk Weser-Ems. Dtsch. tierärztl. Wschr. 101, 113–117

Petersen, J. (1997): Trends und Entwicklungen in der Zucht und Haltung von Geflügel und Kaninchen. Vorträge der 49. Hochschultagung der Landwirtschaftlichen Fakultät der Universität Bonn vom 18. Februar 1997 in Bonn, S. 165–175

Reynnells, R. D. (2004): Bioethical Considerations in Animal Production. Poult. Sci. 83, 303–306

Schneider, Y. u. R. Fries (2007): Schwanzbeißerphänomen bei Schweinen aus Beständen ökologischer und konventioneller Ausrichtung. Proc. 7. Fachtagung Fleisch- und Geflügelfleischhygiene, Berlin, 1. und 2. März 2007, S. 20–26

Steinfeld, H., P. Gerber, T. Wassenaar, V. Castel, M. Rosales, and C. deHaan (2006): Livestock's Long Shadow. Environmental Issues and Options. Food and Agricultural Organization of the United Nations, Rome

Taylor, R. E., and T. G. Field (1998): Scientific Farm Animal Production. An Introduction to Animal Science. 6th ed, Prentice Hall, Upper Saddle River, NJ, zit. bei Cherney (2004)

Treuhardt, S. (2001): Neurome beim Schwanzkupieren beim Schwein. Diss. Vet. Med. Zürich, Vetsuisse-Fakultät

Wendt, M., K. Bickhardt, A. Herzog, A. Fischer, H. Martens, und Th. Richter (2000): Belastungsmyopathie des Schweines und PSE-Fleisch: Klinik, Pathogenese, Ätiologie und tierschutzrechtliche Aspekte. Berl. Münch. Tierärztl. Wschr. 113, 173–190

Wichert v. Holten, S. (2003): Psychosoziale Belastungen der Menschen bei Massentötungen von Nutztieren. Dtsch. Tierärztl. Wschr. 110, 196–199

Ziemke, J. V. (2006): Verhaltensstörungen bei Mastschweinen und deren Einfluß auf Befunde in der Fleischuntersuchung. Diss. Vetmed. FU Berlin, J.-Nr. 3068

Transport

7 Transport von Schlachttieren

Die Herausbildung regionaler Zentren in der Tierhaltung kann ursächlich bedingt sein zunächst durch die Qualität von Böden und eine sich damit entwickelnde Tradition. In der Folge kann daraus eine regionale Spezialisierung erwachsen und ökonomisch Verstärkung erfahren. Heute spielen regional auch Urlauberzentren oder sich wandelnde Konsumentenvorliebe eine Rolle (Heemskerk 2007). Dem entspricht eine sich konzentrierende Schlacht- und Verarbeitungstechnologie, die hoch industrialisiert und ebenfalls nur an bestimmten Orten angesiedelt ist.

In der EU finden sich hohe Schweinekonzentrationen in Dänemark, Deutschland (Niedersachsen, Nordrhein-Westfalen), in den östlichen und südlichen Niederlanden, in Flandern und in der Bretagne. Die hoch spezialisierte Kälbermast in den Niederlanden bedingt einen steten Strom von Kälbern in die betreffenden Regionen (Heemskerk 2007).

Es leitet sich ab, dass der Transport von Tieren mit der Bereitstellung von Fleisch verbunden ist, und vor allem Schlachttiere werden mindestens zweimal transportiert (vom Ort der Geburt zum Ort der erwarteten Leistung (Mast, Milch, Eier, Zucht) und zur Schlachtung.

7.1 Phasen im Transport lebender Schlachttiere

Transport beschränkt sich nicht auf die aktuelle Fahrt, sondern beinhaltet die Vorbereitung in der Herkunft, den Transport im engeren Sinne und die Wege der Tiere im Schlachtbetrieb. Bei der Berechnung der Transportzeiten muss die Dauer des Be- und Entladens einbezogen werden, wie einem Urteil des EuGH zu entnehmen ist (AgE 2007).

Phasen des Transportes lebender Tiere sind somit

- Vorbereiten der Stallungen, sofern notwendig, z. B. beim Geflügel das Entfernen der Tränk- und Fütterungsversorgungsleitungen
- Einfangen und Einkäfigen (Geflügel)
- Leiten der Tiere auf den Transporter/Transport der Käfige
- Eigentlicher Transport
- Warten nach dem Transport auf dem LKW

- Entladen der Tiere bzw. Abladen der Käfige
- Aufenthalt in den Wartebuchten
- Leiten der Tiere zur Betäubung (Treibgang) bzw. Einhängen in das Töteband beim Geflügel

Jede dieser Phasen ist kritisch, dies unterschiedlich je nach Nutzungsgruppe. Auch spielt in starkem Maße die installierte Technik eine bedeutende Rolle. Des weiteren hängt, seit der Hauptanteil der Transporte über die Straße abgefertigt wird, die direkte Fahrt nicht nur von der Fahrweise, sondern auch in hohem Maße von nicht beeinflussbaren Außenfaktoren wie der Verkehrsdichte ab.

Es scheint damit klar, dass der Transport im besten Falle so organisiert werden kann, dass die Tiere keine wesentlichen Verschlechterungen hinsichtlich ihres Wohlbefindens erfahren und das produzierte Fleisch hinsichtlich der Hygiene und der erzielten Qualität akzeptable bleibt.

Allgemein zu beachtende Umstände im und Anforderungen an den Transport

Installationen zum Auf- und Abladen
Ausreichende Beleuchtung mit stärkerer Beleuchtung in Treibrichtung
Neigungswinkel der Rampen möglichst gering (< 15 bis max. 20°)

Anforderungen an die Transportbedingungen
Sachkundenachweis der Fahrer
Ausstattung der Transporter
Flächen: Beladungsdichten (max. zulässige Beladungsdichten sind angegeben)
Dauer und Distanz
Beförderungsfähigkeit der Tiere
Klimate (Belüftungstechnik)
Erhalt der Identität der Tiere und der Herkünfte im Transport

Tiergruppen: Zusammenstellung so weit wie möglich nach der Herkunft
Reinigung & Desinfektion der Transporter

Aufenthalt in der Wartebucht
Vorhandensein von Tränken
Klimate (Abkühlen, Beruhigen, Ausruhen)
Soweit wie möglich getrennte Verladung von Tieren aus unterschiedlichen Herkünften
Abtrennung für kranke/verletzte Tiere, ggf. Behandlung der Tiere
Reinigung und Desinfektionsmaßnahmen (zwischenzeitlich/am Arbeitsende)
Führen zur Betäubung (vgl. dort)

7.1.1 Anlieferung und der weitere Weg: Großtiere

Zur Situation an den Schlachtbetrieben wird schon seit langem eine klar an der Grenze der Regelwidrigkeit liegende Behandlung der Schlachttiere festgestellt sowie auf ein den Qualitätssicherungs- und Hygienebestimmungen zuwiderlaufendes Verhalten der Mitarbeiter (Schier et al. 1987) hingewiesen. Bereits damals wurden schlechte

Organisation, so etwa nicht kontinuierliche Anlieferung der Schlachttiere sowie dem Tier nicht adäquate Baulichkeiten angeführt, wodurch die Arbeiten erschwert würden.

Festgestellte Mängel im Bereich der Anlieferung von Schweinen, Baulichkeiten (Schier et al. 1987)

Sachverhalt	Folgen
Sichtverbindungen zwischen den Buchten	Ablenkung und Fluchtreaktionen
Größere Gefällstrecken der Treibgänge	Tiere laufen ungern bergab, stockendes Treiben
Wasserlachenbildung	Erschrecken durch Lichtreflexe
Quadratisch aufgegliederte Wartebuchten	Tiere liegen an den Wänden, ungünstige Ausnutzung der Flächen

Dies scheint sich nicht geändert zu haben: Beobachtete Mängel (v. Holleben et al. 2002) beziehen sich auf:
– Gestaltung der Wartebuchten und der Treibgänge
– Ungenügende/fehlende Ausruhzeiten trotz offensichtlicher Transportbelastung
– Mangelhafte technische Ausstattung im Falle notwendig werdender Nottötungen
– Mangelhafter Umgang mit transportverletzten und gehunfähigen Tieren
– Tierschutzwidriges Treiben
– Insgesamt eine Überforderung der Tiere durch zu hohe Schlachttakte in Relation zu den installationsmäßigen Gegebenheiten

Wartebuchten: Stichworte sind die notwendige Möglichkeit zur Tränkung und Abkühlung, ein abgesonderter Bereich für Platz für kranke/verletzte Tiere sowie die Ausgestaltung des Zutriebs zur Betäubung. Für Schweine ist Wasserberieselung vorgesehen, die Tiere verbleiben dort ca. 2 h.

Treibgänge: Es ist zu realisieren, dass ohne eine ruhige Leitung der Tiere ein fließender Gang in die Betäubung gefährdet ist. So wird der Einsatz von Treibbrettern im Zutrieb von Schweinen allgemein als schonende Maßnahme angesehen.

7.1.2 Bestandswechsel (Ausräumen, Reinigen und Desinfizieren, Stallruhe)

Beim Geflügel wird der Stall üblicherweise nach der Mast vollständig geräumt und eine Stallruhe zwischengeschaltet (es handelt sich um Zeitspannen zwischen 7 und 14 Tagen). Der Futterentzug erfolgt zwischen üblicherweise über einem Zeitraum bis zu 12 h vor dem Ausstallen. Vorliegende Angaben schwanken zwischen 5 und 12 h.

Für Mastschweine-Haltungen werden 3 Tage Stallruhe veranschlagt (Prange 2005) auch längere Zeitspannen werden eingehalten.

Nach Räumung der Ställe muss entfernte Einstreu kompostiert oder anderweitig hygienisiert werden, die (trifft für Geflügel zu) noch aufgefundenen Tierkörper oder lebensschwachen Tiere werden ggf. getötet und in der Tierkörperbeseitigungsanstalt unschädlich beseitigt.

Nur während dieser Zwischenphasen ist eine effektive Reinigung und Desinfektion der Stallungen möglich. Zu achten ist auf den sachgemäßen Einsatz angemessener Reinigungs- und Desinfektionsmittel an Raum und Gerät (Kap. 24).

7.2 Transportdistanzen

Vor allem Rinder und Pferde werden über große Strecken transportiert, speziell bei den Schlachttieren kommen Totalverluste, Stress, Ermüdung und ungenügende Versorgung vor, s. Tab. 25. Gerade hier kommt es zu mitunter bedenklichen Geschehnissen, wobei der Kenntnis- und Motivationsstand der unterschiedlichen Kontrollinstanzen durchaus unterschiedlich zu sein scheint (Altmann 2000).

Transport erfolgt nicht immer zu Zwecken der Schlachtung. Bei Pferden ist auch der Einsatz als Sporttier ein wichtiger Beweggrund für Transporte. So wurden im Jahre 2006 insgesamt 54130 Schlachtpferde, aber auch 17443 Sport- u./o. Zuchtpferde aus dem Ausland nach Italien transportiert (Heemskerk 2007). Wichtigste Herkunftsländer für Schlachtpferde waren Polen und Spanien.

Tab. 25: Tiertransporte in der EU und außerhalb im Jahr 1999 (Nagel 2001)				
	Inner-gemeinschaftlich	Importe	Exporte	Total
Rinder	3 245 037	518 415	330 656	4 094 108
Schweine	8 328 597	23 162	37 879	8 389 638
Schafe	2 762 674	1 383 296	51 917	4 197 887
Pferde	43 279	141 941	10 803	196 023

In Deutschland wird unter Hinweis auf geeignete Schlachtbetriebe in vertretbarer Nähe eine Begrenzung der reinen Fahrzeit auf 4 h gefordert. Die zugelassene Transportzeit in der nunmehr durch die EU-Transportverordnung abgelösten nationalen Tierschutztransportverordnung lag bei 8 h. Bei weiten (international verlaufenden) Transporten muss abgewogen werden zwischen den Anliegen des Tieres und denen der beteiligten Wirtschaftskreise.

Aus veröffentlichten Routenbeispielen (Baumgärtner 2006) lassen sich die von den Tieren mitunter zurückgelegten Distanzen belegen, vgl. Tab. 26.

Tab. 26: Bei Fern-Tiertransporten zurückgelegte Entfernungen (Baumgärtner 2006)

Rinder	Niederlande – Teneriffa	ca. 2900 km	95 h
Pferde	Weißrussland – Süditalien	ca. 3100 km	156 h
Schafe	Spanien – Griechenland	ca. 2700 km	80 h
Rinder	Spanien – Sizilien	ca. 2500 km	64 h
Rinder	Niederlande – Usbekistan	ca. 7000 km	10 Tage
Kälber	Deutschland – Spanien	ca. 1900 km	24 h
Ferkel	Deutschland – Sardinien	>2400 km	46 h

In einer Untersuchung aus dem Jahre 1993 konnten an Hand von Grenzkontroll-Passierscheinen die Zahl der Tiere, der Transporte und die dabei zurückgelegten Strecken ermittelt werden (Hofmeister 1993). Die 3087 Pferde aus 185 Transporten hatten durchschnittlich 1988 km zu bewältigen, die weiteste Entfernung lag bei 2755 km von Polen nach Süditalien (Hofmeister 1993). Hartung (1997) weist darauf hin, dass der Wegfall der Binnengrenzen in der EU die Transportzeiten für die Tiere verringert hat.

Mit dem Verlassen der EU laufen die Tiere hinsichtlich des Tierschutzes in ein „absolut unkontrollierbares Niemandsland" (Altmann 2000). Global gesehen, dürften lange Transportzeiten eher die Regel darstellen, wie einem Vermerk zu den Transportzeiten in Nigeria für Rinder (2–5 Tage, Adeyemi et al. 2000) entnommen werden kann.

Mit dem Ende des Jahres 2013 werden alle Exportbeihilfen für Agrarexporte abgeschafft, so beschlossen auf dem WTO-Gipfel im Jahre 2005 in Hongkong. Die EU hat, dem vorgreifend, bereits zum Ende des Jahres 2005 alle Exportbeihilfen für lebende Schlachtrinder ausgesetzt (afp 2006; M. M. 2006).

Allerdings scheint es auch in Deutschland Anreize zu längeren Transporten gegeben zu haben: Freud u. Mösl (1996) haben regionale Preisdifferenzen für Schlachtrinder beobachtet und daraus folgende längere Transporte auf der Grundlage von Selbstauskünften beteiligter Transportunternehmen unter finanziellen Gesichtspunkten geprüft. Aufgrund des preislichen Gefälles lohnte es sich seinerzeit in Deutschland, Rinder von Nord- nach Süddeutschland zu transportieren, auch um Schlachtanlagen besser ausnutzen zu können.

Bei jährlich schwankenden Zahlen werden in Deutschland insgesamt ca. 300 bis 400 Mio. Schlachttiere transportiert (Geflügel, Schweine, Rinder, Schafe, Kaninchen, Pferde).

7.3 Die Tiere im Transport

Der Transport von Tieren ist immer risikobehaftet, dies wegen möglicherweise auftretender Zwischenfälle, aber auch wegen nicht zureichender Beschaffenheit des Gerätes oder einer insgesamt unzureichend vorhandenen Transporttechnik. Beobachtet wird auch immer wieder eine Überforderung der Tiere (Schulze Schleithoff 2005).

7.3.1 Rind und Schwein

Bei der Ausstattung der Transporter nimmt die Lüftung eine zentrale Stellung ein. Wenn keine Zwangsventilation vorhanden ist, führt alleine schon die Wärmeproduktion von Rindern bei Gelegenheit von Stops zu Temperaturerhöhungen von 6–8 °C (Marahrens 2006). Dies gilt insbesondere für Langstreckentransporte: Es ist nicht immer gewährleistet, dass die Langstreckentransporte für Schlachtrinder auf entsprechend eingerichteten LKW durchgeführt werden.

Bei Rindern kommt es leicht zu einem Energiemangel mit der Folge einer ketotischen/katabolen Stoffwechsellage. Dies gilt auch un-

---

Belastungsarme Transportgestaltung (Schwein) Schütte 1993, auszugsweise

- Letzte Fütterung am Vortag maximal 18 Std. vor dem Transport, Wasser ad libitum
- Treibwege: „ablenkungsfreies", ruhiges, gewaltloses Leiten in reizarmer Wegbegrenzung
- Gruppen durch Handleitplatten separieren und mit Klatschen als Geräuschkulisse dirigieren
- Möglichst ebenerdig verladen, auf rutschfestem Boden oder mit Stroh und sanft bergan
- Treiben der Tiere von einer dunkleren in eine helle, aber blendfreie Umgebung

- Bei empfindlichen Rassen (Pietrain): Die Tiere während der Mastperiode ein- bis zweimal umtreiben
- Im Sommer: So früh wie möglich verladen, um hohe Temperaturen bzw. Kombination aus hoher Luftfeuchtigkeit und hohen Temperaturen nach Möglichkeit zu vermeiden
- Transporter-Ladefläche: Alle Tiere müssen sich gleichzeitig hinlegen können
- Ladedichte und Lüftung witterungsabhängig gestalten: Bei hohen Temperaturen wird mehr Platz pro Tier als bei tiefen Temperaturen benötigt

ter den Bedingungen der Ruheställe im Transport oder im Schlachtbetrieb: Für Bullen hat sich das Umgruppieren nach dem Transport
als Belastung herausgestellt (Marahrens 2006): Durch übermäßige
Aktivität kommt es hier nicht zu einer ausreichenden Aufnahme
von Futter und Wasser. Dass die Tiere anlässlich von Langtransporten
die Tränktechnik auf einem LKW kennen sollten, betont Marahrens
(2006).

Bei stressempfindlichen Schweinen können klimatische Außen-
bedingungen in Verbindung mit herdendynamischen Bedingungen erhöhte Todesraten zur Folge haben. Anforderungen an Transportfahrzeuge, Baulichkeiten und Verhaltensmaßregeln beim Behandeln
von Schlachtschweinen sind in dem Kasten auf S. 110 aufgeführt.

7.3.2 Geflügel

Der Transport erfolgt in Käfigen unterschiedlicher Bauart. Die Käfige für Hühnervögel sind transportabel, für den hergebrachten Transport von Puten sind sie dagegen fest installiert. Auch hier setzen
sich die transportablen Module durch, dies notwendigerweise ein-
hergehend mit der zunehmend installierten Betäubung der Tiere
mittels CO_2. Die Lüftung der Tiertransporter bleibt ein Problem, solange nicht die neuen Modulsysteme eingesetzt werden.

Masthühner: Das Einkäfigen wird von Hand durch Fängerkolonnen im abgedunkelten Stall durchgeführt, die Käfige werden danach auf Schienen aus dem Stall herausbefördert, über Bänder auf
den Hänger verbracht und dort gestapelt. In den Schlachtbetrieben
stehen hydraulische Anlagen (Kistenstapler und -entstapler) zur Verfügung, die einen Abbau der Stapel von unten ermöglichen.

In einer Studie über 1907 niederländische und deutsche Broiler-
herden (Nijdam et al. 2004) wurden zeitliche Angaben ermittelt:
- Verladezeit: 55 Min. (Ø)   maximal 210 Min.
- Transportzeit: 134 Min. (Ø)   maximal 315 Min.
- Wartezeit: 150 Min. (Ø)   maximal 955 Min.

Weiterentwicklungen

Da die Fängerkolonnen häufig im Akkord arbeiten und somit auf Geschwindigkeit Wert legen, liegen die schwachen Stellen im Transport
überall dort, wo eine Verschiebung der Tiere in den Käfig, aus dem
Käfig heraus oder im Käfig selber stattfindet. Mit neuen Verlade-
techniken soll den Belangen des Tierschutzes und denen der beteiligten Personen stärker entgegengekommen werden.

Es wird angenommen, dass sich die Belastung der Tiere durch
die Distanz zum Menschen verringert, Kontakt mit dem Menschen
gilt als Stressor für die Tiere. Duncan & Kite (1987) untersuchten die
Auswirkungen des Einfangens auf Unruhe in der Herde. Einfangen

und Tragen von Hand erwiesen sich als stärker Unruhe fördernd als mechanische Techniken.

Nach Duncan (1989) waren die eingesetzten Indikatoren (tonische Immobilität und Herzschlagrate als Indikator für Angst) und der Plasma-Cortisol-Spiegel (als Indikator für akuten Stress) bei Einfangen, Tragen und Transport der Tiere erhöht.

Transportmodule erleichtern die harte Arbeit des Transportierens per Körperkraft, es muss jedoch der Gerätepark in der Mast, die Transport-LKW und Andockmöglichkeiten im Schlachtbetrieb aufeinander abgestimmt sein, für die Käfige sind Transportmaschinen notwendig. Mit der neuen Technik wird auch eine Verringerung der Fangschäden erwartet, vorliegende Ergebnisse sind jedoch nicht eindeutig hinsichtlich der aufgetretenen Verletzungen, Stressparameter und der beobachteten Fleischqualität (Nijdam et al. 2005).

Beim Einsatz der Modultechnik muss auf die vollständige Entleerung im Schlachtbetrieb geachtet werden. Nach dem Entleeren der Module gelangen die Tiere über Transportbänder frei in eine Art Karussell, aus dem sie von Hand entnommen und in das Töteband eingehängt werden.

Bei Puten erfolgt die Aufhängung der Tiere ins Schlachtband weiterhin in Handarbeit am Transporter, sodass die Zeit, in der die Tiere bei Bewusstsein kopfunter hängen, im Vergleich zu den Broilern deutlich länger ausfällt: Die Tiere müssen mittels des Bandes an die Betäubungsstelle herangeführt werden.

7.4 Auswirkungen auf die Tiere

7.4.1 Todesfälle

Es muss davon ausgegangen werden, dass es im Transport zu Todesfällen kommt. Die Quote ist abhängig von der Jahreszeit und der Entfernung, auch die Nutzungsgruppe spielt eine Rolle.

Geflügel (Dead on Arrival – DOA)
In einer über 4 Jahre angelegten italienischen Untersuchung (Petracci et al. 2006) wurden für Geflügel unterschiedliche Zahlen ermittelt

Tab. 27: Transporttodesfälle bei unterschiedlichen Geflügel-kategorien (Petracci et al. 2006)			
Nutzungsgruppe	Broiler	Puten	Suppenhühner
Zahl der Schlacht-betriebe	33,00	11,00	19,00
Tiere tot im Transport (Ø)	0,35 %	0,38 %	1,22 %
Tiere tot im Sommer	0,47 %	0,52 %	1,62 %

(Tab. 27). Als Todesursachen wurden Osteoporosen, die lediglich passive Ventilation auf dem Transport, akutes Herzversagen und Traumata genannt.

Nijdam et al. (2004) berichten von einer Quote transporttoter Tiere von 0,46 % in Broilerherden, die an einen niederländischen Schlachtbetrieb geliefert wurden. Zahlreiche Einfluss nehmende Faktoren, die sich auf die gesamte Linie bezogen, wurden ermittelt:
– Genetik der Herde: Durchschnittsgewicht
– Haltungsumstände: Herdengröße, Aufstallung: Tierdichte
– Fängerkolonnen
– Transportumstände: Zeitpunkt und Dauer, Umgebungstemperaturen, Dauer des Wartens vor der Schlachtung

Die dort angegebene Quote der Todesfälle entspricht der Quote von bis zu ca. 0,5 %, die auch in Deutschland erwartet werden muss.

Schweine (In-Transit-Mortality – ITM)

Publikationen aus unterschiedlichen Zeitabschnitten belegen auch hier, dass Transport-bedingte Todesfälle vorkommen. Auch eine kurze Transportdauer kann negativ zu Buche schlagen, da die Tiere in jedem Falle die gesamte Kaskade der Behandlung durchlaufen und damit in jedem Falle eine „erste Aufregung" durchlebt wird:

0,08 %	Deutschland 2003	Werner et al. (2005)
0,17 %, 0,17 %, 0,14 %	Canada 2001, 2002, 2003	Dewey et al. (2006)
0,015 %	Dänemark	N. N. (2007)

Im Vergleich zu älteren Angaben hat sich die Situation klar verbessert. In einem Vergleich zwischen 1999 bis 2003 ergab sich in Deutschland ein signifikanter Rückgang der transportbedingten Verluste (Transport inkl. Wartestall) von 0,15 % auf 0,08 % (Werner et al. 2005). Diese Beobachtung gilt insbesondere für die Sommermonate, was mit Verbesserungen in der Transporttechnik und in der Zuchtwahl der Tiere (geringere Stressanfälligkeit) begründet wurde.

Es ist allerdings nicht zu übersehen, dass die Sterblichkeitsrate auch niedriger liegen kann. Für Dänemark wird eine transportbedingte Sterblichkeit von 0,015 % gemeldet. Begründet wird dies mit den kurzen Entfernungen in Dänemark (für 95 % der Schlachtschweine < 3 h), der Ausstattung der Transportfahrzeuge und der Behandlung der Tiere (N. N. 2007).

Als Einflussfaktoren auf die Sterblichkeit werden auch der Herkunftsbetrieb angeführt, immer wieder aber auch der Transporter und der Schlachtbetrieb sowie die spezifischen Transportumstände (Umgebungstemperatur, Tiere pro Fläche) (Dewey et al. 2006).

Vor allem in den Zeiten hoher Transportverluste wurde immer wieder der Versuch beobachtet, bereits verendete Tiere in die Fleischgewinnungslinie einzuschleusen.

Verdachtsmomente hierfür können mit Hilfe von Laboruntersuchungen (Unterscheidung legal- und scheingeschlachteter Schweine durch Isoelektrische Fokussierung) weiterverfolgt werden (Stolle 1985). Eine konsequent durchgeführte Untersuchung ante mortem kann dem allerdings weitgehend abhelfen. Merkmale der Scheinschlachtungen beim Schwein sind Blutfülle der inneren Organe (Nieren, Lunge, Leber), seltener Hypostasen, die Tierkörperhälften sind schmutzig rot, dunkel, ohne Kontraste oder die Muskulatur zeigt extreme Symptome von PSE („wie gekocht").

7.4.2 Qualitätseinbußen am später gewonnenen Fleisch

Der durch Ermüdung und Hunger herbeigeführte Verlust von im Muskel vorhandenen Energiereserven verhindert ein Absinken des pH-Wertes im gewonnenen Fleisch. In der Konsequenz tritt bei Rindern und Schweinen ein Phänomen auf, das auf dem Verbrauch von Energie und der zwischenzeitlichen Metabolisierung von Milchsäure beruht:

– Schweine   DFD (dark, firm, dry meat)
– Rinder   DC (dark cutting meat)

Dies begünstigt zusätzlich eine eventuell in das Gewebe eingedrungene mikrobielle Flora.

7.5   Hygiene des Transports

7.5.1 Die Tiere

Bei Tiertransporten wurde häufig eine verstärkte Ausschüttung pathogener Mikroorganismen beobachtet. Mittlerweile über Jahrzehnte vorliegende Angaben zur Ausscheidung von Zoonoseerregern im Transport und vor allem klare Ursachen- und Bedingungszuordnungen bleiben widersprüchlich. Allerdings muss eine kurze Transportzeit durchaus nicht weniger belastend sein als eine längere Phase, da sich die Tiere in jedem Falle aufregen.

Gerade auf dem sehr variablen Transportesektor ist der Einfluss der unterschiedlichen, möglicherweise auch noch nicht erfassten Faktoren schwer zu ermitteln, und ggf. vorhandene Abhängigkeiten mögen durch unterschiedliche Ausgangsbedingungen verwischt werden. Wegen des häufig subklinischen Verlaufes der Infektion sind Salmonellenausscheider klinisch nicht erkennbar, jedoch wurden erhöhte

Salmonellenausscheiderraten auch auf erhöhte Darmtätigkeit während des Transportes zurückgeführt (Linton & Hinton 1987), was allerdings zunächst auch die Anwesenheit der Erreger voraussetzt. Berends et al. (1996) messen den Bedingungen auf dem Herkunftsbetrieb („house flora") eine hohe Bedeutung zu, auf der Grundlage berechneter Odds Ratios (OR) war vor allem von Wichtigkeit:
– Mangel an Hygiene auf dem Gelände (OR 39,7)
– Einsatz von Breitsprektrumantibiotika (OR 5,6)
– Positiver Salmonellenstatus der Tiere vor dem Transport (OR 4,0)
– Transportstress (OR 1,9)
– Kontaminiertes Futter (OR 1,6)
– Mangelhafte Transporthygiene (OR 1,1)

In einer konsekutiv angelegten Feldstudie in Thailand (Fries et al. 2006) wurden entlang der Lebensmittelkette an 7 Positionen Proben an individuell identifizierten Mastschweinen bzw. den Tierkörpern nach der Schlachtung gezogen. Zueinander in Beziehung gesetzt wurden jeweils 2 konsekutive Beprobungspositionen. Die den Transport betreffenden Positionen waren Fäkalproben auf dem Bestand und nach dem Transport sowie die Mesenteriallymphknoten nach der Schlachtung, vgl. Tab. 28.

Es stellte sich heraus, dass nur ein geringer Anteil der Tiere negativ blieb, der größere Teil jedoch zu Ausscheidern wurde (52 Tiere) bzw. weiterhin ausschied (86 Tiere in Spalte 1 vs. 2) Aus dem Verhältnis der Salmonella-positiven Lymphknoten zu den bereits auf dem Betrieb positiven Tieren geht hervor, dass von 178 beprobten Tieren 73 bereits im Bestand positiv testeten und dann bei der Untersuchung der Lymphknoten ebenfalls positiv waren (Spalte 1 vs. 3).

Andererseits wurde bei Schlachtschweinen auch festgestellt, dass die mikrobielle Besiedlung von Körperlymphknoten nach unterschiedlich langem Transport nicht in jedem Falle unterschiedlich war (Tab. 29.).

Tab. 28: Salmonella-Nachweis in individuell begleiteten Mastschweinen an zwei Positionen der Lebensmittelkette (in absoluter Häufigkeit) (Fries et al. 2006)

Gepaarte Positionen	1 vs. 2	1 vs. 3	3 vs 2
Σ	174	178	174
Positiv/negativ	17	33	47
Negativ/negativ	19	34	17
Negativ/positiv	52	38	18
Positiv/positiv	86	73	92

Pos 1: Fäkalproben im Bestand
Pos 2: Fäkalproben nach dem Transport zum Schlachtbetrieb
Pos 3: Mesenterial-Lymphknoten nach der Schlachtung

Tab. 29: Keimbesiedlung von Körperlymphknoten bei Schlachtschweinen nach unterschiedlicher Transport- und Wartezeit (Mauersberger 2002)		
Transportdauer	Anzahl untersuchter Ln.	Ln. mit Keimnachweis
max. 2 h mit 2 h Wartezeit	241	44,5 %
> 8 h mit 7 h Wartezeit	354	38,7 %
einbezogene Lymphknoten: Nll. subiliaci, Nll. cerv. superf. dorss., Nl. popliteus supf., Nll. iliaci med., Nll. jejunales		

Es muss gefolgert werden, dass die gegenwärtigen Transportbedingungen nicht dazu beitragen, die Salmonella- oder Campylobacter-Rate im Transport zu senken (Beach et al. 2002). Andererseits sind nicht alle Einfluss nehmenden Umstände so offenkundig, dass hygienerelevante Gegenmaßnahmen auf der Hand liegen.

Die widersprüchliche Datenlage kann verhindert haben, dass die hygienischen Konsequenzen des Transportkomplexes in der praktischen Überwachung und in der rechtlichen Bewertung in dem Maße zum Tragen gekommen sind , wie es hätte erwartet werden können.

Auslösung von Stress beim Säuger

Durch Stressfaktoren wie Krankheit, Erschöpfung, Hunger, Transport, geringen Platz oder unsachgemäße Fütterung kommt es zur Stimulierung der Kortikosteroidproduktion in der Nebennierenrinde. Gluco- und Mineralocorticoide hemmen die Bildung immunkompetenter Zellen unter anderem in der Darmwand, es kommt zu einer individuellen Stresskaskade (Abb. 10). Durch die physiologische Darmabschilferung entstandene Mikrowunden können so Eintrittspforten in den Blutkreislauf darstellen, was insgesamt das Infektionsrisiko erhöht.

Abb. 10
Einfluss äußerer Umstände auf die Abwehrkraft eines Tieres

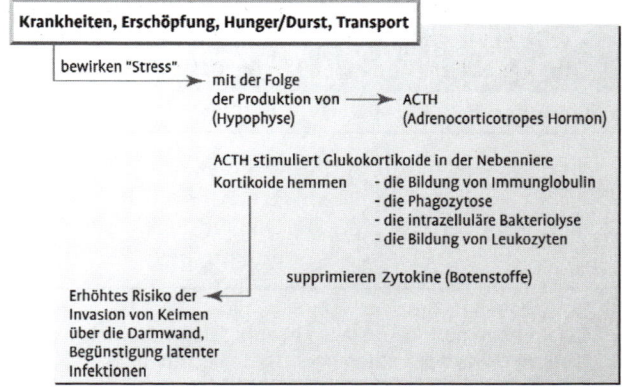

7.5.2 Das Umfeld

Hygiene der Wartebuchten

Das mit den Wartenbuchten verbundene Risiko wird möglicherweise unterschätzt. Mehrere Untersuchungen belegen, dass die Tiere noch hier Salmonellen aufnehmen, wie etwa an Hand von Serovar-Analysen gezeigt werden konnte (Larsen et al. 2004): Bei Sauen zur Schlachtung wurde nach zweistündigem Aufenthalt in der Wartebucht ein signifikant höherer Anteil Salmonella-positiv (59 % vs. 44 %) als es bei den Tieren der Fall war, die sofort geschlachtet wurden. In einer vergleichenden Untersuchung zur Prävalenz von Salmonella in Schweinen, die in Wartebuchten und die auf dem LKW ausruhten, ergab sich eine signifikant höhere Prävalenz (40,7 % vs. 13,3 %) bei der Gruppe in den Wartebuchten (Rostagno et al. 2005).

Der horizontale Transport als Gelegenheit zum Übertrag von Agentien

Unter hygienisch-epidemiologischen Gesichtspunkten zu beachten sind die Kreisläufe, die vor allem durch den LKW bzw. durch Käfige aufrechterhalten werden:

LKW und das Befahren eines Geländes. Eine effektive Reinigung und Desinfektion der Reifen ist auf landwirtschaftlichen Betrieben derzeit nicht möglich. In den Schlacht- betrieben hier und dort eingebaute Senken mit Desinfektionsmittel stellen nur eine schwache Sperre dar, zumal der Betrieb und die Pflege der Flüssigkeiten häufig Anlass zu Wünschen geben. Die DLG (2001) hat darauf hingewiesen, dass die kurze Zeit des Kontaktes von Reifen mit der Desinfektionsflüssigkeit, Regenwasser, Schmutz und tiefe Temperaturen die Effizienz von Desinfektionsmitteln limitieren.

Mannion et al. (2008) prüften LKW, die Schweine aus Beständen mit Salmonella-Status 1 und 3 transportiert hatten, auf das Nochvorhandensein von Salmonellen. Nach Transport von Schweinen aus Status 3-Herden stieg die Salmonellenquote an (von 6 % der LKW-Proben auf 18 %), während sie nach Transport von Schweinen aus Status-1 Herden nach dem Reinigen abfiel (von 11 % auf 6 %).

Die Autoren weisen auf die Notwendigkeit einer verbesserten Reinigung der LKW hin. Vorgeschlagen wird das Konzept des „logistischen Transportierens": Der Einsatz von LKW muss so geplant werden, dass zunächst Beständen mit Salmonellen-Status 1 angefahren werden und erst zum Ende des Tages ggf. der Transport von Schweinen aus Beständen mit Salmonellen-Status 3 erfolgt.

Der Käfigkreislauf beim Geflügel. Die Käfige sind intensivem Kontakt mit den Tieren ausgesetzt. Aus der Herkunft werden sie mittels LKW in die Schlachtbetriebe transportiert, dort nach Entleerung im Käfigwäscher gereinigt und desinfiziert. Danach gehen sie in eine andere Herkunft. Die Technik der Nachbehandlung, auch die eingesetzten Desinfektions-Mittel im Käfigwäscher spielen eine zentrale Rolle und stellen nicht immer eine zuverlässige Schranke für die auftretenden Zoonoseerreger dar. Hierzu trägt auch das Design der Käfige (Kanten, Böden) und die Fixierung auf dem Hänger (bei Putentransporten) bei.

7.6   Literatur

Adeyemi, I. G., O. A. Oriade and S. I. B. Cadmus 2000: Transportation stress in slaughter cattle: impacts on pre-harvest quality control in beef processing in Bodija Municipal Abattoir, Ibadan, Nigeria. Berlin Alumni Network Issue 1, 4–6

afp (2006): Keine Hilfen mehr für Agrarexporte. RFL Rundschau f. Fleischhygiene Lebensmittelüberw. 58, 13

AgE (2001): Hygiene ist zur MKS-Vermeidung von entscheidender Bedeutung – DLG gibt technische Hinweise. Dtsches Tierärztebl. 49, 549

AgE (2007): Be- und Entladen ist Transport. Dtsches. Tierärztebl. 55, 3

Altmann, J. (2000): Tiertransporte, ein Erfahrungsbericht aus der Sicht der Ortsinstanz. in: Proc., Tagung Fachgruppen „Tierschutzrecht" und „Tierzucht, Erbpathologie und Haustiergenetik"der DVG, am 24.–25. Februar 2002. Eigenverlag der DVG, 150–155

Baumgärtner, Iris (2006): Tiertransporte in Theorie und Praxis. RFL Rundschau Fleischhyg. Lebensmittelüberw. 58, 204–205

Beach, J. C., E. A. Murano, and G. R. Acuff (2002): Prevalence of *Salmonella* and *Campylobacter* in Beef Cattle from Transport to Slaughter. J. Fd. Prot. 65, 1687–1693

Berends, B. R., H. A. P. Urlings, J. M. A. Snijders, and F. van Knapen (1996): Identification and Quantification of Risk Factors in Animal Management and Transport Regarding Salmonella spp. in Pigs. Int. J. Food Microbiol. 30, 37–53

Dewey, C., C. Haley, T. Widowski, and R. Friendship (2006): Factors associated with in-transit mortality of finisher pigs in Ontario, Canada. in: Proc., 11th International Symposium on Veterinary Epidemiology and Economics. (available at www.sciquest.org.nz)

Duncan, I. J. H. and V. G. Kite (1987): Untersuchungen zum Stress in Zusammenhang mit dem Schlachten von Brathähnchen. Vortrag an der SVE-Sommertagung 1.–4. Juli in Tänikon. Ref. in: Nutztierhaltung, Informationsblatt für die Landwirtschaft, CH Oetwil a. d. L., Schweiz, Nr. 3, 1987, 14.

Duncan, I. J. H. (1989): zit. bei: C. J. Savory (1995): Broiler Welfare: Problems and Prospects. Arch. Geflügelkd., Sonderheft 1

Freud, U., und G. Mösl (1996): Rechtliche und ökonomische Aspekte des Langstreckentransportes von Rindern. Fleischwirtsch. 76, 234–239

Fries, R.; Dorn-In, S.; Chantong, W.; Sanguankiat, A.; Kyule, M.; Srikitjakarn, L.; Baumann, M.; Pandungtod, P.; Zessin, K.-H. (2006): From Primary Production to Retail: Transfer of Salmonella along a Pork Chain in Northern Thailand. 11th International Symposium on Veterinary Epidemiology and Economics. Cairns/Australia, 6.–11.8.2006 Proc. Int. Soc. Vet. Epid. Econom. (ISVEE), S. T7,2.3.4.

Hartung, J. (1997): Tiere im Transit. Über die Grenzen des Tierschutzes bei Schlachttiertransporten. Dtsch. Tierärztebl. 45, 748–754

Heemskerk, J. (2007): Sinn und Unsinn von Tiertransporten. Werkstattbericht 13 der Heinrich-Stockmeyer-Stiftung, 25.10.2007 in Osnabrück, Heinrich-Stockmeyer-Stiftung, S. 14–28

Hofmeister, S. (1993): Untersuchungen über die Beförderung von Schlachtpferden im grenzüberschreitenden Straßentransport. Vet. Diss. München

Larsen, S.T., H.S. Hurd, J.D. McKean, R.W. Griffith and I.V. Wesley (2004): Effect of Short-Term Lairage on the Prevalence of *Salmonella enterica* in Cull Sows. J. Fd. Prot. 67, 1489–1493

Linton, A.H., u. M.H. Hinton (1987): Prevention of microbial Contamination of Red Meat in the ante mortem Phase: Epidemiological Aspects. In: F.J.M. Smulders (Ed.): Elimination of Pathogenic Organisms from Meat and Poultry. Verlag Elsevier, Amsterdam, pp. 9–25

Mannion, C., J. Egan, B.P. Lynch, S. Fanning, and N. Leonard (2008): An Investigation into the Efficacy of Washing Trucks Following the Transportation of Pigs – A Salmonella Perspective. Foodb. Path. Dis. 5, 261–271

Marahrens, Michael (2006): Zum Tierschutz beim Transport – Erkenntnisse aus Wissenschaft und Praxis. RFL Rundschau Fleischhyg. Lebensmittelüberw. 58, 198–203

Mauersberger, J. (2002): Untersuchung zur endogenen Kontamination bei Schlachtschweinen unter besonderer Berücksichtigung des mikrobiellen Status von Fleischlymphknoten. Diss. Vet. Med., Veterinärmedizinische Fakultät, Universität Leipzig.

M.M. (2006): Keine Exportsubventionen für Schlachtrinder. Dtsches Tierärztebl. 54, 152

Nagel, R. (2001): Tiertransporte in Europa: Umfang und Tendenzen. Auf: 29. Seminar Umwelthygiene: Verbreitung von Krankheitserregern durch handel und Transport von Tieren und deren Erzeugnissen. Proc. WHO Collaboration Centre for Research and Training in VPH an der Tierärztlichen Hochschule Hannover, 23. Februar 2001.

Nijdam, E., P. Arens, E. Lambooij, E. Decuypere and J. A. Stegeman (2004): Factors Influencing Bruises and Mortality of Broilers during Catching, Transport, and Lairage. Poultry Science 83, 1610–1615

Nijdam, E., E. Delezie, E. Lambooij, M.J.A. Nabuurs, E. Decuypere and J.A. Stegeman (2005):Comparison of Bruises and Mortality, Stress Parameters, and Meat Quality in Manually and Mechanically Caught Broilers. Poultry Science 84, 467–474

N.N. (2007): The Danish Standard: Qualitätssicherungsgarantie. Danish Meat Association, Kopenhagen, pp. 59, 68

Petracci, M., Bianchi, C. Cavani, P. Gaspari, and A. Lavazza (2006): Preslaughter Mortality in Boiler Chickens, Turkeys, and Spent Hen under Commercial Slaughtering. Poultr. Sci. 85, 1660–1664

Prange, H. (2005): Haltungshygienische Grundlagen zur Tiergesundheit und Keimreduzierung in der intensiven Schweinehaltung. Prakt. Tierarzt 86, 122–131

Rostagno, M. H., H. S. Hurd and J. D. McKean (2005): Resting Pigs on Transport Trailers as an Intervention Strategy To Reduce *Salmonella enterica* Prevalence at Slaughter. J. Food Protection 68 (8), 1720–1723

Schier, V., D. H. Schmidt, und H. Vogel (1987): Verbesserung der Arbeitsbedingungen in der Fleischgewinnung. Schriftenreihe der Bundesanstalt für Arbeitsschutz, Projektgruppe Humanisierung des Arbeitslebens. Fb 520. Bundesministerium für Forschung und Technologie, Bonn. Tierschutz im Transport

Schulze Schleithoff, B. (2005): „Der letzte Weg" – Die Passion der Schlachttiere. RFL Rundschau Fleischhyg. Lebensmittelüberw. 57, 268–270

Schütte, A. (1993): Organisation und Durchführung belastungsarmer Transporte von Schlachtschweinen. Proc. DVG, Jahrestagung der Fachgruppe Schweinekrankheiten, Hannover, 18./19.02 1993, Tierärztliche Hochschule Hannover, S. 49–54

Stolle, F. A. (1985): Rechtsfälle „Scheinschlachtungen" – Zur Eignung des Proteinmusters von Muskulaturextrakten für die Feststellung von mutmaßlich scheingeschlachteten Mastschweinen. Dtsch. tierärztl. Wschr. 92, 478–481

v. Holleben, K., A. Schütte, M. v. Wenzlawowicz, und N. Bostelmann (2002): Tierärztlicher Handlungsbedarf am Schlachthof. Missstände bei der CO_2-Betäubung von Schweinen und der Bolzenschußbetäubung von Rindern. Dtsches Tierärztebl. 50, 372–373

Werner, C., K. Reiners and M. Wicke (2005): Mortalitätsraten beim Transport von Schlachtschweinen – ausgewählte Einflussfaktoren. Fleischwirtschaft 85/9, 133–136

8 Die Betäubung und das Schlachten von Nutztieren

Schlachttiere vor dem Entbluten zu betäuben, hat seine Ursprünge im 19. Jahrhundert. Im Vordergrund standen seinerzeit der Schutz der Personen vor dem Tier und arbeitstechnische Belange. Heute wird mit der Betäubung vor allem anderen die tierschützerische Komponente und damit die Humanität im Umgang mit dem Tier verbunden.

Die Begriffe Schlachten und Betäuben sind klar definiert. Bereits die 1993 verkündete Richtlinie 93/119/EWG (Art. 2) hat wie folgt definiert:

– *Betäuben* ist jedes Verfahren, dessen Anwendung die Tiere schnell in eine bis zum Eintritt des Todes anhaltende Empfindungs- und Wahrnehmungslosigkeit versetzt

– *Schlachten* ist das Herbeiführen des Todes eines Tieres durch Entbluten

Die nationale Tierschutzschlachtverordnung fordert, Schlachttiere so zu betäuben, dass sie schnell und unter Vermeidung von Schmerzen und Leiden in einen bis zum Tod anhaltenden Zustand der Empfindungslosigkeit versetzt werden (§ 13).

8.1   Techniken der Betäubung (Großtiere)

Die Tierschutzschlachtverordnung deckt das Schlachten und auch das Töten von Tieren ab, das aus anderen Gründen als zum Zwecke der Gewinnung von Nahrungsmitteln erfolgt. Für die Betäubung von Schlachttieren sind nur bestimmte Verfahren zugelassen. Zu nennen sind vor allem:

– Mechanisches Betäuben mittels Bolzenschuss: für alle Tiere (mit kleineren Einschränkungen) außer für Eintagsküken, Pelztiere, Fische.
– Betäubung mittels elektrischen Stromes: für alle Tiere außer Equiden, Eintagsküken, Gatterwild und Pelztiere.
– Betäubung mittels CO_2: für Schweine, Puten, Eintagsküken, Fische (nur Salmoniden).

Der technische Gesamtvorgang der Betäubung umfasst die Einrichtungen im Umfeld der Betäubung, das Betäubungsgerät und schließlich die Durchführung selbst.

8.1.1 Elektrobetäubung

Für die tierschutzgerechte elektrische Betäubung von Schlachtschweinen ist u. a. zu beachten:

– Benetzen der Tiere mit Wasser,
– Plazieren der Zange so, dass das Gehirn zwischen beiden Elektroden liegt,
– enger Kontakt zwischen Elektrode und Haut sowie
– die Bedingungen der Betäubung selber (Spannung mind. 250 V, Stromstärke mind. 1,5 A, Dauer 10 Sek.).

Der Betäubungseffekt ist abhängig von der Stromstärke. Die TierSchlV fordert für Schweine eine Mindeststromstärke von 1,3 A innerhalb der ersten Sekunde. Die physikalischen Zusammenhänge legen nahe, dass diese abhängig von dem Widerstand der Haut ist. Dementsprechend wird eine angefeuchtete Haut den angestrebten Effekt erhöhen.

$$\text{Spannung U} = \text{Stromstärke J} \times \text{Widerstand R}$$
$$\text{(V)} \qquad \text{(A)} \qquad \text{(}\Omega\text{)}$$

Betäuben in Buchten (Zangenbetäubung): Unter konstantem Arbeits-
druck muss von einer hohen Quote fehlerhafter Durchführungen der
Zangenbetäubung ausgegangen werden (Brock 1987). Als Ursachen
wurden vor allem fehlende Fixationsmöglichkeiten der Tiere ver-
merkt und die Positionierung der Elektroden so, dass die Betäu-
bungskapazität der Geräte nicht voll genutzt werden kann.

Der Ansatz muss am Ohrgrund beidseitig unter vollständigem
Kontakt beider Zangenbacken mit der Haut erfolgen. Zu beachten
ist, dass die Zangen sauber sein müssen, um den Kontakt zu gewährleisten.

Betäuben mittels Restrainer (Mastschwein): Die stationäre automatische Hochvoltbetäubung mit vorgeschaltetem Restrainer gilt als Fortschritt und ist für Bandschlachtungen in größeren Stückzahlen
geeignet. Diese automatischen Anlagen arbeiten mit einer Spannung
von 400–700 V.

8.1.2 Betäubung mittels CO_2

Hier werden die Tiere (Schweine) mittels eines Paternoster-Systems
(Gondeln) in Gruben mit CO_2 gefahren, wo sie für mindestens 100
Sek. bei einem Mindestgehalt von 80 % CO_2 in der Atemluft
(TierSchlV) verbleiben. Vorteile werden gesehen in dem Umstand,
dass keine betäubungsbedingten Blutungen auftreten, als nachteilig
gilt, dass zum Anfang der Betäubung Exitationen auftreten.

Das Gas CO_2 wirkt reizend und muss wohl auch von den Tieren als
unangenehm empfunden werden. Physiologisch bewirkt CO_2 eine
Stimulation des Atemzentrums (Vertiefung und Beschleunigung der
Atmung) und eine Bronchodilatation, um das CO_2 wieder abzuat-
men, das Gas wird schneller über die Alveolen ins Blut und in die
Körpergewebe aufgenommen als Sauerstoff abgegeben wird (Erhardt et al. 1989).

Ansteigende bzw. konstant hoch bleibende CO_2-Gehalte in der
Atemluft bewirken die Bewusstlosigkeit. Ab einer bestimmten Konzentration wirkt CO_2 jedoch atmungsdepressiv.

In der aktuellen Verteilung (hoher CO_2- und niedriger O_2-Parti-
aldruck) bewirkt dies ein schnelles Anfluten von CO_2 im Blut mit der
Folge einer pH-Wert-Absenkung, einer respiratorischen Azidose und
einer hyperkapnischen Hypoxie. Azidose bewirkt Zellschädigungen
durch Verschiebung lebenswichtiger transmembranaler Elektrolyt-
konzentrationen (Störung der Natrium-Kalium-Pumpe) und führt
damit zu Schäden im intrazellulären und interzellulären Raum.
Erhardt et al. (1989) stellten bei einem pH von <7,1 und bei einem
CO_2-Partialdruck von >90 kPa (dort: mmHg) Unruheerscheinungen
(Anaesthesiestadium II), bei weiterem pH-Abfall und weiter anstei-
gendem CO_2-Partialdruck eine tiefe Narkose fest.

Mängel in der Umsetzung wurden festgestellt in Bezug auf (v. Holleben et al. 2002):
- eine zu kurze Aufenthaltsdauer in der CO_2-Grube,
- die Einhaltung der CO_2-Mindestkonzentration,
- die Schnelligkeit der Exposition der Tiere gegenüber einer ausreichenden CO_2-Konzentration,
- das Ansetzen des Entblutestichs innerhalb der Sicherheitsphase vor dem Wiedereinsetzen des Bewusstseins,
- fehlerhaft gesetzten Entblutestich (was mit der Technik als solcher nichts zu tun hat).

Im Jahre 2004 gab es eine Heraufsetzung der Expositionszeiten von 70 auf 100 Sek. mit der Begründung, dass für eine ausreichend tiefe Betäubung von Schweinen bei einer CO_2-Konzentration von 80 % eine Mindestverweildauer von 100 Sek. erforderlich ist (DEUTSCHER BUNDESTAG 2006). Umgekehrt wurde eine Verweilzeit von 70 Sek. bei 80 % CO_2 nicht als ausreichend angesehen, um die erforderliche Narkosetiefe bis zum Blutentzug aufrechtzuerhalten (Hartung et al. 2002).

Fallbeispiel: CO_2-basierte Betäubung bei Mastschweinen in zwei Schlachtbetrieben (Institutsprojekt)

In zwei Schlachtbetrieben (1 und 2) wurden 4750 Mastschweine auf das Auftreten von Reflexen, auf Blutgasparameter und auf das Vorhandensein von Pneumonien untersucht. Geprüft wurde, ob bei Mastschweinen mit postmortalen Pneumonie- oder Pleuritisbefunden eine tierschutzgerechte Betäubung mit Kohlendioxid möglich ist (Buschulte et al. 2007; Rindermann 2008).

Die Ergebnisse

Reflexe: In Betrieb 1 traten Reflexe bei 11,5 % der Tiere ohne Lungenbefund auf, das entsprach derselben Größenordnung wie bei den Tieren mit Befund (10,8 %). In Betrieb 2 zeigten 73,3 % der Tiere ohne und 70,8 % der Tiere mit Lungenbefund nach der Betäubung Reflexe. Ein Einfluss von pneumonischen Affekten auf das Auftreten der gemessenen Reflexe konnte nicht abgeleitet werden.

Die CO_2-Betäubung führte zu einer starken Verschiebung der Blutgasparameter und des pH-Wertes. Der physiologisch bei 7,4 liegende pH-Wert sank auf Werte um 7,0 und darunter. Eine Abhängigkeit vom Lungenbefund ergab sich nicht: Der O_2-Partialdruck war unmittelbar nach der Betäubung deutlich abgesenkt (Hypoxämie) und der CO_2-Partialdruck war sofort nach der Betäubung deutlich erhöht (Hyperkapnie): Der pCO_2 des Mischblutes erhöhte sich in Betrieb 1 ca. um das fünffache, in Betrieb 2 um das drei- bis vierfache gegenüber den arteriellen Normwerten.

Die Interpretation

Betrieb 1: Die Erfassung der Reflexe fand zeitlich später als in Betrieb 2 statt. Es wurden dennoch deutlich weniger Reflexe beobachtet, d. h. die Betäubung war hier auch zu diesem späteren Zeitpunkt tiefer als bei den Tieren aus Betrieb 2.

Die längere Betäubungsdauer (120 s) im Betrieb 1 führte zu einer tieferen und stärkeren Bewusstlosigkeit. Obwohl die Entblutung zu einem späteren Zeitpunkt als in Betrieb 2 stattfand (und damit zwischenzeitlich durch Ventilation wieder eine Verschiebung der Blutgaswerte hin zu physiologischen Werten einsetzen konnte), waren die Veränderungen der Blutwerte ausgeprägter. Der Umstand, dass Tiere dennoch Reflexe zeigten, wurde dahingehend interpretiert, dass die betreffenden Tiere trotz der tieferen Betäubung bezüglich der Blutgaswerte bereits wieder in die Regenerationsphase eintraten.

Betrieb 2: Die kürzere Betäubungszeit in Betrieb 2 (90 Sek.) hatte niedrigere pCO_2-Werte zur Folge, was mit einer weniger ausgeprägten pH-Absenkung einherging.

Im Vergleich zu Betrieb 1 (Mittelwert $pCO_2 > 23$ kPa) wurde bei den Tieren in Betrieb 2 ein $pCO_2 < 18$ kPa (Mittelwert) festgestellt.

Obwohl die Prüfung auf Reflexe sofort nach dem Auswurf, d. h., früher als in Betrieb 1 vorgenommen wurde, zeigten über 70 % der Tiere Reflexe. Dies wird dahingehend interpretiert, dass der Betäubungseffekt von Anbeginn an unzureichend war.

Trotz zeitlich früherer Blutentnahme zeigten sich geringere Abweichungen von den physiologischen Blutgaswerten als in Betrieb 1, was dem hohen Anteil reflex-positiver Tiere entspricht.

Fazit und Empfehlungen

Der deutlich bessere Betäubungseffekt in Betrieb 1 kann auf die die längere Betäubungszeit (120 s bei 90 % CO_2) zurückgeführt werden im Vergleich zu den im Betrieb 2 gefahrenen 90 Sek. (bei 90 % CO_2).

Das Beispiel zeigt, dass die Auflagen der Tierschutzschlachtverordnung (Betäubungszeit und Zeitspanne zwischen Betäuben und Entbluten neben der CO_2-Konzentration in der Atemluft) entscheidende Faktoren in der Sicherstellung einer erfolgreichen Betäubung sind. Es zeigte sich weiterhin, dass die Lungen des Schweines in der Lage zu sein scheinen, pneumonische Herde zu kompensieren.

Betrieb 1 ist eine Verkürzung der Zeit zwischen Betäubung und Entblutung nahe zu legen. Die maximal erlaubte Zeit zwischen dem Auswurf aus der Betäubungsanlage und dem Entbluten (20 Sek.) muss eingehalten wird. Betrieb 2 ist eine Verlängerung der Betäubungszeit zu empfehlen.

8.1.3 Betäubung durch Bolzenschuss

Der Bolzenschuss wird eingesetzt bei Wiederkäuern und Equiden, z. T. wird diese Technik auch bei Straußen praktiziert. In der üblichen penetrierenden Ausführung („human killer") wird die knöcherne Grundlage des Schädels durchschlagen: Der austretende Bolzen dringt tief in das Großhirn ein. Bei automatischen, mittels Druckluft arbeitenden Pistolen ist kein Nachladen erforderlich. Varianten, bei denen ein Gerät mit einem Pilz-artigen Aufsatz bei Auslösen eine Betäubung durch Gehirnerschütterung bewirkt, können bei Kälbern oder Schafen eingesetzt werden, bei größeren Tieren sind sie jedoch unsicher (Gracey & Collins 1992).

Penetrierende Bolzenschussgeräte für Großtiere verfügen über einen Bolzen von 12 mm Durchmesser und einer Länge von 6–8 cm (Prändl 1988).

Zum Ansetzen des Bolzenschussgerätes werden weitgehend übereinstimmende Positionen angegeben, für den Einsatz beim Schwein sind die Angaben weniger einheitlich, in Anbetracht der Anatomie beim Schwein werden auch Vorbehalte geltend gemacht (Paulsen et al. 2001). Wichtig ist, dass das Großhirn nicht verfehlt wird:

- Rind: Kreuzungspunkt zweier Verbindungslinien zwischen Hornansatz und gegenüberliegendem Auge (Orbita)
- Schaf/Ziege: Occipital an der obersten Stelle des Kopfes, Schuss in Richtung Kehlkopf
- Schwein: Auf einer Linie zwischen den Augen

Der lange Zeit eingesetzte Rückenmarkzerstörer wurde im Zuge der Aufarbeitung der BSE-Problematik verboten, da die Übertragung von Rückenmarksubstanz über dieses Gerät schnell offensichtlich wurde.

Der im Grundsatz sehr effektive Schuss wird mitunter relativiert durch eine unpräzise Anwendung (falsche Positionierung am Kopf des Schlachttieres, für die Tierart falsch ausgewählte Zündsätze oder mechanische Mängel am Gerät). Notwendig für einen sicheren Schuss sind Einrichtungen zur Einschränkung der Kopfbewegung. Dies gilt insbesondere für das Rind, die Problematik ist auch bei Straußen bekannt.

Fehlerhafte Einschüsse oder Mehrfachschüsse stellen ein Problem für den Tierschutz dar. Um dem vorzubeugen, bedarf es der Festlegung von Maßstäben zur Bewertung sowie der kontinuierlichen Kontrolle des Schusses: Das Gerät muss – tierartbezogen – an der entsprechenden Stelle angesetzt werden. Die Lokalisation der Schussöffnung lässt Rückschlüsse auf die Präzision des Ansatzes zu.

Fallbeispiel: Schusspräzision beim Rind (Schrohe et al. 2005)

An Schädeln geschlachteter Rinder wurde Zahl und Qualität der vorgefundenen Einschüsse geprüft (n = 4593), die Proben wurden nach dem Zufallsprinzip in einem Köpfezerlegungsbetrieb entnommen. Gemessen wurden:

- die Zahl der Einschüsse
- der Abstand der Schußöffnung von der idealen Position mittels einer kreisförmigen Schablone

– der Winkel des Schusskanals mittels eines Winkelmeßgerätes (der „Frontal-winkel" zur Messung auf einer Ebene senkrecht (quer) zur Medianlinie des Schädels und der „Medianwinkel" zur Messung auf einer Ebene längs der Me-dianen des Schädels).

Die Bewertung der Einschüsse erfolgte auf der Grundlage vorliegender Angaben (Ilgert 1986; Kaegi 1988; Paulsen et al. 2001; Grandin 2002; Hagen et al. 2002):

Gut: Abweichung bis zu 2,5 cm vom Schnittpunkt der Diago-nalen, wenn sich die Eindringrichtung um nicht mehr als 10° von der Senkrechten unterscheidet

Noch nicht kritisch: Entfernung vom idealen Schusspunkt 3 bis 4,5 cm, Ab-weichungen des Frontal- und Medianwinkels von der Senkrechten zwischen 10° und 20°

Kritisch: Abweichungen vom idealen Schusspunkt (5–)/ab 6 cm Frontal- und Medianwinkel mit Abweichungen von der Senkrechten >20°

Unakzeptabel: Schädel mit mehr als 1 Einschuss

Das Beispiel zeigt, dass keineswegs immer der ideale Ansatzpunkt für den Schuss getroffen wird. Andererseits zeigt sich auch, dass mittels lokal durchge-führter Kontrollen die Präzision der gesetzten Schüsse nachträglich überprüft werden kann.

Tab. 30: Bewertung der ermittelten Einschusspositionen

Zahl der Schüsse	Qualität des Einzelschusses		Bewertung	n
	Abweichungen vom Ansatzpunkt	Winkel des Einschusses		
Einzelschuss	bis zu 2,5 cm	80–100°	guter Effekt	2848
	3 bis 4,5 cm	70–110°	noch nicht kritisch	1383
	>5 bis 6 cm	<70/>110°	kritisch	175
2 Schüsse			unakzeptabel	177
3 Schüsse			unakzeptabel	9
kein Schuss			unakzeptabel	1

8.1.4 Prüfen auf Wahrnehmungslosigkeit in der Praxis

In allen Fällen der Betäubung, auch bei der Frage des religiösen Ent-bluteschnittes, ist es das zentrale Anliegen, beim Tier die Wahrneh-mungslosigkeit zu erreichen. Die Ergebnisse aus beiden Fallbeispie-len weisen auf diese Notwendigkeit hin, aber auch auf Möglichkeiten einer über die ad hoc Kontrolle der laufenden Betäubung hinausge-hende Routineüberwachung (z. B. über die Schädeleinschüsse beim

Rind oder den pH des Stichblutes beim Schwein). Dies ist Teil der tierärztlichen Überwachung in der Betäubung der Schlachttiere.

Der Reflexlosigkeit als klinischem Parameter wird Bedeutung beigemessen: Hartung et al. (2002) hatten festgestellt, dass sich bei einer Expositionsdauer von 70 Sek. und der vorgeschriebenen Mindestkonzentration von 80 Vol.-% CO_2 während der Entblutung sowohl der Nasenscheidewand- als auch der Kornealreflex haben auslösen lassen.

Die Feststellung von Reflexen bei betäubten Tieren ist nicht von vornherein identisch mit Wahrnehmung, wie aus der Tab. 31 zu entnehmen ist: Die Abwesenheit von Reflexen lässt chirurgische Eingriffe zu und ist somit erwünscht, im Umkehrschluss lässt somit das (Wieder-) Auftreten von Reflexen auf grundsätzliche Funktionsfähigkeit des ZNS schließen und darauf, das sich das Tier in einer bestimmten Phase zurück zur Wahrnehmungsfähigkeit befindet. In diesem Sinne ist die Erfassung von Reflexen ein einfaches, aber auch nur indirektes und nur bedingt aussagefähiges Instrument.

Tab. 31: Narkosestadien (Löscher 1994): Auswahl				
Stadium	**Muskeltonus**	**Atmung**	**Reflexe**	
			Lid	Corneal
I Analgesie	+	schnell	+	+
II Exzitation	++	sehr unregelmäßig.	+	+
III Toleranz				
Unterstadium 1	+	langsam regelmäßig	+	+
Unterstadium 2	—	langsam regelmäßig	—	+/–
Unterstadium 3	+	abdominal	—	—
Erwünscht zur OP: III/2 oder III/3				

8.2 Die Zeitspanne nach der Betäubung und der Entbluteschnitt

Da es sich bei der Betäubung von Säugetieren (mit Ausnahme des penetrierenden Bolzenschusses) um eine reversible Wahrnehmungslosigkeit handelt, ist für eine maximal tolerable Dauer zwischen Betäuben und dem Entbluten Sorge zu tragen, was in der Tierschutz-Schlachtverordnung deutlich zum Tragen kommt (Anlage 2 TierSchlVO):

Bolzenschuss:	Elektrobetäubung:	CO_2:
Rd 60 Sek.	10" Liegendentblutung	20" nach Verlassen der Anlage
Schaf, Ziege 15 Sek.	20" Entbluten im Hängen	30" nach dem letzten Halt in CO_2
andere 20 Sek.		

Auch hier müssen in der Praxis Abweichungen beobachtet werden. Nach einer Untersuchung von v. Holleben et al. (2002) sind – neben den anfangs bereits zitierten Beobachtungen – auch die manuell durchgeführten Entbluteschnitte nicht immer präzise. Gewonnen werden ca. 40 und 60 % der gesamt vorhandenen Blutmenge eines Schachttieres (Warriss 1984), dies in Abhängigkeit von der Entblutezeit.

8.3 Betäuben und Blutentzug beim Geflügel

8.3.1 Betäubung

Betäubt wird mit elektrischem Strom im Wasserbad, durchgesetzt hat sich nach einer Reihe unterschiedlicher Entwicklungen die Ausführung als Ganzkörperbetäubung.

Angestrebt wird ein epileptiformer Anfall mit Herzkammerflimmern, was mit den in der Tierschutzschlachtverordnung auferlegten Stromstärken (Tab. 32) nur erreichbar ist, wenn die angelegten Frequenzen bei 50 Hz liegen (v. Wenzlawowicz & v. Holleben (2001). Frequenzen um 200 Hz und höher (N. N. 2007) sollen die betäubungsbedingten Schäden am Produkt wie Blutungen oder Knochenbrüche reduzieren.

Tab. 32: Elektrisches Betäuben beim Geflügel: Technische Mindestanforderungen innerhalb der ersten Sekunde (TierSchlVO)		
Nutzungsgruppe:	Stromstärke	Einwirkzeit
Haushuhn	120 mA	4 Sek.
Ente, Gans	130 mA	6 Sek.
Pute	150 mA	4 Sek.

Für Broiler gilt, dass 20 mA keine Betäubung, 120 mA dagegen Kammerflimmern bewirken. Mit Erzielen von Herzkammerflimmern werden die Tiere getötet und nicht betäubt, die Rechtsauslegung lässt dies zu. Zur Erreichung der erforderlichen Stromstärke muss in Abhängigkeit von der isolierenden Wirkung der Ständer eine Spannung angelegt werden, die den Verhornungsgrad und die Feuchtigkeit der Ständer berücksichtigen (mit dem Verhornungsgrad der Ständer steigt der zu überwindende Gesamtwiderstand, vgl. S. 121).

Betäubung unter kontrollierter Atmosphäre
Zunehmend wird bei Puten die Betäubung auf der Grundlage von CO_2 eingesetzt. Vorteile liegen in der Vermeidung des Handlings der Tiere bei Bewusstsein. Drawer (2007) beschreibt eine Anlage, in der

ein zweiphasig angelegter Betäubungstunnel auf der ersten Strecke eine Mischung aus CO_2 (40%), Sauerstoff (30%) und Stickstoff (30%) führt und danach eine Atmosphäre mit 80% CO_2, 5–16% O_2 und N_2. Danach werden die betäubten Tiere aus den Käfigen geleert und bereits betäubt in das Schlachtband eingehängt.

8.3.2 Entbluteschnitt

Es handelt sich um ein rotierendes Messer (Rundmesser) mit Führungsschiene („Töter"). Die Führungsschiene gewährleistet die Heranführung des Halses an das rotierende Messer, das die A. carotis interna unmittelbar kaudal des Schädels eröffnet. Oesophagus und Trachea bleiben intakt, was gewährleistet, dass die Organe im Halsbereich beim Entfernen des Kopfes mit entfernt werden.

Die Tiere entbluten über einer Ausbluterinne. Unter den oben dargestellten Betäubungsanforderungen und unter Gesichtspunkten der Fleischbeschaffenheit sind mindestens 180 Sek. erforderlich (Broiler).

Neben dem als primär zu betrachtenden Ziel eines ethisch vertretbaren Schlachtvorganges ist auch zu berücksichtigen, dass nicht vollständig ausgeblutete Tiere noch lebend in den Brühtank eintreten und dass dann (hier nur in zweiter Linie relevant) Brühflüssigkeit in die Lungen und Luftsäcke eintritt. Aus diesem Grunde muss nach dem Betäuben ständig eine Kontrollperson anwesend sein, die den Entbluteschnitt ggf. nachholen kann.

8.4 Hygiene der Betäubung

Im Zusammenhang mit der Aufarbeitung der BSE-Problematik beim Rind rückte seinerzeit stärker in den Blickpunkt, dass mit der Verletzung des Schädels auch Gehirnteile abgesprengt werden können. Das Phänomen wurde auch bei Einsatz der Pneumatischen Luft-Injektion beobachtet (Schmidt et al. 1999). Damit kann sich rein technisch im Falle einer Infektion ggf. auch Gehirnmaterial lösen und mit dem letzten Blut in den Rumpf gelangen, das das infektiöse Agens enthalten kann. Auch der stumpfe Schlag stellt keine absolute Sicherheit gegen eine Verschleppung dar (Tab. 33).

Die Forderung nach Konfiszierung von Lunge und Herz im Falle einer penetrierenden Betäubung hat sich nicht durchgesetzt. In der Fleischverarbeitung jedoch schließt das Deutsche Lebensmittelbuch (2002) die Lungen und das Herz von Rindern, die mittels penetrierender Bolzenschussbetäubung geschlachtet wurden, seitdem von der Weiterverarbeitung zu Fleischerzeugnissen aus.

Tab. 33: Gehirnmaterial/Markersubstanzen in Blut/Körperteilen bei Wieder-käuern nach verschiedenen Quellen (Gesamtprobenzahl in Klammern)			
Pos. Proben Penetrierend	pos. Proben nicht penetrierend	Proben-Material	Quelle
2 (N = 108 gepooled)		Rind: Lungen	Horlacher et al. 2002
0,3 % (N = 726)		Rind: Lungen und Herz	Lücker et al. 2002
4 % (N = 100)	2 % (N = 100)	Rind: Blut der V.jugularis	Coore et al. 2005
Schuss getrieben durch Patronen (N = 100): 23 % Luftdruck (N = 100): 14 %		Schaf: Blut der V.jugularis	Coore et al. 2004

Angesichts der vorliegenden Zahlen scheint eine Verschleppung von ZNS/PNS-Material in die Peripherie möglich, aber eher selten zu sein. Der Nachweis bestimmter Gewebe-Qualitäten und der Nachweis von pathogenen Prion-Proteinen dürfen allerdings nicht miteinander verwechselt werden.

8.5 Das Schlachten nach religiösem Ritus

8.5.1 Der technische Ablauf des betäubungslosen Entblutens

Vorbereitungen am Tier: Beim Rind wird häufig der lange als einziges Gerät vorhandene Weinberg'sche Apparat eingesetzt, in dem die Tiere zunächst fixiert und dann um 180° gedreht werden. Zusätzlich erfolgt eine Fixierung des Halses. Eine durch die ASPCA (American Society for Prevention of Cruelty to Animals) entwickelte Technik (Cincinnati-Pen) ermöglicht das Ansetzen des Schnittes, ohne dass das Tier vor dem Schnitt gedreht werden muss. Gerechnet vom Schließen des Gatters bis zum Halsschnitt ist dieses Gerät deutlich schneller (11,1 Sek.) als der Weinberg-Apparat mit 103,8 Sek. (Dunn 1990): Alleine das Drehen des Weinberg-Apparates beanspruchte bereits 70 % der ermittelten Zeit.

Der Entbluteschnitt erfolgt bis auf die knöcherne Grundlage, es werden alle Weichteile durchtrennt:
– Haut und Halsmuskulatur
– Luft- und Speiseröhre
– V. jugularis beidseits (Gefäß)
– A. carotis communis beidseitig (Gefäß)
– Truncus vagosympathicus beidseitig (Nerv)
– N. laryngeus recurrens beidseitig (Nerv)
– Truncus jugularis beidseitig (Lymphgefäße)

8.5.2 Schmerzempfindung

Mit dem Blutverlust im Gehirn einher geht Bewusstseinsverlust. Beim Schaf wird durch den Schnitt die gesamte Blutzufuhr in das Gehirn unterbunden. Intakt bleiben die neuralen und Blutgefäßstrukturen innerhalb der Halswirbelsäule, die A. und V. vertebralis werden nicht durchtrennt, da diese dorsal des Querfortsatzes der Wirbel gelegen sind. Beim Rind versorgt die Arterie Teile des Wundernetzes Rete mirabilis (was beim Schaf nicht der Fall ist), sodass eine Blutzufuhr noch möglich bleibt (König 1999). Dem entsprechen Beobachtungen über – im Gegensatz zum Schaf – längere EEG-Aktivitäten beim Rind (Schulze et al. 1978).

Dagegen durchtrennt der Schnitt mit dem N. vagus auch den N. depressor, der die Herzaktivität (verlangsamend) steuert: Die durch den Schnitt einsetzende Enthemmung erhöht die Herzaktivität, was mit dazu beiträgt, dass Blut weiterhin aus dem Körper herausgepumpt wird (König 1999).

Vergleichende Untersuchungen bei Kalb und Schaf beim Schächtschnitt zeigten, dass beim Kalb nach ca. 10 Sek., beim Schaf nach ca. 6 Sek. Reaktionslosigkeit eintritt (Schulze et al. 1978). Im EEG lagen Null-Linien beim Schaf ab der 13. Sek., beim Kalb ab der 23. Sek. vor. Dies würde den beschriebenen anatomischen Gegebenheiten entsprechen.

Dagegen muss die Vorbereitung des Drehens weniger unter Schmerz- als eher unter Angstgesichtspunkten betrachtet werden. Hier wirkt sich das Weinberg'sche Gerät nachteiliger aus als der Cincinnati-Pen.

8.5.3 Die Religionen

Das Vorgehen nach mosaischem Ritus
Der Verzehr von Fleisch ist ausschließlich von geschächteten Tieren erlaubt. Die Tiere müssen gesund und unversehrt sein, eine Betäubung ist daher nicht gestattet. Die Messer müssen scharf sein, die durchführende Person muss eine Ausbildung erhalten haben und im Anschluss daran eine Erlaubnis durch den Rabbiner. Die Tiere werden niedergeschnürt oder mittels eines Gerätes fixiert, der Schnitt wird in der Mitte des Halses angelegt (König 1999).

Das Vorgehen nach moslemischem Ritus
Bei den unterschiedlichen islamischen Glaubensgemeinschaften wird die Frage der Betäubung unterschiedlich bewertet: Die Tiere müssen entbluten, es wird jedoch unterschiedlich gesehen, ob ein betäubtes Tier gänzlich ausblutet oder nicht (Bekir Alboga 2003). Zur Durchführung des Schnittes werden die Tiere auf die linke Seite niedergeschnürt und mit dem Kopf nach Mekka gewandt.

8.5.4 Die Gegebenheiten in Deutschland

Mit dem Schlachtgesetz von 1933 wurde die Betäubung in Deutschland Vorschrift. Wie aus den Kommentaren hierzu (abgedruckt bei Giese, Kahler 1951) hervorgeht, wohl vor allem deshalb, um dem judaischen Schächten den Boden zu entziehen. Nach dem Krieg wurde dies aufgehoben und das religionsrituelle Schächten wieder zugelassen, zuerst in Hessen und Hamburg, d. h., in der seinerzeitigen britischen Besatzungszone. Seit der Verkündung des Grundgesetzes ist das judaische Schächten unter Artikel 4 Grundgesetz (Freiheit der Religionsausübung) nach Genehmigung zugelassen, so in Hessen, NRW, Bayern (Sojka 1995).

§ 4a TierSchG schreibt die Betäubung von Schlachttieren vor. Ausnahmen sind möglich, das Schlachten ohne Betäuben (Schächten) ist hier anzusiedeln: Es bedarf keiner Betäubung, wenn die zuständige Behörde eine Ausnahmegenehmigung für ein „Schlachten ohne Betäuben (Schächten)" erteilt hat. Dies ist nur in den Fällen möglich, in denen den Bedürfnissen von Angehörigen bestimmter Religionsgemeinschaften (…) entsprochen werden muss.

§ 13 TierSchlV verbietet das Aufhängen von geschächteten Tieren vor der vollständigen Bewusstlosigkeit.

Vor allem der Zuzug moslemisch-gläubiger Menschen in das damalige West-Deutschland hat die Diskussionen um das Schächten immer wieder angefacht, dies unter intensiver Heranziehung der Rechtsschiene bis in die höchsten Instanzen hinauf.

Fallbeispiel: Ein Rechtsstreitt

In den 1980er Jahren wurden mit moslemischen Religionsgemeinschaften Regelungen dahingehend getroffen, vorgelagert dem Entbluteschnitt bei den Tieren eine Elektro-Kurz-Betäubung anzulegen.

Es gab dennoch – nach Klagen – in der Folge eine Reihe von höchstrichterlichen Urteilen.

Das Urteil des Bundesverwaltungsgerichtes vom 15.6.1995 (BVG 1993)
Mit diesem Urteil wurde klargestellt, dass das Schächten nicht durch die Religionsfreiheit gedeckt sei und den in Deutschland lebenden Moslems das Schlachten warmblütiger Tiere ohne vorherige Betäubung nicht gestattet werden dürfe. Notfalls können auch auf den Genuss von Fleisch verzichtet werden. Daraufhin versagte eine Verwaltungsbehörde weitere Ausnahmegenehmigungen. Der Betroffene, ein moslemischer Metzger, beschritt seinerseits den Rechtsweg und erhob zuletzt Verfassungsbeschwerde gegen die Beschränkung durch die Elektrokurzzeitbetäubung.

Das Bundesverfassungsgerichts-Urteil vom 15.1.2002
Mit dem Urteil des BVG von 2002 wurde das Schächten erneut erlaubt, dies mit Hinweis auf das Grundrecht der Religionsfreiheit, vor allem jedoch unter Hinweis auf die Berufsfreiheit,

Fleisch für Angehörige der betreffenden Glaubensrichtungen so zu gewinnen, dass diesbezügliche religiöse Vorschriften eingehalten werden könnten.

Das Staatsziel „Tierschutz" im Grundgesetz
Das Urteil hat intensive Diskussionen ausgelöst, es hat sicher auch fördernd auf die letztlich erfolgreichen Bestrebungen gewirkt, den Tierschutz im Grundgesetz zu verankern (Gesetz zur Änderung des Grundgesetzes vom 26. Juli 2002).

Artikel 20 a lautet nunmehr: „Der Staat schützt auch in Verantwortung für die zukünftigen Generationen die natürlichen Lebensgrundlagen und die Tiere im Rahmen der verfassungsmäßigen Ordnung durch die Gesetzgebung und nach Maßgabe von Gesetz und Recht durch die vollziehende Gewalt

und die Rechtsprechung".

Daraufhin wurde die Klage – angesichts der geänderten Gegebenheiten – erneut am Bundesverwaltungsgericht anhängig.

Das Bundesverwaltungsgerichts-Urteil vom 23. 11. 2006
Entscheidend hier war die Feststellung, dass das eingefügte Staatsziel des Tierschutzes keineswegs Vorrang gegenüber anderen Verfassungsgewährleistungen genießt. Es sei nunmehr Aufgabe des Gesetzgebers, einen gerechten Ausgleich zwischen etwa widerstreitenden Grundrechten herzustellen, ohne die Grundsätze eines ethisch begründeten Tierschutzes aufzugeben (N. N. 2006).

Damit ist der Rechtsweg erschöpft und der Fall zurückverwiesen an die Legislative.

8.6 Literatur

8.6.1 Publikationen

Bekir Alboga, M. A. (2003): Schächten: Tiergerechtes Schlachten und Tierschutz im Islam. Dtsch. tierärztl. Wschr. 110. 189–192

Brock, F. (1987): Modellversuch und Feldstudie zur Effektivität der elektrischen Betäubung bei Schlachtschweinen unter Berücksichtigung von Tierschutz-, Technologie- und Fleischqualitätsaspekten. Diss. Vet. Med. FU Berlin, J.-Nr. 1360

Buschulte, A., G. Rindermann, H. Hartmann, und R. Fries (2007): Abschließende Ergebnisse aus dem Projekt „CO_2-Betäubung und Pneumonie". Proc. 7. Fachtagung Fleisch- und Geflügelfleischhygiene für Angehörige der Veterinärverwaltung, Berlin, Campus Mitte, 1. und 2. März 2007, S. 39–47

Coore, R. R., S. Love, C. R. Helps, and M. H. Anil (2004): Frequency of Brain Tissue Embolism Associated with Captive Bolt Gun Stunning of Sheep. Foodborne Path. Dis. 1, 291–294

Coore, R. R., S. Love, J. L. McKinstry, H. R. Weaver, A. Philips, T. Hillman, M. Hiles, C. R. Helps, and M. H. Anil (2005): Brain Tissue Fragments in Jugular Vein Blood of Cattle Stunned by Use of Penetrating or Nonpenetrating Captive Bolt Guns. J. Fd. Prot. 68, 882–884

DEUTSCHER BUNDESTAG (2006): Tierschutz bei der kommerziellen Gasbetäubung und Tötung von Nutztieren. Drucksache 16/2396. RFL, Rundsch. Fleischhyg. Lebensmittelüberwach. 58, 226–227

Deutsches Lebensmittelbuch (2002): Leitsätze 2002. Bundesanzeiger Verlag

Drawer, K. (2007): Putenschlachthof Ampfing, Gasbetäubung, Fortschritt für Mensch und Tier. RFL – Rundsch. Fleischhygiene Lebensmittelüberw. 59, 370–372

Dunn, C. S. (1990): Stress Reactions of Cattle Undergoing Ritual Slaughter Using Two Methods of Restraint. Vet. Rec. 126, 522–525

Erhardt, W., CHR. Ring, H. Kraft, A. Schmidt, H. M. Weinmann, R. Ebert, B. Schläger, M. Schindele, R. Heinze, N. Lomholt, E. Kallweit, M. Henning, J. Unshelm, H. Berner, und G. Blümel (1989): Die CO_2-Betäubung von Schlachtschweinen aus anästhesiologischer Sicht. Dtsch. Tierärztl. Wschr. 96, 92–99

Giese, Kahler (1951): Tierschutzrecht. Verlag Duncker & Humblot, Berlin, S. 147–156

Gracey, J. F., and D. S. Collins (1992): Meat Hygiene. Bailliere Tindall, London, 9 th ed. p. 149–150

Grandin, T. (2002): Return-to sensibility problems after penetrating captive bolt stunning of cattle in commercial beef slaughter plants. JAVMA 221, 1258–1261

Hagen, U. P. Paulsen, F. J. M. Smulders, und H. E. König (2002): Anatomische Überlegungen zur Bolzenschußbetäubung bei Schlachtrindern. In: Proc. 43. Arbeitstagung des Arbeitsgebietes Lebensmittelhygiene der DVG vom 24.–27. 9. 2002, S. 109–113

Hartung, J., B. Nowak, K. H. Waldmann, und S. Ellerbrock (2002): CO_2-Betäubung von Schlachtschweinen: Einfluß auf EEG, Katecholaminausschüttung und klinische Reflexe. Dtsch. Tierärztl. Wschr. 109, 135–139

v. Holleben, K., A. Schütte, M. v. Wenzlawowicz, und N. Bostelmann (2002): Tierärztlicher Handlungsbedarf am Schlachthof. Missstände bei der CO_2-Betäubung von Schweinen und der Bolzenschußbetäubung von Rindern. Dtsches Tierärztebl. 50, 372–373

Horlacher, S., E. Lücker, E. Eigenbrodt, und S. Wenisch (2002): ZNS-Emboli in der Rinderlunge. Berl. Münch. Tierärztl. Wschr. 115, 1–5

Ilgert, H. (1985): Effizienz der Bolzenschussbetäubung beim Rind mit Berücksichtigung der Einschussstelle und der Eindringrichtung des Bolzens unter Praxisbedingungen. Diss. med. vet., Berlin

Kaegi, B. (1988): Untersuchungen zur Bolzenschussbetäubung beim Rind. Diss. Med. Vet., Zürich

König, H. E. (1999): Rituelles Schlachten – anatomische Überlegungen. Wien. Tierärztl. Mschr. 86, 94–98

Löscher, W. (1994): Pharmaka mit Wirkung auf das Zentralnervensystem. In: W. Löscher, F. R. Ungemach, R. Kroker: Grundlagen der Pharmakotherapie bei Haus- und Nutztieren. Verlag Parey, Berlin und Hamburg, S. 69

Lücker, E., B. Schlottermüller, and A. Martin (2002): Studies on Contamination of Beef with Tissues of the Central Nervous System (CNS) as Pertaining to Slaughtering Technology and Human BSE-Exposure Risk. Berl. Münch. Tierärztl. Wschr. 115, 118–121

N. N. (1983): Zum Schlachten von Tieren nach islamischem Ritus. RFL Rundschau für Fleischunters. Lebensmittelüberw. 35, 3–4

N. N. (2007): Study on the Stunning/Killing Practices in Slaughterhouses and their Economic, Social and Environmental Consequences. Final Report,

Part II: Poultry. DC Sanco Evaluation Framework Contract Lot 3 (Food Chain), Brussels

Nowak, D., und R. Rath (1990): Zur Integration muslimischer Schlachtvorstellungen in das Tierschutzrecht. Fleischwirtsch. 70, 167–168

Paulsen, P., U. Hagen, F. J. M. Smulders, und H. E. König (2001): Zur Bolzenschußbetäubung bei Schlachtrindern und -schweinen: anatomische Überlöegungen. Wien. Tierärztl. Mschr. 88, 210–218

Prändl, O. (1988): Schlachten von Tieren, ausgenommen Geflügel. In: O. Prändl, A. Fischer, Th. Schmidthofer, H.-J. Sinell: Fleisch – Hygiene und Technologie der Gewinnung und Verarbeitung. Ulmer, Stuttgart, S. 51

Rindermann, G. (2008): Pneumonien bei Mastschweinen und ihr Einfluss auf den Betäubungseffekt in der CO_2-Betäubung. Mensch und Buch Verlag, 163 S., zugl. Diss., FU Berlin, FB Veterinärmedizin J. Nr. 3167

Schmidt, G. R., K. L. Hossner, R. S. Yemm, and D. H. Gould (1999): Potential for Disruption of Central Nervous System Tissue in Beef Cattle by Different Types of Captive Bolt Stunners. J. Food Prot. 62, 390–393

Schrohe, K., G. Arndt, und R. Fries (2005): Zur Schußpräzision bei der Bolzenschußbetäubung von Rindern. 5. Fachtagung Fleisch- und Geflügelfleischhygiene. Berlin, 2. 3.–3. 3. 2005, S. 138–143

Schulze, W., H. Schultze-Petzold, A. S. Hazem und R. Gross (1978): Versuche zur Objektivierung von Schmerz und Bewußtsein bei der konventionellen (Bolzenschußbetäubung) sowie religionsgesetzlichen („Schächtschnitt") Schlachtung von Schaf und Kalb. Dtsch. tierärztl. Wschr. 85, 62–66

Sojka, K. (1995): Gerichte entscheiden: Schächten ist statthaft. Dtsch. tierärztl. Wschr. 102, 369–370

v. Wenzlawowicz, M., and K. v. Holleben (2001): Asssessment of Stunning Effectiveness According to the Present Scientific Knowledge on Electrical Stunning of Poultry in a Waterbath. Arch. Geflügelk. 65, 193–198

Warriss, P.-D. (1984): Exsanguination of Animals at Slaughter and the Residual Blood Content of Meat. Vet. Rec. 115, 292–295

8.6.2 Rechtsvorschriften

Bundesverfassungsgericht (2002): Im Namen des Volkes – Urteil des Bundesverfassungsgerichtes zum Schlachten ohne Betäubung. Dtsches Tierärztebl. 50, 252–256

Bundesverfassungsgericht (2006): „Schächturteil" des Bundesverwaltungsgerichts. Begründung des Urteils vom 23. November 2006 (-3C 30.5 -). Dtsches Tierärztebl. 54, 440

Bundesverwaltungsgericht (1995): Pressemitteilung des BVerwG vom 15. 6. 1995. Dtsches Tierärztebl. 43, 799

Gesetz zur Änderung des Grundgesetzes (Staatsziel Tierschutz) vom 26. 7. 2002, BGBl. I, S. 2862

Richtlinie 93/119/EG des Rates vom 22. 12. 1993 über den Schutz von Tieren zum Zeitpunkt der Schlachtung oder Tötung. Amtsbl. der EG vom 31. 12. 1993, L 340/21

Tierschutzgesetz: Bekanntmachung der Neufassung des Tierschutzgesetzes vom 18. Mai 2006 i. d. F. vom 18. 12. 2007. BGBl. I, S. 3001

Tierschutz-Schlachtverordnung vom 3. 3. 1997, i. d. F. vom 24. 4. 2006, BGBl. I, S. 859

Fleischgewinnung - und -verarbeitung

9 Technologie in der Sekundärproduktion

Anlieferung und Schlachtung der Tiere sind in Bezug auf den Tierschutz hoch relevant und wurden bereits anderweitig (Kap. 7 u. 8) besprochen.

Mit dem geschlachteten Tier beginnt die Fleischgewinnung als Hauptlinie. Hier erzeugte oder angefallene Rohmaterialien gehen danach getrennte Wege. Sie fungieren ihrerseits wieder als Ausgangsstoffe für weitere Aufarbeitungs- oder Entsorgungslinien. Derartige Linien sind technisch eigenständig, mit spezifischen Hygieneschwerpunkten und Problembereichen (vgl. auch Tab. 34).

Es handelt sich zunächst um Linien im Schlachtbetrieb selber wie:
– die Blutgewinnung
– die Kuttelei (Aufarbeitung des Magen-Darm-Traktes inkl. der Vormägen)
– die Entsorgungslinien für die beseitigungspflichtigen Stoffe nach den Kategorien 1 bis 3 der VO (EG) 1774/2002

Infrage kommen auch separate Betriebe, allem voran die Zerlegungsbetriebe, aber auch Fettschmelzen, Betriebe zur Gelatineherstellung, Köpfe-Zerlegebetriebe oder die Tierkörperbeseitigungsanstalten.

Zu unterscheiden ist, ob die Grundstoffe für den Humanverzehr vorgesehen sind (Lebensmittel) oder ob es sich um Stoffe handelt, die zur Herstellung von Tiernahrung für Begleittiere dienen sollen (Kat. 3 nach der VO (EG) 1774/2002). Stoffe zur Behandlung in der Tierkörperbeseitigungsanstalt gehen ggf. in die Verbrennung (Kat. 1) oder in die Erhitzung und anschließend in die Non-

Tab. 34 Die schrittweise Verarbeitungskaskade eines Schlachttieres (Säuger)

Schlachtung
Blut
Ausgeblutetes Tier mit Haut/Fell/Vlies   Unterfüßen
Tierkörper mit – Organen (Magen-Darm-Trakt, Leber, Herz, Milz. Euter, Geschlechtsorgane,Lunge)   – Einzelabschnitten (Trimmen)   – Kopf   – Tierkörperhälften
Tierkörperhälfen zerlegt (Grob- u. Feinzerlegung) in – Knochen   – Abschnitte/Gewebereste   –Teilstücke als Frischware   – Gewebe zur Fleischverarbeitung

Food-Verwendung (Kat. 2). Seit Inkrafttreten der VO (EG) 1774/2002 können bestimmte Stoffe (der Kategorie 2 und 3) auch in Biogasanlagen eingespeist werden (vgl. Kapitel 10).

9.1   Das Gesamtgelände

Schlachtung und Fleischgewinnung inklusive der weiteren Bearbeitungsschritte sowie die Auslieferung beinhalten zwangsläufig ein Nebeneinander von „Grün" und „Weiß": Das Tier und der Tierkörper reflektieren die landwirtschaftliche („grüne") Seite in abnehmendem Ausmaß in dem Sinne, dass mit zunehmender Tiefe der Produktion der reine („weiße") Anteil ansteigt. Die „grüne Seite" beinhaltet die Anlieferung der Tiere mit den notwendigen Anlagen zur LKW-Nachbehandlung (Reinigung und Desinfektion), die Infrastrukturen zur Bearbeitung der anfallenden Nebenerzeugnisse und zur Entsorgung der Abfälle.

Dem entspricht die Auslieferung der erzeugten Ware auf der anderen Seite: Kommissionierung, Verpackung, Verladung sind weiße Zone, sie stellen das Ende der Hauptproduktionslinie dar.

Das Miteinander mehrerer Zonen mit unterschiedlichen Hygieneansprüchen erfordert besondere Organisationsmaßnahmen im Sinne einer Trennung (zeitlich und/oder räumlich) dieser Bereiche. Es muss allerdings auch dafür gesorgt werden, dass das Überschreiten dieser gedachten und auch installierten „Hygienegrenzen" durch Personen, Materialien oder Geräte möglich bleibt.

Das in der Produktionslinie beschäftigte Personal muss im Grundsatz „weiß" bleiben, was einerseits hohes Bewusstsein um die Erregerübertragung und andererseits Maßnahmen wie die Installation von Schleusen (für Gerät und Mensch) voraussetzt.

9.2   Gebäude und Räumlichkeiten

In den Gebäuden sind bestimmte Unterteilungen notwendig:
– Stallungen mit Zutrieb
– Schlachträumlichkeiten
– Räumlichkeiten für das weitere Ausweiden und Zurichten
– Räume für die Bearbeitung von Nebenprodukten
– Kühlräume für unterschiedliche Zwecke
– Räumlichkeiten für bislang noch nicht freigegebene Materialien
– Bereiche der Warenausgabe bis zur Verladung
– Sozialräume in den unterschiedlichen Funktionszonen
An die Räume selber sind – je nach Nutzung – unterschiedliche Anforderungen zu stellen. Neben ausreichendem Platz und den Grund-

anforderungen der Ver- und Entsorgung sind Beleuchtung (z. B. für die Plattformen der post-mortem-Untersuchung: ohne Schatten, keine Farbveränderungen), unterschiedliche Temperaturanforderungen, Ventilation (mit Entnebelung und Konstanthaltung der Luftfeuchte), Richtung der Luftbewegungen (von sauber nach unsauber) zu beachten.

Fenster sind mit Schutzvorrichtungen gegen Ungeziefer ausgestattet. Selbstständig schließende Türen unterteilen den Luftraum in unterschiedliche Zonen zur Verhinderung von Luft- und Staubzirkulation. Wände, Böden, Decken als solche müssen sich in gutem Erhaltungszustand befinden und den Ansprüchen der Hygiene (die Reinigung und Desinfektion muss leicht möglich sein) genügen.

9.3 Die Produktion

In den Gebäuden des so eingeteilten und bebauten Geländes findet die Produktion auf leicht auf- und abbaubaren Linien statt. Die VO (EG) 853/2004 nimmt mit Mindestauflagen zum Ablauf Einfluss auf den Gerätepark und die einzelnen technischen Schritte.

In Deutschland wurden im Jahre 1950 9,6 Mio., im Jahre 2001 dagegen 42,1 Mio. Schweine geschlachtet (Bogner u. Ritter 1965, Stat. Bundesamt 2003). Die ansteigende Tendenz hält an, die heutigen Zahlen – ausgedrückt als ante- und post-mortem-Untersuchungen – weisen bei den Säugern das Schwein und beim Geflügel die Jungmasthühner als wichtigste Nutzungsgruppe aus (Tab. 35).

Tab. 35: Ante- und post-mortem-Untersuchungen 2005, Säuger und Geflügel, Inland (Stat. Bundesamt 2007)

Rinder:	3 388 031	Jungmasthühner	896 565 611
Kälber:	341 666	Suppenhühner	56 261 231
Schweine:	45 042 865	Enten	34 851 271
Schafe und Ziegen:	1 125 970	Gänse	810 999
Einhufer	10 007	Puten	58 872 511
Kaninchen	245 276	Perlhühner	1689

Mit der Steigerung der Nutztierpopulationen hat sich auch die Zahl der Schlachtungen vervielfältigt, damit stiegen die Kapazität der Schlachtbetriebe und die Geschwindigkeit der Schlachtlinien zwangsläufig an. Vor allem für Schweine und Geflügel haben sich in den industrialisierten Staaten Schlachtbetriebe mit Hochgeschwindigkeitsbändern durchgesetzt, dies mit einem hohen Mechanisierungsgrad und mittlerweile auch einem hohen Grad elektronischer Installationen zur Leitung der Ware innerhalb des Betriebes. Dem entspricht ein niedriger Personalstand.

Schlachtbetriebe in Regionen mit einer großen Bevölkerung sind deutlich weniger oder anders mechanisiert, sie operieren mit einem höheren Anteil an Personen in der Gewinnungs- und Verarbeitungslinie. Für Rinder weisen die Prozesslinien allgemein nach wie vor stark handwerkliche Komponenten auf.

> Die folgenden Angaben können als orientierende Hinweise auf die erreichten Dimensionen betrachtet werden (Angaben in Stück/h):
>
> | | | | |
> |---|---|---|---|
> | Rind | 80 – | 100 | mit Hochgeschwindigkeiten bis zu ca. 300 |
> | Schwein | 300 – | 400 | mit Stückzahlen bis zu 1000 und mehr |
> | Kaninchen | 500 – | 2 500 | |
> | Broiler | 10 000 – | 12 000 | |
> | Pute | 2 500 | | |
>
> Diese Angaben werden angesichts starker Unterschiede zwischen den einzelnen Betrieben einerseits unterschritten, andererseits auch noch übertroffen.

In Deutschland wird, mit Ausnahme der Kleinen Wiederkäuer, überwiegend gewerblich geschlachtet. Der Anteil sinkt jedoch auch bei den Schafen ab, vgl. Tab. 36.

Tab. 36: Anteil gewerblicher Schlachtungen am Gesamtaufkommen der Schlachtungen in Deutschland (BMELF 1988; Stat. Bundesamt 2007)

Schlachtungen		Rinder	Kälber	Schweine	Kl. Wdk
davon gewerblich	1988	98,0 %	97,3 %	96,4 %	54,8 %
	2005	98,2	98,0 %	99,2 %	90,8 %
	2006	98,3 %	98,1 %	99,3 %	92,1 %

9.4   Neu entstehende Nebenlinien

9.4.1 Nebenprodukt Blut

Nach dem Entblutestich mittels Hohlmesser wird das abfließende Blut entweder aufgefangen oder es wird in geschlossenen Systemen über automatische Blutentnahme-Karussels abgesaugt und in gemeinsamen Tanks gesammelt. Gleichzeitig wird es zur Gerinnungshemmung mit Citrat versetzt. Die Freigabe erfolgt nach dem Chargen-Prinzip: Wurden alle zugehörigen Tiere tauglich, gelangt das Blut (bzw. Plasma nach Zentrifugieren), sofern Bedarf gegeben ist, in die Linien des Humankonsums. Werden zugehörige geschlachtete Tiere als untauglich befunden, geht der gesamte Inhalt des entsprechenden Bluttanks in die Aufbereitung nach Kategorie 2 der VO (EG) 1774/2002. Blut wird unmittelbar heruntergekühlt auf die rechtlich vorgesehene Temperatur von 3 °C.

Hohlmesser, Schlauchverbindungen und Tanks bedürfen besonderer Pflegemaßnahmen: Bei Einsatz eines Hohlmesser-Karussells erfolgt nach jedem Entblutestich eine Reinigung und Desinfektion des betreffenden Blutentnahmesystems inkl. der Schlauchabführungen.

9.4.2 Nebenprodukte aus der Kuttelei

Organe wie Lungen (ggf.) und das Euter (ggf.), Herz oder Lebern werden von der Linie direkt in die Kühlung verbracht.

Hygienisch aufwendig zu bearbeitende Teile wie der Darmkonvolut des Schweins, des Schafes (zu beachten das Ileum als SRM) oder die Vormägen beim Rind (zu beachten der gesamte Darmtrakt als SRM) müssen im Falle der weiteren Verwendung den Weg in die Kuttelei gehen. Hier sind mehrere Arbeitsschritte zu unterscheiden:
– Darm von Fett und Mesenterium befreien
– Kot ausstreifen mittels gegeneinanderlaufender Walzen
– Ausspülen mit Wasser
– Wenden
– Schleimhaut entfernen (mittels Walzen)
– Haltbarmachen mit Salz
– Lagern in Behältern
– Vor der Verarbeitung wird der Salzgehalt durch Wässern wieder gesenkt

Die aufgearbeiteten Därme gehen entsprechend den Leitsätzen für Fleisch und Fleischerzeugnisse in die Fleischerzeugnislinien ein. Im Falle der Verarbeitung von Rinderdarm stammt das Material somit aus Regionen mit der BSE-Statusklasse 1, da Rinderdarm aus Ländern mit Statusklasse 2 oder 3 als SRM eingestuft ist und daher vernichtet werden muss.

Abb. 11
Die Fleischgewin-
nungslinie beim
Rind und zuge-
ordnete Neben-
linien und -kreis-
läufe

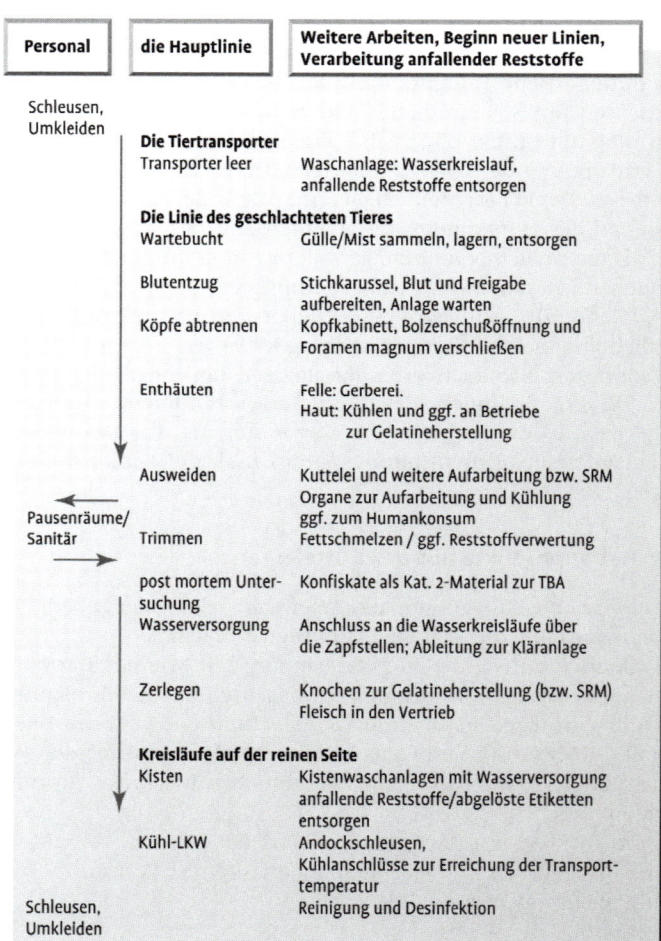

Personal	die Hauptlinie	Weitere Arbeiten, Beginn neuer Linien, Verarbeitung anfallender Reststoffe
Schleusen, Umkleiden	**Die Tiertransporter**	
	Transporter leer	Waschanlage: Wasserkreislauf, anfallende Reststoffe entsorgen
	Die Linie des geschlachteten Tieres	
	Wartebucht	Gülle/Mist sammeln, lagern, entsorgen
	Blutentzug	Stichkarussel, Blut und Freigabe aufbereiten, Anlage warten
	Köpfe abtrennen	Kopfkabinett, Bolzenschußöffnung und Foramen magnum verschließen
	Enthäuten	Felle: Gerberei. Haut: Kühlen und ggf. an Betriebe zur Gelatineherstellung
	Ausweiden	Kuttelei und weitere Aufarbeitung bzw. SRM Organe zur Aufarbeitung und Kühlung ggf. zum Humankonsum
Pausenräume/ Sanitär	Trimmen	Fettschmelzen / ggf. Reststoffverwertung
	post mortem Untersuchung	Konfiskate als Kat. 2-Material zur TBA
	Wasserversorgung	Anschluss an die Wasserkreisläufe über die Zapfstellen; Ableitung zur Kläranlage
	Zerlegen	Knochen zur Gelatineherstellung (bzw. SRM) Fleisch in den Vertrieb
	Kreisläufe auf der reinen Seite	
	Kisten	Kistenwaschanlagen mit Wasserversorgung anfallende Reststoffe/abgelöste Etiketten entsorgen
	Kühl-LKW	Andockschleusen, Kühlanschlüsse zur Erreichung der Transporttemperatur
Schleusen, Umkleiden		Reinigung und Desinfektion

9.4.3 Nebenprodukt Fettgewebe

Fett ist ein Rohstoff sowohl für die Non-Food als auch für die Nahrungsmittelindustrie. Die Aufarbeitung erfolgt in Fettschmelzen mittels unterschiedlicher Temperaturen. Je nach Temperatur werden unterschiedliche Fraktionen ausgeschmolzen. Niedrige Temperaturen erbringen die besten Qualitäten, z. B. Premier Jus (vgl. Leitsätze für

Speisefette und Speiseöle): Je niedriger die Temperatur, desto hochwertiger das Fett.

Die aus zugelassenen Schlachtbetrieben anfallenden tauglichen Materialien (Fettgewebe, Abschnitte, Köpfe Schwein) werden bei Eingang optisch/sensorisch auf Beschaffenheit geprüft, außerdem sind Metalldetektoren installiert. Eine Hygienisierung des einkommenden Materials wird nicht vorgenommen.

Im Nassschmelzverfahren erfolgt die Erhitzung durch direkte Dampfeinleitung, beim Trockenschmelzverfahren wird das Gewebe indirekt erwärmt. Die Aufarbeitung besteht aus einer Zerkleinerung im Fettwolf (Zerstörung der Fettzellen für die Erhitzung) und der anschließenden Hitzebehandlung. Durch Dekantieren werden die denaturierten Proteine („Grieben") abgetrennt, im Separator erfolgt die Trennung von Wasser und Fett.

Anfallende Grieben werden getrocknet und zu Mehl zerkleinert, das aus der Griebenfraktion anfallende Wasser wird durch weiteres Dekantieren von Fett und Grieben aufgereinigt und anschließend im Wiederbelebungsbecken der Kläranlage weiterbehandelt.

9.4.4 Nebenprodukt Gelatine

Gelatine findet sich in zahlreichen Lebensmitteln. Nach Hygiene-Zwischenfällen wird nunmehr alles für die Gelatineherstellung vorgesehene Material vor der Weiterverarbeitung gekühlt. Ausgangsmaterialien sind Häute/Unterhäute von Rind und Schwein und die Knochen von Rind und Schwein (keine Rinderschädel).

Die Aufarbeitung folgt rigorosen, je nach Ausgangsmaterial leicht unterschiedlichen Prozeduren. Es handelt sich je nach Rohstoffen um Alkali- oder Säurebehandlung sowie mehrfache Wasserbehandlung bei unterschiedlich hoher Temperatur. Der nachfolgend beschriebene Ablauf bezieht sich auf die Aufbereitung von Knochen (Schrieber 1996; Schrieber & Seybold 1993):

– Nach Reinigen und Zermahlen wird das Knochenschrot mit heißem Wasser ($>75\,°C$ für >15 Min.) entfettet und getrocknet ($400\,°C$, 20–30 Min.).

– Demineralisierung: Mittels HCl (mehrere Tage, pH <1.5) geht Calciumphosphat in Lösung, es bleibt das Kollagen des Knochens (Ossein) als Ausgangsstoff für die Gelatine. Dagegen läuft die Alkali-Behandlung (z.B. mit $Ca(OH)_2$) über einen längeren Zeitraum (3–16 Wochen) ab bei einem pH >12.5.

– Die Vorbehandlung wird abgeschlossen durch einen Wasch- und Neutralisierungs-Gang (End-pH 4.5–7.0).

– Die Extraktion der Gelatine mit warmem Wasser erfolgt mehrfach bei Temperaturen von zunächst $55\,°C$, zuletzt bei 90–$95\,°C$.

– Durch Filtration wird das Material von weiteren unlöslichen Stof-

fen gereinigt, Ionen-Austauscher entfernen letzte anorganische Salze, mittels Vakuum wird die Gelatine aufkonzentriert.
– Es folgen Sterilisation (>120 °C/>10 Sek.) und die Trocknung in Luft (25–60 °C).

Das Endprodukt hat eine Feuchte von 9–15 % und einen pH von 5–5,8. Mahlen, Mischung, Lagern und Versand sind die letzten Stationen.

9.4.5 Nebenprodukt Kopffleisch vom Rind

Das Kopfskelett wird als Schädel bezeichnet, es bildet die knöcherne Grundlage des Kopfes. Der Schädel beherbergt das Gehirn, die höheren Sinnesorgane und Teile des Atmungs- und Verdauungsapparates sowie deren Hilfsorgane. Außerdem bildet er der Gesichts- und Kaumuskulatur Ursprung und Ansatz. Die Knochen des Kopfes sind zum Oberschädel verbunden, Unterkiefer und Zungenbein sind beweglich angelagert.

Für die Aufarbeitung der in den Schlachtbetrieben anfallenden Rinderköpfe existieren traditionell spezielle Zerlegebetriebe. Mit der Verordnung (EG) 270/2002 wurde den Mitgliedstaaten der EU, mit der Ausnahme von Großbritannien inkl. Nordirland und Portugal, freigestellt, die Gewinnung von Backenfleisch und Zungen von Rinder-, Schaf- und Ziegenköpfen auf nationaler Basis zu gestatten. Sofern eine derartige RV national nicht ergeht, ist die Gewinnung von Fleisch von Köpfen in den jeweiligen Mitgliedstaaten nicht zulässig.

Ohne einen zuverlässigen Verschluss der Öffnungen der Hirnkapsel ist eine hygienisch vertretbare Gewinnung von Muskelgewebe des Kopfes nicht gewährleistet. Als Konsequenz müssen sowohl das Foramen magnum als auch die durch den Bolzenschuss gesetzte Öffnung auf der Stirn schnellstmöglich verschlossen werden. Auch die Transportbedingungen unterliegen mittlerweile stärkeren Auflagen.

Im Rahmen der umfassenden TSE-Präventivmaßnahmen wurde dies begründet mit der Gefahr der Kontamination des Gewebes mit ggf. infektiösem Gehirnmaterial und/oder Gehirnflüssigkeit (Liquor).

9.5 Literatur

Bogner, H., u. Chr. Ritter (1965): Tierhaltung. Verlag Ulmer, UTB, S. 169
Bundesministerium für Ernährung, Landwirtschaft und Forsten (BMELF) (1989): Statistisches Jahrbuch über Ernährung, Landwirtschaft und Forsten der Bundesrepublik Deutschland 1989. Landwirtschaftsverlag GmbH Münster-Hiltrup, S. 199

Deutsches Lebensmittelbuch (2002): Leitsätze für Speisefette und Speiseöle. Redaktion: G. Heuts. Bundesanzeiger Verlag Köln, S. 269–282

Schrieber, R. (1996): Speisegelatine. In: R. Heiss (Hrsg.): Lebensmitteltechnologie. Springer, S. 62–69

Schrieber, R., and U. Seybold (1993): Gelatine Production, the Six Steps to Maximum Safety.

Dev. Biol. Stand 80, 195–198

Statistisches Bundesamt (2003): Land- und Forstwirtschaft, Fischerei. Fleischuntersuchung. 2001 Fachserie 3/Reihe 4.3. Statistisches Bundesamt, Wiesbaden

Statistisches Bundesamt (2007): Land- und Forstwirtschaft, Fischerei. Viehbestand und tierische Erzeugung. 2006. Fachserie 3/Reihe 4. Statistisches Bundesamt, Wiesbaden

10 Der Weg organischer Reststoffe aus der Fleischgewinnung

Neben den beschriebenen Produktions- und Weiterverarbeitungslinien fallen in den Schlachtbetrieben große Mengen von Stoffen und Geweben an, die in geordneter Weise gesammelt, abgeführt und an geeigneter und legaler Stelle eingespeist werden müssen. Nach Angaben der EU-Kommission fallen in der gesamten EU jährlich mehr als 15 Mio. t tierischer Nebenprodukte an (EU 2008).

Der Grundsatz der Stoffkreisläufe war national mit dem Kreislaufwirtschafts- und Abfallgesetz bereits im Jahre 1994 etabliert worden.

In diesem Sinne soll möglichst wenig Abfall überhaupt anfallen, wobei Abfälle alle beweglichen Sachen sind, deren sich ihr Besitzer entledigen will oder entledigen muss. Unterschieden wird zwischen Abfällen zur stofflichen Verwertung (d. h., Stoffen, die in die Wirtschaftskreisläufe zurückfinden) bzw. Energiegewinnung und den Abfällen zur dauerhaften Beseitigung. Diesem Modell muss auch die Fleischgewinnung folgen.

Es handelt sich um Stoffe für Kläranlagen, Tierkörperbeseitigungsanstalten, Fettschmelzen, Biogas- oder Kompostierungsanlagen. Hinzu kommen Speisereste und ehemalige Lebensmittel, für die ebenfalls Wege eingerichtet werden müssen. Alleine in Deutschland fallen jährlich 1,82 Mio. t Speisereste an (Alm 2008).

10.1 Sammlung und Vorbereitung zur Entsorgung im Schlachtbetrieb

Anfallende Stoffe

In der gesamten Fleischgewinnungslinie werden kontinuierlich Gewebe durch Abwurf gezielt gesammelt und ihrer Bestimmung entsprechend entfernt.

Gleichzeitig ist auch Wasser ein wichtiges (Ab-) Transportmedium für Gewebereste (Muskulatur, Binde- oder Fettgewebe), auch um Darminhalte. Wasser trägt auch gelöste Stoffe wie Blut, das mechanisch nicht separiert werden kann. Alle Stoffe sind jedoch leicht abbaubar. Demgegenüber ist Wasser aus der Reinigung und Desinfektion (von Tiertransportern oder aus der Produktionslinie) vor allem durch die Desinfektionsmittel belastet .

Zurückgewinnung

Die so entfernten festen oder gelösten Stoffe müssen an anderer Stelle wieder zurück gewonnen werden, was über eine mechanische Abtrennung der abtrennbaren Grobbestandteile erfolgt oder auch über zwischengeschaltete Fettabscheider. Mechanisch nicht separierbare Bestandteile laufen mit bis in die Kläranlage und werden dort abgebaut.

Die Entfernung von Fettgewebe erfolgt nach dem Aufschwimmprinzip (Abb. 12), während an der Unterseite das Wasser weitergeleitet wird. Fettabscheider mit Erhitzungsmöglichkeiten beugen der Krustenbildung durch Schlachtfette in den kalten Behältern und Rinnen vor. Es darf nicht zu viel Wärme angelegt werden (max. ca. 40 °C), um eine Emulgierung der Fette im Wasser zu verhindern.

Die auf der Oberfläche sich absetzenden Fettstoffe müssen regelmäßig entfernt werden.

Das Wasser und seine Fracht

Die Aufbereitung von Wasser ist im Kapitel 1 dargestellt. Es handelt sich um die mechanische (Rechen, Sandfang, Absetzbecken), die biologische (Belebungsbecken, Tropfkörper, Nachklärung) und eine chemische Klärung (Fällung, Flockung, Flotation). Das geklärte Wasser geht über Vorfluter zurück in die Oberflächengewässer.

Vergleichbar läuft die Abwasseraufbereitung in einem Schlachtbetrieb ab, wobei die festen Bestandteile vorher so weit wie möglich entfernt werden:

– Ausgleichsbecken: Verlangsamung der Fließgeschwindigkeit, zugegebene Flotationsmittel (z. B. Bentonite) binden an die abzusondernden Partikel.

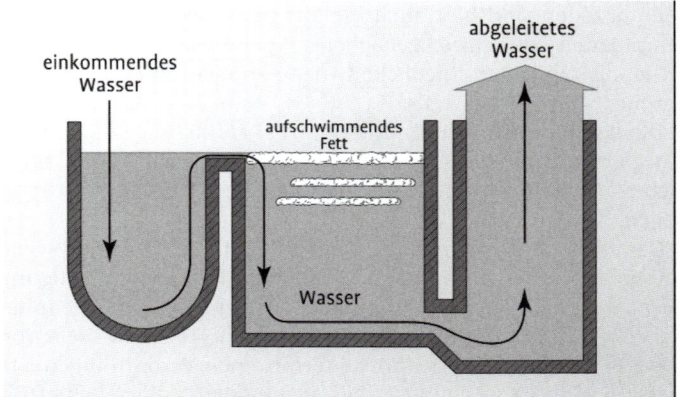

Abb. 12
Prinzip des Fett-abschneiders

– Flotation: Nach Bindung der Flotationsstoffe schwimmen die Substanzen auf und können abgenommen werden. Fransen et al. (1996) fanden im Flotat Schlachtbetriebs-eigener Klärung (Schweine, Geflügel) Enterobacteriaceae, Enterokokken, Salmonella, Y.enterocolitica und Campylobacter. Empfohlen wurde eine Dekontamination der anfallenden Abwässer.

Im Gegensatz zu häuslichen Abwässern mit einem BSB_5 -Orientierungswert von 300 mg/l (Wille 1981) oder zu geringfügigen Verunreinigungen mit einem BSB_5 bis zu 20 mg/l (Müller und Schlenker 2007) liegen die in Schlachtbetrieben anfallenden Werte deutlich höher: Für Schlachtblut wurden 150 000 mg/l ermittelt (Wille 1981). Die Belastung der betrieblichen Wässer ist abhängig von den internen Reinigungsbemühungen.

Luftkreisläufe
In Betrieben, in denen eine starke geruchliche Beeinträchtigung zu erwarten ist (TBA, Fettschmelzen), muss die Luft aktiv deodoriert werden, sie wird dann über Filter unterschiedlicher Ausprägung geführt. So ist die Deodorierung über großvolumige Heidepackungen eine praktikable Variante.

10.2 Der Weg der Nebenprodukte nach der VO (EG) 1774/2002

Mit der VO (EG) 1774/2002 wurde ein EU-weites Regelwerk zur Entsorgung und Weiterbehandlung tierischer Nebenprodukte geschaffen, dies gemäß dem Risikopotenzial der einzelnen Stoffe für Mensch, Tier und Umwelt.

Einbezogen sind hier auch die aus dem menschlichen Verzehr stammenden oder zurückgebliebene „Speisereste" und die Lebensmittel, die aus unterschiedlichen Gründen nicht in den Handel gekommen sind.

Die komplizierte Verordnung (EG) 1774/2002 regelt Sammlung, Transport, technische Behandlung und die weiteren Wege von tierischen Nebenprodukten, die nicht in den Humankonsum gelangen.

Damit ist die Tierkörperbeseitigungs-Richtlinie 90/667/EWG aufgehoben, ebenso das traditionelle nationale Tierkörperbeseitigungsgesetz, das durch Rechtsverordnungen ersetzt wurde, die die Inhalte der VO (EG) 1774/2002 national umsetzen (Tierische Nebenprodukte-Beseitigungsgesetz und weiterführende Verordnungen). Das Gesetz legt die Verpflichtung der zuständigen (öffentlichen) Gebietskörperschaften zur Verarbeitung und Entsorgung fest. Diese kann übertragen werden auf private Firmen.

Zu den zentralen Aussagen in der VO (EG) 1774/2002 gehört die Unterscheidung der Haustiere in Nutz- und Heimtiere. Es sind:
– Nutztiere: Tiere, die vom Menschen gehalten, gemästet oder gezüchtet und zur Erzeugung von Lebensmitteln oder zur Gewinnung von Wolle, Pelzen, Federn (…) o. a. genutzt werden.
– Heimtiere: Tiere von Arten, die normalerweise von Menschen zu anderen Zwecken als zu landwirtschaftlichen Nutzzwecken gefüttert und gehalten, jedoch nicht verzehrt werden.
– Tierische Nebenprodukte: Ganze Tierkörper, Tierkörper-Teile oder Erzeugnisse tierischen Ursprungs, die nicht für den menschlichen Verzehr bestimmt sind einschl. Eizellen, Embryonen, Samen.

10.2.1 Material der Kategorie 1 nach Art. 4 der VO (EG) 1774/2002

Material der gefährlichsten Kategorie 1 umfasst (in Auswahl) die Tierkörper von TSE-verdächtigen/bestätigten Tieren, i. R. von TSE-Tilgungsprogrammen getötete Tiere, Tierkörper von Heimtieren, Zoo- und Zirkustieren, von Versuchstieren, Wildtieren unter Zoonoseverdacht, SRM sowie Tierkörper und Erzeugnisse, die Stoffe mit hormoneller/thyreostatischer Wirkung, Umweltkontaminanten wie PCB oder Organochlorverbindungen enthalten. Hierher gehören auch Küchen- und Speiseabfälle aus Beförderungsmitteln im grenzüberschreitenden Verkehr (als Präventivmaßnahme gegen die Seuchenübertragung).

Verbleib: Dauerhafte Entsorgung oder Vernichtung, z. B. durch Verbrennen nach Aufbereitung in definierten (Druck-Hitze-Behandlungs-) Verfahren, zugelassen sind unterschiedliche Varianten.

10.2.2 Material der Kategorie 2 nach Art. 5 der VO (EG) 1774/2002

Material der Kategorie 2 umfasst (in Auswahl) Gülle, Magen-Darm-Inhalte, feste Bestandteile aus Abwässern in Schlachtbetrieben, Gewebe mit (Arzneimittel-) Rückständen, aus tierseuchenrechtlichen Gründen nicht einfuhrfähige Gewebe, aus anderen Gründen als zur Schlachtung getötete sowie verendete Tiere, auch Tiere, die i. R. einer Seuchenbekämpfung getötet werden.

Material der Kategorie 2 umfasst außerdem „andere tierische Nebenprodukte als Material der Kategorie 1 oder der Kategorie 3". Damit nimmt diese Kategorie eine Sammelfunktion wahr.

Verbleib: Eine Bearbeitung ist möglich wie bei den Materialien der Kategorie 1. Fette oder Proteine können nach spezifischer Behandlung auch Ausgangsmaterial für anderweitige Zwecke sein.

Zugelassen ist eine Nutzung zur Kompostierung/Biogasherstellung/Düngerherstellung, jeweils in Verbindung mit obligatorischen Sicherungstechniken wie definierten Hitzebehandlungstechniken.

10.2.3 Material der Kategorie 3 nach Art. 6 nach der VO (EG) 1774/2002

Material der Kategorie 3 umfasst (in Auswahl) Teile, die nach Gemeinschaftsrecht tauglich beurteilt wurden, jedoch aus kommerziellen Gründen nicht in den Verkehr gehen, genussuntaugliche Schlachtkörperteile, die keine Anzeichen einer auf Mensch oder Tier übertragbaren Krankheit zeigen und die von Schlachtkörpern stammen, die nach dem Gemeinschaftsrecht genusstauglich beurteilt wurden, Fische, die für die Fischmehlherstellung gefangen wurden oder Brütereiprodukte, die keine Gefahr darstellen.

Außerdem gehören in diese Kategorie Häute, Hufe, Hörner, Borsten, Federn von Tieren, die die ante-mortem-Untersuchung passiert haben, Blut von Tieren (außer Wiederkäuer), die zusätzlich die post-mortem-Untersuchung passiert haben, Knochen, die in der weiteren Produktion angefallen sind, auch Rohmilch von unauffälligen Tieren und Speisereste und „ehemalige Lebensmittel".

Verbleib: Die genannten Materialien dürfen – neben den vorher genannten Behandlungen – als einzige Kategorie zur Herstellung von Heimtiernahrung eingesetzt werden.

10.3 Technische Aufbereitung

In Deutschland hat die sichere Entsorgung organischen Materiales in der Tierkörperbeseitigungsanstalt bereits eine lange Tradition, EU-weit wurde die technische Durchführung der Aufbereitung erstmals im Jahre 1990 mit der Richtlinie 90/667/EWG einheitlich geregelt, wobei Richtlinien noch einmal Übergangszeiträume einräumen (in diesem Falle bis zum Ende des Jahres 1991).

Vorgegeben wurden Erhitzungsbedingungen von 133 °C (Kerntemperatur) bei 3 bar über 20 Min. und bei einer Partikelgröße von max. 50 mm. Diese Kombination wurde auch in der VO (EG) 1774/2002 beibehalten. Möglich sind hier auch andere Kombinationen, soweit sie im Effekt gleichwertig sind.

Die Zulassung von Biogas- und Kompostierungstechniken ab der Kategorie 2 (Art. 15) erfordert zusätzliche Sicherungsmaßnahmen, da weder die Biogastechnologie noch die Kompostierung als solche hygienisch sicher sind. Alle Biogas- und Kompostierungsanlagen bedürfen einer Zulassung, obligatorisch sind:

– Für Biogasanlagen eine unumgehbare Pasteurisierungsanlage (Ausnahmen existieren).
– Für Kompostierungsanlagen ein unumgehbarer und geschlossener Kompostierungsreaktor

Im Einzelnen hängen die einzuhaltenden Sicherungsmaßnahmen von den angelieferten Stoffen und Zweckbestimmungen ab.

10.4 Vertriebswege nach der Behandlung

Die BSE-Krise war Anlass, die Fütterung Lebensmittel liefernder Tiere und damit auch die Rezyklierung der Nebenprodukte aus der Fleischgewinnung grundlegend neu zu regeln. Seinerzeitiges Stichwort war vor allem „Kannibalismus in der Haustierernährung" für die Verfütterung von Wiederkäuer-Protein an Wiederkäuer.

Es ist zu einer inhaltlichen Trennung von Beseitigungstechnologien und der Herstellung von Futtermitteln für Lebensmittel liefernde Tiere gekommen, mit der Konsequenz, dass sich die Zusammensetzung dieser Futtermittel tiefgreifend geändert hat.

10.4.1 Fütterungsrestriktionen nach der BSE Havarie

Nach dem Auftreten der ersten nationalen BSE-Kuh am 26. November 2000 wurde mit dem 1. 12. 2000 die Verfütterung tierischer Proteine an alle Lebensmittel liefernden Tiere (mit kleineren Ausnahmen) in Deutschland verboten. Die zentrale Aussage im § 1 des damaligen Verfütterungsverbotsgesetzes vom 1. 12. 2000 stellt einen Paradigmenwechsel in der Fütterungspolitik dar:

„Das Verfüttern proteinhaltiger Erzeugnisse und von Fetten aus Gewebe warmblütiger Landtiere und von Fischen (…) an Nutztiere (…), ausgenommen solche, die nicht zur Gewinnung von Lebensmitteln bestimmt sind, ist verboten. Das Verbot gilt nicht für Milch und Milcherzeugnisse, proteinhaltige Erzeugnisse und Fette aus Gewebe von Fischen, die zur Verfütterung an Fische bestimmt sind."

Mit der Verkündung der VO (EG) 1774/2002 gingen alle Bestimmungen auf diese über, dementsprechend ist das Verfütterungsverbotsgesetz wieder außer Kraft.

Angesichts der Komplexität der Materie kommt es seitdem kontinuierlich zu Modifikationen des Rechts der tierischen Nebenprodukte inkl. der Verfütterung.

10.4.2 Die Folgen

Die VO (EG) 1774/2002 schließt tierisches Gewebe von großen Teilen der Tiernahrungskette aus, mit der Folge einer Umlenkung gewaltiger Stoffmengen aus der Ernährung Lebensmittel liefernder Tiere in die Beseitigung oder in andere, möglicherweise auch weniger aufnahmefähige Märkte.

Auf dieser Basis müssen dauerhaft neue legale Verteilungs- und Einsatzwege gefunden werden, schließlich fallen die hier infrage stehenden Stoffe täglich an. Möglich sind die weitere Herstellung von Tierfutter für den Heimtiermarkt (Kategorie 3), die Kompostierung und Biogasgewinnung, dies vor allem für möglichst sortenreine Komponenten, möglich ist auch die Verbrennung und Entsorgung der Asche in entsprechend aufnahmefähigen industriellen Produktionszweigen.

Es ist zu konstatieren, dass das Modell der VO (EG) 1774/2002 eine Variante darstellt, die den Erfordernissen in der EU gezielt entspricht, und dass sich im globalen Vergleich und im Vergleich unterschiedlicher Kulturen die Prozesse in der Gewinnung von Fleisch erheblich voneinander unterscheiden.

Es leitet sich ab, dass die VO (EG) 1774/2002 zwei klar zu trennende Botschaften transportiert: Die Entwicklung technisch-hygienisch sicherer Wege der zahlreichen und unterschiedlich Risiko-behafteten Reststoffe aus der tierischen Produktion und eine möglicherweise eher politisch-geographisch begründbare Haltung zum Schicksal einzelner Teile der geschlachteten Tiere.

10.5 Literatur

10.5.1 Publikationen

Alm, M. (2008): Die Warenströme der Speisereste nach dem Aus für die Verfütterung. RFL Rundsch Fleischhyg. Lebensmittelüberw. 60, 106–109

EU (Vertretung der Europäischen Union in Deutschland) (2008): Neue Regeln für tierische Nebenprodukte vorgeschlagen. Dtsches Tierärztebl. 56, 1098

Fransen, N. G., A. M. G. van den Elzen, B. P. A. Urlings, and P. G. H. Bijker (1996): Pathogenic Micro-organisms in Slaughterhouse Sludge – a Survey. Int. J. Food Microbiol. 33, 245–256

Müller, W., und G. Schlenker (2007): Kompendium der Tierhygiene. 3. Auflage, Lehmanns Media, Berlin, S. 26–27

Wille, W. (1981): Abwasserfragen in einer Geflügelschlachterei. Archiv für Lebensmittelhygiene 32, 214–215

10.5.2 Rechtsvorschriften

Gesetz über das Verbot des Verfütterns, des innergemeinschaftlichen Verbringens und der Ausfuhr bestimmter Futtermittel vom 1. 12. 2000, BGBl. I, S. 1635

Gesetz zur Förderung der Kreislaufwirtschaft und Sicherung der umweltverträglichen Beseitigung von Abfällen vom 27. 9. 1994. BGBl. I, S. 2705

Richtlinie 90/667/EWG des Rates vom 27. 11. 1990 zum Erlass veterinärrechtlicher Vorschriften für die Beseitigung, Verarbeitung und Vermarktung tierischer Abfälle und zum Schutz von Futtermitteln tierischen Ursprungs, auch aus Fisch, gegen Krankheitserreger sowie zur Änderung der Richtlinie 90/425/EWG. Amtsbl. d. EG Nr. L363/51 vom 27. 12. 1990

VO (EG) Nr. 1774/2002 des EP und des Rates vom 3. 10. 2002 Mit Hygienevorschriften für nicht für den menschlichen Verzehr bestimmte Nebenprodukte. Amtsbl. der EU vom 10. 10. 2002, L273/1

11 Hygiene in der Sekundärproduktion

Jedes Tier trägt kontinuierlich hygienisch belastende Agentien in das Umfeld von Schlachtbetrieben ein. Kontamination im technischen Ablauf ist daher ein systemimmanentes Ereignis. Carrier im weiteren Verlauf der Be- und Verarbeitung sind Luft, Oberflächen (Geräte, Handgeräte), Wasser, die Tierkörper und die Nebenprodukte.

Auch der Mensch ist in die Abläufe eingebunden. Zu beachten sind somit auch Maßnahmen hinsichtlich der Kreisläufe für Personen bzw. die Schleusenvorrichtungen, um das dort arbeitende Personal hygienisch neutral an die Linien heran- bzw. wieder in den allgemeinen Bereich zurückzuführen.

Somit können jederzeit Havarien auftreten, sie müssen soweit wie möglich durch Vorwegorganisation antizipiert und unterbunden werden. Zu beachten sind unsachgemäßes Vorgehen der beteiligten Personen, Fehlfunktionen der Maschinen oder auch Mängel in der Konstruktion und Infrastruktur der technischen Linien.

Die Daten zur Kontamination von Geweben und Gerät sind zum Teil bereits früh erarbeitet worden, die Beobachtungen als solche sind jedoch nach wie vor als gültig anzusehen.

11.1 Oberflächen als Vektoren, Geräte- und Liniendesign

Oberflächen können mikrobielle Agentien in mehr oder weniger stabiler Formation beherbergen. Es kann sich zunächst um eine Kontamination handeln oder um die Ausbildung von Zellverbänden (Biofilme). Es handelt sich hierbei um Ansammlungen von Bakterien auf einer Oberfläche, die in eine organische polymere Matrix – meist Polysaccharide – eingebunden sind. Sie sind als bakterielle Antwort auf negative Umwelteinflüsse anzusehen und stellen somit einen Schutzmechanismus der Zellen dar. Biofilme spielen in der Lebensmittelindustrie eine herausragende Rolle.

Meist sind Gramnegative involviert, aber auch Staphylococcus und Bacillus sind zur Biofilmbildung in der Lage (Mattila-Sandholm & Wirtanen 1992). Es werden unterschiedliche Stufen der Verfestigung beschrieben (Andrade et al. 1998):

- Reversibles Stadium: schwache Bindung durch elektrostatische und van der Waal'sche Kräfte
- Irreversibles Stadium: physische Anheftung durch Exopolysaccharide (EPS): Glycocalyx

Im Ergebnis muss Sorge dafür getragen werden, dass sich keine Gelegenheit für eine Dauerbesiedlung auf den betrachteten Oberflächen ergibt, sondern dass die Flächen durch regelmäßige Behandlung dauerhaft sauber gehalten werden (vgl. Kap. 24).

11.1.1 Qualität und Formung der Oberflächen

Auf das Gerät selber bezogen, sind die Art der verwendeten Materialien sowie die Verbindungen zwischen den zusammenzufügenden Teilen zu beachten.

Das Gerätedesign muss zwischen Lebensmittel- und Bedienerseite trennen, eine nachhaltige Reinigung und Desinfektion auf der Lebensmittelseite des Gerätes muss gewährleistet sein. Zu beachten sind vor allem die Flächen, auf oder an denen Bearbeitungsprozesse stattfinden. Neben der materialmäßigen Qualität der Oberfläche ist zentral, dass die Flächen zugänglich sind und dass sich keine toten Winkel finden, in denen sich organisches Material festsetzen kann. Zu beachtende Merkmale bei Geräten sind:

– Material (korrosionsfest, wasserdicht, nicht abbaubar)
– Oberflächenbeschaffenheit (für produktberührende Flächen gilt: keine Unebenheiten, fugendicht, Metalle an Verbindungen und Befestigungen verschweißt; Türen und Verschlüsse möglichst dicht)
– Schrägen, um das Ablaufen von Wasser zu ermöglichen
– Vermeidung toter Winkel
– Abdeckungen (leichte Entnehmbarkeit von Ein- und Aufsätzen)
– Installation (Abschluss mit Böden oder Wänden oder aber in genügender Entfernung von Wand und Boden)

Hygienestatus (aerobe GKZ) von Oberflächen in der Fleischgewinnungslinie (Schwein) nach verschiedenen Quellen in log10 (Grosspietsch et al. 2006)	
Schürzen	4,8
Kettenhandschuhe	6,5
Wetzstahl	3,8
Messer	3,2–5,6
Bandsägen	2,9–5,2
Entborstemaschine	4,4–5,8
Peitschenwäscherlaschen	6,2
Plastiktüren	1,2–4,1
Transportbänder	4,3–4,4
Zerlegebretter und Tische	2,4–6,1

11.1.2 Die Geräte in der Linie

Auch die Aufeinanderfolge der technischen Prozesse ist nicht immer ohne Mängel, und auch ein Gerät kann zu einem Hygienerisiko werden, wenn der darauf folgende Ablauf eine notwendig werdende Kompensation im Hygienestatus nicht gewährleistet.

Beispiel Sägen in der Fleischgewinnungstechnologie
Die Konstruktion der Bandsägen bringt es mit sich, dass sich im Gehäuse des Endlosbandes Knochensägemehl und anderes Gewebe

ansammeln, was sich auf die gerade neu freigelegten Oberflächen der nachfolgenden Tierkörper überträgt. Durch das Gehäuse ist eine grundlegende Reinigung und Desinfektion de facto nicht möglich (Woltersdorf und Mintzlaff 1996), ebenso wenig eine zwischenzeitliche Dekontamination. Auch in den Ergebnissen von Williams et al. (1983) waren Unterschiede in der Belastung (log/cm^2) von Sägeblatt (2,88 bis 3,60) und Inneren des Gehäuses (3,93 bis 5,16) erkennbar.

Als Havarie ist die Eröffnung eines pathomorphologischen Prozesses (z. B. Abszess) durch Anschneiden anzusehen. Für derartige Fälle, auch für technische Defekte ist häufig eine zweite Säge als Ersatz vorhanden.

Beispiel Transportbänder

Vor allem in den Zerlegelinien spielen Bänder eine große Rolle. Das Material besteht teilweise aus Kunststoffen, teilweise aus gegeneinander verschiebbaren Edelstahlflächen. Im Laufe des Arbeitstages ist ein derartiges Gerät schnell hygienisch belastet, im Falle der Edelstahlflächen durch die Winkel, im Falle der Kunststoffe durch die im rasterelektronenmikroskopischen Bild erkennbare unregelmäßige Oberfläche dieser Materialien. In der Geflügelfleischgewinnung konnte das Ansteigen des Keimgehaltes der Haut nach einem Bandtransport aufgezeigt werden (Lenz und Fries 1983): der Keimgehalt der Haut bei Broilern stieg nach dem Passieren einer Metallrutsche von 5,15 (log)/g auf 5,65 (log)/g, ein Beispiel für eine Technologie-gebende Belastung.

Beispiel Container

Transportkisten werden verbreitet genutzt. Sie befinden sich zunehmend nicht mehr im Besitz eines Betriebes, sondern sie gehen mit der Ware weiter. Dies kann hygienische Probleme aufwerfen. Es muss somit eine aufwendige Vorbehandlung einkommenden Leergutes vorgenommen werden. Der schwarze Bereich beinhaltet:
- die Ankunft in der Kistenwaschräumlichkeit mit Kistenwaschanlage,
- die Wäsche (zu beachten die Reinigungstemperatur oder die Ablösung evtl. vorhandener Etiketten),
- die Abtrocknung der Oberflächen zur weiteren Keimreduzierung.

Der saubere (weiße) Bereich beinhaltet die Lagerung mit anschließendem Transport zur Neubefüllung der Kisten.

Beispiel Kunststofftüren

Die in die Eingangtüren von Kühlraum installierten Schwingtüren werden häufig nur durch die einkommenden Tierkörperhälften mechanisch geöffnet. Die Oberflächen sind nicht immer frei von zoonotischen Agentien (Grosspietsch et al. 2006) und bedürfen verstärkter Beachtung und Pflege. Die Oberflächenbelastung von Geräten in der Prozesslinie liegt in dem Bereich von log 1 bis log 6/cm² (Kasten auf S. 156).

11.2 Luft als Vektor

Luft wird nicht von der Primär- in die Sekundärproduktion hinein übertragen, innerhalb eines umschriebenen Bereiches ist Luft jedoch ein wichtiger Carrier. Im Vergleich (nach Jansen 1992, Angaben pro m³) fällt die Belastung von Luft unterschiedlich aus:
– Ländliche Außenluft 10^2
– Büro 10^2
– Betriebe der Fleischverarbeitung   bis zu 10^3
– Bäckereien   (Eukaryonten) bis zu 10^4
– Tierställe   bis zu 10^4

Neben den genannten, sehr unterschiedlichen Habitaten sind auch die räumlichen Segmente innerhalb der Betriebe der Sekundärproduktion unterschiedlich belastet Zu beachten ist somit die Luftführung in den Räumen:
– Richtung vom sauberen in den weniger sauberen Bereich
– Unterteilungen der Gebäude durch Türen in unterschiedliche Luftbereiche

Auch betriebsbedingt werden Unterschiede beobachtet, wie am Beispiel der Luftkühlung in der Geflügelfleischgewinnung dargestellt werden kann: So unterschied sich die Belastung in zwei Betrieben pro m³ um etwa 1 logarithmische Stufe (Fries & Graw 1999): Betrieb A mit Werten zwischen log 2,19 und 2,55 und Betrieb B mit einer höheren Belastung (log 3,17). In der Sprühkühlung beim Geflügel können vor allem Aerosole teilweise hochgradig belastet sein:
– 3,50/ml (Betrieb A) und log 5,33/ml in Betrieb B (Fries & Graw 1999)
– log 6,3/ml (Stephan u. Fehlhaber 1994)

11.3 Wasser als Betriebsstoff und Vektor

Wasser für Betriebe, in denen Lebensmittel gewerbsmäßig behandelt werden, muss so beschaffen sein, dass durch seinen Gebrauch eine Schädigung der menschlichen Gesundheit nicht zu besorgen ist, Trinkwasserqualität ist erforderlich.

11.3.1 Aerobe Gesamtkeimzahl

Nach langjährigem und intensivem Gebrauch ist der Einsatz von Wasser in den Fleischgewinnungslinien mittlerweile umstritten. Wasser kann in die Tiefe der behandelten Gewebe gelangen, in den Schläuchen kann sich Biofilm aufbauen und der Einsatz von Wasser führt zu Aerosolen mit der Folge, dass sich Aerosol-getragene Agentien im Raum verbreiten können. Es hat sich außerdem herausgestellt, dass Verschmutzungen auf einer Tierkörperoberfläche durch Abspülen nur unzureichend entfernt werden können und dass nur die Entfernung kontaminierter Oberflächen durch Abschnitt („Trim") die Verschmutzung wirklich entfernt (Prasai et al. 1995).

Die unterschiedliche Verwendung von Wasser spiegelt sich auch im bakteriologischen Status wider. So wurde im Wasser von Brühtanks (Geflügel) – im Gegensatz zu der Mikroflora in der Kühlflüssigkeit – nach und nach eine Anreicherung mit Sporenbildnern beobachtet, was der Tenazität von Sporen unter der Hitzeeinwirkung des Brühtanks entspricht (vgl. Kapitel 12. 5). Temperatureinflüsse machen sich auch in der quantitativen Keimzahl bemerkbar, vgl. Tab. 37.

Tab. 37: Brühen mit unterschiedlicher Technik: Aerobe GKZ in log/ml			
Hochbrühen	(57– 60 °C)	4,0–4,8	Mulder u. Dorresteijn 1977 Thompson & Patterson 1983 Fries 1992
Niedrigbrühen	(51,5–53 °C)	7,0–8,0	Abu-Ruwaida et al. 1994

Auch die Sprühflüssigkeit in der Kühlung ist keinesfalls frei von Mikroorganismen (Tab. 38), und selbst Abtropfwasser von der Raumkonstruktion eines Geflügelschlachtbetriebes wies Keimgehalte von (log) 5,45/ml auf (Stephan und Fehlhaber 1994).

Tab. 38: Kühlen mit unterschiedlicher Technik: Aerobe GKZ des Wassers (log/ml)		
Sprühkühlung Sprühdüsenwasser:	log 2,3–4,3	Stephan u. Fehlhaber 1994 Abu-Ruwaida et al. 1994 Fries & Graw 1999
Tauchkühlung:	log 2,7–3,6	Fries 1992

11.3.2 Zoonoseerreger

Vom Anfang an finden sich in der Linie der Geflügelfleischgewinnung Zoonoseerreger (Campylobacter, Salmonella und in geringerem Ausmaß Listeria). Eindruckvoll ist der Anstieg in der Campylobacter-Nachweisrate, Listeria fand sich nur zum Beginn der Linie (Fries et al. 2009, vgl. Tab. 39, 40).

Tab. 39: Zoonoseerreger in den Flüssigkeiten einer Geflügelfleischgewinnungslinie: 3 Zonen (n = 30 pro Position; Fries et al. 2006)

	Schwarze Zone N = 30	Graue Zone N = 120	Weiße Zone N = 270	Σ
Campylobacter	16	29	80	125
Salmonella	5	27	14	46
Listeria	4	1		5

Schwarz:	Käfigwäscher
Grau:	Betäuber, Brühwasser (I, II), Entfedern
Weiß:	Ständerentferner, Kloakenschneider, Körperhöhlenschnitt, Entfernung der Organe, Tierkörperduschen, Kropfentferner, Innen-Außen-Wäscher, Transport-Wasser (Herz und Lungen; Magen und Darm)

Tab. 40: Salmonella in unterschiedlichen Wässern in der Geflügelfleischgewinnung

	Trampel et al. (2000)	Fries et al. 2006 n = 30 pro Position
Käfigwäscher		5
Betäuben		4
Brühen (2x)	4,8 % (n = 21)	9/5
Rupfen		9
Ständer Schneiden		3
Körperhöhlenöffner		3
Maschien als solche		2
Eviszeration		1
Duschen		2
Vorkühler	24 % (n = 21)	nicht untersucht
Kühler	15 % (n = 20)	nicht untersucht
Nach dem Kühlen	—	nicht untersucht
Mägen transportieren	18.8 % (n = 16)	
Kropfnacharbeiten		1
Herz		—
Mägen		1
Innen-Außen-Wäscher		1

11.4 Sicherungsmaßnahmen und Trennung zwischen unterschiedlichen Hygieneniveaus

11.4.1 Personalkreisläufe

Die Organisation der unumgänglichen Personalkreisläufe stellt eine Herausforderung dar: Mit Umkleiden, Schleusen, Aufenthaltsräumen und auch der Ausgestaltung der eigentlichen Arbeitsbereiche muss sich die Personalführung in die Hygieneanforderungen der Betriebsabläufe einfügen. Die Arbeitsplätze ihrerseits müssen auch dem Arbeitsschutz genügen: Das Personal muss während der Arbeit vor nachteiligen Einflüssen jeglicher Art geschützt sein, andererseits können auch Personen als Carrier fungieren.

Bereits deWit & Kampelmacher (1981) haben gezeigt, dass Salmonellen auf den Händen der Beschäftigten in der fleisch- und eierverarbeitenden Industrie zu finden waren (Tab. 41). Dieselben (deWit & Kampelmacher (1982) zeigten auch, dass je nach Nutzungsgruppe eine unterschiedliche Belastung auftreten kann und dass Handschuhe eine Schutzmaßnahme darstellen.

Tab. 41: Salmonellenbelastung auf den Händen von Beschäftigten in Schlachtbetrieben (deWit & Kampelmacher 1982)		
	Geflügel (Broiler)	Schwein	Kälber
n =	145	116	68
pos. =	59 (41 %) (Schlachtlinie: 53 %) (Zerlegen, Verpacken: 40 %)	42 (36 %)	11 (16 %)

Die Schleuse
Jeglicher Personalzugang aus dem schwarzen Bereich in den Arbeitsbereich hinein muss über Schleusen erfolgen. Ach in umgekehrter Richtung ist eine Schleusung einzuhalten, außerdem muss der Übergang zwischen der landwirtschaftlichen („grünen") und der „weißen" Seite geregelt werden sowie die räumliche Kommunikation zwischen Sanitär-, Pausen- und Arbeitsbereich (Abb. 13).

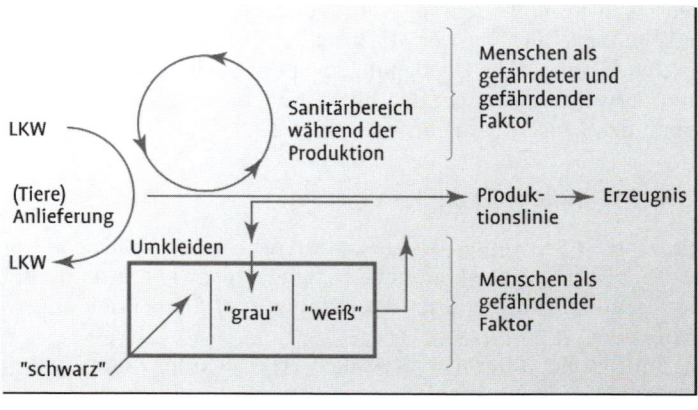

Abb. 13
Personalwege in einem Lebensmittel produzierenden Betrieb

Eine Schleuse muss sich zur Benutzung anbieten, sie darf keine Umgehung ermöglichen. Neben einer Durchgangssperre beinhaltet sie:
– Händereinigungs- und Desinfektionsmöglichkeiten
– Papierhandtücher und Abwurfmöglichkeit für die Papierhandtücher
– Stiefel- und Stiefelsohlenwaschgelegenheit

Eine Stiefelwaschanlage kann durch Vertiefung des Fußbodens oder als Gerät selber auf den Boden gesetzt werden.

Umkleiden
In den Umkleiden gibt es für alle Beschäftigten Spinde zur Unterbringung für Privat- und Betriebskleidung, die Oberseite der Spinde sollte abgeschrägt sein. Für die Wäscheanlieferung können die Spinde von der Rückseite bestückt werden, sodass die Umkleiden nicht betreten werden müssen. Umkleiden sind in unterschiedliche Bereiche eingestuft:
– „schwarzer Bereich" (Straßenkleidung): Übernahme betriebseigener Übergangscloggs
– „grauer Bereich": Übergang zum Spind, Anlegen der Betriebskleidung
– „weißer Bereich": Anziehen der Arbeitsfußbekleidung und weiterer Schutzbekleidung wie der Kopfbedeckung

In umgekehrter Richtung wird entsprechend verfahren, die am Tage gebrauchte Arbeitskleidung wird beim Überziehen der Betriebscloggs (grau) in die dafür vorgesehenen Behälter abgeworfen. Diese werden separat entleert.

Auch die unterschiedliche und unterscheidbare Schutzkleidung des Personals ist ein wichtiger funktionaler Bestandteil in der Trennung von Hygienezonen.

Sozial- und Restaurationsräume
Der Pausenraum ist „neutraler" Bereich, die Trennung zwischen Arbeitsbereich und Pausenraum muss gewährleistet sein. Pausenräume müssen somit auch von der Arbeitsseite her ohne Hygienekautelen zu erreichen sein. In die Überlegungen gehört auch der gesamte Büro- und Verwaltungsbereich, dies gilt vor allem, wenn die Bürobelegschaft den Pausenraum ebenfalls nutzt.

11.4.2 Das Beispiel der Handgeräte

Ein weiterer Schwerpunkt in Bezug auf die Hygiene sind die in Kontakt mit dem Material kommenden Handgeräte wie Messer, Kettenhandschuhe, indirekt auch Wetzstähle oder Schutzkleidung wie Schürzen.

Am Beispiel derartiger Utensilien zeigt sich die Komplexität in der Planung einer hygienisch vertretbaren Linienführung.

Kettenhandschuhe

Die Vorschriften zur Unfallverhütung schreiben beim Einsatz von Messern die Benutzung von Kettenhandschuhen und, wo notwendig, von Kettenschürzen vor.

Kettenhandschuhe sind aufgrund ihrer Struktur schwer zu reinigen und zu desinfizieren. Sie werden zwar in Waschmaschinen gereinigt, jedoch ist mit Beginn einer neuen Schicht eine zwischenzeitliche Hygienisierung nicht mehr möglich. So stellten Müller et al. (1994) Werte zwischen 2,31 (log)/g Kettenhandschuh bis zu 4,3 (log) fest, wobei die Werte mit der Betriebszeit anstiegen.

Gerade bei diesen Gegenständen ist die Überträgerfunktion über Kontakt sehr deutlich darstellbar. Deutlich wird auch, dass sich die aus unterschiedlichen systematischen Quellen speisenden Anforderungen – hier von Arbeitsschutz und Hygiene – widersprechen können.

Messer

Zur Dekontamination ist heißes Wasser von mindestens 82 °C vorgeschrieben. Gefordert sind Sterilisationseinrichtungen für Arbeitsgeräte mit einer Wassertemperatur von mindestens 82 °C oder ein alternatives System mit gleicher Wirkung („Sterilisierbecken" nach VO (EG) 853/2004, Anh. III, Abschn. I, Kapitel II Nr. 3). Einwirkzeiten sind nicht angegeben, empfohlen wurde bereits vor geraumer Zeit eine Behandlungsdauer von ca. 10 Sek. (Peel & Simmons 1978).

Die vorgeschriebenen Maßnahmen scheinen allerdings nicht immer in Einklang zu stehen mit den praktischen Gegebenheiten.

Die Geschwindigkeit der Arbeiten bringt es teilweise mit sich, dass die zu behandelnden Klingen nicht von Fettgewebe oder Protein befreit werden, mit der Folge stumpfer Klingen durch denaturiertes Protein durch die (zu) hohen Wassertemperaturen.

Tab. 42: Messer in der Fleischgewinnung und -untersuchung: GKZ (Median) und Enterobacteriaceae (in %); jeweils n = 98, Angaben pro cm² (Einschütz 2004)

Beprobungsbereich	GKZ	EB in % der Proben
Eviszeration		
steril	2,58	5,1 %, 1× Salmonella
nach Benutzung	3,70	30,6 %
Spaltung TK		
steril	2,57	—
nach Benutzung	2,56	2,0
Fleischuntersuchungsbereich TK		
steril	3,18	4,1 %
nach Benutzung	3,91	33,7 %
Fleischuntersuchungsbereich Organe		
steril	2,48	1,0 %, 1× Salmonella
nach Benutzung	3,35	26,5 %

Dies kann auch das Phänomen erklären, dass die Messer nach der Behandlung im Sterilisier-Becken vor der Wiederbenutzung nicht immer steril sind (Tab. 42), was bereits 1987 von Grau festgestellt worden war.

Weiteres Zubehör

Auch Wetzstähle als nur indirekt mit dem Gewebe in Berührung kommende Geräte waren zu unterschiedlichen Anteilen (bis zu 90 %) Salmonella positiv (Smeltzer et al. 1980), nach denselben Autoren betrug die Zahl der Salmonella-positiven Messerscheiden bis zu 95 % der untersuchten Proben. Messerscheiden sind heute nicht mehr im Gebrauch.

Konsequenzen für Hand- und Schutzgerät

Das täglich eingesetzte Hand- und Schutzgerät muss zwingend und regelmäßig eine Reinigung und Desinfektion durchlaufen, um die eventuell sich etablierenden Transferwege zu unterbrechen. Notwendig sind:
– Waschmaschinen für Messer und Kettenhandschuhe
– Reinigungs- und Desinfektionsschritte für Baumwollunterzieher der Kettenhandschuhe
– Behandlung der Schürzen – Schürzenwäscher –, wenn keine Einmalschürzen bevorzugt werden
– Nachhaltige und praktikable Techniken zur Desinfektion von Geräten während der Arbeiten.

11.5 Die Verantwortlichkeit der Planer und des Managements

Neben den Anforderungen an das Gerät (das in Ausgestaltung und Design vom Gerätehersteller zu verantworten ist) sind auch Anforderungen an das Management zu stellen. Das Personal muss in der Lage sein, die Arbeitsanweisungen inklusive angemessener Maßnahmen in der R & D auch während der Tätigkeiten befolgen. Es ist auch bekannt, dass persönliche Barrieren bei der hygienischen Durchführung der Arbeiten auftreten. Daher ist es notwendig, dass
– je nach Anforderung zweckentsprechendes Gerät und die aktuellen Gerätevarianten zur Verfügung gestellt werden,
– alle unter hygienischen Gesichtspunkten notwendig erscheinenden Installationen vorhanden sind sowie
– die für die Vor- und Nacharbeiten am Gerät notwendigen Zeitspannen eingeplant werden.
Zwingend sind auch sinnvoll geplante und durchgeführte Fortbildungs- und Trainingsmaßnahmen.

11.6 Literatur

Abu-Ruwaida, A. S., W. N. Sawaya, B. H. Dashti, M. Murad, and H. A. Al-Othman (1994): Microbiological Quality of Broilers during Processing in a Modern Commercial Slaughterhouse in Kuwait. J. Fd. Prot. 57, 887–892

Andrade, N. J., T. A. Bridgeman, and E. A. Zottola (1998): Bacteriocidal Activity of Sanitizers against Enterococcus faecium Attached to Stainless Steel as Determined by Plate Count and Impedance Methods. J. Food Prot. 61, 833–838

DeWit, J. C., and E. H. Kampelmacher (1981): Some Aspects of Microbial Contamination of Hands of Workers in Food Industries. ZBl. Bakt. Hyg. I, Abt. Orig. B 172, 390–400

DeWit, J. C., and E. H. Kampelmacher (1982): Microbiological Aspects of Washing Hands in Slaughterhouses. ZBl. Bakt. Hyg. I, Abt. Orig. B 176, 553–561

Einschütz, K. (2004): Wirksamkeitsprüfung verschiedener Verfahren zur Verminderung der Keimbelastung auf Handgeräten der Fleischgewinnung. Vet.-Diss. FU Berlin, J.-Nr. 2811

Fries, R. (1992): An Approach to Hygienic-technological Surveillance in Poultry Meat Production. In: 3rd World Congress Foodborne Infections and Intoxications, June 16–19 1992, Berlin, pp. 1336–1340.

Fries, R., and C. Graw (1999): Water and Air in Two Poultry Processing Plants' Chilling Facilities – a Bacteriological Survey. Brit. Poult. Sci. 40, 52–58

Fries, R.; Hamidi, A.; Jaeger, D.; Irsigler, H.; Thomele, A.; Klose, A.(2006): Zoonoseerreger im Betriebwasser einer Geflügelfleischgewinnungslinie. Auf: Proc. 6. Fachtagung Fleisch- und Geflügelfleischhygiene für Angehörige der Veterinärverwaltung. Berlin, 1.–2. 3. 2006, Eigenverlag. S. 46–51

Grau, F. H. (1987): Prevention of Microbial Contamination in the Export Beef Abattoir. In: F. J. M. Smulders (Eed.): Elimination of pathogen organisms from meat and poultry, pp. 221–233, Elsevier Publishers, the Netherlands

Grosspietsch, R., K. Einschütz, D. Jaeger and R. Fries (2006): Survey on the Hygienic Status of Plastic Doors of a Pig Abattoir. J. Fd. Prot. 69, 2738–2741

Jansen, A. (1992): Die mikrobiologische Qualität der Raumluft und ihre Beeinflussungsmöglichkeiten in Frischfleischabteilungen des Lebensmitteleinzelhandels. Vet Diss Hannover, Tierärztl. Hochsch.

Lenz, F.-Chr. u. R. Fries (1993): Stufenkontrollen in einem Geflügelschlachtbetrieb. 2. Mitt.: Quantitative Erhebungen. Fleischwirtsch. 63, 1076–1079

Mattila-Sandholm, T., and G. Wirtanen (1992): Biofilm Formation in the Industry: a Review. Food Reviews Int. 8, 573–603

Müller, G., Steinhof, U., u. Chr. Ring (1994): Ergebnisse bakteriologischer Untersuchungen am Kettenhandschuh im Zerlegebetrieb. Prod. DVG, Garmisch-Partenkirchen vom 27.–30 September 1994, Vol. I, S. 84–90

Mulder, R. W. A. W., und L. W. J. Dorresteijn (1977): Hygiene beim Brühen von Schlachtgeflügel. Fleischwirtsch. 57, 2220–2222

Peel, B., and G. C. Simmons (1978): Factors in the Spread of Salmonellas in Meatworks with Special Reference to Contamination of Knifes. Aust. Vet. J. 54, 106–110

Prasai, R. K., R. K. Phebus, C. M. Garcia Zepeda, C. L. Castner, A. E. Boyle, and D. Y. C. Fung (1995): Effectiveness of Trimming and/or Washing on Microbiological Quality of Beef Carcasses. J. Fd. Prot. 58, 1114–1117

Smeltzer, T., R. Thomas, and G. Collins (1980): The Role of Equipment having Accidental or Indirect Contact with the Carcase in the Spread of Salmonella in an Abattoir. Aust. Vet. J., 56, 184–186

Stephan, F., und K. Fehlhaber (1994): Geflügelfleischgewinnung – Untersuchungen zur Hygiene des Luft-Sprüh-Kühlverfahrens. Fleischwirtsch. 74, 870–873

Thompson, J. K., and J. T. Patterson (1983): Staphylococcus aureus from a Site of Contamination in a Broiler Processing Plant. Rec. Agric. Res. 31, 45–53

Trampel, D. W., Hasiak, R. J., Hoffman, L. J., and M. C. Debey (2000): Recovery of Salmonella from Water Equipment, and Carcasses in Turkey Processing Plants. J. of Applied Poultry Research 9, 29–34

Williams, R. R., C. W. Farmer, M. Park, L. A. Pokorny, and H. M. Wehr (1983): Bacteriological Evaluation of Meat Processor Sanitation Practices. J. Food Prot. 46, 605–609

Woltersdorf, W., und H.-J. Mintzlaff (1996): Verbesserung der Handhabungs-Hygiene von Rücken-Spaltsägen. Fleischwirtsch. 76, 482–485

12 Technologie und Hygiene der Fleischgewinnung

Die Hauptlinie beherbergt die Anlieferung der Tiere, den Schlacht-
bereich (Betäuben und Entbluten) und die Fleischgewinnung mit
anschließender Kühlung der Tierkörper(hälften) und der Nebenprodukte.

Für Großtiere ist der Ablauf grundsätzlich wie folgt zu charakteri-
sieren:

Schlachten	Betäuben, Entbluten
	Diverse Zwischenschritte
Enthäuten oder	Abbinden des Oesophagus vor der Entnahme
Entborsten	(Rind)
	Absetzen des Kopfes beim Rind, je nach Linien-konzeption auch beim Schwein
	Brühen, Entborsten, Abflämmen, Nachent-borsten bei Schweinen
	Enthäuten beim Wiederkäuer
	Umschneiden und beim Rind Abbinden des Rectum
	Entfernen der männlichen Geschlechtsorgane bzw. des Euters bei weiblichen Wiederkäuern
Ausschlachten	Aufbrechen des Beckenbodens
	Eröffnen d. Bauchhöhle, Entnahme d. Bauch-höhlenorgane
	Eröffnen d. Brustkorbes, Entnahme der Brust-höhlenorgane
	Tierkörperteilung in der Medianen
Vorkühlen/	unverzüglich und in allem Teilen
Kühlen	(7 °C bzw. 4 °C)
Zerlegen, Lagern	
Verladen und Transport des Erzeugnisses	

Ante- und post-mortem-Untersuchung gehören zur Kontrolle und
Bewertung, sie sind nicht Teil des technischen Ablaufes und werden
im Teil 3 behandelt.

12.1 Rind

12.1.1 Grundablauf der Fleischgewinnung

Der Variante im Hängen (industriell) steht der handwerkliche Vorgang im Liegen (Schragenschlachtung) gegenüber.

Die Technik beim Rind ist komplizierter als es beim Schwein der Fall ist, da es mehrerer Umhängeaktionen bedarf, um die Enthäutung und die Entfernung der Unterfüße vornehmen zu können. Dies wird unter intensivem handwerklichem Einsatz durchgeführt, weswegen die Rinderlinie eher niedrige Bandgeschwindigkeiten kennt (80–100 Tierkörper/h). Höhere Taktfrequenzen sind jedoch bereits realisiert: v. Donkersgoed et al. (1997) beschreiben einen Betrieb mit Bandgeschwindigkeiten von 286 Tierkörper/h.

Nach der Betäubung erfolgt ein Anschleifen mit Schlinghaken an einer der Hinterextremitäten (Alternative: Entblutung im Liegen), danach wird an dem betäubten Tier der Entbluteschnitt angesetzt. Das Entbluten dauert ca. 3–4 Min. (Falkenstein 1995).

Vorbereitung und Aufhängung an das Transportband
Es folgen mehrere Eingriffe, um die Transporthaken positionieren zu können:
– Absetzen des anderen Unterfußes am Tarsalgelenk, Freilegen des Fersenhöckers und der Achillessehne sowie Enthäuten der Extremität
– Einhängen an der freigelegten Achillessehne an einen Transporthaken
– Abnehmen der Schlinge von der nunmehr frei gewordenen Hinterextremität, Wiederholen des Vorganges und Einhängen an den zweiten Transporthaken
Bearbeiten der Vorderpartie
– Abtrennen der Vorderfüße am Karpalgelenk
– Nach Vorenthäuten des Kopfes: Trennen von Luft- und Speiseröhre und Verschluss der Speiseröhre durch Rodding (S. 170) oder eine vergleichbare Verschlusstechnik
– Absetzen des Kopfes am Atlanto-Occipitalgelenk
– Vorenthäuten der Bauch- und Brustregion
– Spreizen der Hinterextremitäten

Fellabzug
Haltung und/oder Vorbereitung der Tiere haben Auswirkungen auf den Sauberkeitsgrad des Felles.

Rectum und Harnröhre werden von kaudal her gelöst und die männlichen Geschlechtsorgane bzw. bei weiblichen Tieren das Euter entfernt.

Nach der manuellen Vorenthäutung der Vorderextremitäten werden am dort nunmehr freihängenden Fell für den mechanischen Fellabzug Ketten angelegt, wobei das Fell mittels Clips nach außen gewickelt wird, um freigelegte Fleischoberflächen nicht zu berühren. Unter manueller Unterstützung mit einem Messer wird das Fell dann nach oben weggezogen, Varianten einer Zugrichtung von oben nach unten existieren. Damit tritt der Tierkörper in geschlossenem Zustand in die reine Seite über. Es folgt unter Umständen eine Elektrostimulierung (vgl. S. 170).

Entnahme der inneren Organe und Spaltung des Tierkörpers

Nach Eröffnen der Brust- und Bauchhöhle wird das Rectum mittels eines Beutels durch Abbinden verschlossen. Die Bauchhöhlenorgane werden entnommen und auf eine Unterlage abgelegt, der Beckenboden wird eröffnet. Die Entnahme der Brusthöhlenorgane folgt. Der Tierkörper wird mittels Rückenspaltsäge mittig gehälftet.

Entnahme weiterer Gewebe (Trimmen)

Die Entnahme weiterer (Fett-) Gewebe aus der Körperhöhle folgt den Vorgaben des Handelsklassenrechts, die Entfernung des Rückenmarks bei Rindern über 12 Monaten (SRM) ist aus Gründen der BSE- Vorsorge obligatorisch.

Die Ergebnisse der Ausschlachtung

Am Ende liegt eine vergleichsweise umfangreiche Liste separater Gewebe und Organe vor, die jeweils unterschiedliche Wege einschlagen. Es handelt sich um:

– Fell
– Blut
– Unterfüße
– 2 Tierkörperhälften ohne Unterfüße
– Kopf mit Zunge und Kehlkopf
– Geschlinge mit Organteilen des Halsabschnittes inklusive Thymus und Thyreoidea, Herz, Lungen und Zwerchfell
– Milz
– Leber mit Gallenblase
– Vormagensystem und Labmagen, separat Darmtrakt ggf. mit weiblichen Geschlechtsorganen
– Euter
– Männliche Geschlechtsorgane

Bei Kühen ist der Ausschlachtverlust am höchsten aufgrund des niedrigeren Gewichtes und des bei dieser Nutzungsgruppe dennoch voll ausgebildeten Vormagensystems. Er beträgt 55–45 % je nach Gewicht.

Beförderung der Hälften auf der Gesamtstrecke
Werden die Tierkörperhälften aus der automatischen Förderung aus-
geklinkt und anschließend von Hand weitergeschoben, kommt es
an den häufiger berührten Stellen zu höheren Keimgehalten als an
den übrigen Regionen der Tierkörper (Stolle 1985). Zur Vermeidung
derartiger hygienischer Mängel am Tierkörper ist eine Verlängerung
des automatischen Förderersystems auch außerhalb der Schlacht-
straßen hilfreich. Dies gilt vor allem für die Bereiche nach der eigentlichen Gewinnungskette in kleineren Betrieben.

12.1.2 Spezielle Eingriffe beim Rind

Verschluss des Magen-Darm-Traktes
Die Entnahme des Vormagen-, Magen und Darm-Systems aus der
Bauchhöhle muss erfolgen, ohne dass der Oesophagus zerreißt und
es dadurch zu einer nicht mehr beherrschbaren Kontamination der
Tierkörperoberfläche kommt.

Das Lösen der Speiseröhre von der Trachea und das anschließende Verschließen der Speiseröhre knapp vor dem Vormagensystem
erfolgt durch das sogenannte Rodding. Hier wird mittels eines Stabes
(rod), an dem sich eine korkenzieherartige Vorrichtung befindet, die
bindegewebige Brücke zwischen Oesophagus und Trachea gelöst
und der Oesophagus in unmittelbarer Nähe vor der Haube mittels einer Verschlussvorrichtung verschlossen. In andern Varianten wird der
Oesophagus von innen verschlossen.

Erstmals im Jahre 1991 wurde mit der Novellierung der seinerzeitigen FlHV auch das Abbinden des Rectum beim Rind vorgeschrieben. Mit dieser Technik sollen fäkale Verunreinigungen unterbunden werden; Das Rectum gilt als riskante Region, von der
auch Zoonoseerreger auf die Tierkörperoberfläche weiter getragen
werden können.

Elektrostimulierung
Wenn sich die zu kühlenden Tierkörper noch in der frühen Phase der
Glykolyse befinden (pH noch bei Werten >6,8 und ATP noch vorhanden) und gleichzeitig die Temperatur bereits unterhalb von 14 °C
liegt, führt die Freigabe von Ca^{++} zur Aktivierung von Aktomyosin-
ATP-ase und zur Muskulaturkontraktion. Infolge der niedrigen Temperatur kann das Ca nicht mehr rückgeholt werden, die ausbleiben-
den Weichmachereffekte lassen das Gewebe am Ende zäh werden.

Das Phänomen tritt nicht mehr auf bei einem bereits erreichten niedrigen Gehalt an ATP und einem damit ebenfalls erreichten niedrigen
pH. Es gilt somit, den ATP-Gehalt und den pH schnell zu senken, bevor die Temperaturen in der Muskulatur so niedrig liegen, dass der Effekt einsetzen kann. Dies wird durch die Elektrostimulierung erreicht.

Es wird ein elektrischer Strom durch die frisch geschlachteten Tiere oder durch die Tierkörper im weiteren Verlauf der Fleischgewinnung geleitet, um das Fleisch auch unter den Bedingungen schnellen Herunterkühlens zart zu halten. Es werden zahlreiche Varianten mit unterschiedlichen physikalischen Stromparametern eingesetzt (Frequenz, Spannung, Stromstärke, Wellenlänge), mit unterschiedlicher Dauer der Durchströmung, dies in Abhängigkeit von der Tierart oder der Geschwindigkeit der Kühlung (Devine et al. 2004). Im Endeffekt beschleunigt die Elektrostimulierung die postmortale Muskelphysiologie, vgl. Abb. 14.

Cold shortening wurde zuerst bei tief gefrorenen Schaf-Schlachttierkörpern aus Neuseeland beobachtet. Unter entsprechenden Kühlbedingungen wird die Elektrostimulierung bei Wiederkäuern und beim Geflügel eingesetzt, vgl. Abb. 14, 15. Rinder neigen wegen der größeren Masse und damit wegen der langsameren Abkühlung weniger zum CS als Schafe und Geflügel (Devine et al. 2004).

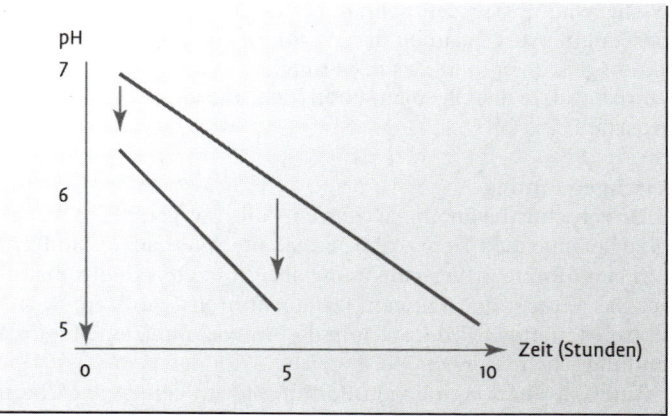

Abb. 14
Beschleunigter pH-Abbau nach Elektrostimulierung (nach Devine et al. 2004)

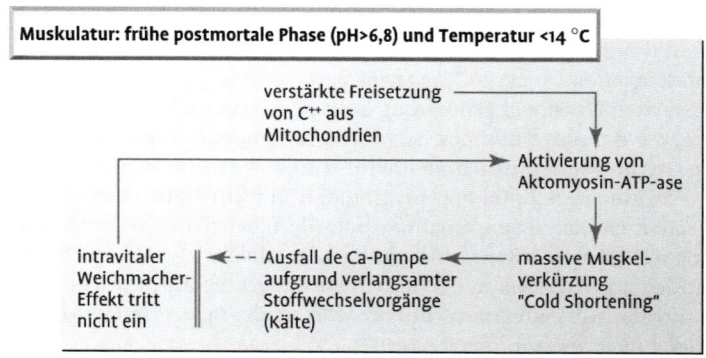

Abb. 15
Cold Shortening: Postmortale Abläufe unter den Bedingungen einer beschleunigter Kühlung

12.1.3 Hygiene der Gewinnungslinie

Tab. 43: Salmonella-Kontaminationen an Hand und Utensilien in der Fleischgewinnung beim Rind (Grau 1987)

	vor dem Enthäuten	In der Eviszeration	Trimmen u. Fleischuntersuchung
Hände	53 %	30 %	28 %
Messer	65 %	5 %	18 %
Wetzstahl	65 %	30 %	5 %
Schürzen	48 %	5 %	—

Zoonoseerreger beim Rind

Grau (1987) hat aus Literaturangaben eine Sequenz für das Auftreten von Salmonellen im Ablauf der Fleischgewinnung zusammengestellt. Aus der Synopse geht deutlich der Druck aus den vorderen Phasen der Gewinnung hervor und auch, dass mit zunehmender Tiefe der Produktion verstärkt ein sauberer („weißer") Charakter des Umfeldes erzielt wird (Tab. 43).

Technologie der Fleischgewinnung beim Rind und das Risiko der BSE

Unter dem Aspekt der Übertragung fehlgefalteter Prionen kann ein Fleischgewinnungsprozess beim Rind nicht mehr als sicher gelten. Als Konsequenz wurde schnell der Weg der Sanierung der Primärproduktion gegangen, und dies mit Erfolg.

Insbesondere die folgenden Positionen sind als nicht beherrschbar anzusehen:

Fleischgewinnung

Die Bolzenschussbetäubung ist derzeit – auch wegen der Mächtigkeit der zu betäubenden Tiere – ohne ernsthafte Alternative. Die Technik kann beim Rind zur Verschleppung abgesprengten Gehirnmaterials über das Blut in den Lungenkreislauf führen (vgl. Kap. 8. 4). Die Elektrobetäubung befindet sich in der Entwicklung, eine breite Anwendung scheint derzeit eher fraglich.

Mittels der herkömmlichen Hälftungstechniken ist der Übertrag von ZNS-Material auf die Schnittflächen eines gehälfteten Rinderschlachtkörpers nicht vermeidbar (Schwägele et al. 2002): Die Rückenspaltsäge ist weiterhin im praktischen Einsatz, auch dies noch ohne echte Alternative: Bei Transport und Zerlegung bedarf es eines handhabbaren Objektes: Hier stabilisiert die (gespaltene) Wirbelsäule.

Darstellbar ist weiterhin, dass Gewebe von einer Tierkörperhälfte über die Bandsäge und das sich dort ansammelnde Sägematerial auf die nachfolgenden übertragen wird (Helps et al. 2004).

Für Rinder, >6 Monate, für Equiden und für Hausschweine, >4 Wochen wird eine Längsspaltung gefordert, Ausnahmen sind jedoch möglich (VO [EG] 854/2004, Anhang I, Abschn. I, Kap. II, D). Es wurden auch Techniken entwickelt, die die Wirbelsäule umschneiden und so das Rückenmark nicht zerstören. In der Praxis sind sie bislang jedoch nicht erkennbar etabliert.

Man muss allerdings unterscheiden zwischen den nach der VO (EU) 999/2001 vorgeschriebenen Tests auf das Vorhandensein von Prionen in der fehlgefalteten ß-Faltblattstruktur im Tier und einem eventuellen Nachweis von ZNS-Gewebe. Der Nachweis von ZNS lässt die technische Aussage zu, dass der Prozess so gestaltet ist, dass Gehirn- oder Rückenmarksubstanz prinzipiell weiter getragen werden kann. Zur de facto Übertragung von BSE-Erregern ist damit jedoch nichts ausgesagt.

Für den Fall des Nachweises von BSE-Erregern ist die Vernichtung des positiven Falles, des vorausgegangenen und der beiden nachfolgenden Tierkörper vorgeschrieben (VO (EG) 999/2001).

In Deutschland sind restriktive Bestimmungen festgelegt: Alle anderen dem positiven Fall nachfolgenden Tierkörperhälften sind ebenfalls als verunreinigt anzusehen, sofern nicht die Geräte und Geräteteile, die mit dem Tierkörper in Berührung gekommen sind, ausgetauscht werden (Schlagbolzen, Messer, Sägeblätter, Geräte zum Entfernen des Rückenmarks u. a.). Reinigung und Desinfektion erfolgt mit Natriumhypochlorid oder Natronlauge (BSE-Untersuchungsverordnung).

Damit nicht alle auf der gesamten Linie befindlichen Tierkörper aus Gründen des vorbeugenden Verbraucherschutzes vernichtet werden müssen, wurde in Deutschland das Prinzip der Chargenschlachtung eingeführt: Mittels regelmäßig zwischengeschalteter Reinigungs- und Desinfektionsmaßnahmen oder durch den Austausch der betreffenden Geräte ist die Begrenzung eines ggf. eintretenden Schadens im Falle des Nachweises eines BSE-Falles möglich.

Lebensmitteltechnologie

Auch die lebensmitteltechnologischen Abläufe sind nicht geeignet, die Übertragung von ggf. vorhandenen pathogene Prionen zu unterbinden.

Das Deutsche Lebensmittelbuch (2002) geht mit den Leitsätze für Fleisch und Fleischerzeugnisse über den rechtlich vorgegebenen Ausschluss (VO (EG) 999/2001) bestimmter Gewebe aus der Lebensmittelbe- und Verarbeitung hinaus. Es wurden weitere Gewebe benannt, die nicht zur Verarbeitung in Fleischerzeugnissen vorgesehen sind (in Auswahl, Anmerkungen des Autors in Klammern und kursiv):

– Gekröse einschließlich Netzfettgewebe,
– Hirn (*allgemein*),
– (Rinder-) Milz
– Därme (*allgemein*)
– Rückenmark (*allgemein*)
– Kesselfett und Knochenfett (*mit Einschränkungen*)

Das Lebensmittelbuch schränkt darüber hinaus hinsichtlich Lunge und Herz von durch Bolzenschuss betäubten Rindern dergestalt ein, dass eine Verarbeitung dieser Organe bis zu einer wissenschaftlichen Klärung der Übertragung von Gehirnmaterialien nicht der allgemeinen Verkehrsauffassung entspricht (LS für Fleisch und Fleischerzeugnisse, Anm. 24).

Nach diesen Festlegungen kann Rinderdarm aus Gebieten mit der BSE-Statusklasse I – in entsprechender Aufarbeitung – als Hülle auch in Deutschland verwendet werden, nicht dagegen Milz oder Gehirn, da die Leitsätze die Verwertung dieser Gewebe in Fleischerzeugnissen ausschließen.

Zur Verwendung von Fleisch verschiedener Tierarten: Sofern sich aus den speziellen Bestimmungen nichts Gegenteiliges ergibt, darf Fleisch von Schwein und Rind gegeneinander ausgetauscht werden (LS I, 2.11). Lediglich bei Verwendung des Begriffes „rein" im Zusammenhang mit der Tierart wird ausschließlich die genannte Tierart eingesetzt.

12.2 Schwein

12.2.1 Grundablauf der Fleischgewinnung

Der Entbluteschnitt bei Schweinen erfolgt am hängenden oder am liegenden Tier. Als Orientierungswert für das Entbluten beim Schwein kann ein Zeitraum von 2–3 Min. gelten. Tab. 44 gibt Beispiele für die in der Fleischgewinnung zu veranschlagende Zeit.

Tab. 44: Fleischgewinnung beim Schwein – betriebsbezogen gemessene Daten (Beispiele)		
	Betrieb A	Betrieb B
Bandgeschwindigkeiten, Beispiele	280,0 TK/h	120,0 TK/h
Betäuben bis Entborsten	7,5 Min.	13,0 Min.
Kratztisch bis Fleischuntersuchung	7,0 Min.	9,5 Min.

Die „unreine" Seite

Vorreinigen, Brühen und Entborsten Mittels heißen Wassers kann eine Vorreinigung der geschlachteten Tiere erfolgen, was gleichzeitig einer exzessiven Verschmutzung des Brühwassers entgegenwirkt. Hohe Brühtemperaturen wirkten sich positiv auf die Oberflächenmikroflora aus (Thielke et al. 2002). Brühen bei niedrigen Temperaturen (genannt werden Temperaturen bis herunter auf 40 °C) ist als riskant einzustufen. Im Allgemeinen wird bei Temperaturen zwischen 59 und 62 °C gebrüht.

Der Brühprozess ermöglicht vor allem ein Entborsten, ohne dass es zu Hautschäden kommt. Als Orientierungswert für das Brühen können Zeitspannen zwischen 5 und 8 Min. angesetzt werden, es existieren auch andere Lösungen mit höherer Brühtemperatur und kürzerer Einwirkzeit

Es gibt die traditionellen Techniken im Brühtrog und die kombinierte Brühentborstung, dies im Klein- oder Großmaßstab. Der hohe Wassereinsatz wird durch die Installation eines Brühwasserkreislaufs realisiert, in dem das Wasser zirkuliert und in den in unterschiedlichem Maße Frischwasser eingespeist wird.

Brühtrog: Hier werden die geschlachteten Tiere durch einen Brühtrog unterschiedlicher Größe gezogen. Als technisches Problem kann die Schaumbildung in der heißen und eiweißbelasteten Flüssigkeit angesehen werden, sodass Schaumhemmer eingesetzt werden müssen. Vor allem hier kommt es zum Phänomen der Brühwasserlungen.

In der kombinierten Brühentborstung werden die Tierkörper im Liegen mittels Walzen bei gleichzeitiger Brühung und Entborstung durch Schlegel durch das Gerät transportiert. Es hat sich gezeigt, dass durch das Gewicht der Tierkörper hervorgerufene Pumpeffekte zum Übertrag von Keimen aus dem Brühwasser auch in tiefe Gefäße des Tierkörpers führen können: Tröger & Woltersdorf (1988) fanden Kontamination in der Aorta und der A. femoralis.

Brühen mittels Wasserdampf: Hier folgt dem Brühen im Hängen mittels heißen Wassers oder in Wasserdampf eine separate Entborstemaschine. In der vertikalen Brühung wird die bereits gebrauchte Brühflüssigkeit nicht rezirkuliert, eine Wasserrückgewinnung ist möglich (Woltersdorf und Mintzlaff 1995).

Nach dem Entborsten passieren die Tierkörper im Hängen eine Peitschenwäscheranlage, in der verbliebene Flüssigkeit entfernt wird (erster Peitschenwäscher).

Abflämmen

Die Tierkörper werden an Spreizhaken hängend in den Flämmofen geführt. Hier werden Resthaare entfernt. Es handelt sich meist um Düsen, aus denen die Tierkörper in ganzer Länge und Höhe in Intervallen vollständig abgeflammt werden (ca. 10 Sek.). Alternativ werden Sengöfen eingesetzt, in denen die Tierkörper einige Sekunden bei Temperaturen um 1000 °C verbleiben (Danish Meat Association 2007).

Im Anschluss sind die Oberflächen weitgehend trocken; Eine Restoberflächenfeuchte kann jedoch beobachtet werden.

Peitschenwäscher

Zur Entfernung eventuell vorhandener verkohlter Haarreste können die Tierkörper anschließend durch einen weiteren Peitschenwäscher („Polieren") geleitet werden: Dies bewirkt nochmals eine optische Sauberkeit der Oberfläche.

Die Gummilaschen der Peitschenwäscher bedürfen der Pflege durch regelmäßige Reinigung und Desinfektion, turnusmäßigen Austausch der Laschen und eine bewusste Aufmerksamkeit des Personales auf das Gerät. Eine helle Farbe dieser Verschleißteile würde eine bessere optische Kontrolle der Teile gewährleisten.

Mit dem Flämmofen und der Poliermaschine haben die Tierkörper die unreine Seite passiert.

Die „reine" Seite

Bei der manuellen Nachbehandlung im Liegen auf Plattenbändern zum Entfernen der Klauenschuhe, der Augen und der äußeren Gehörgänge werden auch noch einmal manuell Restborsten entfernt.

Eviszeration

Der Ausschlachtvorgang besteht aus mehreren Eingriffen:
- Eröffnen der Bauchhöhle
- Umschneiden des Rectum und des Geschlechtstraktes: auch durch maschinelle Umschneide- und Spüleinrichtungen für das Rectum
- Eröffnen des Beckenbodens („Schloss")
- Entnahme des Magen-Darm-Traktes
- Eröffnen der Brusthöhle
- Umschneiden des Zwerchfells
- Entnahme der Brusthöhlenorgane

Für den eigentlichen Ausschlachtvorgang ist auch beim Schwein mittlerweile eine vollmechanische Technik vorhanden (Eröffnen der Bauch und Brusthöhle, Spaltung der Tierkörper, Flomenlöser und Entnahme).

Das maschinelle Umschneiden des Rectum anstelle der handgelenkten Umschneidung muss als sicherer gelten, da auch gleichzeitig Kot aus dem Rectum abgesaugt wird. Der Verschluss des Rectums auch beim Schwein wird von Nesbakken et al. (1994) favorisiert, dies im Hinblick auf die Y.enterocolitica-Präsenz beim Schwein.

Ein gefüllter Magen-Darm-Trakt erhöht die Gefahr, dass der Darm bei der Entnahme aus der Bauchhöhle zerreißt oder angeschnitten wird.

Der Magen-Darm-Trakt umfasst den Magen mit dem gesamten Darm, das Netz, die Milz und die Harnblase mit abführenden männlichen Geschlechtsorganen bzw. bei weiblichen Tieren Eierstöcke und Uterus.

Das traditionelle „Geschlinge" besteht aus den Organen des Kopfes (Zunge, Kehlkopf mit Speiseröhre und Trachea), denjenigen der Brusthöhle (Thymus, Lunge, Herz, Aorta) sowie zusätzlich aus dem Zwerchfell und der Leber.

Spalten der Tierkörper und Nacharbeiten

Es verbleibt der ausgeweidete Tierkörper. Die Spaltung kann unter Einbeziehung des Kopfes erfolgen oder der Kopf wird vor dem Spalten mittels eines Nackenschneiders weitgehend vom Rumpf abgetrennt.

Die Nieren werden zur freien Aufsicht aus der Fettkapsel gelöst und das Flomen (Peritoneum mit darunter liegendem Fettgewebe) von der Bauchwand gelöst, Stichstelle und Tonsillen werden entfernt.

Es folgen Versäuberungsarbeiten („Trimmen" am Fettgewebe der Körperhöhlen, Absaugen des Rückenmarks und das Entfernen des Gehirns). Diese Arbeiten folgen den Anforderungen des Handelsklassenrechts, das für die Tierkörper die Entfernung bestimmter Gewebe vorsieht. Die Vorschrift hat keinen veterinärhygienischen Hintergrund.

Eine Behandlung der Tierkörper mit heißem Wasser ist möglich, Chlorieren oder der Einsatz kurzkettiger organischer Säuren sind derzeit nicht zugelassen.

Das Schlachtgewicht gibt das Kaltgewicht nach den vorgeschriebenen Ausschlachtprozessen wieder. Beim Schwein liegt es, je nach Alter, Geschlecht, Ausmästung, Fettgehalt zwischen 75 und 80 % des Lebendgewichtes.

12.2.2 Hygiene der Gewinnungslinie

Mikrobiologische Hygieneparameter
Die Oberflächen der Tierkörperhälften beim Schwein spiegeln die angewandte Technik reproduzierbar wider, wie am Beispiel quantitativer Werte des allgemeinen Hygieneparameters der aeroben Gesamtkeimzahl oder an Hand der Enterobacteriaceae dargestellt werden kann und wie seit Arbeiten aus den 1970er Jahren bekannt ist (Tab. 45).

Tab. 45: Aerobe GKZ als Spiegel der Fleischgewinnungslinie Schwein – Daten (logarithmiert und pro cm^2) nach unterschiedlichen Quellen	
Lebendes Tier	bis zu 7
Nach dem Entbluten	5–6
Nach dem Brühen	2–3 (höhere Werte möglich)
Nach dem Entborsten	3–5
Nach dem Sengen	<1/2 bis <3
Nach dem Nachentborsten (Polieren)	2–3 (je nach Technik und Reinheitsgrad sind höhere Werte möglich)
Ende der unreinen Seite	3
nach dem Eviszerieren	ausgehend von hohem Hygieneniveau: < 3
Tierkörper vor der Kühlung	2–3

Grundsätzlich wird durch das Absengen die mikrobielle Belastung und der Keimstatus auf der Oberfläche der Schlachttierkörper zuverlässig gesenkt: Nach dem Sengen liegt der Keimgehalt der Haut um log $3,0/cm^2$ Haut, gramnegative Keime sind hier in der Regel nicht nachweisbar.

Dagegen bewirken die unterschiedlichen Poliermaschinen erneut einen Keimanstieg, abhängig von der Sauberkeit des Gerätes. Auch gramnegative Keime sind in einem niedrigen Bereich wieder nachweisbar.

Die Kühlung stabilisiert. Hier kann es zu einer kältebedingten Umstellung in der Keimflora kommen, was sich durch eine zwischenzeitliche Verringerung der quantitativen Keimzahlen bemerkbar macht.

Wie aus neueren Ergebnissen zu folgern ist (Yu et al. 1999; Spescha et al. 2006), stabilisiert sich die Fleischgewinnungstechnik und die mikrobiologischen Werte verbessern sich. Umso mehr spielen Betriebs-spezifische Umstände eine Rolle: Individuelle technische Lösungen in den einzelnen Betrieben und der Reinheitsgrad der Geräte können immer noch starke Ausschläge zur Folge haben. Entsprechend sind auch die resultierenden Keimzahlen unterschiedlich.

Zoonoseerreger

In der Fleischgewinnungslinie beim Schwein wird mit dem Abflämmer die Kontinuität der oberflächlichen Mikroflora effektvoll unterbrochen. So wurden in einer Untersuchung in 4 Betrieben Salmonellen nach dem Abflämmen nicht mehr nachgewiesen (Tab. 46). Die Daten für die Enterobacteriaceae spiegeln einerseits die Effekte des Abflämmens wider, andererseits aber auch die Folgen einer Mängel-behafteten Hygiene an den Bürstenwäschern (Tab. 47).

Tab. 46: Salmonella vor und nach der Abflämmung, 4 Betriebe (Thielke et al. 2002)		
	N	n pos.
Nach dem Brühen	50 + 50	6 + 2
Nach dem Peitschenwäscher	50 + 50	3 + 2
Nach dem Abflämmen	50 + 50 + 20 + 50	—
Nach dem Bürstenwäscher	50 + 50 + 20 + 50	—

Tab. 47: Enterobacteriaceae vor und nach der Abflämmung, 2 Betriebe (Thielke et al. 2002)		
	N	n pos.
Nach dem Brühen	50 + 50	21+16
Nach dem Peitschenwäscher	50 + 50	19+16
Nach dem Abflämmen	50 + 50	3+ 1
Nach dem Bürstenwäscher	50 + 50	0+30

Die Abflämmung kann jedoch nicht die Übertragung zoonotischer Agenten über den Darminhalt oder in den Lymphknoten des Darmtraktes unterbinden. Im Zuge der Ausschlachtung (handwerkliche Fehler in der Entnahme des Magen-Darm-Traktes ggf. durch Anschneiden des Darmlumens) können enterische Zoonoseerreger wieder auftreten. Der Transfer aus der Herkunft reißt somit nicht ab. Beim Schwein kommen als Carrier-Gewebe vor allem der Verdauungstrakt mit Tonsillen, Darmlumen und Rectum sowie Darm-Lymphknoten in Betracht. Es treten vor allem Salmonellen unterschiedlicher Serotypen, Yersinia enterocolitica und Campylobacter auf.

12.3 Kleine Wiederkäuer

12.3.1 Grundablauf der Fleischgewinnung beim Schaf

Die Fleischgewinnung bei kleinen Wiederkäuern ist in Deutschland handwerklich strukturiert (Schragenschlachtung), Schlachtbetriebe mit etablierten Schlachtlinien existieren jedoch auch hier. Betäubt wird unter Zuhilfenahme von Strom oder mittels Bolzenschuss. Zu beachten ist die Position des Schussgerätes:
– Beim Schaf: oberste Stelle des Kopfes, Schuss in Richtung Kehlkopf
– Bei der Ziege: parallel zum Os nasale, Ansatz hinter den Hörnern

In einer Umfrage zu Schlachttechniken in der EU wurde als Technik vor allem die Elektrobetäubung genannt (European Commission 2007). Holder & Hadley (1996) geben eine Spannung von 380 V an und eine Ausblutungszeit von 3 Min.

Im Vergleich wäre unter Berücksichtigung der TSE-Problematik der stumpfe Schlag dem Bolzenschuss vorzuziehen und möglich.

Die geschlachteten Tiere werden an den Hinterbeinen aufgehängt und das Vlies eröffnet. Es erfolgt zunächst die Lösung am Hinterviertel, danach wird es nach unten (vorn) gezogen. Umgekehrt können die geschlachteten Tiere auch an den Vorderbeinen fixiert und das Vlies nach Lösen (ggf. maschinell) über die Keulen abgezogen werden (EU-Commission 2001).

Traditionell wird nach Eröffnen des Vlieses mit der Hand unter das Fell gestoßen, um das Vlies zu lösen. Häufig wird auch die Schnittlinie bzw. der stark belastetet Bereich um den Anus vor dem Einschneiden in das Vlies geschoren.

In der industriellen Fleischgewinnungslinie ist es zulässig, das Vlies von der bindegewebigen Unterlage durch den Einsatz von Gas zu lösen, das vor dem Eröffnen in die Subkutis eingepresst wird.

Das Verfahren schont das Leder, erleichtert das Enthäuten und ist mikrobiologisch akzeptabel (European Commission 2001). Eingesetzt wird CO_2 (Lebensmittel-tauglich) unter einem Druck von 700 kPa über 8 Sek. (Neuseeland-Variante).

Der weitere Gang folgt prinzipiell dem Ablauf, wie er bereits für das Rind beschrieben wurde. Zusätzliche Sonderaktivitäten wie dort sind nicht vorgesehen.

12.3.2 Hygiene der Gewinnungslinie: Das Vlies beim Schaf

Zentralen Raum beim Schaf nimmt die Behandlung des Vlieses ein. Wenn eine einzelne Person die Operationen durchführt, besteht die Gefahr des Übertrags von Keimen von außen auf die neu geschaffene Oberfläche des Schlachttierkörpers durch das sich einrollende Vlies. Gerade unter solchen Bedingungen ist das „Clippen", d. h., das Fixieren der freigeschlachteten Vliespartien zur Verhinderung des Einrollens, wichtig.

Die Sauberkeit des Vlieses ist ein wichtiger Aspekt in der hygienischen Gewinnung von Schaffleisch: Bereits der Sauberkeitszustand der lebenden Tiere beeinflusst die mikrobiologische Beschaffenheit des Vlieses und damit die Belastung des ausgeschlachteten Tierkörpers. Ein langes, feuchtes und verschmutztes Vlies ist mikrobiologisch belastet. Wird eine Reinigung durchgeführt, muss das Vlies anschließend getrocknet werden. Ein geschorenes Vlies geht einher mit niedrigeren Kimgehalten auf der Oberfläche der Karkasse, Tierkörper von Schafe mit langem Vlies weisen dementsprechend einen höheren Keimgehalt auf, insbesondere, wenn das Vlies gewaschen wurde und feucht blieb (Biss & Hathaway 1995).

Duschen kann bei gering kontaminierten Karkassen durch Aerosole den gegenteiligen Effekt hervorrufen (Ellerbroek et al. 1993; Biss & Hathaway 1996). Optimal ist ein trockenes, kurz geschorenes und sauberes Vlies.

Die allgemeinen Zahlen zum Hygienestatus der Karkassen weisen Werte zwischen log 3 bis log 4 und darüber auf.

nach dem Freischlachten	3,45–5,36	Neuseeland	(Biss & Hathaway 1996)
Karkassen gekühlt	4,42	USA	(Duffy et al. 2001)
Karkassen gekühlt	2,5–3,8[*]	Schweiz	(Zweifel u. Stephan 2003)
nach der Kühlung	3,78–4,31	Neuseeland	(Biss & Hathaway 1995)
Karkassen tiefgefroren	3,55	Australien	(Phillips et al. 2001)
Tiefgefroren/entbeint	3,30	Australien	(Philipps et al. 2001)

(*): Medianwerte

Somit beeinflusst das Vlies das Ergebnis: Frühjahrslämmer, die nach einigen Monaten Lebensdauer geschlachtet werden, haben ein kurzes Fell, sie sind besser zu bewältigen als Schafe mit langem Vlies. Dagegen weisen ältere Tiere, die erst im folgenden Winter geschlachtet werden, ein längeres Vlies auf. Holder & Hadley (1996) haben einen Fell-Score von 1–5 eingesetzt:

Score 1: Sauber und trocken, nur wenig lose anhaftendes Stroh
Score 2: Trocken, nicht-fäkale Verschmutzungen mit anhängendem Stroh
Score 3: Anhängende fäkale Verschmutzungen im gesamten Bauchbereich
Score 4: Schwere, trockene fäkale Verschmutzungen im gesamten Bauchbereich
Score 5: Starke Kontamination der gesamten Unterseite inkl. aller Extremitäten mit feuchten und antropfenden fäkalen Verschmutzungen

12.3.3 Scrapie und die BSE beim Schaf

Mit den Diskussionen um die Eindämmung von TSEen hat auch der Schafkonsum in Deutschland an Interesse gewonnen.

Am 28.1.2005 wurde bestätigt, dass bei einer in Frankreich geschlachteten Ziege BSE festgestellt wurde. Es handelt sich dabei um den ersten BSE-Fall bei einem kleinen Wiederkäuer unter natürlichen Bedingungen (VO (EG) 214/2005). Es scheint sich um einen Einzelfall gehandelt zu haben, der jedoch die generelle Übertragbarkeit des BSE-Erregers auf kleine Wiederkäuer belegt.

Die Altersfrage beim Schaf
Schlachtalter und Zugehörigkeit zu Nutzungsgruppen: Die Bezeichnung „Lamm" schwankt stark je nach Region. Nach Sarti und Panello (2007) kann zwischen dem schweren Lamm (Karkassengewicht > 13 kg), dem Lamm mit einem Karkassengewicht von 7–13 kg und dem Milchlamm (bis zu 7 kg Karkassengewicht) unterschieden werden.

Das nationale Handelsklassenrecht (Handelsklassen-Verordnung 1993) sieht die Bezeichnung Lamm für ein Schaf unter 12 Monaten vor.

Nach der Verordnung (EG) 999/2001 müssen Kleine Wiederkäuer nach einem bestimmten Schlüssel auf Scrapie beprobt werden. Zwei Altersstufen (12 und 18 Monate) müssen unterschieden werden:
– Beprobung von Tieren für den Konsum und von verendeten Tieren: Tiere, die älter als 18 Monaten sind oder bei denen mehr als zwei bleibende Schneidezähne das Zahnfleisch durchbrochen haben

- Überwachung von Tieren aus infizierten Herden: Tiere, die älter als 18 Monaten sind oder bei denen mehr als zwei bleibende Schneidezähne das Zahnfleisch durchbrochen haben
- SRM: Bei Tieren, die älter als 12 Monate sind oder bei denen ein bleibender Schneidezahn das Zahnfleisch durchbrochen hat, sind bestimmte Gewebe bei Schaf und Ziege als SRM zu vernichten (vgl. Kapitel 38).

Altersbestimmung

Beim Schaf sind (Rasse- und Ernährungsbedingt) erhebliche Unterschiede in der Ausbildung und Abnutzung der Zahnformel festzustellen. Durch den im Laufe der Zeit erfolgten Abrieb sind Molaren und Prämolaren kaum voneinander zu trennen. In der Praxis bleibt die Betrachtung der Incisiven, bei denen vor allem der Vergleich weiterhelfen kann. Eine Schaufel mit starkem Abrieb darf nicht mit einem Milch-Incisiven verwechselt werden (Bandick et al. 2006), andererseits kann fehlender Abrieb auch auf Ober- oder Unterkieferanomalien zurückzuführen sein (Kaulfuß und Hoffmann 2004).

Nach der VO (EG) 999/2001 muss das Alter anhand des Gebisses, eindeutiger Reifezeichen oder anderer zuverlässiger Hinweise geschätzt werden.

Der Schaf-Markt

Der Konsum von Schafffleisch ist offenkundig nicht immer in wünschenswertem Maße unter Kontrolle, wie bereits im Jahre 1985 aus den USA (Davanipour et al. 1985) berichtet wurde und wie auch aus einer Instituts-Untersuchung aus dem Jahre 2002 (Bachari 2003; Buschulte et al. 2005) hervorgeht. Die spezifischen Gegebenheiten scheinen es mit sich zu bringen, dass die Vertriebsstrukturen weniger transparent sind als bei den anderen Nutzungsgruppen.

Eine wichtige Konsumentengruppe von Schafffleisch in Deutschland sind islamisch gläubige Menschen. Es ist davon auszugehen, dass der Informationsstand dieser Konsumentengruppe über die TSE-Zusammenhänge oder Rechtsnormen lückenhaft ist.

12.4 Hauskaninchen

12.4.1 Haltung

Kommerziell werden Kaninchen in Käfigen auf Rosten aus unterschiedlichem Material oder auf durchgehenden Böden gehalten. Perforierte Böden haben den Vorteil, dass Feces und Urin entfernt werden, beim Einsatz von Rosten kann es zu Läsionen an den Läufen kommen (Ziegler 2001; Bessei 2005).

In der Bodenhaltung werden Gruppengrößen von 20 (–30) Tieren angestrebt, Beißereien und Verlust in der gemeinsamen Haltung geschlechtsreifer männlicher Tiere sind zu beachten (Hoy et al 2006). Neuerdings wird verstärkt auf die Käfighaltung bei Kaninchen als nicht verhaltensgerecht hingewiesen (BTK 2007). Genannt wird:

> **Mastrassen:** Das Schlachtalter bei Mastkaninchen liegt bei 12–15 Wochen, das Lebendgewicht dann bei etwa 3 kg.

- Probleme in der Bewegungsfreiheit (Wirbelsäulenverkrümmungen)
- Unmöglichkeit, sich aufzurichten
- Unvollständige Ausbildung der Knochenstruktur
- Stereotypien und Unruhe sowie Panikreaktionen
- Gestörtes Nestbau- und Säugeverhalten
- Keine Rückzugsgelegenheit für Häsinnen vor den Jungen
- Fuß- und Beinverletzungen infolge ungeeigneter Böden

Reproduzierende Häsinnen mit Jungen werden nach wie vor einzeln gehalten: Ausschlaggebend sind hier die aufzuwendenden Arbeitszeiten und die Kosten, Schwierigkeiten bei der Kontrolle der Tiere und bei der Integration neu zugesetzter Häsinnen (Hoy et al. 2006).

Haltungshygiene

Bei den beim Hauskaninchen auftretenden bakteriellen Erkrankungen handelt es sich häufig um opportunistische, auch humanpathogene Keime. Für Lagomorphe listet die OIE die Myxomatose und die Haemorrhagische Tracheopneumonie (Rabbit Haemorrhagic Disease).

In einer Untersuchung zum Infektionsstatus getöteter Häsinnen in industrieller Haltung wurden vor allem St.

Tab. 48: Gründe für Merzungen von Häsinnen in zwei industriellen Haltungen in Spanien (Segura et al. 2007)

Mastitis	33,3 %
Subkutane Abszesse	9,9 %
Pyometra	8,7 %
Mumifizierte Feten	4,0 %
Bauchhöhlenträchtigkeiten	3,8 %
Respirationsaffekte	3,6 %
Pododermatitis	3,5 %

aureus und Pasteurella nachgewiesen. Hauptsächliche Gründe für die Merzung waren Mastitiden, subkutane Abszesse und Fälle von Pyometra (Segura et al. 2007). Weitere Ursachen waren Rhinitis, Conjuntivitis, Paralyse, Frakturen, Diarrhoe, vgl. Tab. 48.

12.4.2 Grundablauf der Fleischgewinnung

Das Betäubungsgerät (Bolzenschussgerät für Kleintiere) muss in Höhe des Ohrenansatzes aufgesetzt werden (Holtzmann 1992). Ein paramedianer Ansatz empfiehlt sich wegen der dickeren, median verlaufenden Sagittalnaht (Schütt-Abraham et al. 1992), beachtet werden muss die leichte Verschieblichkeit des Felles beim Fixieren. Im Anschluss erfolgt die Entblutung durch einen Kehlschnitt.

Entsprechend der Größenordnung in Deutschland ist die Fleischgewinnung handwerklich bis halbautomatisiert organisiert:
- Anliefern in Käfigen
- Betäuben mechanisch oder mittels Strom
- Entbluten
- Einhängen in das Band
- Vorenthäuten der Hinterläufe und im Bauchbereich
- Abziehen des Felles
- Eröffnen der Körperhöhle
- Entnahme der Organe
- Ablage der Organe auf separate Ablagen
- Entfernen der Unterfüße
- Umhängen der Karkasse
- Luftkühlung auf 4 °C

Die Köpfe verbleiben häufig in natürlichem Zusammenhang mit dem Tierkörper. Die Vermarktung erfolgt in Form von ganzen Schlachttierkörper mit oder ohne verbleibenden Kopf oder als Teilstücke (Keule, Rücken, Schultern).

Tab. 49: Allgemeine Hygiene: Ergebnisse mikrobiologischer Untersuchungen (Angaben pro g)

Untersuchungsziel	Umstände/Umfeld	Ergebnisse					Quelle
GKZ (*)	Zerkleinertes Fleisch	Tag	0	3	6	10	Sunki et. al. (1978)
	bei 4°C gelagert	(lg)	4,67	4,77	5,30	6,40	
GKZ/E.coli (DDR)	2-maliges Separieren	GKZ		E.coli			Neubert (1985)
	1. Durchlauf	$7,1 \times 10^6$		$3,7 \times 10^5$			
	2. Durchlauf	$1,8 \times 10^7$		$1,9 \times 10^5$			
GKZ und		GKZ	EB	Pseud.	St.aur.		Khalafalla (1993)
Differenzierung	n = 20 (frisch geschl.)	10^4	6×10^2	3×10^2	10^2		
(Ägypten)	n = 20 (aus d. Handel)	8×10^5	4×10^4	2×10^4	4×10^3		
GKZ (Deutschland)	Proben von 30 Kaninchen an untersch. Stellen						Kobe (1995)
	n = 45 (frisch geschl.)	x = 3,74/(lg)					
	n = 45 (nach 2 Mo TG)	x = 3,37/(lg)					
GKZ (Spanien)	Klein-Schlachtbetrieb	Groß-Schlachtbetrieb					Rodriguez-Calleja et al. (2004)
	x = lg 4,01 (n = 12)	x = lg 4,96 (n = 12)					

(*): Hohe Standardabweichungen. Der pH stieg während der Lagerung von 5,75 auf 5,85 an. Akzeptanz blieb während der Lagerungszeit im Bereich ab 4,5 aufwärts (Skala von 9 bis 1).

Hygiene der Fleischgewinnung
Die Vermarktungskette scheint nicht überall hygienisch stabil zu sein: Rodriguez-Calleja et al. (2004) verzeichneten bei Material aus Supermärkten Durchschnittswerte zwischen lg 5,9 und lg 6,6 pro Gramm, vgl. Tab. 49.

12.5 Geflügel

Vergleichsweise am weitesten industrialisiert ist die Produktion beim Geflügel. Die Linie erstreckt sich mindestens über drei Bänder (Schlacht-, Eviszerations-, und Kühlband), die über zahnradartige Umhängevorrichtungen miteinander verbunden sind.

Die Tierkörper werden von Band zu Band durch automatische Umhänger übertragen, wodurch die Kontamination der Tierkörper durch Abwerfen und erneutes Einhängen vermieden wird. Ein Nachteil der automatischen Umhängung ist, dass die Bänder technisch miteinander gekoppelt sind und dadurch bei einer Havarie die gesamte Linie stillsteht.

12.5.1 Grundablauf der Fleischgewinnung

Schlachtband
Hier erfolgen das Betäuben und Entbluten, das Entfernung von Gefieder nach dem Brühen sowie nachfolgend das Entfernen des Kopfes inkl. der oberen Verdauungs- und Atmungsorgane und der Ständer.

Die Tiere werden an den Ständern in das Band eingehängt, die Betäubung erfolgt üblicherweise mittels elektrischen Stromes im Wasserbad. Eine Führungsschiene leitet die betäubten Tiere danach so gegen ein rotierendes Rundmesser, dass die Gefäße am Hals eröffnet werden und die Tiere entbluten.

Brühen im Mehrkammer-Brühtank: In Abhängigkeit vom Kühlverfahren werden Niederbrühtechnik (verbunden mit der Luftkühlung) oder Hochbrühtechnik (verbunden mit der Sprühkühltechnik) unterschieden

Das Rupfen erfolgt mittels rotierender Scheiben mit fingerartigen Gumminoppen. Weitere Eingriffe auf der unreinen Seite sind das „Köpfe- und Luftröhrenziehen" und das Brechen und Lösen der Halswirbelsäule ("Hälsekneifer").

Umhängen auf das Eviszerationsband: Mittels eines rotierenden Rundmessers werden die Ständer im Tarsalgelenk durchtrennt, die abgetrennten Tierkörper fallen in zahnradartig ineinandergreifende Umhängevorrichtung und sind damit auf dem Eviszerationsband.

Eviszerationsband (Bratfertigband)

Im Eviszerationsband werden die Körperhöhle eröffnet und die Innereien entnommen, es folgt die Entfernung von Halswirbelsäule und Halshaut sowie ein umfangreiches maschinelles Nacharbeiten der ebenfalls maschinellen Entnahme der Organe aus der Körperhöhle. Zuletzt schließt sich die Reinigung des Tierkörpers (innen und außen) an.

Eröffnung der Körperhöhle und Herausverlagerung des Organkonvolutes

Die Organentnahme besteht aus vier Schritten:
– Kloakenschnitt durch ein senkrecht stehendes rotierendes Hohlmesser ("Kloakenschneider")
– Körperhöhlenschnitt durch ein bewegliches Messer mit halbkugelförmiger Schutzvorrichtung zur Vermeidung von Organverletzungen
– "Ausnehmen" mit Hilfe eines löffelförmigen Ausnehmebügels
– Umhängen des entnommenen Organkonvolutes auf eine Hakenvorrichtung oder Plazieren auf eine Schale

Die Trennung von Tierkörper und Organen verbessert einerseits den Hygienestatus der Tierkörper, andererseits erschwert es die Durchführung der Fleischuntersuchung: Das Auge kann schwerer auf die einzelnen Objekte der Untersuchung fokussieren.

Geräte zur Versäuberung des Tierkörpers

Eine Reihe von Geräten dient der Entfernung eventuell nicht vollständig entnommener Organe:
– "Vakuumsauger": mittels Unterdruck wird durch eine röhrenartige Absaugevorrichtung die dorsale Seite der Körperhöhle abgesaugt, um Lungenreste zu entfernen.
– Halsentferner: Die bereits vorher gelöste Halswirbelsäule wird aus der Halshaut entfernt.
– "Kropfkontrollgerät": ein rotierendes, senkrecht stehendes bürstenartiges Gestänge wird durch den Tierkörper bis in den Bereich des Halslappens geführt, noch vorhandene Gewebereste werden gelöst.
– "Halshautabschneider": Nach dem Abreißen des Kopfes und der Halsorgane verbleiben unterschiedlich starke "Halslappen" am Rumpf, die durch Schnitt entfernt werden.
– "Innen-Außenwäscher": Der Innen-Außenwäscher führt Düsen in das Innere des Tierkörpers ein, gleichzeitig wird der Tierkörper von außen abgeduscht.

Vor allem die Entwicklung in der Eviszerationstechnologie hat die Hochgeschwindigkeit im Gewinnungsprozess möglich gemacht: Ein größerer Radius der Eviszerationstrommel führt zu einer längeren

Verweilzeit der einzelnen Tierkörper auf dem Gerät, was den Eingriff der Organentnahme trotz der hohen Bandgeschwindigkeiten technisch erst ermöglicht.

Kühlung

Traditionell wurde das gemeinsame Tauchkühlbecken im Gegenstromverfahren („Spin-chiller") eingesetzt. Hier klinken die Tierkörper aus dem Band aus und gelangen über eine Rutsche in den Vorkühler, von dort in den Hauptkühler. Der Einsatz von Wasser hat eine erhöhte Kontamination der Tierkörper zur Folge (Kreuzkontamination).

Steigende Umsätze für Frischgeflügel haben neben der Wasserkühlung die Entwicklung der Luft- und der Sprühkühlung forciert, da die Tauchkühlung unverpackter Ware nur in der Produktion von Gefrierware, nicht jedoch für Frischgeflügel zugelassen ist. In der Luft- und Sprüh-Kühlung werden die hängenden Karkassen auf das Kühlband übertragen. Heute sind drei Technik im Einsatz:
– Tauchkühlen im Gegenstrom: zwei hintereinandergeschaltete Wassertanks (Vor- und Hauptkühler) mit Schneckenvortrieb
– Luftkühlung: Kühlung an Transporthaken in kalter Luft
– Sprühkühlung: Kühlung an Transporthaken, Abkühlung durch Aerosole aus Sprühduschen

Das Beispiel der Kühlung demonstriert die Gesichtspunkte, unter denen Technologie gesehen und bewertet werden kann: Die technische Lösung als solche (Tab. 50), damit verbunden die erzielte Gewebebeschaffenheit, hier die Fremdwasseraufnahme (Tab. 51) und zuletzt den mikrobiologisch-hygienischen Aspekt (Tab. 52).

Tab. 50: Technologie der Kühlung in 2 unterschiedlichen Geflügelschlachtbetrieben (Fries & Graw 1999)				
Kühlen	Sprüh	Luft	Sprüh	Luft
Luftgeschwindigkeit (m/Sek.)	2–3	2–3	5–8	5–8
Temperatur (°C)	2	2	3	3
Dauer (Min.)	55	55	60	60
Wassereinsatz (l/Karkasse)	n.f.	—	1,4	—
(n.f.: nicht festgestellt)				

Der Qualitätsaspekt Fremdwasser durch Kühltechniken: Bei der Tauch- und Sprühkühlung nehmen die Tierkörper Fremdwasser auf, was rechtlich nur soweit toleriert wird, wie es technologisch unvermeidbar ist. Daher wird regelmäßig während der Produktion auf die Fremdwasseraufnahme geprüft (Tab. 49).

Tab. 51: Wasseraufnahme in der Gewinnung von Geflügel-fleisch als Beispiel für eine indirekte Prüfung des Gelingens einer technischen Abfolge: Die Grenzwerte nach der VO (EWG) Nr. 1538/91		
	Wasseraufnahme im Produktionsbetrieb (Anh. VII)	Dripverluste (Anh. V)
Luftkühlung	0 %	1,5 %
Luft-Sprüh-Kühlung	2,0 %	3,3 %
Tauchkühlung	4,5 %	5,1 %

In hygienischer Hinsicht sind mit den zur Verfügung stehenden Kühlsystemen Vorteile und Nachteile verbunden (Tab. 50).

Tab. 52: Vor und Nachteile der unterschiedlichen Kühlsysteme beim Geflügel		
	Vorteile	Nachteile
Tauchkühlen im Gegenstrom	Feuchtigkeitsaufnahme beseitigt Hautrötungen, gleichmäßiges Aussehen Schmutz wird beseitigt Brühtank kann mit höherer Temperatur gefahren werden	*Kreuzkontamination* *Fremdwasseraufnahme kürzere Haltbarkeit*
Luftkühlung	verdunstende Feuchtigkeit unterstützt die Kühlung (Verdunstungswärme) niedriger a_W-Wert verstärkt die Stabilität Farbveränderungen bei zu hoher Brühtemperatur keine Keimverringerung in der Kühlung	kein *Wascheffekt* niedrigere Temperatur im Brühtank verschlechtert die Barrierefunktion des Brühtanks
Luft-Sprüh-Kühlung	verringerte Kreuzkontamination hohe Brühtemperatur kombinierbar mit verbesserter Kühltechnik Feuchtigkeitsaufnahme	Wasser kann Keime übertragen Fremdwasseraufnahme

Die weitere Be- und Verarbeitung

Nach Abschluss der Kühlung werden die Tierkörper erneut umgehängt und gelangen über automatische Waagen (Kalibrieren) entweder zum Abwerfen in die Verpackungskörbe (je nach Gewicht) oder die Karkasse geht weiter in die Zerlegung.

Die Aufbereitung der Organe verläuft teils manuell, teils bereits maschinell. Die Mechanisierung schreitet auch hier fort, wobei Hersteller-bezogen unterschiedliche Lösungen gefunden wurden.

Der herkömmliche Vertrieb der Organe ist die Abfüllung je von Halswirbelsäule, Muskelmagen, Herz und Leber in Beutel. Die Organe werden auch organweise gesammelt und tiefgefroren (Sammelpackungen).

Das Endprodukt (ganze Karkasse) beschreibende Charakteristika sind festgelegt in EWG-Vermarktungsnormen, in denen konkrete Angaben für den Fremdwassergehalt (VO 1538/91/EWG) und die Einteilung in Handelsklassen, Herrichtungs- und Angebotsformen (VO 1906/90/EWG) niedergelegt sind, vgl. Kasten.

Inhalte der Vermarktungsnorm für Geflügelfleisch – Auswahl Huhn, andere Tierarten hier nicht berücksichtigt (VO (EWG) Nr. 1538/91):

Zulässige Angabe, wenn

Extensive Bodenhaltung	Dichte: max. 25 kg Lebendgewicht/m² Schlachtalter: frühestens 56 d
Auslaufhaltung	Bedingungen wie oben, leicht modifiziert, Zugang zu vorwiegend begrünter Auslauffläche * ständig zumindest die Hälfte der Lebenszeit * Fläche pro Tier: 1 m² Stallausganggestaltung: 4 m pro 100 m² Fläche
Bäuerliche Auslaufhaltung	Besatzdichte: 25 kg Lebendgewicht, Variationen sind möglich Nutzfläche: max. 1600 m² Herdenobergrenze: 4800 Hühner ständiger Freiluftauslauf bei Tage: * ab 6. bis 8. Woche * Flächenangaben vorhanden Stallausganggestaltung: wie oben Auslauf vorwiegend begrünt Schlachtalter: frühestens 81 d
Bäuerliche Freilandhaltung	Bäuerliche Auslaufhaltung plus: bei Tage flächenmäßig unbegrenzter Auslauf

---

Neben der unzerlegten Frischware hat in den letzten Jahren die Weiterverarbeitung von Geflügel stark an Bedeutung gewonnen (Zerlegung, Be- und Verarbeitung zu Fleischerzeugnissen, vor allem bei der Pute). Frischware im Gegensatz zum tiefgefrorenen Geflügelfleisch ist mittlerweile dominierend.

12.5.2 Hygiene der Gewinnungslinie

Aerobe Gesamtkeimzahl

Die Mikroflora auf der Haut der Tiere und der Schlachttierkörper reflektiert die technischen Abläufe reproduzierbar, wie die Gesamtkeimzahl an bestimmten Punkten der technischen Kette der Geflügelfleischgewinnung (Broiler) ausweist (Daten in $\log_{10}$):

- nach der Waage   5–6
- nach dem Entbluten   5–6
- nach dem Brühen   5
- nach dem Rupfen   5
- nach dem Duschen   5,5
- nach dem Kühlen   5
- Endprodukt   5,0

Es ist nicht möglich, die Vögel vor dem Gewinnungsprozess zu reinigen, sodass zunächst von einer hohen Belastung der Haut auszugehen ist, die dann im Laufe der weiteren Bearbeitung absinkt. Die Brühphase (je nach Verfahren bei Temperaturen zwischen ca. 52- und 58 °C) reinigt, wobei zum Betriebsanfang bessere Effekte beobachtet werden. Die mikrobiologischen Folgen der Rupfmaschine hängen ab vom Reinheitsgrad der Rupffinger, damit auch vom Alter der Rupffinger (Risse in der Oberfläche durch die Benutzung) und der voraufgegangenen Reinigung und Desinfektion. Bei ungenügender Behandlung bei Betriebsende kann sich über Nacht eine geräteeigene Mikroflora aufbauen, die sich auf die Tierkörper überträgt. Untersuchungen an Rupffingern ergaben eine quantitative Belastung von log 7,49 pro Rupffinger oder log 5,19 log pro Spülflüssigkeit (Fries 1992 und unpubl. Daten). Ein erneuter Keimanstieg auf der

Abb. 16
Aerobe Gesamt-keimzahl auf der Broilerhaut an Positionen der Geflügelfleischgewinnung (jeweils nach den bezeichneten Positionen)

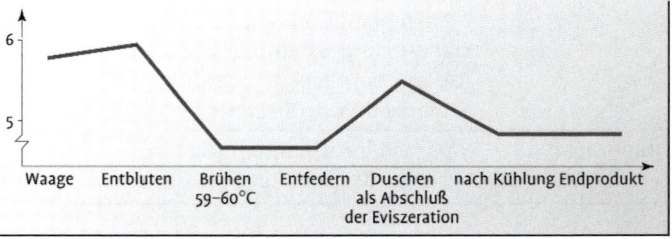

Abb. 17
Enterobacteriaceae in der Geflügelfleischgewinnung nach Daten aus der Literatur

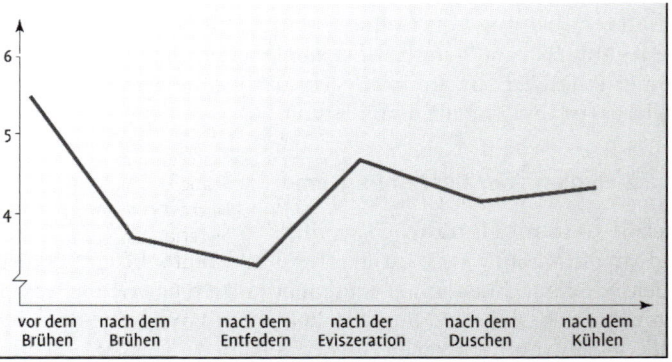

Haut nach der Eviszeration („nach dem Duschen") ist erklärbar mit den intensiven automatischen Eingriffen in die Körperhöhle, in deren Verlauf eine Kontamination von der Kloake oder dem oberen Darmtrakt her nicht ausgeschlossen werden kann. Die in der Abb. 16 wiedergegebene Kurve ist auch mittels quantitativer Werte für Enterobacteriaceae (Abb. 17) darstellbar, was beiden Parametern Aussagekraft in der Geflügelfleischgewinnung verleiht.

Taxonomische Differenzierung
Auch das Instrument der taxonomischen Differenzierung lässt ein erklärbares Muster aus der technologischen Abfolge heraus erkennen.

Tab. 53: Isolate von den Ständern (Broiler) vor dem Brühprozess in Prozent (Zahl der Isolate: n = 173; Fries 1988; 1992):

Micrococcaceae	42,8 %	Streptococcus	6,9 %
Grampositive, Unregelmäßige Stäbchen	17,9 %	Lactobacillus	6,9 %
Aerococcus	9,8 %	Listeria	2,9 %
Bacillus	9,8 %	Enterobacteriaceae	1,2 %

Die Ständer und Füße tauchen im Brühprozess nicht in das Wasser ein, dementsprechend stammt die dort vorhandene Keimflora aus der Haltung. Einstreu enthält vor allem Grampositive Mikroflora (Grampositive Unregelmäßige Stäbchen und Micrococcaceae) sowie in geringerem Umfang Gramnegative (Fries et al. 2005). Diese Mikroflora findet sich auch auf den Ständern (Tab. 53) und auf der Haut: In Untersuchungen von Geornaras et al. (1998) stellte Micrococcus den höchsten Anteil der von Karkassen vor (63,5 %) und nach (86,1 %) dem Brühen gewonnenen Isolate.

Die Brühflüssigkeit beinhaltet – der angelegten Temperatur geschuldet – vor allem Grampositive Flora (Tab. 54). Bemerkenswert hier ist der hohe Anteil an Sporenbildnern. Bereits Tarver & May (1963) fanden im Luftsacksystem von Broilern (Saccus clavicularis) nach dem Brühen neben Gramnegativen auch Staphylococcus, Corynebacterium und Bacillus.

Die Rupffinger stehen seit langem in Verdacht, eine „in house" Staphylokokken-Mikroflora zu beherbergen. Ein ho-

Tab. 54: Taxonomische Verteilung der Isolate: zwei Wasserqualitäten in % (Fries 1992)

	Brüh-wasser	Kühl-wasser des Spinchillers
Bacillus	:31,4 %	9,5 %
Grampositive, Unregelmäßige Stäbchen	:23,7 %	23,4 %
Micrococcaceae	:23,6 %	22,9 %
Listeria	: 4,3 %	—
Streptococcus	: 3,6 %	6,4 %
Lactobacillus	: 3,0 %	6,0 %
Enterobacteriaceae	: —	9,3 %
andere	: 10,4 %	22,4 %

her Anteil der Isolate (39 %) von der Rupffingern gehörte in der Tat zu den Micrococcaceae (Fries 2005).

Die Tauchkühlflüssigkeit reflektiert die „Darmtraktnähe": Gefunden wurde ein höherer Anteil gramnegativer Mikroflora (Tab. 52). Im Endeffekt bleibt jedoch die Hauptmikroflora der Karkassen grampositiv: Sie besteht aus Micrococcaceae, Grampositiven Unregelmäßigen Stäbchen, Lactobacillus und Enterobacteriaceae (Fries 2005).

Es leitet sich ein mikrobiologisches Profil im Ablauf der Gewinnung von Geflügelfleisch ab, das die einzelnen Taxa bestimmten Quellen und technischen Abläufen erklärbar zuordnet, vgl. Kasten.

Ökologie der Taxa aus der Fleischgewinnung des Geflügels

Micrococcaceae:	Haut und Ständer, in der Gewinnungslinie abnehmend, aber weiter vorherrschend
Aerococcus:	Haut und Ständer, anteilsmäßig geringer
Streptococcus:	Darminhabitant: Ansteigende Anteile mit dem Rupfen und mit der Eviszeration
Grampositive, unregelmäßige Stäbchen:	in der Linie ansteigend, vor allem im Rupfprozess und in der Eviszeration
Lactobacillus:	Haut, Ständer, Kühlflüssigkeit, Erhöhung nach der Eviszeration
Bacillus:	vor allem in der Brühflüssigkeit
Gramnegative:	primär Enterobacteriaceae
Enterobacteriaceae:	höchste Anteile auf der Haut und nach dem Kühlen, nach dem Brühen, Rupfen, Eviszerieren am niedrigsten

---

Zoonoseerreger

Pathogene Keime nehmen im Gesamtablauf der Gewinnung von Geflügelfleisch eine zentrale Stellung ein. Sie speisen sich aus der Primärproduktion, verstärkt durch die üblichen großen Tierzahlen in einer Herde, die Bodenhaltung und das Geflügel-typische Verhalten des Bodenpickens.

Das Problem der Zoonoseerreger lässt sich am Schlachtbetrieb nicht mehr lösen. Zu unterscheiden ist zwischen Maßnahmen zur Verhinderung des Eindringens von Erregern in die Haltungen (vertikal oder horizontal) und denjenigen zur Verhinderung des Verbleibs evtl. eingedrungener Erreger in den Haltungen während des Bestandswechsels.

Sind die Erreger im Schlachtbetrieb präsent, erfolgt der Transfer zeitlich und räumlich innerhalb des Betriebes. Vor allem beim Brühen und Rupfen von Geflügel kommt es zur Kreuzkontamination der

Schlachttierkörper, wobei insbesondere pathogene Mikroorganismen wie Campylobacter und Salmonella auftreten (vgl. Fallbeispiele im Kapitel 30).

12.6 Literatur

12.6.1 Publikationen

Bachari, M. (2003): Transmissible Spongiforme Enzephalopathie beim Schaf – Daten zum Schaf und zum Schaffleischverzehr als notwendiger Hintergrund zur Einschätzung des Schafes als Risikofaktor. Vet.med. Diss. FU Berlin, J. Nr. 2740

Bandick, N., Chr. Walter, S. Buda, K. Piske, N. Brandes, und R. Fries (2006): Zahnaltersbestimmung beim Schaf. Fleischwirtsch. 11/86, 107–109

Bessei, W. (2005): Haltungssysteme für Mastkaninchen aus ethologischer Sicht. In: J. Petersen (Hrsg.): Kaninchenfleischgewinnung. Handbuch für Züchter und Mastbetriebe. Verlag Oertel + Spörer, Reutlingen, S. 38–49

Biss, M. E. and S. C. Hathaway (1995): Microbiological and Visible Contamination of Lamb Carcasses According to Preslaughter Presentation Status: Implications for HACCP. J. Food Protection 58 (7), 776–783

Biss, M. E. and S. C. Hathaway (1996): Effect of pre-slaughter washing of lambs on the microbiological and visible contamination of the carcases. Veterinary Record 138, 82–86

Danish Meat Association (2007): Danish. Qualitätssicherungsgarantie. The Danish Standard. Kopenhagen, S. 87

Bundestierärztekammer (BTK) (2007): Thema: Tierschutz in der Kaninchenhaltung. Deutsch. Tierärztebl. 55, 981–982

Buschulte, A., M. Bachari, und R. Fries (2005): Das Schaf: Der schwer überwachbare Markt. Fleischwirtsch. 7/85, 97–101

Davanipour, Z., M. Alter, E. Sobel, and M. Callahan (1985): Sheep Consumption: A Possible Source of Spongiform Encephalopathy in Humans. Neuroepidemiology 4, 240–249

Deutsches Lebensmittelbuch (2002): Leitsätze 2002 (Hrsg: BMVEL; Redaktion: G. Heuts). LS für Fleisch und Fleischerzeugnisse I, 1.61, Verlag Bundesanzeiger, Köln, S. 23

Devine, C. E., D. L. Hopkins, I. H. Hwang, D. M. Ferguson, and I. Richards (2004): Electrical Stimulation. In: W. K. Jensen, D. Devine and M. Dikeman (Eds.): Encyclopedia of Meat Sciences, Vol. 1, pp. 413–423. Elsevier Academic Press, Amsterdam, the Netherlands

Duffy, E. A., K. E. Belk, J. N. Sofos, S. B. LeValley, M. L. Kain, J. D. Tatum, G. C. Smith and C. V. Kimberling (2001): Microbial Contamination Occurring on Lamb Carcasses Processed in the United States. J. Food Protection 64 (4), 503–508

Ellerbroek, L., J. F. Wegener, and G. Arndt (1993): Does Spray Washing of Lamb Carcasses Alter Bacterial Surface Contamination? J. Fd. Prot. 56, 432–436

European Commission (2001): Opinion of the Scientific Committee on Measuresd Relating to Veterinary Public Health on Ovine Gas De-pelting.

Adopted on 14–15 February 2001. Health and Consumer Protection Directorate-General, Directorate C. Brussels, Belgium

European Commission (Directorate for Health and Consumer Protection) (2007): Study on the stunning/killing practices in slaughterhouses and their economic, social and environmental consequences. (Tender No 2004/S 243–208899). Final Report, Part I: Red Meat. European Commission DG Sanco, Brussels. Expert Team: F. Alleweldt, S. Kara, K. Schubert, R. Fries, R. Großpietsch, C. Caspari, D. Bradley, R. Gauthier, L.v. Nieuwenhuiye, A. Sofias

Falkenstein, J. (1995): Ganzheitliche Lösungen für moderne fleischverarbeitende Betriebe am Beispiel des Projektes Dresden-Naunhof. RFL 47, 245–249

Fries, R. (1988): Bakteriologische prozeßkontrolle in der Geflügelfleischgewinnung. Habilitationsschrift Tierärztliche Hochschule Hannover

Fries, R. (1992): An Approach to Hygienic-technological Surveillance in Poultry Meat Production. In: 3rd World Congress Foodborne Infections and Intoxications, June 16–19 1992, Berlin, pp. 1336–1340.

Fries, R. (2005): Spoilage Microorganisms in the Course of Poultry Processing. Feedinfo News Scientific Reviews. October 2005. Available from URL: http://www.feedinfo.com

Fries, R., and Cl. Graw (1999): Water and Air in Two Poultry Processing Plants' Chilling Facilities – a Bacteriological Survey. Prit. Poult. Sci. 40, 52–58

Fries, R., M. Akcan, N. Bandick, and A, Kobe (2005): Microflora of Two Different Types of Poultry Litter. Brit. Poult. Sci. 46, 668–672

Geornaras, I., A. de Jesus, and A. von Holy (1998): Bacterial Populations Associated with the Dirty Area of a South African Poultry Abattoir. J. Fd. Prot. 61, 700–703

Grau, F. H. (1987): Prevention of microbial contamination in the export beef abattoir. In: Smulders, F. J. M. (Editor): Elimination of Pathogenic Organisms from Meat and Poultry. Elsevier Amsterdam-New York-Oxford, 221–233

Helps, C. R., A. V. Fisher, D. A. Harbour, D. H. O'Neill, and A. C. Knight (2004): Transfer of Spinal Cord Material to Subsequent Bovine Carcasses at Splitting. J. Fd. Prot. 67, 1921–1926

Holder, J. S., and P. J. Hadley (1996): The Cleanliness of Fleeces and Lamb Carcass Hygiene. In: Hinton, Chr. Rowlings (eds.): Factors affecting the microbial Quality of meat. Concerted Action CT94–1456. Microbial Control in the Meat Industry. 2 Slaughter and Dressing. University of Bristol Press, pp. 133–142

Holtzmann, M. (1992): Tierschutzgerechte Betäubung von Schlachtkaninchen DGS – Deutsch. Geflügelwirtsch. Schweineprod. 44, 376–377

Hoy, St., M. Ruis, and Zs. Szendrö (2006): Housing of Rabbits – Results of an European Network. Arch. Geflügelk. 70, 223–227

Kaulfuß, K.-H. und B. Hoffmann (2004): Erkrankungen der Kiefer und Zähne beim Schaf (Übersichtsreferat). Tierärztl. Umschau 59, 380–387

Khalafalla, F. A. (1993): Microbiological Status of Rabbit Carcases in Egypt. Z. Lebensm. Unters. Forsch. 196, 233–235

Kobe, Annette (1995): Oberflächenkeimgehalt frisch geschlachteter Hauskaninchen. Proc. DVG, Arbeitsgebiet Lebensmittelhygiene, Garmisch-Partenkirchen, 26.–29. Sept. 1995, S. 103–110

Nesbakken, T., E. Nerbrink, O.-J. Rotterud, E. Borch (1994): Reduction of Yersinia enterocolitica and Listeria spp. On Pig Carcass by Enclosure of the Rectum during Slaughter. Int. J. Fd. Microbiol. 23, 197–208

Neubert, Martina (1985): Die maschinelle Entfleischung von Kaninchen und Kaninchenrestkörpern. Monatsh. Vetmed. 40, 784–785

Phillips, D., J. Sumner, J. F. Alexander, and K. M. Dutton (2001): Microbiological Quality of Australian Sheep Meat. J. Food Protection 64 (5), 697–700

Rodriguez-Calleja, J. M., J. A. Santos, A. Otero, and M.-L. Garcia-Lopez (2004): Microbiological Quality of Rabbit meat. J. Food. Prot. 67, 966–971

Sarti, F. M., and F. Panella (2007): Evaluation of Sheep Carcass Quality. In: C. Lazzaroni, S. Gigli, and D. Gabina (Eds.): Evaluation of Carcass and Meat Quality in Cattle and Sheep. EAAP Publication No. 123, Wageningen Academic Publishers, pp. 31–38

Schütt-Abraham, I,.m A. Knauer-Kraetzl, und H.-J. Wormuth (1992): Beobachtungen bei der Bolzenschussbetäubung von Kaninchen. Berl. Münch. Tierärztl. Wschr. 105, 10–15

Schwägele, F., E. Müller, K. Fischer, R. Kolb, M. Moje, und K. Troeger (2002): Nachweis von Gewebe des ZNS auf Rinderschlachttierkörpern nach Absaugen des Rückenmarks. Fleischwirtsch. 6/2002, 118–120

Segura, P., J. Martinez, B. Peris, L. Selva, D. Viana, J. R. Penades, and J. M. Corpa (2007): Staphylococcal Infections in Rabbit Does on two Industrial Farms. Vet. Rec. 160, 869–873

Spescha, C., R. Stephan, and C. Zweifel (2006): Microbiological Contamination of Pig Carcasses at Different Stages of Slaughter in Two European Union-Approved Abattoirs. J. Fd. Prot. 69, 2568–2575

Stolle, A. (1985): Die Problematik der Probenentnahme für die Bestimmung des Oberflächenkeimgehaltes von Schlachttierkörpern – Studie zur Ermittlung geeigneter Stellen für die mikrobiologische Analyse des Oberflächenkeimgehaltes unter besonderer Berücksichtigung der Einsetzbarkeit verschiedener Probenentnahmeverfahren und Indikatorkeimgruppen. Habilitationsschrift, FU Berlin FB Veterinärmedizin, 300 S.

Sunki, G. R., R. Annapureddy and D. R. Rao (1978): Microbial, Biochemical and Organoleptic Changes in Ground Rabbit Meat Stored at 5 to 7 °C. J. An. Sci. 46, 584–588

Tarver, F. R., and K. N. May (1963): Kinds of Aerobic Bacteria in Air Sacs of Processed Poultry. Poult. Sci. 42, 1459–1460

Thielke, S., H. Irsigler, K. Piske, und R. Fries (2002): Mikrobiologischer Status von Schweine-Schlachttierkörpern vor und nach dem Abflämmen. Proc. DVG, Garmisch-Partenkirchen, 24. 9.– 27. 9. 2002, S. 707–712

Troeger, K., and W. Woltersdorf (1988): Microbial Contamination by Scalding Water of Pig Carcasses via the Vascular System. Fleischwirtsch. 68, 1550–1552

Van Donkersgoed, J., K. W. F. Jericho, H. Grogan, and B. Thorlakson (1997): Preslaughter Hide Status of Cattle and the Microbiology of Carcasses. J. Fd. Prot. 60, 1502–1508

Warriss, P. D. (1984): Exsanguination of Animals at Slaughter and the residual Blood Content of meat. Vet. Rec. 115, 292–295

Woltersdorf, W., und H.-J. Mintzlaff (1995): Kondensationsbrühung beim Schwein: ein praktikables Verfahren. 1.: Brüheffekt und Oberflächenkeimgehalt. Fleischwirtsch. 75, 1077–1081

Yu, S.-L., D. Bolton, C. Laubach, P. Kline, A. Oser, S. A. Palumbo (1999): Effect of Dehairing Operations on Microbiological Quality of Swine Carcasses. J. Fd Prot. 62, 1478–1481

Ziegler, R. (2001): Überwachung von Kaninchenanlagen – Erfahrungsbericht einer Amtstierärztin. Dtsch. tierärztl. Wschr. 108, 125–131

Zweifel, C., und R. Stephan (2003): Prozessanalyse bei der Schafschlachtung. „In-Prozess-Kontrolle" und mikrobilogishes Schlachthygiene-Monitoring in drei Schweizer Schlachtbetrieben. Fleischwirtsch. 11/83, 151–155

12.6.2 Rechtsvorschriften

Handelsklassen-Verordnung (1993): Bekanntmachung der Handelsklassen und Kategorien für Schafschlachtkörper vom 16. September 1993. BAnz. Nr. 203 S. 9723

Verordnung (EG) Nr. 999/2001 des Europäischen Parlaments und des Rates vom 22. 5. 2001 mit Vorschriften zur Verhütung, Kontrolle und Tilgung bestimmter transmissibler spongiformer Enzephalopathien. Amtsbl. der EG L147/1 vom 31. 5. 2001 i. d. F. der VO (EG) Nr. 260/2003 der Kommission vom 12. 2. 2003, Amtsbl. L37/7 vom 13. 2. 2003

Verordnung über gesetzliche Handelsklassen für Schweinehälften i. d. F. v. 8. 12. 1995, BGBl. I, S. 1641

VO (EWG) 1538/91 Verordnung (EWG) Nr. 1906/90 des Rates vom 26. 6. 1990 über Vermarktungsnormen für Geflügelfleisch. Amtsbl. d. Europ. Gem Nr. L178/1

VO (EWG) 1906/90 Verordnung (EWG) Nr. 1538/91 der kommission vom 5. 6. 1991 und ausführliche Durchführungsvorschriften zur Verordnung (EWG) 1906/90. Amtsbl . Europ. Gem Nr. L143/11

VO (EG) 214/2005 vom 9. 2. 05 . BSE in kleinen Wdk

13 Kühlen, Zerlegen, Transportieren von Frischfleisch

13.1 Kühlung

13.1.1 Technik der Kälteerzeugung

Zur Kälteerzeugung wird das Prinzip der Verdampfung eines Kältemittels (meist NH_3) und der erneuten Verflüssigung unter Ableitung der beim Verdampfen aufgenommenen Wärme genutzt (Kompressionskälteanlagen). Hauptbestandteile des Kühlkreislaufes sind Verdichter, Verflüssiger, Drosselventil und Verdampfer (Jasper u. Placzek 1977) vgl. Abb. 18.

Das dampfförmige Kältemittel wird aus dem Verdampfer abgesaugt, die damit verbundene Druckminderung führt dort zur weite-

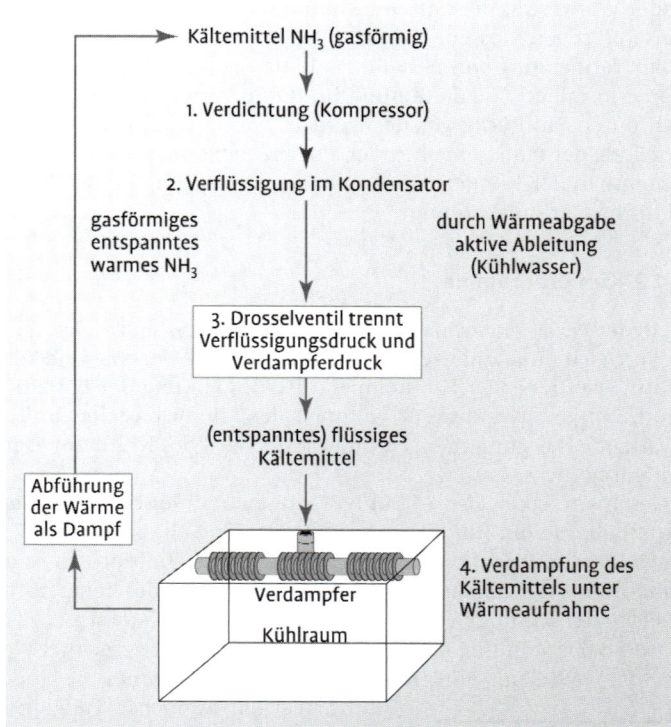

ren Verdampfung von Kältemittel. Die notwendige Wärme wird der Verdampferumgebung entzogen (Kühlung). Das ständige Absaugen des Kältemittels in gasförmigem Aggregatzustand und die damit mögliche Verdampfung weiterer Kältemittel hält den Kreislauf und damit den gewünschten Kühlungsprozess aufrecht.

Im Kompressor wird das Gas mittels Druck erneut verdichtet, dies mit der Folge einer erhöhten Temperatur ohne weitere Wärmezufuhr. Die Temperatur des Gases ist dann hoch genug, um die im Verdampfer aufgenommene Wärme mittels Kühlwasser oder über Luft wieder abführen zu können: Diese Wärme wird im Kondensator wieder abgeführt, mit der Folge einer Wiederverflüssigung des Kühlmittels (Kondensation des Dampfes).

Das nachfolgend installierte Drosselventil markiert die Grenze zwischen hohem Kompressionsdruck und dem („entspannten") Druck im Verdampfer. Das erneut flüssige Kältemittel passiert das Drosselventil und tritt in den Niederdruckabschnitt ein. Unter entspanntem Druck im Verdampfer geht das Kältemittel wieder in den gasförmigen Aggregatzustand über und nimmt dementsprechend wieder Wärme aus der Luft des Kühlraumes auf (Kühlleistung). der Kreislauf ist geschlossen.

Zur Vermeidung von Eisbildung auf den Verdampfern sind Ventilatoren installiert, die die Kaltluft im Raum verteilen. Kaltluft kann auch durch Stoffsäcke geleitet werden, was ebenfalls zur besseren Verteilung der Luftströme beiträgt. Entsprechend sind auch die Kühlelemente in der Kondensation zu beachten (ungehinderte Wärmeabfuhr bei der Luftkühlung).

13.1.2 Kühlprogramme

Die in der Praxis angewandten Kälteanwendungen sind vielgestaltig, ein Vergleich muss unterschiedliche Faktoren wie Feuchte und Temperatur (Gefrier- oder Kühltemperaturen), Lenkung der Luftzirkulation, Luftgeschwindigkeit, Volumen des Luftaustausches und zu erwartende Belegungsmengen und -frequenzen des Kühlraumes mit Kühlgut berücksichtigen.

Geschwindigkeit der Abkühlvorgänge: Traditionell sollen Tierkörperhälften vom Rind in 36 h und vom Schwein in 24 h auf 7 °C abgekühlt sein. Dies wird mittlerweile unterboten. Zu beachten ist der postmortale ATP-Abbau und die Geschwindigkeit des Temperaturabfalls in der Kühlung (vgl. „Cold Shortening" im Kapitel 12.1). Während der Kühlung muss mit Gewichtsverlusten gerechnet werden, dem wird mit entsprechenden Kühlprogrammen begegnet.

Häufig werden zunächst Tiefgefrier-Temperaturen angelegt, es folgen Temperaturen in Bereichen oberhalb 0 °C (Ausgleichskühlung auf Temperaturen <7 °C im Kühlgut).

> Beispiel: Dem Kühltunnel (−20 bis −22 °C bei einer Luftgeschwindigkeit von max. 3 m/Sek. über 26 Min.) folgt der Ausgleichtunnel bei einer Temperatur von 3–5 °C (Danish Meat Association 2007).

13.1.3 Hygiene der Kühlung

Technisch verringert eine hohe Luftfeuchte den Gewichtsverlust, wegen der höheren Feuchte bleibt jedoch bakterielle Aktivität auf der Oberfläche bestehen. Dies kann die hygienische Beschaffenheit der Oberfläche des zu kühlenden Gutes beeinflussen. Demgegenüber erhöht eine niedrige Feuchte die Gewichtsverlustrate, die Oberfläche bleibt jedoch bakteriologisch stabiler.

Kälte hat keine abtötende Wirkung, sondern bringt – je nach gewählter Temperatur – den bakteriellen Stoffwechsel mehr oder weniger stark zum Erliegen. Allerdings definiert sich der Metabolismus von Mikroorganismen nicht alleine aus der Temperaturkomponente. Ausschlaggebend sind die in Tab. 60 wiedergegebenen Faktoren.

Bezogen auf die Temperatur ist zu unterscheiden zwischen einer „absoluten" Wachstumsgrenztemperatur und einem verlangsamten Wachstum bei einem für den Keim ungünstigen Temperaturmilieu. Bekannt ist der Abfall in der Gesamtkeimzahl der mikrobiellen Besiedlung zum Beginn der Kühlung auf einer Oberfläche, was Umstellungen in der mikrobiellen Assoziation (von mesophiler auf psychrophile Mikroflora) reflektiert. Je nach gewählter Umgebungstemperatur verläuft die Wachstumskurve auch unterschiedlich steil (Tab. 55).

Dennoch muss die Temperatur unter praktischen Gesichtspunkten als ein wichtiger Faktor in der Beherrschung mikrobieller Stoffwechselaktivität gelten. Bei Temperaturen zwischen 7 und 15° steigt die bakterielle Generationszeit nur langsam an, für Salmonellen liegt die metabolische Grenze bei ca. (6–) 7 °C. Andere Quellen (Labordaten) geben als untere Grenze eine Temperatur von 5,2 °C an (SCVPH 2003). Das Optimum der Stoffwechselintensität von Salmonellen liegt bei ca. 37 °C. Im dazwischen liegenden Bereich steigt die Generationszeit in dem Maße an, in dem die Umgebungstemperatur sinkt. Bei 10 °C kann von einer Generationszeit von 600 bis 700 Min. ausgegangen werden, die sich bei 12 °C auf 300 bis 400 Min. verringert. Bei 8 °C wird eine Generationszeit von 22–35 h angegeben (SCVPH 2003).

Zu berücksichtigen sind weiterhin Faktoren wie die relative Luftfeuchte oder auch der pH des Milieus: Bei konstant bleibender Temperatur steigen sowohl die Generationszeit als auch die Lag-Phase bakterieller Populationen an, wenn die zur Verfügung stehende Feuchte sinkt oder der pH aus dem neutralen Bereich ins alkalische oder saure Milieu verschoben wird. Auch dies fällt Spezies-abhängig unterschiedlich aus und macht sich vor allem in Grenzbereichen bemerkbar: So lag die Generationszeit von Salmonellen unter den Bedingungen von 8 °C und einem a_W von 0,98 bei 1 Tag, bei einem a_W von 0,96 erhöhte sich diese Generationszeit auf 4,5 Tage (Broughall et al. 1983), vgl. Tab. 56.

Zusammenhänge und Beobachtungen wie die genannten sind bereits seit langem bekannt. Derartige Daten blei-

Tab. 55: Veränderungen in der GKZ (log10/cm2 Schweineschwarte) nach Wenzel et al. (1984) bei unterschiedlichen Temperaturen – Stunde 0 bis 43

Temperatur	0 h	43 h
4 °C	4,45	4,84
10 °C	4,61	6,49
16 °C	4,75	7,79

Tab. 56: Orientierungswerte für die Generationszeit von Salmonellen nach unterschiedlichen Quellen

Temperatur	Generationen/h	Generationszeit
20 °C		1,2 – 1,4 h
15 °C (S. Typhimurium)	0.2	2,9 – 5,0 h
12 °C		5,0 – 6,7 h
10 °C (S. Typhimurium)	0.1	9,9 – 11,5 h
8 °C		21,8 – 35,0 h

ben wichtig für eine Festlegung von Bedingungen, unter denen z. B. Salmonellen ihren Metabolismus (reversibel) einstellen oder stark verlangsamen (vgl. Predictive Microbiology, Kap. 14.3.4).

13.1.4 Rechtsvorgaben

Die Bedeutung einer klar umrissenen Temperaturobergrenze liegt auf der Hand: Mit einem leicht zu überwachenden Messwert wie einer Temperaturanzeige ist der Veterinärüberwachung ein (sinnvolles) Mittel der Hygieneüberwachung in die Hand gegeben.

Die Kühlung muss unverzüglich und so gestaltet werden, dass in allen Teilen des Fleisches 7 °C erreicht werden (Anh. III, Abschn. I, Kapitel VII der VO (EG) 853/2004). Bei den Nebenprodukten dürfen 3 °C nicht überstiegen werden.

Bei diesen Temperaturen ist bei zahlreichen Mikroorganismen ein Sistieren der Stoffwechselvorgänge und damit eine stabile Hygiene gewährleistet.

Im Transport müssen in allen Teilen konstant 7 °C gehalten werden. Zugelassen ist auch der Transport schlachtwarm innerhalb einer Zeitspanne von 2 h.

13.2 Zerlegung

Bei der Überstellung von Waren in einen anderen Betrieb erfolgt eine Wareneingangskontrolle. Im Zerlegebetrieb sollen die Oberflächen der einkommenden Tierkörperhälften sauber und trocken sein, erwartet werden für Tierkörperhälften Temperaturen von maximal 7 °C.

Zerlegebetriebe sind häufig an Schlachtbetriebe angeschlossen, dies auf demselben Gelände, aber mit unterschiedlicher Zulassungsnummer. In diesen Fällen ist die Zerlegung bereits während des Abkühlprozesses zugelassen. Bei zu niedrigen Temperaturen können sich Schwierigkeiten für die zerlegenden Personen ergeben: Das zu zerlegende Fleisch ist fester, die Arbeit anstrengender und mit einem erhöhten Unfallrisiko verbunden.

Zumindest beim Rind muss die Identität der Tiere und Tierkörperhälften über den gesamten Schlacht- und Gewinnungsprozess hinaus nachvollziehbar bleiben. Schlachtzahl und Ohrmarken- bzw. Tätowier-Nummer werden in einem Terminal eingegeben. Dies setzt sich bis in die Zerlegung hinein und darüber hinaus fort.

13.2.1 Technischer Ablauf

Unterschieden wird zwischen Grob- und Feinzerlegung. Die Schnittführung richtet sich zunehmend nach den Kundenwünschen aus, Standardzuschnitte basieren auf der Arbeitsunterlage der DLG (Scheper u. Scholz 1985).

Materialfluss
Der Kreislauf der zu bearbeitenden Teilstücke beinhaltet die unmittelbare Zerlegung nach der Entnahme aus dem Kühlraum und die direkte Rückführung in den Kühlraum nach der Bearbeitung.

Der Materialfluss verläuft von der Grob- über die Feinzerlegung hin zum aktuell gewünschten Teilstück. Teilweise wird das Material hängend, teilweise auf Bändern liegend herangeführt. Die Teile werden an den einzelnen Arbeitsplätzen vom Band genommen und weiter zerlegt.

Standard-Operations-Anleitungen, auch die Anatomie der Teilstücke (Knochen und Gelenke) sorgen für im Prinzip vergleichbare Zerlegeergebnisse, auch wenn die Zerleger ihre Schnitte individuell auf das zu zerlegende biologische Material einstellen müssen. Auch wenn mehrere Abwurfmöglichkeiten für das gewonnene Material möglich sind, kann unterschiedlich entschieden werden: Die Zuordnung von Abschnitten verlief bei der Beobachtung von Zerlegeabläufen nicht immer vergleichbar (Piske et al. 2007).

Die Zerlegung ist noch stark durch Handarbeit geprägt, hoch spezialisierte Schnittführungen laufen am Band in hohem Tempo ab. Bei der Putenzerlegung werden die Karkassen auf kegelartige Ständer gesteckt und dann bearbeitet.

Auf dem Broilersektor ist die Linie bereits voll automatisierbar, auch beim Schwein ist die Entwicklung weit fortgeschritten.

Kistenwäsche
Gerade in der Zerlegung sind Kisten ein wichtiger Faktor. Die Kistenwaschlogistik befördert saubere Kisten in die Zerlegung hinein und von dort in eine weitere Kühlung oder direkt in die Disposition. In den Betrieb einkommende Kisten müssen die Waschanlage passieren, (vgl. Kap. 11.1.2).

13.2.2 Hygiene in der Zerlegung

Angesichts der einfachen, aber hochintensiven Abläufe unter stark manueller Beteiligung muss der täglichen Einhaltung der Hygienevorgaben ein hoher Stellenwert eingeräumt werden (Grundanforderungen in Tab. 57).

Tab.57: Hygieneanforderungen in der Zerlegung	
Arbeits-oberflächen	sauber, trocken, glatt mit Ablagemöglichkeiten
Raumtemperatur	< 12 °C
Reinigung und Desinfektion	zwischenzeitlich nach Betriebsende nach festgelegtem Muster
Erzeugnis	kurze Verweilzeiten im Zelegeraum keine Temperaturerhöhung
Vorgehen	keine Bodenberührung Messerwechsel zügiges Arbeiten Havarieprogramm muss vorliegen
Personal	saubere Kleidung persönliche Sauberkeit

Vor allem die Gelegenheit von Kontakten mit den Oberflächen bedarf der steten Aufmerksamkeit, zusätzlich muss Vorsorge gegen Havarien wie das Anschneiden von Abszessen getragen werden. Auffälliges Material muss aussortiert, nachuntersucht und die Ergebnisse der Lieferung/der Herkunft zugeordnet werden.

Die Organisation der zugehörigen Kreisläufe für Arbeitsgerät (Reinigung, Desinfektion und Lagerung von Messern, Wetzstählen), Personalschutzkleidung (Antransport sauberer und Abwurf gebrauchter Schützkleidung, Einsatz von Schürzen und Kettenhandschuhen) oder auch die Führung des Personals selber in Form von Hygieneschleusen sind zentrale Punkte (vgl. Kap. 11.4).

Eine Verunreinigung der Zerlegetische ist unvermeidbar. Als Kompromiss wird die Schneidunterlage in regelmäßigen Abständen gedreht bzw. gewechselt, die Platten werden regelmäßig abgeschliffen. Hinsichtlich des Messerwechsels wird eine sukzessive Benutzung der meist mehrfach vorhandenen Messer empfohlen.

13.2.3 Zerlegen in den Zeiten der BSE

Die Entsorgung von nicht zum menschlichen Verzehr geeigneten Materialien ist kostspielig, dies gilt insbesondere für SRM-Materialien (vgl. Kap. 36). Aus diesem Grunde müssen die Entsorgungsstränge gerade hier transparent sein. Dies gilt auch für die Zerlegung.

Wirbelsäule: Die Ablösung der Muskulatur erfolgt in der Regel im Zerlegebetrieb. Dorn- und Querfortsätze, die Crista sacralis mediana und die Kreuzbeinflügel sind nicht SRM, sie werden entfernt, das als SRM eingestufte Rückenmark und die Spinalganglien werden mit der verbleibenden Wirbelsäule als SRM entsorgt.

Auf dem Weg fehlgefalteter Prionen vom Darm zum Rückenmark/Gehirn sind weitere Gewebe zwar nicht SRM, können jedoch als potenzielle Transferrouten nicht ausgeschlossen werden (Tab. 58). Es handelt sich, neben den beim Rind als SRM deklarierten Spinalganglien mit Rückenmark und Wirbelsäule, dem Darmtrakt mit Gekröse und den einliegenden Prävertebralganglien um das vegetative Nervensystem, d. h., das sympathische und parasympathische Nervengewebe.

Der sympathische Grenzstrang verläuft im Abstand von 2–3 cm parallel zur Wirbelsäule. Wenn die erlaubte Entfernung der Querfortsätze und Rippen im Brustbereich zu großzügig erfolgt, verbleibt dieses Gewebe im „Konsumbereich". Bei der Entfernung sollte daher ein Abstand von etwa 5 cm zur Wirbelsäule eingehalten werden (Piske et al. 2007), vgl. Tab. 58.

Tab. 58: Nachweis von PrP^{Sc} in unterschiedlichen Regionen des Autonomen Nervensystems (Foster et al. 2001; Sigurdson et al. 2001; van Keulen et al. 2000; Wells et al. 1998; Ingrosso et al. 1999)		
Enteraler Plexus (intramural)	+	SRM beim Rind
Auerbach'scher Plexus/Meißner'scher Plexus		
Parasympathisches NS (insbes. N. vagus)		
N. vagus	+	
vagosympathischer Strang	+	
Ggl. nodosum ds N. vagus	+−	
Dorsaler motorischer Nucleus d. N. vagus	+	
Sympathisches NS		
Prävertebrale Ganglien		SRM beim Rind
Ggl. coeliacum	+	
Ggl. mesentericum craniale/caudale	+	
Paravertebrale Ganglien (Grenzstrang)	+	
Ggl. stellatum	−	
Ggl. cervicale craniale	−	
Spinalganglien (dorsal root ganglia)	+	SRM beim Rind

13.3 Transport des gewonnenen Fleisches

Die Einhaltung der Temperaturvorgaben ist mit Kosten und der Vorhaltung entsprechender Kühlkapazitäten (Lagerkapazität) verbunden. Wegen der immer begrenzt vorhandenen Kühlkapazitäten und der zeitlichen Limitierung durch die sich fortsetzende Fleischreifung besteht die Tendenz, die Ware schnell umzuschlagen. Es wird häufig über Verstöße gegen die vorgeschriebenen Temperaturlimits in Transportfahrzeugen berichtet, wobei die Kühlkapazität der LKW während des Transportes je nach Modernität des Gerätes unterschiedlich ausfällt.

Fallbeispiel: Kühlung in nicht stationären Transporteinrichtungen –
Schweineschlachttierkörper

Die Frage, ob sich die Kühlergebnisse in einem stationären Kühlraum von denjenigen in einem ortsbeweglichen Kühl-LKW in zeitlicher Hinsicht und damit letzt-
endlich auch in der mikrobiellen Belastung unterscheiden, wird häufig diskutiert.
Ermittelt wurde hier der Zeitpunkt im Vergleich, wann jeweils die vorgeschriebenen Innentemperaturen erreicht waren.

Es wurden Tierkörperhälften aus der laufenden Produktion eines Schlachtbetriebes (Schweine) in einem ortsfesten Kühlraum bzw. in der Kühlbox eines
Kühl-LKW auf die Innentemperatur von 7 °C heruntergekühlt. Die ortsbeweg-
liche LKW-Box war angedockt. Die Absenkung der Innentemperatur wurde
durch kontinuierliche Messungen bis zur Erreichung der geforderten 7 °C Innentemperatur dokumentiert.

Ergebnisse

Aus dem Kurvenverlauf ist in beiden Kühlgelegenheiten eine vergleichbare Ab-
senkungsgeschwindigkeit der Innentemperatur abzulesen. Eine Abkühlung der
Innentemperatur auf 7 °C war in beiden Kühlräumen möglich (vgl. Abb. 19).

Die Absenkung auf ca. 20 °C Innentemperatur erfolgte innerhalb von ca. 5 h.

Die weitere Absenkungskurve verlief mehr abgeflacht, in beiden Kühlanlagen
wurde die Temperatur von 7 °C innerhalb einer Zeitspanne zwischen 14 und
18 h erreicht. Unterschiede in der mikrobiellen Belastung der Oberflächen ergaben sich nicht. Die mikrobiologischen Werte lagen zwischen log 3,25 und
3,55/cm², sie waren damit im Sinne der VO(EG) 2073/2005 als akzeptabel anzusehen.

Abb. 19
*Temperaturver-
laufskurven in
einem Kühl-LKW
und in einer statio-
nären Kühlgelegen-
heit*

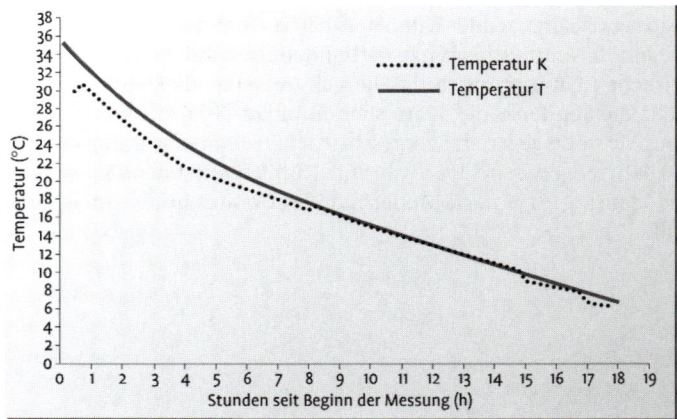

13.4 Literatur

Broughall, J. M., P. A. Anslow, and D. C. Kilsby (1983): Hazard Analysis Applied to Microbial Growth in Foods: Development of Mathematical Models Describing the Effect of Water Activity. J. App. Bacteriol. 55, 101–110

Danish Meat Association (2007): The Danish Standard: Danish-Qualitsicherungsgarantie. Danish Meat Association, Kopenhagen, S. 101–102

Foster, J. D., W. Parnham, N. Hunter and M. Bruce (2001): Distribution of the prion protein in sheep terminally affected with BSE following experimental oral transmission. J. Gen. Virol. 82: 2319–2326

Ingrosso, L., F. Pisani, and M. Pocchiari (1999): Transmission of the 263K Scrapie strain by the dental route. J. Gen. Virol. 80: 3043–3047

Jasper, W., und R. Placzek (1977): Kältekonservierung von Fleisch. VEB Fachbuchverlag Leipzig, S. 31–33

Piske, K., G. Arndt, S. Buda, K.-D. Budras, T. Eggers, and R. Fries (2007): Fate of Sympathetic Trunk Ganglia after Cutting in German Meat Plants. J. Fd. Prot. 70, 2906–2910

Scheper, J., und W. Scholz (1985): DLG-Schnittführung für die Zerlegung der Schlachtkörper von Rind, Kalb, Schwein und Schaf. Deutsche Landwirtschafts-Gesellschaft e. V., Frankfurt/Main

Scientific Committee on Veterinary Measures Relating to Public Health (2003): Opinion of the SCVPH on Salmonellae in Foodstuffs. Adopted on 14–15 April 2003. European Commission, Health & Consumer Protection Directorate-General. Directorate C – Scientific Opinions. Brussels, Belgium

Sigurdson, C. J., T. R. Spraker, M. W. Miller, B. Oesch, and E. A. Hoover (2001): PrPCWD in the myenteric plexus, vagosympathetic trunk and endocrine glands of deer with Chronic Wasting Disease. J. Gen. Virol. 82: 2327–2334

Van Keulen, L. J. M., B. E. C. Schreuder, M. E. W. Vromans, J. P. M. Langeveld, and M. A. Smits (2000): Pathogenesis of natural Scrapie in sheep. Arch. Virol. (Suppl.) 16: 57–71

Wells, G. A. H., S. A. C. Hawkins, R. B. Green, A. R. Austin, I. Dexter, Y. I. Spencer, M. J. Chaplin, M. J. Stack, and M. Dawson (1998): Preliminary observations on the pathogenesis of experimentally bovine spongiform encephalopathy (BSE): an update. Vet. Rec. 142: 103–106

Wenzel, S., D. Murmann, R. Fries, u. F.-Chr. Lenz (1984): Einfluß von Temperaturen und Zeit auf den Hygienestatus von Schweine-Schlachttierkörpern. 2. Mitt.: Erarbeitung des Hygienestatus unter simulierten Praxisbedingungen. Fleischwirtsch. 64, 1463–1468

14 Das Produkt: Technologie und Hygiene

14.1 Technologie: Die Erzeugnispalette

Frischfleisch als LM

Mit der Kühlung der tauglich beurteilten Tierkörper und der Organe endet die Fleischgewinnung und es folgt die Zerlegung, häufig nach vorgegebenen Standard-Schnitten. Das Gewebe geht nunmehr als nicht weiter bearbeitetes Frischfleisch („frisch" entspricht hier dem technologischen Status „keine Konservierung") in unterschiedlichem Zerkleinerungsgrad oder als spezielles Teilstücke definierter Herkunft in den Handel oder es dient als Ausgangsmaterial für weitere Produktlinien.

Hackfleisch

Hackfleisch wurde einem intensiven Zerkleinerungsprozess unterworfen, der die natürlichen biologischen Schranken zerstört. Da die Anwendung von Konservierungstechniken außer Kälte und Salzen ausgeschlossen ist, ergeben sich günstige Voraussetzungen für eine schnelle Keimvermehrung und das Auftreten sensorischer Abweichungen von der zu erwartenden Norm. Durch diese hohe mikrobiologische Labilität ist die Vermarktungsfähigkeit von Hackfleisch zeitlich eingeschränkt.

Fette als Lebensmittel

Fette werden als Träger von Geschmacksstoffen häufig in der Weiterverarbeitung eingesetzt. Zu unterscheiden ist zwischen (nativem) Fettgewebe und dem Fett (ohne Bindegewebe), das in der Hauptsache durch Erhitzen aus Fettgewebe gewonnen wird (vgl. Kap. 9.4.3). Die Eigenschaften der dem Glycerin angelagerten drei Fettsäuren (Länge der Fettsäuren, gesättigter oder ungesättigter Charakter) bewirken die sensorischen und technologischen Eigenschaften von Fetten und Ölen. Tierartenmäßige Unterschiede existieren, bei Tieren mit einhöhligem Magen ist eine Beeinflussung des Fettgewebes durch Fütterung möglich.

Fleischerzeugnisse

Die Produktsystematik der Fleischerzeugnisse unterscheidet zwischen Wursterzeugnissen (Roh-, Brüh-, Kochwursterzeugnisse und Corned Beef) und den Salaten (unter Zugabe von Fleisch- oder Fischgewebe oder Ei). Fleischerzeugnisse unterscheiden sich von Frischfleisch dadurch, dass Stabilisierungstechniken eingesetzt wurden, die über die Kühlung hinausgehen.

Bei „Fleischerzeugnissen" verbleiben die Rohstoffe als Stückware in natürlichem Zusammenhang oder sie werden unterschiedlich weitgehend zerkleinert und neu vermengt oder geformt. Erzeugnisspezifische Behandlungsverfahren schließen sich an.

Während bei fermentierten Erzeugnissen eine spezifische Startermikroflora den Charakter des Produktes prägt (hohe, aber in der Assoziation „richtige", d. h., stabilisierende Mikroflora), sind für Brüh- und Kocherzeugnisse niedrige Keimzahlen essentiell. Rekontamination nach dem Erhitzen kann daher in Ermangelung einer stabilen Produktflora zum Verderb führen, dies vor allem bei Brüherzeugnissen.

Eine Zwischenstellungen nehmen die sog. Fleischzubereitungen ein, die lediglich gesalzen und einen zusätzlichen Gewürzanteil aufweisen. Diese Erzeugnisse sind wegen der geringen Haltbarkeit keine Fleischerzeugnisse, aber auch nicht als Frischfleisch im eigentlichen Sinne zu bezeichnen.

14.2 Fleischreifung und Verderb

14.2.1 Die biochemischen Abläufe post mortem – der Ab- und Umbau der Stoffe

Nach dem biologischen Tod des Gewebes, d. h., nach der Schlachtung, setzen zahlreiche postmortale eigenenzymatische und mikrobiologische Prozesse ein, die nach einer unterschiedlich lange dauernden Reifezeit zu den gewünschten sensorischen Eigenschaften von Fleisch führen. Wichtige Stationen in der postmortalen Fleischreifung sind:
- Sauerstoffabfall
- Verbrauch des noch vorhandenen ATP bei nicht vorhandener Möglichkeit einer Resynthese
- Wechsel des Energiestoffwechsels vom oxidativen Zitratzyklus mit dem Endprodukt CO_2 zur anaeroben Glycolyse mit dem Endprodukt Laktat
- Abfall des pH unter Annäherung an den Isoelektischen Punkt der Muskulatur
- Locker gebundenes Gewebewasser (als Dipol) wird nicht mehr im Gewebe gehalten und abgegeben
- Aktivierung von Enzymen mit proteolytischer Aktivität, beginnender Abbau der Proteine
- Abbau und Inaktivierung immunkompetenter Zellen
- Anstieg der mikrobiellen Besiedlung auf und in dem Gewebe
- Ansammlung unterschiedlicher Ab- und Umbauprodukte mit der Folge einer Änderung der sensorischen Eigenschaften des Gewebes

Gerade Lebensmittel tierischer Herkunft verderben schnell. Da Mikroorganismen ubiquitär sind, müssen die postmortalen Abläufe so gesteuert werden, dass es zur Reifung des Gewebes und nicht darüber hinaus zum Verderb kommt. Bei zu lange ablaufender Reifung ist das Fleisch verdorben (Abb. 20). Sollten Zoonoseerreger vorhanden sein, muss sich dies in einem so geringen Rahmen abspielen, dass keine gesundheitliche Schädigungen beim Verzehr eintreten können. Das Objekt muss außerdem in einem vertretbaren Rahmen stabil (lagerbar) bleiben. Je nach angewandter Technologie ist der dafür anzusetzende Zeitraum unterschiedlich zu bemessen.

Abb. 20
Der Kreislauf von Naturstoffen (Verderb)

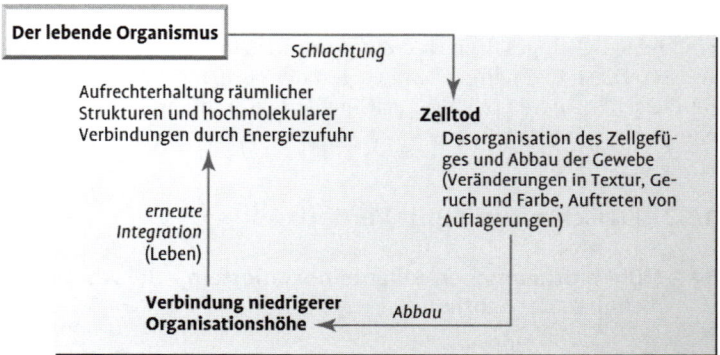

14.2.2 Verderb im engeren Sinne

Verderb von Fleisch
Verderb speist sich aus chemisch bedingten Abbauprozessen (abiotischer Verderb, z. B. bei Fetten) bzw. aus einem mikrobiell bedingten Abbau, der durch das Ausmaß mikrobiologischer Besiedlung bedingt unterschiedlich schnell abläuft. In der Fleischgewinnungslinie ist Verderb nicht relevant, sondern erst in den sich anschließenden und länger dauernden Phasen der Lagerung und des Vertriebs.

Der Abbau beginnt an leicht angreifbaren, löslichen Proteinen und Peptiden. Keratin, Elastin und Collagen bleiben länger bestehen. Reifung bzw. Verderb hängen zudem von der Zusammensetzung der bakteriologischen Flora in und auf dem Gewebe ab. So ist etwa Collagenase nur in wenigen Mikroorganismen, z. B. in Pseudomonaden und bestimmten Clostridien vorhanden.

Verderb von Fetten
Fette verderben vor allem durch chemische Reaktionen infolge Anwesenheit von Luftsauerstoff, Metallen, UV-Licht, Licht oder Wärme. Erst in zweiter Linie, und dann vor allem bei Fetten mit einem hö-

heren Wassergehalt, kommen mikrobielle oder gewebeeigene Enzyme in Betracht.

Hydrolyse: Vor allem die Länge der freigesetzten Fettsäure beeinflusst das Ausmaß von Geruchs- und Geschmacksabweichungen. Kurzkettige Fettsäuren (C 4 bis C 10) sind schon in niedrigen Konzentrationen (0,1–1 mg/100 g) sensorisch feststellbar, freigesetzte langkettige Fettsäuren machen sich erst in höherer Konzentration bemerkbar. Vor allem Buttersäure-, Capron-, Capryl- und Caprinsäurefreisetzungen sind Ursache für sensorische Veränderungen.

In der Desmolyse kommt es zu Umsetzungen an der Fettsäure selbst:, es handelt sich um Veränderungen der Kettenlänge, Entstehung von Keto-, Methyl-, Alkohol- und Aldehydgruppen sowie um den Neuaufbau von Molekülen (Polymerisationen). Vor allem die Doppelbindungen ungesättigter Fettsäuren sind Angriffspunkte für Oxidationsvorgänge.

Gesundheitliche Relevanz haben derartige Abläufe nicht, sie stellen sich vor allem als Fehlsensorik dar. Bei Fettgewebe gewichtiger ist der Umstand, dass sich zahlreiche Chlorkohlenwasserstoffverbindungen aus industrieller Emission in Fettgewebe anreichern (vgl. Kap. 5.3). Über Fettschmelzen sind seinerzeit auch pathogene Prione in die Tiernahrung gelangt.

Tab. 58: Taxonomie aerober Bakterien auf Schlachttierkörperoberflächen in Fleischgewinnungslinien nach Krieg & Holt (1984)

Sektion	Familie	Genus
4. Gramnegative Aerobe Stäbchen und Kokken	Pseudomonadaceae	Pseudomonas Xanthomonas
	Neisseriaceae	Neisseria Moraxella Acinetobacter
	andere	Flavobacterium Alcaligenes
5. Fakultative Anaerobier Gramnegative Stäbchen	Enterobacteriaceae Vibrionaceae	Aeromonas
12. Grampositive Kokken	Micrococcaceae	Micrococcus Staphylococcus Planococcus
	andere	Streptococcus Pediococcus Aerococcus
13. Endosporen-bildende Grampositive Stäbchen und Kokken		Bacillus
14. Regelmäßige, nicht sporenbildende Grampositive Stäbchen		Lactobacillus Listeria
15. Unregelmäßige nicht sporenbildende Stäbchen (und andere)		Corynebacterium

14.2.3 Haltbarkeit

Die Haltbarkeit von Fleisch ist begrenzt. Unter der Voraussetzung guter handwerklicher Praxis können für das Rindfleisch Haltbarkeiten bis zu 2 bis 3 Wochen, für Schweinefleisch etwa 12 bis 14 Tage angesetzt werden. Mit zunehmender Lagerungsdauer verschiebt sich das bakteriologische Spektrum in Richtung gramnegativer Flora. Ein weites Verhältnis gramnegativer zu grampositiver Flora weist demnach auf eine voraussichtlich nur noch kurze Lagerfähigkeit hin. Nach der Schlachtung kann mit einer spezifischen Mikroflora gerechnet werden (Tab. 59).

Dagegen sind unter den Bedingungen des Tiefgefrierens die Lagerungsfristen weit verlängerbar. Sie finden ihre Grenzen nicht im mikrobiologischen, sondern im chemisch-enzymatischen Verderb. Bei Temperaturen um $-20\,°C$ sind Lagerungszeiten zwischen 8 und 12 Monaten realisierbar.

14.3 Auswirkung der eingesetzten Technologie

14.3.1 Metabolismus mikrobiologischer Agentien

Von grundsätzlichem Interesse sind die Umstände, unter denen bakterieller Metabolismus stattfindet und umgekehrt, ob technische Prozesse den bakteriellen Metabolismus beeinflussen können und auf welcher Basis diese beruhen.

Metabolismus und Wachstum von Mikroorganismen erfolgen in Abhängigkeit von den vorherrschenden Umwelteinflüssen (Tab. 60). Es handelt sich um

– Faktoren, die im Material selber begründet sind (intrinsic factors),
– von außerhalb einwirkende Faktoren (extrinsic factors) sowie
– Konkurrenzen der mikrobiellen Besiedlung untereinander (implicit factors).

Tab.60: Faktoren des mikrobiellen Metabolismus in einem Substrat	
Intrinsic Factors	Nährstoffzusammensetzung
	Strukturelle Barrieren wie Faszien
	Antimikrobielle Substanzen wie Lysozym oder zugefügte Stoffe
	pH des Milieus
	a_W des Milieus (zur Verfügung stehende Feuchtigkeit)
	E_h des Milieus (Sauerstoffgehalt)
	Menge und Art der vorliegenden Initialflora
Extrinsic Factors	Umgebungstemperatur
	Ggf. Verpackungsumstände (anaerob, CO_2)
	Dauer der Exposition
Implicit Factors	Antagonismen und Synergismen der vorhandenen Mikroflora

14.3.2 Techniken der Konservierung

In der Fleischgewinnung – dies gilt für Säuger und Geflügel gleichermaßen – gibt es im Sinne des klassischen CCP keine vollständig wirksame technische Schranke gegen den Übertrag zoonotischer Agentien. Im Vergleich hierzu ist die Technologie der Lebensmittelbe- und -verarbeitung deutlich effektiver.

Die heutigen Bearbeitungstechnologien haben sich letztlich auf empirischer Basis herausgebildet, die Ansprüche an die Technologie liegen auf unterschiedlichen Feldern:
– Sicherheit (keine Gesundheitsschädigung für die Konsumenten)
– Stabilität (innerhalb eines bestimmten zeitlichen Rahmens stabil)
– Sensorische Akzeptanz

Es kann auch erwartet werden, dass es im technischen Ablauf nur zu geringen Nährstoffverlusten kommt und dass der Prozess als solcher keine Entsorgungsprobleme aufwirft. Es dürfen auch keine Risiken aus der technischen Anwendung für das Betreiberpersonal selbst auftreten.

Die an Lebensmitteln angewandten Konservierungstechniken beruhen im Grundsatz auf den Faktoren, die die Wachstumsäußerungen von Keimen beeinflussen, sie können den Grundlagendisziplinen der Physik, Chemie und der Mikrobiologie zugeordnet werden. Im Kasten sind Mechanismen auf physikalischer, chemischer und biologischer Basis dargestellt, dies ungeachtet der Zulassung der Substanzen oder des einflussnehmenden Faktors.

Zu unterscheiden ist zwischen einem Sistieren (Beispiel Kühlung) der mikrobiellen Physiologie und der Zerstörung viraler, bakterieller oder eukaryotischer Agentien (Beispiel Erhitzung). Allerdings können auch bakterizide Effekte reversibel sein: Phänomene wie das der subletalen Schädigung oder das Vorhandensein vitaler Zellen, bei denen eine Kultivierung nicht gelingt, sind bekannt. Insofern sind auch die Grenzen zwischen diesen beiden Effekten fließend.

Antimikrobielle bzw. konservierende Effekte in der Lebensmitteltechnologie (nach unterschiedlichen Quellen)

1   *Physikalische Faktoren*
1.1 Anlegen unterschiedlicher Wellenlängen

	Frequenz (Hz)	Wellenlänge λ (m)
Gamma-Strahlen	$10^{19} - 10^{22}$	$3 \times 10^{-11} - 3 \times 10^{-14}$
UV	$10^{15} - 10^{17}$	$3 \times 10^{-7} - 3 \times 10^{-9}$
(sichtbares Licht)		
Mikrowellen	$10^9 - 10^{10}$	$3 \times 10^{-1} - 3 \times 10^{-2}$
Ultraschall	$10^3 - 10^4$	$3 \times 10^5 - 3 \times 10^4$

1.2 Anlegen von Temperaturen
     Hohe Temperaturen (Autoklavieren, Pasteurisieren): Abtötung
     Niedrige Temperaturen (TG, Gefrieren, Kühlen): Sistieren der Stoffwechselvorgänge
1.3 Mechanische Einflüsse
     Waschen und Entfernen im Rahmen der Reinigung und Desinfektion
     Abtrocknen von Oberflächen
     Anlegen von Drück
     Änderung der Atmosphäre (Vakuum, modifizierte Atmosphäre)

2   *Chemische Verbindungen*
2.1 Alkohole
2.2 Organische Säuren und verwandte Komponenten
      Essigsäure   Benzoesäure
      Ameisensäure   PHB-Säure
      Zitronensäure   Salicylsäure
      Milchsäure   Fumarsäure
      Propionsäure CO_2
      Sorbinsäure
2.3 Anorganische Säuren und verwandte Komponenten
      Phosphorsäure-Verbindungen   Natrium-Phosphat
                                       Tri-Natrium-Phosphat (TSP)
                                       Tri-Kalium-Phosphat (TPP)
      Schwefel-Verbindungen SO_2
                                       Schwefeldisulfit
2.4 Anorganische N-Verbindungen   Nitrite, Nitrate

3   *Biologische Faktoren*
3.1 Kompetitive Flora   Starterkulturen
                                     Protektionsflora
3.2 Metaboliten   Bakteriocine
                                     Colicine
                                     Natamycin
3.3 Enzyme   Lysozym
                                     Lactoperoxidase

In der Praxis kommt es häufig zur Kombination unterschiedlicher Techniken, vor allem, wenn für den angestrebten Einzeleffekt keine für das spezifische Lebensmittel ausreichend sichere Wirkung erwartet werden kann (Tab. 61).

Soweit sensorisch vertretbar, können Lebensmittel stabilisiert werden, indem bestimmte Größen (insbes. Temperatur, pH, a_w) in extremere Bereiche verschoben werden. Je mehr diese Faktoren sich in mittleren Bereichen bewegen, desto leichter kommt es zum Verderb und umgekehrt.

Die Effekte organischer Säuren auf Mikroorganismen beruhen auf der Aufnahme in die Zelle und auf Störungen der Permeabilität. Die Aufnahme erfolgt in undissoziierter Form. Dementsprechend muss die eingesetzte organische (schwache) Säure in einem niedrigen pH-Milieu eingesetzt werden. Eine wichtige Kenngröße ist der pK-Wert, der den pH kennzeichnet, bei dem 50 % der Gesamtmenge der Säure in nicht dissoziierter Form vorliegen (was bei Konservierungsstoffen einem pH von 3–5 entspricht).

Toxikologisch zu beachten sind vor allem die beim Räuchern (Polycyclische Kohlenwasserstoffe) bzw. beim Pökeln auftretenden Substanzen (N-Nitrosoverbindungen aus Nitriten).

Tab. 61: Konservierende Lebensmitteltechnologien und der Anwendung zugrunde liegende naturwissenschaftliche Sachverhalte	
Faktor	Eingesetzt als Konservierungstechnologie
pH E_n a_w Kälte	Säuerung durch Lactobacillus, organische Säuren Folienverpackung (Modified Packaging) Trocknen, Salzen, Zuckern Verlangsamung der Generationszeit/ Stopp der Stoffwechselleistungen
Strukturzerstörung – durch Hitze – durch (nicht) ionisierende Strahlen – durch Druck	Konserven
Kombinationen	SSP (Shelf-Stable-Products) Rohwurst (Nitrit/Nitrat + Senkung des pH/a_w)
Mikrobiologische Assoziationen	Zugabe von Starterkulturen
Chemische Agentien	Pökeln mittels Nitriten, Nitraten, Zugabe von Konservierungsstoffen, Rauchinhaltsstoffen

14.3.4 Umsetzung als „Predictive Microbiology"

Es zeigt sich, dass der Einfluss der eingesetzten Technologien auf die in Lebensmitteln auftretenden und zu erwartenden Erreger nachvollziehbar ist. Die unterschiedlichen Technologien tragen in ihrer Kombination zu einer erhöhten oder erniedrigten Exposition der Konsumenten gegenüber Zoonoseerregern bei.

Durch mikrobiologische Analysen können somit Aussagen hinsichtlich der Hygiene als auch hinsichtlich gelungener Technologie getroffen werden. Ausgangspunkte für alle Überlegungen ist das Dreieck auftretender Erreger – angelegte Technik – Mensch als Konsument.

Eine eindimensionale Umfeld-Erreger-Wechselwirkung gibt es allerdings nicht, und die Vielgestaltigkeit von Rezepturen und technologischen Produktionsabläufen lässt eine Analyse und Prognose zwar zu, jedoch bezogen nur auf den individuellen Fall mit den in der Berechnung berücksichtigten Faktoren.

Für jeden Rohstoff und jeden Lebensmittelverarbeitungsgang ist das zu erwartende Keimspektrum wegen unterschiedlicher Transferbedingungen (mikrobiologisch widrig oder vorteilhaft) unterschiedlich und muss somit ablaufbezogen geklärt werden.

Daraus leitet sich das Arbeitsgebiet der Predictive Microbiology ab: Es wird versucht, auf der Basis der technischen Einflüsse im Prozessablauf und bekannten mikrobiologischen Daten hygienisch gefährdende und sichere Prozessphasen zu erkennen. Sobald ein neuer Erreger in einem System identifiziert ist, müssen die installierten Ablauf- und Kontroll-Systeme unter diesen Bedingungen neu geprüft werden. Das Vorgehen ist gezielt erregerbezogen. Umgekehrt kann auch nicht ausgeschlossen werden, dass sich mit geänderter Technik andere Eintrittspforten für andere Agentien ergeben, was mit den Mitteln der Risikoanalyse bearbeitet werden kann.

Es können somit technische Abläufe formuliert werden, die Sicherheit hinsichtlich der betrachteten Erreger gewährleisten. Es handelt sich um rechentechnische Szenarien, wobei die einbezogenen Daten auf experimentell erhobenen mikrobiologischen Fakten basieren müssen.

Fallbeispiel „D-Wert"

Die Decimal Reduction Time (D-Wert) bezeichnet die Zeit in Minuten, die bei einer bestimmten Temperatur notwendig ist, um die vorhandene Keimzahl auf 1/10 („dezimal") des Ausgangswertes zu reduzieren. Die Zeit ist spezifisch für die untersuchte Keimart und wird experimentell bestimmt. Die angelegte Temperatur in °C wird dabei als Fußnote angegeben.

Dagegen ist der F-Wert (abgeleitet von Fahrenheit) die Effektivität eines Wärmebehandlungsprozesses oder die Behandlungszeit in Minuten, die erforderlich ist, um eine vorhandene (spezifische) Keimzahl um die ge-

Tab. 62: Technologische Anwendung des D-Wertes am Beispiel der Vollkonserve (nach Takacs et al. 1969)

Zielkeime	Cl. botulinum	Cl. sporogenes
Kennwert (D121,1°C) Hypothetisch als vorhanden unterstellte Keimzahl	0,21 Min. log 6	1,0 Min. log 5
Anforderungen an die Dose, d.h., zugelassene Anwesenheit von Sporen des Testkeimes pro Dose	1:1 000 000 log–6	1 Spore/Dose log 0
daraus abzuleitende notwendige Reduktion des Testkeimes	log 6 auf log–6 12 logarithmische Stufen	log 5 auf log 0: 5 logarithmische Stufen
an Hand der D-Werte abgeleiteter F-Wert	$D_{121, 1°C} \times 12$ 0,21 Min. $\times$ 12 = 2,52 Min.	$D_{121, 1°C} \times 5$ 1 Min. $\times$ 5 = 5,0 Min.

wünschte Anzahl von Zehnerpotenzen auf einen akzeptablen Endwert zu reduzieren (Wallhäusser 1988). Übereinkunftsgemäß wird für schwach saure Fleischerzeugnisse (pH >4,5) eine einminütige Hitzeeinwirkung von 121,1 °C (250 °F) als die Einheit der Hitzeeinwirkung angesehen (F = 1). F = 1 ist der Einfluss eines Verfahrens, das 1 Min. bei 121,1 °C (oder bei einem dieser Temperatur-Zeit-Kombination entsprechenden Verfahren) arbeitet. Der gleiche Effekt kann durch unterschiedliche Zeit-Temperatur-Kombinationen errechnet werden. Die Zusammenhänge sind seit geraumer Zeit erarbeitet und sind Grundlage für die Konserventechnologie (Tab. 62).

Es ergibt sich, dass 5′ über 121,1 °C sowohl Cl. botulinum als auch Cl. perfringens sicher abzutöten vermögen, für Cl. botulinum würden bereits 2,52 Min. ausreichend sein („botulinum-cook").

14.4 Der Begriff Qualität

Gesundheit wird definiert als Zustand vollkommenen körperlichen, geistigen und sozialen Wohlbefindens und nicht nur als Abwesenheit von Krankheit und Schwäche (WHO 1946). Lebensmittel dürfen keine Risiken mit sich bringen, dessen ungeachtet dürfen sie jedoch nicht mit gesundheitlicher Werbung in Zusammenhang gebracht werden. Qualitätsdiskussionen können nur geführt werden auf der Grundlage, dass der Genuss von Lebensmitteln gesundheitlich keine nachteiligen Auswirkungen mit sich bringt.

Der Begriff Qualität wird häufig gleichgesetzt mit dem Genusswert, d. h., mit Begriffen wie Zartheit, Geschmack, Geruch, Aussehen. Bezug genommen wird hier auf vor allem sensorisch erfassbare Merkmale. Der Begriff „Qualität" als solcher ist jedoch neutral (lat.: „qualitas", Beschaffenheit).

Lebensmittel müssen auch weiteren Anforderungen genügen, die erst in ihrer Gesamtheit die Qualität ausmachen:

– es muss Nährstoffsubstanz vorhanden sein
– die Aufnahme des Lebensmittels darf nicht mit gesundheitlichen Risiken verbunden sein
– der Verzehr muss ohne Ekelgefühle möglich sein (der ästehtische oder herkömmliche „Qualitäts"-Gesichtspunkt)
– das Erzeugnis muss über eine bestimmte (Produkt- und Ortsabhängige) Zeit verfügbar (lagerfähig) bleiben
– das Erzeugnis muss ggf. auch den Anforderungen der lokalen gesellschaftlichen Realitäten entsprechen (Eignung, z. B. der „Convenience"-Erzeugnisse, bedeutet schnelle Verfügbarkeit zum Verzehr; unter tropischen Bedingungen ist dagegen die Haltbarkeit wichtig)

– Zunehmend wird auch die Behandlung der betroffenen Tiere als gewichtiger Faktor, der auch Kaufentscheidungen beeinflussen kann, nachgefragt

Eignung als Frischfleisch: Es gilt entweder der Ausschluss pathogener Mikroorganismen oder es muss eine quantitative Begrenzung vorgenommen werden. Für das Konsumenteninteresse stehen sensorische Gegebenheiten im Vordergrund: Das Objekt muss eine der Norm entsprechende Beschaffenheit aufweisen.

Eignung als Verarbeitungsfleisch: Es müssen bestimmte technologische Anforderungen vorliegen, sowohl hinsichtlich der Beschaffenheit (DFD, PSE bei der Herstellung von Fleischerzeugnissen) als auch in bakteriologischer Hinsicht: Erzeugnisse unter mikrobiologischer Beteiligung (Roherzeugnisse) verfügen über einen hohen, jedoch spezifischen Keimgehalt, oder der Keimgehalt ist so niedrig, dass das Fleisch für die Hackfleischherstellung infrage kommt.

Auswirkungen aus der Bereitstellung der Rohstoffe (Tierhaltung): Unter Verknüpfung mit neueren Entwicklungen wie etwa der Umweltpolitik muss die Produktion von Lebensmitteln auch unter dem Gesichtspunkt der Schonung vorhandener lokaler oder globaler Ressourcen gesehen werden.

Immaterielle Gesichtspunkte: Auch gesellschaftliche Auffassungen wie etwa die Haltung gegenüber dem Tier unterliegen dem Wandel, sodass auch „nicht materielle Werte" wie die Vorgeschichte des Lebensmittels (Haltung der Tiere) eine Rolle spielen können. Wird dem nicht nachgekommen, kann es dazu kommen, dass ein Erzeugnis den Käufererwartungen nicht mehr entspricht, wie es z.B. mit der Deklaration der Haltungsbedingungen von Legehennen bei der Vermarktung von Eiern zu beobachten ist. Somit müssen auch in der Gesellschaft vorhandene oder sich aufbauende Strömungen erfasst und berücksichtigt werden.

14.5 Literatur

Krieg, N. R. and J. G. Holt (eds) (1984): Bergey's Manual of Systematic Bacteriolgy Vol. 1, X–XVII, Williams & Wilkins, Baltimore, London

Takacs, J., F. Wirth, und L. Leistner (1969): Berechnung der Erhitzungswerte (F-Werte) für Fleischkonserven. Fleischwirtsch. 49, 877–883

Wallhäußer, K. H. (1988): Praxis der Sterilisation Desinfektion – Konservierung. Thieme Verlag Stuttgart, 4. Auflage, S. 227, 230

WHO (1946): Gesundheit. Zit. in. Borneff, J. (1977): Hygiene, Verlag Thieme, Stuttgart, S. 1

Teil 2
Die Überwachung

Die Institutionen

15 Die Europäische Union: Konstruktion und Rechtsetzung

15.1 Historie

Die Entwicklung in Westeuropa nach dem Zweiten Weltkrieg war geprägt durch das Bemühen, Deutschland in einen politischen Rahmen einzubeziehen, zunächst in Form der Montanunion, einer Kooperation der späteren Gründungsmitglieder der Europäischen Wirtschaftsgemeinschaft auf dem Stahlmarkt; Eine Verteidigungsallianz schlug fehl.

Die letztlich erfolgreiche und bis heute immer stärker werdende Idee war die der Europäischen Gemeinschaften, die mit den Römischen Verträgen von 1957 (Gründung der Europäischen Wirtschaftsgemeinschaft) ihren Anfang nahm.

1993 kam es zur Europäischen Union, u. a. auch zum Gemeinsamen Binnenmarkt (1992: Vertrag von Maastricht), was für einige Mitgliedstaaten zusätzlich in die gemeinsame Währung einmündete. Nach der letzten Erweiterungsrunde zum 1. 1. 2007 mit Rumänien und Bulgarien zählt die EU nunmehr 27 Mitgliedsstaaten.

Mitgliedsstaaten der EU inkl. der jeweiligen Erweiterungsrunden:

1958:	Belgien, Frankreich, Deutschland, Italien, Luxemburg, Niederlande
1973:	Dänemark, Irland, Vereinigtes Königreich
1981:	Griechenland
1988:	Portugal, Spanien
1995:	Österreich, Finnland, Schweden
2004:	Estland, Lettland, Litauen, Polen, Tschechien, Slowenien, Slowakien, Ungarn, Malta, Zypern
2007:	Rumänien, Bulgarien

15.2 Struktur

Da es sich bei allen Mitgliedsstaaten um souveräne Staaten handelt, ergibt sich eine komplizierte Machtbalance, die aus dem Rat der Regierungschefs mit jeweils einer wechselnden „Ratspräsidentschaft" des jeweiligen vorsitzenden Mitgliedstaates, der Kommission als initiativer Institution und dem Parlament als der Legislative besteht. Das Parlament tagt in Straßburg, die Kommission hat ihren Sitz in Brüssel. Die Kommission ist die de facto Regierung in der EU mit den Kommissaren als den Ministern.

Die Zahl der nationalen Abgeordneten hängt von der Größe des Mitgliedstaates ab, die Beitritte haben das Gewichtsgefüge der Mitgliedstaaten verändert und die Zahl der Abgeordnetensitze erhöht.

15.3 Der Rechtssektor

Schritt für Schritt geben die Mitgliedstaaten Kompetenzen, die von Bedeutung für das innere Zusammenwachsen und für das wirtschaftliche Geflecht der Mitgliedsstaaten untereinander sind, an die Union ab. Als Beispiel kann die Entwicklung auf den Sektoren Agrar- und Umweltpolitik dienen, die national und auf EU-Ebene am intensivsten durch Richtlinien, Entscheidungen und Verordnungen miteinander verflochten sind.

> **Ministerrat**
> rotierende Präsidentschaft jeweils für 6 Monate
> grundlegende Beschlüsse
> Vertreter der Mitgliedstaaten bilden Ausschuss der ständigen Vertreter
>
> **Europäische Kommission**
> initiativ und exekutiv
> Kommissare werden von Mitgliedsstaaten benannt
> 24 General-Direktorate
>
> **Europäischer Gerichtshof** (EuGH)
>
> **Europäisches Parlament**
> mit 785 Mitgliedern

In der Agrarpolitik standen zunächst Richtlinien im Vordergrund, die nicht direkt an die Mitgliedsstaaten gerichtet sind, sondern die die nationalen Regierungen verpflichten, bis zu einem bestimmten Termin die Inhalte dieser Richtlinien umzusetzen. Erfolgt dies nicht, muss das Mitgliedsland mit einem Verfahren rechnen.

Dagegen sind Verordnungen der EU in jedem Mitgliedstaat direkt geltendes Recht, sie stellen somit ein deutlich stärkeres Instrument der Integration dar.

– Verordnungen: bindend in jedem Mitgliedsstaat, national direkt gültig
– Entscheidungen: bindend mit inhaltlicher Umsetzungspflicht für die betreffenden Institutionen
– Richtlinien: bindend gerichtet an die Regierungen, müssen national umgesetzt werden

Die Rechtsvorschriften werden im Amtsblatt der Europäischen Gemeinschaften verkündet.

Die Bedeutung der rechtlichen/rechtsähnlichen Vorschriften ist in der EU und national unterschiedlich. In Deutschland gilt die folgende Sequenz:
– Gesetze des Bundes und der Länder
– Verordnungen des Bundes und der Länder
– Erlasse der jeweiligen Länder- oder Bundesregierungen

- Gerichtsurteile
- Gutachterliche Äußerungen   z. B. das Deutsche Lebensmittel-
buch, freiwillige Übereinkünfte,
Richtlinien von Verbänden

Die Überwachung der Lebensmittel liefernden Tiere (Säuger und Geflügel) beruht auf einer Vielzahl von Rechtsvorschriften aus unterschiedlichen Rechtssystematiken. Berücksichtigt werden muss auch das internationale Handelsrecht.

15.4 Die Wissenschaftlichen Ausschüsse bei der Kommission

Die Kommission bedient sich bei ihren sachlichen Entscheidungen, z. B. auf dem Lebensmittel- oder Tierhaltungssektor, des Rates wissenschaftlicher Experten. Diese werden für bestimmte Fragestellungen z.T. ad hoc eingeladen, z.T. stehen institutionalisierte wissenschaftliche Gremien zur Verfügung, die in regelmäßigen Abständen tagen und an sie herangetragene Fragen der Kommission („Terms of Reference") gezielt bearbeiten. Die Ergebnisse werden in Form einer „Opinion" an die Kommission geleitet, außerdem werden sie nach Annahme auf der jeweiligen Internet-Adresse der EU (und mittlerweile auch im EFSA Journal) publiziert. Das Bemühen um Transparenz ist deutlich erkennbar.

Mit der BSE-Krise wurde die wissenschaftliche Beratertätigkeit neu geordnet. Handelte es sich bislang um zeitlich unlimitierte Mitgliedschaften, so ist nunmehr die Zeit auf 3 Jahre beschränkt, alle Mitglieder der Komitees müssen bei Interesse eine neue Kandidatur anmelden. Auswahlkriterien sind fachliche Kompetenz, Kooperationsfähigkeit und auch eine bestimmte berufliche Zusammensetzung der Komitees. Die Gutachter sind ungebunden. Mit der Gründung der EFSA gingen die Komitees als „Panels" an die EFSA über.

Zum Teil ist zu bestimmten Punkten in den Rechtsbestimmungen der EU ein Votum der einschlägigen Komitees gefordert. Dies gibt den Komitees eine starke Stellung.

Die wissenschaftlichen Komitees sind nicht zu verwechseln mit den ständigen Ausschüssen bei der Kommission, die von den Regierungen der Mitgliedstaaten besetzt werden.

15.5 EFSA (European Food Safety Authority)

Im Jahre 2003 wurde eine unabhängige EU-weite „Food Authority" (eine Art „europäische FDA") zur Koordinierung der nationalen Aktivitäten gegründet. Zu den Aufgaben der Agentur gehören:

– Beratung der Kommission in Sachen Hygiene
– Neuregulierung der Rechtsetzung (inkl. Fleischhygiene) auf der Basis einer Risiko-Analyse inkl. einer legislativen Konsequenz
– Intensivierung der nationalen Fachaufsicht durch Kontrollen vor Ort

16 Das Öffentliche Veterinärwesen (Veterinary Public Health) in Deutschland

16.1 Historie

Die Veterinärmedizin hat im Lauf der Existenz dieses Berufes eine Entwicklung genommen, die die aktuellen Ansprüche der Zeit an die Berufsträger widerspiegeln dürfte.

Die Berufsausübung kann daher interpretiert werden als eine Entwicklung von der Abwehr schwerer Tierseuchen auf dem Großtierbereich zur einer ätiologisch fundierten Wissenschaft bis in die heutige Zeit hinein, in der eine Teilung in präventive Großtiermedizin und eine eher kurativ wirksame Begleittiermedizin zu beobachten ist (s. Kasten).

Die Gründungen tiermedizinischer Ausbildungsstätten im 18. und an der Schwelle zum 19. Jahrhundert (1762 Lyon; 1765 Wien; 1778 Hannover; 1790 Berlin) zielten ab auf die Bekämpfung der seinerzeitigen Tierseuchenzüge und wohl auch auf Gewährleistung militärischer Schlagkraft der Landesherrschaft.

Mit den in der zweiten Hälfte des 19. Jahrhunderts zunehmenden naturwissenschaftlichen Kenntnissen über die Ätiologie von Erkrankungen vertieften sich auch die tiermedizinischen Kenntnisse. Daraus erwuchs eine inhaltlich begründbare Kontrolle von Nutztieren, die für den menschlichen Konsum geschlachtet wurden: Bereits vor der Reichsneugründung im

> **Entwicklung der Veterinärmedizin – eine historische Sicht (Fries et al. 2004)**
>
> 18. bis 19. Jahrhundert:
> Therapie an Pferd und Rind: Bekämpfung infektiöser Tierkrankheiten aus wirtschaftlichen und militärischen Gründen
>
> ab 2. Hälfte des 19. Jahrhundert:
> Das ätiologische Zeitalter der mikrobiologischen Entdeckungen: Hygienische Fortschritte inkl. der Installation einer Fleisch- und später Lebensmittelhygiene in Verbindung mit gesteigertem und gesichertem Fleischkonsum
>
> Die letzten 50 Jahre:
> Wirtschaftliche Konsolidierung: Zunehmendes Aufkommen der Kurativmedizin an Begleittieren, eine „Zweiteilung" in die Anwendung human-assoziierter Techniken an Begleittieren und in die tierärztliche Tätigkeit an „Food animals" mit Bevorzugung der Präventivmedizin deutet sich an.

Jahre 1871 kam es zu mehreren wichtigen Rechtsmaßnahmen, wie in Preußen zu dem Preußischen Schlachthausgesetz (1868), in dem die Schlachtung von Tieren in zentralen Räumlichkeiten – dem „Schlachthaus" – vorgeschrieben wurde. Im Jahre 1900 wurde reichseinheitlich das Fleischbeschaugesetz verkündet, das eine lange Phase der Gültigkeit für sich in Anspruch nehmen kann und demnach offenkundig erfolgreich war (vgl Kap. 28).

Mit steigendem Wohlstand nach dem zweiten Weltkrieg in Europa sind in der Veterinärmedizin zwei Schwerpunkte erkennbar: Der Begleittiersektor ist charakterisiert durch eine fast an die Humanmedizin heranreichende therapeutisch-operative Komponente am Einzeltier. Dagegen muss in der Großtierpraxis durch den landwirtschaftlichen Strukturwandel und die hygienischen Gegebenheiten und Anforderungen ein eher präventiv geprägter Ansatz gewählt werden. Das Nutztier bzw. die gesamte Herde sollten im Ideal gesund gehalten werden, wobei die Notwendigkeit der Therapie an einem Nutztier im aktuellen Falle keinesfalls infrage zu stellen ist. Es gibt somit mit Sicherheit Übergänge.

Das Pferd spielt eine Sonderrolle insofern, als Equiden als Begleit- und als Nutztiere fungieren, dementsprechend hinsichtlich des Einsatzes von Therapeutika unterschiedlich zu behandeln sind, mit der Folge einer komplexen Rechtslage (vgl. Kap39).

16.2 Begriffe und Aufgaben

Verwendet wird hier für das Öffentliche Veterinärwesen der internationale Begriff „Veterinary Public Health" (VPH). Die mit VPH hier und da verbundene Beschränkung auf die *menschliche* Gesundheit ist mit den Aufgaben der öffentlichen Veterinärverwaltung in Deutschland nicht deckungsgleich: Hier umfasst das Öffentliche Veterinärwesen auch den Tierschutz und die Tiergesundheit.

Die folgenden Definitionen dienen der gegenseitigen Abgrenzung, sie sollen aber auch das Beziehungsgefüge zwischen Human- und Tiergesundheit wiedergeben.

Public Health (Öffentliches Gesundheitswesen): Beinhaltet Verhütung von Krankheiten, Verlängerung des Lebens, Förderung der physischen und mentalen Effizienz durch organisiertes Bemühen der öffentlichen Hand (Winslow o.J.). Gegenstände des PH sind Ernährung, Kleidung, Gesundheit, Wohnen, Arbeit, Umfeld (Wasser – Boden – Luft). Public Health zielt auf die Prävention von Krankheiten ab im Gegensatz zur kurativen Medizin mit ihrem individuell therapeutischen Ansatz.

Veterinary Public Health: Kann diesem Sektor auf bestimmten Bereichen zugeordnet werden, da VPH einen wichtigen Teil auf dem

Sektor der Public Health repräsentiert. So müssen alle tierärztlichen Maßnahmen am Lebensmittel liefernden Tier („Großtierpraxis") unter dem Vorbehalt der späteren Verwendung als Lebensmittel gesehen werden. Auch § 1 des nationalen Infektionsschutzgesetzes überträgt dem tierärztlichen Berufsstand in Zusammenarbeit mit den anderen dort genannten Berufen Verantwortung für die Bekämpfung von Krankheiten tierischer Herkunft. Der Berufsstand wird somit auch rechtlich in seiner Funktion im Öffentlichen Gesundheitswesen wahrgenommen.

Veterinary Public Health wurde bereits früh beschrieben als direktes (tierärztliche) Bemühen um die menschliche Gesundheit (Kampelmacher 1979). Dies entspricht dem § 1 des Infektionsschutzgesetzes.

VPH beinhaltet als allgemeine Zielsetzungen Humangesundheit, Tiergesundheit, unter Umständen auch den Arbeitsschutz, Erzeugnisqualität und den Tierschutz. Diese Ziele werden bearbeitet auf der Vertikalen von der Tierhaltung über den Transport, die Schlachtung und die nachfolgende Fleischgewinnung, den Vertrieb und die Gemeinschaftsverpflegung. Die Ziele werden methodisch flankiert von sehr unterschiedlichen Grundlagendisziplinen, die z. B. von der Mikrobiologie bis hin zur Tierverhaltenslehre reichen.

Rechtsumsetzung und Rechtsdurchsetzung: VPH stellt somit eine rechtsbasierte Bearbeitung der Ansprüche des Menschen an die Nutzung der Tiere für menschliche Bedürfnisse dar, sei es für Zwecke der Ernährung oder seien sie dem psychischen Wohlbefinden des Menschen gewidmet.

VPH ist auch Sachwalter der Ansprüche der Tiere im Verlaufe ihrer Lebenszeit und beinhaltet die Betreuung der in der Gesellschaft lebenden Nutz- und Begleittiere in gesundheitlicher und tierschutzmäßiger Hinsicht. Aus der Kenntnis der medizinischen Zusammenhänge in Verbindung mit Kenntnissen zur Haltung folgt Expertenwissen um die Risken, die mit von Tieren stammenden Lebensmitteln verbunden sein können.

Als Gesichtspunkte und Aktivitäten eines Veterinary Public Health werden traditionell folgende, etwas willkürlich wirkende Punkte angesprochen (FAO/WHO 1975, 1990):
– Diagnose, Überwachung, Kontrolle, Prävention und Eradikation von Zoonosen
– Kontrolle von Tierpopulationen, die als Reservoir dienen oder schädlich sind
– Prävention und Kontrolle von Krankheiten, die durch Lebensmittel tierischen Ursprunges zustande kommen
– Ante- und post-mortem-Untersuchung der Schlachttiere
– Beteiligung an Ausbruch-Nachuntersuchungen

- Umweltaktivitäten einschließlich Umgang mit den Vektoren, Wasser, Wild oder Haustieren als Umweltindikatoren
- Soziale Aspekte
- Entwicklung und Produktion von Reagentien
- Biomedizinische Forschung
- Bearbeitung berufsbedingter Krankheiten

16.3 Struktur der Veterinärverwaltung in Deutschland

16.3.1 Die Hierarchie

Ein „Organigramm" der Veterinärüberwachung in Deutschland muss die unterschiedlichen staatlichen Verwaltungsebenen berücksichtigen:
- Bund
- Länder mit weiteren Zwischeninstanzen
- Kommunen als lokal umsetzende Institutionen

Der „Bund" als oberste deutsche politische Ebene ist eingebunden in die Rechtsetzung und auch in die Kontrolle durch die Brüsseler EU-Instanzen: Visitationen der Kreise durch Delegationen aus Brüssel sind mittlerweile Routine.

Auf Bundesebene zuständig ist derzeit das Bundesministerium für Ernährung, Landwirtschaft und Verbraucherschutz (BMELV).

In den Bundesländern ist die oberste Landesbehörde das jeweils für die Überwachung zuständige Ministerium, die konkrete Bezeichnung ist von Bundesland zu Bundesland unterschiedlich. Meist mehrere „Mittelinstanzen" pro Bundesland (Bezirksregierung oder Regierungspräsidium) haben die sog. Fachaufsicht über die unterste Verwaltungsbehörde inne, hier vereinfachend als Veterinäramt bezeichnet, sodass sich eine vertikale Informations- bzw. Anweisungsstruktur ergibt. Die Bezirksregierungen sind teilweise durch Gebietsreformen entfallen. In derartigen Fällen sind die Veterinärämter direkt dem Landesministerium unterstellt, mit Konsequenzen für die (damit gestärkte) Eigenständigkeit der kommunalen Veterinäraufsicht.

Untersuchungsämter sichern die Arbeit der Veterinärämter diagnostisch ab, sie sind für ein bestimmtes Einzugsgebiet zuständig. Hier erfolgt die Untersuchung der durch ein Veterinäramt/Fleischhygieneamt gezogenen Proben auf gesundheitliche Gefährdung, auf das Vorhandensein von Erregern einer anzeige- oder meldepflichtigen Seuche, auf Übervorteilung (Täuschung) oder auch auf die Einhaltung formalrechtlicher Vorschriften, vgl. Tab. 63.

Tab. 63: Organigramm der Veterinärverwaltung in Deutschland

Kommunal	Bezirksregierung (sofern vorhanden)	Land	Bund
Gesundheitsamt Veterinäramt	Medizinal-Untersuchungsamt Veterinär-Untersuchungsamt Lebensmittel-Untersuchungsamt BG (*) – Untersuchungsamt	zuständiges Ministerium	zuständiges Ministerium
	Chemisches Untersuchungsamt	Fachaufsicht	Bundesinstitute wiss. orientierte selbständige Bundesoberbehörden im Geschäftsbereich des BMELV
(*): Bedarfsgegenstände			

Daneben verfügt der Bund über Bundesoberbehörden, die flankierend und ohne Bindung an die Länder Bundesaufgaben übernehmen:
– Bundesinstitut für Risikobewertung (BfR)
– Bundesinstitut für Arzneimittel und Medizinprodukte
– Bundesinstitut für Infektionskrankheiten (Robert-Koch-Institut)
– Bundesumweltamt
– Bundesinstitut für Tiergesundheit (Friedrich-Löffler-Institut) mit mehreren eigenständigen Instituten
– Bundesinstitut für Ernährung und Lebensmittel in Karlsruhe, Kiel, Detmold und Kulmbach (Max-Rubner-Institut)
– Bundesamt für Verbraucherschutz und Lebensmittel (BVL)

Die Bundesinstitute haben unterschiedliche Aufgaben zu bearbeiten:
Das BVL (Bundesamt für Verbraucherschutz und Lebensmittelsicherheit) bearbeitet Fragen des Managements, z. B. die Koordinierung der Länderüberwachung, die Zulassung von Tierarzneimitteln oder die Koordinierung der EU-Inspektionen.
Das BfR (Bundesinstitut für Risikobewertung) erarbeitet auf der Grundlage international anerkannter wissenschaftlicher Bewertungskriterien Stellungnahmen zu Fragen der Lebensmittelsicherheit und des gesundheitlichen Verbraucherschutzes. Das Institut betreibt eigene Forschung.

16.3.2 Die Veterinärämter

Unterste lokale Verwaltungsbehörde für den hier bearbeiteten Sektor ist das Veterinäramt. Veterinärämter sind flächendeckend innerhalb eines Bundeslandes installiert, die Grenzen des Veterinäramtes decken sich mit denjenigen eines Kreises oder eine kreisfreien Stadt. Sie können eigenständige Institutionen oder Teil eines Ordnungsamtes sein. Daneben verfügt die Bundswehr über ein eigenes Veterinärüberwachungssystem.

Aufgaben des Veterinäramtes

Die Aufgaben der Ämter liegen vor allem in der praktischen Überwachung von Lebensmittel be- und verarbeitenden Betrieben, Tätigkeiten in der Tierseuchen- und Tierkrankheitenbekämpfung und auf dem Gebiet des Tierschutzes.

In EU-zugelassenen Schlachtbetrieben ist das Veterinäramt des Kreises oder der kreisfreien Stadt in Form eines Fleischhygieneamtes etabliert. Es gibt somit in einem Kreis mehrere Fleischhygieneämter, je nach der Zahl der Schlachtbetriebe, vgl. Abb. 21.

Abb. 21
Das Fleischhygieneamt ist Teil des Veterinäramtes des Kreises

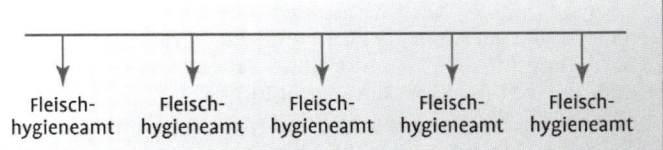

Die Überwachung der Tiere (Nutztiere und Begleittiere) erfolgt in Bezug auf
– Tierseuchen, z. B. Feststellung des Ausbruches einer Seuche, Maßnahmen nach Seuchenausbrüchen, Einrichtung und Vorhaltung von Krisenstäben
– Tierschutz, z. B. in der landwirtschaftlichen Haltung, beim Tiertransport oder auf dem Begleittiersektor
– Überwachung der Fleisch- und Lebensmittelhygiene
– Überwachung der Hygiene im Schlachtbetrieb und in den Betrieben des weiter folgenden Prozessablaufes
– Überwachung der Tierkörperbeseitigung in den Tierkörperbeseitigungsanstalten
– Überwachung kleinerer Geflügelbestände, von Gatterwildbeständen oder von exotischen Tierhaltungen
– Überwachung des Tierverkehrs in Bezug auf den Tierschutz und in tierseuchentechnischer Hinsicht
– Initiierung von Schädlingsbekämpfungsmaßnahmen
– Abnahme von Kenntnisprüfungen hinsichtlich des Tierschutzes und der Hygiene oder der Jagd sowie Ausbildungsaufgaben, z. B. auf dem Sektor der amtlichen Fachassistenten
– Soweit die Mittelinstanzen fortgefallen sind, Überwachung der tierärztlichen Praxen

Betriebsbesuche

Die Überwachung der Betriebe erfolgt durch Betriebsbesuche oder durch eine permanente Präsenz am Ort (Abb. 22), der Betriebsbesuch ist ein zentraler Faktor in der Hygieneüberwachung. Angesichts der naturgemäß unterschiedlichen Gegebenheiten gibt es keine einheitliche Vorgehensweise. Überprüft werden Schlacht- und Zerlegungsbetriebe, Lebensmittelbe- und -verarbeitungsbetriebe, Transportmittel für Lebensmittel, Geschäfte, Märkte, Gaststätten, Imbissgelegenheiten sowie Einrichtungen zur Gemeinschaftsverpflegung (Großküchen, Kantinen, auch Einrichtungen Verpflegung in Zwangsgemeinschaften), auch Tierkörperbeseitigungsanstalten und Tierfuttermittelfabriken, Tierheime, landwirtschaftliche Betriebe oder die Betriebe der vorgelagerten Futtermittelkette.

Die Überprüfung des Personals ist den Gesundheitsämtern (human) übertragen.

Abb. 22
Organisation der Kontrolle von Tieren stammender Lebensmittel

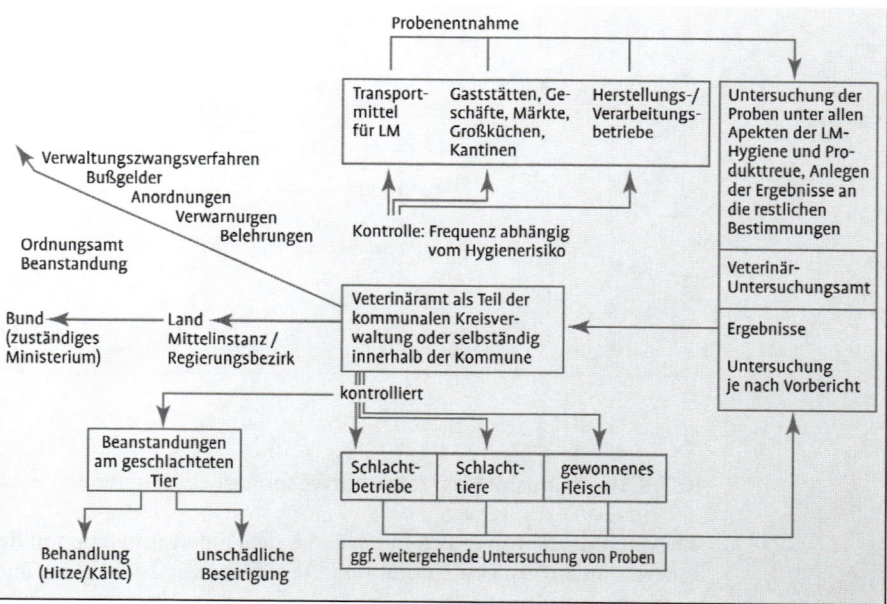

Der Weg der Probe und des Gutachtens

Im Rahmen einer Besichtigungen können auch Proben gezogen werden. Die Zahl der jährlich untersuchten Planproben in den Bundesländern ist unterschiedlich. Die Probenahme erfolgt nach Schwerpunktsetzung, aktuellen Problemen sowie aus besonderem Anlass im überprüften Betrieb. Dem Betriebsinhaber stehen grundsätzlich sog. zurückgelassene Proben (Gegen-, Zweitproben) zu. Sie können auf

Kosten des Betroffenen durch zugelassene private Sachverständige parallel zu den amtlichen Kontrollen untersucht werden.

Vom Veterinäramt geht die gezogene Probe in das Veterinär-Untersuchungsamt oder eine entsprechende Institution wie ein Landesuntersuchungsamt. Es folgt die Untersuchung mit Erstellung des Berichtes mit Gutachten. Im Gutachten wird das Ergebnis mit den einschlägigen rechtlichen und gutachterlichen Unterlagen (z. B. auf der Grundlage des Deutschen Lebensmittelbuchs, auch mittels wissenschaftlicher Publikationen oder basierend auf Ergebnissen der Rechtsprechung) abgeglichen und eine Aussage über die Verkehrs- und Verzehrsfähigkeit abgeleitet.

Die Ergebnisse laufen zurück an das Amt, das die Probe genommen hat. Als Konsequenz kann es zu unterschiedlichen Maßnahmen kommen: Sanktionen „vor Ort", Verfahren wegen Ordnungswidrigkeiten, wegen eines Straftatenverdachts bis hin zur Schließung des Betriebes.

Abb. 23
Der Gang der Dinge bei einer Beprobung

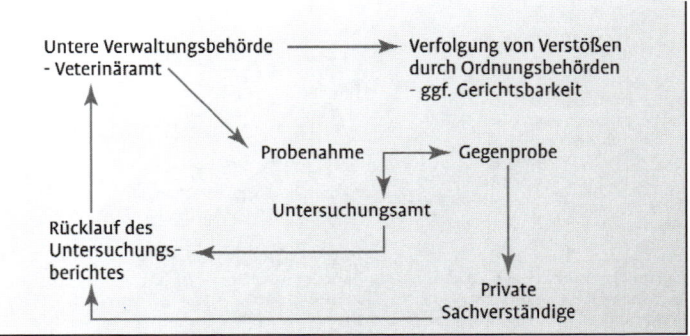

16.3.3 Sonderform: Das Veterinärwesen der Bundeswehr

Der Veterinärdienst der Bundeswehr ist neben den Institutionen der anderen medizinischen Berufe inkl. der Pharmazie und Lebensmittelchemie ein Element des Sanitätsdienstes der Bundeswehr (Pott und Förster 2007). Alle Aufgaben des Öffentlichen Veterinärwesens sind auch innerhalb der Bundeswehr zu erfüllen. So entsprechen etwa die sog. Sanitätskommandos den Veterinärämtern, Zentrale Institute als Prüflaboratorien können mit Landesuntersuchungsämtern verglichen werden.

Auch die Außeneinsätze der Bundeswehr müssen intensiv präventiv flankiert werden.

16.4 Berufsverbände und Arbeitsgemeinschaften

Neben den genannten Institutionen des Öffentlichen Veterinärwesens existieren Zusammenschlüsse von Berufsverbänden und Arbeitsgemeinschaften, in denen das Selbstverständnis und die Tätigkeiten eines Berufes unter sich ggf. wandelnden Bedingungen weiter entwickelt werden. Zum Teil ist deren Existenz rechtlich geregelt (Kammern).

So gibt es den Bundesverband der Fleischkontrolleure oder den Bundesverband der praktizierenden Tierärzte, der Zusammenschluss der tierärztlichen Berufsträger sind die Bundestierärztekammer bzw. die Tierärztekammern der Länder. Die ArgeVet ist die Arbeitsgemeinschaft der Leitenden Veterinärbeamten der Länder, in der Fragen der Rechtsumsetzung länderübergreifend koordiniert werden. Angesichts der unterschiedlichen Strukturen und Organisationen in den Ländern kommt dieser Institution große Bedeutung zu.

16.5 Literatur

16.5.1 Publikationen

Fries, R., J. Luy, und K.-H. Zessin (2004): From stable to table – Das Öffentliche Veterinärwesen und die Veterinärmedizin. Deutsch. Tierärztebl. 52, 1252–1258

Kampelmacher, E. H. (1979): Der Tierarzt im Dienst des öffentlichen Gesundheitswesens. Dtsches Tierärztebl. 27, 570–574

Pott, H.-H., und U. Förster (2007): Das Veterinärwesen der Bundeswehr. Tierärztliche Aufgaben in der Bundeswehr – ein Überblick. Deutsch. Tierärztebl. 55, 166–167.

WHO (1975): The Veterinary Contribution to Public Health Practice. FAO/WHO Technical Report Series No. 573, WHO, Geneve, p. 79

WHO (1990): Veterinary Public Health Reports: Guiding Principles for Planning, Organisation and Management of Veterinary Public Health Programmes. WHO/FAO Collaborating Centre for Research and Training in Veterinary Public Health, Rome, Italy,

Winslov ((im Text Winslow)) (o.J.) zit. in: Skovgaard, N. (1980): The Veterinary Public Health Aspects and Hygiene of Offals and Animal By-products. Arch. Lebensmittelhyg. 31, 78–80

16.5.2 Rechtsvorschriften

Fleischbeschaugesetz (Gesetz, die Schlachtvieh- und Fleischbeschau vom 3.6.1900 betreffend). RGBl von 1900, S. 547

Schlachthausgesetz (Gesetz, die Errichtung öffentlicher, ausschließlich zu benutzender Schlachthäuser vom 18.3.1868 betreffend). In: R. Ostertog (1904): Handbuch der Fleischbeschau. Verlag Enke, Stuttgart, S. 110–112

17   Ziele der Überwachung Lebensmittel liefernder Tiere

Ein funktionierendes Modell der Fehlervermeidung (in diesem Fall bezogen auf die Nutztiere) setzt die Aufstellung eines konsensusfähigen Werte- und Ziele-Kanons voraus, Höhe und Qualität der Ansprüche hängen dabei auch von der geographischen Region und der politischen Lage ab und somit von den lokalen gesellschaftlichen Befindlichkeiten und Bedürfnissen.

Die Festlegung von Zielen orientiert sich daran, wie ein Umstand bewertet wird, ob praktische Korrekturmöglichkeiten vorhanden sind und davon, wie weit diese Maßnahmen politisch akzeptiert werden. Akzeptanz kann sich im Laufe der Zeiten ändern.

17.1 Ein Kanon von Zielen der Überwachung Lebensmittel liefernder Tiere

Zumindest für industrialisierte Staaten gilt bereits, dass auch die Anforderungen der Verbraucher, die das Erzeugnis erwerben oder Kaufzurückhaltung üben können, zu berücksichtigen sind. In Mitteleuropa können die folgenden Ziele genannt werden (vgl. Madie 1992; Carnevale 1993; Sörensen & Petersen 1999):
- Sicherheit und Bekömmlichkeit des produzierten Fleisches für den menschlichen Konsum.
- Sicherstellung, dass durch die Gewinnungsprozesse keine hygienische Destabilisierung oder Kontamination durch pathogene Mikroorganismen eintritt.
- Erfassung der Tierkrankheiten in den Herkünften.
- Sicherstellen einer tierschutzgerechten Fleischgewinnung.
- Verhinderung von Infektionen und Verletzungen bei den Beschäftigten.
- Freisein des Gewebes von Befunden oder Umständen, die erfahrungsgemäß von den Konsumenten nicht akzeptiert werden.

Auch nach Sanco (2000) und den Verordnungen des „Hygienepaketes" der EU zufolge liegen die Ziele der SFU weiterhin in der Gewährleistung der Humangesundheit, der Tiergesundheit und des Tierschutzes. Unter Humangesundheit könnten zusätzlich noch die genannten ästhetischen Aspekte subsumiert werden.

17.1.1 Humangesundheit: Sicherheit und Bekömmlichkeit des produzierten Fleisches

Spätestens die Krise um das Agens der TSEen hat deutlich gemacht, dass Kenntnisse über die Haltungsbedingungen der Tiere existentiell sind für die Sicherheit des Erzeugnisses.

Rückstände
Im dicht besiedelten Raum Mitteleuropas findet eine intensive landwirtschaftliche Produktion statt. Die der Lebensmittelgewinnung dienenden Tiere können daher (a) Rückstände (bewusster) medikamenteller Applikationen enthalten oder (b) mit unbeabsichtigt aufgenommenen Stoffen aus der Umwelt (Agrochemikalien, Verbindungen aus der Industrietechnik) belastet sein.

Neben der Überprüfung des Tieres oder der Herde auf ihren Gesundheitszustand muss daher die Applikation von Medikamenten zur Prophylaxe, Metaphylaxe oder Therapie erfasst bzw. die Möglichkeit illegaler Zuführung von pharmakologisch wirksamen Substanzen beachtet werden. Außerdem müssen Systeme zur Erfassung von Umweltkontaminanten etabliert sein.

In Anbetracht der Gegebenheiten in der landwirtschaftlichen Produktion ist eine vollständige Freiheit der Lebensmittel von Fremden Stoffen kaum zu erwarten. Für jeden Stoff muss somit im Einzelfall die Entscheidung gefällt werden, ob er als gesundheitlich bedenklich einzustufen ist oder nicht. Dieses ist im Sinne der Rechtssicherheit erforderlich. Allerdings können hygienische Haltungsumstände zur Vermeidung von Medikationen beitragen.

Zugelassene Substanzen sind mit Maximum Residue Limits (MRL in der VO (EG) 2377/90) niedergelegt. Die RL 96/23/EG bildet die Grundlage für Untersuchungspläne des Nationalen Rückstandskontrollplanes (vgl. Kapitel 22).

Resistenzen
Zur Ausbildung von Resistenzen wurde im Jahre 1999 eine umfangreiche Studie der EU (SSC 2000) vorgelegt, die den Einsatz in den großen Biosphären Humanbereich, Tiere, Pflanzen und Umwelt zurückzudrängen empfahl. Der Schwerpunkt soll zukünftig auf die Therapie gelegt werden. Der Einsatz als Fütterungsantibiotikum wurde unter rechtlichen und auch unter ethischen Aspekten als nicht mehr akzeptabel angesehen.

Zoonoseerreger
Als realistisch auftretende Zoonoseerreger können genannt werden E.coli (pathogene Varianten), Salmonella enterica, Campylobacter coli/jejuni, Coxiella burnetii, Erysipelothrix rhusiopathiae, Mycobacterium bovis (und Vertreter des MAIC), Toxoplasma gondii, Cys-

ticercus bovis, Trichinella spiralis, Sarcocystis suihominis, Listeria monocytogenes.

Mit der Fleischgewinnung werden diese Erreger weiter in die Lebensmittelkette hineingetragen. Die andauernde Notwendigkeit zur Aufmerksamkeit wird etwa am Beispiel der Tuberkulinisierung deutlich. Die generelle Tuberkulinisierung wurde in Deutschland, da das Land als offiziell Tuberkulose-frei gilt, abgeschafft. Damit ist die Untersuchung von Rindern post mortem die derzeit einzige systematische Erkennungsmöglichkeit der Rindertuberkulose. Dies wird auch von Klinikern kritisch gesehen (Klee 2001).

17.1.2 Gewährleistung der Tiergesundheit/Erfassung von Tierkrankheiten

Tierkrankheiten als solche können in ihrer Konsequenz unterschiedlich bewertet werden:
– Parasitosen wie Ascaris-Befall oder bakterielle/virale Infektionskrankheiten (Pneumonien) können am Einzeltier oder in der Haltung wirtschaftliche Verluste für den Betrieb zur Folge haben, wenn das geschlachtete Tier oder Teile als untauglich beurteilt werden.
– Tierseuchen-Charakter annehmende Tierkrankheiten bewirken in übergeordnetem Maßstab (für den Betrieb und die Region) volkswirtschaftliche Schäden, wie sich am Beispiel von Seuchenzügen der letzten Jahre darstellen lässt.
– Fehlerhafte Tierhaltungstechniken bewirken Technopathien. Neben der Einschränkung des individuellen Tierwohlbefindens entspricht das Produkt darüber hinaus nicht der Produkterwartung.
– Die Übertragung von Zoonoseerregern über lokale morphologische Mängel (z.B. Arhritiden, Abszesse) ist möglich, jedoch bislang nicht ausreichend untersucht. Zu beachten ist in jedem Falle eine prämortale Belastung der Tiere und damit eine nicht auszuschließende mikrobielle Belastung des Gewebes.

17.1.3 Hygiene der Gewinnungsprozesse

Mit der Fleischgewinnung werden vor allem Zoonoseerreger in die Lebensmittelkette hineingetragen. Es muss sichergestellt werden, dass durch die Gewinnungsprozesse keine hygienische Destabilisierung oder weitere Kontamination durch pathogene Mikroorganismen oder durch Verderbsmikroflora eintritt: Die Fleischgewinnungstechnologie ist nicht sicher in dem Sinne, dass Hürden gegen den Transfer von Mikroorganismen bestehen.

17.1.4 Sicherstellen einer tierschutzgerechten Fleischgewinnung

Ein wichtiger Teil in der Akzeptanz von Lebensmitteln tierischer Herkunft ist die Vorgeschichte aus der Haltung und hier der Umgang mit dem Tier. Ziel ist eine vertretbare und vorzeigbare Behandlung der Tiere, die für die Fleischgewinnung vorgesehen sind. Zur Gewährleistung des Tierschutzes sind unterschiedliche Positionen in der Gesamtlinie der Fleischproduktion zu beachten:

Haltung	Erfassung der Sozialfaktoren (Stress)
	technisches Gelingen der Mast (Minimierung von Technopathien)
Transport	Entfernung
	Gewährleistung geeigneter Transportmittel
	technisches Gelingen des Transportes (Minimierung von Transportschäden)
Gewinnung	Wartestallungen
	Zutrieb
	technisches Gelingen der Betäubung

Eine Haltung im suboptimalen Bereich kann den Sozialdruck auf die Tiere steigern (Stress) und in der Folge prämortale Belastung oder Technopathien zur Folge haben. Im Transport sind wichtige Faktoren die Entfernung, das Klima, die Transportmittel oder der Zustand der Tiere vor dem Transport. Im Schlachtbetrieb sind Wartestallungen, der Zutrieb (Arrangement und Durchführung), die Betäubungstechnik und das abschließende Entbluten zu beachten.

17.1.5 Arbeitsschutz bei den Beschäftigten

Ziel ist der Arbeitsschutz in der beruflichen Tätigkeit, was auch die (tierärztliche) Tätigkeit im Nutztierbestand einschließt (z.B. Infektionen, Allergien, Atemwegserkrankungen; vgl. Kapitel 26).

Als Positionen der Aufmerksamkeit können gelten die hohe Arbeitsbelastung (Verletzungsrisiko) und der mikrobiologische Druck (Infektionsrisiko), dem die Beschäftigten ausgesetzt sind.

17.1.6 „Bekömmlichkeit", „Fleischqualität": Freisein von Gegebenheiten, die von den Konsumenten nicht akzeptiert werden

Informationen über die Vorgeschichte eines Tieres werden hier und da bereits erwartet. Dieses „Right to know" bedient subjektive Bedürfnisse der Konsumenten. Es handelt sich um Assoziationen, die auf gesellschaftlichem Konsens beruhen und somit zukünftig verstärkt zu berücksichtigen sind. In jedem Falle jedoch muss bereits heute die technische Machbarkeit derartiger Informationsübermittlung innerhalb der Bevölkerung sichergestellt werden.

Zum Begriff „Qualität" wird auf Kapitel 14 verwiesen. Qualitätsfaktoren, die durch die Konsumenten wahrgenommen werden können oder auch zugeordnet werden, sind ästhetische Belange, d. h., sensorische Umstände (Abweichungen von der Produkterwartung wie PSE-Fleischigkeit).

17.2 Wege zum Ziel

Bereits aus den Zielvorgaben wird deutlich, dass Ansätze, die auf die Fleischgewinnungslinie fokussieren, zu kurz greifen, und dass die Herkünfte einbezogen werden müssen. Zu unterscheiden ist zwischen den jeweils das Ziel „sichernden" Maßnahmen als Grundlage und den bestätigenden (oder aber Fehler aufdeckenden) „Erfassungs"-Techniken, die dann ggf. Korrekturmaßnahmen nach sich ziehen können. Zuletzt müssen die erhobenen Erkenntnisse kommuniziert werden. Daraus folgt:

– Es bedarf einer Analyse der Gegebenheiten, um negativ oder positiv sich auswirkende Faktoren identifizieren zu können.
– Es bedarf der Anwendung derartiger Kenntnisse in Haltung, Transport und Fleischgewinnung.
– Es bedarf effektvoller Verifizierungstechniken, die an der gesamten Linie ansetzen.

17.3 Literatur

Carnevale, R. (Discussion Leader)(1993): Risk Analysis. in: World Congress Meat and Poultry Inspection 1993, Texas, USDA, pp. 301–305

Klee, W. (2001): 100 Jahre Fleischbeschaugesetz. Zu DTBl. 8/2000, S. 796. Deutsches Tierärztebl. 49, S. 20

Madie, P. (1992): Do we still Need Meat Inspection? Vet. Cont. Ed. 145, 77–85

Sörensen, F., and J. V. Pedersen (1999): Survey of Numbers and Types of lesions Detectable in Pig Heads and the Implication for Human and Animal health. Vet. Rec. 145, 256–258

Sanco 2000: Working Document 4403/2000: The Development of a Risk Based Meat Inspection System, European Commission, Health & Consumer Protection Directorate-General, Dir. D., D 2: Bioligical Risks, Brussels

Scientific Steering Committee (SSC) (2000): Opinion on Antimicrobial Resistance. Brussels.

18 Tiermedizin und das Öffentliche Veterinärwesen (Veterinary Public Health)

18.1 Die öffentliche Wahrnehmung der Tiermedizin

Die gesellschaftlichen Anforderungen an den öffentlichen Gesundheitsbereich und auch an den Umgang mit dem Tier stellen eine wichtige Komponente im gesellschaftlichen Leben dar. Diesen real vorhandenen Anforderungen kommt das öffentliche Veterinärwesen nach, auch wenn dies nicht immer mit der Tiermedizin (und auch nicht immer bei den Studierenden) assoziiert wird.

So ist die öffentliche Wahrnehmung der Tiermedizin in den Industrieländern geprägt von der Vorstellung der individuellen Therapie am (privaten, d.h., individuellen und eigenen) Begleittier, tierärztliche Aufgaben in der Großtierpraxis werden zur Kenntnis genommen, tiermedizinische Funktionen in der öffentlichern Gesundheitsvorsorge werden dagegen eher selten thematisiert und sind wohl auch eher unbekannt, wie auch aus Umfragen hervorgeht. Diese Beobachtung manifestiert sich auch in einer Presseanalyse für die Zeit von Januar 2000 bis Oktober 2003 zum Thema „Tierarzt" (Dünnebierg und Fries 2005): In der Gruppe der vorgefundenen Presseartikel zum Thema „Praktiker" (n = 94) verteilten sich die Themen zu ca. 55 % auf den Begleittiersektor, zu ca. 35 % auf die Behandlung ungewöhnlicher Tiere und zu ca. 10 % auf die Betreuung Lebensmittel liefernder Tiere.

Artikel, die Tierärzte im VPH-Bereich behandelten (n = 91), verteilten sich auf den Tierschutz (ca. 21 %, im Erhebungszeitraum stand vor allem die Kampfhundproblematik im Vordergrund), Tierseuchen (ca. 37 %, damals vor allem die BSE) und den Lebensmittel-Kontext mit ca. 42 %, dies jedoch weniger in Bezug auf die den Tierärzten obliegenden Arbeiten wie Kontrolle der zur Schlachtung vorgesehenen Nutztiere (3,3 %) oder die Überprüfung von Lebensmitteln (2,2 %), sondern es ging um schwerpunktmäßig herausgestellte Ereignisse mit Aufmerksamkeitswert (offenbar illegaler Arzneimitteleinsatz in der Mast). Immerhin jedoch wurde „der Tierarzt" als Begleiter der Tiere bzw. des Lebensmittels („from stable to table", 4,4 %) zur Kenntnis genommen.

18.2 Der Berufsstand

Tab. 64: Tierärzte in Deutschland im Jahre 2006 (BTK 2007)		
Praktizierende Tierärzte	11358	
Davon praktizierend mit SFU 2082 praktizierende mit KB 742		
Assistenz/Vertretung (nicht zuzuordnen)	4437	
Praxis-Vertreter/ Angestellte in der LW	536	
Zwischensumme praktizierend		*16331*
Öffentlicher Dienst inkl. BW	5223	
Industrie	1192	
Tierärzte anderweitig tätig und im Ausland	1027	
Zwischensumme tierärztlich tätig, jedoch nicht praktizierend		*7442*
Summe der tierärztlich Berufstätigen		23773
Summe Tierärzte gesamt		34259
SFU: Schlachttier- und Fleischuntersuchung KB: Künstliche Besamung LW: Landwirtschaft BW: Bundeswehr		

Wie aus Tab. 64 hervorgeht, existierten im Jahre 2006 insgesamt 8534 tierärztliche Praxen ohne jegliche finanzielle Verbindung zur institutionalisierten Kontrolle von Lebensmittel liefernden Tieren, eingeschlossen die künstliche Besauung, dies in Relation zu 23773 berufstätigen Tierärzten im selben Zeitraum. Tiermedizinische Praxen, die ohne jegliche Verankerung in der Wahrnehmung öffentlicher Aufgaben arbeiten, d. h., rein praktizierend tätig waren, stellten in diesem Jahr einen Prozentsatz von 35,9 % der tierärztlichen Berufstätigen. Die Assistenztätigkeiten können an Hand der Datenlage in ihrer praktischen Tätigkeit nicht zugeordnet werden.

Der Anteil der tierärztlichen Praxen mit einer Tätigkeit auf dem Gebiet der Schlachttier- und Fleischuntersuchung sinkt (Tab. 66), ein Trend zur Spezialisierung scheint sich abzuzeichnen. Die Zahlen der Tab. 65 zeigen, dass der Großteil der mit Nutztieren befassten Tierärzten männlich ist.

Bezogen auf dieselbe Zahl von 23773 Berufstätigen, beschäftigte der Öffentliche Dienst mit 5223 Tierärzten einen Prozentsatz von 22 %, was durchaus im Widerspruch steht zu der öffentlichen Kenntnisnahme dieses Umstandes.

Tab. 65: Tierärzte praktizierend nach Tierarten 2006 (BTK 2007)				
	Nutztiere	Kleintiere	Beides	Tierärzte ges. mit Großtieren
m	1902	1983	3145	1902 + 3145 = 5047
w	729	2690	909	729 + 909 = 1638
∑	2631	4673	4054	
m: männlich; w: weiblich				

18.3 Die Berufsperspektiven

Die tierärztliche Betreuung der zur Lebensmittelgewinnung vorgesehenen Tiere impliziert Fragen der Haltung, der Tiergesundheit, speziell auch der Tierseuchen und die Hygiene der dort beginnenden

Tab. 66:	Tierärztliche Praxen in Deutschland: Änderungen der Schwerpunkte (Schöne u. Ulrich 1995; Schöne u. Jöhrens 2005; BTK 2007)		
	1994	2004	2006
Tierärzte gesamt	26 118	32 680	34 259
TÄ berufstätig	18 176	22 704	23 773
Praktizierende in eigener Praxis[1]	8834 (48,6 %)	10 713 (47,2 %)	11 358 (47,8 %)
davon ohne SFU	5244 (28,9 %)	7971 (35,1 %)	9276 (39,0 %)
Ass./Praxisvertreter[1]	2715 (14,9 %)	4541 (20,0 %)	4437 (18,7 %)
Überwiegend Großtiere[2]	1632 (18,5 %)	1648 (15,4 %)	2631 (23,2 %)
Kleintiere[2]	2842 (32,2 %)	4687 (43,8 %)	4673 (41,1 %)
Gemischt[2]	4275 (48,4 %)	4376 (40,8 %)	4054 (35,7 %)
Praxis inkl. SFU (2)	3590 (40,6 %)	2742 (25,6 %)	2082 (18,3 %)
[1]: Prozent von Tierärzte berufstätig [2]: Prozent von Praktizierende in eigener Praxis			

Lebensmittelkette. Der Umstand, dass Landwirte als Lebensmittelunternehmer anzusehen sind, wirkt sich auch auf die veterinärmedizinische Tätigkeit aus. Tierärzte stehen hier auch rechtlich in der Verantwortung, auch wenn dies noch nicht überall in der notwendigen Klarheit bewusst sein mag.

Vor allem bei Geflügel und beim Schwein ist eine Entwicklung zu beobachten, nach der große Bestände durch eine relativ kleine Gruppe von Tierärzten betreut werden, dies vorzugsweise präventiv. Offen bleibt die Frage, wo und wie weit für die häufig als Kerngebiet angesehene kurative Praxis in der Tiermedizin Bedarf besteht, d. h., wo die Zukunft der tierärztlichen Berufsausübung liegt. Landwirtschafts-Kammern, Zuchtgesellschaften, Industrie oder auch Futtermittelberater bieten eine breite und konkurrenzfähige Wissenspalette in der Präventiven an.

Andererseits kommen die Halter nicht ohne die tierärztliche Diagnose und Dienstleistung aus. Haltung und Verwertung Lebensmittel liefernder Tiere ist in einer Kette zu sehen, wobei die Interdependenzen zu erkennen und zu vermitteln sind.

Wichtige Beiträge der Tiermedizin auf der Grundlage ihrer Kernkompetenz könnten sein:

Einsatz (und Kontrolle des Einsatzes) von Medikamenten

Der Ersatz antimikrobieller Fütterungsantibiotika, auch die sinnvolle Verwendung (Prudent Use) von Antibiotika setzt zusätzliche Hygieneanstrengungen voraus, so etwa den Aufbau von Beständen, die frei sind von speziellen Zoonoseerregern. Notwendig ist die Anwendung von Grundsätzen des Prudent Use in der Praxis.

Hygiene- und Biosecuritymaßnahmen

Aufbau und/oder Aufrechterhaltung einer adäquaten Bestandshygiene, die bis in die Prozesshygiene der Sekundärproduktion (interne mikrobiologische Prozesskontrollen in der Fleischgewinnung) hineinreicht, basieren auf der Erkennung der epidemiologischen Pfade (auch innerhalb eines Betriebes) von Zoonoseerregern oder anderer Agentien wie etwa von Resistenzgenen. Der zu erwartende Klimawandel wird auch die ökologischen Grundlagen für das Krankheitserregerspektrum verschieben. Hier muss Vorsorge getroffen und notwendige Information zusammengetragen werden.

Tierschutz

Tierärztliche Dienstleister sind Experten auf dem Gebiet des Tierschutzes. So kommt es etwa zu Schäden am Tier durch nicht adäquate Haltungsumstände, was erkannt und so weit wie möglich aufgefangen werden muss. Auch die Abschätzung der Transportfähigkeit von Tieren ist eine eminent wichtige tierärztliche Aufgabe.

Kreisläufe und Produktionslinien („from stable to table")

Einsicht in die Produktionskette hinsichtlich der anfallenden nicht verzehrbaren Stoffe und ihre gefahrlose Entsorgung ist ebenfalls Gegenstand der tierärztlichen Beratung. Notwendig sind Kenntnisse einschlägiger Umweltschutzauflagen und der dementsprechenden Schadstoff-Monitoring-Systeme, auch die Analyse von Tierhaltungen und deren Einfluss auf das Ausmaß von Emissionen sowie die Kenntnis der zugehörigen rechtlichen Grundlagen.

Therapie und Gesundheitsberatung

Neben der nicht infrage stehenden und gerechtfertigten Therapienotwendigkeit bei Nutztieren im Krankheitsfalle ist Aufklärungsarbeit hinsichtlich der Tiergesundheit notwendig. Dies mündet auch ein in die Einschätzungen der späteren Tauglichkeit/Untauglichkeit eines zur Schlachtung vorgesehenen Nutztieres.

Konsumgewohnheiten

Die breite Akzeptanz „naturbelassener" oder „nicht konservierter" Lebensmittel zeigt, dass derartige Entwicklungen auch innerhalb der Tiermedizin antizipiert werden müssen. Gewisse Kenntnisse zur Technologie der Lebensmittel (so etwa Tenazität von Erregern im gesamten Ablauf der Gewinnung, Be- und Verarbeitung von Fleisch) sind daher auch vom praktizierenden Nutz-Tierarzt zu fordern.

18.4 Fazit und Ausblick

Es besteht eine Diskrepanzen zwischen öffentlicher Wahrnehmung der Tiermedizin einerseits und der Spannbreite der Aufgaben dieses Berufsstandes andererseits.

Die im Weißbuch der Kommission (Commission 2000) erstmals zusammenfassend dargestellten neuen Bestrebungen der EU zur Überwachung gehen parallel mit der Bundestierärzteordnung (BTO). In §1 BTO ist festgelegt: „Der Tierarzt ist berufen, Leiden und Krankheiten der Tiere zu verhüten, zu lindern und zu heilen, zur Erhaltung und Entwicklung eines leistungsfähigen Tierbestandes beizutragen, den Menschen vor Gefahren und Schädigungen durch Tierkrankheiten sowie Lebensmittel und Erzeugnisse tierischer Herkunft zu schützen und auf eine Steigerung der Güte von Lebensmitteln tierischer Herkunft hinzuwirken".

Die Verordnung (EG) 854/2004 fasst die Philosophie der EU in Form von Ausbildungsinhalten zusammen, die für Tierärzte, wollen sie auf dem Überwachungssektor tätig werden, verbindlich sind. Sie wurden folgerichtig in die Curricula des tierärztlichen Studiums übernommen, sofern sie nicht bereits vorher im Angebot der Institute berücksichtigt waren.

Die Philosophie des Erhaltes der Tiergesundheit und der Hygiene-Gewährleistung, sei es in Form der traditionellen Schlachttier- und Fleischuntersuchung, sei es als Hygienemanagement, ist bislang in den „developed countries" vorgedacht und entwickelt worden. Sie erlangt nun Gültigkeit zunehmend auch für den globalen Lebensmittelmarkt und die globalen Tierbewegungen. Dieser in Europa entstandene und über Jahrzehnte weiter entwickelte Wissensfundus ist ein wichtiges globales Know-how, das derzeit an den Universitäten angesiedelt ist und dort fortentwickelt wird.

Dennoch nimmt auch in Deutschland offenkundig der bereits in anderen europäischen Ländern und den USA vorhandene Trend zu, sich auf die Individualtherapie von Begleittieren zu konzentrieren. Dies kann sich auf den Berufsstand insoweit auswirken, als essentielle und fachspezifische Kompetenzen auf dem Sektor des VPH in andere Berufe abwandern und somit verloren gehen könnten.

Die nicht immer genügend zur Geltung gebrachten oder zur Kenntnis genommenen Aufgaben innerhalb der Tiermedizin können bereits während des Studiums Probleme mit der Akzeptanz des Curriculums und der letztlichen Berufswirklichkeit durch die Studierenden zur Folge haben.

Im Falle einer Abwendung der Veterinärmedizin vom VPH, auch infolge mangelnden Nachwuchses auf diesem Bereich, würde „Insight" verloren gehen und gewachsene Traditionen würden unterbrochen.

18.5 Literatur

Bundestierärztekammer (2007): Statistik 2006: Tierärzteschaft in er Bundesrepublik Deutschland. Zusammenstellung der Daten aus der Zentralen Tierärztekartei (Stand: 31. Dezember 2006). Dtsches. Tierärztebl. 55, 969–979, Korr. 1389–1392

Commissionof the European Communities (2000): White Paper on Food Safety, COM (1999) 719 final. Brussels

Dünnebierg, K., und R. Fries (2005): Die Wahrnehmung der Veterinärmedizin in den Printmedien. Dtsch. Tierärztl. Wschr. 112, 24–27

Fries, R., J. Luy, und K.-H. Zessin (2004): From stable to table – Das Öffentliche Veterinärwesen und die Veterinärmedizin. Deutsch. Tierärztebl. 52, 1252–1258

Schöne, R., und H. Ulrich (1995): Statistische Untersuchungen über die Tierärzteschaft in der Bundesrepublik Deutschland (Stand 31. 12. 1994). Deutsch. Tierärztebl. . 43, 607–614

Schöne, R., und Chr. Jöhrens (2005): Statistische Untersuchungen über die Tierärzteschaft in der Bundesrepublik Deutschland (Stand 31. 12. 2004). Deutsch. Tierärztebl. 53, 643–650

Die Hygiene

19 Hygiene allgemein

Die Lebensmittelkette reflektiert den Transformationsprozess (Bilgili 2005) der Nutztiere zu Humanlebensmitteln. Es findet ein dauernder Ein- und Übertrag mikrobieller oder anderer Agentien statt, wobei in der Primärproduktion eine höhere mikrobielle Belastung zu erwarten ist als in der Sekundärproduktion. In der Primärproduktion ist das Eindringen unerwünschter Agentien möglichst zu vermeiden, in der Sekundärproduktion darf keine Verschlechterung des Hygienestatus der einkommenden Tiere und des nachfolgenden Gewebes eintreten.

Neben der individuellen Kontrolle der Nutztiere ist die (überindividuelle) Hygienekontrolle das zweite zentrale Anliegen der Überwachung, in der es nicht um das Krankheitsgeschehen, sondern um den Transfer unerwünschter Agentien über Carrier sehr unterschiedlicher Art geht.

Die Auffassung von „Hygiene" und deren Sicherstellung hat sich im Laufe der Zeit gewandelt. Die Entwicklung ging von der isolierten Prüfung eines einzelnen Objektes (wozu auch die traditionelle Schlachttier- und Fleischuntersuchung zu rechnen ist), hin zur Steuerung des Produktionsablaufes: Die Erzeugnisse sind das Ergebnis einer prinzipiell beeinflussbaren Linie („from stable to table"). Insgesamt können mehrere „Verteidigungslinien" gegen das Eindringen unerwünschter Substanzen oder Agentien identifiziert werden. Es gilt:

Erste Linie: Hygiene der Haltungsbedingungen der Nutztiere
Zweite Linie: Fleischgewinnungstechnologie
Dritte Linie: Fleischerzeugnisse und die Technologie der Be- und Verarbeitung
Vierte Linie: Zubereitung in der (Groß-) Küche inkl. der Konsumentenaufklärung

Generell ist zu unterscheiden zwischen dem System-immanenten Risiko, das im technischen Ablauf bereits angelegt ist und einem „einmaligen" Zwischenfall, z. B. einer nicht gelungene Evisceration oder fremden Gegenständen in einem Produktbehälter. Havarien sollten nicht eintreten, sie stellen jedoch keine prinzipielle Schwäche eines technischen Ablaufes dar.

Im Falle eines prinzipiell unsicheren Prozesses birgt der Ablauf als solcher bereits Gefahren in sich, z. B. dass sich ein unerwünschtes Agens bereits in der Herkunft befindet oder dass der technische Ablauf gegen den Eintrag eventuell vorhandener Agentien von außen nicht genügend gesichert ist.

19.1 Der Begriff Hygiene

Bemühen um die Hygiene nimmt – je nach betrachteter Phase im Prozess – unterschiedliche Bedeutung an. Insofern gibt es für diesen schwierigen Gegenstand zahlreiche Definitionsansätze.

Für den Humanbereich
Hygiene ist der Teil der medizinischen Wissenschaft, der sich mit der gewohnheitsmäßigen Umgebung des Menschen befasst und diejenigen Momente (…) zu entdecken und zu beseitigen versucht, welche Störungen im Organismus zu veranlassen (…) imstande sind (Flügge, zit. bei Borneff, 1981).

Für die Lebensmittelkette
In der Landwirtschaft ist Hygiene Prävention von Tierkrankheiten und Sicherung gegen den Eintrag humanrelevanter Agentien.

Bei Lebensmitteln steht als Zielsetzung der menschliche Gebrauch im Vordergrund. Verderb und gesundheitsgefährdende Umstände müssen voneinander getrennt werden; Jede organische Substanz „verdirbt" in Abhängigkeit von Zeit und weiteren Faktoren, gesundheitsrelevante Agentien können aber auf oder in Lebensmitteln auftreten, ohne dass es Anzeichen hierfür gibt.

Hygiene ist somit die Steuerung der mikrobiologischen Kontamination durch technische Eingriffe, die die letztendliche mikrobiologische Beschaffenheit des betrachteten Erzeugnisses für Mensch, Tier, Pflanze und Umwelt als unbedenklich erscheinen lässt und die eine möglichst lang produktspezifische Haltbarkeit gewährleisten.

19.2 Ableitung eines „Hygienesystems"

„Hygiene" beinhaltet unterschiedliche Einzelelemente. Es gilt daher zunächst, die notwendigen Elemente in einer gedachten Abfolge zusammenzustellen.

Was tritt auf?
Ausgegangen wird von einer technisch funktionierenden Kette, die auf der Basis der vorliegenden Daten als sicher bezeichnet werden kann, entsprechend den jeweiligen lokalen oder produktbezogenen

Ansprüchen. Notwendig ist die Zusammenstellung eines Kataloges der in der Kette infrage kommenden physikalischen, chemischen und biologischen Agentien.

Wie sind die gefundenen Umstände zu bewerten?

Nicht jeder von der Norm abweichende Umstand kann als Risiko gelten oder lässt für bestimmte Fragestellungen aussagekräftige Interpretationen zu. Es muss daher auch entschieden werden, ob und warum bestimmte Umstände überhaupt vermieden werden sollen. Erst danach kann über geeignete Maßnahmen zur Prävention, Dokumentation und ggf. die zu ziehenden Konsequenzen entschieden werden.

Welche Techniken zur Hygienesicherung stehen zur Verfügung?

Nach Identifizierung der unerwünschten Umstände oder eines abzustellenden Gefährdungspotenzials gilt es, aus dem zur Verfügung stehenden methodischen Grundelementen die Techniken zu übernehmen, die die Gewähr für eine wirkungsvolle Sicherung der Abläufe darstellen.

Derartige Installationen können Sicherungsmaßnahmen wie „Best Practices" in Primär- und Sekundärproduktion oder spezielle Sicherungsmaßnahmen wie Reinigung und Desinfektion auf jeder Stufe sein.

„Control" versus Verifizierung

Sichergestellt werden muss nun die „tägliche Beherrschung" („control").Zu unterscheiden ist zwischen Endpunkt-Kontrollen und In-Prozess-Steuerung. Auch die festzulegenden Positionen in der Abfolge müssen zielorientiert ausgewählt werden.

Verifizierende Maßnahmen sollten so einfach sein, dass sie regelmäßig durchzuführen sind. Die praktische Umsetzung kann auf der internen Schiene oder als externe (amtliche) Überprüfung ablaufen.

Für den Fall, dass die Hygieneziele nicht erreicht werden, sind Limits und auch korrigierende Eingreifszenarien notwendig. Für die Hygiene der Fleischgewinnung liegen mit der Verordnung (EG) 2073/2005 nunmehr auch Grenzwerte vor.

Zertifizierung

Die konkreten Installationen können zusätzlich dokumentiert werden durch eine „Abnahme durch Dritte", z. B. durch Zertifizierungsinstitutionen.

19.3 Literatur

Bilgili, S. F. (2005): Sanitary/hygienic equipment design. In: Proc. XVIIth Europ. Symp. On the Quality of Poultry Meat, Doorwerth, the Netherlands, 23–26 May 2005, 276–281

Flügge, zit. bei Borneff, J., und M. Borneff (1991): Hygiene. Ein Leitfaden für Studenten und Ärzte. Verlag Thieme, Stuttgart, S. 1

20 Sicherstellung der Hygiene im technischen Ablauf – „Best Practices"

20.1 Gute Hygienepraxis in der Primärproduktion

Es gilt, den Transfer unterschiedlicher Agentien von Tier zu Tier in vertikaler und horizontaler Richtung möglichst weitgehend zu verhindern.

20.1.1 Biosecurity

Mittlerweile erzwingt die Rechtsetzung in den Tierhaltungen intensivierte Maßnahmen gegen das Auftreten von Zoonoseerregern.

Biosecurity wird beschrieben als Schutz gegen Risiken, die von Krankheiten und Agentien ausgehen. Das Grundvorgehen besteht aus Schutz vor dem Eintrag, aus Eradikation und gezieltem Steuern, unterstützt durch ein Überwachungssystem, das Daten zusammenstellt und diese mit den infrage kommenden Institutionen austauscht. Es stellt die Gesamtheit von Risikomanagement-Praktiken in der Verteidigung gegenüber biologischen Gefahren dar (Gunn et al. 2008).

Vereinzelte Maßnahmen erbringen kaum einen durchschlagenden Erfolg, notwendig ist eine umfassende Strategie, die alle Bereiche des Betriebes umfassen muss (s. Kasten). Vor allem bauliche Maßnahmen können wohl nur längerfristig realisiert werden, während Managementmaßnahmen auch kurzfristiger möglich sind.

Maßnahmen wie die unten beschriebenen helfen insgesamt weiter, sowohl um häufig vorkommende Zoonosenerreger nicht weiter zu verbreiten als auch, um Tierart-spezifische Erkrankungen allgemein besser unter Kontrolle zu halten. Weiterhin können die genannten Punkte zur Sensibilisierung aller beteiligten Personen beitragen und helfen, die notwendigen Strukturen zu etablieren.

Maßnahmen zu einer umfassenden Biosecurity beim Geflügel (Fries 2008)

1. Gelände
2. Gebäude und Gerät
3. Management auf dem Gelände insgesamt
4. Bestandswechsel und Neuaufstallung
5. Maßnahmen zur Reinigung und Desinfektion
6. Lagerung und Entsorgung der Einstreu und anderer anfallender Stoffe
7. Futter und Wasser als Vektoren
8. Der Mensch als Vektor für pathogene Mikroorganismen
9. Tiertransporter/Materiallieferanten sowie innerbetriebliche Bewegungen auf dem Gelände
10. Tierärztliche Tätigkeiten (Prävention und ggf. Behandlungen)
11. Die Rolle der Tiere als Carrier

In einer belgischen Studie wurden die Biosecurity-Maßnahmen in Schweinehaltungen miteinander verglichen (Ribbens et al. 2008). Als wesentlich wurde (u. a.) bei Betrieben mit hohem Biosecurity-Niveau herausgestellt, dass ein Raum zum Wechseln der Schutzkleidung zur Verfügung stand und dass Desinfektionsmatten eingesetzt wurden; Außerdem, dass die Tiere keinen Auslauf hatten und ein Kadaverplatz vorhanden war. Besucherschutzkleidung war zwingend, ein Betreten der Stallungen ohne Anmeldung war untersagt.

Kürzlich wurden für die Rinderhaltung Hygieneleitlinien vorgestellt (Hüttner 2007). Es handelt sich um Grundvorgaben, die in Anlehnung an die Schweinehaltungshygiene-Verordnung zwischen unterschiedlichen Größenordnungen unterscheidet und grundlegende Vorgehensweisen niederlegt, so u. a.:

- Regelung von Zufahrten und Befahren des Geländes
- Vorhandensein von Umkleidemöglichkeiten
- Vorhandensein von Stallabteilungen
- Durchführung von Reinigungs- und Desinfektionsmaßnahmen
- Trennung der Altersklassen
- Gesundheitszustand zugekaufter Tiere entsprechend dem der Herde
- Festschreibung des Dungmanagements
- Klauenbehandlungsgelegenheiten
- Dokumentation der Tiergesundheit
- Organisation der Weidehaltung

Fallbeispiel Auslauf

Eine spezielle Herausforderung stellt die Nutzung und Pflege von Tierausläufen dar, da Ausläufe nur schwer zu hygienisieren sind. Auf die Oberflächen wirkt auf Dauer das Sonnenlicht dekontaminierend. Geht es dagegen um die tieferen Schichten, sind nur unpraktikable Möglichkeiten zur Hand (Aufbringen und Einsickern lassen von desinfizierenden Stoffen, Begasen unter Planen oder spatentiefes Abheben von Bodenschichten). Längeres Leerstehen lassen oder die Bepflanzen scheinen eher umsetzbar.

Dies illustriert gleichzeitig die Problematik des Auslaufes, womit v. a. die Betreiber ökologischer Tierhaltungen konfrontiert sind. Unter intensiver Nutzung erschöpfen die Böden in hygienischer Hinsicht schnell.

20.1.2 Recht

Auch über die EU-Schiene wurden Vorstellungen über eine präventive Hygiene in der Landwirtschaft entwickelt. Sowohl in der VO (EG) 852/2004 als auch in der VO (EG) 1244/07 finden sich Hinweise, die zwar z.T. sehr allgemein gehalten sind, die jedoch auch Schwerpunkte und die zukünftige rechtliche Entwicklung verdeutlichen.

Hygiene in der Primärproduktion (Anhang I der VO (EG) 852/2004)
Teil A: „Allgemeine Hygienevorschriften für die Primärproduktion und damit zusammenhängende Vorgänge"
– Ergreifung von Maßnahmen zur Verhinderung der Kontamination auf allen Bereichen der Tätigkeit auf dem Betrieb
– Sauberhaltung aller in Betracht kommenden Anlagen des landwirtschaftlichen Betriebs
– Maßnahmen betreffend den Tierschutz, die Tiergesundheit und die Pflanzengesundheit
– Sauberhaltung von Anlagen und Gerät einschließlich von Reinigungs- und Desinfektionsmaßnahmen
– So weit wie möglich Gewährleistung der Sauberkeit der Tiere
– Einsatz von Wasser: Trinkwasser oder sauberes Wasser
– Personal: Gefordert wird Gesundheit und Schulung in Hinblick auf Gesundheitsrisiken
– Vorbeuge einer Kontamination durch Abfälle
– Verhinderung des Einschleppens/Verbreitens von Zoonosen
– Berücksichtigung von Analyseergebnissen
– Buchführung über Präventivmaßnahmen, Futtermittel, Tierarzneimittel, Krankheiten

Teil B: „Empfehlungen, die für Leitlinien für eine Gute Hygienepraxis infrage kommen
Beschreibung von Maßnahmen hinsichtlich:
– Bekämpfung von Kontaminationen durch Mykotoxine, Schwermetalle, Radionuklide
– Verwendung von Wasser, Verbleib organischer Abfälle, Einsatz von Düngemitteln
– Sachgemäßer Einsatz von Agrochemikalien
– Sachgemäßer Einsatz von Tierarzneimitteln
– Zubereitung, Lagerung, Einsatz, Rückverfolgbarkeit von Futtermitteln
– Entsorgung von verendeten Tieren, Abfällen, Einstreu
– Schutzmaßnahmen zur Verhinderung der Einschleppung von Zoonosen und die Meldepflicht gegenüber der Behörde

- Verfahren zur Sicherstellung einer hygienisch angemessenen Produktion von Lebensmitteln (inkl. effektvoller Reinigungsmaßnahmen und Schädlingsbekämpfung)
- Maßnahmen hinsichtlich der Sauberkeit der Tiere
- Buchführung

Weitere rechtliche Anforderungen werden gestellt, wenn beabsichtigt ist, beim Mastschwein eine „visuelle post-mortem-Untersuchung" (Risk Based Meat Inspection) umzusetzen.

Zusätzliche Anforderungen im Falle einer Risiko-orientierten Fleischuntersuchung nach der VO (EG) 1244/2007
- Futtermittel aus Einrichtungen, die die Herstellung reproduzieren können
- Bei Raufutter: ggf. trocknen oder pelletieren
- Soweit wie möglich Durchführung eines „Rein-raus-Verfahrens"
- Einkommende Tiere unterliegen einer Quarantäne
- Kein Zugang zum Freien, es sei denn, die Bedingungen sind auf einer Risikoanalyse basierend entsprechend sicher
- Vorliegen von Informationen von der Geburt bis zur Schlachtung inkl. der Haltungsbedingungen
- Einkommende Einstreu muss vorbehandelt werden
- Betriebspersonal hält die entsprechenden Hygienebestimmungen ein
- Zugang zu den Tieren ist geregelt und limitiert
- Keine Tourismuseinrichtungen auf dem Gelände
- Kein Zugang zu Müllhalden oder Hausmüll
- Vorhandensein von Schädlingsbekämpfungsplänen
- Keine Silageverfütterung
- Abwässer und Schlämme aus Kläranlagen dürfen nicht in die Bereiche gelangen, in denen sich die Tiere aufhalten

20.1.3 Good Veterinary Practice (GVP)

GVP bezieht sich auf alle Bereiche der tierärztlichen Berufsausübung, allgemeine Anforderung ist die Transparenz tierärztlicher Aktivitäten. Für die tierärztliche Großtierpraxis geht es vor allem um Tiergesundheit, Lebensqualität der Nutztiere, Verbraucherschutz, Umwelt oder auch die Verpflichtung zur Information und Beratung:
- Allgemeine Beratung und Bestandsbetreuung
- Abstellen von auftretenden Technopathien
- Prävention des Eintrags von Zoonoseerregern
- Beachtung des Risikos der Ausbildung von Resistenzen
- Beachtung des Risikos der Rückstandsbildung bei einem Arzneimitteleinsatz

– Dokumentationspflicht, z. B. legale Abgabe von Medikamenten
– Kurative Maßnahmen im Falle von Krankheiten
– Beratung bei Schlachtentscheidungen (Schlachtfähigkeit)
– Ante-mortem-Untersuchungen bei Notschlachtungen
– Beratung und Entscheidung in Fragen der Transportfähigkeit von Nutztieren
– Kennzeichnung der Tiere mit dem Ziel der Rückverfolgbarkeit
– Bewusstsein um die Behandlungseinschränkungen bei Equiden zur Lebensmittelwidmung

Prudent Use
Bezug hier ist der Einsatz von Antibiotika. Risiken der Ausbildung und des Übertrags von Resistenzen müssen soweit möglich durch geeignete Maßnahmen im Herkunftsbestand eingegrenzt werden, z. B. durch die Sanierung auffälliger Herkünfte. Konsequenterweise definiert sich „Prudent Use" als Maßnahme, die therapeutische Effekte in den Vordergrund stellt und die Resistenzbildung möglichst klein hält Leitlinien (N. N. 2000) beschreiben den Umgang mit Antibiotika.

„Prudent Use" zur Reduzierung des Aufkommens von Resistenzen
Dosierung:
– Nicht abweichend niedrig
– Nicht abweichend lange
– Nicht abweichend kurz
– Nicht ungezielt (Erstellung eines Antibiogramms)
– Resistenzlage der Region beachten
– Möglichst individuelle Therapie unter Dokumentierung des Mittels und der Menge
– Beipackzettel sind zu berücksichtigen
Mittelauswahl:
– Vorzugsweise Bezug auf die VO (EG) 2377/90
– Umwidmungen vermeiden
– Möglichst kein Einsatz von Reservemitteln
– Möglichst keine Breitband-Antibiotika verwenden
– Rotierende Anwendung der Antibiotika

Tiergesundheit
In der Beherrschung auftretender Tierkrankheiten wäre die Ausmerzung bestimmter Erreger (und der Aufbau von SPF-Herden) die bestmögliche Option. Weitere Möglichkeiten sind die Aufrechter-

Tab. 67:	Impfungen gegen verschiedene Gesundheitsprobleme in unterschiedlichen Altersklassen beim Schwein (Stevens et al. 2007):		
	Sauen	Ferkel und Absetzer	Mastschweine
Reproduktionstrakt	10 – 48 %	1 – 4 %	0 – 2 %
Respirationstrakt	2 – 5 %	0 – 53 %	14 – 47 %
Intestinaltrakt	0 – 48 %	0 – 6 %	0 %
Andere (E.rh)	4 – 68 %	0 – 10 %	0 – 38 %

haltung und Verbesserung der Hygiene oder die Durchführung von Impfungen, jeweils bezogen auf die Nutzungsgruppe. Flächendeckung ist jedoch nicht immer gegeben, was den Erfolg infrage stellen kann. Aus einer englischen Studie an Schweinen ergibt sich altersabhängig ein unterschiedliches Vorgehen bei der Impfung (Tab. 67).

Salmonellen: Die Impfung gegen S. Enteritidis bei Hühnern zur Konsumeierproduktion ist Pflicht, nicht dagegen bei Schweinen. Aus den Ergebnissen einer vergleichenden Literaturstudie zur Effizienz der Immunisierung bei schlachtreifen Mastschweinen kann aber geschlossen werden, dass Impfungen mit einer reduzierten Salmonellenprävalenz bei den Tieren einhergehen (Denagamage et al. 2007).

Probiotika: Nach dem weitgehenden Verbot antibiotischer Futtermittelzusatzstoffe wird den Probiotika verstärkt Interesse entgegengebracht, da sie in der Lage sein sollen, durch Besetzung des Milieus die Ausbreitung pathogener Keime wie Salmonella zu unterbinden. Probiotika wirken antagonistisch, es handelt sich v. a. um eine Mikroflora unterschiedlicher Zusammensetzung, die organische Säuren, Bakteriozine oder Verdauungsenzyme produziert und in Form der „competitive exclusion" (Ausschluss von Konkurrenz-Mikroflora) wirkt.

20.2 Gute Hygienepraxis in der Sekundärproduktion

In der Sekundärproduktion wird dem Hygienegedanken traditionell, auch rechtlich, breite Priorität eingeräumt. Angesichts des Transfers der infrage kommenden Agenten aus der Primärproduktion hat die Konzentration auf die Fleischgewinnung jedoch immer zu kurz gegriffen. Prinzipiell kann die Fokussierung alleine auf diese Phase als ein systematischer Fehler angesehen werden.

Management: Die Betriebsleitung ist verantwortlich für die praktische Umsetzung auch der Hygieneanforderungen. Befürchtungen über einen vermeintlichen Widerstreit zwischen Produktivität und Sicherheit greifen zu kurz, da festgestellte Hygienemängel auf das Erzeugnis zurückfallen.

Die Installation einer Abteilung/einer verantwortlichen Person für die gesamte Organisation hygienerelevanter Umstände bietet sich an. Hier wird sich zunehmend Sachverstand ansammeln, der auch für Fragen von Verbesserungen oder Neuanschaffungen/Umbauten abgerufen werden kann.

Hygienepläne listen die für den betreffenden Ablauf zu beachtenden Grundsätze auf und machen die Befolgung für die beteiligten Personen zur Auflage, z. B. in Form von Standard-Arbeits-Anleitungen für jede einzelne Tätigkeit.

Die Aufstellung eines betriebsinternen Planes beinhaltet Abläufe,

Räume, Geräte, die Beschäftigten, eine Produktbeschreibung und die Kontrolle der Einhaltung der Vorgaben. Auf dieser Basis werden (Eigen- oder Fremd-) Untersuchungen bzw. Präventivmaßnahmen durchgeführt:

– Schädlingsbekämpfung (Pläne und Resultate)
– Mikrobiologische Untersuchungsergebnisse (am Erzeugnis oder in der Linie)
– Messung technischer Daten wie Temperatur-, und Zeitabläufe
– Allgemeines Hygiene-Monitoring in Form von Checklisten
– Wartung und Inspektion des Geräteparks
– Trinkwasseruntersuchungen
– Prüfung der eingegangenen Waren oder der ankommenden Tiere
– Untersuchungen am Erzeugnis (betriebsabhängige Spezifikationen, ggf. rechtlich gefordert)

Gesichtspunkte der „Hygiene" in der Sekundärproduktion

Bauliche Anlagen, Räume
Betriebsplan, Grundrisse, Unterteilungen, Widmung, Vorhandensein vorgeschriebener Räume, Beschaffenheit, Reinheitszustand, baulicher Zustand, Ausgestaltung der Räume, Struktur des Gesamtensembles

Gerätemäßige Ausstattung
Hygieneinstallationen, Klimatisierung, Ausgestaltung der Arbeitsplätze, Modernitätsgrad, Hygieneschleusen als Beispiel einer „passiven" Hygieneinstallation

Abläufe
Produktionsfluss (eingehende Rohwaren und deren Lieferanten, Abgänge), Erzeugnisse, Gesamtlogistik, Abfälle

und deren Wege, Entsorgung je nach Qualität als Kategorie 1, 2 oder 3 nach der VO (EG) 1774/2002

Mensch als Faktor in der Produktion
Gesundheit, persönliche Sauberkeit, Informations- und Ausbildungsstand, Festlegung der Tätigkeiten in Form von Arbeitsanleitungen für die einzelnen Positionen, Einhaltung der Vorgaben am Arbeitsplatz, persönliches Verhalten, Einhalten der Auflagen, Gesundheitszeugnisse

Betriebsorganisation
Interne Logistik, R + D.-Programme, Verarbeitungsvolumen und Kapazität, Hygienebeauftragter, Reinigung und Desinfektion inkl. Effizienzkontrollen

20.3 Literatur

Denagamage, T. N., A. M. O'Connor, J. M. Sargeant, A. Rajic, and J. D. McKean (2007): Efficacy of Vaccination to Reduce Salmonella Prevalence in Live and Slaughter Swine: A Systematic Review of Literature from 1979 to 2007. Foodb. Path. Dis. 4, 539–549

Fries. R. (2008): Hygienegrundsätze. In: Geflügeljahrbuch 2009 (Schriftleitung: K. Damme, C. Möbius). Verlag Ulmer, Stuttgart, S. 203–222

Gunn, G. J., C. Heffernan, M. Hall, A. McLeod, and M. Hovi (2008): Measuring and Comparing Constraints to Improved Biosecurity amongst GB Farmers,

Veterinarians and the Auxiliary Industries. Prev. Vet. Med. 84, 310–323

Hüttner, K. (2007): Ein klares „ja" zu empfehlenden Hygienestandards in der Rinderhaltung. Deutsch. Tierärztebl. 55, 1256–1257

N. N. (2000): Leitlinien für den sorgfältigen Umgang mit antimikrobiell wirksamen Tierarzneimitteln. Hrsg.: Bundesärztekammer und Arbeitsgemeinschaft der Leitenden Veterinärbeamten. Dtsches Tierärztebl. *48*, Beilage

Ribbens, S., J. Dewulf, F. Koenen, K. Mintiens, L. De Sadeleer, A. De Kruif, and D. Maes (2008): A Survey on Biosecurity and Management Practices in Belgian Pig Herds. Prev. Vet. Med. 83, 228–241

Stevens, K. B., J. Gilbert, W. D. Strachan, J. Robertson, A. M. Johnston, D. U. Pfeiffer (2007): Characteristics of Commercial Pig Farms in Great Britain and Their Use of Antimicrobials. Vet. Rec. 161, 45–52

21 Verifizierung der Hygiene: Direkt-Techniken

Die Vergleichbarkeit von Ergebnissen unterschiedlicher Untersucher/Labors beruht auf der identischen Anwendung von Methoden. Sind daher die zutreffenden Kriterien gefunden und in ein Gesamt-System eingebunden, stellt sich die Frage nach der „richtigen", d. h., allgemein akzeptierten Methodik.

„Prelab": Wichtige Entscheidungen fallen bereits in der Phase der Probenentnahme. Für bestimmte Nutzungsgruppen kommen häufig bestimmte Fremde Stoffe zur Analyse in Betracht. Daher muss die Probenahme in Abhängigkeit von Nutzungsgruppe und Alter der Tiere vorgenommen werden.

Zu berücksichtigen sind auch die in der VO (EG) 2377/90 vorgeschriebenen Zielgewebe (Muskulatur, Niere, Leber, Milch, Eier). Für den Sekundärbereich (Fleischgewinnung) ist die VO (EG) 2073/2005 zu befragen.

„Inlab": Der Nachweis eines Zielparameters (z. B. durch Techniken der Mikrobiologie) erfolgt unter Einhaltung von Prinzipien der Guten Laborpraxis (GLP). GLP dient der Gewährleistung der präzisen Umsetzung einer Methode. Sie befasst sich mit dem organisatorischen Ablauf und den Bedingungen, unter denen Laborprüfungen geplant, durchgeführt und überwacht werden sowie mit der Aufzeichnung und Berichterstattung der Prüfung (Chemikaliengesetz). Für spezielle Untersuchungssequenzen bieten sich die weit entwickelten Normen auf dem nationalen (DIN) bzw. internationalen (EN und ISO) Sektor an.

Dagegen weisen Ergebnisse von Begehungen/Beobachtungen häufig einen subjektiven Charakter auf. Sie sind daher inhaltlich möglichst weitgehend zu objektivieren.

21.1 „Harte" Daten

Hierzu gehören die laborgestützten Techniken wie mikrobiologische oder chemische Datenerhebungen.

21.1.1 Mikrobiologische Techniken

Es kann entweder die direkte Beprobung einer Oberfläche stattfinden mit Aufarbeitung des Kontaktmediums oder es erfolgt die Entnahme von Probenmaterial, das dann insgesamt in einer zerstörenden Untersuchung aufgearbeitet wird. Dementsprechend gestalten sich die Analytik und die finale Aussage (Bezugsgrößen sind Fläche, Volumen oder Gewicht), s. Kasten.

Methoden der mikrobiologischen Probenahmen

A. Ohne Destruktion der Oberfläche

Direkt: Abklatschtechniken
    Dip-Slides
    Rodac (Replicate Organism Detection and Counting)

Zwischenschaltung von Medien zwischen Objekt und Nährmedium
    fest: Tesafilmkontaktverfahren
    Sockentechnik im Stall
    flüssig: Spülen, Sprühen

Verbringen des Mediums direkt auf die zu beprobende Oberfläche
    DSAP (Direct Surface Agar Plating)

B. Destruktive Probenentnahme

Oberflächlich
    Abschaben/Abtragen
Gesamtprobe
    z. B. Ausstanzen einer Fläche mit kalibrierter Stanze

Die erarbeiteten Daten können in unterschiedlicher Richtung interpretiert werden.

Technisches Gelingen

Bestimmte mikrobiologische Assoziationen gelten als produkttypisch, sie können damit als Ausdruck eines richtig abgelaufenen technischen Prozesses angesehen werden. Im Falle eines im erwarteten Rahmens liegenden Ergebnisses dürfte die produkttypische Brauchbarkeit (Lagerfähigkeit) gewährleistet sein.

Ein erhöhtes Aufkommen derartiger „Indikatoren" reflektiert einen nicht adäquat abgelaufenen Prozess. Die Untersuchungen erfolgen häufig unter Einbeziehung der aeroben Gesamtkeimzahl oder der Enterobacteriaceae.

Prozesshygiene

Ein hygienisch vertretbarer Prozess manifestiert sich durch Abwesenheit oder niedrige Nachweisraten von „Index-Mikroorganismen". Liegen diese im erwarteten Rahmen, lief der Prozess hygienisch vertretbar ab: Index-Mikororganismen weisen auf stattgefundene Einspeisung von Kontaminanten aus unerwünschten Quellen hin (z. B. fäkale Ursprünge). Häufig wird auf Mitglieder der Enterobacteriaceae untersucht, vgl. Kasten. Zu unterscheiden ist zwischen der Oberfläche der gewonnenen Tierkörperhälften und der Tiefe des Gewebes. Prinzipiell sollte in der Tiefe von sterilem Gewebe ausgegangen werden, Belastungen aus Haltung und Transport und eine daraus resultierende prämortale Belastung können nicht ausgeschlossen werden.

Enterobacteriaceae:	Alle Mitglieder der Familie Enterobacteriaceae, die Gram-negativ, Nitrat-positiv, Oxidase-negativ und im Oxidations/Fermentationstest positiv (+/+) reagieren.
Coliforme:	Alle gramnegativen, sporenlosen Stäbchen, die Laktose in weniger als 48 h bei 30 °C unter Bildung von Gas und Säure vergären
„Echte" E.coli:	Zusätzliche Laktosevergärung bei 44 °C innerhalb 48 h (sowie einige andere biochemische Leistungen)
„Fäkale Coliforme":	Gruppen von Keimen, die man aus einer Coliformen-Anreicherung erhält, nachdem diese bei höheren als Normaltemperaturen (44–45,5 °C) bebrütet werden

21.1.2 Technische Daten

Auf Grundlage der feststehenden technologischen Abläufe können Prozessparameter identifiziert und abgefragt werden. Physikalisch/technische Erhebungen reflektieren die Korrektheit der Abläufe. Beispiele sind die Messung von Zeit-Temperatur-Kombinationen, die tägliche Temperaturmessung in der Kühlung zum Zwecke der Unterbindung übermäßiger mikrobieller Stoffwechselaktivität oder auch die Ermittlung der Wasseraufnahme in der Wasserkühlung beim Geflügel. Es handelt sich um einfach zu erhebende Parameter, die im festgelegten Rahmen liegen müssen, um den Prozess als „sicher" bezeichnen zu können. Beispiele sind:

– Temperatur: Kühlung
Brühtemperaturen, Temperatur im Steribecken der Fleischgewinnung (Messer)
– Verbrauchsdaten: Wasserverbrauch in der Spinchiller-Kühlung beim Geflügel
CO_2-Konzentration in der Betäubung
– Zeitmessungen: Zeitraum zwischen Betäubung und Entblutestich

– Beleuchtung: Ausleuchtung der post-mortem-Untersuchungsstände

– Geräte: Frequenz der technischen Inspektionen

21.2 „Weiche" Daten

Die Beobachtung von Abläufen oder Begehungseindrücke bedürfen einer Objektivierung. Dies erfolgt durch die Umsetzung von „weichen" beobachteten Daten in „harte" Daten durch regelmäßiges Ausfüllen identischer Listen.

Beobachtungen in der Primärproduktion

Zunehmend kommen „Scoring-Techniken" in Gebrauch, dies vor allem bezogen auf die Tiere selber. Beispiele sind Eutergesundheit, Klauenzustand oder die „Body-Condition" beim Rind.

Für die Phase um Transport und Fleischgewinnung wurde im Vereinigten Königreich ein Vorgehen zur Erfassung der Sauberkeit der Tiere einschließlich zentraler Positionen in der Fleischgewinnungslinie eingeführt (Ellerbroek 2000). Aus canadischen Untersuchungen (Jordan et al. 1999) geht hervor, dass das dort verwendete Scoring für den Grad von Fellverschmutzungen (Unterbauch, Beine, Flanken) in den betrachteten Gesamtgruppen und beim Einzeltier vergleichbare Ergebnisse erbrachte und das Vorgehen somit prakikabel ist.

Beobachtungen in der Sekundärproduktion

In der Fleischgewinnungstechnologie kann die Einhaltung von Auflagen zur Raumplanung, zum Erhaltungszustand von Räumen oder der Reinheitsgrad von Oberflächen erfasst werden. Auch die Beobachtung der Abläufe (z. B. in der Reinigung und Desinfektion) gehört in diesen Bereich.

Fallbeispiel: Objektivierung des Zustandes einer Checkliste für eine Handwaschanlage			
Funktion ohne Handbedienung	ja	nein	
Flüssigspender vorhanden	ja	nein	
Sauberkeit	gut	mittel	schlecht
Wassertemperatur	warm	lau	kalt
Wasserdruck ausreichend	ja	nein	
Seife vorhanden	ja	nein	
Händedesinfektionsmittel vorh.	ja	nein	
Einmalhandtücher vorhanden	ja	nein	
Abwurfbehälter vorhanden	ja	nein	
Fremde Gegenstände abgelegt	ja	nein	

> **Fallbeispiel:** Objektivierung von Beobachtungen in einem Rinderzerlegebetrieb
>
> Die Aufgabe: Die Paravertebralganglien des Rindes sind nicht als SRM deklariert, das Auftreten von PrP^{Sc} in diesen Ganglien kann jedoch nicht vollständig ausgeschlossen werden (Fries et al. 2003). In Konsequenz wurden in 37 Rindfleischzerlegungsbetrieben insgesamt 160 Zerleger bei ihrer Arbeit beobachtet (Piske et al. 2007).
>
> Die Objektivierung: Vom Betriebsablauf her konnte in acht verschiedene Behältnisse sortiert werden (Verarbeitungsfleisch, sonstiges Lebensmittelfleisch, Talg-Lebensmittel, Talg-sonstiges, Knochen-SRM, Knochen-TBA, Knochen-Industrie, Knochen-Lebensmittel). Zusätzlich wurde der gesamte sympathische Grenzstrang in 5 Abschnitte unterteilt (thorakal T_1, T_2–T_6, T_7–T_{13}, lumbal L_1–L_6 und sakral S_1–S_5), sodass die Kombination der genannten Abschnitte mit den Behältern, in die die Gewebe abgeworfen wurden, eine reproduzierbare Aussage zum Verbleib der Gewebe ermöglichte.
>
> Die Ergebnisse: Die einzelnen Abschnittgewebe wurden von den Zerlegern unterschiedlich zugeordnet. Auch zwischen den besuchten Betrieben gab es Unterschiede.

Läsionen Untersuchung post mortem: Befunde werden durch Definierung der Läsionen und entsprechendes Heranbringen an die Untersucher aussagekräftig und reproduzierbar.

21.3 EDV- und Geräte-basierte Möglichkeiten

Es ist eine Entwicklung zum gerätemäßigen Scannen von Tierkörperoberflächen für unterschiedliche Zwecke zu beobachten, dies vor allem auf dem Geflügelsektor. Dabei wird das reale Bild („Image") durch eine oder mehrere Kameras erfasst, digitalisiert und die Information gespeichert, die Daten können so einem Vergleich untereinander unterzogen werden. In den Anfängen der Entwicklung lagen die Probleme in Verzerrungen durch Schatten oder durch die Irregularität des biologischen Materials (Daley et al. 1991). Der Einsatz der Geräte liegt auf unterschiedlichen Gebieten (vgl. Kapitel 41):
– Interne Betriebslogistik
– Klassifizierung
– Erfassung von fäkaler Verunreinigung auf der Tierkörperoberfläche
– Erfassung von Befunden in der Untersuchung post mortem

Erfassung und Dokumentierung von Hygienemängeln: Mittels unterschiedlicher Wellenlängen – UV, sichtbares Licht, Infrarot – können die Oberflächen gescannt und fäkale Kontamination im laufenden Betrieb detektiert werden (Park & Chen 2000; Chao et al. 2002; Lawrence et al. 2002): „Real Time Contaminant Detection" (Thornton 2004).

21.4 Literatur

21.4.1 Publikationen

Chao, K., P. M. Mehl, and Y. R. Chen (2002): Use of Hyper- and Multi-Spectral Imaging for Detection of Chicken Skin Tumors. Appl. Engineer. Agric. 18, 113–119

Daley, W. D., J. C. Thompson, and J. C. Wyvill (1991): Color Vision for Poultry Inspection and Grading. In: Proc. 10th Eur. Symp. Quality of Poultry Meat, Doorweerth, May 12–17 1991, Vol. I, pp. 393–402

Ellerbroek, L. (2000): Bewertung von Fleischlieferbetrieben mittels Scxore – das britische System.

Fleischwirtsch. 80 (3), 94–95

Fries, R., T. Eggers, G. Hildebrandt, K. Rauscher, S. Buda, and K.-D. Budras (2003): Autonomous Nervous System with Respect to Dressing of Cattle Carcasses and its Probabale Role in Transfer of PrP^{res}-Molecules. J. Food Prot. 66, 890–895

Jordan, D., S. A. McEwen, J. B. Wilson, W. B. McNab, and A. M. Lammerding (1999): Reliability of an Ordinal Rating System for Assessing the Amount of Mud and Feces (Tag) on Cattle Hides at Slaughter. J. Fd. Prot. 62, 520–525

Lawrence, K. C., Windham, W. R. and D. P. Smith (2002): Contaminant Detection on Poultry Carcass Surfaces. New Food 3, 21–24

Park, B., and Y.-R. Chen (2000): Real-Time Dual-Wavelength Image Processing for Poultry Safety Insoection. J. Food Proc. Engineer. 23, 329–351

Piske, K., G. Arndt, S. Buda, K.-D. Budras, T. Eggers, and R. Fries (2007): Fate of Sympathetic Trunk Ganglia after Cutting in German Meat Plants. J. Fd. Prot. 70, 2906–2910

Thornton, G. (2004): Digital Eye Guards against Faecal Contamination. Poult. Intern. 43, 20–26

21.4.2 Rechtsvorschriften

Chemikaliengesetz (Gesetz zum Schutz vor gefährlichen Stoffen i. d. F. 2. 7. 2008. BGBl I, S. 1147)

22 Verifizierung der Hygiene: Komplexe Systeme

In der Produktionslinie von Fleisch muss jederzeit mit dem Auftreten unerwünschter Stoffe gerechnet werden. Als Beispiel für einen derartigen Transfer hat sich der Begriff des „Carry over" eingebürgert, der zunächst Zwischenfälle beschrieb, in denen speziell verschriebene Substanzen in der Futtermühle unbeabsichtigt in Mischungen für weitere, nicht gewollte Herde gelangten. Die Futtermischung wirkte in diesem Falle als Carrier für eine antibiotische Substanz.

22.1 Monitoring

Monitoring ist ein System sich wiederholender Beobachtungen, Messungen und Auswertungen, die zum Erreichen festgesetzter Ziele mit Hilfe zufällig ausgewählter Proben durchgeführt werden und die repräsentativ für das einzelne Lebensmittel oder für die Ernährung des Landes oder der Region als ganzes sind (WHO o. J.). Das Monitoring ist vorwarnorientiert, ursachenorientiert oder verbraucherorientiert, Ziel ist die Erkennung von Entwicklungen im Vorfeld der Gewinnung, s. Abb. 24.

Monitoringsysteme können sowohl das Fehlen von Stoffen in einer Region erkennen als auch das Auftreten von Rückständen aus der Tierproduktion, sie können auch zur Tierseuchenüberwachung eingesetzt werden. Das Prinzip ist ein Beispiel für die erfolgreiche Verlagerung der Überwachung in die Primärproduktion.

Im Prinzip nehmen alle Mitglieder einer Herde oder Gruppe die gleichen Stoffe auf, wenn sie auf der gleichen Basis gefüttert werden.

Abb. 24
Schema für die Anwendung eines systematischen Erfassungssystems in einer beliebigen Region durch die Bildung von Planquadraten (Monitoring)

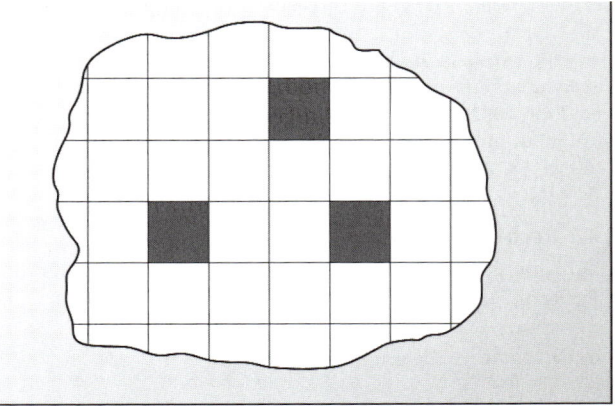

Daher kann das Einzeltier als Spiegel für alle Individuen der Gruppe dienen.

Das Rind ist gut einsetzbar, wenn es um Umweltkontaminanten geht: Es wird überwiegend Futter aus dem Standort verwertet.

Mittlerweile wird der Begriff auch für die Routinebeprobung in allen Bereichen der Hygieneüberwachung verwendet. Auch in diesen Fällen müssen die o. a. Prinzipien der Regelmäßigkeit beibehalten werden, z. B. mikrobiologische Probenahmen unter gleich bleibenden Bedingungen.

Fallbeispiel 1: Milchmonitoring

Unerwünschte Stoffen können erkannt und auf die Quelle der Beprobung zurückverfolgt werden.

Beispiel Zielsubstanzen: Chlorkohlenwasserstoffe
Beispiel Beprobungen/Fläche: 25 oder 50 km²
Beispiel Milchtanks: 4×/Jahr

So wurde im Zuge des Milchmonitorings in den 1980er Jahren nach Auftreten hoher PCB-Werte in der Anlieferungsmilch erfolgreich auf einen landwirtschaftlichen Betrieb zurückverfolgt und als letztliche Quelle das im Betrieb eingesetzte Bindegarn (PCB als Weichmacher) ausfindig gemacht.

Fallbeispiel 2: DANMAP

Für die Erfassung des Einsatzes von Antibiotika sowie von auftretenden Resistenzen ist das 1995 aufgelegte dänische DANMAP (Danish Integrated Antimicrobial Resistance Monitoring and Research Programme) (Emborg & Hammerum 2006) beispielgebend. Kontinuierlich erfasst werden der Einsatz der Stoffe bei Lebensmittel liefernden Tieren und auf dem Humansektor. Parallel hierzu wird die Entwicklung antimikrobieller Resistenz bei Isolaten von Mensch, Tier und den Lebensmitteln selber erfasst.

Die Angabe der aktiven Substanz alleine gibt nicht die Potenz eines Mittels wieder, da eine Substanz durch einen besser wirksamen Stoff ersetzt werden kann und dies als ein Absinken der Applikation angesehen werden könnte. Zur besseren Vergleichbarkeit wurde daher auf Herdenbasis ein Monitoring der bei Lebensmitteltieren applizierten Arzneimittel eingeführt mit Verkaufs- oder Einsatzdatum, Herkunft, Substanz inkl. aktiver Substanz, Abnehmer mit Nutzungs- und Altersgruppe sowie der Indikation (Jensen et al. 2004).

22.2 Nationaler Rückstandskontrollplan (NRKP)

Basierend auf der Richtlinie 96/23/EG wird EU-weit eine regelmäßige Überwachung von Tieren stammender Lebensmittel auf Rückstände durchgeführt. Ziel ist die Erfassung ggf. neu auftretender Gefahren, um diese gleich im Ansatz abzuwenden. Auch dieser Ansatz ist als Monitoring zu verstehen:
- Gleiche Techniken
- Jährliche Planungen und Beprobungsentscheidungen
- Festgelegte Tierzahl/Produkte, Zielsubstanzen
- Bei Tieren gleicher Sendung: repräsentative Probenahme
- Auf verschiedenen Produktionsstufen auch im Herkunftsbetrieb

Das Programm wird auf nationaler Ebene durch das Bundesamt für Verbraucherschutz und Lebensmittelsicherheit (BVL) in Berlin koordiniert.

Jährlich werden in Deutschland ca. 45 000 Proben analysiert. Die Untersuchungsämter geben die Daten weiter, die dann am BVL gesammelt, aufbereitet und publiziert werden. Dem NRKP wird eine zentrale und auch kausale Rolle in dem beobachteten Rückgang positiver Befunde zugeschrieben (Schmädicke 2006).

Bei Beständen, die einem zusätzlichen Überwachungsprogramm unterliegen, kann der Probenumfang im Schlachtbetrieb verringert werden. Positive Ergebnisse im Hemmstofftest führen unmittelbar zur Beanstandung der Proben. Die Proben können auf Kosten des Halters weitergehend untersucht werden. Auch die zuständige Behörde kann ihrerseits weitergehende Untersuchungen zur Identifizierung und Quantifizierung des Rückstandes durchführen, um gezielt Maßnahmen einleiten zu können.

Die Probenfrequenzen des NRKP basieren auf der RL 96/23/EG, in der eine Liste der einzubeziehenden Fremden Stoffe und technische Fragen niedergelegt sind. Die jährlichen Quoten belaufen sich auf:
- Rinder: Jedes 250 te geschlachtete Rind
- Schweine und Schafe: Jedes 2000 te geschlachtete Schwein und Schaf
- Geflügel: 1 Probe/200 t
- Equiden: Beprobung nach Erfordernissen
- Aquakulturen: 1 Probe/100 t
- Kaninchen, Honig: 1 Probe je 30 t Schlachtgewicht bzw. Erzeugnis
- Wild und Zuchtwild: mindestens 100 Proben pro 15 000 t
- Eier: 1 Probe/1000 t Jahresproduktion
- Milch: 1 Probe/15 000 t

Untersucht wird auf Anabolika, Hemmstoffe, andere Tiermedika-
mente, Umweltkontaminanten, wobei das Schwergewicht der Untersuchungen nach wie vor bei den Stoffen mit antimikrobieller Wirkung liegt (Schmädicke 2006).

22.3 (Internationale) Überwachungs-, Informations- und Interventionssysteme

Auf einem globalen Markt existieren mittlerweile auch vernetzte
Informations- und Vorbeugeprogramme.

Das Rapid Alert System for Food and Feed (RASFF) der EU ist ein
EU-weites Frühwarn- und Informationssystem, das bezogen ist auf
Lebensmittel, die sich bereits auf dem Markt befinden oder die noch
in der Handelskette aufgegriffen wurden, z. B. bei der Import-Kon-
trolle der EU (Grenzkontrollen). Rechtsgrundlage ist die VO (EG)
178/2002. Die Kontrollen erstrecken sich auch auf den EU-Binnen-
markt.

Mitgeteilt wird die betroffene Lebensmittel-Kategorie und der
Grund der Zurückweisung, der informierende Mitgliedstaat sowie
das Herkunftsland des beanstandeten Lebensmittels. Die Gesamter-
gebnisse werden öffentlich gemacht.

National ist auch hier die aufbereitende Stelle das BVL. Es werden
Plausibilitätsprüfungen zu den einkommenden Meldungen durchgeführt, die Information als Warn- oder Informationsmeldung eingestuft und an die EU weitergeleitet (Roth 2008).

Regelmäßig wird der Zoonosen-Report der EU-Kommission publiziert, der sich auf gesundheitliche und Aspekte der Lebensmittelsicherheit bezieht. Die OIE verfügt über ein Überwachungssystem zur
Kontrolle internationaler Epidemien.

22.4 Literatur

22.4.1 Publikationen

Emborg, H. D. and A. M. Hammerum (eds.) (2006):DANMAP 2006. Use of
   Antimicrobial Agents and Occurrence of Antimicrobial Resistance in Bac-
   teria from Food Animals, Foods and Humans in Denmark.
Jensen, V. F., E. Jacobsen, and F. Bager (2004): Veterinary Antimicrobial-Us-
   age Statistrics Based on Standardized Measures of Dosage. Prev. Vet. Med.
   64, 201–215
Roth, S. (2008): Das europäische Schnellwarnsystem für Lebensmittel und
   Futtermittel „Rapid Alert System for Food and Feed (RASFF)". Proc. 49.
   Arbeitstagung des AG Lebensmittelhygiene der DVG, Amtstierärztlicher
   Dienst, Sonderausgabe 29. 9.–2. 10 2008, 29

Schmädicke, I. (2006): Nationaler Rückstandskontrollplan – Stärkung des Verbraucherschutzes durch gezielte Kontrollen bei tierischen Lebensmitteln. J. Verbr. Lebensm. 1, 51–56

WHO o.J.: Monitoring. Zit. Nach W. Brühann (Hrsg.): Das öffentliche Veterinärwesen. Verlag Parey, Berlin, S. 273

22.4.2 Rechtsvorschriften

Richtlinie 96/23/EG des Rates vom 29. 4. 1996 über Kontrollmaßnahmen hinsichtlich bestimmer Stoffe und ihrer Rückstände in lebenden Tieren und tierischen Erzeugnissen (…) Amtsbl d. EG Nr. L 125/10

23 Sicherstellung und Verifizierung der Hygiene durch HACCP

Das Konzept des Hazard Analysis Critical Control Points (HACCP) ist international und national rechtlich verankert, es wurde erstmalig mit der Entscheidung der Kommission (94/356/EG) auch inhaltlich beschrieben Es hat dort durchaus als Ausgangskonzept für weitere Ausarbeitungen gedient.

HACCP erfasst die in einem Prozess ermittelten Schwachpunkte durch kontinuierliche Kontrolle (z. B. durch technische Messungen) mit dem Ziel, die aktuelle Sicherheit des Prozesses als in der Tat gesichert zu dokumentieren.

23.1 Das Prinzip

Das Konzept stammt ursprünglich aus der US-Raumfahrt und sollte durch Vorwegplanung der Produktion Risiken mindern oder ausschließen, um während des Verzehrs keine unkalulierbaren Zwischenfälle erleben zu müssen.

Das HACCP hat vorbeugenden Charakter, vom Ansatz her konzentriert es sich auf Gefahren für die menschliche Gesundheit. Für andere Zwecke (allgemeine Tiergesundheit, Tierwohlbefinden) kann das Prinzip aber auch eingesetzt werden.

Die beiden entscheidenden Begriffe sind die Gefahrenanalyse (HA: Hazard Analysis) und die anschließende Lenkung der identifizierten Schwachstelle (CCP: Critical Control Points), vgl. Kasten S. 267.

Aus dem linearen Ansatz geht hervor, dass die entsprechenden Maßnahmen in präzise festlegbaren Produktionsgängen weitaus einfacher

Vorgehen bei der Etablierung eines HACCP-basierten internen Kontrollsystems

– Darstellung des Ablaufes (Fließschema) und Durchführung einer Gefahrenanalyse: Liegt ein Problem vor? Welche Steuerungsoptionen gibt es?

– Bestimmung der kritischen Kontrollpunkte (CCP)

– Festlegung von Grenzwerten, die eingehalten sein müssen, wenn der Prozess als „unter Kontrolle" gelten soll

– Zusammenstellung eines „Monitoring" Systems zur (betriebsinternen und systematischen) Überwachung der identifizierten CCP: Wie bleibt der Ablauf unter Kontrolle?

– Festlegung und Vorhaltung von Korrekturmaßnahmen für den Fall, dass die erhobenen Daten ein Entgleisen des Prozesses anzeigen

– Dokumentation über die Abläufe und die Ergebnisse der Kontrollen

– Festlegen eines Verifizierungsprogramms, mit dessen Hilfe kontinuierlich geprüft und bestätigt werden kann, dass das installierte Überwachungskonzept funktionsgerecht arbeitet

gelingen als in kleineren und „auf Abruf" variierbaren Produktionsstätten, wie es in der Landwirtschaft oder auch in der Gemeinschaftsverpflegung der Fall ist. Daraus folgt, dass die Festlegung produktionsorientiert und individuell vorgenommen werden muss.

Das ursprüngliche Konzept, zunächst eine Analyse der auftretenden Gefahren vorzunehmen und dann im Anschluss das Maß der Beherrschbarkeit des gefundenen „kritischen" Punktes einzugruppieren in CCP_1 (beherrschbarer Punkt) und CCP_2. (Verringerung des Risikos, jedoch keine Beherrschung möglich), ist zwischenzeitlich modifiziert worden, es wird nur noch von einer einzigen Kategorie (CCP) ausgegangen. Nach ICMSF (1988) stellt ein Critical Control Point (CCP) eine Stelle, Tätigkeit, Ablauf dar, an denen eine Steuerung so ablaufen kann, dass eine Gefahr verringert (minimiert) oder ganz verhindert werden kann.

Stellt sich ein spezifischer Eingriff als unvertretbar labil oder auch als gesundheitlich nicht vertretbar heraus, muss modifiziert werden oder der Schritt wird, sofern möglich, ersatzlos gestrichen.

Die Verifizierung der letztlich vereinbarten technischen Durchführung ist die Grundlage der täglichen HACCP-basierten internen Kontrollen. Die notwendigen Kontrollmaßnahmen sollen weitestgehend „Instant"-Charakter haben, d. h., aufwendigere Techniken wie die des mikrobiologischen Labors sollen lediglich in regelmäßigen Abständen als Hintergrundtechniken eingesetzt werden, um zu bestätigen, dass die internen Kontrollmaßnahmen gegriffen haben und die Produktion nach wie vor sicher ist.

23.2 Praxis

23.2.1 HACCP in der Primärproduktion

Über die Eignung des Konzeptes in der landwirtschaftlichen Produktion ist die Diskussion noch nicht abgeschlossen. Die VO (EG) 852/ 2004 sieht derzeit ein HACCP in der Primärproduktion nicht vor. Für die Installation in der Primärproduktion müssen Hilfen konstruiert werden, um entsprechende Kontrollpositionen zu identifizieren. Hier sind die derzeitigen Abläufe und Organisationsformen noch eher kontraproduktiv:
– Tierhaltung ist keine Linie von „A" nach „B", sondern umfasst eine bestimmte Dauer zwischen Ankunft der Tiere und Verlassen des Betriebes durch die Tiere
– Es sind keine klaren und hintereinander geschalteten Stufen installiert, die genügend sicher voneinander getrennt sind
– Das Auftreten von Zoonoseerregern ist multikausal, sodass auch hier ein einzelner CCP als kausal kaum identifiziert werden kann
– Häufig werden mehrere Nutzungsgruppen auf einem Gelände gehalten, was die Ursachenanalyse erschwert

CCP ist ein Punkt im Prozess oder eine Lokalisation, an dem/der „kontrolliert" werden kann und an dem eine Kontrolle möglich ist, um eine potenzielle Gefahr zu minimieren oder abzuwenden. In Konsequenz stellt sich die Frage, ob es möglich ist, in einer landwirtschaftlichen Haltung Strukturen so zu konstruieren, dass Ursache-Wirkungsverhältnisse erkennbar werden.

Aufbau einer Geländestruktur
In der gedachten Aufteilung eines Geländes kann eine saubere (weiße) von einer potenziell kontaminierten Fläche (schwarz) unterschieden werden. Auszuschließende Agentien wie Salmonellen dürfen nur auf den schwarzen Flächen nachweisbar sein (diese können dann schrittweise ausgeweitet werden zu „mehr weiß"). Ein kritischer Punkt kann überschritten sein,
– wenn aus der weißen Fläche Salmonellen isoliert worden sind,
– wenn kurz nach der Einstallung Salmonellen aus der Herde isoliert werden,
– wenn kurz vor dem Transport zur Schlachtung Salmonellen nachgewiesen werden.

Der Nachweis von Salmonellen aus einem „weißen Bereich" wäre die Überschreitung eines CCP. Einschränkend wirkt sich hier aus, dass eine dementsprechende Aufteilung organisatorisch zunächst möglich gemacht werden muss.

Gebäudeerhaltungszustand

Der Übertrag von Salmonellen über die Serviceperiode hinweg infolge von Mängeln an der Bausubstanz ist gesichertes Wissen: Ritzen bieten die Möglichkeiten zum Rückzug von Carriern, z. B. Käfern. In diesem Falle ist der Erhaltungsstatus eines Gebäudes ein CCP (erforderliche Reparaturmaßnahmen).

Applikation von Medikamenten

In Abhängigkeit von der Substanz, von der Menge und von der Tierkategorie kann die Applikation eines Medikaments als potenzieller Hinweis auf die Herausbildung von Resistenzen in Indikator- und Zoonose-Keimen stehen.

Da erkennbare Ausmaße einer Resistenz nur bei Vorhandensein von antimikrobiellen Stoffen auftreten, kann der Einsatz eines Antibiotikums in dieser Hinsicht als CCP aufgefasst werden.

Ausnutzung kausaler Zusammenhänge zwischen zwei Umständen

Ist eine Kette von Zusammenhängen erkannt wie etwa die Verbindung „Hook burns" oder Brustblasen mit einer feuchten Einstreu (Geflügel), können Abweichungen in der Qualität der Einstreu als CCP für diesen Punkt aufgefasst werden. Als Element der Verifizierung stehen EDV-basierte Kamerasysteme zur Verfügung, um die Befunde am Tier erfassen zu können.

Mist- und Güllekreisläufe

Vor dem Ausbringen von Gülle wird ein Zeitraum von 60 Tagen Lagerzeit angegeben, Tiere sollten für weitere 30 Tage nicht auf die betreffende Weide getrieben werden (Strauch 1991). Die Verbleibezeit von Gülle kann als ein CCP angesehen werden.

Auch die Ausbringung von Klärschlamm oder Gülle auf Flächen für Konsumpflanzen ist nicht angebracht (De Luca et al. 1998; Strauch & Ballarini 1994). Zu beachten ist die Fernhaltung von Rindergülle aus Wasserkreisläufen, die in den Anbau von Pflanzen für den Humankonsum gelangen (Cysticercus). Demnach sind auch Elemente derartiger Infrastrukturen CCP.

Die Tiere

Die Tiere sind Träger einer Grundmikroflora, die sich im weiteren Verlauf des Prozesses als Hygienebelastung und im Erzeugnis als Verderbsmikroflora bemerkbar machen kann. Jeglicher Hygieneansatz muss somit den permanenten Flux über das Tier als Carrier in die Lebensmittelkette hinein in Rechnung stellen.

Der Verschmutzungsgrad des Felles wird als wichtiger Kontaminationsindikator, auch für enteritische Agentien (Kot) angesehen. Der Fellstatus der Tiere kann somit als CCP angesehen werden.

Mittels der vorhandenen Scoring Programme kann der Sauberkeitsstatus der Tiere nach dem Transport objektiviert werden.

Parasitosen

E.granulosus ist ein Zoonoseerreger, dessen Zyklus durch die Aufnahme befallener Organe durch Hunde und die Auscheidung der Bandwurmglieder über den Kot gekennzeichnet ist. Als präventive Strategie kann gelten, die Aufnahme der mit der Finne befallenen Organe durch Hunde zu unterbinden. Dies ist nicht in allen Weltregionen der Fall.

Die sichere Verwahrung bzw. anschließende Vernichtung befallener Organe sowie die Erkennung der Finnenstadien wären Kritische Kontrollpunkte, deren Einhaltung den Zyklen nicht zur Ausprägung kommen lassen würde.

23.2.2 HACCP in der Sekundärproduktion

Die Primärproduktion geht über den Transport, die Wartebuchten im Schlachtbetrieb über in die Sekundärproduktion mit Fleischgewinnung, Kühlen, (ggf. Transport der Ware) und Zerlegung.

Ab der Fleischgewinnungslinie ist die Installation eines HACCP vorgeschrieben. Allerdings können auch hier keine klassischen CCP angeboten werden, weder für Rot- noch für Geflügelfleisch liegen klare technische Schranken für die Ausbreitung pathogener Mikroorganismen vor. Selbst die Hitzebehandlung im Prozess bei Schwein (Abflämmen) und Geflügel (Brühen) sind nur eingeschränkt effizient: Die Transferkette setzt sich beim Schwein über den Darminhalt fort, beim Geflügel sind die Hitzegrade und die Dauer nicht ausreichend, um als effiziente Hürde angesehen werden zu können vgl. S. 239.

QS-Systeme müssen daher die Herkunft der Tiere einschließen, um die eingebrachte Fracht zu minimieren.

Fleischgewinnung und Zerlegung

Als kritische Kontrollpunkte sind die folgenden Positionen denkbar:
– Herkunft der Tiere (Salmonellenstatus der Herkunft beim Schwein).
– Kühlung im Sinne des Sistierens des mikrobiellen Metabolismus bei einer Zieltemperatur von 7 °C.
– Eviszeration: Reißen des Darmkonvolutes, was die Gefahr einer Kontamination mit Zoonoseerregern aus dem Darmtrakt beinhaltet.
– Im Rahmen des logistischen Schlachtens kann eine intensivierte Reinigung und Desinfektion vor der Schlachtung von Salmonellanegativen Herden als CCP angesehen werden.

Messer als CCP: Auch die in einer Linie eingesetzten Geräte, vor allem Messer und andere persönliche Handgeräte, müssen als kritisch angesehen werden; Insofern stellen die Sterilisierbecken einen kritischen Punkt im Messerkreislauf dar: Niedrige Temperaturen im Becken, für den Desinfektionseffekt zu kurze Verweilzeiten für die Messer im Becken gewährleisten keine Sicherheit vor dem Übertrag von Salmonellen. Es sollten auch keinesfalls Schnitte in verändertes Gewebe gesetzt werden, wenn die Information vorher bereits ausreichenden Aufschluss erbracht hat.

Bei der Gewinnung von Geflügelfleisch hat das NACMCF (1997) 6 CCP identifiziert, gleichzeitig wurden die entsprechenden Messtechniken angegeben, vgl. Tab. 68.

Tab. 68: CCP beim Geflügel (NACMCF 1997)	
Position im Prozess	Anlass und Position der Korrektur
Eröffnen der Körperhöhle und Eviszeration	visuell sichtbare Kontamination
Finales Waschen im Innen-Außenwäscher	Chloranteil im Wasser – USA, in der EU nicht zugelassen
Kühlen	Temperatur
Zerlegen	Temperatur
Etikettierung	falsche Deklaration
Kühllagerung	Temperatur

In der Zerlegung zu kontrollieren sind bereits bei der Anlieferung die Oberflächen und die Beschaffenheit des einkommenden Materiales (sensorischer Eindruck, Temperatur, pH). Während der Arbeit ist die Temperatur des Zerlegeraumes oder der Verbleib der Ware außerhalb der Kühlräume ein CCP.

Lebensmitteltechnologie

Die nachfolgenden weiter verarbeitenden Linien werden in ihrer Ausgestaltung präziser und die Auswahl denkbarer Einflussfaktoren

Fallbeispiel: Fremdkörper

Fremdkörper wie Metalle oder Glas werden erst mit Fortschreiten der Kette, d. h., in der Sekundärproduktion relevant. Probleme ergeben sich etwa, wenn Fremdkörper wie Schneidwerkzeuge in Erzeugnisbehälter gelangen. Für Metalle bieten sich Metalldetektoren an, die in der Lebensmittelindustrie, so auch in Schlachtbetrieben, zum Einsatz kommen. Das Prinzip von Metallsuchgeräten liegt in einer Störung des elektrischen Feldes durch den Fremdkörper Metall. Die Empfindlichkeit der Geräte ist einstellbar, Störungen können auftreten aufgrund der feuchten/salzhaltigen Rohmaterialien, auch die Umgebungstemperatur kann zur Auslösung eines Signals Anlass geben.

Fortsetzung S. 272

Kunststoffe werden von Metalldetektoren nicht erkannt. Ein CCP wäre die Heraushaltung von Kunststoffmaterialien an der Produktionskette durch bewussten Einsatz Metallhaltiger Gegenständen (z. B. Schreiber), um bei Verlust den Gegenstand wieder auffinden zu können.

Gegen Glasfremdkörper hilft die bewusste und dokumentierte Verfolgung und Buchführung über den Verbleib von Gegenständen wie Leuchtkörpern (in die Räumlichkeiten „hinein" und wieder „heraus").

Physikalische Gefahren durch Fremd körper in Lebensmittel können sein:

Fleisch:	Kanülen
Fleischerzeugnisse:	Knochen
Mehle:	Metall
Flaschen:	Glassplitter

wird größer: Faktoren wie Nitrit, Räuchern, Organische Säuren, Tiefgefrieren, Kühlen, Ultraschall, Mikrowellen, Starterkulturen und auch Schutzkulturen oder Bakteriozine stehen für die Installation eines HACCP zur Verfügung.

Dabei ist zu unterscheiden zwischen Sistieren der mikrobiellen Physiologie (Kühlung) und der Zerstörung (Erhitzung) der Zelle.

23.2.3 Literatur

Publikationen

National Advisory Committee on Microbiological Criteria for Foods (NACMCF) (1997): General HACCP Application in Broiler Slaughter and Processing. J. Food Prot. 60, 579–604

De Luca, G., F. Zanetti, P. Fateh-Moghadm and S. Stampi (1998): Occurrence of Listeria monocytogencs in Sewage Sludge. Zent.bl. Hyg. Umweltmed. 201, 269-277

ICMSF (1988): Microorganisms in Foods, HACCP in microbiological safety and quality. Vol. 4: Blackwe!!, Oxford, pp. 179–181

Strauch, D. (1991): Survival of Pathogenic Micro-organisms and Parasites in Excreta, Manure and Sewage Sludge. Rev, sci. tech. Off. Int. Epiz. 10(3), 813-846

Strauch, D. and G. Ballarini (1994): Hygienic Aspects of the Production and Agricultural Use of Animal Wastes. J. Vet. Med. B 41, 176–228

Rechtsvorschriften

Entscheidung der Kommission vom 20. 05. 1994 und Durchführungsvorschriften zu der RL 91/493/EWG betreffend der Eigenkontrolle bei Fischereierzeugnissen (94/356/EG) Ausbl. d. EG L 156/50

24 Sicherstellung der Hygiene durch die Präventivmaßnahme der Reinigung und Desinfektion

In systematischer Hinsicht ist die Reinigung und Desinfektion (R+D) ein Beitrag zur Sicherstellung des Hygieneniveaus, sie ist keine diagnostische Maßnahme.

Für jeden Bereich der Lebensmittelkette müssen adäquate Reinigungs- und Desinfektions-Maßnahmen (R+D) zur Verfügung stehen. Das Prozedere ist je nach Phase in der Lebensmittelkette unterschiedlich. So sind für den landwirtschaftlichen Bereich andere Mittel, auch eine andere Organisation (Durchführung in der Zeit der Abwesenheit von Tieren) gefragt als in der Lebensmittelindustrie.

Eine effektive R+D benötigt ausgebildetes Personal, personelle Verantwortlichkeit für die übertragene Aufgabe, Vorhandensein der zeitlichen Möglichkeit zur Durchführung (Managementaufgabe) sowie die Dokumentierung der Kontrollergebnisse. Auf die hinreichende Beschaffenheit der für die technische Bearbeitung eingesetzten Geräte wird hingewiesen.

24.1 Das Medium Wasser

Wasser für Betriebe, in denen Lebensmittel gewerbsmäßig behandelt werden, muss so beschaffen sein, dass durch seinen Gebrauch eine Schädigung der menschlichen Gesundheit nicht zu besorgen ist. Somit ist Trinkwasserqualität erforderlich. Dies gilt auch für den Wassereinsatz in den Gebrauchsverdünnungen der R+D.

Auch der landwirtschaftliche Betrieb ist ein Lebensmittellieferant.

24.2 Die Mittel

Eine gegenseitige Verträglichkeit der Reinigungs- und Desinfektionsmittel (Möglichkeit der Wirkungsaufhebung) muss vorausgesetzt werden, hier sind die Hersteller zu befragen. Ein Rückgriff auf geprüfte Mittel wird empfohlen.

Reinigungsmittel können in Laugen, Säuren und oberflächenaktive Verbindungen eingeteilt werden.

Die Effizienz von Desinfektionsmitteln wird von unterschiedlichen Institutionen geprüft (Deutsche Veterinärmedizinische Gesellschaft, Deutsche Gesellschaft für Hygiene und Mikrobiologie, Deutsche Landwirtschaftsgesellschaft).

Alkohole sind bei höherer Umgebungstemperatur explosiv, sie erzielen ihre beste Wirksamkeit (Mikrobizidie) zwischen 60 und 70%. Sie sind für die Desinfektion von Händen im Einsatz.

Phenole werden wegen sensorischer Mängel nicht im Lebensmittelbereich eingesetzt, dies gilt auch für die denaturierend wirkenden Aldehyde, die eine längere Einwirkzeit benötigen.

Neben den Biguaniden, die eher selten eingesetzt werden und den Aminen (mikrobizid, niedriger Protein- und Kältefehler) sind vor allem die Oxidantien und die Oberflächenaktiven Substanzen wichtige Desinfektionsmittel.

Bei den oberflächenaktiven Substanzen wird unterschieden zwischen anionischen (wasch-aktive Seifen) und kationischen Verbindungen (desinfizierend).

Die kationischen Quaternären Ammoniumverbindungen sind wichtig, sie sind jedoch mit einem Eiweiß-, Kälte- und Wasserfehler behaftet. Auf der behandelten Oberfläche können Rückstände der Stoffe verbleiben.

Anorganische und organische Säuren und Laugen wirken korrosiv.

Oxidantien: Aktivchlor-Verbindungen (Halogene) weisen einen Eiweiß- und Kältefehler auf. Es besteht Korrosionsgefahr.

24.3 Reinigung und Desinfektion in der Fleisch- und Lebensmittelindustrie

In den meisten Fällen (Ausnahmen existieren) wird die Reihenfolge der Reinigung und anschließend der Desinfektion eingehalten. In der Lebensmittelindustrie ist eine Desinfektion ohne voraufgegangenen Reinigung unzweckmäßig und falsch, da zuallererst der Zugriff des Mittels auf die zu behandelnde Oberfläche garantiert sein muss. Hierzu muss die Oberfläche frei, d. h., sauber sein, vgl. Abb. 25.

24.3.1 Der Vorgang der Reinigung

Der Schmutz
Die Qualität des zu lösenden Schmutzes hat Einfluss auf die Wahl der Stoffe und auf das Vorgehen. Zucker sind in Wasser auch bei normaler Temperatur leicht löslich. Dagegen muss beim Entfernen von Fetten entweder die Temperatur des Wassers den Schmelzpunkt der Fette zur Lösung und somit zum Abtransport erreichen oder es müssen Emulgatoren eingemischt sein. Proteine sind in Wasser unlöslich; In denaturiertem Zustand sind sie schwer zu entfernen. Mineralstoffe sind i. a. in Wasser leicht löslich.

Techniken der Reinigung

Reinigung kann durch unterschiedliche Techniken erfolgen. Zur Auswahl stehen mechanische Reinigung in unterschiedlichen Druckbereichen, Schaum, Gele, Ultraschall, cryogenes Reinigen. Reinigung per Hand ist ein probates Mittel, im Falle großer Flächen zur Bearbeitung jedoch keine Option. Die Reinigungsgeräte arbeiten im Allgemeinen mit Druck:

– Niederdruck   (15–20 bar)
– Mittlerer Druck (30–40 bar)
– Hochdruck   (40–60 bar)

Bei höheren Drücken ist die Bildung von Aerosalen zu beachten mit der Gefahr, dass die gerade gelösten Keime durch Sedimentieren erneut auf die Oberfläche gelangen.

Schaum wird bei einem niedrigen Druck aufgetragen (5–6 bar), die Anwendung erstreckt sich über 15–20 Min. Schäume haften an Wänden mit dem Vorteil einer längeren Einwirkzeit auf die Oberfläche, eine Beschädigung der Oberflächen tritt nicht ein, der Wasserverbrauch ist gering.

Cleaning in place-Techniken (CIP, „Reinigen am Ort") werden dann eingesetzt, wenn die zu behandelnden Oberflächen schwer oder nicht zugänglich sind (z. B. Tanks wie Brühtanks, Milchtanks) oder Flüssigkeit führende Leitungen, z. B. in Melkanlagen.

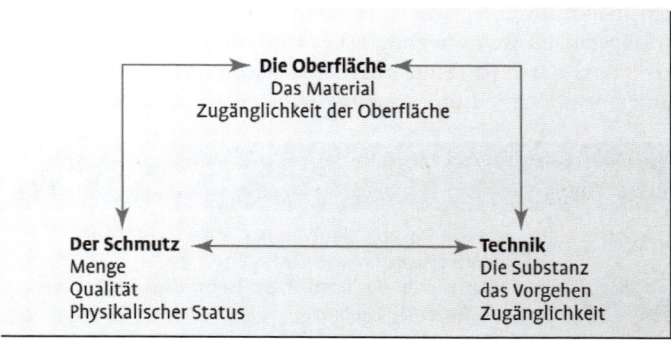

Abb. 25
Faktoren, die auf die Reinigungseffekte Einfluss haben

24.3.2 Das Vorgehen in der R+D

In der Desinfektion ist die Wahl des Mittels eine zentrale Frage mit Auswirkungen auf Wirksamkeit, Materialverträglichkeit, Umweltverträglichkeit oder Toxizität der Substanz. Die Überprüfung des R+D-Erfolges ist unumgänglich und muss dokumentiert werden. Die Grundsätze einer routinemäßigen Reinigung und Desinfektion sind (Berding 1990) in Tab. 69 dargestellt.

Tab. 69: Ablauf der Reinigung und Desinfektion (Berding 1990)	
Herstellen der Gebrauchsverdünnung	
Entfernen von Geräteabdeckungen Grobreinigen der Anlage	Zugänglichkeit ermöglichen Abtragen der Hauptschmutz- menge durch Schieben und Wasser
Vorspülen mit warmem Wasser (ca. 55 °C)	
Einschäumen	Lösen und Abtragen des Rest- schmutzes
Abspülen nach 15–20 Min. Trocknen	
Aufsprühen des Desinfektionsmittels Einwirkzeit je nach Mittel	Zerstörung der verbliebenen Mikroorganismen
Abspülen nach ca. 1 h	Entfernen organischer Substanz und restlicher Desinfektions- mittel
Trocknen	
Nacharbeit an den Geräten Bakteriologische Kontrolleh	Wartung des Systems

24.4 Kontrolle des Effektes der R + D an Oberflächen

Nach jedem Eingriff ist eine Prüfung und die Protokollierung der Prüfungsergebnisse notwendig. Dies kann durch beobachtende Verfahren oder durch passende mikrobiologische Techniken erfolgen. Es handelt sich letztlich um ja/nein-Aussagen, sodass hier auch halb-

Tab. 70: Einfache optisch-sensorische Möglichkeiten der Effizienz- oder Sauberkeitsprüfung	
Tägliche visuelle Nachkontrolle auf:	grobe Reste, Beläge (ausgefällte Substanzen), Wassertropfen und Schlieren
H_2O_2-Test (Edelmeyer 1985):	Besprühen der fraglichen Oberfläche mit 1- bis 2-%-ger H_2O_2-Lösung Aufschäumen der Fläche bei massiver Kontamination zeigt ungenügende Behandlung
„Wischtest" (Schmidt 1984):	ausgefällte Substanzen sind mit weißem Papiertuch erkennbar: ungenügendes Nachspülen
Benetzbarkeit der Oberfläche (Schmidt 1984):	lückenloser Wasserfilm auf der Oberfläche weist auf Benetzbarkeit und damit auf stattgefundene Reini- gung hin, ansonsten ungenügende Behandlung
Flüssigkeiten: optische Einschätzung der Trübung:	Kühl- und Brühwasserflüssigkeiten in Reagenzgläser abfüllen und mit Normalwasser vergleichen

quantitative Techniken wie Abklatschverfahren eingesetzt werden können. Ist das mikrobiologische Ergebnis positiv, war die Reinigung und Desinfektion nicht in dem erwünschten Sinne erfolgreich, vgl. Tab. 70 und 71.

Tab. 71: Durchführung von Abklatschtechniken in der Kontrolle der R+D	
Einsatzmöglichkeit	Erfolgskontrolle nach der R+D
	vor einem neuen Betriebszyklus
Bereiche	alle mit Lebensmitteln in Berührung kommende Flächen
	Fleischgewinnung
	Kühlräume
	Zerlegung
	Transportgeräte einschl. LKW-Stauraum
Für eine aussagekräftige Auswertung notwendige Rubriken	
	Angabe der zu beprobenden Positionen
	unter genauer Beschreibung der Stelle
	Datum und Tageszeit
Wiedergabe und Bewertung der Ergebnisse	
	z. B. +/++/+++
	Bewertung der Ergebnisse als gut, ausreichend, schlecht
	aus dem Vergleich der Ergebnisse mit anderen Terminen,
	aber von der vergleichbaren Stelle

Eingesetzt wird auch ein Verfahren, in dem mittels Biolumineszenz zelleigenes ATP nachgewiesen wird. Prinzipiell ist ATP zu weit verbreitet (in Einzellern und allgemein in organischer Matrix), um spezifische Aussagen zu ermöglichen. Das Verfahren ist jedoch geeignet bei einem erwarteten negativen Ergebnis aus der R+D, d. h., es muss jegliches ATP (sowohl bakteriell als auch gewebeeigen) entfernt worden sein. Der Vorteil liegt im Erhalt schneller Ergebnisse, die in der internen QS erwünscht sind.

24.5 Aufbau von Resistenz gegenüber Desinfektionsmitteln

Im Vergleich zur Resistenzbildung durch antimikrobielle Medikation liegen auf diesem Bereich weit weniger Daten vor. Brunner et al. (2000) fanden Isolate aus dem Lebensmittelbereich, die im Agardiffusionstest und darüber hinaus auch bestätigend im MHK-Verdünnungstest eine vergleichsweise Steigerung der Resistenz aufwiesen. Funde ergaben sich vor allem bei den Quartärnären Ammoniumverbindungen. Um dem vorzubeugen, wird empfohlen, zwischen den Mitteln zu wechseln und die empfohlenen Konzentrationen und Einwirkzeiten einzuhalten (Brunner et al. 2000; Meyer 2006). Dies ergibt Sinn, um den Aufbau einer „Hausflora" zu vermeiden.

24.6 Fallbeispiele

24.6.1 Reinigung und Desinfektion von Ställen

Gerade in Zeiten des Aufbaus von Salmonella-freien Beständen muss die praktische Durchführung der R + D in den Ställen breiten Raum einnehmen. Nach dem Ausstallen wird umfassend behandelt, dies gilt auch für die Versorgungseinrichtungen. Auch nach einer längeren Nichtbenutzung vor Neubelegung muss erneut gereinigt und desinfiziert werden.

Die grundsätzliche Vorgehensweise beinhaltet zunächst die Räumung des Stalles und das Entfernen aller Materialien (Futter, Einstreu) sowie den Abbau ortsbeweglicher Einrichtungen. Das Einweichen mit Wasser vor der Reinigung empfiehlt sich zur Ablösung von Schmutz. Es folgen die eigentliche Reinigung (inkl. Entfernen der abgelösten Substanzen und Nachspülen) und die Desinfektion nach Abtrocknen der Fläche. Nach der Desinfektion wird der Stall mehrere Tage verschlossen/unbenutzt gehalten.

In einer Untersuchung zur Effizienz von R + D-Maßnahmen in Schweinehaltungen unterschiedlicher Salmonella-Kategorien stellten Mannion et al. (2007) nur teilweise Erfolge fest. Auch nach der R + D wurden Salmonellen isoliert. Vor allem bei den Fütterungs- und Tränkeinrichtungen wurde – im Gegensatz zu den Böden – nach der R+D eine nur geringe Reduktion oder sogar eine Erhöhung der Kontamination mit Enterobacteriaceae festgestellt. Die Autoren führen dies auf die schlechte Zugänglichkeit der Geräte und den Einsatz von Hochdruckgeräten in der Reinigung zurück.

24.6.2 Tierwäsche

Das Tier trägt Agentien in ein Umfeld hinein, zugleich übernehmen die Tiere die dort vorhandene Mikroflora. Somit stellt auch das Tier einen Überträger dar.

Die Tierwäsche bietet die Möglichkeit, Gegenmaßnahmen zu treffen, so etwa bei der Ascaridenbekämpfung bei Sauen vor dem Abferkeln, was allerdings für eine wirksame Bekämpfung alleine nicht ausreichend ist. Auch bei Milchkühen sind vor dem Melken spezielle Reinigungsmaßnahmen an Hinterbeinen und Euter notwendig. Das Fell von Schlachttieren sollte sauber gehalten oder vor dem Transport gesäubert werden. In den Tropen werden Rinder durch Vollbäder getrieben, um Ektoparasiten zu entfernen.

Die Reinigung erfolgt bei Niederdruck und mit warmem Wasser, eingesetzt werden Reinigungsmittel, Desinfektionsmittel oder Kombinationen aus beiden.

24.6.3 Desinfektion von Messern (Sekundärproduktion)

In den Sterilisierbecken scheint reines und heißes Wasser zur Messerdesinfektion in der Praxis eher ungern gesehen zu sein, da sich Nebel bildet und hitzebedingt Verfestigungen auf der Klinge ein unscharfes Messer zur Folge hat. Somit sind Desinfektionstechniken anzustreben, die die Zeit der Behandlung verkürzen und die Wassertemperatur niedrig halten können (vgl Kap. 11).

In diesem Zusammenhang haben Schütt-Abraham et al. (1992) bei Ultraschallbehandlung mit unterschiedlicher Wassertemperatur verringerte Ablagerungen beobachtet.

Tab. 72: Einfluss verschiedener Sterilisiervarianten auf die Absenkung einer Keimflora (4 lg KbE/10 cm²) auf Edelstahl auf Werte unterhalb der Nachweisgrenze (Einschütz und Fries 2002):	
Wasserbad:	70 °C über 10 Sek.
Wasserbad mit Ultraschall:	60 °C über 5 Sek.
Wasserbad mit Milchsäure (2 %):	40 °C über 10 Sek.
Wasserbad mit Ultraschall und Milchsäure (2 %):	40 °C über 5 Sek.

In einer Institutsuntersuchung (Einschütz 2004) konnte gezeigt werden, dass alternative Techniken (Kombinationen aus Hitze, organischen Säuren, Ultraschall) die Verweilzeit der Messer im Sterilisierbecken verkürzen können und damit die Geräte in der Praxis hygienisch sicherer machen. Je mehr potenzielle Einflussfaktoren miteinander kombiniert wurden, desto niedriger konnten Wassertemperatur und die aufzuwendende Zeit gehalten werden (Tab. 72).

24.6.4 Ausbildung von Biofilmen und antimikrobielle Substanzen in Gebrauchsgegenständen

Biofilme sind Ansammlungen von Bakterien, die in eine organische polymere Matrix eingebunden sind, die an einer Oberfläche haftet. Häufig sind Pseudomonas, Enterobacter, Flavobacterium, Alcaligenes, Staphylococcus und Bacillus involviert. (vgl. Kap. 11).

Dem Aufbau von Biofilmen muss durch geeignete Reinigungs- und Desinfektionsmaßnahmen vorgebeugt werden. Optionen zur Bekämpfung von Biofilmen sind:

– Häufiges mechanisches und chemisches Behandeln der Oberflächen,
– Ersatz von Kunststoffen durch Stahlverbindungen (glattere Oberflächen)
– Verbesserte Kistenwaschanlagen
– Einsatz von Enzymkomponenten in den Reinigungsmitteln

Kunststoffoberflächen: Kisten werden im Allgemeinen über weite Strecken transportiert Um der Verschmutzung und Verkeimung vorzubeugen, wurde vorgeschlagen, Biozide Stoffe bereits bei der Produktion in Kunststoffe (Kisten, Transportbänder, Verpackungsmaterialien) zu inkorporieren, um mikrobiologischer Aktivität und damit der Bildung von Biofilmen vorzubeugen.

Dieser Weg ist in der EU nicht zugelassen. Einerseits würde der Stoff in engen Kontakt mit dem Lebensmittel kommen, unklar bleibt andererseits das Migrationsverhalten der Substanz. Auch ist nicht klar, wie lange die Aktivität aufrechterhalten werden könnte, obwohl die Verwender sich durch die Beimischung sicher wähnen.

24.7 Literatur

Berding, H.-H. (1990): Systematische und sachgerechte Anwendung moderner Reinigungs- und Desinfektionstechnik. In: Proc. 13. Lemgoer Arbeitstagung Fleisch und Feinkost am 5.11.1990 in Lemgo, Fachhochschule Lippe, S. 66–96.

Berding, H.-H. (1991): Reinigungs- und Desinfektionstechnik. Fleischwirtsch. 71, 854–858

Brunner, B., M. Bülte, und M. Heitmann (2000): „Desinfektionsmittelresistenz" bei Bakterien aus dem Lebensmittelbereich. In: Proc. DVG, Gießen, Garmisch-Partenkirchen, Bd. I, S. 330–335

Edelmeyer, H. (1985): Reinigung und Desinfektion bei der Gewinnung, Verarbeitung und Desinfektion von Fleisch. Schriftenreihe Fleischforschung u. Praxis, Bd. 14. Verlag Holzmann, Bad Wörishofen, S. 52.

Einschütz, K. (2004): Wirksamkeitsprüfung verschiedener Verfahren zur Verminderung der Keimbelastung auf Handgeräten der Fleischgewinnung. Diss. Vet. Med. FU Berlin, Journal-Nr.: 2811

Einschütz, K. und R. Fries (2002): Hygienestatus von Messern in der Fleischgewinnung beim Schwein – die Rechtslage und Alternativen der Dekontamination. Proc. Arbeitstagung des Arbeitsgebietes der Lebensmittelhygiene der DVG in Garmisch-Partenkirchen, 24.–27. 9. 2002, pp. 298–303

Mannion, C., P. B. Lynch, J. Egan, and F. C. Leonhard (2007): Efficacy of Cleaning and Disinfection on Pig Farms in Ireland. Vet. Rec. 161, 371–375

Meyer, B. (2006): Does Microbial Resistance to Biocides Create a Hazard to Food Hygiene? Int. J. Food Microbiol. 112, 275–279

Schmidt, U. (1984): Reinigungsmittel in der Fleischwirtschaft. Vergleichende Untersuchungen zur Wirksamkeit. Fleischwirtsch. 64, 1231–1236

Schütt-Abraham, I., E. Trommer und R. Levetzow (1992): Ultraschall im „Steribecken"? Zum Einsatz von Ultraschall in Einrichtungen zur Reinigung und Desinfektion von Messern am Arbeitsplatz in Schlacht- und Zerlegebetrieben. Fleischwirtsch. 72, 864–867

25 Bewertung von Befunden in der Lebensmittelkette

Angesichts der seinerzeitigen Tier- und durch Tiere verursachten Humankrankheiten war in Deutschland bereits um die Jahrhundertwende eine amtliche Schlachttier- und Fleischuntersuchung etabliert worden. Bereits in der amtlichen Begründung zum Fleischbeschaugesetz von 1900 wurden als Zielsetzungen angesprochen der Schutz der menschlichen Gesundheit, Erleichterung der Tierseuchenbekämpfung und die Erbringung wirtschaftlichen Nutzens durch die damals sogenannte Fleischbeschau.

Der in den Industriestaaten bereits seit langem zu beobachtende Wandel vom Auftreten offenkundiger Erkrankungen bei Schlachttieren zu eher inapparent verlaufender Belastung mit Zoonoseerregern zwingt dazu, dass die alten Vorgehensweisen in der Überwachung überarbeitet werden müssen. Eingesetzt wurden bislang vor allem die traditionellen morphologisch-sensorischen Techniken. Im Vergleich zu der bereits lange anhaltenden Diskussion über die technische Durchführung ist die Notwendigkeit, vor der Installation von Maßnahmen zunächst die relevanten Probleme abzuleiten und zu identifizieren, bislang kaum thematisiert worden. Mit dem Hygienepaket der EU aus dem Jahre 2004 wurde diese Türe nunmehr geöffnet.

25.1 Bewertung mittels einer Risikoanalyse

25.1.1 Das Prinzip

Die Risikoanalyse wurde entwickelt zum Zwecke einer systematischen Aufarbeitung von potenziellen Gefahren (Lammerding 1997; European Commission 1998; Codex Alimentarius 1995). Zentrales Element ist die strikte Trennung der reproduzierbaren Analyse von den daraus zu ziehenden Konsequenzen. Die Analyse stellt die objektiven Gegebenheiten dar, die Konsequenzen der zu ziehenden Maßnahmen können als Kräfteparallelogramm aus technischer Machbarkeit und Durchsetzbarkeit der Maßnahmen angesehen werden.

Risk Assessment (Risikobewertung)
Unter Einbeziehung auch der Anforderungen von Seiten speziell gefährdeter Konsumentengruppen (z. B. der Gruppe der „YOPIS" – young, old, pregnant, immuncompromised, sick) wird eine Analyse der mit der Gewinnung und dem Konsum von Tieren stammender

Lebensmittel einhergehenden Risiken durchgeführt. Der Ablauf besteht aus:
- Identifizierung einer Gefahr (Hazard): Zurkenntnisnahme eines Umstandes.
- Charakterisierung des Schweregrades der Gefahr: Analyse des fraglichen Umstandes unter Zusammenstellung aller zielführenden Informationen.
- Einschätzung der Exposition des Konsumenten gegenüber dem betrachteten Umstand.
- Zusammenfassende Darstellung: Es wird sich ein Risiko für den Mensch und/oder für Tiere ergeben oder der Umstand bewegt sich in einem nicht weiter zu verfolgenden allgemeinen Gefährdungsbereich. In Konsequenz ergeben sich Eingriffnotwendigkeiten oder nicht.

Neben dem Agens selber muss die Analyse denkbare Kreuz- und Rekontaminationswege berücksichtigen und Positionen identifizieren, an denen diese auftreten können.

Umgang mit dem Risiko (Risk Management)

Wird gefolgert, dass ein Risiko für Konsumenten besteht, werden Eingriffsszenarien abgeleitet. So müssen ggf. vorhandene Hürden oder Steuerungsmöglichkeiten benannt werden, es kann sich handeln um technische Schritte zu einer räumlichen oder zeitlichen Trennung von Abläufen, personelle Zuordnungen oder Trennung oder auch um Maßnahmen, die das erkannte Risiko überhaupt nicht erst auftreten lassen.

Auf dieser Ebene dürften neben den technisch-naturwissenschaftlichen Optionen auch wirtschaftliche, politische oder soziologische Faktoren eine Rolle spielen. Insofern muss die praktische Konsequenz nicht immer den Ergebnissen der wissenschaftlichen Analyse entsprechen.

Die abgeleiteten Vorgehensweisen müssen jedoch so angelegt sein, dass die erkannten Gefahren in der Praxis vertretbar sicher beherrschbar sind.

Information über ein ggf. weiter bestehendes Risiko (Risk Communication)

Lassen sich zwischenzeitlich oder auf Dauer keine risikovermeidenden oder -verringernden Vorgehensweisen absehen, muss der Adressat (Konsument) über das weiterhin bestehende Risiko informiert werden, dies auf der Grundlage des offenkundigen Vorliegens eines strukturbedingten Mangels. Rückrufaktionen spiegeln lediglich individuelle Havarien wieder und sind hierunter nicht zu verstehen.

25.1.2 Anwendung auf dem Gebiet der Lebensmittel liefernden Tiere

Die neuen rechtlichen Vorgaben stellen folgerichtig klar, dass auch in der Überwachung Lebensmittel liefernder Tiere zunächst die entsprechenden Analysen vorgenommen werden müssen, was auch der Begriff „Risk Based Meat Inspection" ausdrückt.

Auf dieser Grundlage kann eingeschätzt werden, ob der derzeitige aktuell vorgeschriebene Maßnahmenkatalog in der Überwachung von den aus der Risikoanalyse gezogenen Konsequenzen abweicht oder nicht. Da für die Erreger regional unterschiedliche Prävalenzen vorliegen können, sind regional auch technisch unterschiedliche Lösungen denkbar.

Risk Assessment – Ableitung eines Risikos

Hazard Identification –
(Feststellung des Vorhandenseins einer Gefahr)
Zunächst muss die möglicherweise vorhandene Gefahr erkannt werden. Bereits dies ist eine grundlegende Leistung und erfordert kontinuierliche Erhebungen auf bekannte oder weniger im Vordergrund stehende Agentien belebter oder unbelebter Natur.

Es ist denkbar, dass Erreger mangels Vorhandenseins von Informationen als Zoonoseerreger lange nicht erkannt werden. Die erst späte Zurkenntnisnahme von Listeria monocytogenes als Zoonoseerreger ist hierfür ein bekanntes Beispiel. Der breite Ansatz einer Hazard Identifizierung erscheint vor diesem Hintergrund gerechtfertigt.

Hazard Characterisation
(Charakterisierung des infrage stehenden Umstandes)
Nach Zurkenntnisnahme des Umstandes werden die Eigenschaften der beteiligten Agentien zusammengestellt. Da die Bedingungen in den nachfolgenden technischen Schritten unterschiedlich sind und die Überlebensfähigkeit in oder auf Geweben unterschiedlich sein kann, bietet sich das Instrument der Predictive Microbiology an, das kalkulierbar die Populationsdynamik in unterschiedlichen Matrices zu beschreiben und vorherzusagen versucht (vgl. Kapitel 14).

Exposure Assessment
(Exposition der Konsumenten gegenüber dem Umstand)
Humane Biosphäre, Tierhaltung und Umwelt sind über zahlreiche Wege miteinander verflochten. Auch in der Lebensmittelkette kommen unterschiedliche Biotope miteinander in Verbindung. Es wird abgeleitet, wie häufig und in welchem Ausmaß das gefundene Gefahrenmoment über die Nahrungskette in das Humanökosystem eintritt und die Konsumenten gegenüber dem Agens exponiert sind.

So haben Notermans et al. (1998) für L. monocytogenes aus der Prävalenz des Erregers in unterschiedlichen Lebensmitteln auf der Grundlage des (niederländischen) Konsumverhaltens die jährliche Expositionshäufigkeit und -intensität gegenüber dem Erreger berechnet, s. Tab. 73.

Tab. 73:	Berechnung der Expositionsrate gegenüber L.monocytogenes durch den Verzehr von Fleischerzeugnissen (Notermans et al. 1998 unter Einsatz von Daten nach Teufel & Bendzulla 1994)			
A. Prävalenz von L.monocytogenes in Lebensmitteln (KbE/g)				
Belastungsgrad	0,04–1	1–10^2	10^2–10^4	>10^4
Fleischerzeugnisse	13,7 %	7,8 %	1,4 %	0,2 %
B. Schätzung der Expositionsfrequenz pro Person und Jahr Niederlande: Konsumiert/Person und Jahr: Fleischerzeugnisse: 200 g				
Belastung pro 100 g	10	10^3	10^5	>10^6
Zahl der durchschnittlich eingenommenen Mahlzeiten mit unterschiedlicher Listerienbelastung	27,4 ×	15,6 ×	2,8 ×	0,4 ×

Daten wie die der Tabelle 73 können verdeutlichen, in welchem Bereich sich ein Risiko bewegt, sodass dementsprechend mehr oder weniger stringente Maßnahmen zur Kontrolle des Risikos eingeleitet werden können.

Risk Characterisation (Bewertung des beobachteten Umstandes)
Abschließend wird auf Grundlage der zusammengestellten Angaben eine zusammenfassende Einschätzung des bearbeiteten Umstandes verlangt. Wird gefolgert, dass das abgeleitete Risiko über das normale Lebensrisiko hinausgeht, ist Handlungsbedarf gegeben und es ist ein Eingriffsszenario zu entwickeln, wobei vor allem über die Untersuchungstechniken und den Rahmen der Kontrolle (z. B. Monitoring-Programme oder ante- und post-mortem-Untersuchungen) entschieden werden muss.

Abweichende Befunde in der post-mortem-Untersuchung können sehr unterschiedlich und auch als unterschiedlich schwerwiegend wahrgenommen werden. So können Läsionen Anlass für ökonomische Einbußen geben (Ascariden oder Pneumonien beim Schwein) oder sie können Fragen zum Tierschutz aufwerfen (Vorkommen von Technopathien). Andere Befunde weisen auf das Auftreten von Tierkrankheiten hin oder ziehen Konsequenzen von Humanrelevanz nach sich. Andere Beobachtungen gelten als rein ästhetisch/konsumentenbezogen. Es ist auch denkbar, dass das betroffene Gewebe als solches im regionalen Warenkorb keine Verwendung findet (Hathaway et al. 1988; McKone 1996; Mousing et al. 1997). Die Beispiele haben naturgemäß unterschiedliche Konsequenzen zur Folge.

Der Sektor der traditionellen Überwachung Lebensmittel liefernder Tiere ist in dieser Hinsicht bislang eher selten bearbeitet worden. Einschätzungshilfen zu Befunden beim Mastschwein sind in den Tabellen 74 und 75 zusammengefasst.

Tab. 74: Einschätzung von Merkmalen bei der Fleischuntersuchung des Mastschweins als gesundheitlich relevant nach Mousing et al. (1997) (1); Pointon et al. (2000) (2)

erkennbare und auftretende Läsionen	gesundheitliches Risiko	„ästhetisch" bzw. widersprüchlich	Bewertung ausstehend	ohne Incision erkennbar
Enteritis (akut)	+ (1,2)			+
Septikämie	+ (2)			+
Pericarditis	+ (2)			+
Peritonitis	+ (2)			+
Splenomegalie (Hämostat. Milz)	+ (1,2)			+
Chronische Hepatitis	+ (1)			+
Nephrosen durch Mycotoxine	+ (1)			+
verkäsende Lymphadenitis	+ (1)			nein
Fäkale Kontamination	+ (1)			+
Gallen-Kontamination	+ (1)			+
Abszesse		+ (2)		+
Arthritiden	chron. + (1)	+ (2)		+
Endocarditis			+	nein

Tab. 75: Häufig auftretende Merkmale und ihre Aussagekraft hinsichtlich verschiedener Untersuchungsziele beim Schwein (Tierkörper) nach verschiedenen Quellen (Fries 2001)

Befund	festzustellen (nur) durch			Aussagekraft hinsichtlich			
	Incision	Palpation	Adspektion	Humangesundheit	Tiergesundheit	Tierschutz/ Ethik	„Qualität"
Tierkörper-Organe:							
Nephritis	+	+	+	+			
Nierenverfärbung (Mykotoxine)			+	+			
Niereninfarkt			+				+
Hydronephrose			+				+
Verhärtung des Gesäugekomplexes		+			+		
Kryptorchismus			+				+

Fortsetzung Tab. 75

Befund	festzustellen (nur) durch			Aussagekraft hinsichtlich			
	Incision	Palpation	Adspektion	Human-gesundheit	Tier-gesundheit	Tierschutz/Ethik	Qualität
Tierkörper-Kopf:							
Rhinitis atrophicans			+		+		
Lymphadenitis caseosa	+			(+)	+		
Tierkörper:							
Pleuritis			+		+		
Peritonitis			+	(+)	+		
Fraktur, frisch			+			+	
alt			+			+	
Arthritis akut	+	+	+	+	+		
chronisch			+	+	+		
lokal			+	+	+		
multipel			+	+	+		
Lymphadenitis (Nll.ileofemorales)			+		+		
Schwanzbeissereien			+			+	
Muskulatur PSE	+ (bedingt)		+				+
DFD	+ (bedingt)		+	(?)			+
Degeneration			+	(?)			+
Betäubungsschäden			+			+	+
Haut entzündl. Veränderungen			+		+		
mechanische Schäden			+			+	
Hämatome			+			+	
Parasitosen			(+)		+		
Ekzeme			+		+		
Verunreinigung: fäkal			+	+			
Galle			+				+
Rohrbahngleitmittel			+				+
Multilokale Befunde:							
schlechte Ausblutung			+				+
Untergewicht			+		+		
vollständige Abmagerung			+		+	+	
Tumore	+(bedingt)		+	+	+		
Abszesse: einzeln	+(bedingt)		+	(?)	+		
multilokal	+(bedingt)		+	(?)	+		
•Kopf			+				
•Muskeln	+(bedingt)		+				
•Organe			+				
•Oberflächen			+				
•Schwanz/Rückenmark/WS			+	(?)	+	+	
Multilokale Lymphadenitis	(+)		+	+	+		
Mechanische Verletzungen			+			+	

Risiko Management in der Lebensmittelkette
Eine vollständige Sicherheit gegenüber allen Lebensrisiken kann nicht erreicht werden, dementsprechend darf ein solcher Anspruch auch nicht erhoben werden. Dennoch scheint es möglich, Sicherungssysteme zu etablieren, die vertretbaren Schutz gewährleisten und die auch regionalen Gegebenheiten entgegen kommen. Am Beispiel der Tuberkulose des Rindes lässt sich darstellen, dass regional unterschiedliche Vorgehensweisen angebracht sein können; Das Auftreten dieser Krankheit ist auch innerhalb der EU regional sehr unterschiedlich (vgl. Kap. 36).

In diesem Sinne sollte festgehalten werden: „In an ideal situation a modern meat inspection system would be able to adopt itself to the different circumstances in different regions in Europe" (Berends et al. 1993).

Wahl der Untersuchungstechniken
Die zu wählenden gegensteuernden Maßnahmen müssen so angelegt sein, dass sie die Ergebnisse der Analyse aufgreifen und die Risiken unter Routinebedingungen vertretbar sicher erkannt (Fragen der Sensitivität und Spezifität) und beseitigt werden können.

Eine Bewertung der Untersuchungstechniken in der Lebensmittelkette wurde bislang eher selten durchgeführt, da das rechtlich festgelegte Vorgehen in der ante- und vor allem post mortem-Untersuchung eine inhaltliche Diskussion lange sinnlos erscheinen ließ und damit Anpassungen unterblieben sind.

Nunmehr lässt die Rechtsetzung ergebnisoffen die Entwicklung neuer Untersuchungen und neuer Kombinationen zu. Die Resultate können für einige Zeit Bestand haben, auch sie sind jedoch regelmäßig auf Zweckmäßigkeit zu überprüfen.

25.1.3 Fallbeispiele

Die nachfolgenden Beispiele reflektieren das breite Spektrum der zu bearbeitenden Fälle und demzufolge auch die Breite der zu treffenden Entscheidungen.

Fall 1 (kleine Wiederkäuer)
Wie weitgehend wird eine allgemein festgelegte Untersuchung eines Organs oder einer Körperregion dem Untersuchungsziel gerecht (Untersuchung der Milz bei Lämmern in Neuseeland)?

Untersuchungen: Hathaway et al. (1988) verglichen die drei hergebrachten und in Neuseeland übernommenen Techniken der makroskopischen Fleischuntersuchung (Adspektion, Palpation und Incision) an Hand des Schweregrades und der Vorkommenshäufigkeit von Merkmalen. Untersucht wurden 23 797 Tiere, von den 227 insgesamt gefundenen Merkmalen wurden 195 alleine mittels Adspektion erfasst, zusätzliche 25 durch eine Palpation und 8 Merkmale durch Anschneiden des Gewebes (Tab. 76). Als Konsequenz wurde in der Region – Neuseeland – eine visuelle Kontrolle der Milz als ausreichend sicher bewertet und eingeführt.

Tab. 76: Erkannte Befunde an der Milz, möglicher Gesundheitsbezug (Hathaway et al. 1988)

	Gesundheits-bezug	visuell	erkannt palpatorisch	durch Incision	gesamt
systemisch	möglich	2			2
Infarkt frisch	möglich	12	1		13
Infarkt organisiert	nein	2		1	3
Abszess chronisch	möglich	1	1		2
Peritonitis chronisch	möglich	18	6		24
* fibrinöse Reste	nein	3	4		7
Traumata (Hämatom, Agonie, Drehung):	nein	157	14	5	176

Folgerung: Für die abgeleiteten Risikofaktoren in einer Produktionskette sind die Untersuchungstechniken gezielt und separat zu bestimmen. Eine verallgemeinernd festgelegte Untersuchungstechnik wird dem Gegenstand nicht gerecht.

Erst nach einer möglichst vollständigen Analyse kann eine dem Umstand angemessene Erhebungstechnik abgeleitet werden.

Fall 2 (Rind)

Welche Techniken sind zur Erreichung eines Untersuchungszieles geeignet und adäquat?

Untersuchungen: Saini et al. (1997) haben in den 5 Regionen des Food Safety and Inspection Service – FSIS – in den USA unterschiedliche Prävalenzen für C. bovis gefunden (Tab. 77).

Tab. 77: Prävalenz von C. bovis in den fünf FSIS-Inspektionsregionen der USA für die Jahre 1985–1994, Angaben pro 100 Tiere, alle Altersstufen (Saini et al. 1997)

West	p = 0,07	(1)	West: California	> 0,1
Südwest	p = 0,009	(2)	Washington	> 0,1
Südost	p = 0,0004	(5)	Idaho	> 0,1
Nordost	p = 0,0012	(3)		
Nord-Zentral	p = 0,0003	(4)		

Folgerung: Regional unterschiedliche – hohe bzw. niedrige – Prävalenzen lassen unterschiedliche Untersuchungstechniken – Serologie und Incision am Individuum – je nach Risikopotenzial sinnvoll erscheinen. Demzufolge schlugen die Autoren ein auf die Prävalenz des Parasiten zugeschnittenes Prescreening aller Tiere mit anschließender optischer Intensivuntersuchung positiver Reagenten vor. In Regionen mit hoher Prävalenz kann etwa eine allgemeine serologische Untersuchung angesetzt werden.

Fall 3 (Schwein)

Wie weitgehend darf ein als Risiko erkannter Umstand die volle Breite denkbarer Untersuchungen beanspruchen?

Untersuchungen: Zahlreiche Untersuchungen haben gezeigt, dass die Endocarditis valvularis beim Schwein mit E. rhusiopathiae, aber auch mit Str. suis oder negativen mikrobiologischen Resultaten verbunden sein kann. Eine Literaturstudie (Leps & Fries 2009) hat gezeigt, dass Infektionen eher durch Schnittverletzungen als auf alimentärem Wege zustande kommen. Die visuelle Erkennung der Endocarditis valvularis hat zudem eine niedrige Spezifität und Sensitivität. In einer Hochrechnung (Fries 1999) wurde auf der Grundlage der zur Verfügung stehenden Daten auf die Zahl der in den Verkehr gekommenen Herzen mit dem Rotlauferreger geschlossen. Bezogen auf die lokale Bevölkerung, war die Relation unterschiedlich:

Niederlande: 1 E.rh.– positives Herz vom Schwein auf ca. 22 000 Personen

Japan: 1 E.rh.– positives Herz vom Schwein auf ca. 208 000 Personen

Deutschland: 1 E.rh.– positives Herz vom Schwein auf ca. 17 000 Personen

Folgerung: Der alimentäre Weg ist gegenüber der Infektion über Schnittverletzungen weniger realistisch, und eine reine Prävalenz-Konsumenten-Relation, wie dargestellt, kann zwar ein Übertrags-potenzial aufzeigen, es determiniert jedoch keinesfalls ein finales Infektionsrisiko. Zusätzliche Faktoren wie der Warenkorb (Konsum der Herzen), die Verarbeitungstechnologie des Materials, unterschiedliche Konsumentenaltersklassen beeinflussen die letztendliche Exposition der Konsumenten.

Wenn ein epidemiologisches Interesse besteht, das Auftreten von E.rh. herkunftsbezogen zu erheben, sind gegenüber der hergebrachten Incision der Herzen eher labortechnische Maßnahmen angezeigt.

25.2 Ableitung des Acceptable Daily Intake (ADI)

Auf dem Sektor der Fremden Stoff ist bereits seit langem eine Bewertungskaskade etabliert. Sofern nicht schon das Vorliegen eines Stoffes als bedenklich angesehen werden muss, setzt die Festlegung von Toleranzen u. a. das Vorliegen toxikologischer Daten voraus. Lassen sich für eine Substanz Dosis-Wirkungs-Abhängigkeiten darstellen, können die vorliegenden Daten zu einem Wert verrechnet werden, der in Lebensmitteln allem Ermessen nach vertretbar ist.

Toxizitätsprüfung und Ermittlung eines NOEL (No Observable Effect Level)

Auf der Grundlage experimentell erhobener Daten werden die Schwellen identifiziert, unterhalb derer ein Effekt nicht festgestellt werden kann. Der NOEL entspricht dem No Adverse Effect Level (NAEL).

Übertragung der erhaltenen Daten auf das Tier

Hieraus wird die „Duldbare Tägliche Aufnahme" für das betreffende Tier errechnet. Die Berechnungen werden mittels der Werte von der Tierart vorgenommen, die gegenüber der Substanz am empfindlichsten war. Grundlage ist der Futterverbrauch pro Tag, die Angabe erfolgt in mg/kg Körpergewicht und Tag.

Übertragung auf den Menschen (DTA und ADI)

Durch Einrechnung von Sicherheitsfaktoren, was einer Verringerung der Duldbaren Täglichen Aufnahme (DTA) entspricht, wird auf den Menschen geschlossen. Unter Berücksichtigung des durchschnittlichen Körpergewichts in der größeren Region erfolgt dann die Formulierung einer praktisch tolerierbaren Menge der Fremden Substanz. Auch die einzelnen Nahrungsmittel des regionalen Warenkorbes gehen in die Berechnungen ein. Im Ergebnis kommt es zur Duldbaren Täglichen Aufnahme (DTA/Msch). Auch hier erfolgt die Angabe in mg/kg Körpergewicht und Tag. Als ADI werden die entsprechenden Werte der FAO/WHO bezeichnet.

Korrespondierende/notwendig zugrunde liegende Good Agricultural Practices (GAP)

Entsprechende Grenzwerte werden unter Beachtung des üblichen Warenkorbes (Verzehrsgewohnheiten) der betrachteten Region auf die geduldete Höchstmenge in dem einzelnen Nahrungsmittel übertragen und auf dieser Basis ein rechtlich gültiger Wert festgelegt. Die auf dieser Basis etwa in der landwirtschaftlichen Praxis einsetzbare Menge an Agrochemikalien kann nun als Permissible Level (PL) auch rechtlich umgesetzt werden. GAP beinhaltet somit die Anwendung tolerabler Grenzwerte für Agrochemikalien.

25.3 Literatur

Berends, B. R., J. M. A. Snijders, and J. G. van Logtestijn (1993): Efficacy of Current EC Meat Inspection Procedures and some Proposed Revisions with Respect to Microbiological Safety: A Critical Review. Vet. Rec. 133, 411–415

Codex Alimentarius (1995): Guidelines on the Application of the Principles of Risk Assessment and Risk Management to Food Hygiene Including Strategies for their Application. FAO/WHO, Rome, CX/FH 95/8, Sept. 1995, Agenda Item 9.

European Commission (1998): Microbiological Criteria. Collation of Scientific and Methodological Information with a View to the Assessment of Microbiological Risk for Certain Foodstuffs. Report EUR 17638, Directorat-General Industry, Brussels

Fries, R.(1999): Risikoanalyse in der Fleischuntersuchung am Beispiel der Endocarditis valvularis beim Mastschwein. In: Proc. DVG, 40. Arbeitstagung des AG Lebensmittelhygiene, 29.9.–1.10.1999, Garmisch-Partenkirchen, S. 583–588

Fries, R. (2001): Sichere Überwachung Lebensmittel liefernder Tiere: Versuch einer Ableitung, Berlin/München. Tierärztl. Wschr. 114, 438–445

Hathaway, S.C., M.M. Pullen, and A.I. McKenzie (1988): A Model for Risk Assessment of Organoleptic Postmortem Inspection Procedures for Meat and Poultry. JAVMA 192, 960–966

Lammerding, A.M. (1997): An Overview of Microbial Food Safety Risk Assessment. J. Fd. Prot. 60, 1420–1425

Leps, J., and R. Fries (2009): Incision of the Heart during Meat Inspection of Fattening Pigs – A Risk Profile Approach. Meat Sci. 81, 22–27

McKone, Th. E. (1996): Overview of the Risk Assessment Approach and Terminology: the Merging of Science, Judgment and Values. Fd Contr. 7, 69–76

Notermans, S., J. Dufrenne, P. Teunis, and T. Chackraborty (1998): Studies on the Risk Assessment of Listeria monocytogenes. J. Fd. Prot., 61, 244–248

Pointon, A.M., D. Hamilton, V. Kolega, and S. Hathaway (2000): Risk Assessment of Organoleptic Postmortem Inspection Procedures for Pigs. Vet. Rec. 146, 124–131

Saini, P.K., D.W. Webert, and P.C. McCaskey (1997): Food Safety and Regulatory Aspects of Cattle and Swine Cysticercosis. J. Fd. Prot. 60, 447–453

Teufel, P. und C. Bendzulla (1994): Bundesweite Erhebungen zum Vorkommen von L.monocytogenes in Lebensmitteln. BgVV, Berlin

26 Der Faktor „Mensch"

Ein Arbeitsplatz bemisst sich an der Arbeitssicherheit und am Ergebnis der Tätigkeit. Arbeitsplatzsicherheit bedeutet mechanischen Schutz und Schutz vor chemischen und mikrobiologischen Gefahren. Andererseits muss das Produkt auch den Anforderungen in möglichst hohen Prozentsätzen genügen. In hygienesensiblen Bereichen trägt auch das Verhalten der einzelnen Personen maßgeblich zur Erzeugnisqualität bei.

26.1 Der Arbeitsplatz und die Person: Sicherheit am Arbeitsplatz

Generell muss bei schweren Arbeiten, was im Umgang mit Großtieren in jeder Hinsicht zutrifft, mit Haltungsschäden gerechnet werden. So wurden bei Tierärzten Wirbelsäulenschäden vielfältiger Ursachen festgestellt (Willimzik 2003), was vor allem auf Arbeiten in gebeugter Haltung, dies bei vielfältigen Gelegenheiten, Fahrten mit dem PKW oder auch auf schweres Heben zurückgeführt wurde.

Auch der Industriearbeitsplatz kann Anlass für Haltungsschäden sein: Empfohlen wird, Verstellbarkeit der Arbeitsplatzinstallationen (Höhe/Tiefe/Abstand) und – soweit möglich – ein Rotieren der Personen zu ermöglichen (N.N. 1993).

26.1.1 Der Kontakt zum lebenden Tier: Primärproduktion

Tab. 78: Seroprävalenz von Krankheitserregern aus dem tierischen Umfeld bei Tierärzten, positive Reagenten in % (Deutz et al. 2001)

Bartonella henselae	51,1 %
Chlamydia psittaci	21,2 %
Coxiella burnetii	9,5 %
Borrelia burgdorferi	7,3 %
Leptospira	2,9 %
Toxoplasma gondii	54,7 %
Toxocara canis/cati	33,6 / 27,0 %
Ascaris suum	21,9 %
Parainfluenza 3-Virus	95,6 %
Respiratorisches Synzytialvirus	59,9 %
Influenzavirus A (H_1N_1)	8,8 %
Encephalomyocarditis Virus	5,1 %

Landwirte oder Tierärzte haben berufsbedingt vielgestaltigen Kontakt zu (Nutz-) Tieren. Bei diesen Berufsgruppen ist von erhöhter Exposition gegenüber einer Vielfalt von Tier- und Humankrankheitserregern und demzufolge auch von erhöhter Infektionsgefahr oder von Erkrankungen auszugehen. So stellten Deutz et al. (2001) bei Tierärzten in Österreich eine Toxoplasma-Sero-Prävalenz oberhalb derjenigen der Normalbevölkerung fest (Tab. 78). In einer vergleichbaren Untersuchung in Deutschland (Homuth et al. 2006) wurde v.a. auf eine hohe Zahl von Reagenten gegenüber dem Rotlauferreger (so bei Landwirten mit Geflügel- und Schweinehaltung) hingewiesen (Tab. 79).

Tab. 79: Antikörperaufkommen bei „tiernahen" Teilnehmern zweier Kongresse (Tierärzte, Landwirte) (Homuth et al. 2006)

	pos	grenzwertig	neg
Chlamydia spp.	41,9 %	5,0 %	53,2 %
E. rhusiopathiae	41,6 %		58,4 %
Porcines Influenzavirus	10,0 % (positiv/grenzwertig)		90,1 %
Coxiella burnetii	1,8 %	2,3 %	95,9 %

Bei Tierärzten wurde bereits häufiger von arbeitsplatzbezogenen Atemgeräuschen berichtet, wobei die Beschwerden bei Personen mit Rinderbezug als eher allergisch bezeichnet wurden, während die beobachteten Reaktionen bei Personen mit Kontakt zu Schweinehaltungen eher chemisch-irritativ waren (Bilkei und Biro 2000; Nowak 2005).

Exposition der Betreuer in Geflügelhaltungen (Legehennen) gegenüber Staub und NH_3: In Volierenhaltungen wurden für beide Messgrößen signifikant höhere Werte als in Käfighaltungssystemen ermittelt (Whyte 2002). Hinzuweisen ist in diesem Zusammenhang auch auf die Exposition des Schlachthofpersonals beim Einhängen von lebendem Geflügel in die Schlachtlinie.

26.1.2 Fleischgewinnung

Mechanische Gefahren
Beachtet werden müssen die mechanische Sicherheit und die Vorbeuge von Unfällen. Böden sind häufig feucht und verschmutzt, sie müssen v. a. rutschfest sein. Der Erhaltungszustand des Maschinen- und Geräteparks ist regelmäßig zu prüfen, ggf. muss Ersatz beschafft werden. In der Sekundärproduktion sind insbesondere mechanische Gefahren verbreitet. Bereits Schier et al. (1987) haben hierzu seinerzeit entsprechende Daten zusammengestellt (Tab. 80).

Tab. 80:	Mechanische Verletzungen bei Personal in der Fleischgewinnung (schier et al. 1987)	
Verletzter Körperteil	vor allem	
Finger	Schnittwunden	(76,5%)
Arm	Stichwunden	(44,4%)
Hand	Platzwunden	(50,0%)
Knie	Bänderriss, Prellung, Schnitt	(zu je 1/3)
Auge	Fremdkörper	

Verletzungen wurden vor allem an den Arbeitsplätzen „Brust- und Bauchorgane entfernen" (ca. 23 % der Fälle) sowie „Betäuben und Einhängen an die Haken" (ca. 15 %) beobachtet. Unmittelbare Unfallursachen waren vor allem Abrutschen mit dem Messer (ca. 40 %) oder Ausrutschen, dies in ca. 13 % der Fälle.

Mikrobiologische Gefahren
Der Umstand, dass die Fleischgewinnungstechnologie Quelle von Übertragungen sein kann, ist bekannt, auf das mögliche Vorkommen von Zoonoseerregern auf den Händen der Beschäftigten wurde bereits vor längerem hingewiesen (Kap. 11).

Für die Untersucher in der post-mortem-Fleischuntersuchung ist eine erhöhte Exposition gegenüber dem Rotlauferreger sowie eine erhöhte Frequenz des Auftretens eines Erysipels bekannt.

26.1.3 In Konsequenz die persönliche Prävention

Grundsätzlich ist Jedermann verpflichtet, sich mit den vorhandenen Schutzmaßnahmen auszukennen und diese zu benutzen. Es handelt sich, abgestimmt je nach Einsatzgebiet, um allgemeine Schutzkleidung wie Helm, Kittel, Hosen, Schürzen und um vor Verletzungen schützende Bekleidungsstücke wie Kettenhandschuhe und Kettenschürzen, auch um Schuhwerk mit verstärkten Schuhspitzen.

Als Präventivmaßnahmen gegen Infektionen gilt die Einhaltung hygienischer Grundregeln wie Verwendung von Schutzhandschuhen/Schutzbrillen sowie ggf. eines Mundschutzes, auch die schnelle Versorgung von Gelegenheitswunden.

Chemische Gefährdungen sind zu deklarieren, Schwangere dürfen nicht mit gefährlichen Stoffen in Berührung kommen. Vorhandene Sicherheitsdatenblätter und –vorgaben müssen zur Kenntnis gegeben und auch zur Kenntnis genommen werden.

Jegliche Ausstattung muss adäquat sein (Methner-Opel 1994): Armfreiheit für tätigkeitsspezifische Bewegungen, regulierbare Ärmel- und Beinabschlüsse, Schutz gegen Kälte und Nässe an kalten Arbeitsplätzen.

Schutzkleidung in der Fleischgewinnung bedeutet Kopfbedeckung, Kittel (weiß), ggf. Schürze und Stiefel (hell, wasserfest). Sie muss zum Beginn jeden Arbeitstages sauber sein, gegebenenfalls muss öfter gewechselt werden. Unter „sauber" ist zu verstehen, dass die Behandlung in der Lage ist, den ursprünglichen Zustand vor dem Arbeitsgang wiederherzustellen.

Die Reinigung muss ohne übermäßige Behandlung und bei Temperaturen >60 °C möglich sein. Einwegschürzen verringern die Gefahr, dass die Schutzkleidung nicht adäquat gereinigt wird und somit als Carrier wirkt.

Im alten Fleischhygienerecht waren für zwei Zoonosen (Leptospirose und Q-Fieber) besondere Vorsichtsmaßnahmen bei der Fleischgewinnung vorgeschrieben, allerdings ohne diese konkreter zu formulieren. Neben zeitlicher und räumlicher Trennung sowie R + D-Maßnahmen leiten sich aus der Epidemiologie von Coxiella burnetii Atmungs- und Augenschutz ab. Auch das Fell hat hier eine Überträgerfunktion (Staub). Gegen eine Infektion mit Leptospiren sind Mund- und Atmungsschutz sowie der Schutz der Haut durch Handschuhe denkbare Optionen.

Fallbeispiel: Persönliche Prävention in der Haltung im Seuchenfalle

Im Falle eines Seuchenausbruches sind klare Vorgaben notwendig. Die folgenden Aufstellung schützt sowohl den Akteur vor Regress als auch die Bestände vor der Übertragung des Agens.

Grundregeln im Umgang mit Tierseuchen in den Haltungen (N. N. 2005)
1. Neben den Kontaktsperrezeiten muss das persönliche Verhalten im Bestand infektions- und übertragungshygienisch abgesichert sein, vorhandene Grundregeln müssen befolgt werden.
2. PKW:
– Eingehalten werden muss das Schwarz-Weiß-System auf dem Gelände, der PKW darf das Gelände nicht befahren.
– Es ist Schutzkleidung zu verwenden, Uhren oder Schmuck sind abzulegen.
3. Zutritt auf das Gelände:
– In der Kleidungswechselzone werden Stiefel und Overall vom Gelände oder Einweg-Material verwendet
– Bei Auftreten von Maul- und Klau-

enseuche erfolgt die Desinfektion von Händen und Stiefeln mittels 1 % reiner Zitronensäure-Lösung
4. Maßnahmen im Stall:
– Möglichst nur Materialien vom Gelände verwenden
– Im Falle von direktem Tierkontakt werden Einweghandschuhe verwendet
5. Verlassen des Stalles:
– R + D der Stiefel und aller verwendeten Hilfsmittel
– Proben und andere Materialien werden wasserdicht verpackt
– Betriebsschutzkleidung ablegen
– Reinigen und Desinfizieren der Hände
– Einwegschutzkleidung dort belassen
6. Verlassen des Geländes
– Desinfektion aller vom Gelände mitgenommenen Materialen
– Ablegen der eigenen Einwegschutzkleidung und in einen eigens hierfür vorgesehenen Plastikbeutel entsorgen
– Ablage dieser Materialien in einer „schwarzen Zone" des PKW

26.2 Die Person und der Arbeitsplatz: Das Produkt

26.2.1 Der Einfluss der Personen auf die Hygiene

Installationen zur Sauberkeit sind technisch überall vorhanden, zentral ist die tägliche Pflege und Wartung und damit letztlich die Sorgfalt des beauftragten Personals.

Es handelt sich dabei um Hygieneschränken mit Reinigungs- und Desinfektionsgelegenheiten, Reinigungsmöglichkeiten für Stiefel und für Schürzen inkl. Aufhänge- und Abstellmöglichkeiten, Umkleiden mit Ablagevorrichtungen für Schutz- und Straßenkleidung, Hygieneräume (Toiletten) oder um Waschgelegenheiten (Kap. 11).

Auch Organisationsfragen wie Pausenregelungen beeinflussen

das Hygieneverhalten des Personals: Ist nicht genügend Zeit in der Pause vorhanden oder ist die Pause fehlerhaft organisiert (zu viele Personen in der Zeiteinheit), werden die betroffenen Personen im Zweifelsfall keine Reinigung und Desinfektion der Hände vornehmen.

Anforderungen an das persönliche Verhalten werden den Beschäftigten häufig nahegebracht, es müssen jedoch ebenso häufig die bekannten Barrieren in der Beachtung der Hygiene zur Kenntnis genommen werden. Die Gründe sind vielgestaltig:

- Mangelnde Information
- Geringe Attraktivität des Gegenstandes
- Planungsmängel
- Unattraktive Arbeitsanleitungen
- Personalengpässe
- Erwartete Auswirkungen bei einem Hygienemangel werden als gering eingeschätzt
- Konsequenzen aus einer Nichtbefolgung werden nicht erwartet

Kontrollen müssen daher vorgenommen werden, wobei die Erfassungstechniken, auch diejenigen zur Überprüfung der persönlichen Hygiene, möglichst weitgehend „ver-ding-licht" sein sollten. Vorschriften und Auflagen ohne messtechnische (vgl. Kasten auf S. 259) Grundlage sind schwer durchzusetzen.

26.2.2 Persönliche Einschätzungen einer Beobachtung

Die Untersucher werden geschult und sie durchlaufen eine spezielle Ausbildung nach konkret aufgeführten Inhalten der VO (EG) 854/2004. So haben sich die Amtlichen Fachassistenten, eine wichtige Berufsgruppe am post-mortem-Untersuchungsstand, einem Lehrgang mit insgesamt 500 h Theorie und 400 h praktischer Ausbildung zu unterziehen.

Dennoch spielt die persönliche Einschätzung auch in der beobachtend-wertenden Tätigkeit, wie sie etwa für die klinische und die post-mortem-Untersuchung zutrifft, eine Rolle.

Dementsprechend nehmen Erfahrungsgrad des Untersuchers, auch die Ausgestaltung des Arbeitsplatzes oder das Vorliegen bzw. Nicht-Vorliegen verbindlicher Entscheidungshilfen im Hinblick auf die Charakterisierung der zu erwartenden Befunde Einfluss auf das letztliche Ergebnis der Untersuchung. Auch kann der Bestand im Vergleich mit anderen Herkünften das Ergebnis beeinflussen: Tiergruppen mit einem höheren Befundaufkommen können die Tendenz aufkommen lassen, Tiere mit Läsionen passieren zu lassen. Aus einer Untersuchung bei Broilern (Fries et al. 1992) ging hervor, dass bei unterschiedlichen Bandgeschwindigkeiten (4 Varianten von 3600 bis

7200 Tierkörpern/h) ein Unterschied in der Effizienz statistisch nicht belegbar war. Es wurde aber bei Herden mit einem höheren Befundaufkommen eine Tendenz zu effektvollerer Auslese bei niedrigerer Bandgeschwindigkeit beobachtet.

Fallbeispiel: Post-mortem-Untersuchung von Geflügelfleisch

Hier wurde identisches Material, bei dem die durch das Untersuchungspersonal erhobenen Befunde bereits in Papierform aufbereitet worden waren, durch mehrere Personen individuell „nachuntersucht". Stimmten die Ergebnisse bei den tauglich beurteilten Tierkörpern noch deutlich mit den Untersuchungsergebnissen der Kontrolleure überein, lag die Übereinstimmung beim Vergleich der Untersuchungsergebnisse der untauglichen Tierkörper deutlich niedriger (Tab. 81).

Tab. 81: Übereinstimmung in der Beurteilung von Broilern zwischen verschiedenen Untersucherteams (Fries & Kobe 1993)

Ergebnis der amtlichen Untersuchung			Prozentsatz der Übereinstimmung mit dem Ergebnis der Nachuntersucher		
untersucht	tauglich	untauglich	tauglich	untauglich	gesamt
19 632	14 400	5232	94,7 %	57,0 %	84,4 %

26.3 Literatur

Bilkei, G. u. O. Biro (2000): Berufliches Gesundheitsrisiko der Betreuungsärzte in der intensiven Schweineproduktion – 2. Mitteilung: Der Einfluss der Luftschadstoffe auf die Gesundheit der Tierärzte. Tierärztl. Umschau 55, 268–273

Deutz, A., K. Fuchs, N. Nowotny, H. Auer, W. Schuller, U. Kerbl, H. Aspöck u. J. Köfer (2001): Ergebnisse seroepidemiologischer Untersuchungen von Tierärzten, Landwirten und Schlachthofarbeitern auf Zoonosen. Proc. DVG, Garmisch-Partenkirchen vom 25.–28. 9. 2001. S. 179–185

Fries, R., A. Kobe, und S. Klaschka (1992): Einfluß der Bandgeschwindigkeit auf die Ausleseeffektivität der Kontrolle bei der Geflügelfleischuntersuchung. Arch. Geflügelk. 56, 247–155

Fries, R., and A. Kobe (1993): Ratification of Broiler Carcase Condemnations in Poultry Meat Inspection. Brit. Poult. Sci. 34, 105–109

Homuth, M., A. Tschentscher, B. Schneider, L. Kreienbrock u. K. Strutzberg-Minder (2006): Untersuchungen auf das Vorhandensein von Antikörpern gegen diverse Zoonoseerreger bei Tierärzten und Landwirten. Prakt. Tierarzt 87 (1), 42–49

Methner-Opel, B. (1994): Geeignete Schutzkleidung reduzierte Krankheitstage. Fleischwirtschaft 74, 1172–1176

N.N. (1993): Reduce Occurrence of Carpel Tunnel Syndrome. World Poult. Misset 9, 43–45

N.N. (2005): Einsatz von Tierärzten im Tierseuchenkrisenfall – Ein Leitfaden. (Hrsg: Niedersächsisches Ministerium für den ländlichen Raum, Ernährung, Landwirtschaft und Verbraucherschutz und Tierärztekammer Niedersachsen), 16 S.

Nowak, D. (2005): Allergien des Atemtraktes – ein häufiges Problem bei Tierärzten und Praxispersonal. Deutsch. Tierärztebl. 53, 1244–1248

Schier, V., D.H. Schmidt und H. Vogel (1987): Verbesserung der Arbeitsbedingungen in der Fleischgewinnung. Schriftenreihe der Bundesanstalt für Arbeitsschutz – Forschung Fb 520 – Forschungsberichtsreihe „Humanisierung des Arbeitslebens" (Herausgeber: DFVLR/Projektträger „Humanisierung des Arbeitslebens"), 50 S.

Whyte, R.T. (2002): Occupational Exposure of Poultry Stockmen in Current Barn Systems for Egg Production in the United Kingdom. Brit. Poult. Sci. 43, 364–373

Willimzik, H.-F. (2003): Das Kreuz mit dem Kreuz – Arbeitsmedizinische Betrachtung von Wirbelsäulenproblemen: Ursachen, Wirkungen und mögliche Prävention am tierärztlichen Arbeitsplatz. Deutsch. Tierärztebl. 51, 893–894

27 Zertifizieren, Akkreditieren, Auditieren durch Verifizierung

Die weitgehende Durchgestaltung der Prozesse hat sich auch in unabhängigen Prüfungen der Abläufe in Industrie und Labors niedergeschlagen (Akkreditierung von Labors, Zertifizierung von Abläufen). Auch dieses sind Instrumente der Technologiesicherung, der methodischen Durchführung und insofern wertfreie Vorgehenshilfe.

Dieser Trend gilt weltweit. Der Anspruch von Abnehmern, die Erzeugnisse nicht nur in ihrer Endzusammensetzung, sondern auch in der Produktionslinie transparent zu halten, bedeutet im Klartext Offenlegung aller Gegebenheiten:

– Technisches Planen der Abläufe
– Installation von Hygienesicherungsmaßnahmen (soweit es von der Natur des Erzeugnisses her erforderlich ist)
– Dokumentation der Prüfresultate
– Training und Information des Personals

Jedes Erzeugnis kann prinzipiell von unterschiedlicher Qualität geprägt sein. Entscheidend ist, dass der letztlich vorgesehene Qualitätsstatus in den Produktionsabläufen eingeplant und erreichbar ist, wobei die ausgelobte Spezifikation belegbar sein muss.

Zurückgegriffen wird auf unterschiedliche Regelwerke, z.B. die ISO 9000 ff. als Grundschablone für das Vorgehen in einer Prüfung.

Die Unterlagen beinhalten Anforderungen an Qualitätsmanagement und Qualitätssicherung, jedoch nicht für ein spezielles Produkt. Insofern können alle Bereiche der industriellen Fertigung auf diese Weise nachvollziehbar und transparent gemacht werden.

Zunehmend unterwerfen sich auch landwirtschaftliche Betriebe einer Zertifizierung. Dies ist im Zusammenhang mit der präventiven Biosecurity gegen Zoonoseerreger und auch im Zusammenhang mit der Diskussion um die Tierfütterung von eminenter Wichtigkeit und wird sich weiter fortsetzen.

27.1 Zertifizierung

Der Begriff reflektiert die Organisation eines speziellen Ablaufs nach internen Qualitätsmanagementsystemen. Die Abläufe sind Schritt für Schritt vom Beginn der Produktionslinie bis zum Erzeugnis inklusive der internen Kontrollmaßnahmen und der Dokumentation festgelegt. Hierfür ein Qualitätsmanagement-Handbuch notwendig mit:
– Standard-Arbeitsanleitungen
– Standards für Geräte und Maschinenpark
– Erheben von Daten
– Einbeziehung des Personals

Die entsprechenden Regeln hat der Betrieb selber zusammengestellt, entscheidend ist, dass sie in dieser Form auch befolgt werden. Sie müssen vor Aufnahme der Produktion festgelegt worden sein. Zertifizieren beinhaltet somit nicht die Sicherheit des Produktes oder den Sinn einer Maßnahme. Zertifizierung bedeutet die Zusicherung durch eine Prüfinstanz, dass der Ablauf nach den vorgegebenen Vorgaben täglich durchgeführt wird.

Es ist theoretisch möglich, dass ein fehlerhafter Ablauf zertifiziert wird, und es ist somit essentiell, dass der technische Ablauf zunächst zutreffend und inhaltlich richtig dargestellt wird. Auch müssen die technischen Einflüsse, die das Auftreten von Erregern an bestimmten Stellen unterbinden oder auch ermöglichen, mit den mikrobiologischen Informationen, die über diese Position im Prozess vorliegen, inhaltlich verbunden werden.

27.2 Akkreditierung

Akkreditierung ist die formale Anerkennung der Untersuchungskompetenz und Zuverlässigkeit einer Untersuchungsinstitution, z. B. eines Labors für bestimmte Untersuchungen. Grundlage ist, dass Laborvorgaben für die infrage stehenden Untersuchungen vorhanden sind, auch qualifiziertes Personal oder ein internes Kontroll- und Qualitätssicherungssystem. Insgesamt muss die Laboreinheit Good Laboratory Practice vorhalten. In diesem Sinne wird dem akkreditierten Labor Ergebnis-Kompetenz bescheinigt, ebenfalls durch eine Prüfinstanz.

27.3 Auditieren

Im Rahmen des Audits werden die Unterlagen zur Kenntnis genommen und der praktische Ablauf beobachtet. Es werden Gespräche mit dem Personal geführt („Audits"), wie weit in der Tat die Vorgaben des Handbuchs eingehalten werden.

Auditieren ist somit die Feststellen, ob die Tätigkeiten und zugehörigen Ergebnisse in einem QS-System den Anordnungen entsprechend ausgeführt werden.

Auch die prüfenden Personen benötigen eine Ausbildung und eine Bestätigung, dass sie in der Lage ist, eine Auditierung vorzunehmen. Insofern muss auch die auditierende Institution über eine Akkreditierung verfügen.

Teil 3
Die Umsetzung

Die Lebensmittelkette

28 Kontrolle Lebensmittel liefernder Tiere

28.1 Historische Eckdaten

Der naturwissenschaftliche Schub im Europa des ausgehenden 19. Jahrhunderts hat auch die Grundlagen für eine Überprüfung von Nutztieren für die menschliche Ernährung geschaffen. Die damals etablierte Schlachttier- und Fleischuntersuchung kann als die zu ihrer Zeit adäquate Antwort auf die Notwendigkeit einer Kontrolle angesehen werden. Die Anfänge lagen bereits in Preußen und im 1871 neu gegründeten Deutschen Kaiserreich (vgl. Kap. 16).

1868 Schlachthofzwang (Preußisches Schlachthausgesetz)

1872 Einführung der mikroskopischen Untersuchung auf Trichinen beim Schwein (regional unterschiedlich), maßgeblich beeinflusst durch R. Virchow

1900 Verkündung des Fleischbeschaugesetzes: reichseinheitliche Schlachttier- und Fleischuntersuchung

Wichtige Meilensteine in der weiteren Entwicklung waren im Jahre 1922 die Einführung der Bakteriologischen Fleischuntersuchung, die Einführung der Lebensmittel-Überwachung im Jahre 1927 oder auch die reichseinheitliche Untersuchungspflicht auf Trichinen (1937).

Bei der obligatorischen Schlachttier- und Fleischuntersuchung handelte es sich um eine klinische Untersuchung (Lebenduntersuchung) und um eine kodifizierte Variante der pathologisch-anatomischen Erfassung post mortem (Fleischuntersuchung).

Auch durch diese Untersuchungen konnten Krankheiten wie Milzbrand, Tuberkulose, Trichinose oder Rinderpest zumindest zu einem gewissen Anteil aus dem menschlichen Habitat ferngehalten werden.

Die Frischfleisch-Richtlinie (RL 64/433/EWG) eröffnete in der damaligen EWG den „Gemeinsamen Markt", im Jahre 1971 folgte die Geflügelfleischhygiene-Richtlinie (RL 71/118/EWG). 1993 wurde der Gemeinsame Binnenmarkt vollendet, d. h., die bislang nur für den innergemeinschaftlichen Handel geltenden Untersuchungs- und Hygienevorschriften wurden auf die nationalen Binnenmärkte ausgedehnt.

Mit verstärktem Auftreten subklinischer Erkrankungen anstelle der klassischen Infektionskrankheiten und unter den sich wandelnden Haltungsbedingungen geriet das Untersuchungssystem weltweit in die Kritik. Die auftretenden hygienischen Probleme erforderten außerdem die Entwicklung neuer, eher überindividuell, d. h., auf den Bestand ausgerichteter Überwachungstechniken.

28.2 Kritikpunkte an der traditionellen Form der Überwachung

Vor allem die berührenden Techniken der post-mortem-Untersuchung waren bereits seit längerem diskutiert worden. Argumentiert wurde mit der erhöhten Kontaminationsgefahr mit Zoonoseerregern über die benutzten Messer, hinterfragt wurde zunehmend auch der Aussagewert der Untersuchungsergebnisse. Wichtige Kritikpunkte waren (Murray 1986; Grau 1987; McNab 1985; ICMSF 1988; Hathaway & McKenzie 1991; McKenzie & Hathaway 1992; Berends et al. 1993; Fries & Kobe 1993; Fries et al. 1997; Willeberg et al. 1994; Snijders & Berends 1996):

– Nicht genügende oder keine Kenntnis über Umstände und Vorkommnisse in der Mast.
– Keine Rückmeldung der SFU-Ergebnisse in den Herkunftsbetrieb.
– Reiner Endpunktcharakter der Kontrolle ohne Präventivcharakter.
– Mikrobielle Kontamination der Gewebe durch Kontakt bei der Durchführung der post-mortem-Untersuchung.
– Konzentration auf Sachverhalte, die von geringerem Interesse für die Humangesundheit sind.
– Unzureichende Untersuchungstiefe auf Umstände, gegen die in der Tat Anstrengungen unternommen werden müssten.
– Im Prinzip unbekannte Sensitivität und Spezifität der Untersuchung.
– Unklarheiten in der Beurteilung angesichts ausdehnungs- und intensitätsmäßig unterschiedlich ausgeprägter Defekte.
– Keine Erfassung hygienischer Gesichtspunkte.
– Nichterkennbarkeit klinisch inapparenter Infektionen/Kontaminationen.
– Keine (oder nur eingeschränkte) Erkennung von verabreichten Substanzen.

Bereits mit Artikel 17 der 1991 revidierten RL 64/433/EWG war eine Aufforderung an die Kommission der EU ergangen, dem Rat Alternativen zu den seinerzeitigen Untersuchungstechniken vorzuschlagen.

Eine internationale Arbeitsgruppe unter niederländischer Federführung legte einen Vorschlag vor (Snijders & Berends 1996). Im Prinzip sollten Informationen aus der Mast für die Überwachung verstärkt nutzbar gemacht werden und gleichzeitig Ergebnisse der Fleischuntersuchung an die Mäster zurückfließen (Abb. 26). In der post-mortem-Untersuchung könnten dann bestimmte Schritte fallengelassen werden. Gleichzeitig könnte die Aufmerksamkeit auf die Erzeugerbetriebe gelenkt werden, deren Tiere in einem gewichteten Merkmalskatalog auffällig geworden waren (Snijders et al. 1989). Das Konzept beruht somit auf der Annahme, dass Mängel am Tier auf Umstände in der Mast zurückgeführt werden können.

In den Folgejahren wurde das Thema vor allem im Wissenschaftlichen Veterinärausschuss bei der Kommission (Scientific Committee relating to Public Health – SCVPH) und später bei der EFSA im Panel Biological Hazards behandelt mit mehreren Stellungnahmen (Opinions) zur Überwachung vor allem von Schweinen, Rindern und Kälbern.

Abb. 26
Das Prinzip des Informationsflusses innerhalb der Lebensmittelkette „Nutztiere"

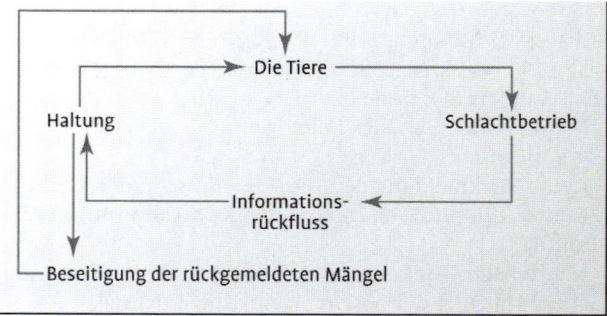

Die BSE-Krise änderte die Situation grundlegend. Mit dem „White Book" der Kommission über Lebensmittelsicherheit (Commission 2000) wurde erstmals grundlegend umgedacht, und im Jahre 2004 wurde das sogenannte „Hygienepaket" mit national direkt geltenden Verordnungen der EU verkündet, das seit 2006 in allen Mitgliedstaaten in Kraft ist.

Mit den Verordnungen (EG) 854/2004, 853/2004 und 852/2004 ist die Endpunktkontrolle in Form der hergebrachten „Schlachttier- und Fleischuntersuchung" in eine lineare Datenerhebung „Lebensmittelkette" übergegangen, etabliert ist nun eine Kontrolle und Steuerung während der gesamten Linie der Erzeugung von Nutztieren und Fleisch für den menschlichen Verzehr.

28.3 Literatur

28.3.1 Publikationen

Berends, B. R., J. M. A. Snijders, and J. G. van Logtestijn (1993): Efficacy of Current EC meat Inspection Procedures and some Proposed Revisions with Respect to Microbiological Safety: a Critical Review. Vet. rec. 133, 411–415.

Commission of the European Communities(2000): White Paper on Food Safety. COM (1999) 719 Final Brussels

Fries, R., and A. Kobe (1993): Ratification of Broiler Carcase Condemnations in Poultry Meat Inspection. Brit. Poult. Sci. 34, 105–109

Fries, R. N. Bandick, und A. Kobe (1997): Vergleichende Untersuchungen zur Aussagekraft der amtlichen SFU und einer alternativen Erhebungstechnik an Schlachtschweinen im niederrheinischen Raum. University of Bonn, 1997

Grau, F. H. (1987): Prevention of Microbial Contamination in the Export Beef Abattoir. In: F. J. M. Smulders (Ed.): Elimination of Pathogenic Organisms from Meat and Poultry. Elsevier, Amsterdam, pp. 221–233

Hathaway, S. C., and A. J. McKenzie (1991): Postmortem Meat Inspection Programs; Separating Science and Tradition. J. Fd. Prot. 54, 471–475

ICMSF (1988): Microorganisms in Foods, Vol. 4: HACCP in microbiological safety and quality. Blackwell, Oxford, pp. 179–181

Murray, G. (1986): Ante-mortem and Post-mortem Meat Inspection: An Australian Inspection Service Perspective. Aust. Vet. J. 63, 211–215

McKenzie, A. I. and S. C. Hathaway 1992: The Risk Assessment Approach to post mortem Meat Inspection. 3rd World Congr. Feedborne Infections and Intoxicalious. 16–19. June 1992, Berlin pp. 899–902, Proceedings, Vol. II

McNab, J. D. (1985): Meat Inspection in an Exporting Country – the New Zealand Experience. In: Proc. WAVFH, 9 th Symp. Budapest, Hungary, 26–30 August, pp. 109–121

Snijders, J. M. A. and B. R. Berends (1996): A Proposal for an Alternative Meat Inspection System for Fattening Pigs. In: M. H. Hinton and C. Rowlings (Eds.): Factors affecting the microbial quality of meat, Vol. 1, 141–147

Willeberg, P., J. Gardner, H. Zhou, and J. Mousing (1994): On the Determination of Non-detected Rates at Meat Inspection. Prev. Vet. med. 21, 191–194

28.3.2 Rechtsvorschriften

Fleischbeschaugesetz: Gesetz, betr. die Schlachtvieh- und Fleischbeschau) vom 3. 6. 1900, RGBl. 1900, S. 547

Gesetz, betreffend die Errichtung öffentlicher, ausschließlich zu benutzender Schlachthäuser vom 18. 3. 1868. In: R. Ostertag (1904): Handbuch der Fleischbeschau, Verlag Enke, Stuttgart, S. 110–112.

Lebensmittelgesetz: (Gesetz über den Verkehr mit Lebensmitteln und Bedarfsgegenständen) vom 5. 7. 1927, RGBl. I, S. 134

29 Felduntersuchungen zur Aussagekraft der Untersuchungstechniken an Schlachttieren

Bereits seit längerem liegen Hinweise vor, die Zusammenhänge zwischen Haltungsumständen und Befunden in der post-mortem-Untersuchung nahe legen, dies v. a. für Erkrankungen des Atmungstraktes oder das Auftreten von Milkspots beim Mastschwein.

Beim Schwein zu beachten sind Faktoren wie Stallklima, Stallgröße (d. h., Kontakt der Mastgruppen), Stallboden, Zahl der Ferkelherkünfte, Tierfluss und Separierung der Tiere (Richtung und Rhythmus), Güllemanagement, die Durchführung von Desinfektionsmaßnahmen oder auch der Gesundheitsstatus der Tiere, ausgedrückt als Abwesenheit bestimmter Infektionen (Aalund et al. 1976; Flesja & Solberg 1981; Willeberg et al. 1984/85; Mousing et al. 1990; Goodall et al. 1993; Hurnik et al. 1994; Tuovinen et al. 1994 I; Blocks et al. 1994; Fries et al. 2003).

Derartige Beobachtungen reflektieren ein verstärktes Interesse an den Bedingungen in der Haltung.

29.1 Feldstudien ante mortem

Gesucht wurde nach kausalen Beziehungen zwischen Bestandsfaktoren und den in der post-mortem-Untersuchung häufig erhobenen Befunden am geschlachteten Tier.

29.1.1 Niederlande

„Meat Inspection Index"
Harbers et al. (1991) haben unterschiedliche Lieferungen (Mastschweine) mittels eines „Meat Inspection Index", gebildet aus 12 unterschiedlichen Merkmalen aus der post-mortem-Untersuchung, miteinander verglichen (Material: 655 Lieferungen mit insgesamt 40 902 Schlachtschweinen aus 470 Herkünften). Dabei wurden 3 unterschiedliche Gewichtungsvarianten für die Merkmale verwendet. Zwischen den Indizes aufeinander folgender Lieferungen wurden schlechte Korrelationen festgestellt. Es wurde gefolgert, dass eine Voraussage, die auf vorhergehenden Lieferungen beruht, eher nicht möglich ist.

„Quality Card"
Mittels einer Quality-Card (Harbers et al. 1992 I) wurde von der Herkunft auf das Auftreten von post-mortem-Merkmalen projiziert (Material: 3747 Sendungen mit 23 2219 Mastschweinen aus 70 Herkünften). Registriert wurden 13 unterschiedliche post-mortem-Merkmale.

Auch hier war eine auf vorhergehenden Lieferungen beruhende Voraussage eher nicht möglich. Für wenige Merkmale ergab sich ein niedriger Vorhersagewert. Dagegen war bei Tieren, die in der Herkunft Auffälligkeiten aufgewiesen hatten, die Wahrscheinlichkeit des Auftretens von Merkmalen in der Fleischuntersuchung signifikant erhöht. Auch Mäster, die keine Karte zurückgegeben hatten, d. h., keine Informationen weitergaben, produzierten häufiger Merkmalsträger.

Präselektion
Hier hatten die Mäster selbst eine Einteilung vorzunehmen in Tiere mit und ohne Abnormalitäten (Material: 22 Lieferungen mit 1978 Mastschweinen aus 22 Herkünften). In der regulären Schlacht- und Fleischuntersuchung war die Reproduzierbarkeit der Voraussagen schlecht bis mittel. Die Wahrscheinlichkeit des Auftretens von Merkmalen in der post-mortem-Untersuchung war signifikant ($p < 0,05$) erhöht bei Tieren, die in der Herkunft auffällig gewesen waren. Es wurde abgeleitet, dass eine Präselektion grundsätzlich möglich ist (Harbers et al. 1992 II).

29.1.2 Deutschland

Geprüft wurde auf die kausale Verknüpfung von Mastumständen und pathomorphologischen Merkmalen post mortem (Material: 19243 Mastschweine aus 50 Herkünften, mit 248 Stallkarten aus 64 Ställen). Die Informationen aus vorliegenden Unterlagen (Stallbücher) wurden zur Erklärung von Unterschieden in den Ergebnissen in der Fleischuntersuchung herangezogen (Fries et al. 1997).

Auftreten von Merkmalen post mortem: Nach den Stallkarten wurden 66 von insgesamt 19243 (0,3 %) Schlachtschweinen von den Mästern als „krank" deklariert. Bei den Befunden post mortem war zwischen den deklarierten und den nicht deklarierten Tieren kein Unterschied feststellbar.

Betriebsform („Natur" im Vergleich zur konventionellen Haltung)
Verglichen wurden Tiere aus naturnaher und aus konventioneller Haltung. Die naturnahen Betriebe charakterisierten sich durch
– Haltung auf Stroh,
– Einsatz von 80 % hofeigenem Futter, vollständigen Verzicht auf (seinerzeit noch zugelassene) Leistungsförderer,
– 14 Tage längere Mastzeit i. G. zur konventionellen Betriebsführung,
– Gabe von Medikamenten bis zu einem Körpergewicht von 40 kg (bei Erkrankungen wird behandelt und das Tier vom Programm ausgeschlossen).

Ein vermehrtes Auftreten von Milkspots und auch die niedrigere Quote von Liegebeulen in den naturnah arbeitenden Betrieben können sich aus der Strohzugabe erklären. Auch die immerhin noch unterscheidbare Quote an Pleuritiden und in der Folge auch von Pericarditiden lässt die ökologisch arbeitenden Betriebe in dieser Hinsicht besser erscheinen. Das gleiche gilt für das Auftreten von Abszessen (Tab. 82).

Tab. 82: Post-mortem-Befunde in Abhängigkeit von der Haltungsform (Mastschwein)			
	Tiere aus unterschiedlichen Haltungsformen		
	konventionelle Haltung	ökologische Haltung	P (sign.)
Pericarditis	10,9 %	8,7 %	0,001
Pleuritis	18,1 %	15,8 %	0,003
Milkspots	31,0 %	43,1 %	0,0001
Liegebeulen	45,6 %	16,3 %	0,001
Abszesse	1,2 %	0,5 %	0,005

Haltungsumstände und Einzelbefunde

In einer neuerlichen Verrechnung der seinerzeit zusammengestellten Daten wurde auf denkbare Verknüpfungen zwischen Haltung und post mortem Befunden geprüft (Fries et al. 2009). Die Analysen erfolgten separat für jeden der drei beteiligten Schlachtbetriebe.

Geprüft wurde, ob bestimmte Läsionen (im Zusammenhang mit dem Atmungstrakt und Milkspots) unter bestimmten Bedingen gehäufter auftraten (Tab. 83).

Tab. 83: In die Betriebsbewertung einbezogene Herkunftsfaktoren (in Klammern die jeweilige Bewertung in hygienischer Hinsicht als positiv, negativ, unklar)			
Ferkelherkünfte	1 Herkunft (+)	vs.	> 1 Herkunft (–)
Tierfluss	all-in-all-out (+)	vs.	kontinuierlich (–)
Fütterungssystem	trocken ad libitum (?)	vs.	Flüssigfütterung (?)
Tränksysteme	offen (–)	vs.	Zapfentränken (+)
Reinigungstechnik	Niedrigdruck (+)	vs.	Hochdruck (–)
Desinfektion durchgeführt	ja (+)	vs.	nein (–)

Für bestimmte Umstände in der Haltung und post mortem Befunde konnten plausible Zuordnungen abgeleitet werden.

Ferkelherkünfte: Erwartet worden war eine höhere Prävalenz von Atemwegserkrankungen bei Tiergruppen, die i. G. zu den Tieren aus einer Quelle aus mehreren Haltungen zusammengestellt worden waren. Bestände, die ihre Ferkel aus mehr als einer Herkunft bezogen hatten, wiesen auffällig mehr Aktivierung der Lungenlymphknoten auf.

Tierfluss: Erwartet worden war eine höhere Prävalenz von Atemwegsaffekten bei Tieren im kontinuierlichen Tierfluss, d. h., ohne eine markierte zeitliche Trennung mit Stallruhe zwischen den Mastdurchgängen. Es ergaben sich keine statistisch auffälligen Ergebnisse.

Fütterungssystem: Erwartet worden war bei der Feuchtfütterung eine schnellere Aufnahme und damit ein geringeres Risiko einer Aufnahme von Ascarideneiern über die Tröge i. G. zu einer ad libitum Trockenfütterung. Die Annahme bestätigte sich mit dem Befund „Ascariden gesamt".

Tränken: Erwartet worden war eine höhere Prävalenz von Milkspots bei den Tieren, die über offene Tränken mit Wasser versorgt wurden. Bei den Befunden „Ascariden gesamt" und dem Befund „Ascariden < 3" bestätigte sich die Annahme.

Reinigungstechnik: Erwartet worden war eine Verbreitung von Erregern (höhere Zahl von Atemwegsdefekten) durch die Anwendung hoher Drücke somit eine niedrigere Prävalenz bei Reinigung ohne Druckanwendung.

In der Trockenreinigung war bei „Pneumonie hochgradig", „Pericarditis insgesamt" eine niedrigere Prävalenz erkennbar, dagegen wurden auffällig erhöhte Werte bei dem Befund „Pleuritis insgesamt" beobachtet.

Desinfektion: Erwartet worden war, dass bei Unterlassen einer Desinfektion die Zahl der Atemwegsaffektionen und auch diejenige der Milkspots zunehmen würde. Für die Atemwegsaffekte waren höhere Werte für vier der insgesamt 8 Pneumonie/Pleuritis/Pericarditis-Befundqualitäten erkennbar. Für den Befall der Lebern mit Milkspots war ein höheres Aufkommen („Ascariden > 3") bei nicht erfolgter Desinfektion auffällig.

Es zeigt, sich, dass auch als sicher geltende technische Lösungen nicht alle Transferwege verschließen können, andere Vektoren können andere Wege öffnen, auch über das Prinzip der „Ein-Ferkel-Herkunft" können Infektionsträger eingebracht werden. Ein reiner Bezug auf Haltungsumstände ist nicht genügend aussagekräftig, kann aber ggf. Erklärungen für Beobachtungen anbieten.

29.2 Felduntersuchungen post mortem

Vor allem in den 80er und 90er Jahren des letzten Jahrhunderts wurden Untersuchungen zur Informationsübermittlung und zur Bewertung der Methoden in der Fleischuntersuchung durchgeführt. In diesen Feldstudien erfolgte in der Hauptsache ein Vergleich der Effizienz der traditionellen und der „hands-off"-Technik.

29.2.1 Dänemark

In Dänemark ist bereits seit 1983 ein Datenübermittlungs- und Erfassungssystem in der Mastschweineproduktion im Einsatz (Christensen et al. 1994). Auf dieser Basis wurden 183 383 Schlachtschweine auf die Effizienz beider Technikansätze geprüft (Willeberg et al. 1997; Mousing et al. 1997). Entwickelt wurde die ADNDR (approximate difference in non-detection rate), die die Zahl von Merkmalen pro 1000 Schweinen wiedergibt, die unentdeckt bleiben würde, wenn von der traditionellen zur visuellen Untersuchungstechnik übergegangen wird (Willeberg et al. 1994):
– Positive ADNDR: Mit der visuellen Technik werden weniger Merkmale entdeckt
– Negative ADNDR: Mit der visuellen Technik werden mehr Merkmale entdeckt

In den meisten Fällen wurden positive ADNDR-Werte ermittelt, d. h., die visuelle Untersuchung war weniger erfolgreich als die traditionelle:
– bei 52 von 58 Merkmalen: pos. ADNDR (Mousing et al. 1997)
– bei 6 vom 126 Merkmalen: neg. ADNDR (Willeberg et al. 1997)

Für das Merkmal „Abszesse insgesamt" stellten Willeberg et al. (1997) eine bessere Effektivität mittels der traditionellen Untersuchung fest. In beiden Berichten wurde gefolgert, dass die Sensitivität beider Untersuchungstechniken relativ niedrig lag und die Techniken somit auch unter anderen Gesichtspunkten wie Kosten-Nutzen-Berechnungen betrachtet werden könnten oder dass eine Risikobewertung für die auftretenden Merkmale notwendig sei.

29.2.2 Niederlande

Harbers et al. (1992 III) untersuchten 31 682 Schlachtschweine in einer visuellen (18 Sek.) und der regulären Untersuchung (36 Sek.). Als „Gold Standard" wurde jedes 6. geschlachtete Tier intensiver, d. h., länger untersucht (insgesamt 3226 geschlachtete Tiere). Insgesamt wurden 16 Merkmale erfasst. In zwei separaten Durchgängen wurden jeweils die visuelle bzw. die reguläre Untersuchung zweimal durchgeführt.

Die Reproduzierbarkeit war bei der visuellen Untersuchungstechnik niedriger als bei der regulären Untersuchung, außerdem wurden auf visueller Basis weniger Merkmale erfasst. Es wurden keine signifikanten Unterschiede in der Richtigkeit (Sensitivität und Spezifität) gefunden. Die Sensitivität war bei beiden Techniken niedrig, häufig wurden falsch-negative Ergebnisse festgestellt, d. h., es wurden Merkmale übersehen.

29.2.3 Italien

Verglichen wurden eine visuelle und die traditionelle Untersuchungstechnik bei schweren Schlachtschweinen (Bettini et al. 1996). Untersucht wurden die submaxillaren Lymphknoten (n = 4466) sowie der Lungen- und der Darmtrakt (n = 4300). Gleichzeitig wurden histologische und mikrobiologische Untersuchungen vorgenommen.

Mit der traditionellen Technik wurden mehr Merkmale ermittelt:
– TFU: signifikant höhere Prävalenz bei 20 von 26 Merkmalen
– VFU: signifikant höhere Prävalenz bei 6 von 26 Merkmalen

Das Risiko einer Kontamination mit pathogenen Erregern bei Anschnitt der submaxillaren Lymphknoten wurde als höher eingestuft als der Fall einer Nichterkennung von Mycobacterium avium, wenn eine Inzision nicht durchgeführt wird (vgl. auch Kap. 37).

29.2.4 Deutschland

In einem Vergleich der traditionellen mit der visuellen Untersuchungstechnik wurden 22634 Schweine überprüft, von denen für 19243 Tiere auch Informationen über die Herkünfte vorlagen.

Für den Vergleich der Ergebnisse wurde der Begriff der Non-detected positives, ND+ entwickelt (Dahms et al. 1997): ND+ repräsentiert den Anteil der in einer geprüften Untersuchungstechnik nicht entdeckten Merkmalsträger in TFU bzw. VFU.

Die meisten pathomorphologischen Abweichungen fanden sich am Geschlinge und an den Extremitäten, wobei keine der beiden Techniken in der Lage war, alle Merkmale aufzufinden. Die traditionelle Untersuchung war insgesamt besser als die visuelle Untersuchung (Kobe et al. 2000).

Insgesamt erbrachte die TFU 5-mal (gleichermaßen in allen drei beteiligten Schlachtbetrieben) bessere Ergebnisse, während die VFU in keinem solchen Falle besser abschnitt.

29.3 Synopse

In Untersuchungen, wie sie hier durchgeführt wurden, bleibt die wahre Prävalenz der Merkmale in den unterschiedlichen Losen unbekannt. In allen Untersuchungen erfolgte somit lediglich ein Vergleich der ermittelten Ergebnisse.

In einer auf den Daten aller nationalen Untersuchungen beruhenden Synopse wurden die Ergebnisse der beschriebenen postmortem-Vergleichsuntersuchungen auf die dänische ADNDR umgerechnet und miteinander verglichen (Mousing et al. 1999).

Weder die traditionelle noch die visuelle Untersuchung konnten alle Merkmale erfassen. Dies gilt auch für den von Harbers et al. (1992 III) eingesetzten „Gold-Standard".

Die traditionelle Technik wurde als vergleichsweise effektiver in der Auffindung von Befunden bewertet, in den meisten Fällen war die visuelle Untersuchungstechnik weniger effektiv. Hier waren die Ergebnisse aus allen vier Felduntersuchungen gleich lautend, vgl. Tab. 84.

Tab. 84: Visuelle vs. traditionelle post-mortem-Techniken bei Mastschweinen (Mousing et al. 1999)			
Untersuchergruppe	Effizienz des Untersuchungsvorgehens ausgedrückt in Prozentsatz der entdeckten Läsionen – studienbezogen		
	visuell effizienter	kein Unterschied	traditionell efffizienter
Niederlande	22,2 %	33,3 %	44,5 %
Dänemark	3,5 %	22,4 %	74,1 %
Italien	11,6 %	19,2 %	69,2 %
Deutschland	24,0 %	20,0 %	56,0 %

Offen bleibt erneut, wieweit die geprüften Werte erkennenswürdig waren. Der Informationswert der Läsionen war in diesen Untersuchungen bis auf den dänischen Ansatz nicht bearbeitet worden. Hier waren spezielle Merkmale in unterschiedliche Kategorien eingeteilt worden, die von ästhetischen bis zu Merkmalen reichten, die mit einer Gefährdung der menschlichen Gesundheit assoziiert werden können (vgl. S. 284).

29.4 Literatur

Aalund, O., P. Willeberg, M. Mandrup, and H. Riemann (1976): Lung lesions at Slaughter: Associations to Factors in the Pig Herd. Nord Vet.-med. 28, 487–495

Bettini, G., P. S. Marcato, L. Zaghini, L. Ingra, V. Sanguinetti, and V. Grande (1996): An Anatomohistopathological Evaluation of Visual and Traditional Post Mortem Meat Inspection Procedures in Italian Heavy Pigs. In: Proc. 14 th IPVS Congr., Bologna, Italy, 7–10 July, p. 719

Blocks, G. H. M., J. C. M. Vernooy, and J. M. H. Verheijden (1994): Integrated Quality Control Project: Relationships between pathological Findings Detected at the Slaughterhouse and Information Gathered in a Veterinary Health Scheme at Pig Farms. Vet. Quart. 16, 123–126

Christensen, J., B. Ellegaard, B. Kirkegaard Petersen, P. Willeberg, J. Mousing (1994): Pig health and production ASurveillance in Denmark: Sampling Design, Data Recording, and Measures of Disease Frequency. Prev. Vet. Med. 20, 47–61

Dahms, S., M. Sommerer, R. Fries, und H. Weiß (1997): Neue Qualitätssicherungsstrategie in der amtlichen Fleischuntersuchung? Antworten aus einer 1996 durchgeführten prospektiven Feldstudie. Biom. Seminar 1997 der Region Österreich- Schweiz der Internat. Biometr. Gesellsch. Wien, 22.–26. 9. 1997

Flesja, K. I., and I. Solberg (1981): Pathological Lesions in Swine at Slaughter. IV: Pathological Lesions in Relation to Rearing System and Herd Size. Act. vet. scand. 22, 272–282

Fries, R., N. Langkabel, N. Bandick und G. Arndt (2009): Auswirkungen von Haltungsfaktoren auf das Profil der post mortem Befunde und nachfolgende Eingreifszenarien. Proc. Fachtagung Fleisch- und Geflügelfleischhygiene Berlin, 3./4. März 2009, Tagungsort BfR, im Druck

Fries, R., N. Bandick, L. Bräutigam, E. Giesker-Temme, M. Homuth, D. Jaeger, E. Schüffelgen, M. Schüler, und K. Strutzberg (2003): Pneumonieerreger in Ferkelproduktions- und Schweinemastbetrieben. Fleischwirtsch. 5/83, 111–116

Fries, R., N. Bandick, A. Kobe (1997): Vergleichende Untersuchungen zur Aussagekraft der amtlichen Schlachttier- und Fleischuntersuchung und einer alternativen Erhebungstechnik an Schlachtschweinen im niederrheinischen Raum. Anteilung Veterinär- und Lebensmittelhygiene, Landwirtschaftliche Fakultät der Universität Bonn, 139 S., Anhang.

Goodall, E. A., F. D. Menzies, E. M. McLoughlin, S. G. McIlroy (1993): Prevalence of Pleurisy and Pneumonia in Pigs in Northern Ireland (1969–1989). Vet. Rec. 132, 11–14.

Harbers, A. H. M., J. F. M. Smeets, and J. M. A. Snijders (1991): Predictability of post mortem abnormalities in shipment of slaughter pigs as an aid for meat inspection. Vet. Quart. 13, 74–80

Harbers, A. H. M., J. M. A. Snijders, J. F. M. Smeets, G. H. M. Blocks, and J. G. v. Logtestijn (1992 I): Use of Information from Pig Finishing herds for Meat Inspection Purposes. Vet. Quart. 14, 41–45

Harbers, A. H. M., A. R. W. Elbers, A. J. Geelen, P. G. M. Rambags, and J. M. A. Snijders (1992 II): Preselection of Finishing Pigs on the Farm as an Aid for meat Inspection. Vet. Quart. 14, 46–50

Harbers, T. H. M., J. F. M. Smeets, J. A. F. Faber, J. M. A. Snijders, and J. G. vanLogtestijn (1992 III): A Comparativer Study into Procedures for Postmortem Inspection for Finishing Pigs. J. Food Prot. 55, 620–626

Hurnik, D., I. R. Dohoo, and L. A. Bate (1994): Types of Farm Management as Risk Factors for Swine Resoiratory Disease. Prev. Vet. Med. 20, 147–157

Kobe, A., N. Bandick, L. Koopmann, S. Dahms, H. Weiss, and R. Fries (2000):

Comparison of two Different Meat Inspection Techniques. Vet. Quart. 22, 75–83

Mousing, J., H. Lybye, K. Barfod, A. Meyling, L. Ronsholt and P. Willeberg (1990): Chronic Pleuritis in Pigs for Slaughter: an Epidemiological Study of Infectious and Rearing Sstem-Related Risk Factors. Prev. Vet. Med. 9, 107–119

Mousing, J., J. Kyrval, T. K. Jensen, B. Aalbaek, J. Buttenschön, B. Svensmark, and P. Willeberg (1997): Meat Safety Consequences of Implementing Visual Postmortem Meat Inspection Procedures in Danish Slaughter Pigs. Vet. rec. 140, 472–477

Mousing, J., R. Fries, J. M. A. Snijders, G. Bettini, and P. Willeberg (1999): Modernizing Postmortem Meat Inspection in Pigs for Slaughter – a European Union Research Perspective. In: Proc. World Congress on Meat and Poultry Inspection, Terrigal, Australia, 28/2–5/3 1999

Tuovinen, V. K., Y. T. Gröhn, H. S. Saloniemi (1994): Effect of Non-requested Consultation in Poor-doing Feeder Pig Finishing Herds on Daily Gain and Partial Carcass Condemnation – an Intervention Trial. Prev. Vet. Med. 20, 1–10

Willeberg, P., M.-A. Gerbola, B. Kirkegaard Petersen and J. B. Andersen (1984/1985): The Danish Pig Health Scheme: Nation-Wide Computer-Based Abattoir Surveillance and Follow-up at the Herd Level. Prev. Vet. Med. 3, 79–91

Willeberg, P., J. M. Wedam, I. A. Gardner, J. C. Holmes, J. Mousing, J. Kyrval, C. Enoe, S. Andersen, and L. Leontides (1997): A Comparative Study of Visual and Traditional post-mortem Inspection of Slaughter Pigs: Estimation of Sensitivity, Specificity and Differences in Non-Detection Rates. Epidemiol. sante anim., 31–32, 04. 20. 1–04. 20. 3

Willeberg, P., J. Gardner, H. Zhou, and J. Mousing (1994): On the Determination on Non-detected Rates at Meat Inspection. Prev. Vet. Med. 21, 191–195

30 Salmonella in der Lebensmittelkette: Beispiel für einen ökologisch erfolgreichen Zoonoseerreger

Nutztierbestände sind mit der Fleischgewinnungsphase verknüpft, die Individuen einer Tiergruppe können zoonotische Agentien über den Transport in die Schlachtbetriebe hineintragen. Derartige Bedingungen bilden die Grundlage für die Ausbreitung vor allem von Agentien, die nur geringen ökologische Einschränkungen unterliegen.

Dies trifft für Salmonellen zu, und folgerichtig ist die Etablierung von Salmonellen in den Nutztierbeständen ein weltweites Phänomen. Hierzu und zum Eintrag in die Humanbiosphäre haben mehrere Faktoren, auch im Zusammenwirken, beigetragen:

– Industrialisierung der tierischen Produktion und der Lebensmittelkette

– Steigender internationaler Handel mit Lebensmitteln, Tieren und Futtermitteln
– Steigende Zahl internationaler Reisen
– Neue Technologien in der Lebensmittelherstellung und Lagerung
– Anstiege in der Zahl von Menschen, die zur Risiko-Bevölkerung gehören (ältere, immun-supprimierte oder auch chronisch kranke Menschen)

30.1 Charakterisierung

30.1.1 Systematik und Elemente der Diagnostik

Die Gattung *Salmonella* gehört zur Familie der Enterobacteriaceae, unterschieden werden die beiden Spezies *Salmonella enterica* und *Salmonella bongori*. *Salmonella enterica* teilt sich auf in 4 Subspezies (ssp.), darunter die wichtige *Salmonella* enterica ssp. enterica (I).

Unterschieden wird zwischen tierspezifischen Serovarietäten (Serovaren, Serotypen) und solchen, die keine Wirtsspezifität entwickelt haben, in erster Linie von Humanrelevanz sind die unspezifischen. Bekannt sind über 2500 Serotypen, wobei ein hoher Anteil auf *S. enterica* ssp. *enterica* entfällt.

Zahlreiche Serovarietäten besitzen historisch auch Trivialbezeichnungen, so etwa *Salmonella* Typhimurium oder *Salmonella* Enteritidis. Hinsichtlich der Schreibweise wurde international eine Übereinkunft getroffen, wie sie im folgenden verwendet wird.

Zu beachten ist die Verwechslungsmöglichkeit von *Salmonella* Enterica als Serotyp mit *Salmonella enterica* als Speziesbezeichnung mit ihren Subspecies.

Die Einteilung von Salmonellen in Serovarietäten beruht auf dem Nachweis verschiedener somatischer („O") und Flagellen-Antigene („H"). O-Antigene liegen in der Zellwand (Lipopolysaccharide), die Flagellen-Antigene auf den Flagellen. Flagellenantigene sind thermolabile Proteine, sie treten auf in der spezifischen Phase 1 und der unspezifischen Phase 2. Bei den O-Antigenen handelt es sich um i.d.R. thermostabile Lipopolysaccharide.

30.1.2 Identifizierung von Isolaten mittels Serovar-Diagnostik

Die O-Hauptgruppen-Antigene wurden ursprünglich bezeichnet von A bis Z, danach in arabischen Zahlen weiter fortlaufend bis derzeit 67. In der Hauptsache werden die Hauptgruppenantigene B, C, D und E gefunden. Die weitere Diagnostik beruht auf der Feststellung der mit den Hauptgruppenantigenen assoziierten somatischen Untergruppenantigene, ebenfalls auf der Oberfläche der Zelle.

Die Antigene der Flagellen treten in zwei Phasen auf. Diejenigen der Phase 1 werden bezeichnet in arabischen Zahlen, danach als kleine Buchstaben des lateinischen Alphabetes. Die Antigene der Phase 2 werden in arabischen Ziffern bezeichnet.

Phase 1 (spezifisch):   kleine Buchstaben des Alphabets a–z, z_{1} usw.

Phase 2 (unspezifisch): 1–7

In Anbetracht der Vielzahl der Möglichkeiten beruht hier das Vorgehen auch auf Erfahrung, zu berücksichtigen sind die Region und das Probenmaterial, aus denen die Stämme isoliert wurden. Säuger- oder Haustiermaterial steht häufig für die Subspezies I (d. h. Gruppenantigene B, C, E, D).

Die Subspezies stimmen mit Einschränkungen mit den auf Basis des Kauffman-White-Schema ermittelten somatischen Hauptgruppen überein, die Subspecies enterica beinhaltet vor allem die somatischen Hauptgruppen A-E, die Subspezies II bis VI decken die somatische Gruppe F und die danach folgenden bis Gruppe Z und danach bis 67 ab.

Die Antigen-Eingrenzung nach dem klassischen Kauffman-White Schema (Popoff 2001) stellt fest, welche Antigene in welcher Kombination vorliegen.

– Vorweg erfolgt die Prüfung mittels NaCl auf Selbst- oder Spontanagglutination des Isolates
– Omnivalente/Polyvalente Antiseren grenzen die Möglichkeiten ein
– Monovalente somatische Antigene sind für die spezielle Identifizierung der vorhandenen Antigene notwendig

Als Ergebnis steht eine Antigenformel, wie es am Beispiel der Serovarietät *Salmonella* Typhimurium wiedergegeben ist (die somatischen und die beiden Flagellen-Antigen-Gruppen werden durch das Symbol „:" voneinander abgegrenzt):

Somatische Antigene	:	Flagellen-Antigene		
1, 4, [5], 12	:	i	:	1,2
	:	(Phase 1)	:	(Phase 2)

30.2 Ökologie

30.2.1 Tenazität und Umweltpersistenz

Salmonellen sind problemlos kultivierbar. Metabolismus/Wachstum findet statt bei einem positiven und negativen Redoxpotenzial (E_h), bei einem pH zwischen 4,5 und 9, bei einem $a_w > 0.94$ und einer Temperatur zwischen 5 und 46 °C. Pasteurisieren zerstört den Erreger, Tiefgefrieren dagegen nicht. Allerdings wurden unter Tiefgefrierbedingungen absinkende absolute Zahlen von Enterobacteriaceae festgestellt (Fries & Eggerding 1997).

Tab. 85: Persistenz von Salmonellen in der Umgebung nach verschiedenen Quellen (Maximalangaben)			
Seewasser	2 Monate	Trockenmist	41 Monate
Erde	>12 Monate	Wasser	7 Monate
Gülle	13 Monate	Fliegen	2 Monate
Gefieder	>40 Monate	Kot	35 Monate

Die Tenazität ist hoch, im Kot von Nutztieren hält sich der Erreger sehr lange, Kompostierung hygienisiert, je nach erreichter Zeit/Temperatur-Kombination, jedoch ohne dass eine vollständige Eliminierung gegeben sein müsste (Tab. 85). So fanden Droffner & Brinton (1995) nach 59 Tagen bei 60 °C in einem industriellen Kompost noch lebensfähige Salmonellen und E.coli vor, Salmonellen blieben in kaltem Mist zwischen 183 und 214 Tagen (Serotyp-abhängig) nachweisbar. Dagegen überlebte *S.* Gallinarum in Hühnerkot nur für 4 Tage (Iliadis & Zoukatas 1992).

Konsequenterweise stieg in einer Untersuchung die Wahrscheinlichkeit, bei Rindern Salmonellen zu finden, mit dem Vorhandensein einer Dunglagerstätte an (Fossler et al. 2006), vgl. Tab. 85.

30.2.2 Regionale Verteilung der Serovarietäten

In einer Umfrage unter den WHO Mitgliedstaaten fragten Herikstad et al. (2002) nach den in den Jahren 1990 und 1995 am häufigsten isolierten Salmonella-Serotypen aus dem Humanbereich. Für das Jahr 1995 wurden am häufigsten *S.* Enteritidis und *S.* Typhimurium genannt. Es wurden von 1990 auf 1995 Anstiege für *S.* Enteritidis verzeichnet, mit der Ausnahme von Süd-Ost-Asien, während für *S.* Typhimurium in Amerika und Europa sinkende Zahlen, in den übrigen Regionen Anstiege verzeichnet wurden.

Allerdings besitzen auch die WHO-Überwachungsprogramme nach Rodrigue et al. (1990) nur limitierte Aussagekraft, was es schwierig mache, das Auftreten von Serotypen, etwa von *S.* Enteritidis, zu erklären. Thematisiert werden logistische, technische (Mangel an Antiseren) und/oder Hindernisse in der Weitergabe von Daten weltweit, dies selbst in industrialisierten Ländern (Herikstad et al. 2002).

Regional, auch auf dem Sektor der Nutztiere, muss die oben beschriebene Verteilung nicht zutreffen. In Deutschland stehen derzeit *S.* Enteritidis beim Geflügel und *S.* Typhimurium beim Schwein an der Spitze der Serovar-Identifizierungen (BfR 2005 und 2008), dagegen weisen mehrere Untersuchungen zur Nutztierhaltung und Fleischgewinnung aus dem südostasiatischen Raum auf eine starke Stellung der Serovar *S.* Rissen hin, was auch zu humanklinischen Erscheinungen Anlass gibt. Die Daten der Tab. 86 aus Asien stammen von 6

Tab. 86: Serovaren im Regionenvergleich			
Asien (2004/2005; Auswahl) (Fries et al. in Vorb.)		USA (Bailey et al. 2001)	
S. Rissen (C)	475	S. Senftenberg (E)	257
S. Typhimurium (B)	170	S. Thompson (C)	208
S. Stanley (B)	98	S. Montevideo (C)	147
S. Emek (C)	61	S. Mbandaka (C)	81
S. Krefeld (E)	56	S. Brandenburg (B)	53
Σ Isolate:	1302	Σ Isolate:	1056

separaten Untersuchungen in Vietnam (Geflügel), Laos (Schweine), und Thailand (Schweine), zur Erklärung der US-amerikanischen Befunde vom Geflügel führen Bailey et al. (2001) den hohen Anteil von S. Senftenberg auf einen Brüterei-Zwischenfall zurück.

Globale oder regionale Warenströme, andererseits auch Separation durch eine eher regionale Tierhaltung können ggf. zur Erklärung von Unterschieden beitragen. So wurden aus Geflügel in Nordvietnam (LUU et al. 2006) lediglich zwei S. Enteritidis-Stämme von insgesamt 114 (aus Hanoi) isoliert. Sich wandelnde Handelsbeziehungen können schnell das Auftreten bislang eher im Hintergrund stehender Serovaren zur Folge haben.

In Skandinavien liegt die Prävalenz von Salmonellen deutlich niedriger als in Zentraleuropa. Hier hat die Bekämpfung von Salmonellen – im Gegensatz zu Zentraleuropa – bereits eine lange Tradition.

30.2.3 Nutzungsgruppen und Serovarietäten

Auch für die einzelnen Nutzungsgruppen lassen sich unterschiedliche Serotypen ausmachen und somit wohl auch unterschiedliche Quellen und Transferwege: Hausschweine scheinen nach wie vor

Tab. 87: Salmonellenprävalenz in Deutschland (Legehennen und Mastschweine): Verteilung der Serotypen S. Enteritidis und S. Typhimurium (Daten nach BfR 2005 und BfR 2008)				
	N gesamt	positiv	darunter S. Typhimurium	darunter S. Enteritidis
Mastschweine BfR (2008)	2569	326 (12,7 %)	180 (55,2 %)	10 (3,1 %)
Legehennen (BfR 2005)	3941	561 14,2 %	29 (5,1 %)	367 (64,4 %)

eher *S.* Typhimurium und das Geflügel eher *S.* Enteritidis zu beherbergen. Vergleichsdaten aus früheren Jahren (1984–1991, Hartung 1992) legen nahe, dass dieses Verhältnis bereits seit längerem vorliegt, vgl. Tab. 87.

30.3 Salmonellen in der Lebensmittelkette

Die Zahl der vorliegenden Untersuchungen ist überwältigend, die Daten sind jedoch nur schwer miteinander vergleichbar. Sie beziehen sich auf spezielle Haltungsphasen aus der jeweiligen Kette, auch auf unterschiedliche Probenqualitäten: Umgebungs- oder Tierproben wie Kot, Tierkörper-Oberflächen, Lymphknoten, Muskulatur, dazu können Einzel- oder Poolproben genommen worden sein. Auch der Einsatz grundsätzlich unterschiedlicher Nachweistechniken (direkte konventionelle, molekularbiologische oder auch indirekte ELISA-basierte Verfahren) erschwert den Vergleich.

Es bedarf jedoch in der Tat breit angelegter Grunduntersuchungen, um ggf. Häufungen und spezielle epidemiologische Wanderwege oder Übertragungsmechanismen aufzudecken.

30.3.1 Primärproduktion

Regionale Verbreitung
Hinweise, dass in Gegenden mit hoher Dichte landwirtschaftlicher Nutztiere mit einem höheren Auftreten von Salmonellen gerechnet werden muss, existieren seit langem (Pietzsch 1985, seinerzeit für Westdeutschland). Auch in neuen epidemiologischen Studien wird häufig auf den geographischen Faktor verwiesen, so wurden etwa in den USA für die Rinderhaltung regional Unterschiede im Aufkommen von Salmonellen festgestellt (Fossler et al. 2005).

Organisationsform Organischer Landbau
Salmonella-Nachweise: Farmen mit organischer Bewirtschaftung gelten allgemein als förderlich für Tierwohlbefinden und Tiergesundheit. In einer US-amerikanischen Untersuchung wurden in Fäkalproben von Milchkühen aus organischem Landbau zu 5,2 % Salmonellen gefunden, bei entsprechenden Proben aus konventionellen Haltungen in 4,8 % (Fossler et al. 2005).
Auch in organisch wirtschaftenden Masthühnerhaltungen mit Auslauf (USA) wurden bei 31 % der Tiere Salmonellen gefunden (Bailey & Cosby 2005).

Serologische Reagenten: Tiere aus Freilandhaltungen können intensivere Kontakte zur Umwelt aufbauen, sie scheinen somit in vielfältigerer Weise serologisch positiv zu reagieren als es in geschlossenen Haltungsformen der Fall ist: In US-Studien zur Seroprävalenz bei Schweinen fanden sich in Outdoor-Haltungen ohne die Anwendung von Antibiotika mit 54 % signifikant häufiger positive Reagenten als in Tieren aus konventioneller Indoorhaltung mit 39 % (Gebreyes et al. 2008). Untersuchungen aus Norddeutschland zu Mastschweinen aus Outdoorhaltungen (Fries et al. 2008) signalisierten in dieser Hinsicht eine niedrigere Quote (N = 802; positive Reagenten: 11,6 % der Tiere, fraglich reagierten 11,5 %).

Futter
Nicht unterschätzt werden darf der Eintrag über die Futtermittel. Neben negativen Untersuchungsergebnissen aus Futtermitteln wurden auch hohe Nachweisquoten realisiert: So ergaben Probenahmen nach der Mischung im Werk positive Ergebnisse auf Salmonellen in einem Prozentsatz von 10,2 % der gezogenen Proben (Korsak et al. 2003).

Nutzungsgruppe Rind
In US-Untersuchungen erwiesen sich 4,9 % von 24 762 Kotproben und 5,7 % von 5056 Umweltproben als Salmonella positiv (Fossler et al. 2005). Dabei wurden Faktoren identifiziert, die mit einer erhöhten Wahrscheinlichkeit positiver Proben einhergingen. Hierzu gehörten:
Bei den Tieren:
– Kühe, die vom Personal als krank bezeichnet worden waren
– Kühe, die zur Schlachtung vorgesehen waren
– Kühe innerhalb einer 14-Tage-Spanne um das Abkalben
– Fell von Kühen zur Schlachtung
– Die Region
– Betriebe mit mindestens 100 Kühen
– Der Sommer
In Umweltproben:
– Krankenställe
– Dunglagerplätze
– Mutterkuhställe
– Milchfilter
– Tränken
– Kälberställe
– Vogelkot
Auch die Herdengröße spielte eine Rolle: Wurden Herden unterschiedlicher Größe miteinander verglichen, war die Quote der positiven Tiere (Milchkühe) in größeren Herden höher, vgl. Tab. 88.

Nutzungsgruppe Schwein
Zahlreiche Untersuchungen zum Schwein fokussieren auf die Mastphase. In der Übertragung spielen allerdings auch die Sauen als Reservoir eine Rolle, die Ausgangspunkt für die Kontamination der

Tab. 88: Quote Salmonella-positiver Tiere: Vergleich der Herdengrößen			
Dodson & LeJeune 2005 (Schlachtkühe)		Fossler et al. 2005 für Milchkühe	
Herden >60 Tiere:	9,4 %	Herden >100 Tiere:	6,0 %
Herden <60 Tiere:	3,4 %	Herden <100 Tiere:	2,7 %

Würfe sein können (Nollet et al. 2005 I; Zessin et al. 2008). Nach Nollet et al. (2005 I) waren Sauen nach dem Absetzen vermehrt Salmonella-positiv (Kotproben), und gerade Sauen können nach dem Absetzen zur Schlachtung gehen. In derselben Untersuchung wurde bei Absetzerferkeln bereits während der Aufzuchtphase Salmonellen nachgewiesen, ein erhöhtes Aufkommen jedoch nach dem Transport in die Mast (Nollet et al. 2005 II).

Der Druck auf die Tiere geht auch vom landwirtschaftlichen Umfeld aus. In einer US-amerikanischen Studie im Ökosystem einer Schweineproduktion wurden auch aus anderen Tieren Nachweise geführt (Barber et al. 2002):

– Katzen: 11,5 %
– Mäuse: 5,1 %
– Wildvogelkot: 7,9 %
– Fliegen: 6,0 %
– Andere Arthropoden: 4,4 % und 1,5 %

Dementsprechend wurden Nachweise auch an Stiefeln (11,3 %), den Tieren (Kotproben: 2,1 %), Stallböden (4,4 %) und Wasser (3,0 %) geführt (Barber et al. 2002). In einer Nachfolgeuntersuchung in Schweineanlagen in Illinois fanden Weigel et al. (2007) aus 11 873 Proben in 3,9 % positive Resultate, vor allem vom Boden (n = 211), aus Fäkalproben (n = 195), von fliegenden (n = 23) und anderen (n = 5) Insekten, von Mäusen (n = 12) und Katzenkot (n = 3). Genetisch unterschiedliche Typen waren nicht nur von unterschiedlichen Anlagen isolierbar, sondern auch von unterschiedlichen Lokalisationen innerhalb der Betriebe, was für unterschiedliche Eintrittspforten spricht. Weigel et al. (2007) nehmen an, dass die Agentien als lokales Geschehen über kurze Distanz übertragen werden. Vermutet wurde auch, dass sich die einzelnen Genotypen nur kurzfristig halten und durch neuen Eintrag überwuchert werden (vgl. auch Fallbeispiel S. 324). Probenspezifische Serotypen wurden nicht gefunden. Andererseits finden sich auch Hinweise auf die Kolonisierung eines Geländes: Von Mastrindern aus 2 Herden wurden 112 *S.*Typhimurium var. Copenhagen-Stämme isoliert, was für eine gewisse Konstanz in der Dauer der Präsenz sprechen könnte. Die Stämme wiesen allerdings 5 unterschiedliche Antibiotika-Resistenzmuster auf (Khaitsa et al. 2007).

Nutzungsgruppe Geflügel

Aus dem Geflügelbereich liegen mehrere Untersuchungen vor, die einen vertikalen und einen horizontalen Transfer belegen, auch wenn die ursächlichen Faktoren und Richtungen (Geflügel-Umfeld oder Umfeld-Geflügel) im Einzelnen nicht leicht auszumachen sind.

Aus 2 Broiler-Integrationen wurden (unter Berücksichtigung aller Proben) 16,7 % bzw. 3,4 % positive Proben gezogen (Liljebjelke et al. 2006). Die Autoren konnten sowohl einen horizontalen Transfer – Isolate stammten aus dem Umfeld, von Nagern und von Tierkörpern nach der Schlachtung – als auch einen vertikalen Transfer aus der Brüterei in die Haltung hinein darstellen.

In einer Untersuchung in dänischen Broilerherden wurden positive Assoziationen zum Auftreten von *S.*Typhimurium abgeleitet aus der Elternherde, der Brüterei und dem Stallgebäude. Keine Assoziationen dagegen fanden sich zu unmittelbaren Managementfaktoren wie Medikationen, Dichte, Käfer, Dauer der Ruhephase zwischen den Belegungen oder der Einstreubeschaffenheit (Skov et al. 1999).

Bailey et al. (2001) führten eine Studie von der Brüterei (Broiler) bis hin zur Fleischgewinnung durch, dies mit Proben aus dem Umfeld und den von Tieren selber. Die meisten positiven Proben wurden gewonnen von

– Papiereinlagen der Eintagsküken beim Einsetzen (50,8 %),
– Fliegen (18,7 %),
– Wände- und Decken-Tupfern (14,2 %),
– Stiefeln (12 %).

Insgesamt waren von 10740 Proben 9,1 % positiv. Alle 26 unterschiedlichen Probenqualitäten waren mindestens 1 × positiv.

Aus Untersuchungen von Rose et al. (2000) in französischen Broilerhaltungen geht hervor, dass die Wahrscheinlichkeit der Persistenz von Salmonellen steigt, wenn Nager auf dem Gelände gefunden werden, wenn das Gelände zu großen Teilen für LKW zugänglich bleibt und wenn in der vorherigen Herde eine Krankheit aufgetreten war.

Fallbeispiel: Salmonellen auf einem landwirtschaftlichen Betrieb (Fries et al. 2008)

Gelände- und Betriebscharakteristika:
Geschlossener Schweinebestand mit ca. 1000 Mastplätzen, Ferkel ausschließlich aus eigener Produktion
6 Stallgebäude ausschließlich mit Schweinen (Sauen- und Abferkelställe, Ferkelaufzucht und Mastställe)
2 Hühnerställe
2 Pferdeställe, eine Reithalle (verbunden mit Publikumsverkehr),
Freilandanlage für Hühner und Pferdekoppeln
1 Wohnhaus
Maststall mit 14 Buchten à ca. 12 m², belegt mit jeweils 10 bis 15 Tieren
Abteilungsweises Rein-Raus-Verfahren, regelmäßige Stalldesinfektion
Bauliche Hygienemaßnahmen:
Schleuse am Sauenstall

Die Beprobungen

Der Betrieb und die zeitlich entsprechend auf dem Gelände gemästeten Schweine wurden jeweils in einer ersten und zweiten Jahreshälfte untersucht:

Außen-, Zuliefer- und Entsorgungsbereich sowie das Stallinnere (128 Proben), die zugehörigen Tiere nach der Schlachtung (Jejunallymphknoten, 96 Proben).

Die Salmonella-Funde

In beiden Probenahmezyklen war die Salmonellenprävalenz bei den Tieren nach der Schlachtung höher als bei den Proben aus dem Umfeld der Herkunft. Auf dem Gelände wurden Salmonellen nur in der zweiten Jahreshälfte (13,3 %), bei den 96 untersuchten Mastschweinen dagegen in beiden Jahreshälften (4,4 % und 21,6 %) nachgewiesen (Leue 2005; Marburger 2006). Negativ testeten Stiefel, Fliegen, Tränkwasser, Wildtiere, Katzen, Stadt- und Brunnenwasser, Kompost und Proben des Futtersilos (Tab. 89).

Die unter der Kolumne PFGE-Muster (Pulsfeld-Gelelektrophosere) angegebenen Kürzel geben die gefunden Bandenmuster wieder, wobei X für eines der eingesetzten Restriktionsenzyme steht (XbaI) und die erste Ziffer jeweils für ein individuelles Bandenmuster. Eine Abweichung in einer Bande (abweichendes genetisches Ereignis) wurde

Tab. 89: Salmonellen in Herkunfts- und Tierproben (Schlachtschweine) aus einem landwirtschaftlichen Betriebsgelände

	Serovar	Resistenzmuster	PFGE-Muster
Ergebnisse 1. Halbjahr			
1.1 Umgebungsproben		neg.	
1.2 Schlachtschweine		2 (4.4 %)	
n	Serovar	Resistenzmuster	PFGE-Muster
1 Nll. jejunales	S. TM	AMP STR SMX TET	X 2–1
1 Nll. Jejunales	S. TM	AMP, CHL, FFN, STR, SMX, SPE, TET	X 3
Ergebnisse 2. Halbjahr			
2.1 Umgebungsproben		8 (13.3 %)	
n	Serovar	Resistenzmuster	PFGE-Muster
1 Sauenstall Front	S. TM	AMP, STR, SMX, TET	X 2–1
1 Erde	S. TM	AMP, STR, SMX, TET	X 2–1
1 Ferkeltröge	S. TM	AMP, STR, SMX, TET	X 2–1
5 Maststall Fäkalproben	S. TM	AMP, STR, SMX, TET	X 2–1
			X 2–3(1 ×)
2.2. Schlachtschweine:		11 (21.6 %)	
n	Serovar	Resistenzmuster	PFGE-Muster
9 Nll. jejunales	S. TM	AMP, STR, SMX, TET	X 2–1 (7 ×) [*]
1 Nll. jejunales	S.E.	sensibel	X 2–1
1 Nll. jejunales	S. nicht bestimmbar	AMP, STR, SMX, TET	X 2–1

*: 2 Isolate nicht mehr kultivierbar
AMP (Ampicillin); STR (Streptomycin); SMX (Sulfamethaxol); TET (Tetracyclin);
CHL (Chloramphenicol); FFN (Florfenicol); SPE (Spectinomycin)

Tab. 90: Salmonella-Nachweise in den beprobten unterschiedlichen Teilen des Geländes			
	Gelände-Proben	Stall-Innen-Proben	Mastschweine
1. Durchgang	neg.	neg.	pos.
2. Durchgang	pos.	pos.	pos.
(Nachuntersuchung)	neg.	n.u.	n.u.

durch eine weitere Ziffer kenntlich gemacht.

Bei 15 Isolaten wurden in allen beschriebenen Merkmalen Übereinstimmungen festgestellt. Es handelt sich um den Stamm S.Typhimurium mit Ampicillin-, Streptomycin-, Sulphamethoxazol- und Tetracyclin-Resistenz sowie dem PFGE-Muster X–2–1. Er wurde in den Probenqualitäten Kot, Futtertrog und Oberfläche in der zweiten Jahreshälfte isoliert. Im Schlachttier wurde er in der ersten Jahreshälfte einmal und in der zweiten Jahreshälfte sieben Mal identifiziert.

Eine Nachfolgeuntersuchung im darauf folgenden Winter im Hühnerstall, der Reithallenumgebung sowie dem Abferkelstall auf den Serotyp mit diesem speziellen genetischen Muster verlief ergebnislos. Es kann eine Umschichtung stattgefunden haben, eine Kontinuität auf dem freien Gelände über diesen Zeitraum war nicht zu belegen, vgl. Tab. 90.

Denkbare Quellen und Übertragungswege

Der Nachweis von mit hoher Wahrscheinlichkeit als genetisch identisch anzusehenden Isolaten über das Hofgelände hinweg vom Sauenstall über die Ferkelhaltung zu den Mastschweinen lässt den Schluss zu, dass sich zur Probenahmezeit zwischen dem Gelän-de und den Tieren ein Übertragungskreislauf etabliert hatte. Für einen im Bestand vorhandenen Erregerdruck spricht auch die Tatsache, dass der Betrieb zur Zeit der Beprobung in die Salmonellenkategorie III nach dem Niedersächsischen Hygienemonitoring (Fleischsaft-Elisa) eingeordnet worden war.

– Faktor Mensch: Dem entspricht, dass sich die Nachweise im Bestand nicht auf den Mastbereich beschränken, sondern auch in vorgelagerten Produktionsbereichen (Ferkelaufzucht) sowie in der Stallumgebung gelangen. Die Wege zwischen den einzelnen Produktionsbereichen kreuzten sich, was die Erregerverteilung über den gesamten Betrieb zulässt. Dies ist dahingehend zu interpretieren, dass der Mensch als Vektor in der Übertragung auf dem Hofgelände fungiert haben kann.

– Faktor Tiere: Die Feststellung Salmonella-positiver Schlachtschweine innerhalb zweier Probenahmezyklen ohne entsprechenden Nachweis im Umfeld während des ersten Durchganges weist auf eine Rolle der Tiere selber beim Eintrag und Fortbestand der Erreger hin. Auch eine jahreszeitlich unterschiedliche Prävalenz kommt infrage.

30.3.2 Transport und Wartebuchten

Daten zur Rolle der Wartebuchten gibt es erst seit einigen Jahren. In Untersuchungen von Swanenburg et al. (2001) wurden in allen Buchten Salmonellen nachgewiesen, bei der Anwesenheit von Schweinen in 70–90 % der Proben. Auch nach unterschiedlich intensiver Reinigung und Desinfektion konnten noch Nachweise geführt werden, die Nachweisquote sank jedoch auf 10 % ab. Es fanden sich Hinweise auf eine „residente Salmonellen-Flora" in den Buchten.

Qantitativ: Aus Untersuchungen von Boughton et al. (2007) geht eine quantitative Belastung zwischen 1,8 und 11,5 Zellen/100 cm^2 (Median) hervor. Da Wartezeiten stark variieren, muss die Wartebucht ebenfalls als Faktor in die Hygienesicherungsmaßnahmen am Schlachtbetrieb einbezogen werden.

Ein Zusammenhang zwischen Ergebnissen aus der Wartebucht und den Ergebnissen an Lymphknoten und Darminhalt war nicht feststellbar (Schmidt et al. 2004) und angesichts der Kürze der Zeit, die die Tiere in der Wartebucht verbringen, auch nicht zu erwarten.

Logistisches Schlachten (LS): Im *„Logistic slaughter"* werden Tiergruppen/Herden, die als frei von (z.B.) Salmonella erkannt wurden, zum Beginn der Tagesproduktion geschlachtet. Voraussetzung hierfür ist die zuverlässige Kenntnis des jeweiligen Status, eine frühzeitige Planung der Schlachtlogistik, die Möglichkeit der Nutzung von Ausweichbetrieben im Falle positiver Ergebnisse und eine zuverlässige Reinigung und Desinfektion zwischen der Schlachtung einer Salmonella-positiven und einer negativen Herde (in der Regel über Nacht).

Dieses häufig genannte Vorgehen kann jedoch nur als eines von vielfältigen Elementen angesehen werden. Auch in einer niederländischen Untersuchung (Broiler) wird der Maßnahme nur eine limitierte Wirkung zugestanden: Ermittelt wurde eine Reduktion Salmonella-positiver Herden um 9 % (Everts 2004).

Logistic Slaughter-Konzepte können nur solange aufgehen, wie der inkriminierte Umstand in der Lebensmittelkette noch toleriert wird und damit Schlachtbetriebe legal in der Lage sind, diesbezügliche Herden oder Tiere zu schlachten. Insofern ist LS nur eine Interimslösung.

Entsprechende Vorschläge liegen auch für Campylobacter vor: Auch hier ist der Übertrag innerhalb des Schlachtbetriebes, auch auf nachfolgende, vorher freie Herden belegt (Potturi-Venkata et al. 2008; Grabowski 2008).

30.3.3 Fleischgewinnung

Mit der Fleischgewinnung werden die Erreger aus der Primärproduktion heraus- und weitergetragen. Echte Möglichkeiten zur Prävention existieren in diesem Stadium nicht mehr. Der Eintrag scheint allerdings quantitativ niedrig zu sein (Tab. 91 für das Geflügel).

Tab. 91: Das Endprodukt Geflügel (Haut): Salmonella quantitativ					
n =	n.a	63/Karkasse		Frischfleisch	Notermans et al. 1981
n =	400	2,5/g	66 % positiv	Frischfleisch	Krabisch u. Dorn 1986
n =	13	0,9– 2,0/g	59 % positiv	tiefgefroren	Fries 1987
n =	185	<0,5–(1–5)/g	8 % positiv	tiefgefroren	Fries 1987
n =	45	0–10/Karkasse	89 % positiv	gekühlt (Haut)	Dufrenne et al. 2001
n =	44	0–10/Karkasse	68 % positiv	tiefgefroren (Haut)	Dufrenne et al. 2001
n.a.: nicht angegeben					

Speziell beim Geflügel finden sich in der Fleischgewinnung vielerlei Schwachstellen, an denen technologisch-hygienisch weiterentwickelt werden muss.

Verbesserungsmöglichkeiten an hygienisch kritischen Positionen in der Gewinnung von Geflügelfleisch	
Schlacht-Zeitpunkte:	Logistic Slaughter
Brühen:	Hochtemperaturbrühen
	Dampfbrühen
	Tank-Segmente
	Gegenstrombrühen
	Erhöhung des pH (cave: Der pH kann sich wieder verschieben)
Eviszeration:	Körperhöhle abflämmen
	Köperöffnungen verschließen
Gerätepflege:	Rupfer: Regelmäßiger Austausch der Rupffinger
Kontamination der Haut:	Einsatz organischer Genusssäuren oder ähnlicher Stoffe

Hitzeanwendung stellt ein probates Mittel gegen Salmonellen dar. Hitze sollte jedoch weder beim Schwein noch beim Geflügel als eine sichere Barrieren für Salmonellen angesehen werden (vgl. Kapitel 12. 2 u. 12. 5). Zur Kalkulation des Effektes wird häufig der D-Wert eingesetzt, der die Zeit in Minuten wiedergibt, die der Zielkeim bei einer bestimmten Temperatur gehalten werden muss, um eine Reduktion um 90% zu erreichen (Doherty et al. 1998). Es ergeben sich allerdings starke Unterschiede, je nach Serotyp, aber auch, ob die

Daten im Labor oder auf Basis von Originalflüssigkeiten ermittelt wurden: Auch die vorhandene kompetitive Mikroflora und die weitere Zusammensetzung der Flüssigkeit dürften für das Ergebnis eine Rolle spielen.

Doyle & Mazzotta (2000) errechneten auf der Basis eines Literaturreviews einen allgemeinen D_{71}-Wert von 1,2 Sek. und einen z-Wert von 5,3 °C für Salmonellen. Mit diesen Werten kann rechnerisch auf die Brüheinflüsse bei unterschiedlichen Temperaturen gefolgert werden:

– Bei 71 °C: Einwirkdauer von 1,2 Sek. für eine 1 log Reduktion vorhandener Salmonellen
– Bei 65,7 °C: Einwirkdauer von 12 Sek. für eine 1 log Reduktion vorhandener Salmonellen
– Bei 60,4 °C: Einwirkdauer von 120 Sek. für eine 1 log Reduktion vorhandener Salmonellen
– Bei 55,1 °C: Einwirkdauer von 1200 Sek. für eine 1 log Reduktion vorhandener Salmonellen

Tab 92 weist dementsprechend errechnete Abtötungsraten von Salmonellen bei unterschiedlicher Brühtemperatur (D-Werte nach Doyle & Mazzotta 2000) bei einer unterstellten unterschiedlichen Belastung des Brühwassers mit Salmonellen aus, vgl. Tab. 92.

Tab. 92 Abtötung von Salmonellen im Brühtank bei Geflügel (rechnerische Daten)

D-Wert		$D_{55,1}$	20 Min.	$D_{60,4}$	2 Min.
Unterstellte initiale Salmonellenkeimzahl	log 3/ml log 1/ml		20 × 3 = 60 Min. 20 × 1 = 20 Min.		2 × 3 = 6 Min. 2 × 1 = 2 Min.

Es ergibt sich, dass die beim Geflügel üblicherweise gefahrenen Temperaturen zwischen 52 °C und 58 °C keine Barrierewirkung zur Folge haben.

Es kann offenkundig auch zu einer eigene Betriebsflora („in houseflora") kommen. In einem Putenschlachtbetrieb wurden Salmonellenisolate mittels PFGE weiter differenziert, die zu drei Uhrzeiten (6.00, 10.00 und 14.00 Uhr) an vier Beprobungsstellen (vor dem Brühen, nach dem Rupfen, vor dem Kühlen und im Verlauf der Kühlung) an zwei Terminen isoliert worden waren (Grabowski 2008). Für einen häufiger nachgewiesenen S. Indiana-Stamm konnten für drei identische Klone Nachweise an mehreren Positionen und zu unterschiedlichen Zeiten geführt werden (Tab. 93): Am Tag 1 nach dem Rupfen und an allen nachfolgenden Positionen durchgehend um 6.00 und nur zweimal um 10.00 Uhr. Am Tag 2 gelang dagegen fast durchgehend ein Nachweis. In keinem Falle jedoch wurde der Serotyp bereits vor dem Brühen isoliert.

Tab. 93: Nachweis bestimmter S. Indiana-Isolate (In der PFGE unterscheidbare genetische Identitäten „n", „o" und „p" in der Abfolge eines Putenschlachtbetriebes (Grabowski 2008)				
		Vor d Br.	nach d. Rupfen vor d. Kühlen	im Kühlverl.
n	6.00	neg.	pos	pos	negativ
	10.00	neg.	pos	negativ	pos
	14.00	neg.	pos	pos	negativ
o	6.00	neg.	pos	pos	pos
	10.00	neg.	pos	pos	pos
	14.00	neg.	pos	pos	negativ
P	6.00	neg.	pos	negativ	pos
	10.00	neg.	pos	pos	negativ
	14.00	neg.	negativ	negativ	negativ

Als eine weitere denkbare Präventivmaßnahme kommt auch die Oberflächenbehandlung durch entsprechende antimikrobielle Stoffe, wie organische Genusssäuren, wieder in die Diskussion. Diese Stoffe haben keine abschließende Hürdenwirkung, sie können jedoch dazu beitragen, die Zahl von Salmonellen niedrig zu halten.

30.3.4 Vernetzungen zwischen den Stationen

Tab. 94: Salmonella-Nachweise in Umwelt- und Haustierproben		
	Umweltproben (Farmgelände)	Rektalproben
Schweinehaltungen	57,3 %	24,8 %
Milchkuhhaltungen	17,9 %	1,7 %
Geflügelhaltungen	16,2 %	0,9 %
Fleischrinder	8,5 %	0,9 %

Die Beispiele verdeutlichen, dass jede Untersuchung eine Momentaufnahme darstellt, wobei allerdings Grundmuster erkennbar sind. So scheint der Übertrag durch die gesamte Kette zu gehen, erkennbar ist auch, dass der Fleischgewinnungsprozess keine unterbrechende Wirkung in der Kette zur Folge hat. Eine hohe Persistenz in der Umwelt geht einher mit der andauernden Gefahr der Neuinfektion von Tierbeständen und in der Folge hat sich ein dauernder Druck auf das humane Habitat aufgebaut. Die Kreisläufe, über die der Keim in unsere nähere Umgebung gelangt, sind schwer überschaubar.

In den USA wurden Umweltproben und Rektalproben der jeweils gehaltenen Nutzungsgruppen vergleichend untersucht (Rodriguez et al. 2006), vgl. Tab. 94. Die Umweltproben waren stärker positiv als die Rektalproben der Tiere, was auf das Betriebsgelände als wichtige Kontaminationsquelle hinweist.

In einer belgischen Longitudinalstudie (Geflügel) von der Brüterei bis zum Erzeugnis (Heyndrickx) et al. 2007) stellte sich mittels Typisierung der Salmonella-Isolate mehrere Transferwege heraus:

- Isolate in der Herde: Herkunft aus der Brüterei
- Isolate auf den Tierkörpern im Schlachtbetrieb: Identische Isolate in den Transportkäfigen
- Isolate auf den Tierkörpern im Schlachtbetrieb: Identische Isolate in der Herde
- Zusätzlich auftretende Serotypen im Schlachtbetrieb (Schlachtbetrieb als eigene Kontaminationsquelle).

Folgerung
Der vertikale- und horizontale Übertrag von Salmonellen ist ein Faktum. Aus der allgemein etablierten Form der Primärproduktion heraus und bedingt durch die z.T. hohe Tenazität des Zoonoseerregers muss mit einem permanenten Drift in die Lebensmittel-Kette hinein gerechnet werden (Abb. 27).

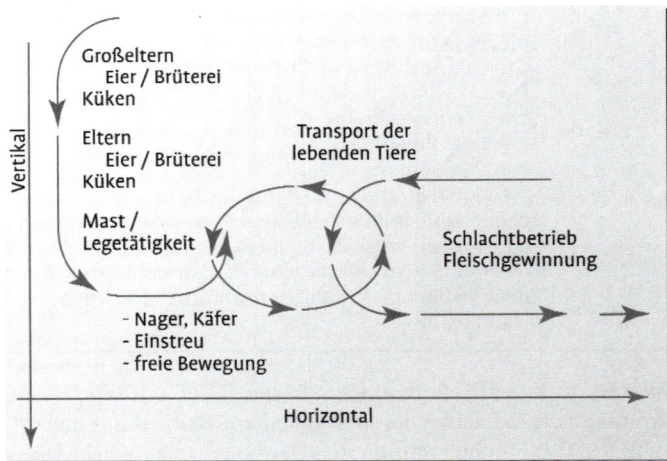

Abb. 27
Salmonella in der Geflügelfleischproduktion: Horizontaler und vertikaler Transfer

30.3.5 Gemeinschaftsverpflegung (GV)

Dieser Sektor ist bereits häufig die Quelle von Ausbrüchen (auch mit Todesfolgen) gewesen. Ursachen waren unsachgemäße Behandlung von Lebensmitteln, was dann im Falle einer Präsenz von Salmonellen zur Vermehrung über die minimale infektiöse Dosis hinaus Anlass gegeben haben kann.
- Personal: Zu den unbedingt zu vermeidenden Umständen in der GV muss daher eine fahrlässige Behandlung von Lebensmitteln gezählt werden. Der persönliche Faktor ist eine zentrale Größe, notwendig sind somit praktisches Training und Fortbildungsveranstaltungen.

Tab. 95: Einschätzung eines mit dem Verzehr unterschiedlicher Lebensmittelgruppen verbundenen Risikos hinsichtlich einer Infektion mit Salmonellen (Commission 2003)	
Frischfleisch im Rohverzehr	Risiko ist abhängig von der Prävalenz in der Gruppe der geschlachteten Tiere
Fleischzubereitungen	hohes Risiko, abhängig vom geschlachteten Tier
Fermentierte Fleischerzeugnisse	mittleres Risiko, keine echte technologische Hürde
Frisches Geflügelfleisch	Risiko muss unter der Salmonellenprävalenz in den Beständen gesehen werden
Geflügelfleischerzeugnisse	mittleres/niedriges Risiko je nach Verarbeitungstechnik
Schaleneier	zeitweise hohes Risiko, Situation hat sich infolge von Gegenmaßnahmen verbessert
Eiprodukte	Risiko abhängig von der Verarbeitungstechnologie
Frischfisch (marin)	Niedrige Salmonellenprävalenz in Hochseefängen, niedriges Risiko
Mollusken (bei Rohverzehr)	Umgebung kann kontaminiert sein, Ausbrüche wurden nicht bekannt
Fischerzeugnisse	niedriges Risiko
Rohe Sprossen	Größere Ausbrüche sind bekannt geworden. Im Falle der Präsenz von Salmonellen ist das Risiko hoch
Früchte	eher niedriges Risiko
Gewürze	niedriges Risiko
Zerealien	niedriges Risiko
Schokolade	niedriges Risiko
Öle und Fette	eher niedriges Risiko, in Erzeugnissen hängt das Risiko von den Ingredienzien ab
Milch	niedriges Risiko im Falle einer Pasteurisierung. In Verbindung mit Rohmilch wurden Ausbrüche verzeichnet
Trinkwasser	niedriges Risiko

– Anwendung von Temperaturen: In der (Groß-) Küche ist durch konsequente Erhitzung der Mahlzeiten auf Temperaturen oberhalb von 70 °C die Beherrschung von Salmonellen möglich. Dies beinhaltet küchentechnische Verfahren, die die Abtötung oder Nicht-Vermehrung von Salmonellen garantieren können. Auch muss die Kühlung von Lebensmitteln (Temperaturen < 5 °C) konsequent durchgehalten werden.
Kritische Kontrollpunkte sind die Beachtung von maximalen Kältewerten und minimalen Erhitzungstemperaturen.

– Konsumentenverhalten: In der Gemeinschaftsverpflegung sind die internen Sicherheitsanstrengungen als hoch zu bewerten, jedoch kann auch von Seiten der Konsumenten ein Beitrag geleistet werden. So ist eine Auswahl der Speisen nach dem Gefährdungsgrad des Konsumentenkreises denkbar. Personen mit einem erhöhten Risiko (YOPIS) sollten sich von Lebensmitteln fernhalten, die als solche bereits eine erhöhte Salmonella-Befallsquote aufweisen können.

30.4 Die erzeugten Lebensmittel

Zwischen den einzelnen Lebensmittelkategorien können Unterschiede im Gefährdungsgrad ausgemacht werden. Zum Zeitpunkt der Berichterstattung stellte sich die Situation für den Wissenschaftlichen Veterinärausschuss bei der Kommission (EU-Commission 2003) dar, wie in Tab. 95 dargestellt.

Jederzeit kann es durch Rekontamination zu neuerlichem Eintrag kommen, und intensive Anstrengungen in der Primärproduktion sind noch keine Garantie für Salmonella-freie Ware. Wie aus dänischen Untersuchungen hervorgeht, war dortige Inlandsware (v. a. Eier) für 53 % aller humanen Salmonella-Infektionen verantwortlich, Ware aus dem Ausland zu 9,5 % (v. a. Geflügel). Isolate mit Mehrfach- und Quinolon-Resistenz waren mehrheitlich aus dem Ausland eingebracht worden (Hald et al. 2007).

Fallbeispiel

Die oberflächliche Kontamination von Eischalen ist wie bei allen Lebensmitteln oder unbelebten Trägern grundsätzlich eine Gefahrenquelle.

In den 1980er Jahren wurde in Europa und Nordamerika gehäuft S. Enteritidis (Phagentyp 4) im Zusammenhang mit Ei- und Geflügel-assoziierten Krankheitsausbrüchen beim Menschen beobachtet. Der Stamm konnte auch im Dotter offensichtlich intakter Schaleneier festgestellt werden. Zahlreiche Untersuchungen haben seinerzeit nahegelegt, dass der Erreger die parenteralen Organe besiedeln und dann über den Eierstock in die Eier gelangen kann (intraovarielle Infektion). Diese Ereignisse haben entscheidend dazu beigetragen, die Lagerung von Eiern bei Kühltemperaturen rechtlich festzulegen.

30.5 Prävention

Konsequenzen zur Bekämpfung von Salmonellen sind notwendig und möglich. Grundvoraussetzung ist die Kenntnis der Produktionsabläufe einerseits, der vorgelagerten Stoffkreisläufe und des sich anschließenden Warenflusses. v. d. Gaag & Huirne (2002) fragten Experten, welche Maßnahmen vor allem zur Prävention beitragen könnten. Für die unterschiedlichen Phasen waren die drei erstgenannten Faktoren jeweils:

- Haltung: Fütterung
             Hygiene
             Salmonella-freie Sauen/Ferkel
- Transport: Logistic transport
             Hygiene der Transporter
             1 (ursprüngliche) Tiergruppe pro Transport
- Wartebuchten: Hygiene in den Buchten
             Logistic slaughter
             1 (ursprüngliche) Tiergruppe pro Compartment

– Schlachtlinie: Logistic Slaughter
Dekontamination der Karkassen nach dem
Prozessvorgang
Intensive Reinigung und Desinfektion

In der Lebensmittelindustrie gilt das Verursacherprinzip in Form der Produkthaftung. Eine Dokumentation der getroffenen Hygienemaßnahmen kann die eigenen Bemühungen aktenkundig machen. Bei gegebenenfalls geltend gemachten Schadensersatzforderungen kann die Dokumentation die eigenen Hygienebemühungen aufzeigen.

Im Falle der Einstufung eines Betriebs in Statusklasse III der Schweinesalmonellen-Verordnung dürften auf Dauer auch finanzielle Konsequenzen für die Produzenten oder auch Einschränkungen in der Verwertung des Fleisches zu erwarten sein.

30.6 Literatur

Bahnson, P. B., J.-Y. Kim, R. M. Weigel, G.Y. Miller, and H. F. Troutt (2005): Associations between On-Farm and Slaughter Plant Detection of Salmonella in Market-Weight Pigs. J. Food Prot. 68, 246–250

Bailey, J. S., N. J. Stern, P. Fedorka-Cray, S. E. Craven, N. A. Cox, D. E. Cosby, S. Ladely, and M.T. Musgrove (2001): Sources and Movement of *Salmonella* through Integrated Poultry Operations: A Multistate Epidemiological Investigation. J. Food Prot. 64, 1690–1697

Bailey, J. S., and D. E. Cosby (2005): Salmonella Prevalence in Free-Range and Certified Organic Farming. J. Food Prot. 68, 2451–2453

Barber, D. A., P. B. Bahnson, R. Isaacson, C. J. Jones, and R. M. Weigel (2002): Distribution of Salmonella in Swine Production Ecosystems. J. Food Prot. 65, 1861–1868

Beovic, B. (2006): The Issue of Antimicrobial Resistance in Human Medicine. Int. J. Fd. Microbiol. 112, 280–287

BMVEL (1998): Bekanntmachung der Leitlinien für ein Programm zur Reduzierung des Eintrags von Salmonellen durch Schlachtschweine in die Fleischgewinnung. Banz. v. 5. 3. 1998, S. 2905

BMVEL (1999): Verordnung über hygienische Anforderungen beim Halten von Schweinen, BGBl. Nr. 29 v. 11. 6. 1999, S. 1252

Boughton, C., J. Egan, G. Kelly, B. Markey, and N. Leonard (2007): Quantitative Examination of Salmonella spp. in the Lairage Environment of a Pig Abattoir. Foodborne Path. Dis. 4, 26–32

Byrd, J. A. (2004): Crop treatment to combat salmonella. Poultry International 11, 24–30

Dodson, K., and J. Lejeune (2005): Escherichia coli O157:H7, Campylobacter jejuni, and Salmonella Prevalence in Cull Daiury Cows Marketed in Northeastern Ohio. J. Food prot. 68, 927–931

Doherty, A. M., McMahon, C. M. M. and J. J. Sheridan (1998): Thermal resistance of Yersinia enterocolitica and Listeria monocytogenes in Meat and Potatoe Substrates. J. Food Safety 18, 69–83

Doyle, M. E., and A. S. Mazzotta (2000): Review of Studies on the Thermal resistance of Salmonella. J. Food Prot. 63, 779–795

Droffner, M. L., and W. F. Brinton (1995): Survival of E.coli and Salmonella Population in Aerobic Thermophilic Composts as Measured with DNA Gene Probes. ZBl. Hyg. 197, 387–397

Dufrenne, J., W. Ritmeester, E. Delfgou-van Ascg, F.van Leusden, and R.de-Jonge (2001): Quantification of the Contamination of Chicken and Chicken Products in The Netherlands with Salmonella and Campylobacter. J. Food Prot. 64, 538–541

European Commission (2003): Opiniaon of the Scientific Commitee on Veterinary measures relating to Public Health on Salmonellae in Foodstuffs. Adopted on 14–15 April 2003. Health and Consumer Protection Directorate-General C2 – Management of the SC II; Brussels, 64 p. Chairman: R. Fries

Opinion of the Scientific Committee on Veterinary measures relating to Public Health on Salmonellae in Foodstuffs. Adopted on 14–15 April 2003. Health and Consumer Protection Directorate-General. C2 – Management of the SC II; Brussels, 64 p. Chairman: R. Fries

Evers, E. G. (2004): Predicted quantitative effect of logistic slaughter on microbial prevalence. Preventive Veterinary Medicine 65, 31–46

Federal Risk Agency (BfR) (2005): Pilotstudie zum Vorkommen von Salmonella spp. bei Herden von Legehennen in Deutschland. Report (Bericht), BfR, 22 pages.
http://www.bfr.bund.de/cm/208/pilotstudie_zum_vorkommen_von_salmonella_spp_bei_herden_von_legehennen_in_deutschland.pdf

Federal Risk Agency (BfR) (2008): Grundlagenstudie zur Erhebung der Prävalenz von Salmonellen in Mastschweinen. Report (Bericht), BfR, 9 pages.
http://www.bfr.bund.de/cm/208/grundlagenstudie_zur_erhebung_der_praevalenz_von_salmonellen_in_mastschweinen.pdf

Fossler, C. P., S. J. Wells, J. B. Kaneene, P. L. Ruegg, L. D. Warnick, L. E. Eberly, S. M. Godden, L. W. Halbert, A. M. Cambell, C. A. Bolin, and A. M. Geiger Zwald (2005): Cattle and Environmental Salmple-Level Factors Associated with the Presence of Salmonella in a Multi-Stage Szudy of Conventional and Organic Dailry Farms. Prev. Vet. Med. 67, 39–53

Fries, R., and B. Eggerding (1997): Bacterial Reduction in Deep-Frozen Sterile Poultry Meat. Arch. Lebensmittelhyg. 48, 123–127

Fries, R. (1987): Qualitativ/quantitative Untersuchungen auf Salmonella bei industriell gewonnenem Geflügelfleisch (Broiler). Dtsch. tierärztl. Wschr. 94, 193–236

Fries, R., J. Marburger, Chr. Leue, K. Dünnebier, u. L. Bräutigam (2008): Mikroepidemiologische Studie auf einem landwirtschaftlichen Betrieb. Untersuchungen auf Salmonellen in Proben eines Schweinemastbetriebes. 8. Fachtagung Fleischhygiene für Angehörige der Veterinärverwaltung und der Fleischindustrie, Campus Mitte, Berlin, am 4./5. März 2008, S. 15–20

Fries, R., S. Drakovac u. H. Irsigler (2008): Fleischsaft-ELISA auf Salmonella an Proben aus Freiland gehaltenen Mastschweinen. Fachtagung 2008

Fries, Reinhard, Herlinde Irsigler, Luu Q. Huong, Vo N. Bao, Phout Inthavong, Samart Dorn-in, Wasan Chantong, Arsooth Sanguankiat, Max P. O. Baumann, Karl-Hans Zessin and Lertrak Srikitjakarn: Salmonella in Pork and Chicken Food Chains in Three South-East Asian Countries. In prep.

Gebreyes, W. A., P. B. Bahnson, J. A. Funk, J. McKean & P. Patchanee (2008): Seroprevalence of Trichinella, Toxoplasma, and Salmonella in Antimicrobial-Free and Conventional Swine Production Systems. Foodb. Path. Dis. 5, 199–203

Grabowski, Constance (2008): Varianten in der Brühtechnik bei der Gewinnung von Putenfleisch: mikrobiologische Gegenüberstellung und molekularbiologische Verlaufsuntersuchung (PFGE). Vet. med. Diss., FU Berlin, J.-Nr. 3186

Hald, T., D. M. A. Lo Fo Wong, and F. M. Aarestrup (2007): The Attribution of Human Infections with Antimicrobial Resistant *Salmonella* Bacteria in Denmark to Sources of Animal Origin. Foodborne Pathogens and Disease 4, 313–326

Hartung, M. (1992): S. enteritidis und S. typhimurium in veterinärmedizinischen Salmonella-Isdaten (1984–1991). Bundesgesundheitsbl. 35, 383–388

Herikstad, H., Y. Motarjemi & R. V. Tauxe (2002): Salmonella surveillance: a global survey of public health serotyping. Epidemiol. Infect. 129, 1–8

Heyndrickx, M., L. Herman, L. VLAES, J. P. Butzler, C. Wildemauwe, C. Godard, and L. de Zutter (2007): Multiple Typing fort he Epidemiologal Study of the Contamination of Broilers with Salmonella from the Hatchery to the Slaughterhouse. J. Food Prot. 70, 323–334

Khaitsa, M. L., R. B. Kegode, M. L. Bauer, P. S. Gibbs, G. P. Lardy, and D. K. Doetkott (2007): A Longitudinal Study of *Salmonella* Shedding and Antimicrobial Resistance Patterns in North Dakota Feedlot Cattle. J. Food Protection, 70, 476–481

Korsak, N., J. Benoit, B. Groven, G. Etienne, B. China, Y. Ghafir and G. Daube (2003): *Salmonella* Contamination of Pigs and Pork in an Integrated Pig Production System. J. Food Prot. 66, 1126–1133

Krabisch, P. und P. Dorn (1986): Zum qualitativen und quantitativen Vorkommen von Salmonellen beim Masthähnchen. Arch. Lebensmittelhyg. 37, 9–12

Liljebjelke, K. A., C. L. Hofacre, T. Liu, D. G. White, S. Ayers, S. Young, and J. J. Maurer (2005): Vertical and Horizontal Transmission of Salmonella within Integrated Broiler Production System. Foodb. Path. Dis. 2, 90–101

Leue. Chr. (2005): Herkunftbezogenes Auftreten von Salmonella und Cam,pylobacter in Lamphknoten von Mastschweinen. Diss. Vet.med. FU Berlin, J. Nr. 2916

Luu, Q. H., R. Fries, P. Padungtod, T. T. Hanh, M. N. Kyule, M. P. O. Baumann, and K. H. Zessin (2006): Prevalence of Salmonella in Retail Chicken Meat in Hanoi, Vietnam. Ann. N.Y. Acad. Sci. 1081, 257–261

Marburger, J (2006): Salmonella und Campylobacter in landwirtschaftlichen Betrieben (Mastschweine). Diss. Vet.med. FU Berlin, J.-Nr. 3057

Mousing, J., P. Thode Jensen, C. Halgaard, F. Bager, N. Feld, B. Nielsen, J. P. Nielsen & S. Bech-Nielsen (1997): Nation-wide Salmonella enterica surveillance and control in Danish slaughter swine herds. Prev. Vet. Med. 29 (1997) S. 247–261

Nesbakken; T. & E. Skerjeve (1996): Interruption of Microbial Cycles in Farm Animals from Farm to Table. Meat Sci 43, 47–57

Nielsen, L. R., Y. H. Schukken, Y.T. Gröhn, and A. K. Ersbøll (2004): Salmonella Dublin Infection in Dairy Cattle: Risk Factors for Becoming a Carrier. Prev. Vet. Med. 65, 47–62

Nielsen, B. & H. C. Wegener (1997): Public health and pork and pork products: regional perspectives of Denmark. Rev.sci. tech. Off.int. Epiz., 1997, 16 (2), S. 513–524

Nollet, N., K. Houf, J. Dewulf, A. de Kruif, L. de Zuttern, and D. Maes (2005 I): *Salmonella* in sows: a longitudinal study in farrow-to-finish pig herds. Vet. Res. 36, 645–656

Nollet, N., K. Houf, J. Dewulf, L. Duchateau, L. de Zutter, A. de Kruif and D. Maes (2005 II): Distribution of *Salmonella* Strains in Farrow-to-Finish Pig Herds: A Longitudinal Study. J. Food Prot. 68, 2012–2021

Notermans, S., E. H. W. van Erne, H. J. Beckers, and J. Oosterom (1981): Beurteilung des bakteriologischen Status frischen Geflügels in Läden und auf Märkten. Fleischwirtsch. 61, 131–134

Pietzsch, O. (1985): Salmonellose-Überwachung bei Tieren, Lebens- und Futtermitteln in der Bundesrepublik Deutschland. Vet. Med. Hefte, Institut für Veterinärmedizin des BGA 3. Bundesbesundheitsamt, Berlin.,

Popoff, M.Y. (2001): Antigenic formulas of the Salmonella serovars. WHO Collaborative Centre for Reference and Research on Salmonella. Institut Pasteur, 75724 Paris Cedex, France

Potturi-Venkata, Lakshmi-Prasanna, S. Backert, S. L. Vieria & O. A. Oyarzabal (2007): Evaluation of Logistic Procesing to Reduce Cross Contamination of Commercial Broiler Carcasses with *Campylobacter* spp. J. Food Protection 70, 2549–2554

Polten, B. u. H.-J. Bätza (1999): Schweinehaltungshygieneverordnung – Erläuterungen zur Verordnung über hygienische Anforderungen beim Halten von Schweinen. Dtsch TÄBl 9/1999, 904–908

Rodrigue, D. C., R. V. Tauxe & B. Rowe (1990): International increase in Salmonella *enteritidis*: A new pandemic? Epidemiol. Infect. 105, 21–27

Rodriguez, A., P. Pangloli, H. A. Richards, J. R. Mount, and F. A. Draughon (2006): Prevalence of Salmonella in Diverse Environmental Farm Samples. J. Food Prot. 69, 2576–2580

Rose, N., F. Beaudeau, P. Drouin, J.Y. Toux, V. Rose, and P. Colin (2000): Risk factors for Salmonella persistence after cleansing and disinfection in French broiler-chicken houses. Prev. Vet. Med. 44, 9–20

Schmidt, P. L., A. M. O'Connor, J. D. McKean, and H. S. Hurd (2004): The Association between Cleaning and Disinfection of Lairage Pens and the Prevalence of Salmonella enterica in Swine at Harvest. J. Food Prot. 67, 1384–1388

Skov, M. N., Ø. Angen, M. Chriel, J. E. Olsen, and M. Bisgaard (1999): Risk Factors Associated with Salmonella enterica Serovar typhimurium Infection in danish Broiler Flocks. Poult. Sci. 78, 848–854

Swanenburg, M., H. A. P. Urlings, D. A. Keuzenkamp, and J. M. A. Snijders (2001): Salmonella in the Lairage of Pig Slaughterhouses. J. Food Prot. 64, 12–16

Van de Gaag, M. and R. B. M. Huirne (2002): Elicitation of expert knowledge on controlling *Salmonella* in the pork chain. Chain and network science, 135–147

Warnick, L. D., K. AS. Ray, C. D. Cripps, P. L. McDonough, Y.T. Gröhn, Y. H. Schukken, K.-E. Reed, and K. L. James (2006): Duration of Fecal Shedding Following Clinical Salmonellosis in Dairy Cattle. Proc. 11th International

Symposium on veterinary Epidemiology and Economics 2006, Cairns, Australia, Available at www.sciquest.org.nz

Weigel, R. M., D. Nucera, B. Qiao, B. Teferedegne, D. Kyun Suh, D. A. Barber, P. B. Bahnson, R. E. Isaacson, and B. A. White (2007): Testing an ecological model for transmission of *Salmonella enterica* in swine production ecosystems using genotyping data. Preventive Veterinary Medicine 81, 274–289

Zessin, K.-H., P. Sangvatanakul, R. Ngasaman, H. Irsigler, P. Padungtod, L. Sriritjakarn, M. Kyule, M. Baumann, und R. Fries (2008): Übertrag von Salmonellen von einer Sauenhaltung in die Mast an einem Beispiel aus Thailand. Proc. 8. Fachtagung Fleisch- und Geflügelfleischhygiene, Berlin, 4. und 5. März 2008, S. 1–7

31 Elemente einer kettenartigen Überwachung: Rechtsvorgaben

Mit der umfassenden Neuordnung des Überwachungssystems für die Lebensmittel liefernden Tiere wurden zahlreiche hergebrachte Untersuchungsschritte aus der post-mortem-Untersuchung übernommen, es wurden jedoch auch neue Gesichtspunkte einbezogen. Neu ist vor allem der Bezug auf die Vorgeschichte der Tiere und die Lockerung der post-mortem-Untersuchung („hands-off") unter bestimmten Umständen.

Der Unterschied zwischen neuem und altem Recht liegt daher nicht in der Änderung einzelner Untersuchungstechniken, sondern in der Einführung des Prinzips der Prävention im Gegensatz zu der Endpunktkontrolle, die die überkommene Schlachttier- und Fleischuntersuchung in ihren wesentlichen Elementen zweifelsfrei dargestellt hat. Das neue Modell greift verstärkt auf die Etablierung von Sicherungsmaßnahmen im Bestand zurück.

31.1 Die Elemente der Lebensmittelkette

31.1.1 Die Basisverordnungen VO (EG) 853/2004 und VO (EG) 854/2004

Rechtlich war bereits mit der VO (EG) 178/2002 die gesamte Lebensmittelkette von der Fütterung der Tiere bis zur Verwertung anfallender Nebenprodukte abgedeckt worden. Mit der Verordnung (EG) 854/2004 wurde erstmals die Einheit von Haltung und Fleischgewinnung herausgestellt und in die Praxis der Überwachung umgesetzt.

Als Grundvoraussetzung für eine Gewinnung von Nutztieren zum menschlichen Konsum etabliert die Verordnung die Beibringung bestimmter Haltungselemente als notwendige Grundinformationen, die in ihrer Gesamtheit die dort so bezeichnete „Lebensmittelkette" widerspiegeln sollen. Nach wie vor beinhaltet der Regelfall auch die am Individuum durchzuführenden hergebrachten Untersuchungsschritte, wie sie in den Kapiteln 36–41 wiedergegeben sind.

Relevante Elemente der Lebensmittelkette in der VO (EG) 854/2004

Anhang I, Abschnitt I der Verordnung verlangt vom amtlichen Tierarzt (AT) neben der Verifizierung allgemeiner Hygieneauflagen auch die Feststellung, dass bestimmte Nebenprodukte ordnungsgemäß beseitigt werden. Weiterhin gehören zu den Aufgaben des AT die Einholung von Informationen zur Lebensmittelkette (Prüfung und Analyse von Daten), die Schlachttieruntersuchung, eine Untersuchung auf das Wohlbefinden der Tiere, eine Fleischuntersuchung sowie in speziellen Fällen die Initiierung von Labortests.

Der AT muss auch Sorge dafür tragen, dass alle Maßnahmen getroffen werden, um eine Kontamination von Fleisch mit SRM zu verhindern.

Interne Systeme der Betreiber können, amtliche Informationen und Informationen anderer Tierärzte zur Primärerzeugung müssen berücksichtigt werden.

VO (EG) 853/2004

Diese allgemeinen Anforderungen werden in der VO (EG) 853/2004 (Anh. II, Abschn. III) konkretisiert: Informationen zu den nachfolgend aufgeführten Positionen müssen zur Verfügung gestellt werden:

– Status des Herkunftsbetriebes oder der Region in Bezug auf die Tiergesundheit
– Gesundheitsstatus der Tiere
– Innerhalb eines sicherheitsrelevanten Zeitraumes verabreichte Arzneimittel
– Auftreten von Krankheiten, die die Sicherheit des Fleisches beeinträchtigen könnten
– Ergebnisse von Probenanalysen
– Ergebnisse vorheriger post-mortem-Untersuchungen zu Tieren der betreffenden Herkunft
– Produktionsdaten, wenn diese das Auftreten von Krankheiten anzeigen könnten
– Name und Adresse des privaten Tierarztes

Musterdokument nach der VO (EG) 2074/2005

Befunde der
ante-mortem-Untersuchung
    Allgemeinbefinden
    Feststellungen
        (z. B. Schwanzbeißen)
    Anlieferung der Tiere in verschmutztem Zustand
    Klinische Befunde
    Laborbefunde

Befunde der
post-mortem-Untersuchung
    (Makroskopische) Befunde mit
        Lokalisation
    Krankheiten
    Laborbefunde
    Sonstige Befunde (z. B. Parasitenbefall, Fremdkörper usw.)
    Allgemeinbefinden (z. B. gebrochenes Bein)

VO (EG) 2074/2005

Hier finden sich erneut weitergehende und konkretisierende Anforderungen. So teilt die zuständige Behörde am Versandort mit, welche Mindestangaben dem Schlachtbetrieb zu übermitteln sind. Am Schlachtort wird dann (amtlich) geprüft, ob diese Informationen ausgetauscht wurden, ob sie stichhaltig sind und ob der Rückfluss gewährleistet ist.

In einem Musterdokument sind neben den Formalangaben einige Parameter aufgeführt, vgl. Kasten.

31.1.2 Hygiene in der Primärproduktion: Die VO (EG) 852/2004

Biosecurity stellt die Gesamtheit von Risikomanagement-Praktiken in der Verteidigung gegenüber biologischen Gefahren dar (Gunn et al. 2008). Entsprechende Ansätze zu einer Formulierung von „Hygiene in der Primärproduktion" sind mit den „Allgemeinen Hygieneanforderungen und Empfehlungen für eine Gute Hygienepraxis" in der VO (EG) 852/2004 formuliert worden (vgl. Kapitel 20).

31.1.3 Nationale Umsetzungen

§ 8 der Allgemeinen Verwaltungsvorschrift Lebensmittelhygiene (AVV LmH) schreibt die Erfassung der Befunde am Geschlinge (Lunge, Herz, Leber) und an der Pleura des Tierkörpers vor. Diese reflektieren den Gesundheitsstatus der Tiere nur sehr eingeschränkt, gehen jedoch auf die häufig auftretenden Atemwegserkrankungen beim Mastschwein und auf den ebenfalls häufigen Ascaridenbefall (Leber) in den Beständen ein. Ascariden könnten als ein (ebenfalls nur eingeschränkt aussagefähiges) Hygienemerkmal angesehen werden.

Die AVV gibt einen Schlüssel vor, der die o. g. Gewebeläsionen in Befundkategorien einteilt und der bei der Übermittlung der betriebsspezifischen Daten aus den Schlachtbetrieben verwendet wer-

den muss. Die Kategorisierung ermöglicht den Vergleich unterschiedlicher Haltungen:
- Lunge: Kategorien 0 (bis zu 10%), 1 und 2 (>30%)
- Brustfell: Kategorien 0 (bis zu 10%), 1 und 2 (>30%)
- Herzbeutel: Kategorien o (nicht verändert) sowie 1 (verändert)
- Leber: Kategorie 0 (nicht verändert: <5 Wurmknoten) und
                     1 (>5 Wurmknoten)

Weitere Auflagen, die in den Kontext der Sicherung der Lebensmittelkette gehören, können unterschiedlichen nationalen Rechtsunterlagen entnommen werden:

Identifizierung der Tiere	Viehverkehrsverordnung (national)
Minimalstandards für Biosecurity	Schweinehaltungshygiene-Verordnung (national)
Sicherung des Tierwohlbefindens	Tierschutznutztierhaltungs-Verordnung (national)

31.2 Hands-off-Untersuchungen: Die VO (EG) 1244/2007

Neu ist die Lockerung der Untersuchungsvorgaben im Falle des Vorliegens epidemiologisch relevanter Daten. Die post-mortem-Untersuchung kann dann auf eine visuelle Untersuchung beschränkt bleiben. Es geht hier auch um die seit langem auch aus hygienischen Gründen geforderte „hands-off"-Technik in der post-mortem-Untersuchung.

Die VO (EG) 854/2004 hatte grundlegend für Mastschweine wie folgt formuliert (Anh. I, Abschn. IV, Kapitel IV, Teil B, Punkt 2):

„Die zuständige Behörde kann auf der Grundlage epidemiologischer oder anderer Daten des Betriebes entscheiden, dass Mastschweine, die seit dem Absetzen in kontrollierter Haltung in integrierten Produktionssystemen gehalten wurden, in einigen oder allen der in Nr. 1 genannten Fälle (es handelt sich um die berührenden Techniken [Anm. d. Autors]) lediglich einer Besichtigung unterzogen werden".

Mit der VO (EG) 1244/2007 gilt dieser Passus sinngemäß neben Mastschweinen auch für Kälber, Schaf- und Ziegenlämmer.

Dieser Spezialfall ist nicht zu verwechseln mit den grundsätzlich beizubringenden Informationen zur Lebensmittelkette. Die Aufsichtsbehörde kann im Falle des Vorliegens von Biosecurity-Maßnahmen, die über das in der „Lebensmittelkette" geforderte Maß hi-

---

Zusätzliche Anforderungen im Falle einer Risikobasierten Fleischuntersuchung nach der VO (EG) 1244/2007

- Futtermittel reproduzierbar hergestellt
- Raufutter vorbehandeln
- Rein-raus-Verfahren soweit möglich
- Quarantänestationen
- Kein Zugang ins Freie
- Informationen zum Lebenslauf der Tiere
- Behandlung einkommender Einstreu
- Hygieneverhalten des Personals
- Geregelter Zugang zu den Tieren
- Keine Tourismuseinrichtungen
- Kein Zugang zu Müllhalden oder Hausmüll
- Schädlingsbekämpfungspläne
- Keine Silageverfütterung
- Kein Abwässer und Schlamm aus Kläranlagen auf den Anlagen

---

nausgehen, zulassen, dass post mortem eine hands-off-Untersuchung durchgeführt wird.

Die VO (EG) 1244/2007 legt die wesentlichen Elemente fest, die in einem visuellen Untersuchungsverfahren anzuwenden und beizubringen sind (vgl. Kapitel 20). Es handelt sich um die im Kasten erwähnten Punkte.

In jedem Falle aber gilt Anhang I, Kapitel I, Punkt D. Nr. 1 der VO (EG) 854/2004: Alle äußeren Oberflächen des geschlachteten Tieres (inkl. der Organe) sind weiterhin zu prüfen.

31.3 Weitere Optionen zu Neuansätzen

Trichinenuntersuchung
Eine vergleichbare Argumentation findet sich in der VO (EG) 2075/2005 zur amtlichen Fleischuntersuchung auf Trichinen. Auf der Grundlage stringenter Sicherungsmaßnahmen in der Haltung kann für Mastschweine von einer individuellen Trichinenuntersuchung abgesehen werden.

Untersuchung auf Zystizerkose beim Rind
Auch für die Untersuchung auf die Zystizerkose beim Rind >6 Wochen sind Öffnungsklauseln vorgesehen (Anl. I, Abschn. IV, Kapitel IX der VO (EG) 854/2004): Die Mindestanforderungen zur Untersuchung können gelockert werden, sofern ein spezifischer serologischer Test durchgeführt wird oder wenn die Tiere in einem amtlich als Zystizerkose-frei anerkannten Betrieb aufgezogen wurden.

31.4 Literatur

31.4.1 Publikatione

Gunn, G.J., C. Heffernan, M. Hall, A. McLeod, and M. Hovi (2008): Measuring and Comparing Constraints to Improved Biosecurity amongst GB Farmers, Veterinarians and the Auxiliary Industries. Prev. Vet. Med. 84, 310–323

31.4.2 Rechtsvorschriften

Recht der EU

Verordnung (EG) Nr. 178/2002 des Europäischen Parlaments und des Rates vom 28. Januar 2002 zur Festlegung allgemeiner Grundsätze und Anforderungen des Lebensmittelrechts, zur Errichtung der Europäischen Behörde für Lebensmittelsicherheit und zur Festlegung von Verfahren zur Lebensmittelsicherheit i.d.F. vom 7. April 2006, ABl. der EU Nr. L100/3

Verordnung (EG) Nr. 852/2004 des Europäischen Parlaments und des Rates vom 29. April 2004 über Lebensmittelhygiene i.d.F. vom 21. Februar 2008, ABl. der EU Nr. L46/51

Verordnung (EG) Nr. 853/2004 des Europäischen Parlaments und des Rates vom 29. April 2004 mit spezifischen Hygienevorschriften für Lebensmittel tierischen Ursprungs i.d.F. vom 21. Februar 2008, ABl. der EU Nr. L46/50

Verordnung (EG) Nr. 854/2004 des Europäischen Parlaments und des Rates vom 29. April 2004 mit besonderen Verfahrensvorschriften für die amtliche Überwachung von zum menschlichen Verzehr bestimmten Erzeugnissen tierischen Ursprungs i.d.F. vom 21. Februar 2008, ABl. der EU Nr. L46/51

Verordnung (EG) Nr. 1244/2007 der Kommission vom 24.10.2007 zur Änderung der Verordnung (EG) Nr. 2074/2005 hinsichtlich der Durchführungsmaßnahmen für bestimmte Erzeugnisse tierischen Ursprungs, die zum menschlichen Verzehr bestimmt sind, und zur Festlegung spezifischer Bestimmungen über die amtliche Kontrolle zur Fleischuntersuchung. Amtsbl. d. EU Nr. L281/12

Verordnung (EG) Nr. 2074/2005 der Kommission vom 5.12.2005 zur Festlegung von Durchführungsvorschriften (…). Amtsbl. d. EU Nr. L 338/27

Verordnung (EG) Nr. 2075/2005 der Kommission vom 5.12.2005 mit spezifischen Vorschriften für die amtliche Fleischuntersuchung auf Trichinen. Amtsbl. d. EU Nr. L 338/60

Nationales Recht

Allgemeine Verwaltungsvorschrift über die Durchführung der amtlichen Überwachung der Einhaltung von Hygienevorschriften für Lebensmittel tierischen Ursprungs und zum Verfahren zur Prüfung von Leitlinien für eine gute Verfahrenspraxis (AVV LmH). Vom 12.9.2007, BAnz. Nr. 180a vom 25.9.2007

Das Tier

32   Das kranke und das verletzte Nutztier

Landwirtschaftliche Nutztiere werden zum Zwecke der Gewinnung von Lebensmitteln und zur Schlachtung gehalten. Dies setzt für die „großtierpraktische" Seite Kenntnisse vor allem der Bedingungen voraus, die bei Zwischenfällen zu beachten sind.

In der Tat können sich Nutztiere in unterschiedlicher Verfassung befinden, und je nach Befund ergibt sich ein Fächer unterschiedlicher Konsequenzen (Abb. 28). Antizipiert werden müssen unterschiedliche Fälle:

Abb. 28
Handlungsoptionen im Falle einer abweichenden Tierverfassung

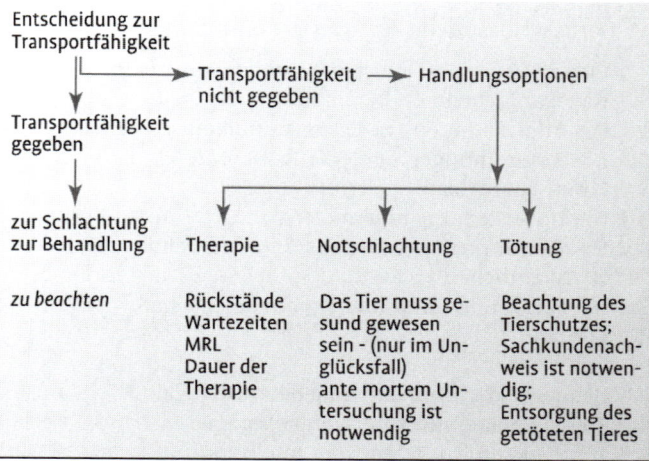

– Gesundheit des Nutztieres als wünschenswerter Umstand
– Erregung oder Ermüdung als physiologischer Zustand
– Vorliegen einer Verletzung als unvorhergesehener und plötzlicher Schaden bei einem grundsätzlich gesunden Nutztier
– Vorliegen einer Technopathie, mit der das im Grunde gesunde Nutztier auf einen negativen Insult (chronisch) reagiert
– Vorliegen eines lokalen (krankhaften) Prozesses
– Vorliegen einer Krankheit im Sinne eines systemischen, auch infektiösen Zustandes

32.1 Ab wann ist ein Nutztier „krank"?

Ziel der ante- und post-mortem-Untersuchung der Nutztiere ist der Ausschluss von Tieren für den Humanverzehr, die i. S. der VO (EG) 854/2004 als krank anzusehen sind sowie die nachsorgende Sicherstellung des Tierschutzes.

Vor dem 1.1.1993 waren (national) die „Not- und Krankschlachtungen" rechtlich unter einem Begriff zusammengefasst. Danach wurde die inhaltliche Trennung von unfallbedingten Läsionen an einem gesunden Tiere und den infektionsbedingten Krankheiten eingeführt. Mit der VO (EG) 854/2004 ist nun auch die Schlachtung von Tieren, die Anzeichen einer systemischen Krankheit aufweisen, nicht mehr gestattet. Dies dient der Heraushaltung von Infektionsträgern aus der Lebensmittelkette.

Kranke Tiere müssen somit von Tieren abgegrenzt werden, die einen mechanischen Unfall erlitten haben, und bei Vorliegen eines lokalen Krankheitszustandes muss weitergehend geprüft werden, ob und wie weit dieser lokal geblieben ist.

32.1.1 Der physiologische Zustand der Ermüdung und Aufregung

Abzugrenzen ist auch zwischen physiologischen und „unphysiologischen", d. h., krankheitsbedingten Befunden: Die transportbedingte Aufregung oder Ermüdung ist eine physiologische Reaktion und nicht krankheitsbedingt.

Zu berücksichtigen sind die Beruhigungszeiten eines Tieres, die auch von den gegebenen Umständen und von der Nutzungsgruppe abhängig sind. Orientierungswerte zur Rektaltemperatur unter belastenden Umständen wie den hier angesprochenen sind nicht publiziert.

32.1.2 „Krank" und „gesund" im Sinne der Verwertbarkeit eines Nutztieres

Infektion ist der Eintritt eines Erregers in den Makroorganismus, während „Krankheit" die klinische Ausprägung der Infektion darstellt.

Für Krankheiten gibt es keine objektiven Normen, da sich der Organismus (noch) in einer Zone zwischen Adaptation und Krankheit befinden kann. Somit können die Übergänge zwischen „Krankheit" und „Gesundheit" fließend sein.

Unterschiedliche Umschreibungen für „krank" drücken aus, dass Befunde vorliegen, die außerhalb der Adaptationsbreite des Organismus liegen. Allgemein gehen die Charakterisierungen davon aus, dass die Lebensäußerungen und Reaktionen quantitativ verändert und anders gesteuert sind, sodass sie lebenswichtige Funktionen des Körpers behindern, Schmerz bereiten und den Gesamtorganismus wesentlich beeinträchtigen.

Wichtig für den Fall ist die „Systemik" der Reaktion, darstellbar durch klinische Befunde oder auch durch ergänzende Befunde aus der Labordiagnostik. Hilfreiche klinische Kernbegriffe und Initialschwellen sind die Beobachtung von Fieber, Störungen des Allgemeinbefindens oder der mehr oder weniger ausgeprägte Charakter des Befundes. Allerdings stellt sich auch hier die Notwendigkeit der inhaltlichen Objektivierung.

§ 4 des früheren Fleischhygienegesetzes führte den Begriff „Schlachtung aus besonderem Anlass (Krankschlachtung): Jedes aufgrund schwerer physiologischer und funktioneller Störungen vorgenommene Schlachten". Dies dürfte inhaltlich mit dem herkömmlichen tierärztlichen Begriff „Störung des Allgemeinbefindens" vergleichbar sein. Die Verordnung zum Schutz von Tieren beim Transport von 1993 (außer Kraft) hatte unter „krank oder verletzt" definiert: „Tiere mit gestörtem Allgemeinbefinden oder einer Verletzung, die mit Schmerzen oder Leiden verbunden ist".

Beide Definitionen lösen allerdings nicht das Abgrenzungs- und Definitionsproblem.

Andererseits können klinisch gesunde Tiere Rückstände aufweisen und Träger von pathogenen Mikroorganismen sein, ohne dass klinisch Auffälligkeiten erkennbar sind. Es liegt daher nahe, die (klinischen) Begriffe „gesund" oder „krank" nicht alleine in den Vordergrund der Entscheidung über die Verzehrsfähigkeit eines tierischen Gewebes zu stellen, sondern auch Informationen zur Vorgeschichte und/oder Labordaten zu berücksichtigen.

Erneut rechtfertigen übergeordnete Erwägungen die Installation der Lebensmittelkette, und folgerichtig ist auch der in den vorgeschriebenen Gesundheitsbescheinigungen der VO (EG) 854/2004 verwendete Begriff „gesund" nicht weiter präzisiert.

32.1.3 Technopathien und Faktorenkrankheiten

Eine Mittelstellung zwischen „gesund" und „krank" nehmen die Technopathien ein. Es handelt sich um „Erkrankungen oder Körperschäden, die (...) durch Störungen, Mängel oder unzweckmäßige Beschaffenheit der technischen Einrichtungen zur Unterbringung und zur Ver- und Entsorgung der Tiere entstanden sind" (vgl. Kapitel 6). Umständebedingt können sie einen infektiösen Charakter annehmen oder sie stellen sich als mechanisch bedingte und lokal bleibende Gewebereaktionen dar.

Nahe den Technopathien sind die Faktorenkrankheiten angesiedelt. Der Erreger kann den Wirt „infizieren" und bei Vorliegen und Zusammenkommen bestimmter Umstände oder Risikofaktoren das betreffende Krankheitsbild auslösen. So wurden als Risikofaktoren bei der Kälbereinstellung (Sommer, Greuel, Müller 1991) angegeben:

– Zukauf kranker Tiere
– Aufstallen von Tieren aus verschiedenen Herkünften
– Aufstallen in einen bereits belegten Stall
– Krasser Futterwechsel
– Verschmutze Tränken
– Fehlende tägliche Gesundheitskontrolle
– Geringes Platzangebot
– Mängelatmosphäre (feucht, geringes Luftvolumen)

In diesem weiter gefassten Sinne können auch Mastitiden und Klauenschäden beim Rind oder die Pneumonien beim Mastschwein als Faktorenkrankheiten interpretiert werden. Auch hieraus leitet sich die Forderung ab, die Vorgeschichte eines Tieres oder einer Gruppe zu kennen: Es geht um die „Historie" der Haltung.

32.1.4 Bewertung von Befunden

Neben der Bedeutung für das individuelle Nutztier muss ein auffälliger Befund auch hinsichtlich des Aussagewertes für die Nutzung des Tieres in der Lebensmittelkette betrachtet werden. Eine Beobachtung als solche muss noch keine Beurteilungskonsequenzen nach sich ziehen: Blutungen können durch Infektionen/Intoxikationen bedingt sein, sie können aber auch durch neurale Reaktionen in der Elektrobetäubung bedingt sein, was dem Befund die infektiöse Bedeutung nehmen und die betreffende technische Lösung in das Blickfeld rücken würde.

Auch Tierkrankheiten als solche können unterschiedlich bewertet werden:

– Befunde können infolge einer (Teil-) Untauglichkeitsbeurteilung oder auch durch Untergewicht wirtschaftliche Verluste für den Betrieb zur Folge haben. Als Ursache kommen Parasitosen oder lokal begrenzt bleibende Prozesse infrage. Aus ethischer Sicht muss auf die Notwendigkeit hingewiesen werden, die Nutztiere gesund zu erhalten und das Wohlbefinden der Tiere zu beachten.

- Dagegen kann der Nachweis von tierseuchenhaften Erkrankungen (Europäische Schweinepest oder auch die Maul- und Klauenseuche) schwere Folgen für den betroffenen Betrieb, ggf. auch für die tierärztlichen Betreuer nach sich ziehen.
- Ausprägungen des PSE-Syndroms beim Schwein gelten als Qualitätsmangel. Andererseits ist PSE präformiert, da hier Myofibrillen und Mitochondrien substanziell verändert sind (vgl. Kap. 6). Somit ist die PSE-Fleischigkeit als Krankheit zu bezeichnen, die aber klinisch nicht auffallen muss. Demgegenüber ist die zum selben Syndrom gehörende Rückenmuskelnekrose klinisch erkennbar. Es handelt sich um ein abgestuftes Geschehen, dementsprechend liegen Konsequenzen für den Umgang mit dem Phänomen nicht fest, Messwerte, die etwa ein PSE-Syndrom identifizieren, liegen in der AVV (LmH) vor, haben jedoch kaum rechtsverbindlichen Charakter.
- Am Beispiel einer Verletzung und einer Missbildung zeigt sich dagegen, dass ein Befund nicht immer das Vorliegen einer Krankheit signalisieren muss. Eine Deformation ist eine Abweichung von der Erwartungshaltung und als solche nicht Lebensmittelgeeignet, es handelt sich jedoch nicht um eine Krankheit. Dies gilt auch für die Verletzung.

Im Sinne der Risiko-basierten Kontrolle muss zu allen auftretenden Befunde grundsätzlich über das damit ggf. verbundene Risiko befunden werden, die denkbaren Handlungsoptionen müssen vorweg abgeleitet werden und feststehen.

32.2 Vorgehen in der Untersuchung

Mit der VO (EG) 854/2004 ist die Schlachtung von Tieren, die Anzeichen eines zoonotischen Zustandes oder klinische Anzeichen einer Allgemeinerkrankung aufweisen (vormaliges „Schlachtung aus besonderem Anlass" – Krankschlachtung) oder die vollständig abgemagert sind, nicht mehr gestattet. Die Tiere werden getötet (Anh. I, Abschn. II, Kapitel III der VO (EG) 854/2004).

Als „Krank"-Schlachtung wurde jedes aufgrund schwerer physiologischer und funktioneller Störungen vorgenommene Schlachten bezeichnet (§4 FlHG außer Kraft). Die Abgrenzung einer „schweren physiologischen und funktionellen Störung" von anderen, weniger schwerwiegenden Störungen ist schwierig und muss nach Lage des Falles erfolgen.

32.2.1 Verletzungen

Bei der Bewertung ist das Alter der Verletzung und damit die Reaktion des Organismus wichtig: Ein älterer Zustand kann am Ende doch noch zu einer krankhaften (Allgemein-) Reaktion führen. Festgestellt werden muss die *Aktualität* des aufgetretenen Umstandes oder das Gegenteil, damit kein infektiöser Zustand vermarktet wird.

32.2.2 Nutztiere, die sich außerhalb des physiologischen Normzustandes befinden

Zu klären ist, wieweit das aufgetretene Krankheitsbild oder der aufgetretene Umstand allgemein, d. h., systemisch sind. Bereits mit der Einführung des Begriffes der schweren physiologischen und funktionalen Störung hatte sich Abklärungsbedarf zwischen einer schweren und einer eher geringgradigen „Störung des Allgemeinbefindens" ergeben (Pschorn 1996). Diese Problematik setzt sich fort.

Für Tiere, die sich nicht im physiologischen Normbereich befinden, gibt es unterschiedliche Konsequenzen. Bei einem verdächtigen Tier ist – wie in der Notschlachtung – die Lebenduntersuchung zwingend. Sollte der Fall eintreten, dass ein systemisch krankes Tier in einen Schlachtbetrieb gelangt, muss es getötet werden.

32.2.3 Zurückstellen, ggf. gesonderte Schlachtung

Bislang galt, dass der amtliche Tierarzt die Schlachterlaubnis um 24 h verschieben kann, wenn das untersuchte Tier ermüdet, stark aufgeregt oder durch den Transport erhitzt ist. In einem solchen Fall liegt ein physiologischer, aber abweichender Zustand vor (Ermüdung oder Aufregung).

Dieser Passus (in Anl. 1 der FlHV) ist noch gültig und korrespondiert mit der VO (EG) 854/2004 (Abschnitt II, Kapitel IV): Stellt der AT fest, dass Bestimmungen über das Wohlbefinden nicht beachtet wurden, ergreift er die notwendigen Maßnahmen. Anmerkung: Der Text lautete vor der Novellierung von 1997: *Vorbehaltlich einer anderen Entscheidung des Untersuchers* ist die Schlachtung um 24 h zu verschieben, wenn ...). Seit der Neufassung der FlHV von 1997 sah das nationale Recht eine festgelegte Zeitspanne von 24 h vor. Dies bringt Überwachung und Betrieb in Zugzwang, da bei der festliegenden Zeit eine tierartgemäße Haltung und Pflege des Tieres im Betrieb notwendig wird. Aus diesem Text wurde die Möglichkeit kürzerer Ausruhspannen abgeleitet (Zrenner u. Hartig 2002): Mit dem vor 1997 stärker gewährten Ermessensspielraum war es möglich, derartige Zustände abklingen zu lassen. Die Autoren weisen aber auch auf die Grenzen der Erholung der Tiere hin.

Für Verdachtsfälle müssen nach Anh. III, Abschn. I, Kapitel II. der VO (EG) 853/2004 separate Einrichtungen vorliegen (abschließbare Einrichtungen für das Schlachten kranker und krankheitsverdächtiger Tiere). Wenn derartige Räume nicht vorhanden sind, muss der Fall zurückgestellt werden bis zum Abschluss der normalen Schlachtungen.

32.2.4 Weitere Untersuchungsschritte

Sofern nicht von vornherein die Untauglichkeit feststeht und das Tier getötet werden muss, muss in diesen Fällen die Grunduntersuchung ausgeweitet werden.

Bakteriologische Untersuchung (BU)
Inhaltlich liegt das Schwergewicht der BU weitgehend bei dem Nachweis von Salmonellen und Rotlauferregern, wobei die parallel vorzunehmende Untersuchung auf Hemmstoffe die BU in sinnvoller Weise erweitert. Ohne einen negativen Ausfall des Hemmstofftestes ist eine Interpretation der BU-Ergebnisse nicht möglich, da im Falle eines positiven Hemmstoffnachweises ein Einfluss auf die Ergebnisse nicht ausgeschlossen werden kann.

Der mechanisch bedingte, frische Schaden ist im Prinzip nicht BU-pflichtig, jedoch muss eine vertiefende Untersuchung vorgenommen werden. Dies kann dann fallweise auch dazu führen, dass eine BU eingeleitet wird.

Allerdings sollten derartige kurz vor der Schlachtung erlittene Verletzungen kein Hindernis für die Tauglichkeitsbeurteilung der unveränderten Teile darstellen.

Aufsuchen der (regionalen) Körper-Lymphknoten
Zum Ausschluss eines beginnenden Prozesses ist auch die Kontrolle regionaler Körper-Lymphknoten denkbar: Der den krankhaften Umstand auslösende Prozess kann ggf. lokalisiert werden, auch kann auf diese Weise eine Generalisierung eines Infektes belegt werden.

Die Techniken zur Erkennung qualitativer Mängel sind an dieser Stelle nicht zielführend, da zunächst über die grundsätzliche Eignung des geschlachteten Tieres zum Verzehr befunden werden muss. Hier ist die Untersuchung auf das Vorliegen bzw. auf den Ausschluss einer Infektion vorrangig.

32.3 Das verletzte Nutztier: Die Notschlachtung

32.3.1 Begriff und Inhalt

Ein notgeschlachtetes Tier weist lediglich Verletzungen auf, es hat – so muss unterstellt werden – nicht an einer (infektiösen) Krankheit gelitten.

- Im alten Fleischhygienegesetz wurde unter Notschlachten verstanden: „Schlachten eines zum Zwecke der Lebensmittelgewinnung gehaltenen Haustieres nach § 1 FlHG (außer Kraft), das infolge eines Unglücksfalles sofort getötet werden muss" (§ 4 Nr. 3 a FlHG, außer Kraft).
- Nach der Definition der VO (EG) 853/2004 (Anhang, Kapitel VI) handelt es sich bei einer Notschlachtung um ein „ansonsten gesundes Tier", das „einen Unfall erlitten hat, der seine Beförderung zum Schlachthaus aus Gründen des Tierschutzes verhindert hat".

Beide Beschreibungen legen nahe: Von der Schlachtung krankhaft auffälliger Tiere, wie es in früheren Zeiten zugelassen war (Krankschlachtung), ist die Notschlachtung abzugrenzen.

Die klaren Bestimmungen zu einer Notschlachtung dürfen nicht unterlaufen werden. Vor allem müssen die praktizierenden Tierärzte sich über die Rechtsbestimmungen (gesundes Tier in der Notschlachtung im Gegensatz zu einem kranken Tier) im Klaren sein. Aldiss (2007) empfiehlt, im Falle des Ausstellens einer Bescheinigung die amtliche Stelle an dem Schlachtbetrieb zu kontaktieren, zu dem das notgeschlachtete Nutztier gebracht werden soll.

32.3.2 Vorgehen

Bei Unglücksfällen sind die infrage kommenden Alternativen abzuwägen, wobei der Grundsatz des § 1 Tierschutzgesetz beachtet werden muss (Verbot des Zufügens von Schmerzen, Leiden oder Schäden ohne vernünftigen Grund):

- Ist das Tier unter den zu erwartenden Bedingungen transportfähig? Im Zweifelsfall ist die Ausstellung der Transportfähigkeitsbescheinigung durch den Tierarzt zwingend.
- Notschlachtung: Nach der VO (EG) 853/2004 können nur noch notgeschlachtete Tiere in die Lebensmittelkette eingehen. Eine Notschlachtung kann am Ort des Geschehens oder im Schlachtbetrieb erfolgen.

Als Beispiele für die Entscheidung zur Notschlachtung gelten Beinbrüche, Ausgrätschen beim Entladen, frische und großflächige Wunden (vgl. Kap. 32. 4).

32.3.3 Ante-mortem-Untersuchung

Eine Schlachttieruntersuchung ist zwingend und muss auch unter sachlichen Erwägungen vorausgesetzt werden: Damit soll einem Unterlaufen des Verbots der Vermarktung von Fleisch kranker Tiere vorgebeugt werden. Sie erfolgt durch einen (nicht notwendig einschlägig qualifizierten) Tierarzt. Andernfalls ist das geschlachtete Tier untauglich.

Nach §4a Abs. 2 TSchG kann auch die Betäubung unterbleiben, wenn sie „bei Notschlachtungen nach den gegebenen Umständen nicht möglich ist". Hinsichtlich derartiger Entscheidungen spielen die konkreten Umstände eine ausschlaggebende Rolle.

Über die durchgeführte Lebenduntersuchung inkl. über Zeitpunkt der Untersuchung und das Ergebnis muss eine Bescheinigung ausgestellt werden (ein vorformulierter Begleitschein liegt vor in Anlage 8 der nationalen Tierische Lebensmittel-Hygieneverordnung). Erfolgt die Notschlachtung in einem Schlachtbetrieb, darf das geschlachtete Tier dort verbleiben.

32.3.4 Weiteres Vorgehen

Bereits das alte Recht ließ zu, dass Schlachtbetriebe angefahren und genutzt werden dürfen, sofern unmittelbar vorher eine Schlachttier-Untersuchung erfolgt war und hierbei keine anderen als kurz vor der Schlachtung entstandene Verletzungen festgestellt wurden. Diese Bestimmung war konsequent, da es sich nicht um ein krankes Tier gehandelt hat, sondern um den Unglücksfall eines gesunden Nutztieres.

Die VO (EG) 853/2004 verlegt den Ort des Zwischenfalls generell nach außerhalb des Schlachtbetriebes. Unverzüglich danach muss die Beförderung in einen Schlachtbetrieb vorgenommen werden:
– Unter hygienisch einwandfreien Bedingungen und ohne ungerechtfertigte Verzögerung.
– Alle Eingeweide müssen mitgeführt werden.
– Die Entfernung des Magen-Darm-Konvolutes darf – unter Aufsicht des Tierarztes – erfolgen.
– Außer Ausweiden und Kühlen darf keine weitere Behandlung erfolgen.

Die Beförderung des geschlachteten Tieres zum Schlachtbetrieb muss innerhalb von 2h stattfinden. Darüber hinausgehend ist Kühlung erforderlich.

32.4 Krankes und verletztes Nutztier: Der Transportfall

Bei Nutztieren festgestellte Verletzungen signalisieren Probleme, die sich beim Transport von Schlachttieren in großer Zahl fast zwangsläufig ergeben. Sie reflektieren gleichzeitig die Nöte, mit denen sich die Tiere und die beteiligten Personen auseinanderzusetzen haben. Berichtet wird immer wieder von Verstößen gegen das Tierschutzgesetz und gegen die Rechtsvorschriften zum Tiertransport (bislang die nationale Tierschutztransportverordnung); Gerade beim Transport werden den Tieren Leistungen abverlangt, denen sie offenkundig nicht gewachsen sind. Neben den häufig festzustellenden Mängeln im Transport können bereits Umstände im Herkunftsbetrieb ursächlich für Überforderung verantwortlich sein (Schulze Schleithoff 2005): Die Tiere können bereits vorgeschädigt den Transport antreten.

32.4.1 Die Entscheidung über einen Transport

Die Verordnung(EG) 1/2005 über den Schutz von Tieren beim Transport legt Rahmenbedingungen für die Transportfähigkeit von Nutztieren fest. Danach sind verletzte Tiere und Tiere mit physiologischen Schwächen oder pathologischen Zuständen nicht transportfähig. Nach der nationalen Tierschutztransportverordnung sind Nutztiere transportunfähig, die „aufgrund ihrer Krankheit oder Verletzung nicht in der Lage sind, aus eigener Kraft ohne schmerzhafte Treibhilfen in das Transportmittel zu gelangen oder bei denen aufgrund ihres Zustandes abzusehen ist, dass sie dieses aus eigener Kraft nicht wieder verlassen können" (§ 27 Abs. 1 TierSchTrV). Beispielhaft aufgeführt sind Fälle wie

– festliegende Nutztiere,
– Nutztiere mit Frakturen,
– Nutztiere mit großen, tiefen Wunden oder mit starken Blutungen,
– Nutztiere, die ein stark gestörtes Allgemeinbefinden zeigen,
– Nutztiere, die offensichtlich unter anhaltenden starken Schmerzen leiden.

§ 26 TierSchTrV öffnet die Türe zur Schlachtung (Transport zur Schlachtung nur, wenn dies zur Vermeidung weiterer Schmerzen., Leiden oder Schäden erforderlich ist). Allerdings ist dies eingeschränkt durch das absolute Transportverbot, wenn das Nutztier transportunfähig ist (§ 27). Es bleibt nur die tierschutzgerechte Tötung.

Eine dennoch geplante Transportierung kann nur nach einer tierärztlichen Untersuchung und mit einer entsprechenden Bescheinigung erfolgen. In diesem Falle hat sich der Tierarzt, der die Entscheidung trifft, schriftlich festzulegen (national). Die EU-Verordnung fordert die Hinzuziehung eines Tierarztes in Zweifelsfällen.

Im Falle eines solchen Transportes legt § 28 TierSchTrV, auch für den Transport zur Schlachtung, eine Zeit von 2 h fest (soll), in keinem Falle dürfen jedoch 3 h überschritten werden. Ist ein Transport innerhalb dieses Limits von 3 h nicht möglich, muss das Tier getötet werden (Kobelt u. Weise 1997).

Wenn ein Nutztier während des Transportes „schwer erkrankt oder sich so schwer verletzt", dass ein weiterer Transport mit erheblichen Belastungen für das Tier verbunden sein würde, ist eine Notschlachtung auf dem Transport möglich (§ 29 TierSchTrV), ebenso die Tötung (die Formulierungen sind inhaltlich identisch mit denjenigen der Verordnung (EG) 1/2005).

32.4.2 Optionen bei festgestellter Transportunfähigkeit

Für jeden „kranken" oder „verletzten" Einzelfall steht die Frage nach der Transportfähigkeit weiterhin im Raum. Es muss unmittelbar über eine Transportfähigkeit oder über die Transportunfähigkeit entschieden werden, und bereits hier ist zu unterscheiden zwischen einem systemischen Krankheitsgeschehen, einem lokalen (auch entzündlichen) Prozess oder einer mechanischen Verletzung, die ihrerseits bereits alt sein kann und dann anders zu bewerten ist als ein frischer Zustand. Die dementsprechende Entscheidung ist Aufgabe des hinzugezogenen Tierarztes, wobei Entscheidungen immer auch im Hinblick auf die spätere Nutzungsfähigkeit des gewonnenen Fleisches getroffen werden sollten.

Option Schlachtung

Die Schwere der Erkrankung dürfte sich auch in der Nicht-Transportfähigkeit eines Tieres widerspiegeln, ein nicht transportfähiges Nutztier dürfte kaum „leicht" erkrankt sein im Sinne Anh. I, Abschn. III, Kapitel III, Nr. 5 der VO (EG) 854/2004. Insofern kommt eine Schlachtung am Ort bei einem derartigen Tier nicht mehr infrage: Die Feststellung einer schweren physiologischen und funktionellen Störung verbietet die Nutzung für den menschlichen Konsum.

Option Notschlachtung

Es kann sich nur um gesunde Tiere nach einem Unglücksfall handeln oder im besten Fall um die Schlachtung und intensive Untersuchung eines Falles mit Verdachtsmomenten. Diese Option darf keinesfalls gewählt werden, um Tiere mit alten Verletzungen oder limitierter Erkrankungen über diesen Wege zu „entsorgten". Die Bedingungen für eine Notschlachtung sind klar definiert (vgl. 32.3).

Option Therapie

Das Nutztier kann am Ort tierärztlich behandelt werden. Unabhängig vom Erfolg der Therapie müssen die Konsequenzen aus der VO (EG) 2377/90 und die damit verbundenen Maximum Residue Levels inkl. der resultierenden Wartezeiten vor der Schlachtung beachtet werden, bevor ein solches wiederhergestelltes Nutztier geschlachtet werden könnte.

Option der tierschutzgerechten Tötung

Steht nach Abwägung derartiger Gesichtspunkte die Tötung des Tieres zur Debatte, muss auch dies unter Beachtung der Gesichtspunkte des Tierschutzes erfolgen (Verbot des Zufügens von Schmerzen, Leiden oder Schäden ohne vernünftigen Grund nach § 1 TierSchG).

Zur Tötung muss eine kundige Person zur Verfügung stehen, da die nationale Tierschutz-Schlachtverordnung den Sachkundenachweis fordert. Nicht unerheblich ist auch die Frage der Bezahlung, dies auch unter Berücksichtigung der Durchsetzung der Anliegen des Tieres. Zu beachten ist zuletzt auch der Weg des getöteten Tieres (ordnungsgemäße Beseitigung nach der VO (EG) 1774/2002).

32.5 Literatur

Aldiss, J. K. (2007): On-farm Emergency Slaughter. Vet. Rec. 161, 825

Möbius, G. (1994): Ethische und rechtliche Fragen bei der Tötung von Tieren zur Vermeidung erheblicher Schmerzen und leiden. Dtsch. Tierärztl. Wschr. 101, 372–376

Kobelt, H., und E. Weise (1997):

Verordnung zur Änderung der Fleischhygiene-Verordnung. Kommentare unter Berücksichtigung der Regelungen des umgesetzten Gemeinschaftsrechts im Bereich Fleischhygiene. Fleischwirtsch. 77/2, 541–542

Pschorn, G. (1996): Not- und Krankschlachtungen. Deutsch. Tierärztebl. 44, 106

Schulze Schleithoff, B. (2005): „Der letzte Weg" – Die Passion der Schlachttiere. RFL 57, 268–270

Sommer, H., E. Greuel, W. Müller (1991): Hygiene der Rinder- und Schweineproduktion. UTB Ulmer, Uni-Taschenbücher 514, S. 285

Zrenner, K., und M. Hartig (2002): Kommentar zum Fleischhygienerecht. FlHV, Anlage 1, Kapitel I, Nr. 7 (B2.1). Verlag Behr's, Hamburg

33 Die Untersuchung am Einzeltier: Übersicht

Jedes Erzeugnis hat eine Historie, und übergreifenden Kontrollen in der Fleischgewinnung liegt der Gedanke zugrunde, dass alle Phasen als Vorstufe einer nächstfolgenden anzusehen sind. Die beteiligten Institutionen (Überwachung und Produzenten) müssen die entsprechenden Daten gegenseitig zur Verfügung stellen.

Nach wie vor ist jedoch auch eine Untersuchung des individuellen Schlachttieres vorgesehen und unumgänglich („traditionelle Schlachttier- und Fleischuntersuchung"). Sie basiert vor allem auf den Prinzipien der klinischen Untersuchung und der makroskopischen Pathologie.

Um die Durchführung der ante-mortem-Untersuchung sind deutlich weniger Auseinandersetzungen geführt worden als um die post-mortem-Untersuchung. Zur begrenzten Effektivität der Untersuchung post mortem wurden bereits häufig Stellung genommen (z. B. Berends et al. 1993; Willeberg et al. 1994; Snijders & Berends 1996; Edwards et al. 1997). Auch bei der klinischen Untersuchung handelt es sich um eine sensorische Erfassungstechnik mit den Beschränkungen, die der post-mortem-Untersuchung häufig vorgehalten werden.

Die Aufgaben der amtlichen Tierärzte in der Überwachung

Die Inspektionsaufgaben des AT nach Anhang I, Abschnitt I der VO (EG) 854/2004 umfassen unterschiedliche Gebiete:
– Die Zusammenstellung der Informationen zur Lebensmittelkette.
– Eine ante-mortem-Untersuchung inkl. Verifizierung des Wohlbefindens der Tiere.
– Eine post-mortem-Untersuchung.
– Die Überprüfung und Gewährleistung der ordnungsgemäßen Entfernung von SRM, dies ohne Kontamination der Lebensmittelgewebe.
– Initiierung und Besorgung von Labortests.

Als Konsequenzen aus den Untersuchungen listet die VO (EG) 854/2004 eine Reihe von „Maßnahmen im Anschluss an die Kontrollen" (Abschnitt II) auf:
– Mitteilung von Untersuchungsbefunden.
– Entscheidungen bezüglich der Lebensmittelkette.
– Entscheidungen bezüglich der lebenden Tiere.
– Entscheidungen bezüglich des Wohlbefindens der Tiere.
– Entscheidungen bezüglich des Fleisches.

Aus der Abbildung 29 ergibt sich eine Übersicht über den gesamten Ablauf.

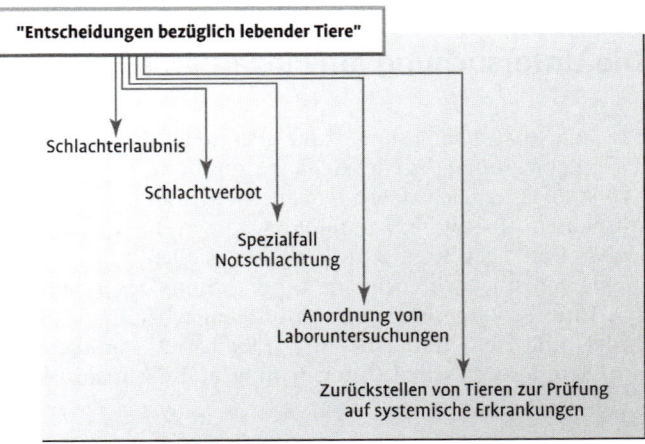

Abb. 29
Die „Entscheidungen bezüglich lebender Tiere"

33.1 Anmeldung

Zur Sicherstellung eines ordnungsgemäßen Ablaufs erfolgt neben der Übermittlung der Daten aus der Lebensmittelkette die Anmeldung der zur Schlachtung vorgesehenen Tiere. Dies muss rechtzeitig erfolgen unter Angabe des in Aussicht genommenen Zeitpunktes und bei der zuständigen Behörde (Fleischhygieneamt). Haarwild wird am Erlegungs- oder Wohnort des Erlegers zur Untersuchung angemeldet unter Angabe eventueller auffälliger Merkmale

33.2 Lebenduntersuchung (ante mortem)

Die Lebenduntersuchung ist ein Teil der „Inspektionsaufgaben" des AT. Ziel der tierbezogenen ante-mortem-Untersuchung ist die Feststellung von Krankheitserscheinungen bzw. Störungen des Allgemeinbefindens bei den Tieren, der Ausschluss von Tierseuchen bzw.

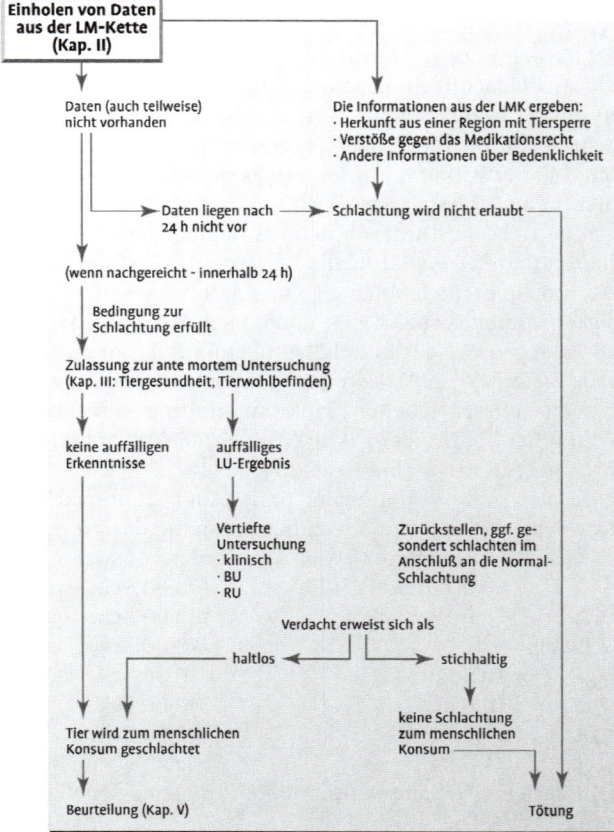

Abb. 30
Entscheidungs-varianten und Konsequenzen ante mortem (Grundlage VO (EG) 854/2004, Anh. I, Abschn. II, Kap. II bis V)

Zoonosen, ggf. die Erkennung von Transportbeeinträchtigungen und die Prüfung auf Hinweise auf Fremde Stoffe (dies auch unter Rückgriff auf die Primärproduktion im Rahmen der Lebensmittelkette).

Als Krankheiten, auf die besonders Augenmerk zu richten ist („spezifische Gefahren") – ohne auf Nutzungsgruppen gesondert einzugehen – nennt die VO (EG) 854/2004 (Anh. I, Abschn. IV)

- TSE,   - Rotz,
- Cysticerkose,   - Tuberkulose,
- Trichinose,   - Brucellose.

Ergibt die Schlachttieruntersuchung keinen Grund zur Beanstandung der Schlachtung, so hat der Untersucher die Schlachtung unter Anordnung der etwa zu beobachtenden besonderen Vorsichtsmaßregeln zu erlauben.

33.3 Fleischuntersuchung (post mortem)

Tierkörper und Organe werden umfassend und systematisch betrachtet, ergänzt durch gezieltes Aufsuchen bestimmter Lokalisationen.

Für die Ausschlachttechnik und damit für die letztendliche Präsentation der zu untersuchenden Teile existieren Vorgaben. In einem gewissen Rahmen, je nach Nutzungsgruppe, sind Variationen zugelassen. Mit der Verkündung der („Hygiene"-) VO (EG) 853/2004 wurde hier deutlich liberalisiert.

Schlachtbetriebe sind unterschiedlich in Bandgeschwindigkeit, Gerätschaften und Personal, und die Registrierung pathomorphologischer Merkmale ist auch abhängig von Faktoren wie der Bandgeschwindigkeit (Berends et al. 1993; Taylor et al. 1996) oder von persönlichen Faktoren wie der Einschätzung eines Befundes durch die Untersucher (Harbers 1991 Kap. 26). Insofern ist auch die Infrastruktur der (vorgeschriebenen) Dokumentierung von Befunden ein nicht zu unterschätzender Faktor in einer objektiven und reproduzierbaren post-mortem-Untersuchung.

Nach wie vor sind auf nationaler Basis Mindestuntersuchungszeiten festgelegt, die aus dem Textzusammenhang des §9 der AVV (LmH) als Orientierungswerte verstanden werden müssen.

- Rind	>6,0 Wo und Einhufer:	300,00 Sek.
- Rind	<6,0 Wo:	180,00 Sek.
- Hausschwein:		50,00 Sek.
- Schf/Zge	<10,0 kg:	30,00 Sek.
- Schf/Zge	>10,0 kg:	40,00 Sek.
- Geflügel	<1,5 kg:	2,50 Sek.
- Geflügel	>1,5 kg:	angemessene Zeit
- In Zuchtbetrieben gehaltene Hasentiere:		angemessene Zeit

33.4 Verfolgung von Verdachtsfällen

Der amtliche Tierarzt kann im Verdachtsfalle weitere Untersuchungen, die für eine endgültige Entscheidung notwendig sind, vornehmen.

Zu trennen ist zwischen Befunden, denen infektiöse Umstände zugrunde liegen (können) und Befunden, die einen qualitativen Charakter aufweisen. Diese Unterscheidung ist eine der zentralen Aufgaben in der ante- und post-mortem-Untersuchung und muss in der Diagnose klar zum Ausdruck kommen.

Bei Auffälligkeiten in der klinischen Inaugenscheinnahme oder bei der makroskopischen post-mortem-Untersuchung werden Tiere oder Tierkörper, die von der Norm abweichen, aus dem Routineablauf der Fleischgewinnung entnommen und gesondert untersucht. Ist der Fall dann auch mit intensiverer makroskopische Untersuchung nicht abzuklären, werden Labortechniken in die Untersuchung eingebracht.

33.4.1 Bakteriologische Untersuchung (BU)

Liegen Hinweise auf Umstände infektiöser Natur vor, wird die BU durchgeführt. Alle eingesandten obligaten Proben werden in einem Ausstrichverfahren und mittels einer Salmonellenanreicherung untersucht, die Muskulaturprobe zusätzlich auf Clostridien, Muskulatur und eine Organprobe auf Hemmstoffe, Organproben beim Schwein auf Rotlauferreger. Die BU beinhaltet obligatorisch folgende Untersuchungssequenzen:

- Nicht selektives Ausstrichverfahren (semiquantitative Bestimmung des sonstigen Keimgehaltes), ggf. unter Verwendung von Blutmedien.
- Clostridien: Qualitativer Nachweis von obligat anaerob wachsenden Grampositiven Stäbchen.
- Anreicherungsverfahren auf Rotlauferreger aus Organproben (und ggf. weiteren Proben) bei Proben vom Schwein.
- Hemmstofftest: Muskulatur- und Nierenproben, bei Geflügel Lebermaterial.
- Salmonella (qualitativer Nachweis).

Erwartet wird eine Aussage zum Einbruch von Bakterien in die Blutbahn und somit in den Gesamtkörper als Folge einer Erkrankung („Bakteriämie").

Die BU ist nicht zu verwechseln mit der Sicherung der Hygiene im technischen Ablauf. Die BU ist auf das individuelle Tier bezogen und hat das Ziel, eine systemische Infektion des Nutztieres zu belegen oder Verdachtsmomente auszuräumen. Sie darf nur in Fällen eingeleitet werden, in denen das geschlachtete Tier nicht bereits aufgrund sonstiger Feststellungen als untauglich zu beurteilen ist.

Die Zahl der eingeleiteten BU ist stark abnehmend vgl. Tab. 96.

Tab. 96:	Zahl der Bakteriologischen Untersuchungen in Deutschland (Stat. Bundesamt)			
	1996 BU (gesamt untersucht)		2006 BU (gesamt untersucht)	
Rinder ohne Kälber	66162	(4,47 Mio.)	13843	(3,43 Mio.)
Schweine	20928	(37,00 Mio.)	15339	(46,66 Mio.)

33.4.2 Verfahren zur Verifizierung qualitativer Mängel

Ergeben sich Hinweise auf nicht infektiöse, jedoch den ästhetischen und ggf. auch technologischen Wert des gewonnenen Fleisches mindernde Sachverhalte, kommen Techniken zum Einsatz, die den sensorisch-morphologischen Eindruck objektivieren können. Indikationen sind Hinweise auf abweichende Fleischreifung, Wässrigkeit, mangelhafte Ausblutung und Farb-, Geruchs- (und Geschmacks-) abweichungen.

In der AVV (LmH) sind für PSE und DFD Orientierungswerte niedergelegt, die jedoch nur orientierenden Charakter haben (zu PSE vgl. Kap. 6).

33.5 Diagnose

Die Zusammenfassung der Ergebnisse aus allen eingeleiteten Untersuchungsschritten in der ante- und post-mortem-Untersuchung sind die Basis für die Beurteilung des geschlachteten Tieres. In jedem Falle muss ggf. ein infektiöser/systemisch kranker Zustand benannt und von anderen Mängeln abgegrenzt werden.

33.6 Beurteilung

Alle vorliegenden Informationen aus Lebensmittelkette, ante- und post-mortem-Untersuchung und ggf. aus weiteren Laboruntersuchungen fließen in die Entscheidung über das einzelne geschlachtete Tier ein.

Bei geschlachteten Tieren fallen Gewebe an, die (in der EU) nicht zum menschlichen Verzehr vorgesehen sind. Bei Wiederkäuern müssen grundsätzlich (z.T. altersabhängig) bestimmte Gewebe als SRM aus der Nahrungskette entfernt und vernichtet werden (Kap. 36).

Erst jetzt stehen Tierkörper und Organe zur individuellen Beurteilung an. Jede systemische Erkrankung oder ein über die Limits hinausgehender Rückstandsstatus am geschlachteten Tier geht nicht in die Kette für den menschlichen Konsum ein. Verwiesen wird auf die OIE-Liste von Krankheiten, die in der Praxis zu beobachten sind

(Kap. 5). Auch in derartigen Fällen wird das geschlachtete Tier untauglich.

Mit der Beurteilung „tauglich" wird das geschlachtete Tier zum Lebensmittel. Nach wie vor gilt, dass Fleisch nicht als tauglich beurteilt werden kann, wenn durch die Untersuchungen nicht alle vernünftigen Zweifel an seiner Tauglichkeit ausgeräumt werden können (Borowka et al. 1987).

Es ist möglich, das geschlachtete Tier als solches oder veränderte Teile als untauglich zu beurteilen. Der Anteil derartiger Teilverwürfe kann beträchtlich sein, vgl. Tab. 97.

Tab. 97: Verwerfraten bei Rind und Schwein, Tierkörper untauglich und Teilverwurf 2006 (Stat. Bundesamt)

	Untersucht total untauglich	Das geschlachtete Tier	Teile Untauglich
Schwein	46 661 700	110 374 (0,24 %)	10 123 466 (21,7 %)
Rind ohne Kälber	3 432 804	27 750 (0,81 %)	1 165 420 (33,9 %)

Der Terminus „Untauglich" beinhaltet das Verbot der Nutzung für die menschliche Ernährung, jeglicher weitere Verbleib ist in der VO (EG) 1774/2003 über tierische Nebenprodukte geregelt. Gleichzeitig muss eine Eingruppierung in die dort festgelegten Kategorien 1–3 vorgenommen werden (vgl. Kapitel 10), infrage kommen somit 4 unterschiedliche Verwertungskanäle:

– Humanverzehr (Lebensmittelkette): „taugliches Fleisch"
– SRM u. a. untaugliche Materialien: Vernichtung als Material der Kategorie 1
– Untaugliche Materialien: Vernichtung und/oder Verwertung als Material der Kategorie 2
– Aus wirtschaftlichen Gründen nicht in der Lebensmittelkette sowie weitere nicht Risiko-behaftete Materialien: Vernichtung, Verwertung oder Verarbeitung zu Tierfutter (Heimtiere) als Material der Kategorie 3

33.7 Kennzeichnung

Mit der Kennzeichnung wird das gewonnene Fleisch verkehrsfähig und unterliegt nicht mehr der Aufsicht und Verfügungsgewalt durch die Fleischuntersuchungsstelle. Angebracht wird ein ovaler EG-Stempel mit Veterinärkontrollnummer des Betriebes, Herkunftsland und EG, an jeder Tierkörperhälfte erfolgt eine Kennzeichnung.

Im Falle der obligatorischen Untersuchung auf Trichinellen bei Schweinen und Equiden kann die zuständige Behörde die Tauglichkeitskennzeichnung bereits zulassen, bevor das Ergebnis der Untersuchung vorliegt. Das Fleisch darf allerdings erst bei Vorliegen aller Ergebnisse den Betrieb verlassen. Auch die nationale BSE-Untersuchungsverordnung lässt zu, die Kennzeichnung bereits vorweg aufzubringen, ohne dass das Erzeugnis den Betrieb schon verlassen darf.

33. 8 Statistiken

Der nationalen Statistik-Verordnung liegen die Ergebnisse der Schlachttier- und Fleischuntersuchung in aufgearbeiteter Form zugrunde (jährlich erscheinend). Die Daten werden von den Untersuchungsstellen zusammengestellt und weitergeleitet. Beim Statistischen Bundesamt werden alle Daten aufbereitet. Mit der Einführung von Terminals am Untersuchungsband hat sich die Verlässlichkeit der Daten sicherlich steigern können.

Waren die Angaben in früheren Zeiten Hilfe in der Abschätzung des Gesundheitsstatus der Nutztiere und in der Einschätzung der Versorgung der Bevölkerung mit Fleisch inkl. der Einfuhren (Schroeter-Hellich 1930; Giese, Himmel, Meyer 1952), steht heute die flächendeckende Reflektion des allgemeinen Status der Tiere im Sinne der Lebensmittelkette oder auch die Fachaufsicht (David 1983) im Vordergrund. Dazu ist die Statistik jedoch noch nicht präzise genug angelegt. 1985/1986 wurde das nationale Fleischhygienerecht erstmals grundlegend neu geregelt. In diesem Zusammenhang sind zahlreiche Einzelfaktoren in den (Teil-) Untauglichkeitsbegründungen entfallen, mit der Folge einer deutlich geringeren Aussagekraft der Statistiken (Fries 1994). Erst in diesen Jahren werden die Grundlagen für eine interne Selbstdokumentation über das Terminalsystem neu gelegt.

33.9 Weitere Kategorisierungen

Nach den vorgeschriebenen gesundheitlichen und hygienischen Untersuchungen ist weiterhin auf die Klassifizierung nach dem Handelsklassenrecht und die dem zugrunde liegenden Begriffe hinzuweisen.

33.10 Literatur

33.10.1 Publikationen

Berends, B. R., J. M. A. Snijders, J. G. vanLogtestijn (1993): Efficacy of Current EC Meat Inspection Procedures and some Proposed Revisions with respect to Microbiological Safety: a Critical review. Vet. Rec. 133, 411–415

Borowka, J., J. Chaumet, D. Preibisch (1987): Erläuterungen zum Fleischhygienerecht. Fleischwirtsch. 67, 806–810

David, H. (1993): Die Bedeutung der Fleischhygiene-Statistik für die Fachaufsicht im Rahmen der Fleischbeschau. In: Proc. DVG, 24. Arbeitstagung des AG Lebensmittelhygiene, 13.–16.). 1983 in Garmisch-Partenkirchen, S. 96–103

Fries, R. (1994): Fleischhygienestatistik als Spiegel der Tiergesundheit? Tierärztl. Umschau 49, 642–647

Edwards, D. S., A. M. Johnston, and G. C. Mead (1997): Meat Inspection: an Overview of Present Practices and Future Trends. Vet. J. 154, 135–147

Giese, Cl., L. Himmel und R. Meyer (1952): Das Fleischbeschaugesetz. Verlag Schaper, Hannover, S. 451, 452

Harbers, A. H. M., J. F. M. Smeets, and J. M. A. Snijders (1991): Predictability of post mortem abnormalities in shipment of slaughter pigs as an aid for meat inspection. Vet. Quart. 13, 74–80

Schroeter, A., und M. Hellich (1930): Das Fleischbeschaugesetz. Verlag Schoetz, Berlin, S. 131

Snijders, J. M. A. and B. R. Berends (1996): A Proposal for an Alternative Meat Inspection System for Fattening Pigs. In: M. H. Hinton and C. Rowlings (Eds.): Factors affecting the microbial quality of meat, Vol. 1, 141–147

Statistisches Bundesamt (1996 und 2006): Land- unnd Forstwirtschaft, Fischerei Fachserie 3/Reihe 4.3 Fleischuntersuchung. Statistisches Bundesamt, Wiesbaden, Verlag Metzler-Poeschel, Stuttgart

Taylor, D. J., S. W. J. Reid, and G. Gettinby (1996): Farm, Ante-mortem and Abattoir Inspection for Bacterial Zoonotic Disease in Pigs. In: M. H. Hinton and Chr. Rowlings (eds.): Factors affecting the microbial quality of meat. 1. Disease status, production methods and transportation of the live animal. Concerted Action CT94-1456, pp. 57–66. University of Bristol Press, Bristol, UK

Willeberg, P., J. Gardner, H. Zhou, and J. Mousing (1994): On the Determination of Non-detected Rates at Meat Inspection. Prev. vet. med. 21, 191–194

33.10.2 Rechtsvorschriften

Allgemeine Verwaltungsvorschrift über die Durchführung der amtlichen Überwachung der Einhaltung von Hygienevorschriften für Lebensmittel tierischen Ursprungs und zum Verfahren zur Prüfung von Leitlinien für eine für eine gute Verfahrenspraxis (AVV Lebensmittelhygiene – AVV LmH) vom 12. September 2007. Bundesanz. 59, Nr. 180 a

34 Einschätzung der Gesundheit von Schlacht-tieren und der allgemeinen Tiergesundheit in der Herkunft (ante mortem)

34.1 Zielsetzungen und Hintergrund der ante-mortem-Untersuchung

Die ante-mortem-Überprüfung Lebensmittel liefernder Tiere hat sich deutlich über den individuellen Bezug hinaus ausgeweitet auf den Einblick in die Bestandsgesundheit zur aktuell angelieferten Sendung. Damit kommt über die klinische Untersuchung hinaus die tierärztliche Bestandsbetreuung ins Spiel.

„Ante mortem" ist zu einem multidisziplinären Geschehen geworden und umfasst Elemente der Klinik und der Mikrobiologie inkl. der physikochemischen Techniken der Rückstandsanalytik. Sie besteht aus Bestandsdiagnostik und lässt Einblicke in die landwirtschaftliche Haltungstechnik zu:
– Haltungsbedingungen
– Tiergruppenleistungsparameter
– Klinische Gruppen- und Einzeluntersuchung

Trotz aller Informationen vorweg steht außer Frage, dass eine individuelle ante-mortem-Untersuchung notwendig ist und durchgeführt werden muss. Prinzipiell kann sie in der Herkunft oder unmittelbar vor der Schlachtung vorgenommen werden, sie kann sich beziehen auf ein Einzeltier oder auf eine Tiergruppe (Geflügel). Die Untersuchung in der Herkunft fokussiert eher auf die Gruppe und auf die gesundheitliche Kontinuität der Tiere aus einer bestimmten Herkunft, während die klinische Untersuchung eher auf das einzelne Tier abhebt.

Wichtigstes Ziel der Lebenduntersuchung ist es (s. Kasten auf S. 369), zwischen Nutztieren zu unterscheiden, die als unauffällig und denjenigen, die im Sinne des Rechtes als „krank" zu bezeichnen sind. Tiere, die nicht klar gesund sind, müssen als solche erkannt und separiert werden.

Idealerweise hat bereits die Haltungs- und Gesundheitstechnik das Nutztier im Vorfeld erfolgreich gesund aufgezogen, sodass die Lebensmittelketteninformationen, die ante- und die post-mortem-Untersuchung diese Anforderung verifizieren können.

Die methodischen Instrumente in der Grundvorgehensweise sind nicht auf bestimmte Krankheiten ausgerichtet, sodass vor allem sel-

Ziele der Lebenduntersuchung und Wege zur Informationsermittlung

Erkennung von …		technische Umsetzung
Infektions- und Intoxikationserreger		mikrobiologische Techniken
Rückstände		chemo-physikalische u. mikrobiologische Techniken
Umweltkontaminanten		chemophysikalische Techniken
Resistenzgene		molekularbiologische Techniken, Resistenztests
Tierkrankheiten	Einzeltier	klinische Untersuchung, physiologische Parameter
	Herde	serologische Tests
Tierschutz in Haltung und Transport		Haltungs- und Transportumstände
ästhetische Belange		sensorische Techniken

ten auftretende Krankheiten übersehen werden können. Beispiele sind das Übersehen eines Falles von ESP mit ggf. fatalen Folgen, auch die alten „klassischen" Krankheiten treten nach wie vor auf und müssen im Bewusstsein gehalten werden (vgl. Kap. 5).

Angesichts des globalen Tierverkehrs und offener Grenzen werden diese alten Krankheiten, so etwa die Tuberkulose, mittlerweile als „reemerging diseases" bezeichnet. Insofern ist der Verweis auf die durch die OIE gelisteten Tierkrankheiten sinnvoll und zu beachten.

Aus dem Gesamtbild dieses Kapitels soll hervorgehen, dass die individuelle klinische Untersuchung für ein adäquates Bild einer Sendung bei weitem nicht mehr ausreicht.

34.2 Methodische Möglichkeiten ante mortem

34.2.1 Daten aus der Herkunft und das Stallbuch

Das Einzeltier ist eingebettet in den Gesamtzusammenhang der speziellen Herkunft. Es ist daher folgerichtig, Kenntnisse über Haltungsbedingungen zu sammeln (s. Kasten S. 370).

Die betrieblichen Produktionstechniken geben indirekt Aufschluss über die nähere Umgebung der Tiere hinsichtlich negativer und positiver Einflussfaktoren, sie sind ein Teil der Lebensmittelketten-Information. Derartige Einsicht kann bei der Einschätzung der Tiere hilfreich sein.

Vom Prinzip her sollten unauffällige Herden einhergehen mit unauffälliger Gewichtszunahme, unauffälliger Mortalitätsrate und zu einer unauffälligen Quote von Untauglichkeitsbeurteilungen führen.

**Mastumstände und die ihnen zu-
gesprochenen Folgen beim Tier
(Mastschweine)**

Eher negative Auswirkungen zu
erwarten:
- Große Zahl der Ferkelherkünfte
- Zurückhalten von Tieren mit
  geringer Täglicher Gewichtszunahme
- Unvorteilhafte Klimate (Schad-
  gase)
- Große Stalleinheiten/Gruppen-
  größen
- Hohe Belegdichte

Eher präventiv wirksam:
- Gruppentrennung durch separier-
  bare Stalleinheiten
- Einheitliche Absendung der Tiere
  ohne Ausnahme (all in all out)
- Konstant bleibende Gruppen
- Immunisierung (Mycoplasma,
  PRRS, Rotlauf bei Sauen)
- Entwurmung bei Sauen (ggf. Ent-
  räudung)
- Moderate Ventilation

Die Kenntnis der Herkunft bedeutet allerdings nicht zwingend, dass beim geschlachteten Tier keine Mängel auftreten, und einzelne als positiv oder als negativ zu bewertende Haltungsfaktoren müssen nicht in jedem Falle einen erkennbar positiven oder negativen Effekt zur Folge haben.

So ist es möglich, dass andere Informationen in der einen oder anderen Richtung zielführender gewesen wären oder dass Angaben einfach nicht zutrafen.

Auch können nicht erfasste oder noch nicht zu erfassende Gegebenheiten ein „Hintergrundrauschen" aufbauen oder Einflüsse können sich – bei Betrachtung einer größeren Zahl von Faktoren – gegenseitig aufheben. Schwer einschätzbar sind auch die individuellen Fähigkeiten des betreuenden Personals.

In keinem Falle zu unterschätzen ist jedoch die strukturierende Wirkung eines Stallbuches. Stallbücher sind die Grundlage für jegliche Betriebstransparenz, die Kenntnisnahme eines Betriebes ist ohne eine solche Hilfe kaum reproduzierbar möglich, vgl. Kasten S. 371.

Allerdings ist die technische Umsetzung des aktuellen Bestandsbesuchs in der täglichen Praxis schwierig, und auch unter dem Gesichtspunkt der Übertragung von Erregern ist jeder unterlassene Besuch einer Stallung zu begrüßen, was in der Praxis einem Dilemma gleichkommt (präzise und reale Information auf der einen Seite und die Gefahr der Erregerübertragung andererseits).

Motivation der Mäster

Auch die Mäster selber spielen eine Rolle: Aus einer Untersuchung von Tuovinen et al. (1994 I) geht hervor, dass unmotivierte Produzenten durch Beratung nicht zu weiteren Aktionen zu veranlassen sind. Dies dürfte auf die Bearbeitung von Fragebögen übertragbar sein. Daten von Deen et al. (1995) zeigen des Weiteren, dass bei Befragungen die Subjektivität eine Rolle spielt.

Elemente eines Stallbuchs(Mastschwein)

1. Konstant: Gebäude und Gelände
– Zahl der abgetrennten Zonen:
 Isolierung der Einzelgruppen
– Stalltechnik: Bodengestaltung,
 Einrichtungen zur Fütterungs-
 und Tränktechnik
2. Management: Maßnahmen im
 Rahmen der beschriebenen Infra-
 struktur
– Integrationsstatus: geschlossen/
 offen
– Besatzdichte, Gruppengrößen/Zahl
 der aufgestallten Tiere
– Art der Durchgänge: kontinuierlich
 vs. all-in all-out
– Klima
– Fütterung/Futtermittelherkunft/
 dortige Hygienesicherungsmaß-
 nahmen
– Güllelagerung und -entsorgung
– Technik der Reinigung & Desinfek-
 tion
– Betreuung/Aufsicht der Tiere
– Schädlingsbekämpfungsprogramm
3. Eintrag von Stoffen in die Sekun-
 därkreisläufe

– Gülle
– Dung
– Abwässer
4. Die aktuelle Gruppe: Herkunft
– Selbsterzeuger/Lieferanten
– Gesundheitsanforderungen/
 Gesundheitsgarantien
– Zahl der Herkünfte
5. Aktuelle Daten zur Tiergruppe
– Biologische Leistungskenndaten
 in der Mast: Tägliche Gewichts-
 zunahme, Endmastgewicht in der
 Zeiteinheit
– Futter- und Wasserverbrauch
– Auftretende Krankheiten/Techno-
 pathien
– Todesfälle
6. Tierärztliche Leistungen
– Medikationen
– Durchgeführte Impfungen
– Beratungsleistungen
7. Gruppenbezogene Labordaten
 Z. B. Serologische Daten (Zoonose-
 erreger, Tierkrankheitserreger)
8. Klinisches Erscheinungsbild von
 Einzeltieren der Gruppe

Die Sammlung von Informationen mittels Fragebogens mag daher nicht genügend zuverlässig sein, um Fehler in der Herkunft aufzu-decken. Halter werden begreiflicherweise zögern, Insider-Informa-tionen erschöpfend weiterzugeben.

34.2.2 Die „Leistung" der betrachteten Tiergruppe

Vor dem zu objektivierenden Hintergrund der Haltungsumstände kann auch die Leistungsbilanz der Tiere berücksichtigt werden. Die-se ist, je nach Nutzung (Zucht- oder Masttiere), unterschiedlich, zu-mindest aber zahlenmäßig objektivierbar. Infrage kommen
– Milchmenge
– Legerate
– Eier: Fruchtbarkeit, Schlupfergebnisse, Anteil vermarktungsfähi-
 ger Eier
– Gewichtszuwachs von Masttieren

- Reproduktionsrate
- Nutzungsdauer und Lebensleistung
- Leistungshöhe/Leistungseinbrüche/Leistungskonstanz

Für Masttiergruppen bietet sich die tägliche Gewichtszunahme in Kombination mit dem Endgewicht in der Mastdauer an sowie die Mortalität und die Morbidität in der Tiergruppe.

Das Gewicht als Indikator
Vor allem das Gewicht wird häufig als „Normalitätsindikator" gesehen, auch wenn der Messwert nicht immer den Erwartungen genügt: Im Zusammenhang mit dem Auftreten von Pneumonien beim Schwein existieren auch Daten zur Gewichtsentwicklung, die sich widersprechen, was (auch) auf unterschiedliches Versuchsdesign zurückgeführt werden kann (Morrison et al. 1986). Allerdings schlugen auch Versuche fehl, mittels Serokonversion gegenüber Mycoplasma hyopneumoniae und APP eine Verringerung in der täglichen Gewichtszunahme vorauszusagen (Andreasen et al. 2001).

Immerhin konnte eine starke Verbindung zwischen Schlachtgewicht und dem Prozentsatz von Teiluntauglichkeiten gefunden werden (Tuovinen et al. 1994 II), und bei Sauen mit einem schlechten Body Condition Score, die auf der Farm wieder aufgefüttert werden sollten und nicht reagierten, wurden in der post-mortem-Untersuchung nach der Schlachtung zusätzliche Läsionen gefunden (Knauer et al. 2007). Derartige Resultate lassen Tiere mit einem schlechten Ernährungszustand generell verdächtig erscheinen, und eine verstärkte Aufmerksamkeit bei zu leichten Tieren (bezogen auf die Mastdauer und die Tiergruppe) scheint nicht unangebracht.

Entsprechende Beobachtungen sind auch vom Geflügel bekannt: Bei Jungmasthühnerherden mit Aersacculitis wurden Hinweise auf geringere Gewichte der Einzeltiere, höhere Fäkalkontaminationsrate und mehr Prozessfehler beobachtet sowie eine höhere Campylobacter-Nachweisquote (Russel 2003).

Mortalität hat ihre Ursachen vor allem im Atmungstrakt, dem Skelettsystem, in Muskeldefekten und im Herz-Kreislaufsystem (vgl. Kapitel 4). Hinzuweisen ist hier auf die Schweinehaltungshygiene-Verordnung, die bei einem Überschreiten bestimmter Prozentsätze an Kümmerern und Todesfällen einen Verdacht auf Schweinepest nahe legt.

34.2.3 Direkte Untersuchung der Tiere oder der Tiergruppen

Klinische Untersuchungen am Tier oder der Herde
Die Kontrolle am Schlachtbetrieb ist notwendig, um sowohl das Wohlbefinden des Tieres (Umstände, die während des Transportes aufgetreten sind mit der Folge von Erschöpfungszuständen) zu veri-

fizieren als auch, um die abgelieferten Vorberichte und weitere Informationen aus der Herkunft zu kontrollieren und, soweit möglich, zu verifizieren. Ziel ist die Feststellung des aktuellen Gesundheitsstatus der Gesamtherde und der Kondition der Tiere sowie auch die Beachtung einer möglichen Applikation von Wirkstoffen vor dem Transport (v. a. beim Schwein) oder bereits in der Herkunft.

Die klinische Untersuchung am lebenden Tier gehört zur tierärztlichen Grundkompetenz: Geprüft werden üblicherweise Atmung, Temperatur, Puls, Haltung, Habitus, Verhalten, Ernährungszustand und spezielle Organsysteme.

Unter den am Schlachtbetrieb gegebenen Bedingungen ist eine lehrbuchmäßige klinisch tierärztliche Untersuchung nicht möglich. Es wird sich auch aus der Natur der Sache heraus um eine eher aussortierende Untersuchung von Tieren handelt, die Auffälligkeiten aufweisen. In der Tat besagt die VO (EG) 854/2004, dass der AT eine „klinische Untersuchung" erst bei den Tieren durchführt, die vorher ausgesondert worden waren (Anh. I, Abschn. I, Kap. II).

Physiologische Labor-Parameter

Zeitweise war die Erfassung des Gesundheitsstatus der Tiere bereits im Bestand mit Hilfe von Labortests stark propagiert worden, vor allem, um Vorinformationen über den realen Status offenkundig klinisch gesunder Schlachttiere zu erhalten (Elbers et al. 1991; Visser et al. 1992).

Die Autoren ermittelten Anstiege von Blutstatus-Kenngrößen (Erythrocyten-Sedimentationsrate, Harnstoffgehalt, Gesamtprotein-Gehalt, Albumin, Globuline, Plasma-Viskosität) parallel mit ansteigender Intensität von Befunden. Die Untersuchungen erfolgten bei klinisch unauffälligen Mastschweinen, die post mortem in 5 Gruppen mit einem ansteigenden Anteil und Grad von pathologisch-anatomischen Befunden eingeteilt worden waren.

Im Gegensatz hierzu gelang Horadagoda et al. (1999) die Unterscheidung zwischen akuten und chronischen Zuständen besser mit Hilfe der Akute-Phase-Proteine als mit der Erstellung eines Blutbildes (Leukozyten und Neutrophile).

In der Tat werden bereits seit längerem bestimmte in der sogenannten „Akuten Phase" gebildete Proteine darauf geprüft, wie weit sie in der Lage sind, den Gesundheitsstatus von Nutztieren vor der Schlachtung zu reflektieren. Es handelt sich um das Haptoglobin, das C-Reactive Protein oder das Serum-Amyloid A.

Auch diese Substanzen sind allerdings unspezifisch (Francisco et al. 1996, für das Schwein), teilweise können sie nur bereits erkennbare Umstände widerspiegeln und sollten eher eine intensivere morphologische Untersuchung in der Fleischuntersuchung nach sich ziehen (Saini et al. 1998). Aus einer Literaturstudie beim Geflügel ergab sich, dass auch nicht entzündungsbezogene Faktoren ein vermehrtes Auftreten bewirken können (Camanza et al. 1999).

Dies würde die Aussagekraft im angestrebten Sinne stark mindern, da dieses in einem derartigen Falle die Aussage in eine „falsch positive" Richtung verfälscht würde.

Im Blickpunkt steht vor allem das Akute Phase-Protein Haptoglobin, das eine Zwischensubstanz im Hämogobinstoffwechsel darstellt (Morimatsu et al. 1991). Hier scheint ein Informationspotenzial vorzuliegen:

– Tourlomoussis et al. (2004) fanden bei Rindern mit pathologisch-anatomischen Befunden signifikant höhere (0,27 +/– 0,40 mg/ml) Haptoglobin-Werte als bei gesunden Milchkühen oder bei gesunden Fleischrindern.

– Klinisch normale Bullen und Milchkühe wiesen zu 94 % bzw. 85 % einen unauffälligen Haptoglobin-Spiegel auf, in der postmortem-Untersuchung auffällige Rinder hatten in 56 % einen erhöhten Haptoglobin-Gehalt (Saini et al. 1998).

– Mastschweine aus konventionellen Haltungen mit unterschiedlichem Gesundheitsstatus wiesen höhere Haptoglobin-Werte auf als Mastschweine aus hochgeschützten SPF-Herden (Petersen et al. 2002).

– Beim Schwein korrelierte Haptoglobin positiv mit Rhinitis atrophicans (Francisco et al. 1996).

Offen bleiben muss derzeit, wie weit derartige physiologische Labordaten nicht nur Umstände wiedergeben, die bereits klinisch oder pathomorphologisch erkennbar sind. Die praktische Umsetzung wäre dann wenig attraktiv.

Tests auf das Vorhandensein von Tiergesundheits- oder Zoonoseerregern

Die Unauffälligkeit einer Tiergruppe kann durch serologische Checks auf Anwesenheit oder Abwesenheit bestimmter Tierkrankheitserreger dokumentiert werden, wie Untersuchungen auf Mycoplasma, APP oder Influenza für das Lungengeschehen beim Schwein zeigen (Blocks et al. 1994; Fries et al. 2003).

Serologische Tests werden bereits routinemäßig eingesetzt. So konnten serologisch positive Reagenten gegenüber Tierkrankheiten wie APP oder Influenza suis mit chronischer Pleuritis assoziiert werden (Mousing et al. 1990).

In der Praxis ist das serologische Salmonella-Screening mittlerweile auch rechtsbasiert etabliert. Die Ergebnisse bewähren sich insofern, als belastete Herkünfte identifiziert werden können, in denen dann Sanierungsversuche aufgenommen werden.

Ein anderer Ansatz wurde für Cysticercus und Trichinella eröffnet:

In diesen Fällen werden Labortechniken wie serologische (ELISA-) Tests und andere eingesetzt, um in Kombination mit Biosecurity-Maßnahmen die Abwesenheit eines Erregers zu dokumentieren und damit die hergebrachten Techniken in der post-mortem-Untersuchung zu ersetzen oder zu modifizieren (vgl. Kap. 36, 37.

Ob derartige Tests in der Verantwortung der betreuenden Hoftierärzte oder unter der Aufsicht der Überwachung erfolgen, ist eine Frage der Organisation. In jedem Falle sind Testsysteme auf Pathogene oder auch auf Parasitosen in absehbarer Zeit vermehrt zu erwarten.

34.3 Literatur

Andreasen, M., J. Mousing, L. K. Thomsen (2001): No overall relationship between average daily weight gain and the serological response to *Mycoplasma hyopneumoniae* and *Actinobacillus pleuropneumoniae* in eight chronically infected Danish swine herds. Preventive Veterinary Medicine 49, 19–28

Blocks, G. H. M., J. C. M. Vernooy, and J. M. H. Verheijden (1994): Integrated Quality Control Project: Relationships between pathological Findings Detected at the Slaughterhouse and Information Gathered in a Veterinary Health Scheme at Pig Farms. Vet. Quart. 16, 123–126

Camanza, R., L. van Veen, M. T. Tivapasi, M. J. M. Toussaint (1999): Acute Phase Proteins in the Domestic Fowl. World's Poult. Sci. J. 55, 61–71

Deen, J., S. W. Martin, and M. R. Wilson (1995): An Evaluation of Personal Interviews as a Method of Estimating Production Indices on Ontario Swine Farms. Prev. Vet. Med. 22, 263–271

Elbers, A. R. W., I. J. R. Visser, J. Odink, and J. F. M. Smeets (1991): Changes in haematological and clinicochemical profiles in blood of apparently healthy slaughter pigs, collected at the farm and at slaughter, in relation to the severity of pathological-anatomical lesions. The Veterinary Quarterly 13, 1–9

Francisco, C. J., T. R. Shryrock, D. P. Bane, Laura Unverzagt (1996): Serum Haptoglobin Concentration in Growing Swine after Intransal Challenge with *Bordetella bronchiseptica* and Toxigenic *Pasteurella multocida* Type D. Can J Vet Res 60, 222–227

Fries, R., N. Bandick, L. Bräutigam, E. Giesker-Temme, M. Homuth, D. Jaeger, E. Schüffelgen, M. Schüler, und K. Strutzberg (2003): Pneumonieerreger in Ferkelproduktions- und Schweinemastbetrieben. Fleischwirtsch. 5/83, 111–116

Horadagoda, N. U., K. M. G. Knox, H. A. Gibbs, S. W. J. Reid, A. Horadagoda, S. E. R. Edwards, P. D. Eckersall (1999): Acute phase proteins in cattle: discrimination between acute and chronic inflammation. Vet. Rec. 144, 437–441

Knauer, M., K. J. Stalder, L. Karriker, T. J. Baas, C. Johnson, T. Serenius, L. Layman, and J. D. McKean (2007): A descriptive survey of lesions from cull sows harvested at two Midwestern U. S. facilities. Preventive Veterinary Medicine 82, 198–212

Morimatsu, M., B. Syuto, N. Shimada, T. Fujinaga, S. Yamamoto, M. Saito, M. Naiki (1991): Isolation and Characterization of Bovine Haptoglobin from Acute Phase Sera. Int. J Biol. Chem. 266, 18, 11833–11837

Morrison, R. B., C. Pijoan and A. D. Leman (1986): Association between En-
zootic Pneumonia and Performance. Com. Agric. B. 7, No. 1

Mousing, J., H. Lybye, K. Barfod, A. Meyling, L. Rønsholt and P. Willeberg
(1990): Chronic Pleuritis in Pigs for Slaughter: an Epidemiological Study of
Infectious and Rearing System-related Risk Factors. Prev. Vet. Med. 9,
107–119

Petersen, H. H., A. K. Ersbøll, C. S. Jensen, and J. P. Nielsen (2002): Serum-hap-
toglobin concenctration in Danish slaughter pigs of different health status.
Preventive Veterinary Medicine 54, 325–335

Russel, S. M. (2003): The Effect of Airsacculitis on Bird Weights, Uniformity,
Fecal Contaminaton, Processing Errors and Populatons of Campylobacter
spp. and Eschrichia coli. Poult. Sci. 82, 1326–1331

Saini, P. K., M. Riaz, D. W. Webert, P. D. Eckersall, C. R. Young, L. H. Stanker,
E. Chakrabarti, and J. C. Judkins (1998): Development of a simple enzyme immunoassay for blood haptoglobin concentration in cattle and its
application in improving food safety. AJVR 59, 1101–1106

Tourlomoussis, P., P. D. Eckersall, M. M. Waterson, and S. Buncic (2004): A
Comparison of Acute Phase Protein Measurements and Meat Inspection
Findings in Cattle. Foodborne Pathogens and Disease 1, 281–290

Tuovinen, V. K., Y. T. Gröhn, B. E. Straw (1994 I): Health Classification of Mul-
tisource Feeder Pigs – a Field Trial. Prev. Vet. Med. 20, 11–22

Tuovinen, V. K., Y. T. Gröhn, B. E. Straw (1994 II): Partial Condemnations of
Swine Carcasses – a Descriptive Study of Meat Inspection Findings at
Southwestern Finland's Cooperative Slaughterhouse. Prev. Vet. Med. 19,
69–84

Visser, I. J. R., J. Odink, J. F. M. Smeets, P. A. M. M. Aarts, A. R. W. Elbers,
S. P. M. Alsemgeest, and E. Gruys (1992): Relationship Between Pathological Findings and Values of Haematological and Blood-Chemistry Vari-
ables in Apparently Healthy Finishing Pigs at Slaughter. J. Vet. Med. B 39,
123–131

35 Makroskopische Erhebung post mortem

35.1 Technisches Vorgehen in der post-mortem-Untersuchung

35.1.1 Der Gesamteindruck

In der post-mortem-Untersuchung durchläuft das geschlachtete Tier
die letzte Stufe des Einblicks („last line of defense"). Alle Gewebe werden auf morphologische Abweichungen und technologisch bedingte
Schäden geprüft. Treten hier schwerwiegende Auffälligkeiten in Erscheinung, wird über weitere notwendig werdende Untersuchungs-

schritte entschieden. Der allgemeine Ablauf gestaltet sich nach einem einheitlichen Muster, um pathomorphologische Abweichungen bzw. Abweichungen in der Beschaffenheit durch den Vergleich mit anderen Tierkörpern und Organen derselben Nutzungsgruppe und Herrichtung erkennen zu können.

A. Schlachttierkörper
  Innenseite
    Nieren
    Muskulatur inkl. Zwerchfell
    Fett- und Bindegewebe
    Knochen und Gelenke
    Brust- und Bauchfell
    Zwerchfell
    bestimmte Lymphknoten
  Außenseite (Haut bzw. Fleischoberfläche)
B. Organkonvolute, Organe, separate Teile
  Geschlinge
  Magen-Darm-Trakt
  Leber (separat bei Rindern und Equiden)
  Milz (separat bei Rindern und Equiden)
  Magen-Vormagen-System (separat bei Rindern und kleinen Wiederkäuern)
  Euter (separat beim Rind)
  Blut
C. Kopf
  Separat bei Rindern und Equiden
  Variiert bei Schaf, Ziege
  In Verbindung mit dem Tierkörper bei Schweinen und Hauskaninchen

In der post-mortem-Untersuchung sind mehrere Punkte vorweg und bei allen Nutzungsgruppen zu beachten:
Übersicht:
1. Der generelle Blick vorweg
– zur Erkennung relevanter Befunde,
– zur Erfassung des Ausschlachtzustandes,
– ggf. zur Erkennung einer bereits erfolgten unzulässigen Zerlegung bzw. zur Feststellung des Fehlens von Teilen.
2. Feststellung des Ausblutungszustandes
– Injektion der Gefäße (auch am Ma-Da-Trakt) und der Zwischenrippengefäße,
– dunkle Farbe der Muskulatur u. Spongiosa der Wirbelsäule.

Der Ernährungszustand dokumentiert sich als physiologische Abmagerung oder als – auch prognostisch-hygienisch bedenkliche –

vollständige Abmagerung. In solchen Fällen sind „Hungerödeme" und Schwund von Depotfett zu erwarten.

Die Zugehörigkeit der Teile kann belegt werden durch die Geschlechtsbestimmung, den Größenvergleich der Organe und des Tierkörpers, die Zuordnung lokaler Veränderungen (sofern vorliegend) und zuletzt die tierartliche Zuordnung der Organe. Dies kommt eher bei Gelegenheiten zum Tragen, in denen Einzeluntersuchungen vorgenommen werden.

Die auf die Nutzungsgruppe bezogenen Gesichtspunkte der postmortem-Untersuchung sind in den Kapiteln 36–41 wiedergegeben.

35.1.2 Einsatz des Messers im Untersuchungsablauf

Die berührenden Techniken bergen aus sich heraus Kontaminationsrisiken. Auch anlässlich der Fleischuntersuchung ist der Übertrag von Salmonellen über Messer konventionell und molekularbiologisch darstellbar (Fries 2000; Dünnebierg et al. 2005; Dünnebierg 2006):

An den Untersuchungspositionen (Tierkörperuntersuchung und bei der Untersuchung des Geschlinges) wurden für den Einsatz der Messer Kreisläufe konstruiert (Einsatz, Sterilisierung, erneuter Einsatz), Proben gezogen und auf das Vorhandensein von Salmonellen untersucht. Salmonellen konnten bereits vor dem Einsatz des Messers (2x: Eviszeration und Fleischuntersuchung Organe) nachgewiesen werden, und in den folgenden konstruierten Kreisläufen wurden identische Salmonella-Klone isoliert:
– Zwischen den Positionen „Fleischuntersuchung Tierkörper" und „Fleischuntersuchung Organe"
– Vom Bauchlappen in der Eviszeration und der Hand des betreffenden Arbeiters
– Vom Bauchlappen in der Eviszeration und dem Bauchlappen des nachfolgenden Tieres am Untersuchungsposten „Fleischuntersuchung Tierkörper"

Im Laufe der Jahre haben sich die Vorschriften zum Gebrauch des Messers gewandelt. So war der Ersatz des Fleischbeschaugesetzes und der Ausführungsbestimmungen A durch Fleischhygienegesetz und Fleischhygiene-Verordnung eine Zäsur. War vorher die Incision vorherrschend, ist (vor allem bei der Untersuchung des Schweines) das Anschneiden der Lymphknoten des Darmtraktes, des Geschlinges und derjenigen des Kopfes mit Ausnahme der Mandibularlymphknoten nicht mehr gefordert (vgl. Kapitel 37) .

Im Anschluss an die Untersuchung müssen bei Rindern, Schweinen und Equiden die Tonsillen entfernt werden (Anhang III, Abschnitt I, Kapitel IV der VO (EG) 853/2004). Hier muss auf separaten Messergebrauch geachtet werden vgl. Tab. 113 auf S. 422).

35.2 Notwendige Infrastruktur zu Datenerhebung und Datentransfer

Neben der Aufgabe als „Letztinstanz" wird die Funktion der post-mortem-Untersuchung für die Informationssammlung zum Tier und zur Herkunft unterschätzt. Wenn der Ansatz der Lebensmittelkette trägt, reflektieren die morphologischen Befunde post mortem, ebenso wie die Lebenddaten, die aktuelle Situation in der Herkunft.

Die Informationen über die Tiere sind am Schlachtbetrieb zentral und einfach erhältlich, Erhebung, Datenerfassung und -verarbeitung sind technisch möglich und organisierbar, alle auftretenden Befunde liegen auf der Stufe der Fleischgewinnung offen.

Insofern bildet die post-mortem-Untersuchung neben der Erfassung des individuellen Tierstatus auch eine Grundlage für Feed-Back-Systeme und für Korrekturmaßnahmen in der Herkunft, und eine zuverlässige Datenerhebungstechnik am Schlachtbetrieb post mortem kann in bedeutsamem Maße zur Transparenz der Bestände und zum Einblick in den Gesundheitszustand der angelieferten Tiere beitragen.

In der Praxis ist die Rückmeldung von Ergebnissen der post-mortem-Untersuchung seit längerem eingeführt. Rechtlich Bezug genommen wird seit der AVV (LmH) von 2007 auf häufig auftretende Befunde: Ausgewählt wurden pneumonische Befunde am Atmungstrakt und das Vorkommen von Ascariden in der Leber („Milkspots").

Ein solcher Katalog kann Bestände in begrenztem Umfange widerspiegeln, eine umfassende Aussage zur Tiergesundheit muss mehr Informationen umfassen. Darüber hinaus ist für eine zuverlässige Erfassung eine Reihe von infrastrukturellen Vorbedingungen notwendig.

35.2.1 Definierung der zu erhebenden Läsionen

Literaturvergleiche (Bandick et al. 2001) machen deutlich, dass die in unterschiedlichen Studien geprüften Merkmale unterschiedlich unterlegt sind. Dieses schmälert die Möglichkeit, Einzeluntersuchungen miteinander zu vergleichen, es stellt auch die Vergleichbarkeit der Ergebnisse aus unterschiedlichen Schlachtbetrieben oder Regionen infrage, was einen wesentlichen Charakter der Bestandsbewertung darstellt und was möglich sein muss.

Folgerung: Für häufig auftretende Läsionen ist ein vergleichbarer Definitionenkatalog notwendig, der sowohl intern als auch extern eingesetzt werden kann. Nicht zuletzt für erforderliche (auch innerbetriebliche) Fortbildungsmaßnahmen müssen vergleichbare Unterlagen vorliegen (Fallbeispiel).

Fallbeispiel: Begriffsdefinitionen zur Objektivierung pathomorphologischer Befunde

Objektivierung von Befunden post mortem beim Schwein

1. Geschlinge
   Pneumonien (Umsetzung von „ja-nein" in quantitative Aussagen):
   geringgradig: ein Spitzenlappen betroffen
   mittelgradig: beide Spitzenlappen betroffen plus Übergriff auf
                        Mittellappen
   hochgradig: Spitzen-,Mittel- und Zwerchfelllappen betroffen
   Pericarditis.   optisch erkennbar
                        Verklebungen mit dem umgebenden Gewebe
   Endocarditis: Herz-Klappen verändert (ja-nein)

   Leber (Hepatitis parasitaria*):
   Milk Spots: 1–5: durch Ausputzen verkehrsfähig
   Milk Spots: >5: großflächig vernarbt

2. Magen-Darm-Trakt:
   Lymphknoten (Nll.   verkäsende Veränderungen im Anschnitt
   jejunales)   (ja-nein)
   Füllungsgrad Ma/Da: optisch starke Füllung im Vergleich zu anderen
                        Tieren

3. Tierkörper-Außenseite
   Hautverfärbungen:
   vermehrtes Liegen: flächenhafte Veränderung an Hinterextremität
   Ektoparasitosen: flächenhafte, ausgeweitete Rötungen

   Liegebeulen, hochgradig: über eine reaktive Verdickung der Extremität
                        hinausgehend mit Zeichen der Entzündung
                        (evtl. Gewebsnekrose)
   Schwanzspitze: Nekrosen
                        offenkundig verheilter alter Prozess

4. Tierkörper-Innenseite
   Wirbelsäule: Abszesse
   Pleuritis: Verklebung, weißliche u. a. Auflagerungen
                        lokal – ausgebreitet
                        einseitig – beidseitig
   Flomen: Fettgewebe vorhanden
                        Fettgewebe nicht mehr vorhanden
   Nll. ileofemorales: Aktivierung
                        Lymphadenitis

5. Bewegungsapparat
   Klauen: entzündliche Verdickungen, Anzahl
   Gelenke, Schwellung: deutliche Umfangsvermehrung mit Fluktuation
                        („nicht trocken"), Anzahl

Muskulatur:	hell, weich und feucht, Fasern vergrößert, Rücken und Schenkelmuskulatur
6. Umfangsvermehrungen	
Abszesse:	Umfangsvermehrung unterschiedlicher Größe, ggf. Umfeldreaktionen, fluktuierend Anzahl, Lokalisierung
7. Untergewichte	
Gewicht:	deutlich geringer als dasjenige der Sendung Depotfett verringert oder fehlend

*: In Anlehnung an die AVV LmH

35.2.2 Die Terminals

Die Datenerhebung post mortem über Terminals ist vorgeschrieben, dies ab einer Untersuchungsleistung pro Stunde von 40 Rindern oder 200 Schweinen. Die Technik muss zuverlässig arbeiten, hierzu sind Funktionsprüfungen an den Terminals unerlässlich. Diese können wie folgt durchgeführt werden (Schumann et al. 2005):
– Im praktischen Betrieb wird die Befundeingabe protokolliert, überprüft wird dann die Übereinstimmung von Eingabe und Ausdruck nach Passieren der Daten durch das Rechnersystem. Erfasst werden auf diese Weise Vollständigkeit der Befunddaten, Richtigkeit der Einzelwerte und zutreffende Zugehörigkeit zur Schlachtnummer.
– Die Tastenfunktionen können auch außerhalb des laufenden Betriebes geprüft werden, indem alle Tasten nach einem vorher festgelegten Schema bedient werden. Hier steht das Funktionieren der Tasten im Vordergrund.
– Die Ergebnisse werden dokumentiert und vorgehalten.
Folgerung: Allgemein werden Geräte einer regelmäßigen Wartung und Inspektion, ggf. einer Reparatur unterzogen. Auch die Terminals sind hier notwendig einzubeziehen.

35.2.3 Datentransfer und Dokumentierung

Hierzu liegen – auch in Antwort auf die rechtlichen Auflagen zur Lebensmittelketteninformation – mittlerweile kommerzielle Programme vor. Notwendig sind Arbeitsplätze für die Eingaben der Daten in allen angeschlossenen Betrieben. Die Systeme müssen in der Lage sein, Daten aus einer Haltung mit anderen Terminen und Datenqualitäten aus derselben Haltung zu verknüpfen und auch mit anderen Datensätzen aus der Region zu vergleichen (Sommerer et al. 2000).

Folgerung: Die Einschätzung der Daten aus den Herkünften ist nur mittels eines vergleichenden und verlässlichen IT-Systems möglich.

35.2.4 Personal

Zwar sind Ausbildung und Training von Veterinären und Amtlichen Fachassistenten in der VO (EG) 854/2004 vorgeschrieben und auch inhaltlich festgelegt, dennoch muss von unterschiedlichen Entscheidungen bei den Untersuchern ausgegangen werden. Dies gilt gleichermaßen für die klinische ante-mortem-Untersuchung. Die Problematik muss auch in der Grundausbildung etwa der Amtlichen Fachassistenten berücksichtigt werden.

Folgerung: Für alle Beteiligten sind regelmäßig (Nach-) Schulungen durchzuführen, ggf. müssen auch die Befunddefinitionen neu justiert und an die Akteure weitergegeben werden.

35.2.5 Die Lieferung

Vor allem bei Mastschweinen ist es möglich, dass die Tiere einer Sendung nicht die gesamte Mastgruppe widerspiegeln: Tiere können zurückgehalten oder in einen anderen Schlachtbetrieb geschickt worden sein. In diesem Fall würden die Ergebnisse der post-mortem-Untersuchung in die Irre führen, vor allem, wenn die Tiere nach ihrem Gesundheitsstatus getrennt worden waren.

Dies relativiert den Wert einer Tages-Statistik und weist auf die Notwendigkeit hin, Daten längerfristig zu sammeln und auszuwerten. Erstrebenswert sind Statistiken über gezielte Merkmale in der Region und im Bestand, um die Belastung der einzelnen Herkünfte einschätzen zu können.

Folgerung: Wenn mittels der post-mortem-Statistik Bestandsbezüge hergestellt werden sollen, dürfen die Tiere nicht unkontrolliert an andere Betriebe abgehen, da jegliche Informationen auf Untersuchungen an der gesamten Gruppe basieren muss. Zumindest müssen alle Daten am Ende wieder zusammengeführt werden.

35.3 Automatisierte Inspektionssysteme

Um mit der Entwicklung in den Schlachtbetrieben rein technisch Schritt halten zu können, erhebt sich die Frage auch nach der Automatisierung der Fleischuntersuchung selber. Gleichbleibende und hohe Bandgeschwindigkeit sowie der Mangel an Variationen bei den untersuchenden Objekten führen zur Ermüdung beim Untersuchungspersonal. Die Gefahr der unterschiedlichen Einschätzungen – auch je nach Arbeitsphase – wurde bereits angesprochen (Kap. 26).

Die Option würde angesichts der hohen Bandgeschwindigkeit die personelle Belastung reduzieren. Allerdings ist von Seiten des behördlichen Arbeitgebers auf die Arbeitszeiten zu achten – Untersuchungsdauer absolut und Dauer der Einzelphase sowie die Pausenregelungen. Der Betrieb muss die Ausgestaltung der Kontrollplätze in der Linie vorhalten.

Wartung der Geräte und Standardisierung der Gerätefunktion
Auch für die EDV-gestützte Untersuchung bedarf es einer Evaluierung der technischen Fähigkeiten der Maschine, einer Standardisierung sowie einer regelmäßigen internen Funktionskontrolle.

Dies gilt für alle Belange – die interne Datenerfassung und die amtlichen Veterinärkontrollen gleichermaßen –, sollten derartige Techniken einen breiteren Einsatz erfahren. Es müssen Limits gesetzt werden für bestimmte Befundqualitäten, Befundintensitäten sowie für die Lokalisation des Befundes am Tierkörper. Die entsprechenden Entscheidungen müssen zunächst durch den Menschen getroffen werden.

Die Gerätefunktion muss durch Pflege/Wartung, Inspektion, ggf. Reparatur gewährleistet sein (Fries 2007).

Die extremen Bedingungen unter anderem bei der Reinigung und Desinfektion in den Service-Phasen müssen auch beim Gerätedesign berücksichtigt werden. Die Wartung der Geräte bedarf noch weiterer Festlegungen, zu beachten ist:
– Regelmäßige Reinigung aller Oberflächen, vor allem der Linsen
– Festlegung einer Frequenz im Austausch der Leuchtröhren – Helligkeit und Ausleuchtung des Bildes
– Frequenz der inhaltlichen Abgleichung mit dem passenden „Image" zur Sicherstellung der gewünschten Sensitivität und Spezifität des Systems

35.4 Literatur

Bandick, N., A. Kobe, und R. Fries (2001): Inhaltliche Sichtung von Merkmalkatalogen bei der Fleischuntersuchung beim Schwein. Fleischwirtsch. 81/5, 193–197
Dünnebier, K.; Einschütz, K.; Bandick, N.; Bräutigam, L.; Krause, S.; Fries, R. (2005): Praxisgerechte Messerdesinfektion in der Fleischuntersuchung unter dem Gesichtspunkt der Kontamination mit Zoonoseerregern. 5. Fachtagung Fleisch- und Geflügelfleischhygiene, Berlin, 2. 3.–3. 3. 2005, S. 79–86
Dünnebierg, K. (2006): Oberflächen als Übertragungswege für Salmonellen in der Fleischgewinnung beim Schwein. Dissertation Landwirtschaftl. Fakultät, Rheinische Friesrich-Wilhelms-Universität Bonn

Fries, R. (2000): Untersuchungen zum Auftreten von Salmonellen im Verlauf der Gewinnung von Schweinefleisch. (Forschungsvorhaben Schlacht- und Untersuchungshygiene – AZ 424–7030 56/93; BMG). Berlin, 101 Seiten

Fries, R. (2007): Derzeitiger Einsatz von Kamerasystemen in der Geflügel-fleischgewinnung. Proc. 7. Fachtagung Fleisch- und Geflügelfleischhy-giene für Angehörige der Veterinärverwaltung, Berlin, Campus Mitte, 1. und 2. März 2007, S. 108–113

Schumann, K.; Arndt, G.; Bandick, N.; Oetjen, M.; Fries, R. (2005): Präzision von Terminal-Systemen in der Fleischuntersuchung. Proc. 5. Fachtagung Fleisch- und Geflügelfleischhygiene, Berlin, 2. 3.–3. 3. 2005, S. 29–34

Sommerer, M., P. Klunder, N. Bandick, S. Dahms, H. WEISS u. R. Fries (2000): Einsatzmöglichkeiten der EDV in der amtlichen Fleisch-untersuchung und notwendige Voraussetzungen. Fleischwirtsch. 80, (12) 93–96

36 Elemente der post-mortem-Untersuchung beim Rind

36.1 Die Grunduntersuchung post mortem beim Rind

Die Nutzungsgruppen beim Hausrind (Kälber, Mastbullen und Milch-kühe) werden mit unterschiedlicher Intensität untersucht (<6 Wo-chen und >6 Wochen). Dieses Kapitel bezieht sich auf die Altersklasse der Rinder >6 Wochen. Die generelle Untersuchungsstrategie und Herangehensweise ist aus Kapitel 35 zu ersehen und wird hier nicht wiederholt.

Die Bestimmungen der VO (EG) 854/2004 zur konventionellen Untersuchung beim Rind haben sich im Vergleich zu den Inhalten der alten Richtlinie 64/433/EWG wenig geändert. Entfallen ist bei Bullen der Prostataquerschnitt, der als Prüfung auf die Administration von Anabolika galt. Entfallen ist auch die Betrachtung von Harn- und Gal-lenblase. Statt zwei Schnitten im Herzen ist nur noch ein Schnitt notwendig, die Palpation der Speiseröhre ist entfallen, ebenso der Einschnitt in die Unterzungenmuskulatur. Dennoch handelt es sich noch um ein umfangreiches abzuarbeitendes Pensum.

Das Alter von Rindern ist von Bedeutung, da mehrere Auflagen, auch Optionen, altersabhängig sind. Derartige Bedingungen kön-nen sich allerdings, da sie auf rechtlicher Grundlage basieren, ändern. Es handelt sich um:

– die Untersuchungsintensität (<6 Wochen und >6 Wochen),

- die 7-Monats-Grenze („junge Rinder") hinsichtlich der Möglichkeit zur hands-off-Untersuchung post mortem,
- das Schicksal bestimmter Gewebe als SRM und die altersgebundene Einstufung als SRM,
- das Mindestalter, ab dem die BSE-Testung obligatorisch für jedes geschlachtete Tier ist (vgl. S. 394),
- das Mindestalter, das für die BSE-Testung bei auffälligen/verendeten/getöteten Rindern maßgeblich ist (derzeit 24 Monate).

Im Allgemeinen wird das Alter eines Rindes mittels des Zahnalters sowie über den Grad der Verknöcherung von Dornfortsätzen, des Kreuzbeins und des Prästernums bestimmt. Im Zusammenhang mit dem Geschlecht kann das Alter herangezogen werden, um die Größe und Ausprägung (Konstitution) von Tierkörperhälften einschätzen zu können und damit zu einer realistischen Bewertung vorliegender Befunde zu gelangen.

36.1.1 Morphologische Untersuchung des Kopfes

Die am Kopf auftretenden Befunde können teilweise Anlass sein für weiter reichende Untersuchungen auf mögliche Generalisierung:

Unterkiefer	(Aktinomykose, Actinomyces bovis)
Weichteile	(Aktinobazillose, Actinobacillus lignieresii)
Muskulatur	(Unterzungen-Muskulatur, C. bovis)

Die Weichteil-Aktinobazillose an der Zunge kann durch beidhändiges gleitendes Erfassen der Zunge als Verhärtung („Holzzunge") erkannt werden.

Die vorgeschriebenen Incisionen betreffen die Finnenschnitte außen (2) und innen (1) sowie die in der Tabelle 98 aufgeführten Lymphknoten.

M. masseter: Einschneiden bis zum Os temporale und zur Crista facialis, erster Schnitt möglichst flach, um den zweiten Schnitt weiterhin zu ermöglichen. Die Mm perygoidei werden dünn und glatt durchgehend durchgeführt

Die Lymphknoten des Kopfes

Allgemein werden für Befunde an den Lymphknoten beim Rind kausal genannt: Parasitenlarven, unterschiedliche infektiöse Agentien, darunter auch tuberkulöse Stadien, auch Mycobacterium avium (Archer 1981; Bundza & Gardiner 1990; Bradley & Jericho 1997).

Bradley & Jericho (1997) haben die Zahl von Abszessen am Kopf bei normal geschlachteten Rindern (insgesamt 231 405 Bullen und Färsen in Canada) aufgelistet. In 3368 Fällen (1,46%) wurden Abszesse gefunden, der Großteil in den Retropharyngeal- und Mandibular-Lymphknoten. Von den zugehörigen Tierkörpern wurden letzt-

Tab. 98: Grunduntersuchungsgang Rind > 6 Wochen: Kopf				
	Adsp.	Palpat.	Incis.	Bemerkungen
Kopf, Tonsillen, Pharynx	+			Tonsillen entfernen
Nl. retropharyngeus med.	+		+	
Nl. retropharyngeus lat.	+		+	
Nl. mandibularis	+		+	
Nl. parotideus	+		+	
Zunge	+	+		
Kaumuskeln außen	+		+	2 Schnitte parallel zum Unterkiefer
Kaumuskeln innen	+		+	1 Schnitt

lich untauglich 4 Tierkörper aufgrund einer generalisierten Lymphadenitis, siebenmal wurden Tierkörperteile untauglich beurteilt (regionale Lymphadenitis), dies basierend auf der Erfahrung durch die Untersucher, ansonsten wurde der Kopf verworfen. Angesichts der geringen Zahl von resultierenden Untauglichkeitsbeurteilungen sahen die Autoren in der Abszedierung von Kopflymphknoten wenig Aussagewert für den Hygienestatus des Tierkörpers und für damit möglicherweise verbundene Untauglichkeitserklärungen.

In Australien wurden 11 866 Lymphknoten-Befunde von insgesamt 674 322 Rindern gelistet (Archer 1981). Mit 7753 (65,3 %) Befunden stand die Aktinobazillose an der Spitze der insgesamt erhobenen Lymphknotenbefunde, gefolgt von Abszessen in 1821 (15,3 %) Fällen. Der Parasit Pentastoma war mit 1769 Funden ebenfalls noch stark vertreten. 77,4 % der Befunde wurden an den Kopflymphknoten gefunden, insgesamt stellte die Aktinobazillose 82,7 % der Befunde am Kopf. Weitere häufige Befundlokalisation waren die Mesenterial-Lymphknoten.

Die Tonsillen
Im frühen Stadium der Inkubation mit dem BSE-Erreger kann auch beim Rind in den Tonsillen bereits Infektiosität bestehen (SSC 2002). Folgerichtig sind Tonsillen bei Rindern jeden Alters als SRM eingestuft.

Die Tonsillen (Waldeyer'scher Rachenring) werden mittels einer Hakengabel nach Umschneidung entfernt. Dies ist konsequent angesichts der Abwehrfunktion der Tonsillen am Anfang des Verdauungstraktes. Eine Untersuchung ist nicht vorgeschrieben, ein Anschneiden der Tonsillen muss daher unterlassen werden. Die Tonsillen liegen in der Nähe der zu untersuchenden Lymphknoten.

Die Entfernung der Tonsillen sollte abhängig davon gemacht werden, ob der Kopf zur Gewinnung von Gewebe zum menschlichen Verzehr verwendet werden soll. Geht der gesamte Kopf als solcher als SRM, ist die Entfernung der Tonsillen nicht notwendig.

Tab. 99: Grunduntersuchungsgang Rind > 6 Wo: Geschlinge				
	Adsp.	Palpat.	Incis.	Bemerkungen
Ösophagus	+			„Untersuchung" v. Ösophagus/Trachea
Trachea	+		+	Öffnen der Trachea u. der Hauptbronchen durch Längsschnitt
Lungen	+	+	+	Querschnitt im hinteren Drittel der Lunge Beide Schnitte nicht erforderlich, wenn die Lunge vom menschlichen Verzehr ausgeschlossen wird
Nl. bifurcat. sinister	+		+	
Nl. bifurcat. medius	+		+	
Nl. bifurcat. dexter	+		+	
Nl. tracheobronch. cran.	+		+	
Nll. mediast.craniales	+		+	
Nll. mediast. caudales	+		+	
Pericard und Herz	+		+	Herz: Anschneiden durch Längsschnitt zur Öffnung der Kammern und zur Durchtrennung des Septums
Zwerchfell	+			

Weitere Verarbeitung (Zerlegung) der Köpfe

Wenn der Kopf zur Gewinnung von Kopffleisch dienen soll, muss er entsprechend vorbereitet werden. Die nationale EG-TSE-Ausnahmeverordnung erlaubt die Zerlegung von Köpfen von Rindern mit einem Alter über 12 Monaten. Voraussetzung sind der Verschluss der Gehirnhöhle vor dem Transport und Hygienemaßnahmen, die eine Verunreinigung mit SRM nach dem Stand von Wissenschaft und Technik vermeiden. Die Gewinnung von Kopffleisch ist in separaten Bereichen der Schlachtbetriebe oder in speziell zugelassenen Zerlegungsbetriebe möglich (TSE-Änderungs-VO (EG) 727/2007). Zum Verzehr verbleiben derzeit das Backenfleisch und die Zunge.

Die Maulhöhle sollte auch frei von Verschmutzungen oder Futterresten sein.

36.1.2 Morphologische Untersuchung des Geschlinges

Luftröhre und Lunge

Die Lunge wird geprüft auf Retraktionsgrad, Pneumonien/Verwachsungen mit der Pleura, Emphyseme (ggf. als Hinweis auf Lungenwurmbefall), oder gemeinsam mit den regionalen Lymphknoten auf tuberkulöse Prozesse.

Die Palpation erfolgt mittels beidhändigen Umfassens der Lungenflügel, wobei das Gewebe gleichzeitig durch die Hand gleitet. Die Incision der Lymphknoten (Tab. 99) kann wichtige Hinweise auf das Vorliegen einer Tuberkulose liefern.

Fallbeispiel: Gewinnung der Zunge für den Humankonsum

Empfohlen wird ein Querschnitt, der auf der dorsalen Fläche der Zunge auf Höhe der am weitesten kaudal gelegenen umwallten Papillen (Papillae vallatae) am Zungengrund angelegt wird (Kühne et al. 2005). In dieser Ausführung werden die weiter kaudal an der Zunge gelegenen Tonsillen vom Zungengewebe für den Humanverzehr ferngehalten, was dem Personal auch leicht demonstrierbar wäre. Dagegen würden Schnitte von ventral bei einem Fehlansatz und Fehlschnitt dieses Gewebe einbeziehen (Cocquyt et al. 2008).

Im Falle der Widmung des Gewebes zum menschlichen Konsum werden Trachea und Hauptluftröhrenäste eröffnet (sinnvollerweise entlang der Bindegewebsbrücke im knorpelfreien Streifen der Luftröhre) und weiter in den linken und rechten Stammbronchus bis auf Höhe des mittleren Drittels, die zutage tretenden Anschnitte werden besichtigt. Ebenfalls nur unter den Bedingungen der Lebensmittelwidmung werden Schnitte in die Lungenflügel im Übergang vom mittleren zum hinteren (unteren) Drittel angelegt.

Herzbeutel und Herz

Am Herzbeutel sind zu beachten Pericarditis traumatica (Fremdkörper) oder Verwachsungen mit dem Herzen. Das Herz selber kann Befunde liefern wie Endocarditis, Petechien oder Finnenbefall. In Fällen von klinischen Hinweisen auf Endocarditis wurde von Actinomyces (Arcanobacterium) pyogenes-Nachweisen berichtet (Houe et al. 1993).

Der am Herzen anzulegende Schnitt muss den Sulcus interventricularis zur Eröffnung beider Herzkammern etwa in der Mitte kreuzen. Vorher wird der Herzbeutel betrachtet.

Im Untersuchungsschnitt wird das rechte Herzohr gefasst und rechts daneben ein Einschnitt in die rechte Herzkammer angebracht.

Oesophagus

Der Oesophagus ist durch das Rodding bereits von der bindegewebigen Grundlage gelöst oder anderweitig in geeigneter Weise verschlossen worden. Hier können Sarkosporidien oder Finnen erwartet werden. Auch das Zwerchfell ist als möglichen Sitz von Finnen zu beachten.

36.1.3 Morphologische Untersuchung von Leber, Milz, Darmkonvolut und Euter

Leber

Die Untersuchung erfolgt am hängenden Organ, ein Auflegen auf Flächen sollte generell vermieden werden.

Bereits die Adspektion kann Hinweise auf eine Infektion liefern, so etwa über die Beschaffenheit der Ränder, mittels der Farbe, der Größe und bei Vorliegen von Auflagerungen auf dem Organ. Die Palpation lässt Aufschluss zu über Zirrhosen oder Verdickungen der Gallengänge infolge Befalls mit F. hepatica.

Auch die Incision begründet sich vor allem mit der Untersuchung auf Parasitenbefall. Die Lymphknoten an der Leberpforte (Nll. hepatici) entsorgen v. a. die Leber, möglich ist auch eine Beeinflussung durch Teile des Magensystems aufgrund der gegebenen Einzugsgebiete dieser Lymphknoten (Vollmerhaus 1976).

Der Leberpfortenschnitt wird am linken Rand des Binde- und Fettgewebes der Leberpforte zur Prüfung der Gallengänge auf Verdickungen angelegt (hier teilen sich die Hauptgallengänge), er ist ca. 20 cm lang. Der Schnitt an der Basis des Spigelschen Lappens erfolgt nach Heben des Lappens: Es handelt sich um einen flachen Schnitt bis hinter die Leberpforte oder einen Rundschnitt um die Leberpforte vor dem Ansatz des Lobus caudatus. Die aus der Tiefe kommenden Gallengänge müssen danach offen liegen. Massierender Druck auf die Schnittflächen lässt Leberegelbefall erkennen.

Milz
Es erfolgt eine Adspektion auf Farbe, Schwellung, die Palpation ist eine Option.

Vormagen-Magen-Darm-Trakt-System
Das Vormagensystem wird früh separiert, zur Inspektion verbleibt der Darmtrakt.

Tab. 100: Grunduntersuchungsgang Rind > 6 Wo: Magen-Darm, Leber, Milz, Pancreas, Geschlechtsorgane				
	Adsp.	Palpat.	Incis.	Bemerkungen
Magen- Darmtrakt	+			
Mesenterium	+			
Nll. pancreaticoduodenales	+	+		
Nll. jejunales	+	+	(+)	Lymphknoten:
Nll. caecales	+	+	(+)	Anschnitt, wenn notwendig
Nll.anorectales	+	+	(+)	
Genitalien	+			
Leber	+	+	+	Lobus caudatus, viszerale Fläche
Nll. heptici	+	+		
Milz	+	(+)		Palpieren, wenn notwendig
Euter	+	(+)	(+)	Kühe: Einschnitt bis auf Zisterne kann entfallen, wenn das Euter vom Genuss für den Menschen ausgeschlossen ist
Nl. inguinalis supf.	+	(+)	(+)	Bei Kühen Incision. Schnitt kann entfallen, wenn das Gewebe nicht zum Humanverzehr vorgesehen ist

Vor allem der Paratuberkulose (Johne'sche Krankheit) wird zunehmend Aufmerksamkeit entgegengebracht: Mit der ökonomischen Bedeutung (verkürzte Nutzungsdauer, Milchminderleistung, verringertes Schlachtgewicht) geht denkbare Humanrelevanz (Morbus Crohn) einher.

Klinisch ist bei Auszehrung und unstillbaren Durchfällen ein Verdachtsfall gegeben. Post mortem sollte dann auf chronisch granulomatöse Enteritiden mit vergrößerten Mesenteriallymphknoten und auf Schleimhäute mit „Gehirnwindungs-artigem" Aussehen am Jejunum und Colon geachtet werden, vgl. Tab. 100.

Das Euter von Milchkühen

Dieser Teil der Untersuchung folgt letztlich den Prinzipien der klinischen Prüfung auf Mastitiden durch Adpektion (Schwellungen) und Palpation (Verhärtungen).

Es erfolgt die Incision der Nll. inguinales supff. sowie Längsschnitte durch die Zisternen jeder Euterhälfte. Die Schnitte können entfallen, wenn das Gewebe nicht zum Verzehr vorgesehen ist. In dieser Form berühren die Bestimmungen eine Frage der Untersuchungsstrategie (Fallbeispiel).

Fallbeispiel: Die Untersuchung des Euters von Milchkühen oder: Muss ein Organ oder eine Körperregion untersucht werden, auch wenn das Gewebe nicht in den Konsum geht?

Bei Kühen muss jede Euterhälfte durch einen langen und tiefen Einschnitt bis in die Zisternen eröffnet werden, es erfolgt ein Einschnitt in die Lymphknoten, es sei denn, das Euter ist vom menschlichen Verzehr ausgeschlossen. Auch das Enthäuten des Euters kann unterbleiben, sofern es nicht zum menschlichen Verzehr bestimmt ist. Rechtsgrundlage sind die VO (EG) 853/2004 (Anh. III; Abschn. I, Kapitel IV, Nr. 8) und der VO (EG) 854/2004 (Anh. I, Abschn. IV, Kapitel I).

In solchen Fällen beschränkt sich die Untersuchung des Euters auf eine Adspektion ohne Fellabzug. Somit kann eine kommerzielle Entscheidung, die hygienisch gesundheitliche Erwägungen außer Acht lässt, zu einer diagnostischen Lücke im Gesamtbild des untersuchten Tieres führen: Nichterkennen eines hygienisch relevanten Umstandes an einem für die Tiergesundheit zentralen Organ. Hiervon abgesehen, stellt sich bei einem nicht untersuchten Euter auch die Frage nach der Eingruppierung der Euter in die Kategorien 2 oder 3 der VO (EG) 1774/2002.

Dem wurde nachgegangen (Daetz-Heisler u. Fries 2007; Daetz-Heisler in Vorber.). Bei 54 zur Schlachtung vorgesehenen Milchkühen mit klinischer Mastitis (n = 21) bzw. mit einer erhöhten Zellzahl (n = 27) wurde ante mortem der Euterstatus erhoben und nach der Schlachtung Euter, Muskulatur und Lymphknoten (Nl. ileofemoralis) mikrobiologisch untersucht (mit 6 Kontrolltieren, Gruppe 3).

Die Ergebnisse

Festgestellt wurden signifikante Unterschiede in der GKZ des Eutergewebes von Tieren aus der Gruppe der klinischen Mastitiden (Gruppe 1) und aus Gruppe 2 (erhöhte Zellzahl ohne klinische Mastitis) sowie zwischen den Gruppen 1 und 3. Es wurde mehrfach Übereinstimmung des Keimgehaltes in Eutergewebe und dem Lymphknoten festgestellt sowie in einem Falle übereinstimmende Ergebnisse in Eutervierteln, Muskulatur und Lymphknoten (Nachweis von Enterobacteriaceae und Arcanobacterium pyogenes). In diesem Falle handelte es sich um die Kuh mit der höchsten in dieser Untersuchung nachgewiesenen Gesamtkeimzahl im Euter überhaupt.

Schlussfolgerung

Die Daten weisen darauf hin, dass die Blut-Euter-Schranke im Falle von Mastitiden meist undurchlässig bleibt, ein Übertritt jedoch nicht ganz auszuschließen ist. Bei Milchkühen muss somit besonderes Augenmerk auf das Euter bereits ante mortem gelegt werden, ein unbesehenes Entfernen des Euters kann sich als leichtfertig herausstellen.

36.1.4 Morphologische Untersuchung der Tierkörperhälften

Am Tierkörper verbleiben als letztes Organ die Nieren zur Besichtigung (Tab. 101).

Tab. 101: Grunduntersuchungsgang Rind aller Altersklassen: Tierkörper

	Adsp.	Palpat.	Incis.	Bemerkungen
Nieren	+		(+)	Incision, wenn
Nll. renales			(+)	notwendig
Pleura und Peritoneum	+			
Binde- u. Fettgewebe	+			
Zwerchfell	+			
Muskulaturanschnitte	+			
Knochen insbes.				
Wirbelsäule	+			
Gelenke	+			
Sternum	+			
Oberflächen	+			

Der Tierkörper lässt Aufschluss zu über Haltung und Behandlung des Tieres (Technopathien, vor allem bei Milchkühen): „Haltung" der ausgeschlachteten und hängenden Tierkörperhälfte (z. B. die Winkelung der Vorderextremitäten durch Erschöpfungszustände) und nachfolgendes Dark Cutting, dies v. a. bei Milchkühen. Der Triel kann auf Injektionsabszesse geprüft werden.

Zusätzlich zu beachten ist der Zustand der Oberfläche der Tierkörperhälften nach dem Fellabzug: Wässrigkeit von Bindegewebe und Unterhaut sind wichtige Hinweise auf Festliegen und damit ggf. auf die Gründe für die Schlachtung des Tieres.

Im praktischen Ablauf müssen die Gewebe der Tierkörperhälften systematisch (sowohl die äußere als auch die innere Seite) betrachtet werden. Beim Fettgewebe werden Ausprägung (Ernährungszustand) und Farbe (Futtergelb, Ikterus) geprüft, das Bindegewebe kann Hinweise auf Decubitalstellen liefern.

Hinsichtlich der Knochen sind auch die Gelenke/Sehnenscheiden von Belang. Bei den Extremitäten kann es leicht zu Schwellungen, auch aus dem Klauenbereich aufsteigend, kommen. Die vom Tierkörper getrennten Unterfüße werden zur post-mortem-Untersuchung nicht vorgestellt; Die ist ein Mangel.

Die Pleura ist auch unter dem Zwerchfell (Nischenpleuritis v. a. bei Mastbullen) zu prüfen, das Peritoneum reflektiert enteritische Befunde.

36.1.5 Die Körperlymphknoten im Verdachtsfall

Bei der lange Zeit geübten Untersuchung der Körperlymphknoten beim Rind handelte es sich aus der Historie heraus um vertiefende Untersuchungen auf das Vorliegen einer Rindertuberkulose im Verdachtsfall. Dieser Untersuchungsgang in speziellen Fällen ist als Sonderuntersuchung expressis verbis nicht mehr aufgeführt, es kann jedoch weiterhin darauf zurückgegriffen werden: Anlage I, Abschn. I, Kapitel II D (post-mortem-Untersuchung) lässt jede zusätzlich Maßnahme zu, die zum Zwecke einer definitiven Diagnose oder um das Vorliegen bestimmter Umstände zu erkennen, als notwendig erachtet wird.

Sofern nicht zur BU verwendet (Bug- oder Darmbein-Lymphknoten), werden die in Betracht kommenden Lymphknoten mehrfach angeschnitten und besichtigt. Es handelt sich um:

–	Bug-Lymphknoten	Nl.	cervicalis supff.
–	Achsel- „	Nl.	axillaris proprius
	„	Nl.	axillaris primae costae
–	Brustbein- „	Nl.	sternalis cran.
–	Hals- „	Nl.	costocervicalis
–	Kniekehl- „	Nl.	popliteus
–	Kniefalten- „	Nl.	subiliacus
–	Sitzbein- „	Nl.	ischiadicus
–	Darmbein- „	Nl.	iliacus lat.
		Nll.	iliaci medd.
		Nl.	ileofemoralis
–	Lenden- „	Nll.	lumbales aortici
–	Leisten- „	Nl.	inguinalis supf.

Hintergrund heute ist vor allem, über die Reaktionen dieses Immunsystems Aufschluss zu erhalten über eine im Einzuggebiet ggf. vorhandene Infektion, die sich bereits morphologisch im Lymphknoten bemerkbar macht (vgl. aber auch S. 397).

36.2 „Hands-off"-Techniken beim Rind

36.2.1 Alternativen in der Sicherstellung der Finnenfreiheit

Grundsätzlich eröffnet bereits die VO (EG) 854/2004 (Anhang I, Abschnitt IV, Kapitel IX) den Einsatz serologischer Verfahren bei der Überprüfung auf C. bovis: Bei Rindern >6 Wochen ist das Anschneiden der Kaumuskeln nicht zwingend, sofern ein spezifischer serologischer Test durchgeführt wird oder wenn die Tiere in einem Zystizerkose-freien Bestand aufgezogen worden sind.

36.2.2 Mögliches Vorgehen bei jungen Rindern

Über diese Möglichkeit hinaus präzisiert die VO (EG) 1244/2007 die Bestimmungen in der VO 2074/2005. Bei jungen Rindern können die Grunduntersuchungstechniken auf eine „Besichtigung mit begrenztem Durchtasten" beschränkt werden. Nach der VO (EG) 1244/2007 ist ein „junges Rind" ein Rind gleich welchen Geschlechts, das höchstens 8 Monate alt ist. Diese Definition stimmt nicht mit der Eingruppierung in der VO (EG) 854/2004 (<6 Wochen alte Rinder und >6 Wochen alte Rinder) überein. Die folgenden generellen Bedingungen müssen erfüllt werden:

– Die Tiere sind unter kontrollierten Bedingungen in einem integrierten Produktionssystem gehalten.
– Die Tiere stehen in einem amtlich anerkannt Rindertuberlulose-freien Bestand.
– Ein Teil der Tiere wird serologisch und/oder mikrobiologisch überwacht.

36.3 „Spezifische Gefahren" beim Rind

Die Liste der „spezifischen Gefahren" (Anhang I, Abschnitt IV, Kapitel IX der VO (EG) 854/2004) umfasst für Rinder die TSE, die Cysticercose, die Tuberkulose und die Brucellose.

36.3.1 Transmissible Spongiforme Encephalopathie beim Rind (BSE)

In Deutschland ist die Zahl der BSE Fälle seit dem ersten Jahr der aktiven Überwachung in der EU (2001) kontinuierlich gesunken. Mit zeitweisen Schwankungen kann dies für alle Mitgliedstaaten, auch für UK, festgestellt werden, was die Effizienz der TSE-VO (EG) 999/2001 eindruckvoll unterstreicht.

In der Untersuchungs-VO (EG) 854/2004 wird mehrfach auf

diese TSE-Verordnung verwiesen, ohne eigene BSE-bezogene Vorgaben zu führen, mithin eine klare Trennung der Rechtsvorschriften und sinnvoll: Bei Novellierungen kann es nicht zu widersprüchlichen Anforderungen kommen.

Beprobung auf die BSE

Im Juni 2006 wurde das in Deutschland niedriger als in der übrigen EU liegende Mindestalter für die obligatorischen BSE-Tests von 24 Monaten an das EU-weit geltende Testalter von 30 Monaten angepasst (Änderung der nationalen BSE-Untersuchungsverordnung 2006). Eine Heraufsetzung des Testalters auf 48 Monate ist in bestimmten Mitgliedstaaten der EU für 2009 zu erwarten, darunter auch in Deutschland.

Die Entnahme von Probenmaterial erfolgt am Stammhirn, das auch die besonders früh befallene Obex-Region beinhaltet. Ein Einmal-Entnahmelöffel (22,5 cm lang mit einem 10 cm langem und 3 cm breitem Spatel) wird in das Foramen magnum eingeführt und das Gewebe longitudinal zur Stammhirnachse durchtrennt. Von dorsal wird das so umschnittene Stammhirn mit der Spitze des Löffels an der vordersten Stelle mit Richtung nach unten durchstoßen und dann entnommen (Venturini et al. 2000). für Die Proben werden gekühlt und an die untersuchenden (akkreditierten) Labors weitergegeben. Betriebseigene Kontrollen als zusätzliche Untersuchungen sind möglich.

Maßnahmen nach Feststellung von BSE und die Chargenbildung

Ein BSE-Nachweis hat auch in der Fleischgewinnungslinie Konsequenzen über den einzelnen Fall hinaus: Nach Anhang III, Kapitel A, I, Nr. 6.5 und 6.6 der VO (EG) 727/2007 müssen zusätzlich zu dem positiv getesteten Schlachttierkörper mindestens der dem positiven Tierkörper vorausgehende und die 2 unmittelbar folgenden in derselben Linie beseitigt werden. Ausnahmen sind möglich, wenn eine Kontamination zwischen Schlachttierkörpern verhindert wird.

National (§ 4 der BSE-Untersuchungsverordnung) werden nach Feststellung eines BSE-Falles zusätzlich zu den nach der EG-Verordnung zu vernichtenden Tierkörpern alle nachfolgenden Tierkörper als verunreinigt angesehen und beseitigt.

Dies kann umgangen werden, wenn durch ein geeignetes System eine Kontamination ausgeschlossen wird. Zwei Optionen werden angeboten:

– Die Geräte und Geräteteile, die mit dem Tierkörper in Berührung gekommen sind, werden ausgetauscht (Schlagbolzen, Messer, Sägeblätter, Geräte zum Entfernen des Rückenmarks und alle sonstigen verwendeten Geräte).

– Es wird eine Reinigung und Desinfektion durchgeführt: Die Reinigung mit heißem Wasser, die Desinfektion mit Natriumhypochlorid (mind. 2 % freies Chlor) oder 1 N (4 %) Natronlauge. Die Einwirkungszeit muss mind. 60 Min. bei einer Temperatur von mind. 20 °C betragen.

Hieraus erschließt sich indirekt das Prinzip der „Chargenbildung": Der Fleischgewinnungsablauf wird regelmäßig unterbrochen und die infrage kommenden Geräte werden ausgetauscht. Als Charge" gelten die Schlachttierkörpern jeweils zwischen einem Austausch oder einer Reinigung und Desinfektion.

Unter Praktikabilitätsgesichtspunkten dürfte im laufenden Betrieb ein Austausch der Geräte bevorzugt werden.

36.3.2 Cysticercose des Rindes

Nach wie vor tritt der beim Menschen parasitierende Rinderbandwurm Taenia saginata auf. Bei Rindern über 6 Wochen wird mittels der bereits beschriebenen Schnitte auf das Finnestadium (C. bovis) routinemäßig geprüft.

Nach Kapitel IX (Anl. I, Abschn. IV der VO (EG) 854/2004) ist Cystcercose-infiziertes Fleisch genussuntauglich. Liegt keine generalisierte Cysticercose vor, können die nicht infizierten Teile nach Kältebehandlung für genusstauglich erklärt werden. Eine zahlenmäßige Präzisierung ist nicht gegeben, mit der teilweise noch in Kraft befindlichen nationalen FlHV ist jedoch die in Deutschland traditionelle Limitierung der Schwachfinnigkeit auf eine Zahl von maximal 10 Finnen weiterhin in Kraft.

Prävalenz und Prädilektionsstellen

Vorliegende Angaben basieren v. a. auf Ergebnissen der in dieser Hinsicht eher unzuverlässigen post-mortem-Untersuchung. Abu-Seir et al. (2005) geben für Rinder aus dem Einzugsgebiet norddeutscher Schlachtbetriebe einen Wert von 1,08 % (für 2004) an, aus Belgien wird für 1997 ein landesweiter Wert von 0,26 % genannt (Dorny et al. 2000). Für das Jahr 2005 registriert das Statistische Bundesamt (2006) für Deutschland einen Finnenbefall beim Rind von insgesamt 0,18 %:

– Untersuchte Rinder   3 388 031
– Untauglich wegen Finnigkeit (Starkfinnigkeit)   55
– Tauglich nach Brauchbarmachung (Schwachfinnigkeit)   5959

Aus den post-mortem-Befunden von Abu-Seir et al. (2005) geht hervor, dass es sich in der Hauptsache (93,4 %) um Einzelfinnen handelte, die vor allem in der Kaumuskulatur (84,8 % im M.masseter) und zu 13,4 % im Herzen lokalisiert waren.

Epidemiologie

Der Großteil der positiv befundenen Tiere (dieselben Autoren) war weiblich, woraus indirekt abgeleitet werden kann, dass Milchkühe mit Weidegang stärker prädisponiert sein könnten. In belgischen Untersuchungen erhöhte vor allem der Zugang der Rinder zu Oberflächenwasser, zu Weiden, die überflutet werden können, und auch die Nähe zu Abwasserausflüssen die Prävalenz der Rinderfinne (Boone et al. 2007).

Denkbare Untersuchungstechniken und -strategien

Der Vergleich einer Elisa Technik mit der Erkennung auf morphologischer Basis erbrachte deutlich höhere Ergebnisse mittels des Elisa-basierten Vorgehens (Dorny et al. 2000):

1164 Serum Proben (Elisa)   36 Proben (3,09 %) positiv
1164 morphologische Untersuchungen   3 Proben (0,26 %) positiv

Die Autoren verwendeten einen monoklonalen Antikörper-Elisa mit einer Spezifität von 98,7 % und einer Sensitivität von 92,3 % bei einer zugrunde gelegten Infektionsrate von > 50 Finnen.

Die Untersuchungsstrategie kann abhängig gemacht werden von der Prävalenz des Parasiten: So fanden Saini et al. (1997) in den USA eine regional unterschiedliche Prävalenz von Cysticercose (Kapitel 25). Die Autoren schlagen ein Präscreening aller Tiere mit anschließender Intensivuntersuchung in den Regionen mit hoher Prävalenz vor. Dies würde der wohl niedrigeren Spezifität und Sensitivität der morphologischen Untersuchung entgegenkommen.

    v. d. Logt et al. (1997) berechneten für Neuseeland das Risiko für die Bevölkerung, sich mit T.saginata zu infizieren, dies unter der Annahme zweier unterschiedlicher post-mortem-Untersuchungs-Szenarien: Gezielte morphologische post-mortem-Untersuchung und ohne eine derartige Untersuchung. Unter beiden Bedingungen ergab sich ein sehr niedriges Infektionsrisiko, die gezielte morphologische post-mortem-Untersuchung trug den Autoren zufolge nur zu einer vernachlässigbaren Verringerung des Risikos einer Infektion bei, vgl. Tab. 102.

Tab. 102: Infektionsrisiko (human) mit T.saginata bei zwei unterschiedlichen Untersuchungskategorien (v. d. Logt et al. 1997)		
	Export Schlachtbetriebe	Nationale Schlachtbetriebe
Humanes Infektions-Risiko/Jahr mit einer p. m. Kontrolle auf Finnen	0,5	1,10
ohne eine p. m. Kontrolle auf Finnen	0,61	1,30

Ähnlich wurde hinsichtlich des Auftretens von F. hepatica argumentiert (Salimi-Bejestami et al. 2008): Die Autoren fanden unter Einsatz eines Elisa auf Basis sekretorisch-exkretorischer Antigene eine quantitative Korrelation zwischen dem Ergebnis des Elisa (Serumproben) und der Intensität der F. hepatica-Befunde post mortem.

Derartige Vorwegdaten können helfen, die post-mortem-Incision in die Muskulatur (Finnen) bzw. in die Leber (F. hepatica) in geeigneter Weise an die Gegebenheiten zu adaptieren, auch hier lässt der Rückgriff auf die Herkunft zusätzlichen Aufschluss und eine gezieltere Überprüfung der Tiere zu.

36.3.3 Rindertuberkulose

In der EU gilt das Konzept der Tuberkulosefreiheit („Officially Tuberculosis Free", OTF). In den Mitgliedstaaten tritt die Rindertuberkulose teilweise zu hohen Anteilen auf, teilweise ansteigend, teilweise mit sinkenden Zahlen (EC 2003).

Deutschland ist Offiziell Tuberkulose (und Brucellose-) frei, dementsprechend wird kein flächendeckender Intrakutan-Test durchgeführt. Allerdings werden auch in OTF-Staaten Ausbrüche registriert, in Deutschland in den Jahren 1998, 1999 und 2000 jeweils 5 und im Jahre 2001 2 Ausbrüche.

In den vorangegangenen Jahrzehnten ist ein starker Rückgang tuberkulöser Befunde eingetreten. Im Jahre 1950 wurden in Westdeutschland 1 773 051 Schlachtungen registriert, davon waren 484 417 Fälle tuberkulös (27,3 %).

Zu einem geringen Anteil ist die humane Tuberkulose in den industrialisierten Staaten durch das vor allem beim Rind auftretende M. bovis hervorgerufen (Cosivi et al. 1998; Ashford et al. 2001), angegeben wurden Prozentsätze zwischen 0,3 und 6,4 %. Dies unterstreicht die Wichtigkeit der Erkrankung und die weiter bestehende Notwendigkeit von Bekämpfungsmaßnahmen.

Ante mortem: Nach Kapitel IX (Anl. I, Abschn. IV der VO (EG) 854/2004) werden die Tiere bei positiver oder nicht eindeutiger Tuberkulin-Reaktion oder anders begründetem Infektionsverdacht separat geschlachtet.

Post mortem: Mittels gezielter Untersuchung am Kopf und an den Organen des Brustraums wird auf das Vorliegen von Tuberkulose geprüft.

Beurteilung: Bei Auftreten von Tuberkuloseläsionen an mehreren Organen oder mehreren Körperteilen ist sämtliches Fleisch genussuntauglich. Bei Auftreten einer Läsion in den Lymphknoten nur eines Organs oder Körperteils sind nur die veränderten Teile genussuntauglich.

Die post-mortem-Untersuchung spielt in allgemeiner Einschätzung bei der Erkennung von Tuberkulose-Herden eine wichtige Rolle. In Irland wurden zwischen 23 und 43 % aller Neuausbrüche in den Jahren 1993 bis 2001 anlässlich der post-mortem-Untersuchung festgestellt (Frankena et al. 2007).

In Deutschland stellt die post-mortem-Untersuchung der Kopf-und Lungen-Lymphknoten durch Schnitt und Adspektion die derzeitig einzige Untersuchung auf Rindertuberkulose dar („last line of defense"). Diese Lymphknoten nicht zu untersuchen, ist nicht vertretbar, dies auch in Widerspiegelung des Umstandes, dass nicht alle Tuberkulose-positiven Tiere im Intrakutan-Test erkannt werden. Jederzeit kann auch eine Einschleppung erfolgen, so ist die Rinder-Tuberkulose in Osteuropa endemisch.

Es ist nicht ausgeschlossen, dass kleine Herde bei der morphologischen Untersuchung nicht wahrgenommen werden. Eine Schwäche liegt auch in der Kodifizierung aller derartiger Untersuchungen, d. h., in der Beschränkung der Untersuchung auf die bekannten Prädilektionsstellen, was die Sensitivität der Untersuchung weiter einschränkt.

Corner et al. (1990) sehen dieses Risiko vor allem, wenn nur Einzelläsionen in dem untersuchten Tier vorhanden sind. Die Autoren fanden (belegt) tuberkulöse Läsionen vor allem in den Mediastinal- und Bronchal-Lymphknoten, im Nl. retropharyngeus med. und in der Lunge (zweistellige Prozentsätze). Einzelbefunde in zweistelligen Prozentsätzen waren vor allem lokalisiert im Nl. retropharyngeus med. und in den Mediastinal- und Bronchal-Lymphknoten. Daneben listen die Autoren 21 weitere Lokalisationen mit tuberkulösen Befunden, Einzelbefunde traten zusätzlich noch an 15 weiteren Positionen zutage. Es handelte sich um Untersuchungen in Australien.

Bestätigung von Verdachtsfällen

Aus irischen Untersuchungen (Frankena et al. 2007) geht die hohe Trefferquote bei Einsendungen von Verdachtsmaterial hervor: Neben 620 fraglichen erwiesen sich 4767 (64,4 %) von 7398 eingesandten Proben als positiv. Pro Betrieb wurden im Durchschnitt 22 Proben auf 10 000 Tiere eingesandt mit einer hohen Variationsbreite unter den einsendenden Betrieben, was die Autoren auf ein unterschiedliches Herdenprofil in den Betrieben, sprich unterschiedliche Prävalenz der Krankheit oder auf ein unterschiedliches Untersucherprofil, sprich persönliche Faktoren, zurückführen.

Die Autoren regen weiterhin zu Einsendungen an, um neu infizierte Herde erkennen zu können. Dies hat seine Ursache auch in dem Umstand, dass der in der Herdendiagnostik verwendete Intrakutantest falsch negative als auch falsch positive Ergebnisse erbringt (SCVPH 2003).

36.3.4 Brucellose

Für die Brucellose empfänglich sind unter anderem Rinder, kleine Wiederkäuer, Schweine und andere Haustiere. Die Krankheit ist in Deutschland sehr selten, die Aufnahme in die Liste der Spezifischen Gefahren war eine Notwendigkeit aus dem gemeinsamen Wirtschaftsraum der EU mit grenzüberschreitendem Tierverkehr und aus der notwendigen einheitlichen Rechtsetzung heraus. Die Brucellose ist in den Mittelmeeranrainerstaaten ein wichtiger Faktor für Verluste und Reproduktionsprobleme.

In den Tierseuchenberichten des BMELF wird für den Zeitraum 2003 bis 2007 für Deutschland von einem Fall (April 2004) berichtet. In der post-mortem-Untersuchung wurde in Deutschland für die Zeit von 2003 bis 2006 (Information verfügbar bis 2006) kein Fall von Brucellose beim Rind registriert.

Die Bestimmungen der VO (EG) 854/2004 (Kapitel IX, Abschnitt IV, Anlage I) sehen vor, dass die Tiere bei positivem oder nicht eindeutigem Ausgang des Brucellose-Tests oder bei anders begründetem Infektionsverdacht separat geschlachtet werden.

Fleisch von Tieren mit Läsionen, die auf eine akute Brucellose hinweisen, ist genussuntauglich. Bei positivem oder nicht eindeutigem Brucellose-Test werden Euter, Genitaltrakt und Blut genussuntauglich.

36.4 Maßnahmen nach der Untersuchung

36.4.1 Kaskade der „Abzweigschritte in der Gewinnung von Rindfleisch

In der Rechtsumsetzung müssen beim Schlachttier Rind unterschiedliche Wege für die einzelnen Gewebe beachtet werden.

Alle geschlachteten Nutztiere werden entweder als tauglich, untauglich, tauglich nach Brauchbarmachung (z. B. die Kältebehandlung im Falle der Zystizerkose) oder als nicht zum Verzehr für den Menschen geeignet (noch geltende nationale Rechtsetzung) beurteilt. Zusätzlich gelangen bestimmte Gewebe von vornherein und unabhängig vom Ausgang der Untersuchung des jeweiligen Tieres nicht in die Humanverzehrskanäle.

Teile, die individuell als untauglich beurteilt werden

Aufgrund von Ergebnissen der individuellen Untersuchung ante und post mortem wird ein Fall individuell beurteilt: Es kommt zur (Teil-) Untauglichkeit oder Untauglichkeit des gesamten geschlachteten Tieres.

Teile, die nicht für die Herstellung von Fleischerzeugnissen Verwendung finden dürfen

Die Entnahme erfolgt nach Anh. III, Abschnitt VI der VO (EG) 853/2004, ohne dass es eine individuelle Sachlage als Anlass hierzu gibt, für die nachfolgend aufgeführten Gewebe:

– Geschlechtsorgane (♀ und ♂), ausgenommen die Hoden
– Harnorgane ausgenommen Nieren und Blase
– Knorpel des Kehlkopfes, der Luftröhre und der extralobulären Bronchien
– Auge und Augenlider
– Äußere Gehörgänge
– Hornhaut
– Für Geflügel: Kopf (ausgenommen Kamm, Ohren, Kehllappen und Fleischwarzen), Speiseröhre, Kropf, Eingeweide und Geschlechtsorgane

Teile, die als Spezifizierte Risiko-Materialien (SRM) deklariert sind

Die VO (EG) 999/2001 schließt bei Rind und kleinen Wiederkäuern unterschiedliche Teile als SRM vom Humankonsum aus. Diese Tierkörperteile werden in der Tierkörperbeseitigungsanstalt vernichtet. Die Rechtslage kann sich ändern, so ist in 2008 eine erneute Heraufsetzung des Mindestalters für die Wirbelsäule um 6 Monate erfolgt. Die Tabelle 103 gibt somit den Stand des Jahres 2008 wieder.

Tab. 103: Spezifizierte Risikomaterialien beim Rind: Stand: VO (EG) 357/2008		
A. Rinder > 12 Mo:		
Schädel	ohne	einschließlich
	Unterkiefer	Hirn und Augen
Rückenmark		
B. Rinder > 30 Mo		
Wirbelsäule	ohne	einschließlich
	Schwanzwirbel,	
	Dorn- u. Querfortsätze der	Spinalganglien
	Hals-, Brust-, Lenden-Wirbel	
	Crista sacralis mediana,	
	Kreuzbeinflügel	
C. Rinder ohne Altersklassen		
Tonsillen, Darm (Duodenum bis Rectum), Mesenterium		

Als tauglich beurteilte Gewebe, die nach nationaler Übereinkunft nicht in Fleischerzeugnisse eingearbeitet werden (Leitsätze des Deutschen Lebensmittelbuchs)

Tauglich beurteilte Tierkörper und Nebenprodukte gehen in den Humankonsum. Für bestimmte Gewebe liegen jedoch mit dem Deut-

schen Lebensmittelbuch (DLMB) national weitere Verkehrsein-
schränkungen bzw. ein vorläufiger Vorbehalt vor.

Das DLMB legt die Zusammensetzung von Fleischerzeugnissen
fest. Unter dem Eindruck des Auftretens von BSE auch in Deutschland wurde der Einsatz aller Tierkörperteile für Zwecke der Huma-
nernährung mit Hinblick auf potenzielle Gefährdungen durch BSE
überarbeitet. Seitdem werden in Deutschland bestimmte tauglich
beurteilte Tierkörperteile vom Rind für die Verarbeitung zu Fleischerzeugnissen nicht mehr eingesetzt.

Aus der Verarbeitung zu Fleischerzeugnissen herausgenommen
wurden Gekröse einschließlich Netzfettgewebe, Hirn allgemein, Rin-
dermilz und Rückenmark allgemein (I, 1.61 Leitsätze).

Der Rohstoff Fettgewebe von Rindern und Schweinen zur Verwendung für die Verarbeitung stammt aus dem Bereich der Körperhöhlen, nicht jedoch vom Darm oder Gekröse.

36.4.2 Zurückverfolgen von Fällen und die Kennzeichnung

Die BSE-Krise hat die Durchgängigkeit der Information von der Herkunft bis in die Vermarktung hinein stark gefördert. Die Identifizierung von Rindern und der Identitätserhalt der daraus gewonnenen
Gewebe gehören zu den Voraussetzung für eine wirkungsvolle Bekämpfung der BSE.

Grundlage sind die VO (EG) 1760/2000 sowie national die Vieh-
Verkehrs-Verordnung (VVV) und das Rindfleisch-Etikettierungsgesetz.

Die VO (EG) 1760/2000 verlangt die Verbindung zwischen der
Kennzeichnung des Schlachttierkörpers („Schlachtnummer"), der
daraus entstandenen Schlachtkörperviertel oder anderer Fleischtei-
le und dem Einzeltier. Die Rückverfolgbarkeit („Tracing back") auf
den Herkunftsbestand muss möglich bleiben.

Kennzeichnung lebender Tiere (Rinder)
Zwei Ohrmarken mit schwarzer Schrift auf gelbem Grund beinhalten
(u. a.) die laufende Ohrmarkennummer der Tieres, Geburtsdatum, Geschlecht, Ohrmarkennummer des Muttertieres und die Registrier-
nummer des Geburtsbetriebes. Die Ohrmarken werden dem Tierhalter durch das Veterinäramt zugeteilt, sie müssen innerhalb von 7 Tagen
nach der Geburt an beiden Ohren angebracht werden. Ein individueller Rinderpass muss bei jedem Transport mitgeführt werden. Nach
der Schlachtung wird der Pass an das Veterinäramt zurückgegeben.
Hinsichtlich des Passes sind Erleichterungen eingetreten.

Schlachtbetrieb
Notwendig ist die Übertragung der Identität des Tieres in das System
des Schlachtbetriebes, um anschließend die Identität des Erzeugnisses gewährleisten zu können.

Hierzu wird die Nummer des geschlachteten Tieres aufgenommen und in das betriebsinterne System eingegeben, dies in Kombination mit der Tages-Schlachtnummer des Schlachtbetriebes. In der Zerlegung bleibt das gewonnene Fleisch mit der Herkunftsnummer verbunden.

Rindfleischetikettierung

Danach beinhaltet das Etikett auf der Ware die Kenn-Nummer des Tieres oder ggf. der Gruppe (mit der Kodierung der Herkunft), die Zulassungsnummer des Schlachtbetriebes inkl. des Mitgliedstaates und die Zulassungsnummer des Zerlegungsbetriebes.

So weist das Kürzel „DDDD" aus, dass das gewonnene Fleisch aus Deutschland stammt:

D geboren in Deutschland
D gemästet in Deutschland
D geschlachtet in Deutschland
D zerlegt in Deutschland

Das nationale Rindfleischetikettierungs-Gesetz setzt die Kennzeichnungsvorgaben der EU (VO (EG) 1760/2000) um.

Transport der Tiere, Übertrag der Information in das Schlachtbetriebssystem sowie der Übertrag auf die Verpackung der Ware können als Kritische Punkte hinsichtlich der Rückverfolgbarkeit gelten und sind bewusst zu beachten.

36.5 Literatur

36.5.1 Publikationen

Abu-Seir, S., Chr. Küsters und M. Kühne (2005): Aktuelle Erhebungen zum Vorkommen von Cysticercus inermis bei bgeschlachteten Rindern: Morphologische Befunde. RFL Rundschau Fleischhyg. Lebensmittelüberw. 57, 171–172

Archer, J. F. (1981): Bovine Lymph Node Survey. Advances in Veterinary Public Health, Proceedings of a Seminar held at the University of Queensland, 20–22 Nov. 1980, Vol. 1, pp. 38–40. Australian College of Veterinary Scientists, Brisbane

Ashford, D. A., W. Whitney, P. Raghunathan, and O. Cosivi (2001): Epidemiology of Selected Mycobacteria that Infect Humans and other Animals. Rev. sci. tech. Off. int. Epiz. 20, 325–337

Boone, L., E. Thys, T. Marcotty, J. deBorchgrave, E. Ducheye, and P. Dorny (2007): Distribution and Risk Factors of Bovine Cysticercosis in Belgian Dairy and Mixed Herds. Prev. Vet. Med. 82, 1–11

Bradley, J. A., and K. W. F. Jericho (1997): Risk Assesment: Abscessation of Head Lymph Nodes and Carcass Inspection at Two High-Line-Speed Beef Abattoirs in Western Canada. J. Food Prot. 60, 157–160

Bundza, A., and G. H. Gardiner (1990): Larval Parasites in Lymph Nodes of Slaughter Cattle. J. Comp. Pathol. 103, 233–235

Cocquyt, G., P. Simoens, S. Muylle, W. van den Broeck (2007): Anatomical and Histological Aspects of the Bovine Lingual Tonsil. Res. Vet. Sci. 84, 166–173

Corner, LA, L. Melville, K. McCubbin, K. J. Small, B. S. McCormick, P. R. Wood, and J. S. Rothel (1990): Efficiencxy of Inspection Procedures for the detection of Tuberculous Lesions in Cattle. Aust. Vet. J. 67, 389–392

Cosivi, O., et al. (1998): Zoonotic Tuberculosis due to Mycobacterium bovis in Developing Countries Emerging Infectious Diseases, 4, No. 1. http://www.cdc.gov/ncidod/eid/ vol4no1/cosivi. htm

Daetz-Heisler, J., und R. Fries (2007): Ist Mastitis ein Hygienerisiko für das Fleisch? Proc. 7. Fachtagung Fleisch- und Geflügelfleischhygiene für Angehörige der Veterinärverwaltung, Berlin, Campus Mitte, 1. und 2. März 2007, S. 74–82

Daetz-Heisler, J. (in Vorber.): Hygienestatus geschlachteter Milchkühe mit unterschiedlicher Mastitisausprägung. Vet. Diss. FU Berlin

Deutsches Lebensmittelbuch (2002): Leitsätze 2002. Verkehrsbezeichnung, Qualität und Zusammensetzung. Redaktion: Gabriele Heuts. Bundesanzeiger Verlagsgesellschaft GmbH, Köln

Dorny, P., F. Vercammen, J. Brandt, W. Vansteenkiste, D. Berkvens, and S. Geerts (2000): Sero-epidemiological Study of Taenia saginata Cysticercosis in Belgian Cattle. Vet. Parasitol. 88, 43–49

European Food Safety Authority (2003): Opinion of the Scientific Panel of Biological Hazards on Tuberculosis in Bovine Animals: Risks for Human health and Control Strategies. Adopted on 26 November 2003. The EFSA Journal, 13, 1–53

Frankena, K., P. W. White, J. O'Keeffe, E. Costello, S. W. Martin, I. v. Grevenhof, and S. J. More (2007): Quantification of the Relative Efficiency of Factory Surveillance in the Disclosure of Tuberculosis Lesions in Attested Irish Cattle. Vet. Rec. 161, 679–684

Houe, H., L. Eriksen, G. Jungersen, D. Pedersen, and H. V. Krogh (1993): Sensitivity, Specificity and Predictive Value of Blood Cultures from Cattle Clinically Suspected of Bacterial Endocarditis. Vet. Rec. 133, 263–266

Kühne, M., G. Klein, H. Gasse (2005): Shortening of the Bovine Tongue according to Regulation (EC) 999/2001 is not Complying with the Current Legal Definitions of Specific Risk Material – a Macrocsopic and Histological Preliminary Study. J. Vet. Med. B, 52, 102–104

Salimi-Bejestani, M. R., P. Cripps, and D. J. L. Williams (2008): Evaluation of an ELISA to Assess the Intensity of Fasciola hepatica Infection in Cattle. Vet. Rec. 162, 109–111

Scientific Steering Committee (2002): Update of the Opinion on TSE Infectivity Distribution in Ruminant Tissues. Initially adopted by the SSC at its Meeting of 10–11 January 2002 and Amended at its Meeting of 7–8 Novembe 2002. European Commission, Health & Consumer Protection Directorate-General, Directorate C, Brussels, Belgium

Statistisches Bundesamt (2006): Land- und Fortwirtschaft, Fischerei; Fleischuntersuchung. Fachserie 3, Reihe 4. 3. Stat. Bundesamt, Wiesbaden

v. d. Logt, P. B., S. C. Hathawya, and D. J. Vose (1997): Risk Assessment

Model for Human Infection with the Cestode Taenia saginata. J. Food Prot. 60, 1110–1119

Venturini, M., P. Simoens, C. de Jaeger (2000): Obductie van Runderhersenen voor het BSE-Onderzoek. Vlaams Diergeneesk. Tijdschr. 69, 377–381

Vollmerhaus, B. (1976): Lymphatisches System. In: R. Nickel, A. Schummer, E. Seiferle: Lehrbuch der Anatomie der Haustiere, Band III. Verlag Parey, Berlin, S. 408

36.5.2 Rechtsvorschriften

BSE-Untersuchungs-VO (Verordnung über die fleischhygienischen Untersuchungen von geschlachteten Rindern auf BSE i. d. F. vom 16. 7. 2004, BGBl. I, S. 1697)

Verordnung zur Änderung der BSE-Untersuchungsverordnung, BGBl. I, S. 1333

Verordnung (EG) Nr. 1760/2000 des EP und des Rates vom 17. 7. 2000 zur Einführung eines Systems zur Kennzeichnung und Registrierung von Rindern und über die Etikettierung von Rindfleisch und Rindfleischerzeugnissen sowie zur Aufhebung der Verordnung (EG) Nr. 820/97 des Rates. Amtsbl. Der EG L 204/1 vom 11. 8. 2000

37 Elemente der post-mortem-Untersuchung beim Schwein

37.1 Befunde im Bestand und post mortem

37.1.1 Beobachtungen ante mortem

Im Kapitel 29 sind bereits Assoziationen zwischen dem Umfeld der Tiere im Betrieb und Befunden in der post-mortem-Inspektion beschrieben worden.

Nach dem Geflügel hat die VO (EG) 854/2004 nun auch für das Schwein die Möglichkeit eröffnet, die ante-mortem-Untersuchung im Bestand durchzuführen (s. Kasten S. 405), was vor allem darauf abzielt, Mastgruppen besser einschätzen zu können (vgl. Kapitel 34). Um diese möglichst vergleichbar zu beschreiben, ist eine zutreffende und objektivierbare Beobachtung der Tiere erforderlich. Auch Personen, die den Bestand nicht selber in Augenschein genommen haben, müssen eine reale Vorstellung entwickeln können.

Petersen et al. (2008) haben dies in dänischen Mastschweinebeständen an Hand häufig auftretender Umstände geprüft. 90 Herden mit insgesamt 154 347 Mastschweinen wurden zweimal besucht.

Festgestellt wurden vor allem Ohrnekrosen, andere Hautläsionen, Lahmheiten und Atemwegserkrankungen. Von den insgesamt aufgenommenen 22 136 Befunden rangierten Befunde aufgrund von „Untugenden" wie Ohrnekrosen, Schwanzbeißer und Flankenbisse mit 43 % an der Spitze, gefolgt von den infektiösen Prozessen wie Atemwegsaffekten, Lahmheiten und Diarrhoe (32 % der Befunde).

Objektivierung klinischer Beobachtungen durch Definitionen, Auswahl (Petersen et al. 2008)	
Rhinitis atrophicans	Abweichungen in der Symmetrie der Nase
Diarrhoe	Beobachtetes Absetzen wässriger Fäzes oder Spuren in der Analregion
Ohr-Nekrosen	Offene Wunden/Verkrustungen an der Ohrspitze oder am Ohransatz an beiden oder einem Ohr
Wachstums-Retardation	Magere Tiere mit sichtbarer Wirbelsäule
Lahmheit	Teilbelastung einer Klaue oder Teilbelastung einer Extremität beim Stehen oder Gehen
Nicht auftreibbar	Stehen bei Auftreibversuchen nicht auf
Atemwegserkrankung	ein- oder mehrmaliges Husten
Atembeschwerden	verschärfte Atmung
Schwanzbeißer	Offene Wunde oder Verkrustungen an der Schwanzspitze
Nabelbruch	sichtbare Ausbuchtung in der Nabelgegend

In einer vorangegangenen Untersuchung hatte die Arbeitsgruppe Befundungen durch 4 Untersucher am selben Herdenmaterial miteinander verglichen, die Ergebnisse variierten zwischen den Beobachtern (Tab. 104), was erneut auf die Notwendigkeit von Begriffsdefinition hinweist, aber auch auf den persönlichen Faktor und damit auf die Notwendigkeit koordinierender Schulungen.

Elbers et al. (2004) haben anlässlich des Ausbruches der Klassischen Schweinepest in den Niederlanden (1997 bis 1998) gezeigt, dass gerade am Beginn eines Ausbruchs, d. h., im Zeitfenster von Frühwarnsystemen ein verlässlicher Fächer von Hintergrundinformation wichtig ist für die Erkennung der Krankheit, gerade wenn sehr unterschiedliche Erscheinungsformen erwartet werden müs-

Tab. 104: Ergebnisse klinischer Herdenbeobachtungen durch vier Personen: Befundschwankungen in Prozent (Petersen et al. 2004)		
	Herde 1	Herde 2
Lahmheiten	2,8–5,0 %	1,0–4,9 %
Schwanzbeißer	1,3–2,3 %	1,0–1,5 %
Nabelbrüche	1,5–2,5 %	1,1–1,4 %

sen. Die dortigen Erfahrungen haben gezeigt, dass erste Hinweise nicht aus der Haltung und nicht von den Veterinären stammten, und dass die klinische Historie, wie sie aus den Beständen vermittelt wurde, auch zur Verwirrung bei den Untersuchern (befragt wurden Pathologen bei der Interpretation von Sektionsbefunden) Anlass geben kann. Auch das aktuelle regionale Seuchengeschehen hatte Einfluss auf den Fächer der durch die Pathologen ins Kalkül einbezogenen Krankheiten.

Daraus ist abzuleiten, dass aus der Haltung herrührende Informationen inhaltlich unmissverständlich und reproduzierbar sein müssen, um erste Verdachtsmomente äußern zu können.

37.1.2 Befunde post mortem

Vergleichbar bietet sich in der Tagesroutine der post-mortem-Untersuchung die Verifizierung klinischer Verdachtsmomente bzw. haltungsbedingter Einflüsse an. Dies ist ganz im Sinne der Funktion eines Schlachtbetriebes als Screening- und Erfassungsstelle für die Resultate aus einem (Mast-) Durchgang, zumal die Erhebung von post-mortem-Befunden auch rechtlich vorgesehen ist (Abschnitt II, Kapitel I des Anh. I der VO (EG) 854/2004). Auf die hierzu notwendige Infrastruktur wurde bereits hingewiesen (Kapitel 35).

Publizierte Daten, die auf solche Zusammenhänge hinweisen, liegen vor allem für Mastschweine und Geflügel vor, beim Mastschwein weitestgehend bezogen auf die tiergesundheitsmäßig relevanten Befunde Pneumonie/Pleuritis und das Vorkommen von Ascariden in der Leber. Ascariden als Untersuchungsziel können in bestandshygienischer Weise interpretiert werden.

Die im Kasten der Seite 407 dargestellten Beispiele (Kobe et al. 2000) zeigen Befundschwerpunkte beim Mastschwein in einer bestimmten Region und zur Zeit der Untersuchung. Am häufigsten wurden auch hier Befunde am Geschlinge festgestellt. Bei den in hygienischer Hinsicht wichtig erscheinenden Befunden stehen unterbliebene Nüchterung („gefüllte Mägen", mit dem Risiko von Darmtraktschäden in der Ausschlachtung), Abszesse und Symptome am Magen-Darm-Trakt an erster Stelle.

Die meisten dieser Befunde können visuell erfasst werden. Nur nach einer Incision erkennbar sind „Veränderungen, die durch Mykobakterien bedingt sein können" und die Herzklappen-Endocarditis. Abszesse werden nur erkannt, wenn sie oberflächlich auftreten (vgl. Kap. 25). Ergebnisse aus Zerlegungen zeigen, dass Abszesse auch in der Tiefe des Gewebes vorkommen.

Zahlenmäßig wichtige Befunde beim Mastschwein (Kobe et al. 2000)	
Lungenläsionen	76,3 %
Kallusbildung an den Extremitäten	55,0 %
Leberveränderungen	48,9 %
Pleuritis	21,9 %
Herzveränderungen	10,6 %
Hämatome Haut	10,1 %
Gefüllte Mägen	9,7 %
Hydronephrosen	6,6 %
Mech. Schäden an Bewegungsapparat	4,6 %
Veränderungen am Darmtrakt	3,2 %

Hygienisch relevante Befunde beim Mastschwein (Kobe et al. 2000)	
Gefüllte Mägen	9,66 %
Abszesse total	3,22 %
Leber: Schwellung	2,91 %
Enteritis	2,37 %
Gelenkschwellungen	1,81 %

Lymphadenitis der Nll. ileofemorales	1,40 %
Haut: Abszesse [1]	1,04 %
Hauterysipel	0,72 %
Nierenverfärbungen	0,71 %
Extremitäten: Abszesse [1]	0,86 %
Schwanzbeißer	0,44 %
Peritonitis	0,36 %
Serosa: Abszesse [1]	0,30 %
Nieren: Lymphadenitis	0,27 %
Untergewicht	0,25 %
Kopf: Abszesse [1]	0,21 %
Leber: Lymphadenitis	0,21 %
Muskulatur: Abszesse [1]	0,20 %
Wirbelsäule: Abszesse [1]	0,18 %
Pleura: Petechien	0,17 %
Lymphadenitis der Nll. mandibulares	0,10 %
Herz: Endocarditis	0,06 %
Injektionsstellen (Verdacht auf)	0,04 %
Nieren, Petechien	0,03 %
Peritoneum: Petechien	0,02 %
Tumore	0,01 %

[1]: in Merkmal „Abszesse total" jeweils berücksichtigt

37.2 Die Grunduntersuchung post mortem beim Schwein

Die konventionelle post-mortem-Regeluntersuchung basiert auf dem Text der VO (EG) 854/2004. Weitere Vorgaben sind den nationalen Rechtsvorschriften entnommen.

Für den konventionellen Untersuchungsgang post mortem beim Schwein ist national von einer Mindestuntersuchungszeit von 50 Sek. (§ 9 AVV LmH) „auszugehen", dies auf der Grundlage, dass es sich um Tiere handelt, bei denen „keine Veränderungen festgestellt werden". Die notwendigen Rüstzeiten leiten sich aus den Gegebenheiten im jeweiligen Betrieb ab (Fallbeispiel auf S. 408).

Fallbeispiel: Verteilung von Untersuchungszeit und Personal in der post-mortem-Untersuchung beim Schwein

Aufgabe: Das notwendige Untersuchungspersonal muss dem Befundaufkommen entsprechend postiert werden. Die nachfolgende Berechnung bezieht sich auf das Modell der konventionellen post-mortem-Untersuchung (Fries 2003).

Material: Verwendet wurde ein Datensatz mit einer Gesamtzahl von n = 94 287 Befunden von 22 634 Tieren (Kobe et al. 2000). Erhoben worden waren 67 Befunde alleine vom Tierkörper (n = 18 von dorsal/außen und n = 49 von ventral/innen), 17 Befunde vom Magen-Darm-Konvolut und weitere 22 von den Organen des Geschlinges, mithin insgesamt 106 Befundqualitäten.

Vorgehen: Die geprüften Befundqualitäten und die Zahl der ermittelten Befunde wurden den jeweiligen Teilen des geschlachteten Tieres (Magen-Darm-Konvolut, Geschlinge und Tierkörper) zugeordnet. Zur Vermeidung einer Berührung sollte ein Drehen der Tierkörperhälften möglichst nicht erfolgen („hands-off"), es war somit der Einblick von beiden Seiten des Tierkörperbandes zu gewährleisten: Unterschieden wurde am Tierkörper zusätzlich zwischen Einsicht auf die Dorsal-/Außenseite und auf die Ventral-/Innenseite.

Die errechneten Prozentanteile der Befundqualitäten und die Zahl der letztlich erhobenen Befunde an den genannten vier Lokalisation wurden danach auf die zur Verfügung stehende Untersuchungszeit (50 Sek.) aufgeteilt.

Tab. 105: Zahl der Befunde an den einzelnen Körperteilen und Organen

Teil d. geschlachteten Tieres	Befunde absolut	Befunde in Prozent
Befunde an Tierkörper und Kopf, von der Dorsalseite einsehbar:		
Erhobene pathologische Befunde	20 470	
Erhobene technische Befunde	32	
	20 502	21,74 %
Befunde am Tierkörper, von der Ventralseite einsehbar:		
Erhobene pathologische Befunde	11 520	
Erhobene technische Befunde	20 368	
	31 888	33,82 %
Befunde am Magen-Darm-Trakt	6605	7,01 %
Befunde am Geschlinge	35 292	37,43 %
Summe Befunde	94 287	100,00 %

Tab. 106: Aus Befunden und geprüften Parametern resultierende prozentuale Aufteilung der Mindestuntersuchungszeit

Region am Tierkörper oder Organ	auf Basis der Befunde	auf Basis der Zahl der geprüften Parameter
Zeit pro TK und Kopf von dorsal:	10,87 Sek.	8,49 Sek.
Zeit pro Tierkörper von ventral:	16,91 Sek.	23,12 Sek.
Zeit pro Tierkörper gesamt	*27,78 Sek.*	*31,61 Sek.*
Zeit pro Magen-Darm-Konvolut:	3,51 Sek.	8,02 Sek.
Zeit pro Organe des Geschlinges:	18,72 Sek.	10,38 Sek.
(*Summe Organe*	*22,22 Sek.*	*18,40 Sek.*)
Summe	50,00 Sek.	50,00 Sek

> Im Ergebnis wurde die Untersuchungszeit auf die Untersuchungspositionen nach dem errechneten Schlüssel verteilt:
>
> Die Tierkörperhälften von dorsal mit Kopf (10 Sek.), die Tierkörperhälften innen und ventral mit 20 Sek., das Geschlinge mit 15 Sek. und das Magen-Darm-Konvolut mit 5 Sek.

37.2.1 Morphologische Untersuchung des Geschlinges

Atmungstrakt

Unter vorsichtiger Interpretation kann eine Pneumonie aufgrund der morphologischen Befunde bestimmten Erregern zugeordnet werden (Straw et al. 1986; Maderbacher 1992; Große Beilage 1999), Sekundärinfektionen können das Bild allerdings jederzeit verändern. Auch müssen post mortem erhobene Lungenbefunde keinesfalls mit einer erkennbaren klinischen Beobachtung korrespondieren oder zu der Konsequenz führen, dass es sich um eine systemische Erkrankung (mit Folge der Untauglichkeit) gehandelt habe.

Gerade die häufig eingesetzten und auch in der AVV (LmH) geforderten „Lungenbefunde" können auf Dauer ein regionales/überregionales Raster der Lungengesundheit wiedergeben, zumal die Befunde auch herkunftsbezogen erstellt werden.

Denkbare Erreger bei morphologischen Befunden an der Lunge (Schwein)	
Actinobacillus pleuropneumoniae (APP)	• hämorrhagisch/petechial: dunkelrot bis graurot, • chronische Form inkl. Pleuritis (fibrinös), Abszesse • insbesondere im Zwerchfell- • Lappen dorsal, verbreiterte Interstitien • Nll. ödematös und hyperämisch
Mycoplasma hyopneumoniae (Enzootische Pneumonie)	• Spitzen- und Mittellappen, kranioventral • lobulär begrenzt • chronisch; vertieft (verfestigt, atelektatisch, fleischig) • Häufig unter Beteiligung der Pleura und/oder des Pericards

Herz

Pericarditiden sind vor allem durch Pneumonie-Erreger bedingt. Im Falle einer Endocarditis können neben anderen Tierkrankheitserregern zwei humanrelevente Erreger kausal beteiligt sein: S. suis (insbesondere Serotyp 2) und E. rhusiopathiae.

Die Erkennung einer Herzklappenendocarditis mittels Incision und Augenscheinnahme ist fehleranfällig, dies auch vor dem Hintergrund schnell laufender Bänder. Wird eine Endocarditis festgestellt, bietet dies allerdings keine Aussage über den aktuellen Infektionsstatus der Tiere: Bei der Endocarditis handelt es sich um eine chronische Veränderung, eine ggf. eingeleitete bakteriologische Untersuchung auf Rotlauferreger kann auch zu einem negativen Ergebnis führen. Auch ein Nachweis von Streptokokken alleine ist wenig aussagekräftig: Humanpathogenität wird mit Streptococcus suis und dort v. a. mit dem Serotyp 2 assoziiert. Der Nachweis ist derzeit auf Routinebasis kaum durchführbar.

Leber

Zur Zeit der Schlachtreife ist die Hepatitis parasitaria beim Schwein in den meisten Fällen durch den Spulwurm Ascaris suum bedingt, die Intensität des Auftretens ist abhängig von den Bedingungen im Bestand (Joachim u. Daugschies 2000). Der Übertrag erfolgt über schlecht gereinigte Ferkelbuchten, ungenügende Reinigung der Sauen ante partum, bei ungenügender Eliminierung nach einem Mastdurchgang oder durch Zugänge mit einer Wiedereinschleppung (vgl. auch Kap. 24.6).

Bei einer Zyklusdauer von ca. 3 Monaten kommt es gegen Ende der Mastzeit zu einer hohen Parasitendichte mit den bekannten Befunden, wenn vorher keine oder ungenügende Maßnahmen getroffen wurden. Milkspots können indirekt und mit Einschränkungen für die Hygiene im Bestand (erfolgreiche und erfolgte Reinigung und Desinfektion, Oberflächen) stehen. Zoonosenbedeutung kommt dem Sachverhalt nicht zu.

Die typischen Leberbefunde können auch durch Mykobakterien verursacht sein. Dies ist eher bei älteren Tieren zu beobachten, wobei bei diesen Altersgruppen die Prävalenz wegen der zunehmenden Immunität eher zurückgeht (Alfredsen 1992).

Auch C. tenuicollis und E. hydatidosus können sich in der Leber manifestieren.

37.2.2 Morphologische Untersuchung des Magen-Darm-Konvolutes

Verdauungstrakt

Eine der wichtigsten Kontaminationsquellen und Carrier für Salmonellen im Zuge der Fleischgewinnung sind nach allgemeiner Auffassung der Darmtrakt und die zugehörigen Lymphknoten. Diesbezüglich liegen zahlreiche Untersuchungen vor, die auch dazu beigetragen haben dürften, dass mit dem Außerkrafttreten der Ausführungsbestimmungen A im Jahr 1986 und der Verkündung der Fleischhygiene-Verordnung die Incision der Darmlymphnoten aufgegeben wurde, dies ungeachtet der im folgenden beschriebenen Präsenz von Mykobakterien in den Lymphknoten des Darmtraktes.

Bei schlachtreifen Mastschweinen treten Enteritiden erst in zweiter Linie auf. Bei schwerem Befall sind Ascariden im Dünndarmtrakt palpierbar, sie können dann das gesamte Darmlumen ausfüllen.

Veränderungen, die durch Mykobakterien verursacht sein können

Die morphologischen Befunde stellen sich dar als käsige Einlagerungen in die Lymphknoten mit fester Konsistenz.

Bei einem solchen Befund greift der Rechtstext auf eine Formulierung zurück, die das diagnostische Problem präzise wiedergibt („Veränderungen, die durch Mykobakterien verursacht sein können"): Eine Identifizierung des kausalen Agens ist auf morphologischer Basis nicht möglich.

Ätiologie. Gemeint ist der „Mycobacterium avium intracellulare Complex" (MAIC). Hierzu gerechnet werden zwei Species (M. intracellulare) und M. avium mit mehreren Unterarten (avium, para-

Tab. 107: Grunduntersuchungsgang Hausschwein, Geschlinge nach VO (EG) 854/2004				
	Adspekt.	Palpat.	Incision	Bemerkungen
Zunge	+			
Ösophagus	+			
Trachea	+		+	Längsschnitt in die Trachea und Hauptbronchen, Quereinschnitt
Lungen	+	+	+	im hinteren Drittel der Lungen. Kann entfallen, wenn v. menschlichen Verzehr ausgeschlossen.
Nll. bifurcat. sinn.	+	+		
Nll. bifurcat. medd.	+	+		
Nll. bifurcat. dextr.	+	+		
Nll. tracheobronch. crann.	+	+		
Nll. mediast.crann.	+	+		
Pericard und Herz	+		+	Herz: Längsschnitt zur Öffnung der Kammern Durchtrennung des Septums
Zwerchfell	+			
Leber	+	+		

tuberculosis, silvaticum, hominisuis). Humanrelevanz ist entgegen traditioneller Auffassung nicht mehr auszuschließen (immunkompromittierte Personen, Kinder).

In den Mandibularlymphknoten mit den typischen Läsionen konnte in nennenswertem Umfange auch Rhodococcus equi (auch parallel mit MAIC) nachgewiesen werden, nicht dagegen oder nur in geringem Umfang in den Mesenterial-Lymphknoten (Pavlik et al. 2003). Beobachtet wurden auch Parallelbesiedlung von Mykobakterien und Actinomyces (Vandenberghe et al. 1979).

Epidemiologie. Insgesamt muss die Umwelt der Tiere als Quelle für MAIC angesehen werden (Thorel et al. 2001). Einstreu (Sägespäne) gilt als Eintragsvehikel für die Erreger beim Schwein (Pavlik et al. 2003), ein Bestandsbezug wird angenommen. Bekannt geworden ist auch ein Fall, in dem Teigabfälle verfüttert wurden (Dalchow 1988), Matlova et al. (2005) beschrieben einen Übertrag von MAIC auf Schweine über Torf als Beifutter.

Ein Ausbruch in Norwegen wurde in Zusammenhang gebracht mit kombinierter Haltung von Sauen und Masttieren, wobei auch offene Gebäude mit Vogeleinflug, zu geringen Reinigungsfrequenzen und die Verwendung von Einstreu als denkbare Faktoren aufgeführt wurden (Alfredsen & Skjerve (1993).

Prädilektionsstellen. Alle Daten dürften auch davon abhängen, von welcher Lokalisation sie gewonnen wurden. Als Prädilektionsstellen gelten die Lymphknoten des Darmtraktes, die Kopf-Lymphknoten und weitere Lymphknoten sowie Organe (hier vor allem die Leber). Die uneinheitliche Verteilung verkompliziert die Erarbeitung valider Daten, zumal die Untersuchung des Darmpaketes de facto aufgegeben wurde (vgl. Palpation der Darmlymphknoten, Tab. 109).

Tab. 108: Auftreten von „Veränderungen, die durch Mykobakterien verursacht sein können" in unterschiedlichen Lymphknoten geschlachteter Schweine

	Debevc 2006	Pavlik et al. 2003	Meyer et al. 2007
Gesamt untersucht	32801	190940	17513
Prävalenz	555 (1,69 %)	4107 (2,2 %)	126 (0,87%)
Anlass	PMU	PMU	PMU
Davon im Kopfbereich	231 (41,6%)	18,6%	74%
Davon im Mesernterium	312 (56,2%)	65,3%	25%
Davon an beiden Lokalis.	12 (2,2%)	15,9%	1%
Davon Fund im Körper	5 (0,9%)	0,1% [*]	

(*): Nll. inguinales supff.

PMU: Post-mortem-Untersuchung

Die Angaben der Tab. 108 geben Ergebnisse von Untersuchungen wieder, in denen im Rahmen der post-mortem-Untersuchung an den beiden wichtigsten Stellen, und zwar mittels Incision, untersucht wurde.

Prävalenz. Dagegen basieren die Daten des Statistischen Bundesamtes auf den makroskopischen Erhebungen in der routinemäßigen Untersuchung post mortem, Sensitivität und Spezifität sind hier begrenzt. Die dortigen Angaben liegen konstant weit unterhalb 1 %.

Da Mikroabszedierungen – wenn überhaupt – selten erkannt werden können, repräsentieren diese Angaben mit Sicherheit nicht die wahre Prävalenz; Vergleichsdaten aus gezielten Untersuchungen sind höher angesiedelt:

Kopflymphknoten	1,85 %	(Fischer et al. 1999)
Kopflymphknoten	0,58 %	(Lücker et al. 1997)
Lymphknoten (Kopf und Darmtrakt)	0,87 %	(Meyer et al. 2007)
Lymphknoten am Kopf, Nll. jejunales, div. weitere	0,32 %	(Pavlik et al. 2003)

Milz und Netz

Befunde an der Milz sind selten. Es handelt sich meist um mechanisch bedingte Milztorsionen. Örtlicher Milzbrand ist nicht ausgeschlossen, was sich in den Lymphknoten des Darmtraktes bemerkbar machen kann (blutig-nekrotisierend).

Das Netz reflektiert treffend den Ernährungszustand. In geringer Menge vorliegendes Fettgewebe, auch ödematöse Zustände am Netz korrespondieren mit einem schlechten Ernährungszustand des gesamten Tieres. Sie können – je nach Ausprägung – auf eine vollständige Abmagerung hinweisen.

Tab. 109: Grunduntersuchungsgang Hausschwein, Darmtrakt

	Adspekt.	Palpat.	Incision	Bemerkungen
Magen-, Darmtrakt	+			
Mesenterium	+			
Milz	+	(+)		Palpieren, wenn notwendig
Nll. gastrici	+	+	(+)	
Nll. heptici	+	+		
Nll. pancreaticoduodenales	+			
Nll. jejunales	+	+	(+)	Lymphknoten:
Nll. ileocolici	+	+	(+)	Wenn notwendig,
Nll. colici	+	+	(+)	Anschneiden
Nll. mesenterici caudd.	+	+	(+)	
Nll. anorectales	+	+	(+)	
Genitalien	+			

37.2.3 Morphologische Untersuchung der Tierkörperhälften

Bis auf die Incision der Mandibular-Lymphknoten werden die Tierkörperhälften visuell erkundet, insofern müssen gerade hier die einzelnen Lokalisationen bewusst aufgesucht und auf die typischerweise auftretenden Befunde und den Gesamteindruck geprüft werden. Auf die generelle Herangehensweise (Kapitel 35) wird verwiesen, vgl. auch Kasten.

Gewebe und Lokalisationen am Tierkörper

Spezielle Gewebe
Wirbelsäule
  Verkrümmungen weisen hin
  auf Rückenmuskelnekrosen
Muskulatur
  Farbe (Helligkeit, Farbqualität,
  Sättigungsgrad), Feuchte (pH/
  Wasserbindungsvermögen/
  Leitfähigkeit) geben Aufschluss
  über den PSE-Status
Blutungen
  können durch die Betäubung, aber
  auch durch Infektionen bedingt
  sein (Petechien)
EZ drückt sich aus in der Ausprägung
  des Fett- und Bindegewebes an
  Flomen/Rückenspeck/Nierenfett
  (auch am Darmkonvolut)

Tierkörper-Oberflächen
Außen
  Schlag-/Kratzspuren (vom Ein-
  und Ausladen, aus den Warte-
  buchten oder durch die (CO_2-)
  Betäubung, Entborsteschäden,
Innen
  Serosen (Verklebungen, Pete-
  chien), Füllung der Intercostalge-
  fäße als Hinweis auf den Entblu-
  tungsstatus
Organe
Am Tierkörper verbleiben zur Untersuchung die Nieren/Nieren-Lymphknoten und das
Gesäuge mit Gesäugelymphknoten bei
  den Sauen

EZ: Ernährungszustand

Schlachtgewicht/Ausschlachtgewicht

Mastschweine erreichen ein Alter von ca. 180 bis 210 Tagen. Da das Milchgebiss innerhalb eines breiten Zeitfensters wechselt, geben Zahnaltersformeln keinen weiteren Aufschluss. Das Alter liegt je nach Mastziel fest, auch der Belegungszyklus in den Haltungen wird möglichst konstant gehalten. Das Geschlecht spielt in der konventionellen Haltung, wie sie in der EU etabliert ist, eine eher untergeordnete Rolle, die Tiere werden in der Mehrzahl gemischtgeschlechtlich gehalten.

Wichtig dagegen ist die Kombination von (bekanntem) Alter und Schlachtgewicht. Ein wider Erwarten niedriges Schlachtgewicht wird häufig beobachtet bei systemischen Erkrankungen, als Folge von Schwanzbeißereien, schweren Atemwegserkrankungen oder Arthritiden. Insofern ist das retardierte Wachstum in Relation zu anderen Tieren der Gruppe ein Indikator für das Vorliegen gesundheitlich widriger Umstände.

In finnische Untersuchungen (Tuovinen et al. 1994) wurde eine enge Assoziation zwischen Teiluntauglichkeiten (Tierkörper) und einem niedrigen Schlachtgewicht festgestellt.

Kopf und Nacken

Köpfe tragen wenig zur Gesamtzahl der post-mortem-Befunde bei. Sørensen & Petersen (1999) haben die an Köpfen festgestellten Befunde zusammengestellt (0,1 % von 3 221 332 Schlachtschweinen). 37 Teil- oder Total-Untauglichkeiten konnten auf Befunde am oder im Kopf zurückgeführt werden, in der Hauptsache handelte es sich um Abszesse, dazu Osteomyelitiden und wenige Otitis-Fälle. Über ähnlich niedrige Befundzahlen wurde von Kobe et al. (2000) berichtet (0,33 %, ebenfalls vor allem Abszesse). Unterschieden werden muss zwischen diesen allgemein auftretenden Abszessen und den MAIC-assoziierten Befunden in den Mandibular-Lymphknoten.

Dokumentierung von Rhinitis atrophicans: Mit einer sich abzeichnenden Entwicklung, den Kopf beim Schwein vor der post-mortem-Untersuchung aus hygienischen Gründen nicht mehr zu spalten bzw. vollständig abzutrennen, wird eine Bewertung dieses Umstandes schwieriger.

Gewebeunverträglichkeiten: Die Nackenregion gilt als gefährdet bezüglich des Auftretens von Abszessen. Christensen et al. (1996) fanden bei 8810 Sauen zur Schlachtung 969 (11,0 %) Abszesse, Gewebeschäden oder Flüssigkeitsansammlungen. Verbindungen zur Zahl der Geburten, zu Routineinjektionen oder antibiotischer Behandlung waren darstellbar.

Wirkstoffe sollten in die Muskulatur appliziert werden. Die Nackenmuskulatur ist geschichtet aufgebaut, und es besteht das Risiko, dass die Wirkstoffe in das Bindegewebe und nicht in die Muskulatur gelangen. Es kommt dann zu gewebsfreien Taschen bis hin zu Abszessen mit der Folge von Rückständen, Gewebereizungen, Entzündungen und Nekrosen am Ort der Injektion.

Gesäuge

Bei Sauen werden im Gesäuge Abszesse gefunden. Von 367 untersuchten Sauen wiesen 18,8 % in der Hauptsache Abszesse auf (Delgado & Jones 1981), ursächlich beteiligt waren Corynebacterium pyogenes (43), unterschiedliche Streptokokken (25), in vergleichbarer Zahl auch Anaerobier wie Bacteriodes (23) und Clostridium (18).

Schwanzspitzennekrosen

In vielfältigen Varianten auftretend, handelt es sich um einen wichtigen Aufmerksamkeits-Indikator für aufsteigende Abszesse, die sich

v. a. in der Wirbelsäule, aber auch in der Becken- und Bauchhöhle manifestieren.

Langeweile, Gruppenstress (Crowding), fehlende Einstreu, auch Mängel im Klima können das Phänomen auslösen (vgl Kap. 6). Gegenrezepte, wie etwa Entfernen der Beißer – sofern identifizierbar –, Einsatz von „Spielzeugen" oder das Schwanzkupieren waren bislang kaum durchschlagend erfolgreich. Über Strohspendeautomaten zur Selbstbeschäftigung wurde berichtet (Ziemke 2007).

Zwischenzeitliche Gewichtsverlust scheinen sich – sofern es nicht zu Komplikationen kommt – zu kompensieren.

Arthritiden
Über die Nll. ileofemorales kann ein schneller Eindruck über bestehende Gelenkaffekte in den Hinterextremitäten erzielt werden. Zu beachten ist bei der Untersuchung, dass Gelenke/Sehnenscheiden auf beiden Tierkörperhälften symmetrisch sein müssen. Asymmetrien weisen auf Arthritis oder Polyarthritis hin.

Greve (1980) fand aus 58 995 Schweinen post mortem in 357 Fällen eine Lymphknotenschwellung, von denen 242 Fälle (67,8 %) auf chronische Arthritis zurückgeführt werden konnten.

Von 15 977 Befunden, die zum Teilverwurf führten, wurden 50,0 % begründet mit Arthritiden, 35,5 % wegen des Auftretens von Abszessen, 3,4 % wegen Pneumonien und bei 2,9 % erfolgte die Untauglichkeitsbeurteilung aufgrund von Pleuritiden (Tuovinen et al. 1994).

Australische Untersuchungen weisen in dieselbe Richtung: Cross & Edwards (1981) fanden in 1,07 % der untersuchten Fälle Arthritiden vor. Davon gingen 0,28 % als Totalverwurf und die restlichen 0,79 % als Teilschaden.

(Nicht-eitrige) Arthritiden sind bei Mastschweinen von ökonomischer Bedeutung. Bei der mikrobiologischen Untersuchung nichteitriger Arthritiden war der größte Teil steril, isoliert wurden in geringer Zahl E.rhusiopathiae, Streptokokken und Mykoplasmen (Buttenschøn et al. 1995).

Parasitische Stadien
Schweine können in mehrfacher Hinsicht als Überträger von Parasitosen fungieren, in zoonosemäßiger Hinsicht sind T. solium, E.granulosus, S. suihominis und Trichinella von Belang. Finnenstadien sowie Sarcocystis sind makroskopisch erkennbar, auf Trichinella wird routinemäßig geprüft, vgl. Tab. 110.

Sarkosporidien: Zahlen zur Seroprävalenz von Sarcocystis-Antikörpern (29 % bei Sauen) zeigen, dass zumindest der potenzielle Kontakt mit dem Erreger mit steigendem Alter wahrscheinlicher wird (Damriyasa et al. 2004; de Buhr et al. 2008).

Bandwürmer werden unter den Bedingungen der Intensivhaltung von Schweinen in Mitteleuropa selten gefunden: Mit der Trennung der Lebenssphären von Mensch und Tier kann sich der Kreislauf des Menschenbandwurmes weniger leicht schließen.

Tab. 110: Bandwurmstadium beim Schwein

		Finne	Manifes-tationsorgan
Taenia hydatigena	(Hundebandwurm)	C. tenuicollis	Leber
Taenia solium	(Menschenbandwurm)	C. cellulosae	Muskulatur
Echinococcus granulosus	(Hundebandwurm)	E. hydatidosus	Leber

Tab. 111: Grunduntersuchungsgang Hausschwein, Tierkörper

	Adspekt.	Palpat.	Incision	Bemerkungen
Nieren	+		(+)	Incision, wenn notwendig
Nll. renales			(+)	
Gesäuge	+			
Nll. inguinales				
supff. (weibl.)	+		(+)	Incision bei Sauen
Kopf, Tonsillen, Pharynx	+			
Nll. mandibulares	+		+	
Zwerchfell	+			
Pleura u. Peritoneum	+			
Nabel, Gelenke				
(bei jungen Tieren)	+	+	(+)	Incision im Zweifelsfall
Knochenanschnitte	+			
(WS, Gelenke, Sternum)				
Oberflächen	+			Alle Oberflächen sind zu prüfen
Haut	+			
Binde- u. Fettgewebe	+			
Muskelanschnitte	+			

37.3 „Spezifische Gefahren" beim Schwein

Für das Schwein kommen von den in der VO (EG) 854/2004 aufgeführten spezifischen Gefahren infrage die Trichinellose, die Cysticercose und die Brucellose. Zur Brucellose vgl. die Anmerkungen im Kapitel Rind.

37.3.1 Cysticercose

Mindestverfahren der Untersuchung sind die Techniken der konventionellen Untersuchung bei „Schweinen und bei Rindern >6 Wochen". Für das Schwein wäre dies die Betrachtung der Oberflächen der Muskulatur (in schweren Fällen auch der Zunge). Darüber hinaus können bei beiden Nutzungsgruppen, also auch beim Schwein, serologische Tests eingesetzt werden, Cysticercose-infiziertes Fleisch ist genussuntauglich. Die national geltende zahlenmäßige Präzisierung auf 10 Finnen als Obergrenze für eine Kältebehandlung gilt auch für das Schwein.

37.3.2 Trichinellose

T. spiralis ist in Europa und in Deutschland endemisch, Quelle ist vor allem der (regionale) silvatische Zyklus, regional ist auch noch ein domestischer Zyklus intakt. Nachgewiesen wurden in Europa mehrere Spezies der Gattung: T.spiralis, T.britovi, T.pseudospiralis und T.nativa (Nöckler et al. 2004). Das festzustellende Vordringen des als Reservoir fungierenden Marderhundes in Ostdeutschland (nach Westen) verändert auch die in den silvatischen Zyklus eingebundene Fauna.

In einem Trichinellen-endemischen Raum ist Überwachung erforderlich und dementsprechend auch vorgeschrieben: Es handelt sich um eine individuelle Untersuchung auf Trichinen bei Haus- und Wildschweinen, anderem empfänglichen Wild, bei Pferden und empfänglichem Zuchtwild. Vorgeschrieben ist primär die Stück-für-Stück-Untersuchung mittels Digestionsverfahren. Möglich ist auch eine Gefrierbehandlung (zugelassen sind unterschiedliche Zeit-Temperatur-Kombinationen), in diesen Fällen entfällt die routinemäßige Untersuchung.

Die geschlachteten oder erjagten Tiere, bei denen Trichinen festgestellt wurden, sind genussuntauglich.

37.4 Die Varianten der Untersuchung

Die Überwachung bei Schweinen beinhaltet für das Vorgehen ante und post mortem eine Reihe von Besonderheiten.

37.4.1 Vorverlagerung der ante-mortem-Untersuchung

Die Lebenduntersuchung kann im Herkunftsbestand stattfinden, wenn dort die folgenden Positionen abgearbeitet werden (Anl. I, Abschn. IV, Kapitel IV der VO (EG) 854/2004):

- Kontrolle der Betriebsbücher
- Untersuchung der Tiere auf Zoonosen bzw. auf entsprechende Verdachtsmomente
- Anzeichen, die auf Untauglichkeit des gewonnenen Fleisches hinweisen
- Hinweise, dass Rückstände oberhalb der festgelegten Höchstwerte vorliegen könnten

Die Untersuchung kann durch einen amtlichen Tierarzt oder einen zugelassenen Tierarzt (dem diese Art von Kontrollen von der zuständigen Behörde übertragen wurde) vorgenommen werden. Der Sendung mitgegeben werden muss die Gesundheitsbescheinigung (sie ist 3 Tage gültig).

Im Schlachtbetrieb wird dann die Identität, die Einhaltung der Bestimmungen zum Wohlbefinden der Tiere und erneut auf Anzeichen human- und tiergesundheitlicher Umstände geprüft.

37.4.2 Post-mortem-Untersuchung

Für die Untersuchung von Mastschweinen post mortem stehen 2 Modelle zur Verfügung. Beide Vorgehensweisen unterscheiden sich nur geringfügig, in jedem Falle müssen die Grundelemente der Lebensmittelkette einbezogen werden, in jedem Falle sind auch alle äußeren Oberflächen zu prüfen (Anhang I, Kapitel I, Punkt D. Nr. 1 der VO (EG) 854/2004).

Der Regelfall

Wenn über die Grundanforderungen der Lebensmittelkette hinaus keine weiteren epidemiologisch relevanten Sicherungsmaßnahmen erfolgen, tritt der Regelfall der Untersuchung ein. Diese Variante beinhaltet neben der Erfassung der Daten zur Lebensmittelkette die bereits beschriebene Untersuchungsabfolge. Die obligatorischen berührenden Untersuchungstechniken (Palpation oder Incision) zielen ab auf die Erkennung der folgenden Umstände:

Incision	Nll. mandibulares	Verkäsungen, die durch Vertreter des MAIC entstehen können
Incision	Herz	Endocarditis, verursacht durch E. rhusiopathiae oder S. suis
Incision	Gesäuge bei der Sau	Mastitis, Aktinomykose
Palpation	Nll. der Lungen	Verifizierung eines pneumonischen Zustandes
Palpation	Nll. des Darmes	Verkäsungen, die durch Vertreter des MAIC entstehen können
Palpation	Leber	Erkennung von parasitären Stadien, vor allem Ascaris

Es handelt sich um Untersuchungen (wenn auch unbekannter Spezifität und Sensitivität) zur Erkennung spezieller Befunde. Auch dieser Ablauf ist eingebettet in das Tracing-back System.

Beim Mastschwein beschränkt sich der Messereinsatz auf die Incision der Nll. mandibulares und des Herzens. Im Verdachtsfall werden die Lymphknoten der Magengegend und die Mesenterial-Lymphknoten sowie am Tierkörper Niere und Nierenlymphknoten sowie Nabelgegend und Gelenke angeschnitten. Palpatorisch überprüft werden die Leber, die Lymphknoten der Lunge und des Darmtraktes (s. Kasten).

Messergebrauch (Incision) nach VO (EG) 854/2004 (Mastschwein)

Bedingungen	zu prüfendes Gewebe
I: Generell	Nll. mandibulares, Herz
II: (Nur) im Falle der Verzehrswidmung	
Geschlinge	Lungenflügelquerschnitte
	Trachea, Hauptluftröhrenäste
III: (Nur) im Verdachtsfall	
Magen-Darm	Lymphknoten der Magengegend
	Mesenterial-Lymphknoten
Tierkörper	Niere, Nierenlymphknoten
	Nabelgegend, Gelenke
IV: Sofern erforderlich	Weitere Gewebe

Die visuelle „hands-off"-Technik

Für Mastschweine (dies gilt auch für junge Rinder, Schafe und Ziegen) kann unter bestimmten Bedingungen eine visuelle Inspektion der geschlachteten Tiere vorgenommen werden. Diese Erleichterung basiert auf der Vorstellung, dass mit geeigneten Mitteln der Eintrag bestimmter Agentien und damit die korrespondierende Ausprägung der Befunde vermieden werden können und damit die morphologische Untersuchung am Ende der Kette nicht das alleinige Kontrollinstrument auf diese Umstände bleibt. Die Variante impliziert erhöhte Biosecurity-Anstrengungen, was wiederum die Sicherheit auch allgemein in Bezug auf Zoonoseerreger erhöht. Die VO (EG) 854/2004 formuliert:

„Die zuständige Behörde kann auf der Grundlage epidemiologischer oder anderer Daten des Betriebes entscheiden, dass Mastschweine, die seit dem Absetzen in kontrollierter Haltung in integrierten Produktionssystemen gehalten wurden, in einigen oder allen der genannten Fälle (vgl. Tab. S. 419) lediglich einer Besichtigung unterzogen werden".

Mit der VO (EG) 1244/2007 wurde der Begriff der „Risk Based Meat Inspection" eingeführt: Damit hat sich die Untersuchung gezielt und methodisch adäquat an den in der Nutzungsgruppe auftretenden Risiken zu orientieren. Dies kann das Aufgeben eines Untersuchungssegmentes beinhalten, es kann auch die Aufnahme anderer Ziele beinhalten, deren Verfolgung sich als notwendig herausgestellt hat.

Toxoplasm gondii ist humanpathogen, bei Schwangerschaften besteht bei fehlender Immunität die Gefahr embryonaler Schäden oder von Spätschäden. Dennoch hat sich Toxoplasma noch nie im Fokus der Überwachung befunden, dürfte aber zukünftig vermehrt Beachtung finden („disease of emerging attention").

Auch hier steigt mit steigendem Alter der Tiere (de Buhr et al. 2008; Damriyasa et al. 2004) und mit zunehmender Offenhaltung (v.d. Giessen et al. 2007; Gebreyes et al. 2008; de Buhr et al. 2008) die Zahl positiver Reaktanten an.

Hygiene der berührenden Untersuchungen und anderer technischer Eingriffe

Gerade bei den in großer Stückzahl gehaltenen und prozessierten Schweinen tragen berührende (Untersuchungs-)Techniken grundsätzlich zu einem Übertragungsrisiko für Zoonoseerreger bei.

Messereinsatz

Werden in der Haltung keine weiteren Sicherungs-Maßnahmen verfolgt, wird mit berührenden Techniken gearbeitet mit der Folge eines erhöhten Risikos eines Erregerübertrags. Gerade diese Bedingung muss als Widerspruch in sich und gegen die Anstrengungen einer Zurückdrängung von Zoonoseerregern in der Lebensmittelkette angesehen werden, dies auch in Anbetracht der nun auch für das Schwein anlaufenden Bemühungen zur Kontrolle der Salmonellenpräsenz in den Beständen.

Gerade mit der „hands-off"-Variante ist auch eine Verringerung der immer wieder kritisierten Kontamination der Instrumente durch die Gewebe und umgekehrt zu erwarten (vgl. Kap. 11).

Tab. 112: Termine in der schrittweisen Eindämmung von Salmonellen in Schweinehaltungen			
	Festlegung von Gemeinschafts-zielen nach Inkrafttreten der VO (EG) 2160/2003 für den Termin	Untersuchungen verbindlich ab dem Termin	Gemeinschafts-ziele zu erreichen zum Termin (soweit bereits festgelegt)
Schlachtschweine	+48 Mo 12.12.2007	18 Mo später 12.06.2009	
Schweinezucht-Bestände	+60 Mo 12.12.2008	18 Mo später 12.06.2010	

Entnahmesequenz der genusstauglichen Organe von der Gewinnungslinie

Mit der Möglichkeit einer „hands-off"-Untersuchung ist der gesamte Ablauf der Organentnahme und -aufarbeitung zur Reorganisation offen, eine Option, die technisch nicht einfach zu bewältigen ist, die jedoch in Konsequenz zu einer Verbesserung der Hygiene in der Gewinnungslinie beitragen kann. Ist in der Untersuchung keine Palpation oder Incision mehr gefordert, kann die Entnahme schrittweise und separat und entsprechend den hygienischen Erfordernissen organisiert werden.

Tonsillen

Die Tonsillen müssen als stark kontaminiert mit Zoonoseerregern gelten (Fries et al. 2002), und bei der Entfernung der Tonsillen besteht grundsätzlich das Risiko einer Verschleppung. Entgegen alten Rechtsvorgaben und Gepflogenheiten werden die Tonsillen nicht mehr im Zuge der Untersuchung entfernt (Leps 2007), sondern die Entnahme muss separat erfolgen (VO (EG) 853/2004, Anh. III; Kapitel IV), dies in hygienisch sinnvoller Trennung von Untersuchung und Prozesstechnologie.

Tab. 113: Zoonoseerreger im Rachen und Darmbereich von gesunden Schlachtschweinen (Fries et al. 2002)			
Zieltaxon	Probenmaterial		Summe
	Lymphknoten Darm n=142	Tonsillen n=146	n=288
Campylobacter	65 (45,8 %)	68 (46,6 %)	133 (46,2 %)
Salmonella	26 (18,3 %)	25 (17,1 %)	51 (17,7 %)
Listeria	2 (1,4 %)	39 (26,7 %)	41 (14,2 %)
Yersinia enterocolitica	2 (1,4 %)	17 (11,6 %)	19 (6,6 %)

Messer als CCP

Für das Handgerät ist ein spezieller Ort zur Bearbeitung und Lagerung nach der Arbeitsphase notwendig sowie eine Aufbewahrungsmöglichkeit während der Arbeitspausen. Derartige Vorrichtungen mindern jedoch keinesfalls die Überträgerfunktion der Geräte, sind sie einmal im Einsatz.

Auch die Messer müssen daher als kritisch und als CCP angesehen werden, und die Sterilisierbecken stellen einen kritischen Punkt im Messerkreislauf dar: Niedrige Temperaturen im Becken, für den Desinfektionseffekt zu kurze Verweilzeiten für die Messer im Becken erlauben keine Sicherheit vor einem Übertrag von Salmonellen (vgl.

Kap. 24). Gleichfall sollte auf keinen Fall Schnitte in verändertes Gewebe gesetzt werden, wenn die Information vorher bereits ausreichenden Aufschluss gegeben hat.

37.4.3 Visuelle Untersuchungstechniken: Elemente einer Umsetzung

Bei Mastschweinen kann die Reeluntersuchungen post mortem durch visuelle Überprüfung der geschlachteten Tiere ersetzt werden, wenn
- die Tiere unter kontrollierten Bedingungen und in integrierten Produktionssystemen gehalten werden,
- eine Anzahl von Tieren auf die in der Haltung und bei der Nutzungsgruppe relevanten Lebensmittelsicherheitsrisiken untersucht wird,
- bei festgestellten Abnormalitäten auf die Regeluntersuchung zurückgeschaltet wird.

Die in der VO (EG) 1244/2007 aufgeführten näheren Bedingungen der Haltung sind im Kapitel 20 wiedergegeben.

Dies bedeutet in praktischer Konsequenz: Soll das visuelle System der post-mortem-Untersuchung angewendet werden, müssen die Befunde und Umstände, die mit den Regel-Eingriffen erkannt werden sollen, auf andere Weise fern- oder unter Kontrolle gehalten werden. Entsprechende Präventions- und Verifizierungs-Strategien müssen in der Lage sein, eine Sicherung gegen diese Umstände so zu gewährleisten, dass das Niveau der konventionellen Regelfall-Sicherung aufrechterhalten bleibt.

Neben den genannten Laboranalysen müssen somit auch alle Ergebnisse der post-mortem-Untersuchung erfasst und dokumentiert werden, um für diese „alternativ" verlaufenden Untersuchungen einen Vergleich zur Verfügung zu haben.

37.5 Umsetzung des Konzeptes der Haltungen mit verringertem Trichinellenrisiko

Das Risiko einer Konfrontation der Konsumenten mit Trichinellen steigt mit der Prävalenz des Parasiten in der Region. Die Untersuchung beim Hausschwein kann daher durch ein Präventivkonzept (trichinenfreie Betriebe und Regionen mit vernachlässigbarem Risiko) nach der VO (EG) 2075/2005 ersetzt werden.

Daneben muss sichergestellt sein, dass die infrage kommenden Hausschweine unter kontrollierten Bedingungen gehalten werden und aus integrierten Produktionssystemen („ständige Kontrolle von

Fütterung und Haltung") stammen und dass entweder die Region als „Region mit vernachlässigbarem Trichinenrisiko" bzw. der Betrieb durch die Art der Betriebsführung eine kontinuierliche Trichinenfreiheit belegen kann (trichinenfreier Betrieb").

37.6 Literatur

Alfredsen, S. A. (1992): Differentiation between Parasitic Interstitial Hepatitis and Mycobacterial Lesions in Pig Livers. Bull. Scand. Soc. Parasitol. 2, 33–35

Alfredsen, S, and E. Skjerve (1993): An Abattoir-Based Case-Control Study of Risk Factors for Mycobacteriosis in Norwegian Swine. Prev. Vet. Med. 15, 253–259

De Buhr, K., M. Ludewig, and K. Fehlhaber (2008): Toxoplasma gondii Seroprevalence – Current Results in German Swine Herds. Arch. Lebensmittelhyg. 59, 5–8

Buttenschøn, J., B. Svensmark, and J. Kyrval (1995): Non-purulent Arthritis in Danish Slaughter Pigs. I. A Study of Field Cases. J. Vet. Med. A 42, 633–641

Christensen, G., K. Elvestad, J. Mousing, and L. Krogsgaard Thomsen (1996): Bylder og Anden Vaevsskade i Nakkekod af Slagtesoer. Dansk Veterinaertidsskrift 79, 227–230

Cross, G. M., and M. J. Edwards (1981): The detection of Arthrtitis in Pigs in an Abattoir and its Public Health Significance. Aust. Vet. J. 57, 153–158

Dalchow, W. (1988): Mykobakteriose beim Schwein durch Verfütterung von Teigabfällen. Tierärztl. Umsch. 43, 62–74

Damriyasa, I. M., C. Bauer, R. Edelhofer, K. Failing, P. Lind, E. Petersen, G. Schares, A. M. Tenter, R. Volmer, H. Zahner (2004): Cross-Sectional Survey in Pig Breeding Farms in Hessen, Germany: Seroprevalence and Risk Factors ofInfections with Toxoplasma gondii, Sarcocystis spp. and Neospora caninum in Sows. Vet. Parasitol. 126, 271–286

Debevc, J. (2006): Pers. Mitteilung vom 8. 3. 2006

Delgado, J. A., and J. E. T. Jones (1981): An Abattoir Survey of Mammary Gland Lesions in Sows with Special Reference to the Bacterial Flora of Mammary Abscesses. Br. vet. J. 137, 639–643

Einschütz, K. und R. Fries (2002): Hygienestatus von Messern in der Fleischgewinnung beim Schwein – die Rechtslage und Alternativen der Dekontamination. Proc. Arbeitstagung des Arbeitsgebietes Lebensmittelhygiene der DVG in Garmisch-Partenkirchen, 24. 9. 2002 – 27. 9. 2002, pp. 298–303

Elbers, A. R. W., J. H. Vos, A. Bouma, and J. A. Stegemann (2004): Ability of Veterinary Pathologists to Diagnose Classical Swine Fever from Clinical Signs andf Gross Pathological Findings. Prev. Vet. Med. 66, 239–246

Fries, R., Cl. Hilbert, D. Jaeger, und M. Oetjen (2002): Zoonoseerreger in der Gewinnung von Schweinefleisch – herkunftsbezogene Aufschlüsselung. Proc. Arbeitstagung des Arbeitsgebietes Lebensmittelhygiene der DVG in Garmisch-Partenkirchen, 24. 9. 2002–27. 9. 2002, pp. 326–331

Fries, R. (2003): Die AVV FlH: Inhaltliche Einteilung der für das Schwein vorgesehenen Untersuchungszeiten in der Fleischuntersuchung. Proc.

44. Arbeitstagung des Arbeitsgebietes Lebensmittelhygiene der DVG in Garmisch-Partenkirchen am 29.9.2003, S. 29–34

Gebreyes, W.A., P.B. Bahnson, J.A. Funk, J.McKean, and P. Patchanee (2008): Seroprevalence of *Trichinella, Toxoplasma*, and *Salmonella* in Antimicrobial-Free and Conventional Swine Production Systems. Foodborne Pathogens and Disease 5, 199–203

Greve, E. (1980): Zur Diagnostik der Sarkosporidiose des Schweines bei der routinemäßigen Fleischuntersuchung. Mh. Vet.-Med. 35, 150–151

Große Beilage, E. (1999): Klinische und serologische Verlaufsuntersuchungen zu Prävalenz, Inzidenz und Interaktionen viraler und bakterieller Infektionen des Respirationstraktes von Mastschweinen. Halibitationsschrift , Tierärztliche Hochschule Hannover,

Joachim, A., und A. Daugschies (2000): Endoparasiten bei Schweinen in unterschiedlichen Nutzungsgruppen und haltungsformen. Berl. Münch. Tierärztl. Wschr. 113, 129–133

Kobe, A., N. Bandick, L. Koopmann, S. Dahms, H. Weiss, and R. Fries (2000): Comparison of Two Different Meat Inspection Techniques. Vet. Quart. 22, 75–83

Leps, J. (2007): Die Entfernung der Tonsillen des Schweines. Fleischwirtsch. 87/4, 202–205

Lücker, E., S. Thorius-Ehrler, M. Zschöck, und M. Bülte (1995): Zur Frage der fleischhygienischen Beurteilung tuberkulöser Veränderungen. Proc. DVG Garmisch-Partenkirchen, 502–508

Maderbacher, R. (1992): Zusammenhänge zwischen pathologisch-anatomischen Lungenveränderungen und den Ergebnissen der bakteriologischen Fleischuntersuchung bei Schlachtschweinen. Vet.-Diss. Veterinärmedizinische Universität Wien.

Matlova, L., L. Dvorska, W.Y. Ayele, M. Bartos, T. Amemori, and I. Pavlik (2005): Distribution of Mycobacterium avium Complex Isolates in Tissue Samples of Pigs Fed Peat Naturally Contaminated with Mycobacteia as a Supplement. J. Clin. Microbiol. 43, 1261–1268

Meyer, S., R. Großpietsch, M. Oetjen, D. Borgmann-Fuchs, und R. Fries (2007): Prävalenz und Prädilektionsstellen von Mykobakterien des MAIC beim Schlachtschwein. In: Proc. 7. Fachtagung Fleisch- und Geflügelfleischhygiene Berlin, 1./2. März 2007 (Hrsg.: R. Fries), S. 65–73

Nöckler, K., A. Hamidi, R. Fries, J. Heidrich, R. Beck, and A. Marinculic(2004): Influence of methods for Trichinella Detection in Pigs from Endemic and Non-endemic European Regions. J. Vet. Med. B 51, 297–301

Petersen, H.H., C. Enøe, E.O. Nielsen (2004): Observer Agreement on Pen Level Prevalence of Clinical Signs in Fisher Pigs. Prev. Vet. Med. 64, 147–156

Petersen, H.H., E.O. Nielsen, A.-G. Hassing, A.K. Ersbøll, and J.P. Nielsen (2008): Prevalence of Clinical Signs of Disease in Danish Finisher Pigs. Vet. Rec. 162, 377–382

Tuovinen, V.K., Y. Gröhn, and B.E. Straw (1994): Partial Condemnations of Swine Carcasses – a Descriptive Study of Meat Inspection Findings at Southwestern Finland's Cooperative Slaughterhouse. Prev. Vet. Med. 19, 69–84

Pavlik, I., L. Matlova, L. Dvorska, J. Bartl, L. Oktabocov, J. Docetal, and I. Parmova (2003): Tuberculous Lesions in Pigs in the Czech Republic during

1990–1999: Occurrence, Causal Factors and Economic Losses. Vet. Med. – Czech 48, 113–125

Sørensen, F., and J. V. Petersen (1999): Survey of Numbers and Types of Lesions Detectable in Pig Heads and the Implications for Human and Animal Health. Vet. Rec. 145, 256–258

Straw, B. E., L. Backstrom, A. D. Leman (1986): Examination of Swine at Slaughter. Part II. Findings at Slaughter and their Significance. Comp. Cont. Education 8, 106–110

Thorel, M.-F., H. F. Huchzermeyer, and A. L. Micheel (2001): Mycobacterium avium and Mycobacterium intracellulare Infection in Mammals. Rev. sci. tech. Off. Int. Epiz. 20, 204–218

Vandenberghe, J., J. Hoorens, and L. Devriese (1979): Actinomycotic Lesions in Addition to Tuberculous Infections in Slaughtered Pigs. J. Comp. Path. 89, 597–599

v. d. Giessen, J., M. Fonville, M. Bruwkneqt, M. Langelaar, A. Vollema (2007): Seroprevalence of Trichinella spiralis and Toxoplasma gondii in Pigs from Different Housing Systems in The netherlands. Vet. Parasit. 148, 371–374

Ziemke, J. V. (2006): Verhaltensstörungen bei Mastschweinen und deren Einfluss auf Befunde in der Fleischuntersuchung. Diss. Vet. Med. FU Berlin. J. Nr. 3068

38 Elemente der Überwachung bei kleinen Wiederkäuern

38.1 Haltungsumstände und die Lebensmittelkette

Der bei Schafen übliche Weidegang oder die Wanderschäferei bewirken eine höhere Exposition der Tiere gegenüber der Umwelt, was auch einen höheren Anteil an (v. a. parasitologischen) Befunden post mortem zur Folge haben kann.

Berichtet wird v. a. von Parasitosen, so den makroskopisch wahrnehmbaren Sarkosporidien vor allem am Oesophagus, außerdem häufig von Lungenwurmbefall, Leberegeln und Finnen. Beim Schaf treten häufig auch, teilweise ebenfalls parasitär bedingte, Infektionen des Atmungstraktes auf, erwähnt werden auch bakteriell bedingte Infektionen wie Leptospirose (Nephritis, Nephrosen) oder die beim Schaf bekannte Verkäsung der Lymphknoten, die Y. pseudotuberculosis ovis zugeschrieben wird (Gracey et al. 1999). Daten liegen vor allem aus den Ländern vor, in denen Schafe einen wichtigen Faktor in der Tierhaltung darstellen (Tab. 114).

Edwards et al. (1999) berichten aus England (30 Haltungen, 10 beteiligte Schlachtbetriebe) über Befunde in der post-mortem-Untersuchung. Danach traten auf (Auswahl):

– Pneumonie/Pleuritis: in 16 Sendungen,
– Lungenwurmbefall: in 12 Sendungen,
– Abszesse: in 9 Sendungen,
– Leberegel-Befall: in 8 Sendungen,
– Nephritis/Nephrosen: in 8 Sendungen,
– C. tenuicollis-Befall: in 7 Sendungen,
– C. ovis-Befall: in 5 Sendungen.

Ergebnisse der Fleischuntersuchung bei Schafen aus unterschiedlichen Regionen Europas, die in Italien geschlachtet wurden (Severini et al. 1995), weisen ebenfalls in die beschriebene Richtung, vgl. Tab. 114.

Tab. 114: Post-mortem-Befunde in Schafen unterschiedlicher Provenienz und Altersklasse, Auswahl (Severini et al. 1995)

	Frankreich Lamm adult		Polen Lamm adult		Ungarn Lamm adult		Italien Lamm adult	
Respirationssystem								
Infektiöse, nicht eitrige Pneumonie	37,7		29,2		31,8			
Parasitosen		18,9		10,6				34,3
Verkäsung d. Lymphknoten		2,7		3,1				1,5
Leber								
C. tenuicollis				15,0		17,2		
Dicrocoelium								35,1

Hohe Quoten von Mängeln an der Leber bei Schafen haben Anlass zu Verfolgsuntersuchungen gegeben. In Untersuchungen von Jepson & Hinton (1986) wurde vor allem C. tenuicollis als ursächlich für Verwurfraten in der Untersuchung post mortem identifiziert, an zweiter Stelle lag F. hepatica. Die Leberverwurfsrate aus der post-mortem-Untersuchung belief sich in den beschriebenen Fällen auf 6,3 bis zu 10,2 % (Jepson & Hinton 1986), vgl. Tab. 115.

Als Risikofaktor für das Auftreten von Befunden post mortem stellte sich das Alter der Tiere (steigend) heraus (Edwards et al. 1999). Ursächlich wurden Hunde ermittelt, die infolge nicht durchgeführter anthelmintischer Behandlung Bandwurmträger (C. ovis) waren, desgl. Füchse (Green et al. 1994) oder auch fremde Hunde

Tab. 115: Prävalenz parasitärer Stadien bei geschlachteten Lämmern (UK) in % der untersuchten Tiere

Herz, Zwerchfell, andere Muskulatur	C. ovis	0,6–4,7 %	Green et al. (1994)
Leber	C. tenuicollis	1,5–3,0 %	Green et al. (1994)
Leber (untersucht n = 4000)	F. hepatica	1,1 %	Jepson & Hinton (1986)
	C. tenuicollis	45,1 %	Jepson & Hinton (1986)

(Trampelpfade, Tourismus). Für Parasitosen kann somit eine Zuordnungen zum Alter, zum tierischen Umfeld (Hunde, Füchse)und zur Haltung unterstellt werden, die Befunde manifestieren sich in Organen und in der Muskulatur:

– Lungenwürmer: ältere Tiere mit höherer Prävalenz
– Cysticercus ovis/Taenis ovis bei Präsenz von Hunden und Füchsen
– Cysticercus tenuicollis/Taenia hydatigena bei Präsenz von Hunden und Füchsen

Auch auf regional unterschiedliches Auftreten wird hingewiesen: Für Deutschland haben Klimas et al. (1994) dem Thüringer Raum ein höheres Aufkommen am kleinen Leberegel Dicrocoelium dendriticum zugewiesen. Die entsprechenden Funde an der Leber in der post-mortem-Untersuchung (Auswertungszeitraum 1981–1990) lagen zwischen 0,01 und 1,2 % untauglich beurteilter Schaflebern.

38.2 Gewinnungstechnologie und Vorbereitung zur Untersuchung

Die Organe werden anders zur Untersuchung vorgestellt als es bei Rind oder Schwein der Fall ist: Leber und Milz verbleiben in natürlichem Zusammenhang mit den Organen der Brusthöhle.

Wie bei der Fleischgewinnung beim Rind kann die Längsspaltung des geschlachteten Tieres die Verbreitung des Scrapie-Agens begünstigen. Nach Anl. 2, Kapitel III der (außer Kraft befindlichen) FlHV war die Längsspaltung bei über 12 Monate alten Schafen und Ziegen vorgesehen, um das Rückenmark (SRM) bei diesen Altersgruppen vollständig entfernen zu können. Dem entsprach dann auch die Vorgabe, dass im Falle der Entnahme des Rückenmarks die Längsspaltung unterbleiben konnte. Die VO (EG) 854/2004 beinhaltet zur Längsspaltung der Wirbelsäule keine Vorschriften mehr (vgl. S. 435 – SRM).

38.3 Die Grunduntersuchung post mortem bei kleinen Wiederkäuern

Auf die Durchführung der Untersuchung post mortem hat die Diskussion zur TSE bei Wiederkäuern bislang wenig Einfluss gehabt. Es ist nicht auszuschließen, dass bestimmte Vorgehensweisen in der Fleischuntersuchung die Ausbreitung von Prionen ggf. sogar begünstigen können, da sie in weiten Teilen bereits zusammengestellt wurden, bevor das Phänomen der TSE bewusst wurde.

Notwendig werdende Manipulationen sollten grundsätzlich so erfolgen, dass ein Übertrag des Agens so weitgehend wie möglich unterbunden bleiben, und bereits das Anschneiden von entsprechendem Transfer-Gewebe kann auch einen Übertrag des Agens zur Folge haben.

Eine Gegenüberstellung von Transferwegen und Untersuchungstechniken ist daher als Teil einer Risikoanalyse in der Fleischuntersuchung anzusehen.

38.3.1 Post-mortem-Untersuchung nach der nationalen FlHV und der VO (EG) 854/2004

Die Untersuchung bei den kleinen Wiederkäuern war immer schon stärker optisch ausgerichtet. So muss etwa der Kopf nur im Verdachtsfall und wenn der Verzehr durch den Menschen nicht ausgeschlossen ist, überprüft werden.

Die post-mortem-Untersuchung beschränkt sich weitgehend – auch in Zweifelsfällen – auf die Adspektion und Palpation (Tab. 116, 117). In solchen Zweifelsfällen ist die Milz zu palpieren, Lungen und zugehörige Lymphknoten sowie Herz und Nieren müssen dann angeschnitten werden (FlHV und VO (EG) 854/2004). Dagegen ist die Palpation der Speiseröhre in der VO (EG) 854/2004 nicht vorgesehen, die Gallenblase ist nicht mehr erwähnt.

Oesophagus
Der Oesophagus ist nach Hathaway & McKenzie (1989) sinnvoll zur Untersuchung auf einen Befall des Wirtes mit den häufig und in vielen Ländern auftretenden Sarkosporidien vor allem bei adulten

Tab. 116: Post-mortem-Untersuchung (FlHV [national] vs. VO [EG] 854/2004): Normalfall

	National	VO (EU) 854/2004
Adspektion		
Kopf („Besichtigung" nach Abziehen der Haut)	+	+
Lunge, Luft- und Speiseröhre	+	+
Herzbeutel und Herz	+	+
Zwerchfell	+	+
Leber und Leber-Lymphknoten	+	+
Lymphknoten der Bauchspeicheldrüse	+	+
Gallenblase	+	−
Magendarmtrakt und Nll. der Magengegend des Mesenteriums	+	+
Milz	+	+
Nieren	+	+
Brust- und Bauchfell	+	+
Genitalien	+	*(EU: excl. Penis)*

Fortsetzung S. 430

	National	VO (EU) 854/2004
Euter (inkl. Nll.)	+	+
Nabelgegend und Gelenke bei jungen Tieren	+	+
Palpation		
Speiseröhre nach Lösen von der Luftröhre	+	–
Lunge (und Lymphknoten an der Lungenwurzel und im Mittelfell)	+	+
Leber und Leber-Llymphknoten	+	+
Nabelgegend und Gelenke bei jungen Tieren	+	+
Incision		
Magenfläche der Leber (Gallengänge)	+	+

Schafen: In einer Pilotstudie in Neuseeland fanden sich 68% (gesamt untersucht: 723 adulte Schafe) der positiven Fälle im „Indikatororgan Oesophagus", während über die routinemäßige Inspektion der Karkasse nur 30% der positiven Tiere erkannt wurden. Die Kombination Palpation plus Betrachtung war mit einer höheren Erfolgsquote verbunden als die reine Adspektion.

Der Wegfall der Palpation sollte allerdings unter dem Gesichtspunkt der TSE folgerichtig sein (Fries et al. 2005). Bereits bei der Lösung des Oesophagus kann ein Anschneiden des N.vagus nicht ausgeschlossen werden. Der Nerv muss beim Rind als Transferweg verdächtigt werden (Fries et al. 2003), auch beim Schaf ist er im Falle einer Infektion nicht verdachtsfrei (v. Keulen et al. 1999).

Kopf und Schädel

Da Kopf und Schädel im Normalfall nur im Zuge einer Grund-„Besichtigung" geprüft werden, erfolgen hier keine berührenden Eingriffe.

Der im Zusammenhang mit Zweifelsfällen verwendete Begriff „Untersuchung" von Rachen, Maul, Zunge und (Schlundkopf- und Ohrspeicheldrüsen-) Lymphknoten im Gegensatz zur „Besichtigung" zwingt nicht zur Incision, lässt jedoch die Möglichkeit hierzu offen, vgl. Tab. 116.

Die anatomischen Verhältnisse sind allerdings nicht so bekannt wie es beim Rind der Fall ist. Der hier wie beim Rind als Waldeyer'scher Rachenring bezeichnete Ring von Tonsillen beinhaltet gut unterscheidbar die Tonsilla palatina, pharyngea und paraepiglottica (Cocquyt et al. 2005). Die übrigen Tonsillen sind unregelmäßig im umliegenden Gewebe verstreut, auch bei der Tonsilla lingualis handelt es sich nicht um ein umschriebenes Areal, sondern um mehrere, unregelmäßig gelagerte kleinere Aggregate beidseitig auf dem dorsalen Teil der Zunge (Cocquyt et al. 2005).

Lymphknoten und Milz

Die Lymphknoten des Darmtraktes werden im Normalfall nicht angeschnitten, was angesichts der Invasionsfähigkeit des Scrapie-Agens in das Immunsystem bei kleinen Wiederkäuern sinnvoll ist: Beim Anschneiden der Körper-Lymphknoten im Verdachtsfall (Rechtsgrundlage hierzu in der nationalen FlHV) ist nicht auszuschließen, dass auch mit dem Agens kontaminierte Lymphknoten eröffnet werden.

Das „SRM-Organ" Milz soll in Zweifelsfällen palpiert werden. Diese Vorschrift scheint jedoch eher weniger effizient.

Tab. 117: Post-mortem-Untersuchung: Zusätzlich im Zweifelsfall durchzuführen (FlHV [national] vs. VO [EG] 854/2004):		
	National	VO (EU) 854/2004
„Untersuchung" Kopf: *Untersuchung* von Rachen, Maul, Zunge, Retropharyngeal-/Parotis-Lymphknoten); entbehrlich, wenn Kopf inkl. Zunge und Gehirn vom menschlichen Verzehr ausgeschlossen bleibt	+	+
Palpation Milz	+	+
Incision Lunge, Lymphknoten an der Lungenwurzel und im Mittelfell	+	+
Herzbeutel und Herz	+	+
Nieren und ihre Lymphknoten	+	+
Nabelgegend und Gelenke bei jungen Tieren	+	+
		(EU: Untersuchung der Gelenkflüssigkeit)

38.3.2 „Hands-off"-Techniken bei den kleinen Wiederkäuern

Aus bekannt gewordenen Vorversionen zur VO (EG) 854/2004 existieren unterschiedliche Varianten zur Einbeziehung von Nutzungsgruppen in das Konzept der „hands-off"-Techniken. Letztlich bezieht sich die (Grund-) Verordnung (Anh. I, Abschn. IV, Kapitel IV, B, Nr. 2) auf das Mastschwein als alleinige Nutzungsgruppe (vgl. Kapitel 37.

Mit der VO (EG) 1244/2007 wurde die Möglichkeit der „Hands-off"-Technik ausgeweitet auf kleine Wiederkäuer und das Kalb, jeweils mit speziellem Altersbezug. Die dort sogenannten jungen Schafe haben ein maximales Alter von 12 Monaten oder bei ihnen ist noch kein bleibender Schneidezahn durchgebrochen. Die für das Programm vorgesehenen Tiere dürfen dabei einmal den Bestand wechseln. Weitere zusätzliche und einzuhaltenden Anforderungen im Falle einer Risikobasierten Fleischuntersuchung (VO (EG) 1244/2007) sind im Kapitel 20 wiedergegeben.

Für die „jungen Schafe" i. S. der VO (EG) 1244/2007 ist vor allem die routinemäßige Incision in die Magenfläche der Leber gemeint. Wie weit angesichts der besonderen Haltungsbedingungen von Schafen „Biosecurity" vor den (mit dem Leberanschnitt gemeinten) Parasitosen möglich ist, bedarf dann der näheren Beschreibung der Haltungsumstände. Jepson & Hinton (1986) fanden in der Tat nur in einer vollständig in-house gehaltenen Schafherde keine Leberschäden. Wie weit die Hinweise auf regionales Auftreten von Parasitosen schon Abwesenheit signalisieren, bedarf in Anbetracht des häufigen Auftretens bei Schafen noch weiterer Untersuchungen.

38.3.3 Weitere Änderungsansätze in der Grunduntersuchung

Die „intensive Palpation" beim Schaf (USA)

Walker et al. (2000) prüften die in den USA für Schafe seit 1944 vorgeschriebene „intensive Palpation des Tierkörpers" zur Erkennung des bei Schafen bekannten Befundes „Lymphknoten-Verkäsung" an Hand von Statistiken des FSIS (Food Safety and Inspection Service). Der Befund trat auf in 5 von 100 000 Fällen, in der überprüften 10-Jahresperiode vor der Untersuchung wurden 0,0046 % der untersuchten Tiere deswegen untauglich beurteilt. Unter Abwägung des Risikos einer Übertragung von Zoonoseerregern durch die palpatorischen Eingriffe und die Möglichkeit der Nichterkennung des inkriminierten Befundes wurde bei Lämmern auch rechtlich auf die Inspektion der Tierkörper umgestellt und die beschriebene Palpation aufgegeben.

Untersuchung der Milz beim Schaf (Neuseeland)

Hathaway et al. (1988) verglichen die Effizienz der herkömmlichen Untersuchungstechniken an hand der Untersuchung der Milz beim Schaf (vgl. Kapitel 25). Als Konsequenz aus den Ergebnissen wurde für die Milz eine rein visuelle Untersuchung eingeführt.

38.4 „Spezifische Gefahren" bei kleinen Wiederkäuern

Für Kleine Wiederkäuer gelten die TSE und die Brucellose als „spezifische Gefahren". An dieser Stelle wird auf das Beispiel der Scrapie Bezug genommen.

38.4.1 Traberkrankheit (Scrapie)

Scrapie ist eine nicht-febrile, transmissible, (...) degenerative Krankheit des ZNS der Schafe und Ziegen. Die Klinik ist vielfältig und beinhaltet Gewichtsverlust bei anhaltendem Appetit, Verhaltensanomalien, Pruritus und Kratzen, Schmatzen, mangelhafte Bewegungskoordination, Stelzendes Setzen (Scrapie) der Vorderbeine, Kaninchenartiges Setzen der Hinterbeine, Schwanken in der Nachhand, Erhöhte Sensitivität gegenüber Lärm und plötzlichen Bewegungen, Tremor, Sterngucken, Pressen des Kopfes oder Liegen (SVC 1997).

Es wird nicht angenommen, dass der Erreger der Scrapie humanmedizinisch relevant ist (Groschup et al. 2008). Immerhin gelang jedoch im Labor die Umwandlung humaner Prion-Proteine durch BSE-Prion-Proteine ebenso wie durch die der Scrapie (Raymond et al. 1997). Bekannt ist auch der Nachweis des BSE-Agens in einer Ziege (vgl. Kapitel 12.3). Es ist somit nicht undenkbar, dass das BSE-Agens auf das Schaf zurück übertragen wurde (VO [EG] 1139/2003; Entscheidung 2002/1003/EG) und damit (maskiert) in den Schafpopulationen vorhanden wäre. Nachweise sind nach wie vor erst post mortem möglich. Mittlerweile wurde allerdings eine Technik vorgestellt, mit der Rectum-Biopsieproben intra vitam genommen und untersucht werden können Gonzalez et al. 2008).

38.4.2 Die Disposition beim Schaf

Beim Schaf existiert eine unterschiedliche genetische Disposition für Scrapie, und je nach dem Genotyp des Prion-Proteins wurden häufiger oder weniger häufig Fälle von Scrapie diagnostiziert (Tab. 118). Bei jedem positiv getesteten TSE-Fall beim Schaf muss daher der Genotyp der Kodons 136, 154 und 171 festgestellt werden, um die Neigung der Population zur Scrapie zu bestimmen. In Abhängigkeit davon wurden Genotypenklassen (1–5) eingerichtet. Bei Vorliegen einer atypischen Scrapie wird der Genotyp des Kodons 141 bestimmt. Atypische Scrapie gilt eher als Einzeltiererkrankung.

Es resultieren ansteigende Stufen des Risikos für die Ausprägung einer Scrapie:
– Genotyp R1 (z. B. ARR/ARR) mit der niedrigsten Neigung zur Expression der Krankheit
– Genotyp R5 (z. B. VRQ/VRQ) mit sehr häufig festgestelltem Ausbruch der Krankheit

Die dem zugrunde liegenden Programme zur Resistenzzucht bei Herden mit hohem genetischen Wert (Entsch. 2002/1008/EG) sind ein

Teil der Bemühungen zur Tilgung der Scrapie, dies neben den weiterhin bestehenden Keulungsprogrammen nach der VO (EG) 999/2001.

Tab. 118: PrP-Gen des Schafes: An den Positionen 136/154/ 171 kodierte Expression unterschiedlicher Amino- säuren und daraus resultierende unterschiedliche Resistenz gegenüber Scrapie durch unterschied- liche Kombination der elterlichen Allele (Anhang I der Kommissionsentscheidung 2002/1003/EG)				
Codon	136	154	171	
Exprimierte Aminosäuren	Alanin Valin	Arginin Histidin	Arginin Histidin Glutamin	
	Alanin A	Arginin R	Arginin R	ARR
	Alanin A	Histidin H	Glutamin Q	AHQ
	Alanin A	Arginin R	Histidin H	ARH
	Alanin A	Arginin R	Glutamin Q	ARQ
	Valin V	Arginin R	Glutamin Q	VRQ

38.4.3 Aktive Überwachung auf Scrapie

Bei kleinen Wiederkäuern ist keine obligatorische Untersuchung aller Einzeltiere vorgeschrieben, wie es beim Rind der Fall ist. Es laufen dagegen flächendeckende Screening-Programme, deren Intensität von der Schafpopulation abhängt. Deutschland gehört zu der Gruppe mit einem Schafbestand von über 750 000 weiblichen Tieren an mit der Konsequenz folgender jährlicher Probenzahlen (VO [EG] 727/2007):
– mindestens 10 000 für den Humankonsum geschlachtete Tiere
– mindestens 10 000 getötete oder verendete Tiere

Alle Proben müssen von Tieren oberhalb einer Altersgrenze von 18 Monaten stammen; die Altersbestimmung beruht auf der Gebissformel (mehr als 2 bleibende Schneidezähne) oder anderer zuverlässiger Reifezeichen. Rechtlich sind somit 2 Stufen zu definieren (vgl. Kapitel 12.3), die in der Praxis erkannt werden müssen.
– Tiere >12 Monate
– Tiere >18 Monate

Allerdings wechseln die Milchschneidezähne Id1 innerhalb einer weiten Zeitspanne von 12–20 Monate, die Id2 zwischen 16 und 27 Monaten. Insofern kann der Bezug auf die Incisiven das reale Alter der Tiere fälschlich nach unten korrigieren.

Der Wechsel von der passiven Überwachung (d. h., einer Untersuchung nur in Fällen klinisch einschlägiger Symptome) zur nunmehr aktiven Überwachung hatte einen Anstieg der Scrapie-Fälle zur Folge. Vor allem aber wurde man auf die atypische Scrapie aufmerksam, die sich in mehreren neuroanatomischen und biochemischen Eigenschaften sowie durch eine geringere Resistenz gegenüber dem Proteinase-K-Verdau von der klassischen Ausprägung unterscheidet (Buschmann and Groschup 2005).

Auch hier werden die Proben aus der Obex-Region gezogen, auch hier zeigt sich, dass die Aussagekraft von Probenmaterial aus dem ZNS limitiert ist: So wurden 135 in der Obexregion noch negativ reagierende gekeulte Schafe aus einer Scrapie-positiven Herde an weiteren Stellen auf das Scrapie-Agens getestet. 13 Tiere wiesen das Agens bereits auf, wobei sich die positiven Proben auf denkbare Eintrittspforten des peripheren Nervensystems und des Lymphsystems verteilten (Reckzeh et al. 2007):

– Peyersche Platten des distales Ileum: 8
– Nl. ileocolicus: 7
– Nl. retropharyngeus lat./mandibularis: 9
– Tonsillen: 9
– 3. Augenlid: 2
– Milz: 8
– Nl. cervicalis supf. (Bug-Lymphknoten):   8
– Enterisches Nervensystem Ileum: 6
– Enterisches Nervensystem Rectum: 3
– Ganglion coeliacum/mesentericum: 6

38.4.4 SRM bei kleinen Wiederkäuern

Seit längerem belegt ist – teilweise bereits in sehr frühen Altersstadien – die Anwesenheit des Agens im lymphatischen System der Schafe: Betroffen waren Milz, Tonsillen, Gewebe des Darmtraktes sowie einige Lymphknoten. Auch im Dritten Augenlid war der Nachweis möglich (O'Rourke et al. 2000; Reckzeh et al. 2007).

Die derzeitigen SRM für kleine Wiederkäuer beinhalten nach der VO (EG) 1139/2003 die folgenden Gewebe:

– Schädel einschließlich Gehirn und Augen bei Tieren über 12 Monaten
– Tonsillen und Rückenmark bei Tieren über 12 Monaten
– Milz und Ileum bei allen Altersklassen

Schädel

Die Beschränkung des Schädels als Risikomaterial auf Tiere über 1 Jahr ist aus dem Stand des Wissens nicht direkt nachvollziehbar, zumal die Altersbestimmung in diesem kritischen Zeitraum nicht immer zweifelsfrei möglich ist, vgl. Tab. 119.

Tab. 119: Gelungene PrP^{sc}-Nachweise beim Schaf in unterschiedlichen Geweben vom Schaf in Abhängigkeit vom PrP-Genotyp (Feldinfektionen) (Andreoletti et al. 2000, 2002; Heggebrø et al. 2002, 2003; Jeffrey et al. 2001; v. Keulen et al. 1999, 2000, 2002)

Magen-Darmtrakt		Reticuloendotheliales System	
G5: VRQ/AHQ VRQ/ARQ VRQ/ARH VRQ/VRQ			
Ileum	21 Tage	Tonsillen	2 Monate
Jejunum	2 Monate	3. Augenlid	3 Monate
Duodenum	2 Monate	Nll. des Kopfes	2-3-4 Monate
Caecum	2 Monate	Körper- Nll. (Auswahl)	3 Monate
Colon	14 Monate	Milz	3 Monate
Rectum	14 Monate	Mediastinal- Nll.	3 Monate
		Mesenterial- Nll.	2 Monate
Labmagen	14 Monate		
Blättermagen	17 Monate		
Netzmagen	21 Monate		
Pansen	2 Jahre		
Oesophagus	2 Jahre		
G3: ARQ/ARQ ARQ/ARH ARQ/AHQ ARH/ARH AHQ/AHQ AHQ/ARH			
Ileum	20 Monate	Tonsillen	8 Monate
Jejunum	20 Monate	3. Augenlid	20 Monate
Duodenum	20 Monate	Thymus	20 Monate
Caecum	20 Monate	Milz	20 Monate
Colon	20 Monate	Nll. des Kopfes	20 Monate
Rectum	2 Jahre	Körper-Nll. (Auswahl)	20 Monate
		Mesenterial-Nll.	14 Monate
Labmagen	20 Monate	Mediastinal-Nll.	20 Monate
Blättermagen	21 Monate		
Netzmagen	21 Monate		
Panse	21 Monate		
G1: ARR/ARR			
Kein Nachweis			

Die Tonsillen sind bei Schafen über 12 Monate als SRM eingestuft. Daten von Jeffrey et al. (2001) belegen, dass fehlgefaltete Prion-Proteine bereits in einem Alter von 8 Monaten in den Tonsillen von Schafen nachgewiesen wurden, was durch die schwierige Lokalisierbarkeit der Tonsillen weiter verkompliziert wird. Daher sollte der Kopf des Schafes, und nicht nur der Schädel, vollständig unter Kontrolle gehalten werden.

Hinsichtlich des Alters kommt auch das SSC (2002) zu einer ähnlichen Schlussfolgerung: Es erörtert die Möglichkeit des Übertritts des BSE-Erregers auf das Schaf. Unter Bezugnahme auf eine frühe Involvierung der Kopflymphknoten in das Infektionsgeschehen konnte eine Mindestaltersgrenze im Falle eines BSE-Erregernachweises beim Schaf für den Kopf als SRM nicht festgelegt werden.

Darmtrakt

Die Beschränkung der SRM-pflichtigen Darmtraktteile auf das Ileum ohne Restdarm und Gekröse (VO (EG) 999/2001) belässt hohe Anteile des potenziell infektiösen Darmtraktes zur freien Verwendung, vgl. Tab. 119. Dies steht im Widerspruch zu den Nachweisen von PrPSc im Darmtrakt, kann jedoch seine Erklärung finden in der allgemeinen Annahme, dass es sich bei Scrapie nicht um eine Zoonose handelt (BIOHAZ 2007).

Andernfalls wäre die Entnahme des gesamten Darmtraktes einschließlich des Gekröses unumgänglich, da Darm und Gekröse als Invasions- bzw. Transfergewebe für Prione gelten müssen. Immerhin werden Schafe noch als Lämmer geschlachtet und vermarktet, wenn sie ein Alter von 5 bis 7 Monate (und älter) und damit ein Körpergewicht von 45 bis 55 kg erreicht haben. In den USA wird ein Schaf bis zu 14 Monate noch als Lamm bezeichnet (Walker et al. 2000).

In finanzieller Hinsicht veranschlagte die Meat and Livestock Commission in UK einen Einnahmeverlust von jährlich 6,5 Mill. Pfund Sterling, sollte der Saitling nicht mehr zu vermarkten sein (Donnelly 2002). Immerhin jedoch müssen die Lymphknoten des Darmtraktes in keinem Falle näher untersucht werden, was ein potenzielles Übertrags-Risiko mit sich bringen würde.

38.5 Überwachung des Schaf-Marktes

Offensichtlich ist eine gewisse Unkenntnis darüber vorhanden, dass auch Schafe (und Ziegen) vor der Schlachtung einer amtlichen Überwachung unterliegen. Eine Kontrolle auf das Vorliegen von Krankheiten, tierschutzgerechte und oder hygienische Fleischgewinnung im Sinne der Lebensmittelkette ist hier offenkundig nicht immer einfach.

Eine Modellrechnung an Hand der Zahlen aus der Saison 1996/1997 (Bachari 2003) kann dies verdeutlichen. Die amtlichen Zahlen des statistischen Bundesamtes erfassen die untersuchten geschlachteten Tiere inkl. der Hausschlachtungen. Diese Zahl muss jedoch nicht die tatsächlichen Schlachtungen wiedergeben.

– Im Jahre 1996 wurden 1,695 Mio. Mutterschafe gezählt (St. BA 1996).
– Aus den für diesen Zeitraum vorliegenden Schlachtstatistiken, Bestandsgrößen, Daten zum Import und Export sowie der Zahl der Lämmergeburten errechnete sich eine Zahl von etwa (1,2–) 1,3 Lämmern je Mutterschaf.
– Tatsächlich liegt die Reproduktionsrate eines Mutterschafes in Deutschland jedoch höher (zwischen 1,5–1,6 Lämmer pro Mutterschaf). Danach wären etwa 2,4 bis 2,6 Mio. Lämmer zu erwarten gewesen.

– Aus dieser Quote und den Zahlen der Gesamtschlachtungen errechnet sich ein Defizit von etwa 200 000 bis 400 000 Lämmern in
Relation zu den mitgeteilten Schlachtdaten des Statistischen Bundesamtes (Tab. 120).

Tab. 120: Lämmergeburten und Schafbestand in Deutschland am Beispiel der Saison 1996/1997 (Angaben nach Bachari 2003; Buschulte et al. 2005)			
	Lämmer	Bestand	Quelle
Tiere gezählt in Dezember 1996		2,324 Mio.	Stat. Bundesamt
Reproduktionsrate/ Mutterschaf: Resultierende Zahl an Lämmern aus 1,695 Mio. Mutter-schafen: Schlachtungen 1997	1,5–1,6 2,4–2,6 Mio. 0,924 Mio. 2,183 Mio.		AID 1996 Stat. Bundesamt ZMP
Tiere gezählt im Dezember 1997		2,302 Mio.	Stat. Bundesamt

Es gab in dieser Zeit keine Bestandszunahme, woraus gefolgert werden kann, dass entweder ein Teil der geschlachteten Lämmer die
Lebendstatistiken nicht erreicht hat oder die Tiere der Veterinäraufsicht nicht vorgestellt wurden. Dies würde auf eine nicht unerhebli-
che Zahl unkontrollierter Schlachtungen hinweisen.

Folgerichtig ist es nunmehr auch Pflicht (nationale Viehverkehrsverordnung und VO (EG) 21/2004), alle Schafe spätestens vor
dem Verbringen aus dem Ursprungsbestand individuell mittels zweier Ohrmarken zu identifizieren. Es ist auch die Pflicht der Veteri-
närinstitutionen, dementsprechende Informationen bereitzustellen,
dies auch in anderer als der deutschen Sprache.

38.6 Literatur

38.6.1 Publikationen

AID (1996): Fruchtbarkeitsdaten und rassetypische Kennzeichen (Übersicht
2). Schaf- und Ziegenrassen 3313/1996, Begleitheft zur Diaserie 7161.
AID, Bonn
Andreoletti, O., P. Berthon, D. Marc, P. Sarradin, J. Grosclaude, L. vanKeulen,
F. Schelcher, J.-M. Elsen, F. Lantier (2000): Early Accumulation of PrPSc
in Gut-associated Lymphoid and Nervous Tissues of Susceptible Sheep from
a Romanow Flock with Natural Scrapie. J. Gen. Virol. 81, 3115–3126
Andreoietti,O., C. Lacroux, A. Chabert, L. Monnereau, G. Tabouret, F. Lantier,

P. Berthon, F. Eychenne, S. Lafond-Benestad, J.-M. Eisen, F. Scheicher (2002): PrPSc Accumolation in Placentas of Ewes exposed to Natural Scrapie. Influence of Foetal PrP L. Genotype and Effect on Ewe-to-Lamb Transmission. L. Gen. Vir. 83, 2607–2616

Bachari, M. (2003): Transmissible Spongiforme Enzephalopathie beim Schaf – Daten zum Schaf und zum Schaffleischverzehr als notwendiger Hintergrund zur Einschätzung des Schafes als Risikofaktor. Vet. Med. Diss. FU Berlin, J. Nr. 2740

BIOHAZ (2007): Opinion of the Scientific Panel on Biological Hazards on Certain Aspects related to the Risk of Transmissible Spongiform Encephalopathies (TSEs) in Ovine and Caprine Animals. The EFSA Journal 466, 1–10

Buschmann, A., and M. H. Groschup (2005): TSE Eradication in Small Ruminants – Quo Vadis? Berl. Münch. Tierärztl. Wochenschr. 118, 365–371

Buschulte, A., M. Bachari, und R. Fries (2005): Das Schaf: Der schwer überwachbare Markt. Fleischwirtsch. 7/85, 97–101

Davanipour, Z., M. Alter, E. Sobel, and M. Callahan (1985): Sheep Consumption: A Possible Source od Spongiform Encephalopathy in Humans. Neuroepidemiology 4, 240–249

Donnelly, C. (2002): BSE in Sheep: Is it there and what Might it Mean? New Food 2, 44–47

Cocquyt, G., T. Baten, P. Simoens and W. van den Broek (2005): Anatomical Location and Histology of the Ovine Tonsils. Vet. Immun. Immunpathol. 107, 79–86

Edwards. D. S., K. H. Christiansen, A. M. Johnston, and G. C. Mead (1999): Determnation of Farm-level Risk Factors for Abnormalities Observed during post-mortem Meat Inspection of Lambs: A Feasibility Study. Epidemiol. Infect. 123, 109–119

Ersdal, C., M. J. Ulvund, S. L. Benestad, M. A. Tranulis (2003): Accumulation of Pathogenic Prion Protein (PrPSc) in Nervous and Lymphoid Tissues of Sheep with Subclinical Scrapie. Vet. Pathol. 40, 164–174

Fries, R., T. Eggers, G. Hildebrandt, K. Rauscher, S. Buda, and K.-D. Budras (2003): Autonomous Nervous System with Respect to Dressing of Cattle Carcasses and its Probabale Role in Transfer of PrPres-Molecules. J. Food Prot. 66, 890–895

Fries, R.; Begemann, W.; Piske, K.; Buda, S.; Budras, K.-D. (2005): TSE beim Schaf: Durchführung der Fleischuntersuchung und der Ausschlachtung nach der Fleischhygieneverordnung. Berlin, 2. 3.–3. 3. 2005, S. 51–57.

Gonzalez, L., M. P. Dagleish, S. Martin, G. Dexter, P. Steele, J. Finlayson, and M. Jeffrey (2008): Diagnosis of Preclinical Scrapie in Live Sheep by the Immunohistochemical Examination of Rectal Biopsies. Vet. Rec. 162, 397–403

Gracey, J. F., D. S. Collins, and R. J. Huey (1999): Meat Hygiene. Saunders Company ltd., London, pp. 512–516

Green, L. E., E. Berriatua, and K. L. Morgan (1994): Prevalence, Possible Aetiologies, Control and Cost of Parasitic Lesions in Three Flocks of Housed Lambs. Vet. Rec. 134, 119–120

Groschup, M. H., T. Selhorst, A. Buschmann, T. C. Mettenleiter, und F. J. Conraths (2008): Bovine Spongiforme Enzephalopathie – gesundheitlicher Verbraucherschutz beginnt beim Tier. J. Verb. Lebensm. 3, 152–158

Hadlow, W. J., R. C. Kennedy, R. E. Race (1982): Natural Infection of Suffolk Sheep with Scrapie Virus. J. Infect. Diseas. 146, 657–664

Hathaway, S. C., M. M. Pullen, and A. I. McKenzie (1988): A Model for Risk Assessment of Organoleptic Postmortem Inspection Procedures for Meat and Poultry. JAVMA 192, 960–966

Hathaway, S. C., and A. I. McKenzie (1989): Impact of Ovine Meat Inspection Systems on Processing and Production Costs. Vet. Rec. 124, 189–193

Heggebrø, R., Ch. Mc. L. Press, G. Gunnes, L. Gonzales, M. Jeffrey (2002): Distribution and Accumulation of PrP in Gut-associated and Peripheral Lymphoid Tissue of Scrapie-affected Suffolk Sheep. J. Gen. Virol. 83, 479–489

Heggebrø, R., L. Gonzalez, Ch. McL. Press, G. Gunnes, A. Espens, M. Jeffrey (2003): Disease-associated PrP in the Enteric Nervous System od Scrapie-affected Suffolk Sheep. J. Gen. Virol. 84, 1327–1338

Jeffrey, M. S., S. Martin, J. R. Thomson, W. S. Dingwall, I. Begara-McGorum and L. Gonzalez (2001): Onset and Distribution of Tissue PrP Accumulation in Scrapie-Affected Suffolk Sheep as Demonstrated by Sequential Necropsies and Tonsillar Biopsies. J. Comp. Pathol. 125, 48–57

Jepson, P. G. H., and M. H. Hinton (1986): An Inquiry into the Causes of Liver Damage in Lambs. Vet. Rec. 118, 584–587

Klimas, M., R. Schuster, und R.-U. Hirschmann (1994): Vorkommen und Verbreitung von Dicrocoelium dendriticum in Nord-West-Thüringen. Mh. Vet.-Med. 49, 317–322

O´Rourke, T. M. Baszler, T. E. Besser, J. M. Miller, R. C. Cutlip, G. A. H. Wells, S. J. Ryder, S. M. Parish, A. N. Hamir, N. E. Cockett, A. Jenny, and D. P. Knowles (2000): Preclinical Diagnosis of Scrapie by Immunohistochemistry of Third Eyelid Lymphoid Tissue. J. Clin. Microbiol. 38, 3254–3259

Raymond, G. L., J. Hope, D. A. Kocisco, S. A. Peiola, L. D. Raymond, A. Bossers, J. Ironside, R. G. Will, S. G. Chen, R. B. Petersen, P. Gambetti, R. Rubenstein, M. A. Smits, P.T. Lansbury Jr., and B. Caughey (1997): Molecular Assessment of the Potential Transmissibilities of BSE and Scrapie to Humans. Nature 388, 285–288

Reckzeh, Cl., Chr. Hoffmann, A. Buschmann, S. Buda, K.-D. Budras, K.-F. Reckling, S. Bellmann, H. Knobloch, G. Erhardt, R. Fries, M. H. Groschup (2007): Rapid Testing Leads to the Underestimation of the Scrapie Prevalence in an Affected Sheep and Goat Flock. Veterinary Microbiology 123, 320–327

Schütt-Abraham, I. (2003): TSE im Schaf/BSE im Schaf? Fleischwirtsch. 83/6, 106–109

Scientific Steering Committee (2002): Update of the Opinion on TSE Infectivity Distribution in Ruminant Tissues, Initially Adopted by the SSC at its Meeting of 10–11 January 2002 and Amended at its meeting of 7–8 November 2002. EU Commission, Health & Consumer Protection Directorate-General, Dir. C, Scientific Opinions. Brussels

Severini, M., A. R. Loschi, M. Trevisani, and R. Roncella (1996): Relationship between Transportation Time, Pre-Slaughter Rewsting and Post-Mortem Findings in Slaughtered Lamps and Sheep. In: M. H. Hinton, and Chr. Rowlings (Eds.): Factors affecting the microbial quality of meat. Vol. 1, Disease Status, Production methods and Transportation of the Live Animal, pp. 133–139. University of Bristol Press, Bristol, UK

Van Keulen, L. J. M., B. E. C. Schreuder, M. E. W. Vromans, J. P. M. Langeveld,

M. A. Smits (1999): Scrapie-associated Prion Protein in the Gastrointestinal Tract of Sheep with Natural Scrapie. J. Comp. Path. 121, 55–63

Van Keulen, L. J. M., B. E. C. Schreuder, M. E. W. Vromans, J. P. M. Lageveld, M. A. Smits (2000): Pathogenesis of Natural Scrapie in Sheep. Arch. Virol. 16, 57–71

Van Keulen, L. J. M., M. E. W. Vromans and F. G. van Zijderveld (2002): Early and Late Pathogenesis of Natural Scrapie Infection in Sheep. Acta Pathologica, Microbiologica, Immunologica 110, 23–32

Walker, H. L., K. A. Chowdhury, A. M. Thaler, K. E. Petersen, R. D. Ragland, and W. O. James (2000): Relevance of Carcass Palpation in Lambs to Protecting Public Health. J. Fd. Prot. 63, 1287–1290

Scientific Veterinary Committee (1997): The Surveillance of Transmissible Spongiform Encephalopathies (TSE). Scientific Veterinary Committee, Animal Health and Welfare Sections, Reports adopted 1997. Directorate-General XXIV, Consumer Policy and Consumer Health Protection, European Commission, Rue de la Loi 200, 1049 Brussels, Belgium, pp. 41–45

Zentrale Markt- und Preisberichtstelle für Erzeugnisse der Land-, Forst- und Ernährungswirtschaft GmbH, Rochusstr. 2, 53123 Bonn

38.6.2 Rechtsvorschriften

Entscheidung der Kommission vom 18. 12. 2002 zur Festlegung von Mindestanforderungen an eine Erhebung der Prion-Protein-Genotypen von Schafrassen (2002/1003/EG). Amtsbl. d. EU L349/105 vom 24. 12. 2002

Regulation (EC) No 854/2004 of the European Parliament and of the Council of 29 April 2004 laying down specific rules for the organisation of official controls on products of animal origin intended for human consumption. Official Journal No L155/205 of 30. 4. 2004

Verordnung (EG) 21/2004 des Rates vom 17. 12. 2004 zur Einführung eines Systems zur kennzeichnung und Registrierung von Schafen und Ziegen und zur Änderung der verordnung (EG) Nr. 1782/2003 sowie der Richtlinien 92/102/EWG und 64/432/EWG. Amtsbl. Der EU Nr. L5/8

Verordnung (EG) 727/2007 der Kommission vom 26. 6. 2007 zur Änderung der Anhänge I, III, VII und X der Verordnung (EG) 999/2001 des Europä-ischen Parlaments und des Rates mit Vorschriften zur Verhütung, Kontrolle und Tilgung bestimmter transmissibler spongiformer Enzephalopathien. Amtsbl. der EU vom 27. 6. 2007, L 165/8

Verordnung (EG) Nr. 1139/2003 der Kommission vom 27. 6. 2003 zur Änderung der Verordnung (EG) Nr. 999/2001 des Europäischen Parlaments und des Rates in Bezug auf Überwachungsprogramme und spezifiziertes Risikomaterial. Amtsbl. D. EU L160/22 vom 28. 6. 2003

39 Elemente der post-mortem-Untersuchung bei Equiden

Einhufer nehmen unter den Haustieren eine Zwitterstellung ein. Sie werden in weiten Teilen der Welt als Arbeitstiere eingesetzt und sie sind gleichzeitig Lebensmittellieferanten (Milch und Fleisch). Andererseits handelt es sich um Sport- und Begleittiere, die individuell gehalten werden und die daher eine individuelle tiermedizinische Betreuung erhalten.

In der EU sind Equiden per definitionem Lebensmitteltiere. Im Sinne des Anhanges I der VO (EG) 853/2004 gehören sie zu den Huftieren („Huftiere sind Haustiere der Gattung Rind (…), Schwein, Schaf und Ziege sowie als Haustiere gehaltene Einhufer").

Es gibt weltweit ca. 55 Mio. Pferde, die Zahl der Esel wird auf 44 Mio. geschätzt, mit einer zusätzlichen Zahl von ca. 15 Mio. Mulis (Starkey & Starkey 1997). Esel werden weltweit nur in sehr begrenztem Maße und nur regional zur Lebensmittelgewinnung genutzt.

Im mitteleuropäischen Kulturkreis hat sich die Nutzung von Pferden verändert. In Deutschland liegt die große Welle der Maschinisierung in der Landwirtschaft ca. 50 Jahre zurück, und in Deutschland gingen die Equiden den Weg zum Sport- und zunehmend auch Begleittier, mit allen auch damit verbundenen (und anders als bei den anderen Nutztieren gelagerten) tierschützerischen Implikationen.

Die Situation wirkt sich auch in der Überwachung aus. Wegen der sehr individuellen Haltung der Tiere ist die Lebensmittelkette deutlich schwieriger aufzubauen und zu überschauen.

39.1 Einflüsse aus Haltung und Nutzung auf das zu gewinnende Lebensmittel

Bei Einhufern als Sport- oder Freizeitpferden ist die Vorgeschichte zu beachten, vorausgegangene Zwischenfälle können einen Anlass zur Schlachtung geliefert haben. Generell zu achten ist auf Medikationen infolge von Lahmheiten oder bei Koliken, übertragbare Tierkrankheiten, auch Zoonosen wie Rotz oder Trichinose. Für Einhufer als Lebensmittel liefernde Tiere ist der Tierschutz im Transport ein heikler Faktor (vgl. Kapitel 7).

Basierend auf Daten aus Deutschland, liegt der Cadmiumgehalt bei Pferden höher als bei andern Nutzungsgruppen. Weyermann u. Lücker (1998) haben bei geschlachteten Pferden einen signifikanten ($p < 0,001$) Einfluss des Alters und der Herkunft der Tiere, nicht jedoch der Rasse und des Geschlechtes auf den Cadmiumgehalt in verbraucherrelevanter Muskulatur finden können. Die Autoren werten dies jedoch – angesichts der sehr niedrigen Verzehrszahlen in Deutschland – nicht als Risiko. In der Tat ist es denkbar, dass Equiden – wohl wegen der Haltungsbedingungen und des hohen erreichbaren Alters (bis zu 30 Jahren und darüber) – stärker als andere Haustiere als Sammler von Umweltkontaminanten exponiert sind.

Für Schwermetalle gilt in der VO (EG) 854/2004 eine Regionenregelung, derzufolge Fleisch für genussuntauglich erklärt wird, wenn es sich um Lebern und Nieren von Tieren über 2 Jahre aus Regionen handelt, in denen die Umwelt als belastet angesehen werden muss (Anh. I, Abschn. II, Kapitel V).

Der Haltung in vergleichsweise kleinen Dimensionen entsprechen die Schlachtbetriebe: Es handelt sich um handwerkliche Betriebe mit Einzelschlachtungen, geschlachtet werden Tiere jeglichen Alters und Rasse mit in Deutschland meist regionalem Bezug.

In Deutschland werden Einhufer nur begrenzt und in offenbar weiter zurückgehendem Umfang zur Lebensmittelgewinnung genutzt. Nach Zetzsche et al. (2007) liegt er bei unter 0,1 kg pro Kopf und Jahr.

Nach der großen Schlachtwelle landwirtschaftlich genutzter Kaltblüter in den 50er und Anfang der 60er in Westdeutschland lag die Zahl der Equidenschlachtungen zwischen 15 000 und 25 000 Tieren pro Jahr, dies mit sinkender Tendenz. Im Jahre 2006 wurden in Deutschland insgesamt 9619 Equiden einer Schlachttier- und Fleischuntersuchung unterzogen.

39.2 Rechtsvorschriften

Die komplizierte Rechtslage für Equiden muss Vorschriften für Lebensmittel- und für Begleittiere miteinander in Einklang bringen. Es geht um den Identitätsnachweis bei Einhufern (Equidenpass) sowie um die Konsequenzen einer ggf. notwendig werdenden oder bereits durchgeführten Behandlung mit bestimmten Arzneimitteln.

Soweit es den haltungsbedingten Hygienestatus angeht, ist als wichtigste Lebensmittelketteninformation bei Equiden die Medikation herauszustellen. Zu berücksichtigen sind somit Tierseuchenrecht (ViehVerkV), Arzneimittel- und Rückstandsrecht, ggf. auch das Dopingrecht der Pferdesportverbände.

Die bei Nutztieren anzustrebende Präventivmedizin stellt auf eine möglichst medikationslose Gesunderhaltung der Tiergruppe ab, das Tier in der engen Begleitung des Menschen wird – insbesondere wenn es sich um (Hoch-) Leistungstiere wie Pferde handelt- individuelle therapeutische Behandlung erfahren. In speziellen Fällen muss die Wahl des Medikaments sehr bewusst erfolgen, um Ansprüche des Tieres und des Besitzers mit denjenigen der Allgemeinheit (Rückstände ggf. nach einer Schlachtung) legal verwirklichen zu können. Immerhin wird das über seine Lebenszeit als Individuum gehaltene Tier nach der Schlachtung zum Nutztier, was in der Medikation antizipiert werden muss.

Gerade bei Equiden bedarf es deshalb einer Information der Tierbesitzer durch die tierärztliche Betreuung. Dies dürfte zu den Sorgfaltspflichten und damit zu den Inhalten einer Guten Veterinärmedizinischen Praxis gehören. Schadensersatzansprüche aus unzulänglicher oder völlig ausgebliebener Aufklärung in der tierärztlichen Praxis liegen im Bereich des Möglichen (Fellmer 2005).

39.2.1 Equiden und die Identitätsfrage

Einhufer müssen von einem Identifizierungsdokument mit Lebensnummer begleitet sein, wenn sie aus einem Bestand herausgebracht oder abgegeben werden: Der „Equidenpass" nach VO (EG) 504/2008 und national nach § 24 k der Viehverkehrsverordnung. Der Pass belegt die Identität des Tieres, gleichzeitig wird dort die Applikation bestimmter Medikamente niedergelegt (Entscheidung 2000/68/EG). Die VO (EG) 504/2008 schreibt nunmehr die Identifizierung mittels Transponder vor. Dies kann Problemen wie Dokumentenverlust oder Verwechselungen vorbeugen.

Der Pass als solcher ist seit dem 1.7.2000 für alle Equiden Pflicht (Entsch. Der Kommission 2000/68/EG). Die Ausgabe ist Sache der Länder, die die Verantwortung jedoch (an die Verbände) weitergeben können.

Die in Deutschland vormals praktizierte „Haltererklärung" beinhaltete seinerzeit die Selbstverpflichtung des Halters, ein Pferd, das mit einer nicht für Lebensmittel liefernde Tiere zugelassenen Substanz behandelt worden war, nicht der Schlachtung zuzuführen. Diese Vorgehensweise ist nicht mehr möglich.

39.2.2 Equiden und die Lebensmittelwidmung

Die Erklärung im Equidenpass

Die Tierhalter-Arzneimittel Nachweisverordnung von 2006 verpflichtet die Halter von Lebensmitteltieren zur Dokumentierung der angewendeten Arzneimittel. Unabhängig davon muss für Einhufer festgelegt werden, ob das Tier für die Gewinnung von Lebensmitteln vorgesehen ist (Schlachtung) oder ob eine Lebensmittelgewinnung ausgeschlossen ist. Die schriftliche Erklärung ist Teil des Equidenpases.

Im ersten Fall werden die Tiere zu ihrer Zeit geschlachtet, nach ante- und post-mortem-Untersuchung sowie nach günstiger Beurteilung dem Verbrauch zugeführt, im zweiten Falle werden die Tiere tierschutzgerecht getötet und gemäß der VO (EG) 1774/2002 beseitigt.

Die Unterschrift muss mit Gegenzeichnung der Pass-ausstellenden Institution versehen sein. Eine Entscheidung gegen eine Schlachtung ist unwiderruflich (Kluge u. Ungemach 2000) und muss bei Besitzerwechsel bestätigt werden (Entsch. 2000/68/EG). Diese Tiere dürfen daher nie mehr zu Zwecken der menschlichen Ernährung geschlachtet werden.

Eine begrenzte Umfrage erbrachte auf diesem Sektor noch beachtliche Unsicherheiten oder eine Tendenz der Besitzer, sich in dieser Frage bedeckt zu halten oder die Entscheidung über das Schicksal der Einhufer hinauszuzögern (Tab. 121).

Tab. 121: Aussagen von Pferdebesitzern zum Status der Pferde als Lebensmittel liefernde Tiere im Equidenpass (Fries u. TOENNIES gen. Fischer 2006)				
Keine Aussage			19,8 %	59
Nicht zur Lebensmittelgewinnung vorgesehen	27,9 %	83		
Wahrscheinlich Tötung	9,73 %	29	37,6 %	112
Zur Lebensmittelgewinnung vorgesehen	17,45 %	52		
Wahrscheinlich Schlachtung	5,03 %	15	22,5 %	67
Noch nicht entschieden			20,3 %	60
			Gesamt:	298

Die Anwendung von Medikamenten bei Einhufern

Medikation bei Equiden, die nicht zur Schlachtung vorgesehen sind. Liegt eine Erklärung vor, dass das Tier „nicht zur Schlachtung bestimmt" ist, können mehr Arzneimittel zur Anwendung kommen als bei den Tieren mit Lebensmittelwidmung.

Mit der Tierarzneimittel-Richtlinie 2004/28/EG ist die Trennlinie zwischen den Equiden mit und ohne Widmung zur Lebensmittelgewinnung weniger scharf geworden. Eine vorbehaltlose Anwendung von Stoffen des Anhanges IV für Equiden ohne Lebensmittelwidmung ist nur noch bei klarer Indikation unter Vorliegen eines Therapieengpasses und in eigener Verantwortung durch den Verschreiber in der Umwidmungskaskade möglich.

Medikation bei Equiden, die zur Schlachtung vorgesehen sind. Nach § 56 a, Abs. 2 a AMG müssen alle für Lebensmitteltiere eingesetzten Medikamente in Anhang I, II oder III der VO (EG) 277/90 aufgeführt sein. Damit ist das Spektrum der Medikationen für Lebensmitteltiere generell eingeschränkt auf die in den Anhängen I bis III der Tierarzneimittel-Rückstände-Verordnung VO (EG) 2377/90 aufgeführten Medikamente.

„Therapienotstand". Ist für ein Anwendungsgebiet kein Medikament vorhanden, ist eine Medikation möglich mit anderen Stoffen aus den Anhängen I bis III der VO (EG) 2377/90: Zugelassene Stoffe aus den Anhängen I bis III können umgewidmet werden, dies in einer bestimmten Reihenfolge (§ 56a AMG). Grundsätzlich werden zunächst die Arzneimittel angewendet, die für die behandelte Tierart und ein anderes Anwendungsgebiet vorgesehen sind (Zrenner u. Painter 2007). Die Wartezeit ist entsprechend festzulegen.

Stoffe, die in den Anhängen I bis III der VO (EG) 2377/90 aufgeführt sind (§ 56a, Abs. 2 AMG). Pferde, die zur Schlachtung vorgesehen sind, dürfen nur mit Medikamenten behandelt werden, die in den Anhängen I, II, oder III der VO (EG) 2377/90 aufgeführt sind. Für die dort aufgeführten Substanzen ist eine Umwidmung möglich, allerdings mit angemessener Wartezeit (Art. 11 RL 2004/28/EG). Bei der Gewinnung von Fleisch sind als Mindestwartezeit 28 Tage festgelegt (Art. 11 der RL 2004/28/EG, ebenso § 12a TÄHAV).

Stoffe, die in den Anhängen I bis III der VO (EG) 2377/90 nicht aufgeführt sind (§ 56a, Abs. 2a AMG). Der Einsatz von Arzneimitteln mit Stoffen, die nicht in Anlage I bis III der VO aufgeführt sind, ist möglich, wenn die eingesetzten Medikamente mit Gegenzeichnung des behandelnden Tierarztes in den Equidenpass eingetragen werden (Entscheidung 2000/68/EG; FVE 2002). Die Wartezeit ist dann mit 6 Monaten deutlich verlängert.

Wartezeiten

Es handelt sich um die Zeit, innerhalb der sicher erwartet werden kann, dass der in der VO (EG) 2377/90 angegebene MRL unterschritten wurde. Die Wartezeit ist auf den Stoff bezogen. Dementsprechend unterschiedlich sind die Wartezeiten festgelegt, die bis zur Schlachtung des Tieres eingehalten werden müssen, um den Abbau des Medikamentes zu ermöglichen. Die Wartezeit beruht auf der Grundlage von Daten an gesunden Tieren und berücksichtigt den Metabolismus der Substanz im Organismus.

Umwidmung eines in den Anhängen I bis III aufgeführten Medikamentes. Zur Anwendung kommen die allgemeinen Angaben für Wartezeiten, die in der (nationalen) Verordnung über Tierärztliche Hausapotheken festgelegt sind. Für essbares Gewebe von Säugern gilt – sofern nichts anderes angegeben ist – eine Wartezeit von 28 Tagen.

Einsatz eines in den Anhängen I bis III nicht aufgeführten Medikamentes. Sind die Stoff nicht in der den Anhängen der VO (EG) 2377/90 gelistet, ist eine Wartezeit von 6 Monaten festgelegt (VO [EG] 504/2008).

Die Positivliste. Die für Equiden aufgrund von Engpässen („Therapienotstand") eingeführte „Positivliste" beinhaltet zusätzliche Medikamente, die für die Therapie bei Equiden vermisst wurden. Die Stoffe sind nicht in den genannten Anhängen gelistet, sie sind für die Behebung von Therapienotstandsituationen bei Equiden vorgesehen.

39.2.3 Arzneimittel vs. verbotene Stoffe

Stoffe im Anh. IV der VO (EG) 2377/90
Die in Anh. I und III der VO (EG) 2377/90 zugelassenen Medikamente enthalten Stoffe, über deren Wirkungen und Metabolismus wissenschaftlich hinlänglich Informationen vorliegen. Demgegenüber listet Anhang IV Stoffe, für die keine MRL festgelegt werden können und die daher nicht für Lebensmitteltiere eingesetzt werden können, s. auch Kasten.

Hier sind Stoffe aufgeführt, die wegen fehlender bzw. wegen des Fehlens ausreichend aussagekräftiger Informationen als Medikamente nicht infrage kommen oder für die gesundheitsabträgliche Wirkungen belegt sind, z. B.
– Karzinogenität: Nitrofurane, Nitroimidazole
– Mutagenität: Nitroimidazole, Chlorpromazin
– Anämien: Dapson, Chloramphenicol
– Mitosehemmung: Colchicin

Anhang IV der VO (EWG) 2377/90 (Keine MRL möglich)	
Nitroimidazole	Dimetridazol Metronidazol Ronidazol
Nitrofurane	inkl. Furazolidin
Chloramphenicol	
Chlorpromazin	
Furazolidon	
Dapson	
Colchicin	
Aristolochia	
Chloroform	

Pyrazolonderivate (einschl. Phenylbutazon) sind nach einer Zeit der Aussetzung wieder zugelassen.

Die Reglementierungen von Medikationen durch Verbände
Neben den arzneimittelrechtlich reglementierten Substanzen und dem Umgang damit ist bei der Nutzung des Equiden auch die Kenntnis unterschiedlicher Anforderungen (Ja/nein-Einsatz, Grenzwerte in den Listen der unterschiedlichen Sportverbände) unumgänglich. Ge-

nannt werden verbotene Stoffgruppen (z. B. Stimulantia, Sedativa, Narkotika, Anabolika, Diuretika), es existieren auch Grenzwerte, dies je nach Verband unterschiedlich.

Deutsche Reiterliche Vereinigung (FN). Laut Leistungsprüfungsordnung der FN sind Dopingsubstanzen Stoffe, die „geeignet sind, die Leistung eines Pferdes/Pony im Wettkampf zu beeinflussen".

Rennordnung (RO) des Direktoriums für Vollblutzucht und Rennen. Die RO stellt fest: „Kein Pferd darf zum Zeitpunkt des Rennens in seinem Gewebe, seinem Körperflüssigkeiten oder seinen Ausscheidungen ein unerlaubtes Mittel aufweisen".

Hauptverband für Traber-Zucht und Rennen. Wieder anders beschreibt die Trab-Rennordnung TRO ein Doping: „Ein Pferd darf in seinen Geweben, seinen Körperflüssigkeiten oder seinen Ausscheidungen in der Zeit zwischen dem Beginn der Rennveranstaltung und dem Ende des Rennens, an dem das Pferd teilgenommen hat (…), keine gemäß der Dopingliste verbotenen Substanzen aufweisen".

39.3 Die Untersuchungsabfolge

39.3.1 Zulassung eines Equiden zur Schlachtung und die Untersuchung ante mortem

Der Equidenpass gibt Aufschluss über die Entscheidung des Tierbesitzers, ob das Tier zur Schlachtung für den menschlichen Verzehr oder ggf. zur Tötung vorgesehen ist. Da die Entscheidung zur Tötung nicht widerrufen werden kann, ist die Vorlage des Passes eine unumgängliche Voraussetzung für eine Schlachterlaubnis. Nach VO (EG) 853/2004 (Anh. III, Abschn. IV Nr. 8) prüft der Schlachtbetriebsbetreiber den Pass auf Lebensmittelwidmung des Equiden. Danach wird das Dokument der Veterinärüberwachung übergeben.

In der ante-mortem-Untersuchung muss auf Anzeichen der Applikation pharmakologisch wirksamer Stoffe geprüft werden. Wichtig ist gerade bei Sportpferden die Beachtung von Lahmheiten. Angebracht ist die genaue Aufnahme des Vorberichtes (Schlachtung in austherapierten und damit aussichtslosen Fällen), eine Prüfung auf Anzeichen der Applikation pharmakologisch wirksamer Stoffe und ggf. eine Rückstandsanalyse, angebracht ist auch eine Prüfung der Angaben im mitgeführten Equidenpass.

Die Identifikationsnummer des Equiden muss in ein Verzeichnis aufgenommen werden. Auf diese Verpflichtung der amtlichen Tierärzte wird in der Entscheidung 2000/68/EG deutlich hingewiesen.

39.3.2 Die Grunduntersuchung post mortem beim Equiden

Anatomische Gegebenheiten und Besonderheiten:
Einhufer unterscheiden sich in einigen anatomischen Gegebenheiten von Wiederkäuern vergleichbarer Größe. Die Extremitäten sind im Vergleich bei einem ausgeschlachteten Tierkörper länger, die Muskulatur ist dunkler. Morphologisch nicht zu übersehen sind die Unterschiede an den inneren Organen zwischen Rind und Pferd.

Unterschiede zu den anderen Tierarten liegen in der geringeren Größe der Lymphknoten, die dadurch schwerer auffindbar sind, jedoch auch in größerer Zahl auftreten.

Mit der Umstellung auf die VO (EG) 854/2004 ist die konventionelle Fleischuntersuchung bei Equiden in ihren wesentlichen Zügen bestehen geblieben. Das Durchtasten der Milz und die Besichtigung der Harnblase wurden fallengelassen und die Untersuchungszeit von 10 auf 5 Min. deutlich verkürzt (nationale AVV LmH).

Bezug genommen wird hier auf die VO (EG) 854/2004 Die konventionelle Fleischuntersuchung umfasst die folgenden Elemente:

Untersuchung des Kopfes
Zur Erkennung von Rotz verbleiben die Organe des oberen Verdauungs- und Atmungstraktes traditionell in natürlichem Zusammenhang mit dem Schädel. Der Paramedianschnitt zur Besichtigung der Schleimhäute und die Entnahme der Nasenscheidewand wurde auch mit der EU-Verordnung beibehalten, zumal der Rotz als spezifische Gefahr gilt und eine sorgfältige Untersuchung ausdrücklich gefordert ist, vgl. Tab. 122.

Tab. 122: Grunduntersuchungsgang Equiden: Kopf			
	Adspekt.	Palpat. Incision	Bemerkungen
Kopf	+		
Rachen	+		nach Lösen der Zunge
Nll. mandibulares		+	
Nll. retropharyngei (*)		+	
Nll. parotidei (**)		+	
Zunge	+	+	
Maul und Schlund	+		nach Lösen der Zunge
Tonsillen	–	– –	Entfernen

(*): „Luftsacklymphknoten
(**): Die Einzugsgebiet der Nll. parotidei und der Nll. mandibulares decken sich bis auf die Scheitelhautgegend. Die Nll. parotidei sind schwer auffindbar, ein Verzicht wird empfohlen (Fries 1980).

Untersuchung der Organe
In den meisten Fällen wird eine adspektorisch/palpatorische Betrachtung durchgeführt. Zu beachten sind Pneumonien und Hinweise auf Darmverdrehungen (Kolik), vgl. Tab. 123.

Tab. 123: Grunduntersuchungsgang Equiden: Geschlinge

	Adspekt.	Palpat.	Incision	Bemerkungen
Ösophagus	+			
Trachea	+		+	Öffnen der Trachea u. der Haupt-bronchen durch Längsschnitt
Lungen	+	+	+	Querschnitt im hinteren Drittel der Lunge Beide Schnitte nicht erforderlich, wenn die Lunge vom menschlichen Verzehr ausgeschlossen wird
Nll. bifurcat. sinistri		+	(+)	
Nll. bifurcat. medii		+	(+)	
Nll. bifurcat. dextri		+	(+)	
Nll. mediast.craniales		+	(+)	
Nll. mediast. caudales		+	(+)	
Pericard und Herz	+		+	Herz: Anschneiden durch Längsschnitt zur Öffnung der Kammern und zur Durchtrennung des Septums
Zwerchfell	+			

Tab. 124: Grunduntersuchungsgang Equiden: Magen-Darm, Leber, Milz, Pankreas, Geschlechtsorgane

	Adspekt.	Palpat.	Incision	Bemerkungen
Magen-Darm-Trakt	+			
Mesenterium	+			
Nll. pancreaticoduodenales [*]	+	+	(+)	
Nll. jejunales	+		(+)	Lymphknoten:
Nll. caecales	+		(+)	Anschnitt, wenn
Nll. colici	+		(+)	notwendig
Nll. mesenterici caudales	+		(+)	
Genitalien	+			bei Hengsten und Stuten
Leber	+	+	(+)	
Nll. heptici (portales)	+	+	(+)	
Milz	+	(+)		
Euter	+			
Nl. inguinalis supf.	+		(+)	

[*]: Die Einzugsgebiete decken sich mit mehreren Lymphknoten des Darmtraktes und denen der Leber

Für Equiden liegen keine altersmäßigen Schwerpunkte vor, sieht man von der 2-Jahresgrenze für die Verzehrsfähigkeit von Lebern und Nieren der Tiere aus belasteten Gebieten ab. In diesen Fällen ist ein Wechsel der Incisiven (Zangen), der bei einem Alter von ca. $2^1/_2$ Jahren vonstatten geht, eine Indikation für die Entnahme dieser Organe, vgl. Tab. 124.

Untersuchungsgang Tierkörper

Extremitäten: Lahmheiten können Hinweise auf damit verbundene mögliche Applikation von Medikamenten geben. Dies muss jedoch in der Untersuchung post mortem nicht auffallen, sinnvoll ist daher eine bewusste Betrachtung des Tieres auf Lahmheiten ante mortem.

Bei älteren Schimmeln (Haut, Schweifwurzel, Niere) sind Melanome und Melanosen häufiger als bei anderen Pferden. Melanome sind infiltrativ, bei Melanosen handelt es sich um Ablagerungen des Pigmentes Melanin.

Daher werden alle Schimmel/Grauschimmel auf Melanome und Melanose (Nieren und Schulterblattmuskulatur) untersucht, und zwar unter dem Schulterblattknorpel nach dem Abheben der Schulter auf einer Seite. Die Nieren werden freigelegt und es wird ein Längsschnitt durch die gesamte Niere angelegt, vgl. Tab. 125.

Tab. 125: Grunduntersuchungsgang Equiden: Tierkörper

	Adspekt.	Palpat.	Incision	Bemerkungen
Nieren	+		(+)	Schimmel: Freilegen der Nieren, Schnitt durch die gesamte Niere
Nll. renales	+		(+)	
Pleura und Peritoneum	+			
Binde- u. Fettgewebe	+			
Zwerchfell	+			
Muskulaturanschnitte	+		(+)	Schimmel: unter dem Schulterblatt-
Alle Oberflächen	+			knorpel [*]
Nabelgegend junge Tiere	+	+	(+)	
Gelenke junge Tiere	+	+	(+)	Öffnen der Gelenke und Unters. d. Gelenkflüssigkeit im Zweifel

[*]: Die im Rechtstext aufgeführten Nll. subrhomboidei sind nicht identifizierbar, nach Casteleyn et al. (2007) und basierend auch auf N.N. (1994) ist die Angabe falsch. Zurückgegriffen werden kann auf die Nll. cervicales superficiales, die Nll. axillares proprii oder die Nll. cubitales.

Die Entnahme der Proben zur Bakteriologischen Untersuchung erfolgt wie bei den anderen Großtieren: Aufgrund der besonderen Verhältnisse werden mit mehr Erfolg die Nll. inguinales proff. im Schenkelkanal statt der Nll. ileofemorales entnommen (Fries 1980).

39.4 „Spezifische Gefahren" bei Equiden

Für Equiden sind aus der Liste nach der VO (EG) 854/2004 zu berücksichtigen die Trichinose und der Rotz. Pferde sind auch für die Brucellose empfänglich.

39.4.1 Rotz

Die Untersuchung auf Rotz umfasst eine sorgfältige Besichtigung der Schleimhäute von Luftröhre, Kehlkopf, Nasenhöhle und Nebenhöhlen nach Spaltung des Kopfes längs der Medianebene und das Auslösen der Nasenscheidewand. Typische Läsionen stellen sich post mortem dar als „Rotzknötchen" bis hin zu Vernarbungen.

Rotz ist eine Zoonose, Fleisch von Tieren, bei denen Rotz diagnostiziert wurde, ist genussuntauglich.

39.4.2 Trichinose

Der erste Bericht über einen Trichinoseausbruch durch den Genuss von Pferdefleisch stammt aus Italien und beschreibt einen Fall aus dem Jahre 1975 (Pozio et al. 1998). Seitdem wird regelmäßig über Ausbrüche berichtet, mit z.t. hohen Morbiditätszahlen, auch mit Todesfolgen, vor allem in Frankreich und Italien nach dem Genuss rohen Fleisches. Die Tiere stammten aus Osteuropa und Nord- und Zentral-Amerika (Boireau et al. 2000). Offenbar sind die Haltungsbedingungen bei Equiden derart, dass sich der domestische Kreislauf der Trichinose in endemischen Gebieten schließen kann. Denkbare Übertragungswege sind Kleinnager im Futter, auch erfolgt die Pelletierung, soweit Pellets gegeben werden, bei relativ niedrigen Temperaturen um 65 °C.

Die Untersuchung auf Trichinen ist obligatorisch, sie folgt der VO (EG) 2075/2005.

39.5 Literatur

39.5.1 Publikationen

Boireau, P., I. Vallee, T. Roman, C. Perret, L. Mingyuan, H. R. Gamble, A. Gajadhar (2000): Trichinella in Horses: A Low Frequency Infection with High Human Risk. Vet. Parasitol. 93, 309–320

Casteleyn, C., W. van den Broek, and P. Simoens (20907): Regulation (EC) 854/2004 Laying down Specific Rules for the Organisation of Official Controls on Products of Animal Origin Intended for Human Consumption is not in Compliance with Official Anatomical Nomenclature. Vlaams Diergeneesk. Tijdschr. 76, 10–13

Fries, R. (1980): Vorschläge zur Lymphknotenuntersuchung im Rahmen der amtlichen Fleischuntersuchung beim Pferd. SVZ Schlachten und Vermarkten 80, 374–381

Fellmer, E. (2004): Die tierärztliche Aufklärungspflicht aus der Sicht des Juristen. Tierärztl. Prax. 32, (G), 58–60

Fries, R., und Ph. Toennies, gen. Fischer (2006): Lebensmittelwidmung von Einhufern – der Equidenpass und die notwendigen Einträge. Tierärztl. Umschau 61, 179–181

Kluge, K., u. F. R. Ungemach (2000): Arzneiliche Versorgung von Pferden: Haltererklärung nicht mehr gültig – Equidenpass für alle Pferde obligatorisch. Dtsches Tierärztebl. 48, 372–373; 916–917

N. N. (1994): Nomina Anatomica Veterinaria (4th ed.). World Association of veterinari Anatomists. Zürich and Ithaca, New York, pp. 98–105

Pozio, E., G. V. Celano, L. Sacchi, C. Pavia, P. Rossi, A. Tamburrini, S. Corona, and G. La Rosa (1998): Distribution of Trichinella spiralis Larvae in Muscles from a Naturally Infected Horse. Vet. Parasitol. 74, 19–27

Starkey, P., and M. Starkey (1997): Regional and World Trends in Donkey Populations. In: P. Starkey and D. Fielding (eds.): Donkeys, people and development. Wageningen, the Netherlands, pp. 10–21

Toennies, gen. Fischer, Ph. (2005): Leben und Lebensstationen von Pferden der Rasse Englisches Vollblut in Deutschland (dargestellt am Beispiel des Jahrgangs 1990). Diss. Vet. Med., FU Berlin, J.-Nr. 2905.

Weyermann, F., und E. Lücker (1998): Cadmiumbelastung verbraucherrelevanter Muskulatur beim Pferd. Fleischwirtsch. 78, 151–254

Zetzsche, K., Chr. Hucklenbroich, Chr. Krex und E. Lücker (2007): Pferdeschlachtung und Pferdefleisch. Fleischwirtsch. 5/87, 107–110

Zrenner, K., und K. Painter (2007): Arzneimittelrechtliche Vorschriften für Tierärzte. Arzneimittelgesetz B1. Deutscher Apotheker Verlag Stuttgart, 44. Lieferung, Stand 1. 12. 2007, S. 213, 214, 214 a

39.5.2 Rechtsvorschriften

Bekanntmachung der Neufassung der Viehverkehrsverordnung i. d. F. vom 24. 3. 2003, BGBl. I, S. 381

Direktorium für Vollblutzucht und Rennen. Rennordnung i. d. F. vom Dezember 2006, Nr. 529–561. Rennordnung vom 1. 3. 1960: Vorschriften für die Leistungsprüfungen der Vollblutzucht

Entscheidung 2000/68/EG der Kommission vom 22. 12. 1999 zur Änderung der Entscheidung 93/623/EWG und zur Festlegung eines Verfahrens zur Identifizierung von Zucht- und Nutzequiden. Amtsbl. der EG L23/72 vom 28. 1. 2000

FN: Deutsche Reiterliche Vereinigung (FN). Leistungsprüfungsordnung (LPO), § 67a. Warendorf

Hauptverband für Traber-Zucht und Rennen e. V. (HTV): Trabrennordnung der Deutschen Traberliga International e. V. DTL e. V., Berlin

Richtlinie 2004/28/EG des Europäischen Parlaments und des Rates vom 31. 3. 2004 zur Änderung der Richtlinie 2001/82/EG zur Schaffung eines Gemeinschaftskodexes für Tierarzneimittel. Amtsbl. der EU L136/58 vom 30. 4. 2004

Verordnung über Nachweispflichten der Tierhalter für Arzneimittel, die zur Anwendung bei Tieren bestimmt sind. BGBl. I vom 30. 12. 2006, S. 3453

Verordnung über tierärztliche Hausapotheken. BGBL. I vom 30. 12. 2006, S. 3456

VO (EG) 2377/90 des Rates zur Schaffung eines Gemeinschaftsverfahrens für die Festsetzung von Höchstmengen für Tierarzneimittelrückstände in Nahrungsmitteln tierischen Ursprungs. Amtsbl. der EU in der jeweiligen Fassung

40 Elemente der post-mortem-Untersuchung beim Hauskaninchen

40.1 Die Informationen zur Lebensmittelkette

Vertikaler Transfer
Wegen der Übertragungsmöglichkeit auf die Nachkommen werden gerade Häsinnen als wichtige Verbindungsglieder in der Infektkette innerhalb der Kaninchenproduktionslinie angesehen.

Horizontaler Transfer
Da die Tiere aus unterschiedlichen und eher kleinen Quellen stammen (Landwirte, Rassekaninchenzüchter, Kleinhalter), müssen Gesundheitsstatus und Alter nicht einheitlich sein, was sich, je nach Herkunft und Hygienelage, unterschiedlich niederschlagen kann (Gesundheitsstatus der Tiere und Prävalenz von Zoonoseerregern).

Zwar sind kleine Haltung als hygienisch relevante Quellen kaum kontrollierbar, andererseits werden auftretende Infektionen in derartigen Fällen eher geringere Tierzahlen betreffen. Dem kann entsprechen, dass Ludewig und Fehlhaber (2005) bei Fleisch von Mastkaninchen eine günstige Situation hinsichtlich der Prävalenz von Zoonoseerregern vorgefunden haben.

Medikationen
Alle Hauskaninchen sind Lebensmittel liefernde Tiere. Nach §60 AMG (Ausnahmeregelungen) werden die Bestimmungen des AMG zum Umgang mit Arzneimitteln bei Lebensmittel liefernden Tieren auf Hauskaninchen, die nicht als Lebensmitteltiere gehalten werden, nicht angewendet.

40.2 Die Bestimmungen der VO (EG) 854/2004

Nach Anhang I, Abschnitt IV, Kapitel VI der VO (EG) 854/2004 gelten „die Vorschriften für Geflügel auch für die in Zuchtbetrieben gehaltenen Hasentiere". Danach wird die ante-mortem-Untersuchung im Schlachtbetrieb vorgenommen, kann aber auch in den Bestand verlagert werden. Dieser Übertrag vom Geflügelfleisch auf das Kaninchen scheint für die deutschen Verhältnisse nicht direkt praktikabel, da die beim Geflügel vorliegenden Größenordnungen beim Kaninchen in Deutschland bei weitem nicht erreicht werden.

Die Untersuchung post mortem beschränkt sich danach auf die Untersuchung der Oberflächen.

40.3 Praktischer Ablauf

40.3.1 Die Untersuchung ante mortem

Beim Kaninchen auftretende Erkrankungen sind häufig konzentriert auf den Kopf- und Darmbereich (Stomatitis, Conjunctivitis, Blähungen, Enteritiden). Immer zu beachten ist das Auftreten von Transportschäden und lebensschwachen Tieren.

40.3.2 Die Grunduntersuchung post mortem beim Hauskaninchen

Kaninchen werden vorgestellt ohne Längsspaltung, Kopf und Schlachttierkörper verbleiben zur Untersuchung in natürlichem Zusammenhang, die Organe werden erst nach der Untersuchung aus dem natürlichen Zusammenhang mit dem Tierkörper gelöst, vgl. Tab. 126.

Beim Geflügel ist eine Untersuchung der Körperhöhle nicht vorgesehen, was auf die spezifischen Beschränkungen in der Eviszeration beim Geflügel mit der stark erschwerten Einsichtnahmemöglichkeit in die Körperhöhle zurückgeht. Auch dies scheint nicht unbedingt auf das Hauskaninchen übertragbar, es sollte gewährleistet sein, dass die Organe einsehbar sind und Einblick in die Körperhöhlen genommen werden kann.

Die Untersuchung folgt dem allgemeinen Vorgehen, ohne dass spezifische Vorgaben existierten und ohne Berücksichtigung des bei den Großtieren zu beachtenden lymphatischen Systems.

Nach der nationalen FlHV (bezüglich der Untersuchung post mortem teilweise noch in Kraft) werden der Tierkörper mit den Nieren und die Organkonvolute (Magen-Darm, Lunge mit Leber und Milz) besichtigt. Veränderte Teile werden durchtastet und erforderlichenfalls angeschnitten.

Tab. 126: Grunduntersuchungsgang post mortem beim Hauskaninchen (nationale FlHV)

	Adspekt.	Palpat.	Incision	Bemerkungen
Tierkörper:				
Blut	+			
Muskulatur	+			
Binde- und Fettgewebe	+			
Knochen, Gelenke	+			
Innere Organe	+			
Lunge, Leber, Milz, Nieren	+	+	(+)	Im Verdachtsfall
Veränderte Teile	+	+	(+)	Im Verdachtsfall

40.3.3 Beobachtete Befund und Untauglichkeitsrate

Die Rate der Untauglichkeiten liegt niedrig, als hauptsächliche Schäden sind unspezifische Schäden auszumachen (Tab. 127). Hierunter fallen auch die beim Kaninchen häufig auftretenden Abszesse.

Die Daten des Statistischen Bundesamtes geben über die Beanstandungsgründe beim Kaninchen kaum Aufschluss, in einzelnen Publikationen wurden immer wieder genannt Parasitosen (Leber- und Darmkokzidiose, Cysticerkose), Bakteriämie/Virämie, Kachexie, Hydrops, Blutig-wässrige Durchtränkung, umfangreiche Verletzungen, Unvollständige Ausblutung, Schlachten in der Agonie, Transporttodesfälle und Sohlenballenläsionen (Terbijhe 1976, Tholen 1987).

Tab. 127: Hauptsächliche Schäden an Hauskaninchen ausgedrückt als Zahl der Untauglichkeiten/Teiluntauglichkeiten

Jahr	untersucht	untauglich	Grund gesamt	Teiluntauglichkeit	N
1995	393 901	1742	Erhebliche Veränderungen: Geschwülste, Abszesse, vollständige Abmagerung	Herdförmige oder örtlich begrenzte Veränderungen	(13 289)
2000	274 417	512	wie oben	wie oben	(5656)
2005	246 276	228	Sarkosporidien oder anderer Parasitenbefall, wie oben	wie oben	(8695)
2006	215 522	142	Erhebliche Veränderungen: Geschwülste, Abszesse, vollständige Abmagerung	wie oben	(6943)

40.4 Literatur

Ludewig, M., und K. Fehlhaber (2005): Untersuchungen zum mikrobiologischen Status von Kaninchenfleisch aus der Intensivhaltung unter Berücksichtigung lebensmittelhygienisch relevanter Bakterien. Arch. Lebensmittelhyg. 56, 28–32

Statistisches Bundesamt (1992; 1995): Land- und Forstwirtschaft, Fischerei: Fachserie 3, Reihe 4. 3: Fleischuntersuchung. Verlag Metzler-Poeschel, Stuttgart

Terbijhe, R. J. (1976): Keuring van „Kerstkonijnen". Tijdschr. Diergenesk. 101, 1185–1188

Tholen, V. (1987): Kaninchenschlachtung und Kaninchenfleischuntersuchung. RFL – Rundschau Fleischhyg. Lebensmittelüberw. 39, 88–89

41 Elemente der Überwachung beim Geflügel

Die Fleischgewinnung beim Geflügel ist überaus stark vernetzt und technisiert. Daher liegt – zumindest intern – bereits soweit Transparenz vor, dass die Anforderungen der Lebensmittelkette leicht umsetzbar sein sollten.

Als Zielsetzung für die Überwachung beim Geflügel kann gelten:
- Erkennung tierschutzrelevanter Aspekte
- Feststellung der allgemeinen Tiergesundheit
- Prüfung auf die Anwendung von Medikamenten und auf Rückstände
- Beobachtung von Präventivmaßnahmen gegen die Übertragung von Zoonoseerregern
- Beobachten der Technik und der Hygiene in der Fleischgewinnung
- Entnahme auffälliger lebender oder geschlachteter Tiere oder von Tierkörperteilen aus der Lebensmittelkette

Insgesamt handelt es sich um eine Mischung aus tiergesundheitlicher Untersuchung und der Verifizierung technologisch vertretbarer Abläufe. Elemente zur Tiergesundheit und zum Tierwohlbefinden werden an unterschiedlichen Stufen erhoben: In der Herkunft (ante mortem), im Schlachtbetrieb (ante und post mortem), mittels einer Prüfung von Unterlagen und durch direkte Inaugenscheinnahme der Herde. Labordaten reflektieren den Salmonellen-, zunehmend auch den Campylobacterstatus der Herde, zusätzlich können weitere Labordaten erhoben werden. Dagegen ist die Technologie vor allem im Transport und im Schlachtbetrieb zu verifizieren.

Mit zunehmender Bedeutung von Biosecurity-Maßnahmen werden auch die technischen Lösungen in der Herkunft einer kritischen Prüfung unterzogen werden müssen.

41.1 Tiergesundheit und Tierwohlbefinden

Sowohl die Bestimmungen zur Lebenduntersuchung im Bestand als auch die Vorgaben zur post-mortem-Untersuchung in der VO (EG) 854/2004 (Anhang I, Abschnitt IV, Kapitel V) sind allgemeiner gefasst als es in der (aufgehobenen) nationalen Geflügelfleischhygiene-Verordnung der Fall war.

41.1.1 Untersuchung ante mortem (die Herkünfte)

Die zuständige Behörde kann entscheiden, dass zur Schlachtung bestimmtes Geflügel bereits im Herkunftsbetrieb der Schlachttieruntersuchung unterzogen wird. Geprüft werden die Bestandsbücher und die infrage kommende Partie Geflügel selber (auf übertragbare Krankheiten oder Hinweise auf eine spätere Untauglichkeit sowie auf Anzeichen, die auf Rückstände hinweisen). Die Untersuchung kann von einem amtlichen oder einem zugelassenen Tierarzt durchgeführt werden. Bei klinischen Symptomen einer Krankheit darf die Herde nicht für den menschlichen Verzehr geschlachtet werden.

Bei Verwendung des Geflügels für Stopflebern oder bei Poulet effile ist eine Lebenduntersuchung in der Herkunft zwingend.

Prüfung der Unterlagen:
Die Prüfung der Unterlagen umfasst die Historie der Herde, d. h., mögliche Zwischenfälle, Krankheiten oder Medikationen/Impfungen, auch den Termin für das Absetzen eingesetzter Coccidiostatika. Der Einsatz von Coccidiostatika ist – im Gegensatz zu „Leistungsförderern" (Kap. 5.2) – weiterhin auf der Grundlage der VO (EG) 1831/2003 nach Zulassung gestattet. Die Herkunft (oder auch mehrere Herkünfte) der Küken kann möglicherweise zur Erklärung von Befunden beitragen.

Was bereits für die Tiergruppe in einer Schweinebucht ansatzweise gilt, potenziert sich in Geflügelherden mit Kopfzahlen in vierstelligen Größenordnungen: Die Untersuchung ante mortem bezieht sich auf die Herde, das Einzeltier tritt in den Hintergrund, dient allerdings als Objekt zur klinischen und sektionstechnischen Befunderhebung. Es ist somit konsequent, Aufschluss zur allgemeinen Tiergesundheit über die allgemeinen Leistungsdaten einer Herde abzuleiten: Die Leistung kann bei Vorliegen einer Infektion absinken, auch wenn sich ein Krankheitsgeschehen klinisch nicht durchsetzt. Insoweit kann von den folgenden objektivierbaren Daten Information mit Hinweischarakter auf die Tiergesundheit erwartet werden:

– Alter und Gewicht der Tiere
– Tägliche Gewichtszunahmen
– Morbidität
– Tägliche Verluste und entsprechende Hochrechnungen (Mortalität)
– Zahl der aufgestallten Eintagsküken und die Zahl der zu erwarteten ausgemästeten Tiere, die am Schlachtbetrieb exakt festgestellt werden kann
– Futter- und Wasserverbrauch der Herde
– Leistungskurve der Herde über die Zeit der Mast vor dem Hintergrund der bekannten genetisch bedingten Gewichtsentwicklungskurve

Die Angaben der Tab. 128 sind der nationalen und nicht mehr in Kraft befindlichen GFlHV entnommen. Es handelt sich um die Erfassung von Verdachtsmomenten zur Rückstandsproblematik und um die Merkmale zur Tiergesundheit. In der VO (EG) 854/2004 sind entsprechende Bewertungskriterien nicht aufgeführt.

Tab. 128: In der ante mortem im Bestand überprüfbare Aufzeichnungen (GFlHV – außer Kraft)

	allgemeine Klinik	Rückstände
– Tag der Einstellung der Tiere		
– Herkunft der Tiere		x
– Anzahl der Tiere	x	
– Ist-Leistung der einzelnen Rassen (z. B. Gewichtszunahmen)		
– Mortalität	x	
– Futtermittellieferanten		x
– Art, Anwendungszeitraum und Wartezeit von Futtermittelzusatzstoffen		x
– Futter- und Wasserverbrauch	x	
– Untersuchungen und Diagnosen des behandelnden Tierarztes, ggf. mit Laborergebnissen	x	
– Art, Tag der Verabreichung und Tag des Absetzens ggf. von Arzneimitteln		x
– Tag etwaiger Impfungen und Art der Impfung		x
– Gewichtszunahme während der Mastzeit	x	
– Anzahl der zur Schlachtung vorgesehenen Tiere	x	
– voraussichtlicher Schlachttermin		

Besichtigung der Herde

Der aktuelle klinische Status wird durch eine Besichtigung der Herde (in jeder Stalleinheit) inkl. einer Untersuchung von Einzeltieren erfasst. Dies ist allerdings nicht zwingend, da auch eine Untersuchung alleine am Schlachtbetrieb möglich ist.

Die Inaugenscheinnahme der Herde gibt Aufschluss über den aktuellen Status, zusammen mit den Daten des Stallbuches, den Untersuchungsergebnissen auf Salmonellen und ggf. weiteren Untersuchungsergebnissen bilden sie die Grundlage für die Ausstellung der Gesundheitsbescheinigung.

Schlachtfähigkeit der Partie (Sendung, Herde): Nach der VO (EG) 854/2004 dürfen „die Tiere" nicht für den Verzehr geschlachtet werden, wenn „das Geflügel" (d. h., die epidemiologische Einheit des Stalles) klinische Symptome einer Krankheit zeigt (Anh. I, Abschn. IV, Kapitel V der Verordnung). Die Entscheidung über eine Schlachtfähigkeit ist abhängig vom Charakter des Befundes (und dem möglichen damit verbundenen Hintergrund) sowie der Zahl der Merkmalsträger in der Herde.

Vergleichbar können auch in der post-mortem-Untersuchung Befunde auftreten, denen infektiöse Ursachen zugeordnet werden müssen. Die Ergebnisse der morphologischen Untersuchung liefern Hinweise, wie weit sich der Umstand in der Herde ausbreiten konnte.

Zoonoseerreger in den Herkünften

Für Salmonella wird sich die Situation zukünftig deutlich verschärfen. Zunächst war über lange Jahre versucht worden, das Problem mit

---

EU-Vorschriften zur Bekämpfung von Salmonellen und anderen Zoonoseerregern

Die Grundlage

Richtlinie 92/117/EWG vom 17.12.1992 über Maßnahmen zum Schutz gegen bestimmte Zoonosen bzw. deren Erreger (außer Kraft)

Richtlinie 2003/99/EG vom 17.11.2003 zur Überwachung von Zoonosen und deren Erregern

Die Präzisierung

Verordnung (EG) 2160/2003 vom 17.11.2003 zur Bekämpfung von Salmonellen und anderen Zoonosenerregern:

– Festlegung von „Gemeinschaftszielen"
– für bestimmte Nutzungsgruppen
– Aufstellung von nationalen Bekämpfungsprogrammen
– nach Prävalenzstudien
– Festlegung von Terminen

Nachfolge- und präzisierende Verordnungen zur VO (EG) 2160/2003:

– VO (EG) 1003/2005: Gemeinschaftsziele Zuchtherden
– VO (EG) 1091/2005 (Bekämpfungsmethoden): aufgehoben
– VO (EG) 1168/2006 (Legehennen): Festlegung von abgestuften Eindämmungsmaßnahmen
– VO (EG) 1177/2006: Bekämpfungsmethoden
– VO (EG) 1237/2007: Legehennen und Konsumeier
– VO (EG) 646/2007: Gemeinschaftsziel Masthähnchen

Hilfe von Richtlinien zu lösen, mit geringem Erfolg. Nunmehr wurde in schneller Folge ein umfangreiches Regelwerk von EU-Verordnungen verkündet. Entwickelt wurden Zielvorgaben, die in Verbindung mit konkreten Zeitvorstellungen alle Partner zum Handeln zwingen. Konkrete Maßnahmen sind nicht vorgegeben, Biosecurity-Maßnahmen dürften sich jedoch zu einem gewichtigen Element in der mikrobiologischen Bestandssicherung entwickeln, vgl. Tab. 129 und Kap. 20.

Tab. 129: Die Rechtsumsetzung: Termine zur Bekämpfung von u.a. Salmonellen in unterschiedlichen Nutzungsgruppen des Geflügels (Stand Herbst 2008)			
	Festlegung von Gemeinschaftszielen Nach Inkrafttreten der VO (EG) 2160/2003 für den Termin	Untersuchungen verbindlich ab dem Termin	„Gemeinschaftsziele" zu erreichen zum Termin
Zuchtherden von Gallus gallus	+18 Mo 12.06.2005	18 Mo später 12.01.2007	31.12.2009 (VO 1003/2005): Max. 1% der Zuchtherden pos. (5 Serotypen)
Legehennen	+24 Mo 12.12.2005	18 Mo später 12.06.2007	Ab 2008 (VO 1168/2006): Reduzierung um eine Rate, die abhängig ist von der nationalen Prävalenz

Fortsetzung (Tab.129)	Festlegung von Gemein schaftszielen. Nach Inkrafttreten der VO (EG) 2160/2003 für den Termin	Untersuchungen verbindlich ab dem Termin	„Gemeinschaftsziele" zu erreichen zum Termin
Masthähnchen	+36 Mo 12.12.2006	18 Mo später 12.06.2008	31.12.2011 (VO 646/2007): Anteil pos. (*S. E.* und *S.*TM) Herden <1%
Puten	+48 Mo 12.12.2007	18 Mo später 12.06.2009	31.12.2012 (VO 584/2008): Reduzierung von *S.*TM und *S. E.* positiven Herden auf max. 1%
Geflügelfleisch			12.12.2010 (VO 2160/2003): Salmonella n.n. in 25g
Konsumeier			12.12.2009 (VO 1237/2007): Vermarktung von Konsumeiern nur noch aus kontrollierten Herden

41.1.2 Die Untersuchung ante und post mortem im Schlachtbetrieb

Die Lebenduntersuchung

Wurde im Herkunftsbetrieb keine Schlachttieruntersuchung durchgeführt, muss der Amtliche Tierarzt die Partie im Schlachtbetrieb untersuchen. In diesem Fall darf die Partie nur geschlachtet werden, wenn eine Gesundheitsbescheinigung vorliegt.

Im Schlachtbetrieb wird die Identität geprüft und ein Screening zum Wohlbefinden der Tiere durchgeführt. Dazu gehören Einsichtnahme in die Einrichtungen der Fahrzeuge, der Nachvollzug des

Tab. 130: Tierschutzrelevante Beobachtungen beim Transport von Geflügel

Transportphase	Ausprägung	zu beachten
1. Einfangen (Herkunft)	Hämatome Frakturen	Zahl der getragenen Tiere
2. Einkäfigen (Herkunft)		Tiere pro Käfig Käfigschäden Umgang mit dem Käfig
3. Transport	Todesfälle Organrupturen Frakturen	Dauer Klima Dauer der Wartezeiten vor dem Schlachten
4. Entladen (Je nach Technik)	Rupturen/Frakturen	Vorhandensein von Abstapelgeräten Unterbinden manuellen Tragens
5. Einhängen	Frakturen am Tibiotarsus	Zahl der einhängenden Personen

Transportes, soweit erkennbar und der resultierende Zustand der Tiere (Zahl der Todesfälle und Verletzungen, vgl. Tab. 130, Kapitel 7). Es ist erneut zu betonen, dass die Unterbrechung des Kreislaufes Bestand – Schlachtbetrieb nur durch eine effiziente Reinigung und Desinfektion der LKW erreicht werden kann.

Die Untersuchung post mortem beim Geflügel

Schlachtkörper und die dazugehörigen Nebenprodukte der Schlachtung sind unverzüglich nach der Schlachtung einer Fleischuntersuchung zu unterziehen (Anh. I, Abschn. I, Kapitel II, D sowie Abschn. IV, Kapitel V der VO (EG) 854/2004).

Die Untersuchung erfolgt visuell an allen geschlachteten Tieren. Hierzu sind nach den einzelnen Stationen der Eviszeration Untersuchungsstände in unterschiedlicher Ausprägung eingerichtet. Begutachtet werden alle äußeren Oberflächen der Schlachtkörper und der Nebenprodukte. Die Besichtigung der Körperhöhlen war im bisherigen Recht vorgeschrieben, jedoch immer ein Problempunkt in der praktischen Umsetzung. Die aktuellen Texte lassen den Schluss zu, dass die Körperhöhlen der Karkassen nicht zwingend in die Besichtigung einbezogen werden müssen. Somit wird nur indirekt über den Organkonvolut sichergestellt, dass sich in der Körperhöhle keine Veränderungen manifestiert haben.

Im Mitgliedstaat Deutschland wird die post-mortem-Kontrolle durch Amtliche Fachassistenten ausgeführt, in anderen Mitgliedstaaten sind auch Tierärzte mit der Untersuchung befasst.

§ 9 der AVV (LmH) gibt Mindestuntersuchungszeiten an, Abweichungen sind möglich (vgl. Punkt 41.1.5. dieses Kapitels). Danach beträgt die Untersuchungszeit bei Geflügel (bis 1,5 kg) 2,5 Sek. Bei schwererem Geflügel sind angemessene Untersuchungszeiten einzuhalten.

Neben dieser Grundinspektion führt der amtliche Tierarzt persönlich weitere Untersuchungen durch:

– Eine tägliche Besichtigung der Eingeweide und Leibeshöhlen einer repräsentativen Stichprobe von Tieren. Hierfür war bislang eine Zahl von n = 300 festgelegt, die in der VO (EG) 854/2004 nicht mehr aufgeführt ist. Die Besichtigung sollte Herden-bezogen erfolgen, da die Uniformität der Herde den entscheidenden Faktor für eine korrekte Eviszeration darstellt. Dies ist jedoch nicht ausdrücklich gefordert.

– Eingehende stichprobenartige Untersuchungen bei jeder Geflügelpartie ein und derselben Herkunft, dies von Teilen oder von ganzen Tieren, deren Fleisch als genussuntauglich erklärt wurde. Eine Prüfung der untauglich beurteilten Tierkörper durch den AT ist sinnvoll, um in der Herde vorhandene Hauptursachen für Untauglichkeiten zu erkennen. In der vorliegenden Formulierung (stichprobenartig) kann die Bestimmung ihren Zweck verfehlen. Inhaltlich zu füllen ist zudem der Begriff „Herkunft": Gemeint sein muss die Stalleinheit, da nur diese als epidemiologische Einheit angesehen werden kann. In der Tat zeigt die Erfahrung, dass Geflügel aus unterschiedlichen Stalleinheiten mit u. U. unterschiedlichen Bedingungen auch unterschiedliche Ausprägungen in den Ergebnissen der post-mortem-Untersuchung aufweisen kann.

Es können außerdem zusätzlich Untersuchungen eingeleitet werden, wenn der Verdacht besteht, dass das Fleisch der betreffenden Tiere verzehrsungeeignet sein könnte. Auch für das Geflügel gelten Datendokumentationspflicht und die Übermittlung gesundheitlich relevanter Informationen zurück in die Herkunft.

41.1.3 Befunde in der post-mortem-Untersuchung und deren Bewertung

In der Untersuchung von Geflügel ist mit einem bestimmten und häufig wiederkehrenden Befundprofil zu rechnen, vgl. Tab. 131.

Tab. 131: Häufig auftretende und morphologisch erkennbare Läsionen beim Geflügel

Befund/Diagnose	Ätiologie
Tiefe Dermatitis	E. coli, andere Gramnegative
Scabby Skin	Fütterungsimbalancen, Haltungsfaktoren, bakteriell
Kontaktdermatitis (Litter burns)	Feuchte Einstreu in Verbindung mit NH_3
Bursitis sternalis	Einstreu, Tageslichtdauer (Sitzen), Gewichte der Tiere
Pododermatitis	Feuchte Einstreu, (s. o.)
Hautkarzinomatose	ungeklärt
Untergewichte	Infektionskrankheiten, Parasitosen, multifaktoriell
Knochengerüst-Deformationen	Stunting syndrome (ungeklärt), Fütterungsfaktoren
Serosen- und Luftsackentzündungen (Aersacculitis)	O. rhinotracheale, E. coli, Mycoplasma
Pericarditis	wie Aersacculitis
Perihepatitis	wie Aersacculitis
Enteritis	parasitär (Cocccidien), bakteriell, viral, nicht infektiös
Tenovaginitis/ Gelenkinfektionen	viral, bakteriell
Ascites	multifaktoriell: Tiergewicht, Geschlecht (♂)

Alle morphologischen Befunde sind, da biologisches Material, in ihrer Ausprägung variabel. Dies kann die Untersucher in Erklärungszwang bringen: Es ist nicht immer leicht zu beantworten, ob und warum bestimmte Befunde Beachtung finden müssen und in welchem Umfange diese auszusortieren sind. Eine konsequente Analyse der Ätiologie und der damit verbundenen Assoziationen könnte Abhilfe schaffen, Untersuchungen zu möglichen Kausalitäten liegen jedoch auf dem Geflügelsektor kaum vor. Im Sinne einer auf die Risiken orientierten Kontrolle besteht hier Handlungsbedarf.

Bisaillon et al. (2001) haben (Geflügel in Canada) die morphologisch erkennbaren Befunde hinsichtlich ihres Risikocharakters für den Menschen in unterschiedliche Kategorien eingeteilt:

– kein bekanntes Potenzial für Humanerkrankungen (n = 46)
– Agens ist nicht mit Humanerkrankungen assoziiert (n = 47)
– das Agens muss identifiziert werden (n = 3)
– Risk Management-Optionen notwendig (n = 37)

Fries et al. (1991) haben die seinerzeit erhobenen Läsionen in schwerwiegend und weniger schwerwiegend eingeordnet. Als schwerwiegend (ohne einen Bezug auf die Humangesundheit herstellen zu wollen) wurden bezeichnet „Merkmale (...), die einen infektiösen Charakter aufweisen, stark ausgedehnt sind (ästhetischer Aspekt) oder eine ungeklärte und damit potenziell gefährdende Ätiologie besitzen":

– Flächenhaft ausgebreitete Hautveränderungen nach quantitativer Festlegung
– Subkutane Ablagerungen (Tiefe Dermatitis)
– Entzündliche Veränderungen in der Körperhöhle
– Tumore
– Totalzerreißungen
– Perihepatitis
– Pericarditis
– Nekrotisierende Veränderungen
– Systemisch bedingte Verfärbungen (Gelb-, dunkelblau-schwarz)
– Mangelhafte Ausblutung

Pragmatischen Gesichtspunkten folgend, können die Befunde unterschiedlichen Kategorien zugeordnet werden:

Merkmale des Tierwohlbefindens

In der post-mortem-Untersuchung erkennbare Befunde wie Pododermatitis, Brustblasen, Veränderungen in der Schnabelform bei Enten und Puten (nach Schnabelkürzen) geben Aufschluss über die Durchführung von Maßnahmen am Tier oder auch zur Historie der Haltung.

Die bekannten Befunde an den Füßen (Pododermatitis) und auf der Haut (Litter burns) stehen für die Qualität der Einstreu, die durch fehlerhaftes Haltungsregime im Stall „kippen" kann; Der Anteil von Pododermatitiden in einer Herde kann durch Videosysteme leicht dokumentiert werden. Auch bei der Einsichtnahme in die Praxis des Schnabelkürzens bei Enten und Puten kann im Schlachtbetrieb eine wichtige Screening-Aufgabe wahrgenommen werden, indem die Köpfe stichprobenartig und herkunftsbezogen geprüft werden.

Allgemeine Tiergesundheitsparameter
Die Gewichte der geschlachteten Tiere liegen herdenbezogen bereits aus der Haltung vor. Im Stall installierte Waagen („Frühwarnsysteme") geben über die Dauer der Mast hinweg Aufschluss über die Gewichtsentwicklung der Tiere. Post mortem kann der Varianzkoeffizient der Gewichte der Einzeltiere der Herde ermittelt werden, um den Eindruck einer auseinander gewachsenen Herde und damit ggf. ein Krankheitsgeschehen in der Historie der Herde zu objektivieren. Tab. 132 zeigt deutlich, dass Aussortierte einen höheren Variationskoeffizienten der Gewichte (s%) aufweisen als die tauglichen Tierkörper.

Tab. 132: Karkassengewichte mit Innereien (Broiler), 2 Durchgänge (Angaben jeweils zusammengefasst aus 8 Einzelherden (Fries et al. 1988)						
	Zahl der Wägungen	Gewichte			s	s%
		Ø	min.	max.		
verzehrsgeeignet	7116	1170	580	1820	152,8	13,3
aussortiert	2274	924	390	1740	255,0	27,3
verzehrsgeeignet	7021	1189	400	1995	154,4	13,9
aussortiert	2747	924	300	1660	265,4	28,7

Praktische Durchführung der Gewinnungstechnik
Die Gerätetechnik kommt bei unzureichender Einstellung auf die Tierkörpergröße, auch bei auseinander gewachsenen Herden nicht zur vollen Effizienz. Dies erklärt die Wichtigkeit einer möglichst ohne Zwischenfälle aufgewachsenen und im Wachstum einheitlichen Herde.

So können Zerreißungen zurückgeführt werden auf auseinander gewachsene Tiere und/oder technische Fehler in der Gewinnung (Fehlpassung von Tierkörpern und Gerät, auch fehlerhafte Einhängung). In extremen Fällen können verfangene Tierkörper in einem Gerät so lange zu Serienfehlern führen, bis der Umstand zur Kenntnis genommen wird und das Hindernis beseitigt ist.

Dass mit Fehlern im Ablauf auch die Hygiene der Tierkörper (sichtbare Kontaminationen) gefährdet wird, ist leicht ableitbar.

Befunde von Humanrelevanz
Hinweise auf humanrelevante Umstände sind auf morphologischer Basis eher unwahrscheinlich. Zu beachten sind hier die Ergebnisse aus den zur Verfügung stehenden Unterlagen zur Lebensmittelketteninformation.

41.1.4 Beurteilung

Statistiken
Die Angaben des Statistischen Bundesamtes zu den Ergebnissen der post-mortem-Untersuchung beim Geflügel nehmen Bezug auf das Gewicht des untersuchten Geflügels, während sich die Angaben zur Lebenduntersuchung auf die Stückzahl beziehen. Eine Verbindung zwischen den Daten ist somit nicht direkt herstellbar, da Broiler je nach Mastziel unterschiedlich schwer werden (z. B. die „schweren Broiler"), bei der Pute dagegen ein ausgeprägter Geschlechtsdimorphismus besteht und ein Herdenbezug in den Statistiken nicht wiedergegeben wird. Damit ist die „Lebensmittelkette" in letzter Konsequenz nicht zu Ende gedacht: Es kann ohne zusätzliche Informationen nicht berechnet werden, wie viele der anfangs eingestallten Eintagsküken am Ende tauglich geworden sind.

Die Untauglichkeitsquoten beliefen sich im Jahre 2006 auf 1,3 % für Jungmasthühner, 5,3 % für Suppenhühner und 1,2 % für Puten (Stat. Bundesamt). Die niedrige Putenverwurfquote relativiert sich insofern, als bei den Puten in einem erheblichen Umfang zusätzlich Teile (1,5 %) untauglich beurteilt werden und die Restkarkasse dann als verzehrsfähig beurteilt werden kann.

Krankheiten
Konkrete Krankheiten nach dem Muster der spezifischen Gefahren sind für das Geflügel in der VO (EC) 854/2004 nicht aufgeführt, zu verweisen ist auch hier auf die Krankheitenliste der OIE. Die aufgehobene GFlHV bietet eine Liste von Untauglichkeitsgründen (Grundlage war die ebenfalls aufgehobene Richtlinie 71/117/EWG), vgl. Kasten auf S. 467. Auch dieses Angebot ging über Begriffe und einige Krankheiten nicht hinaus, sodass sich für die tägliche Praxis wenig Hilfe ergab. Denkbar ist, dass die VO (EG) 854/2004 gerade mangels konkreter Vorgaben einen im konkreten Fall besser nutzbaren Ermessensspielraum ermöglicht.

Die notwendigen Entscheidungen vor der Beurteilung am Band
An den schnell laufenden Bändern in der Gewinnung von Geflügelfleisch müssen Entscheidungen unmittelbar getroffen werden. Hat der Tierkörper die Untersuchungsposten passiert, gilt er als Lebensmittel.

Geschlachtetes Geflügel: Beurteilung untauglich nach GFlHV (aufgehoben) bei Vorliegen folgender Umstände (Auswahl)

- Geflügelpest, Newcastle Disease, Ornithose, Salmonellose
- andere auf den Menschen übertragbare Krankheiten
- septikämische Erkrankungen
- Rückstände (weiter spezifiziert, hier nicht aufgeführt)
- durch Gifte/durch Toxine verursachte Veränderungen
- ausgebreitete Mykosen
- ausgebreiteter Parasitenbefall im Geflügelfleisch
- Ascites
- Ikterus
- bösartige oder multiple Geschwülste
- multiple Abszesse oder Entzündungsherde, ausgedehnte entzündliche Infiltrationen

- hochgradige Abmagerung oder erhebliches Kümmerwachstum
- natürlicher Tod, Schlachtung i. d. Agonie, mangelhaftes Ausbluten
- umfangreiche Verletzungen, umfangreiche blutige/wässrige Durchtränkung
- erhebliche Farb-, Geruchs- Geschmacksabweichungen
- erhebliche Abweichungen in der Konsistenz, insbesondere Wässrigkeit
- Zersetzungsvorgänge
- ausgedehnte Verunreinigungen oder Kontamination

Dies setzt voraus, dass Vorkommnisse in der Herde möglichst im Vorfeld bekannt werden (Lebensmittelketteninformationen), dass die Untersucher einheitlich vorgehen und Befundbewertungen soweit wie möglich bereits im Vorfeld antizipiert werden.

Übereinkünfte über die zu berücksichtigenden Befunde und ihre Bewertung sind somit von wesentlicher Bedeutung für eine möglichst einheitliche Kontrolle (Beispiele für Befunde in einer Broilerherde sind im Kasten wiedergegeben).

Darüber hinaus handelt es sich bei den post mortem erkennbaren Veränderungen um biologisches Material mit unterschiedlicher Ausprägung. Einteilungen und Definitionsversuche können die Befunde objektivieren:

- Ja/Nein-Befunde (Abstufungen sind nicht möglich, bei Auftreten ist die Verzehrseignung ausgeschlossen)
- Abstufungen (Ausdehnung, Lokalisation auf dem Tierkörper, Intensität und die mutmaßliche Ätiologie lassen es vertretbar erscheinen, dass der Tierkörper im Band verbleibt oder dass eine Entfernung der Stelle vorgenommen wird)

Auch die Zahl unterschiedlicher Befunde auf einem Tierkörper kann die Entscheidung beeinflussen, vgl. Tab. 133.

Tab. 133: Befunddefinitionen beim Geflügel	
Ascites:	Auftreibung der Körperhöhle vor der (Eviszeration)
Kümmerer:	Tiere mit 600 bis max. 700 g
Gestaltabweichungen:	Missbildungen, Verformungen der Extremitäten oder des Sternums
Scabby Skin:	bräunliches, krustöses Ekzem, wabenartig. Ausdehnung: >3 cm Durchmesser
Tiefe Dermatitis:	Diffuse Verdickung der Haut, gelblich-bräunlich, teilweise speckig glänzend, gelblich-bräunliche Lagen subkutan
Bursitis sternalis:	lokale Umfangsvermehrung der Haut unter subkutaner Beteiligung bis zur blutigen Durchtränkung, Farbabweichungen
Unvollst. Ausblutung:	Tierkörper insgesamt dunkel-rötlich bis zu blau-rot
Septikämie:	nicht zu trennen von unvollständiger Ausblutung
Zerreissungen:	Läsionen von Haut (und Muskulatur)
Frakturen:	Hervorstehende Knochen

Die Herde und das individuelle Tier

Beim Geflügel muss die Untersuchung ante mortem zu einer Bewertung der Herde führen, bei der post-mortem-Kontrolle dagegen handelt es sich um eine Stück-für-Stück-Untersuchung, d. h., Kontrolle und Beurteilung beziehen sich auf das einzelne Tier. Damit liegen der Entscheidung unterschiedliche Gemengelagen zugrunde:

– Die Herde und das individuelle Tier
– Der mechanische und der ggf. infektiöse Schaden
– Lokal bleibender Schaden und eine Generalisierung einer Infektion im Einzeltier

Das Herdengeschehen

Stellen sich klinische Symptome einer Krankheit im Herdenkörper heraus, muss von Fall zu Fall entschieden werden, im äußersten Fall kann die Herde nicht geschlachtet werden. In der Folge kommt es nach Therapie und ggf. Einhalten von Wartezeiten zu Problemen im Tierwohlbefinden: Die weiter wachsende Herde beansprucht eine größere Fläche, die nicht vorhanden ist.

Im Falle einer Herdeninfektion muss zugeordnet werden: Handelt es sich um eine bei der OIE gelistete Krankheit oder kann aufgrund der Ätiologie der Versuch unternommen werden, von einem Herdengeschehen auf Individualfälle herunterzubrechen? Wie wird labortechnisch eingegrenzt? Bis zu welcher Zahl kann von einem Individualgeschehen ausgegangen werden?

Der mechanische Schaden

Getrennt werden muss, ebenso wie bei den Säugern, zwischen einem infektiös und mechanisch bedingten Schaden. Mechanische Schäden entstehen in der unmittelbar zeitlichen Nähe des Transportes (tierschutzrelevant), ein Schaden post mortem ist maschinenbedingt.

Der lokal bleibende oder der sich generalisierende Schaden

Bei einem infektiösen Zustand muss, basierend auf der VO (EG) 854/2004, zwischen einem generalisiertem und einem lokalem Befund getrennt werden. Ein generalisiertes Krankheitsgeschehen schließt die Eignung zum Verzehr aus. Im Falle einer lokalisierten Läsion wird der Befund entfernt, der restliche Tierkörper kann die Kontrolle passieren. Ein solches Vorgehen ist nur sinnvoll bei größeren Karkassen (Puten), wie es sich auch in der Quote der Beurteilungen widerspiegelt.

Fallbeispiel: Puten mit unterschiedlich ausgeprägter Aersacculitis (Fries et al. 2005)

Aersacculitis ist eine häufig auftretende Beobachtung in der post-mortem-Untersuchung bei Jungmasthühnern und Puten. Gerade hier findet sich ein breites Ausprägungsspektrum. Tiere mit sichtbaren Läsionen treten in unterschiedlicher, manchmal hoher Zahl auf, es gibt Abstufungen in der Intensität, es stellt sich außerdem die Frage nach einer Verbreitung des Agens in der Herde. Im vorliegenden Falle wurden 101 untauglich beurteilte Karkassen mit Aersacculitis mikrobiologisch untersucht. Die meisten Muskulaturproben wurden negativ getestet, mikrobiologische Präsenz war vor allem auf den Serosen und in der Leber festzustellen, in der Differenzierung dominierte E.coli. 96 Isolate wurden daraufhin weitergehend u. a. auf Humanrelevanz, d. h. auf Charakteristika für EHEC/VTEC geprüft, im vorliegenden Falle auf Gensequenzen, die für Shiga-Toxin 1 and 2, Enterohämolysin (hly) und Intimin (eae) stehen. Außerdem wurde herdenbezogen die Minimale Hemmstoffkonzentration der Isolate gegen 13 Antibiotika festgestellt.

EHEC oder VTEC identifizierende Gen-Sequenzen wurden nicht gefunden. Die MHK warn teilweise höher als diejenigen des Referenzstammes. Einzelne Herkünfte waren in dieser Hinsicht exponierter.

Die Daten stammen von klinisch unauffälligen Puten, der mikrobiologische Hintergrund war offenkundig nicht humanrelevant, es wurde lediglich einmal das eae-Gen nachgewiesen, was jedoch für eine Charakterisierung des Isolates als den EHEC zugehörig nicht ausreichend ist. Es wurde gefolgert, dass die Beurteilung weiterhin auf den morphologischen Befunden beruhen kann. Da die Befunde variieren, muss in vergleichbaren Fällen von Fall zu Fall vorgegangen werden. Entscheidungsparameter sind die Schwere des Befundes in Verbindung mit der Ausprägung der Einzelkarkasse. Zur klinischen Ausprägung ante mortem kann die Herdenhistorie Aufschluss geben.

41.1.5 Automatisierung in der Kontrolle

In der Geflügelfleischgewinnung werden Kamerasysteme vorwiegend in der Qualitätseinstufung und innerbetrieblichen Lenkung eingesetzt, jeweils nach dem aktuellen Bedarf (Park & Chen 2000; Fries 2007).

Klassifizierung
Vor allem auf dem Putenbereich ist die Klassifizierung von Schlachttierkörpern über Videosysteme bereits weit fortgeschritten und verbreitet. Diese Entwicklung wird auch für andere Nutzungsgruppen (Kälber) vorangetrieben.
So kann vom einzelnen Image auf den Fleischanteil des Tierkörpers geschlossen werden, was eine objektivierte Grundlage für das Herdenergebnis und damit einen internen und externen Herdenvergleich ermöglicht. Die Daten werden auch bereits als Bemessungsgrundlage für die Bezahlung eingesetzt.

Interne Betriebslogistik
In der Betriebslogistik werden die Tierkörper – je nach Ergebnis der Visualisierung – in die Ganzkörpervermarktung oder in die Zerlegung gelenkt. Dies macht deutlich, auf welchem Stand sich die EDV befindet, zeigt aber auch, dass bei einem Versagen der EDV Probleme nicht auf sich warten lassen: Eine Fehlfunktion in der videobasierten innerbetrieblichen Steuerung dürfte als Havarie unmittelbar auffallen (Fehllenkungen).

Monitoring von fäkaler Verunreinigung auf der Tierkörperoberfläche
Eine weitere Einsatzmöglichkeit liegt auf dem Gebiet der Erfassung von Hygienemängeln. Solange die Haltungen nicht frei von Salmonellen sind, muss fäkale Kontamination als ein Risikofaktor für das Auftreten von Salmonellen angesehen werden. Die Detektion fäkaler Kontamination im laufenden Betrieb ist möglich (vgl. Kapitel 21).

Erfassung von Befunden in der Untersuchung post mortem
Vor allem an den schnell laufenden Bändern stößt die Untersuchung post mortem und die Grenzen der persönlichen Leistungsfähigkeit. Rechtlich wird versucht, dem mit der Festlegung von Mindestuntersuchungszeiten entgegenzuwirken (AVV LmH). Die dort für Geflügel festgelegte Untersuchungszeit (vgl. Kapitel 33) kann unterschritten werden, wenn durch betriebseigene Maßnahmen „der Anteil veränderter geschlachteter Tiere vor der Zuführung zur Untersuchung durch Aussortierung soweit reduziert wird, dass (…) die vorge-

schriebene Untersuchung unter Beachtung der physiologischen Wahrnehmungsfähigkeit des Untersuchungspersonals durchgeführt werden kann".

Dies kann als Anstoß gewertet werden, Kontrolle, Datensammlung und Datenverwaltung technisch zu unterstützen. Nach dem, was in den Betrieben bereits installiert ist, ist die auch in der Untersuchung post mortem eine Automatisierung technisch durchführbar.

Anlagen für die post-mortem-Untersuchung sind in der Entwicklung und beim Geflügel bereits im Einsatz. van Hoof & Ectors (2002) prüften ein System, das in der Lage war, untergewichtige Tierkörper, Verfärbungen, von der Norm abweichenden Körperumfang/Körperbau – z. B. Aszites – sowie Verletzungen zu detektieren. Das System traf jedoch bei Auftreten von tiefer Dermatitis, Kachexie ohne Farbabweichungen oder Luftsackentzündungen auch Fehlentscheidungen.

Fallbeispiel: Kamera-Systeme in der post-mortem-Untersuchung beim Geflügel (Staffehl et al. 2007)

Über einen Zeitraum von 10 Tagen wurden aus einer Grundgesamtheit von 659 142 Broiler-Schlachttierkörpern aus 65 Jungmasthühnerherden 8422 Tierkörper erfasst, die im Rahmen der amtlichen Fleischuntersuchung als untauglich aussortiert worden waren.

Es wurden sowohl die Inspektionsleistung eines in die Linie installierten Kamerasystems als auch diejenige der ebenfalls am Platz postierten Amtlichen Fachassistenten nachuntersucht.

Die Tierkörper passierten am Ende des Schlachtbandes kurz vor der Umhängung auf das Eviszerationsband zwei Kameras – jeweils für Brust- und Rückenseite der Tierkörper. Das System erfasste aufgrund von Farbabweichungen, darunter spezifisch Rotabweichungen, und Abweichungen in der Form der Tierkörper, ob ein Tierkörper im Band verbleibt oder nicht.

In der Nachuntersuchung wurden von 8422 aussortierten Tierkörpern 8247 Tierkörper erneut als untauglich und 175 Tierkörper als tauglich bewertet. Die „reale" Untauglichkeitsquote betrug somit 1,25 %: 8247 von 659 142, vgl. Tab. 134.

Das Kamerasystem sortierte zu 92 % korrekt aus: Allerdings gab es auch 8 % falsch-untaugliche Tierkörper.

Tab. 134: Verteilung der verworfenen Tierkörper auf Kamera und Personal

Position	Verwürfe	davon untauglich	davon tauglich
Kamera	1467	1349 (92 %)	118 (8 %)
Inspektor 1	3363	3321 (98,8 %)	42 (1,2 %)
Inspektor 2	3008	3000 (99,7 %)	8 (0,3 %)
Inspektor 3	584	577 (98,8 %)	7 (1,2 %)
Gesamt	8422	8247	175

In einer weiteren Untersuchung an Broilern wurden auf der Basis von 659 142 untersuchten Karkassen 8422 untaugliche Tierkörper kamerabasiert aussortiert und nachuntersucht. In 92 % wurden die Fälle durch die geprüften Kameras korrekt erkannt, dieses gemessen an der als Standard angesehenen Untersuchung durch die Amtlichen Fachassistenten (vgl. Fallbeispiel).

Ein von Watkins et al. (1999) geprüftes Modell bewertete taugliche Karkassen in einem Prozentsatz von 4–5 % als untauglich.

Der Einsatz der Geräte (Prüfung und Entnahme) kann bereits vor der Untersuchung durch das Personal erfolgen. Nach van Hoof & Ectors (2002) wäre dies ein wichtiger Schritt in die überwachende Kontrolle des Gesamtablaufes.

Es muss allerdings sichergestellt sein, dass die herausgenommenen Tierkörper zahlenmäßig nicht verloren gehen und dass die Gründe für die Entnahmen dokumentiert werden.

Bereits die zuverlässige Entnahme von Tierkörpern mit klaren „Ja/Nein-Befunden – z. B. kleinwüchsige Tiere– würde entlasten und wäre ein wichtiger Schritt. Immerhin zeigen Tiere, die im Vergleich zur Herde untergewichtig sind, häufiger ein erhöhtes Aufkommen von Befunden als normalgewichtige Tiere. Allerdings sind die Geräte noch nicht alleine einsatzfähig, in den genannten Untersuchungen wurden noch Fehlentscheidungen beobachtet. Dies gilt allerdings ohne Zweifel auch für die Tätigkeit der Amtlichen Fachassistenten: Im oben beschriebenen Fallbeispiel wurden insgesamt 57 Tierkörper falsch verworfen (Staaffehl et al. 2007).

41.2 Verifizierung des Gelingens in der Fleischgewinnungstechnologie

Schlachtbetriebe müssen zuverlässig und gleichmäßig beliefert werden, um die Auslastung sicherzustellen und um die angelieferten Tiere nicht unverhältnismäßig lange warten lassen zu müssen. Gearbeitet wird häufig in 2–3 Schichten, es muss jedoch immer genügend Zeit für Nacharbeit in hygienischer und technischer Hinsicht vorhanden sein.

Auf dieses hochtechnische Feld trifft der einkommende Vogel mit einer Mikroflora aus dem Bestand.

In der Fleischgewinnung ist das HACCP verpflichtend. Für Geflügel nennt das NACMCF (1997) Positionen, die deutlich zeigen, dass der Prozess der Geflügelfleischgewinnung über keine klaren Hürden gegenüber der mikrobiologischen Kontaminanten verfügt, vgl. Tab. 68 auf S. 271.

41.2.1 Erfassung technischer Umstände an den einzelnen Positionen

Folgerichtig muss der technische Prozess einer steuernden Kontrolle unterliegen, was den reibungslosen Ablauf der Produktion sichert und eine hygienische Absicherung des Erzeugnisses in den vorgesehenen Grenzen gewährleistet.

Anliefern und Einhängen (Tierschutz)
Frakturen oder Hämatome stehen für Einflüsse ante mortem, so etwa für die Fangbedingungen auf der Farm oder auch das Abladen im Schlachtbetrieb. Auch das Einhängen in das Schlachtband ist noch ein tierschutzrelevanter Zeitpunkt, durch das Einhängen kann es zu Frakturen kommen. Die Tiere müssen auch korrekt eingehängt werden, um im späteren Ablauf Zerreißungen zu vermeiden.

Betäuben (Tierschutz)
Stromstärke und Betäubungsdauer sind in der Tierschutzschlachtverordnung niedergelegt. Für das Haushuhn etwa gilt eine Stromstärke von 120 mA und eine Betäubungsdauer von 4 Sek. (vgl. Kapitel 8).

Die Höhe des Wasserspiegels und die Höheneinstellung des Beckens müssen der Tiergröße entsprechen, die Geräte werden auf die Größe der Tierkörper eingestellt. Die Ablesbarkeit der angelegten Spannung und Stromstärke muss gewährleistet sein.

Rote Tierkörper weisen auf einen nicht gesetzten Entbluteschnitt hin, etwa dadurch, dass die vorhandene Führungsschiene das einzelne Tier nicht an das rotierende Messer geleitet hat (falsch eingestellte Führung).

Es ist daher Vorsorge zu treffen, dass Tiere, die sich über den Schneideautomaten hinweggehoben haben, nicht in lebendem Zustand in den Brühtank gelangen (die Postierung einer Kontrollperson an dieser Stelle ist unabdingbar).

Brühtank
Da die Tier nicht gereinigt werden können, trägt jeder Vogel mikrobielle Last in den Brühtank ein. Die mikrobiologische Balance zwischen Abtötung und Neueintrag im Brühwasser ist schwer kalkulierbar und abhängig von der Temperatur, der einkommenden Mikroflora und der Dauer des Brühvorganges. Ist eine Luftkühlung installiert, begünstigen die damit technisch notwendig werdenden niedrigen Brühtemperaturen (52–55 °C) das Überleben eingeschleppter Gramnegativer Keime (vor allem Enterobacteriaceae, hierzu gehören auch Salmonellen). Bei Hochbrühtemperaturen (Bereich zwischen 55 und 58 °C) ist die Mikroflora eher grampositiv (vgl. Kapitel 12.5).

Die Brühtanks werden nach dem Tageseinsatz geleert, sie müssen konsequent gereinigt und desinfiziert werden.

Entfedern

In den Rupfmaschinen kann sich in den Betriebspausen eine geräteeigene Mikroflora aufbauen, die sich am nächsten Morgen auf die einkommenden Tierkörper überträgt (Fries 2005). Dies zwingt in der täglichen Betriebshygiene zu einer bewussten und sachgerechten Reinigung und Desinfektion. Der Einsatz von Mitteln auf Schaumbasis gewährleistet die notwendige Einwirkzeit auf den Rupffingern. Der Erhaltungszustand der Rupffinger muss täglich geprüft werden, schadhafte Rupffinger werden direkt ersetzt.

Köpfezieher

Mit dem Kopf wird auch der Kropf entfernt. Nach Opdam (1991) soll der Oesophagus etwa 3–4 cm vom Kropf entfernt reißen, der Kropf selber muss intakt bleiben wegen der bereits mehrfach festgestellten Präsenz von Zoonoseerregern in diesem Teil des Verdauungstraktes.

Eviszeration

Die Entnahme des Organkonvolutes aus der Körperhöhle erfolgt durch eine recht kleine Öffnung. Hier ist die Dokumentierung der Fehlerquote ein wichtiger Teil der internen Selbstkontrolle. Ein beanstandungslos arbeitendes Gerät reflektiert sich durch Vollständigkeit des entnommenen Organkonvolutes ohne Zerreißungen und dadurch, dass die Organe präzise auf die Hänge- oder Ablagevorrichtungen übertragen werden.

Kühlung

Die Wasserkühlung kann durch Wassereinsatz pro Tag, Temperatur und Verweildauer der Tierkörper im Tauchkühlbecken objektiviert werden. Bei der Luft- und Luft-Sprühtechnik sind die Oberflächen im Kühlraum (Auflagerungen an den feuchten Wänden), der Zustand der Gebläse und die mikrobiologische Qualität der Kühlluft und des Sprühwassers zu beachten.

Ausklinken und Verpacken

Fassungsvermögen der Körbe: Die Verweilzeit der abgeworfenen Karkassen in den Körben bis zur Verpackung ist durch die innerbetriebliche Logistik gesteuert. Bei der Verpackung spielt auch die Sauberkeit der Auffangkörbe und der Trichter zum Eintüten eine Rolle. Diese müssen in den Plänen zur Reinigung und Desinfektion berücksichtigt sein.

41.2.2 Die mikrobiologischen Untersuchungen nach der VO (EG) 2073/2005

Anhang I der VO (EG) 2073/2005 beinhaltet mikrobiologische Kriterien für eine Anzahl von Lebensmitteln, die von ihrer Herstellungstechnologie, Zusammensetzung und/oder ihrem bestimmungsgemäßen Gebrauch als hygienisch sensibel anzusehen sind. Als Kriterien für eine entsprechende Einordnung dürften gelten das potenzielle Auftreten von Zoonoseerregern im Rohstoff, keine oder mikrobiologisch nur wenig wirksame technologische Bearbeitung der Ware, Widmung für die besonders empfänglichen Kinder und Säuglinge. Im Kapitel 1 des Anhanges sind Lebensmittelsicherheitskriterien, im Kapitel 2 Prozesshygienekriterien niedergelegt. Salmonellen sind je nach Erzeugnisgruppe eingestuft. Für Broiler und Puten ist die Beprobung auf Salmonellen als Prozesshygienekriterium vorgeschrieben.

Es wird wöchentlich beprobt. Insgesamt 50 Proben müssen gesammelt werden, jeweils zu nehmen an einem Tag mit 10 Probenahmegelegenheiten pro Tag, wobei die Tage von Woche zu Woche wechseln müssen.
Bei einer zugelassenen Annahmezahl von c = 7 können 7 Proben positiv ausfallen. Im Falle des Überschreitens von c muss die Prozesstechnologie geändert werden, wie dies geschieht, ist dem Betreiber überlassen.

n (zu untersuchende Proben): 50
c (Annahmezahl): 7
Probenahmeposition: nach dem Kühlen
Probenmaterial: verbleibende Nacken und oder Brusthaut
Ziel: technische Verifizierung
Probenmenge je Laboransatz: 25 g

In einer Probenahmeeinheit wird Halshautmaterial (10 g) von 3 Tierkörpern gepoolt zu einer Menge von 30 g und dieser Vorgang 5x wiederholt, mithin ergeben sich 5 gepoolte Hautproben von je 30 g Gewicht pro Entnahmezeitpunkt.

Um die geforderten 50 Proben zu erhalten, wird dieser Vorgang über den Tag zehnmal durchgeführt.

Wenn die Ergebnisse über 30 Wochen günstig sind, kann die Frequenz auf zweiwöchige Abstände gesenkt werden. Eine Verringerung ist auch möglich, wenn regional Salmonella-Programme eingerichtet sind.

41.3 Gewährleistung der Qualität

Im Fleischgewinnungsprozess sind (vor allem wichtig in der Tauchkühlung für Tiefgefrierware) maximale Fremdwassergehalte einzuhalten, die in einfachen Wägeverfahren (Wägung von markierten Tierkörpern vor und nach der Kühlung) überprüft werden. Maßgebend ist die VO (EWG) 1538/91, die festgesetzten Limits dürfen nicht überschritten werden (vgl. Kapitel 12.4).

Diese in-plant-Technik wird insbesondere bei der Produktion von Hähnchenfleisch – mindestens einmal in jeder 8-stündigen Arbeitsphase – durchgeführt. Im Falle der Überschreitung wird die Technologie der Linie so angepasst, dass die Limits wieder eingehalten sind.

41.4 Literatur

Bisaillon, J.-R., T. E. Feltmate, S. Sheffield, R. Julian, E. Todd, C. Poppe, and S. Quessy (2001): Classification of Grossly Detectable Abnormalities and Conditions Seen at Postmortem in Canadian Poultry Abattoirs According to a Hazard Identification Decision Tree. J. Food Prot. 64, 1973–1980

Fries, R. (2005): Spoilage Microorganisms in the Course of Poultry Processing. Feedinfo News Scientific Reviews. October 2005. Available from URL: http://www.feedinfo.com.

Fries, R. (2007): Derzeitiger Einsatz von Kamerasystemen in der Geflügelfleischgewinnung. Proc. 7. Fachtagung Fleisch- und Geflügelfleischhygiene für Angehörige der Veterinärverwaltung, Berlin, Campus Mitte, 1. und 2. März 2007, S. 108–113

Fries, R., E. Müller-Hohe, D. Neumann-Fuhrmann, u. E. Wiedemann-König (1988): Pilotstudie Geflügelfleischhygiene – Fleischhygienischer Teil. Abschlußbericht zum Forschungsvorhaben für das Bundesministerium für Jugend, Familie, Frauen und Gesundheit, Bonn; 143 S. plus Anhang.

Fries, R., E. Müller-Hohe, und D. Neumann-Fuhrmann (1991): Feldversuche zur Überwachung der Geflügelfleischgewinnung. III. Mitt.: Elemente einer modifizierten port-mortem-Überwachung beim Geflügelfleisch am Beispiel der Jungmasthühner. Arch. Geflügelk. 55, 90–93

Fries, R., H. Strauß-Ellermann, U. Paulat, L. Bräutigam, H. Irsigler, A. Kobe, C. Hallmann (2005): Fibrinöse Serositis beim Geflügel – Humanrelevanz von E.coli-Isolaten aus der Körperhöhle untauglich beurteilter Puten. Berl. Münch. Tierärztl. Wochenschr. 118, 386–392

Opdam, J. (1991): A Processors View on Automation. In: T. G. Uijttenboogaart and C. H. Veerkamp (eds.): Quality of Poultry Products. I. Poultry Meat. Spelderholt Centre for Poultry Research and Information Services, Beekbergen, the Netherlands, pp. 365–370

Park, B., and Y.-R. Chen (2000): Real-Time Dual-Wavelenght Image Processing for Poultry Safety Inspection. J. Food Process. Engineer. 23, 329–351

Staffehl, A., G. Arndt u. R. Fries (2007): Kamerasysteme in der Überwachung von Geflügelfleisch: Stand laufender Untersuchungen. Proc. 7. Fachtagung Fleisch- und Geflügelfleischhygiene, Berlin, Campus Mitte, 1. und 2. März 2007, S. 114–120

VAN Hoof, J. and R. Ectors (2002): Automated vision inspection of broiler carcasses. Fleischwirtsch. Int., 4, 49–53

Watkins, B., Y.C. Lu, and Y.R. Chen (1999): Economic Value and Cost of Automated on-Line Poultry Inspection for the US Broiler Industry. Food Control 10, 69–80

Abkürzungsverzeichnis

A	Adspektion	MKS	Maul- und Klauen-
ADI	Acceptable Daily		seuche
	Intake	MRL	Maximum Residue
AT	Amtlicher Tierarzt		Limit
AVV	Allgemeine Verwal-	Nll.	Nodi lymphatici
	tungsvorschrift	NRKP	Nationaler Rückstands-
BSE	Bovine spongiforme		kontrollplan
	Encephalopathie	OTF	Officially Tuberculosis
C.	Cysticercus		Free
CAP	Chloramphenicol	P	Palpation
CCP	Critical Control Point	PFGE	Pulsfeld-Gelelek-
CSB	Chemischer Sauer-		trophorese
	stoffbedarf	Prions	Proteinaceous Infec-
E.	Echinococcus		tious Particles
E.rh.	Erysipelothrix rhusio-	PRRS	Porcine Respiratory
	pathiae		and Reproductive
EFSA	European Food Safety		Syndrome
	Authority	PSE	Pale Soft Exsudative
EHEC	enterohämorrhagische	RASFF	Rapid Alert System for
	Escherichia coli		Food and Feed
ESP	Europäische Schweine-	R+D	Reinigung und Desin-
	pest		fektion
EU	Europäische Union	SFU	Schlachttier- und
EWG	Europäische Wirt-		Fleischuntersuchung
	schaftsgemeinschaften	SRM	Spezifizierte Risiko-
FAO	Food and Agriculture		materialien
	Organisation	SSC	Scientific Steering
FlG	Fleischhygiene-Gesetz		Committee
GFlHV	Geflügelfleischhygiene-	TBA	Tierkörperbeseitigungs-
	Verordnung		anstalt
GVE	Großvieheinheit	TEQ	Toxizitäts- Äquivalent
GVP	Good Veterinary	TK	Tierkörper
	Practice	TSE	Transmissible spongi-
HACCP	Hazard Analysis		forme Encephalopathie
	Critical Control Point	UK	United Kingdom
Inc	Incision	V	Verordnung im
L.	Listeria		nationalen Bereich
M.	Mycobacterium	VO	Verordnung der EU
Ma/ Da	Magen-Darm-Trakt	VPH	Veterinary Public
MAIC	Mycobacterium avium		Health
	intracellulare Complex	WHO	World Health Organi-
Mio.	Millionen		sation

Stichwortverzeichnis